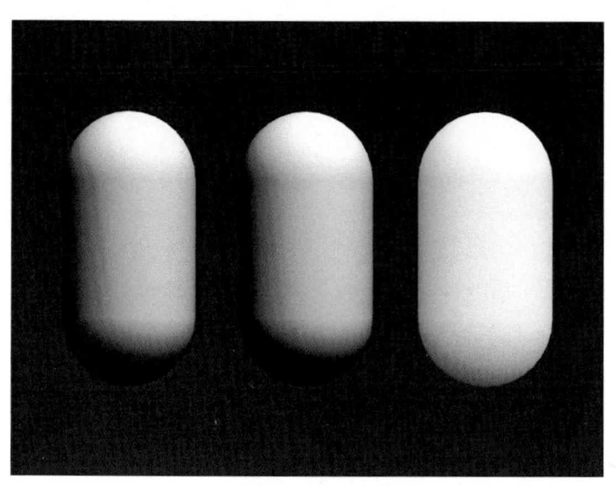

▲6.4 节：逐顶点漫反射光照、逐像素漫反射光照和半兰伯特光照

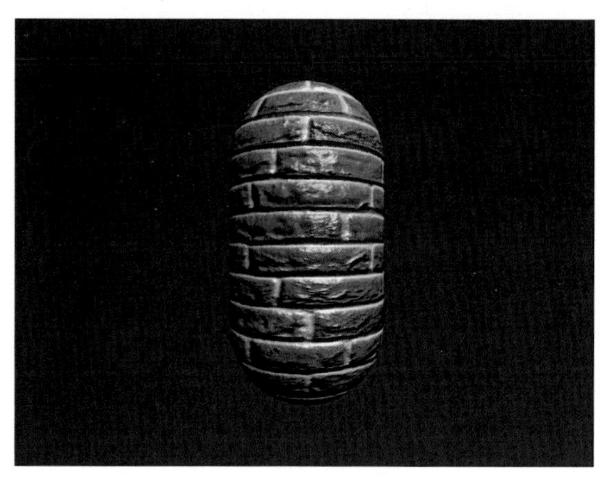

▲7.2 节：使用法线纹理

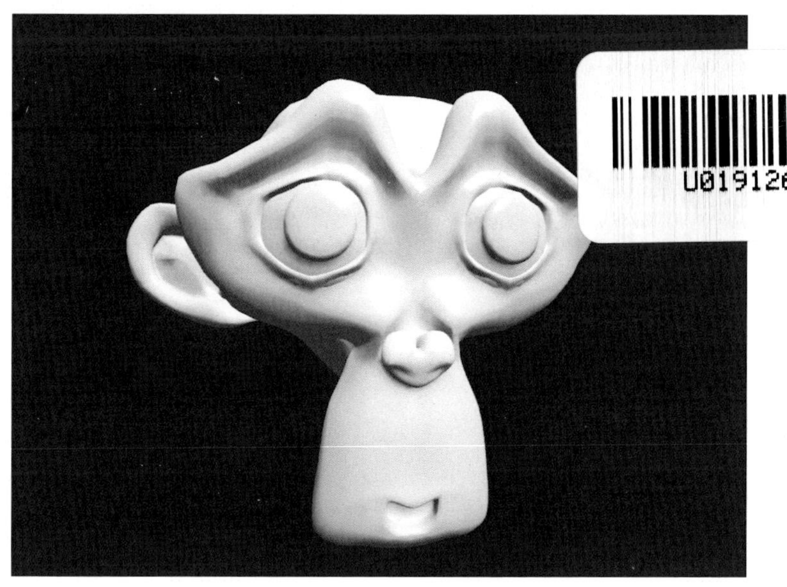

▲7.3 节：使用渐变纹理来控制漫反射光照

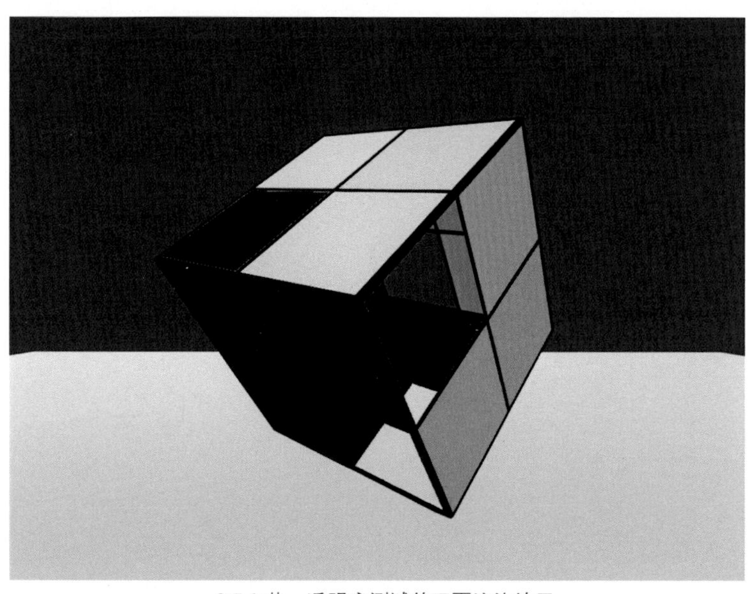

▲8.7.1 节：透明度测试的双面渲染效果

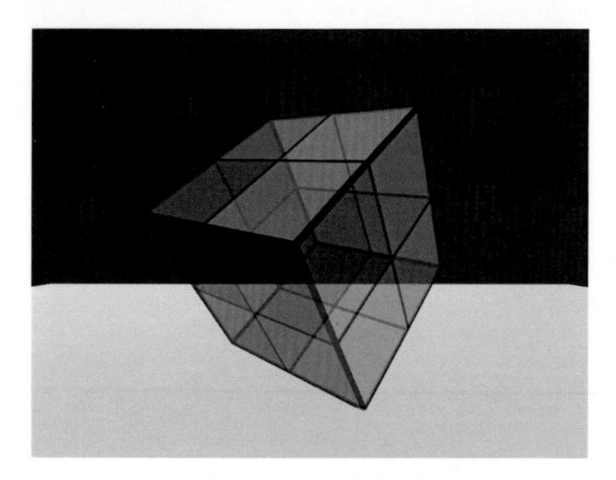

▲8.7.2 节：透明度混合的双面渲染效果

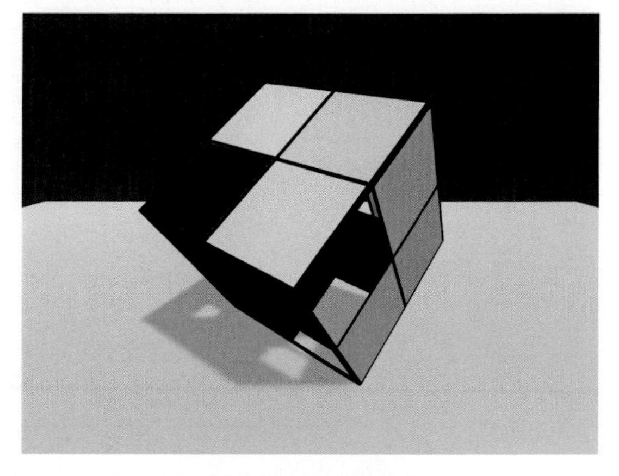

▲9.4 节：透明度测试的正确阴影效果

▲10.2.1 节：使用渲染纹理来实现镜子效果

▲10.2 节：使用 GrabPass 来实现玻璃效果

▲11.3.1 节：使用顶点动画来模拟 2D 河流

▲11.3.2 节：广告牌效果

▲12.3 节：使用边缘检测来实现基本的描边效果

▲14.2 节：素描风格的渲染

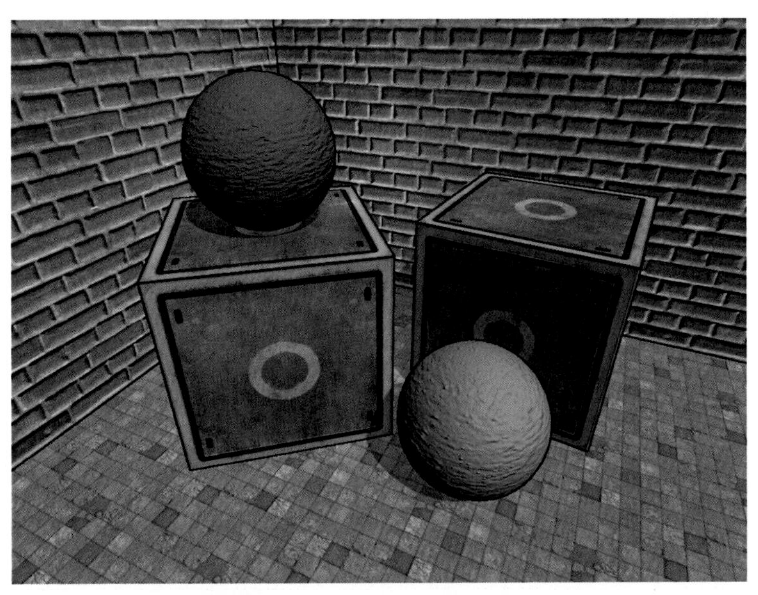

▲13.4 节：使用深度 + 法线纹理来实现更加高级的描边效果

<<<<<< 案例效果图

▲15.1 节：使用噪声纹理来实现消融效果

▲15.2 节：使用噪声纹理来实现水波效果

▲15.3 节：使用噪声纹理来实现非均匀雾效

▲17.1 节：表面着色器

▲18.2 节：基于物理的渲染

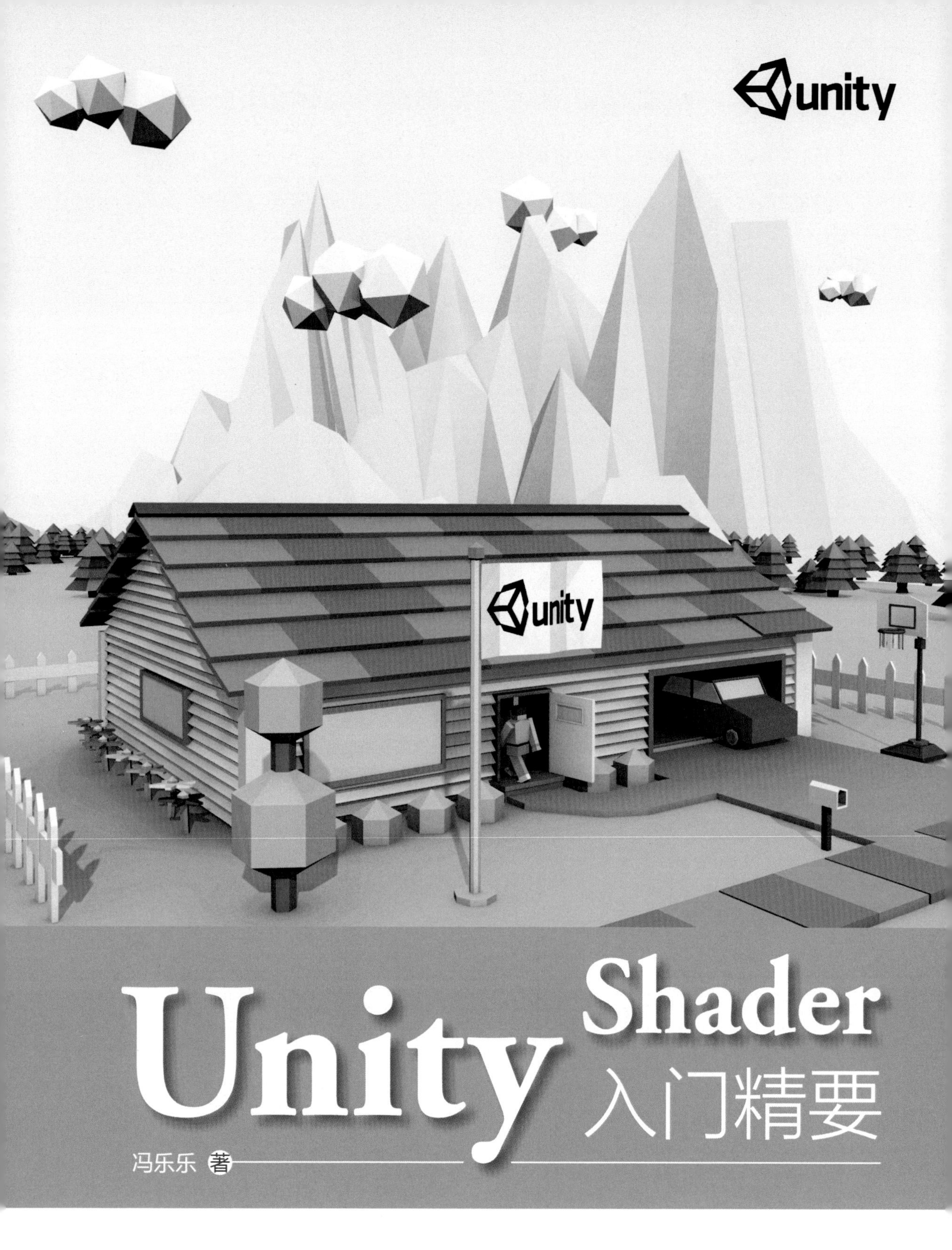

人 民 邮 电 出 版 社
北 京

图书在版编目（CIP）数据

Unity Shader入门精要 / 冯乐乐著. -- 北京 : 人民邮电出版社, 2016.6
ISBN 978-7-115-42305-4

Ⅰ. ①U… Ⅱ. ①冯… Ⅲ. ①游戏程序－程序设计
Ⅳ. ①TP311.5

中国版本图书馆CIP数据核字(2016)第103539号

内 容 提 要

本书不仅要教会读者如何使用 Unity Shader，更重要的是要帮助读者学习 Unity 中的一些渲染机制以及如何使用 Unity Shader 实现各种自定义的渲染效果，希望这本书可以为读者打开一扇新的大门，让读者离制作心目中优秀游戏的心愿更近一步。

本书的主要内容为：第 1 章讲解了学习 Unity Shader 应该从哪里着手；第 2 章讲解了现代 GPU 是如何实现整个渲染流水线的，这对理解 Shader 的工作原理有着非常重要的作用；第 3 章讲解 Unity Shader 的实现原理和基本语法；第 4 章学习 Shader 所需的数学知识，帮助读者克服学习 Unity Shader 时遇到的数学障碍；第 5 章通过实现一个简单的顶点/片元着色器案例，讲解常用的辅助技巧等；第 6 章学习如何在 Shader 中实现基本的光照模型；第 7 章讲述了如何在 Unity Shader 中使用法线纹理、遮罩纹理等基础纹理；第 8 章学习如何实现透明度测试和透明度混合等透明效果；第 9 章讲解复杂的光照实现；第 10 章讲解在 Unity Shader 中使用立方体纹理、渲染纹理和程序纹理等高级纹理；第 11 章学习用 Shader 实现纹理动画、顶点动画等动态效果；第 12 章讲解了屏幕后处理效果的屏幕特效；第 13 章使用深度纹理和法线纹理实现更多屏幕特效；第 14 章讲解非真实感渲染的算法，如卡通渲染、素描风格的渲染等；第 15 章讲解噪声在游戏渲染中的应用；第 16 章介绍了常见的优化技巧；第 17 章介绍用表面着色器实现渲染；第 18 章讲解基于物理渲染的技术；第 19 章讲解在升级 Unity 5 时可能出现的问题，并给出解决方法；第 20 章介绍许多非常有价值的学习资料，以帮助读者进行更深入的学习。

本书适合 Unity 初学者、游戏开发者、程序员，也可以作为大专院校相关专业师生的学习用书，以及培训学校的培训教材。

◆ 著　　　冯乐乐
责任编辑　张　涛
责任印制　焦志炜

◆ 人民邮电出版社出版发行　　北京市丰台区成寿寺路 11 号
邮编　100164　　电子邮件　315@ptpress.com.cn
网址　https://www.ptpress.com.cn
北京七彩京通数码快印有限公司印刷

◆ 开本：787×1092　1/16　　彩插：2
印张：24　　2016 年 6 月第 1 版
字数：719 千字　　2025 年 5 月北京第 48 次印刷

定价：89.90 元

读者服务热线：(010)81055410　印装质量热线：(010)81055316
反盗版热线：(010)81055315

前　言

2004 年，有 3 位年轻人在开发他们的第一款游戏失利后，决定在丹麦首都哥本哈根建立一家游戏引擎公司。最初，他们的想法是要让全世界的开发人员可以使用最少的资源来创建出他们喜欢的游戏。谁也不曾想到，十年以后，这个起初并不起眼的公司已经发展成为游戏引擎公司巨头，而他们的游戏引擎也成为世界上应用最广泛的游戏引擎。没错，这个公司就是 Unity Technologies，这 3 位年轻人分别是公司创始人 David Helgason（CEO）、Nicholas Francis（CCO）和 Joachim Ante（CTO）。而这 3 位创始人的初衷也得以实现，截止到 2014 年，全世界有超过 300 多万的开发者在使用游戏引擎 Unity 来开发游戏，更有 6 亿玩家在玩由 Unity 引擎制作的游戏。这股“Unity 热”一直持续到现在。

虽然 Unity 引擎上手快，操作界面简单快捷，但许多 Unity 开发者却发现，当他们需要在 Unity 中实现一些特殊的画面效果时，往往无从下手。这些画面效果的实现通常和渲染有关，更具体来说，我们通常需要在 Unity 中编写一些 Unity Shader 文件来实现它们。一方面，对渲染知识的缺乏和对 Shader 的不了解导致很多开发者在这条路上举步维艰；另一方面，对游戏画面的提升是越来越多游戏公司的诉求。然而，Unity 官方文档中不仅缺少对渲染原理讲解的内容，对 Unity Shader 本身的一些工作机制（概括来说，Unity Shader 是 Shader 上层的一个抽象）同样缺少相关资料。同时，市面上能适应初学者的 Unity Shader 书少之又少，基于这些原因，使得我想要编写这样一本书来帮助开发者渡过困境。

本书旨在从基础开始，帮助读者逐渐了解并掌握如何编写 Unity Shader。本书不仅仅是要教会读者“如何使用 Unity Shader”，更重要的是要帮助读者建立对渲染流程的基本认识，在此基础上，帮助读者学习 Unity 中的一些渲染机制以及如何使用 Unity Shader 实现各种自定义的渲染效果。我相信，让读者首先了解原理再进行实践，相比于大量堆砌代码是更好的学习方法。因此，本书在开始实践前，均会为读者讲解大量的原理，让读者在学习时不再一头雾水。

尽管本书专注于学习 Unity Shader，但根据我的学习经验来看，在不了解基础的渲染流程和基本的数学知识前，想要深入学习 Shader 的编写是非常困难的。实际上，Shader 仅是整个渲染流程的一个子部分，因此，任何脱离渲染流程的对 Shader 的讲解可能会让读者更加困惑。而向量运算、矩阵变换等数学知识在 Shader 的编写中无处不在，因此，这些数学知识往往也是让初学者对 Shader 望而却步的原因。基于上面的两点观察，本书的安排从易到难，由基础到深入。我们把全书分为了 5 篇，读者可以在第 1 章中看到这些章节的具体安排。

随着硬件的发展，Shader 的能力也越来越大。如果问你，一个 Shader 可以做什么？你可能会回答渲染游戏模型、模拟波动的海面、实现各种屏幕特效等。但如果告诉你，上面所示的 3 张图

片完全依靠一个片元着色器来渲染实现，没有借助任何外部模型和纹理，你可能会觉得非常不可思议！读者可以在 Shadertoy 网站上看到许多这样的例子。例如，上面的小雨伞、五彩的小方块，以及飘动的气球（由于本书是黑白印刷，一些效果无法显现）。一个简简单单的 Shader 可以做到什么程度的效果，我们已经不可预期。本书的重点不在于教读者如何单纯使用 Shader 来实现上面的效果，而在于如何让 Shader 和其他游戏开发元素（例如，模型、纹理、脚本等）相配合，实现游戏中常见的渲染效果，我们在此只想说明 Shader 可能远比你想象的要强大得多。我们真诚地希望本书可以带领读者走进 Shader 的世界，让读者理解 Shader、掌握 Shader，和我们一起享受这样一个奇妙的游戏开发世界！

读这本书之前你需要哪些知识

本书面向 Unity Shader 初学者和程序员，尽量在本书的基础篇中介绍那些必要的基础知识，但仍然希望读者可以具备如下知识。

- 有一定（或少量）的编程经验。尽管 Unity Shader 的编写语言不同于 C++、C#这种高级语言，但相比于完全没有编程经验的读者来说，学习过这些高级语言的读者更加容易理解 Shader 的代码。例如，什么是变量、什么是函数等。对于那些缺少编程经验但仍对 Shader 有浓厚兴趣的读者，一个好消息是，在 Unity 的帮助下，编写 Unity Shader 的代码量并不多，因此，这些读者仍然可以阅读本书。
- 对 Unity 引擎的操作界面比较熟悉。假定读者曾使用过一段时间的 Unity，对其中的一些基本操作已经掌握。例如，如何创建场景、脚本和游戏对象等。
- 保持一定的耐心。我曾听到身边的一些朋友抱怨，为什么自己总是看不懂、学不会 Shader，难道是自己学习能力有问题吗？实际上，这些朋友大多对 Shader 的学习缺乏耐心，总是抱着今天看一下明天就会的心情。但不幸的是，与 C++、C#高级语言相比来说，就算我们成功编写了 Shader 版的“Hello world”，但对于为什么要这么写、它们是怎么执行的等一系列基础问题我们仍然并不理解。这正是我之前提到的，要想彻底理解 Shader，就必须了解整个渲染流水线的工作方式。因此，保持耐心，打好基础，是每一个想要深入学习 Shader 的开发者的必经之路。
- 有一定的数学基础，包括了解基本的代数运算（如结合律、交换律等）、三角运算（如正弦、余弦计算等）。除此之外，如果读者具有大学水平的线性代数、微积分等数学知识，会发现阅读本书时会更加容易。为了帮助读者学习 Shader 中常见的数学运算，我们专门在本书的第 4 章为读者介绍向量、矩阵、空间变换等重要的数学内容。

如果你满足上面几点小小的条件，那么恭喜你，现在你可以安心地继续阅读本书了！

谁适合读这本书

任何想要了解渲染基础或想要自由地使用 Unity Shader 编写渲染效果的开发者均可阅读本书。这些开发者不仅限于进行游戏开发的程序员，也包括那些渴望更加自由地在 Unity 中实现各种画面效果的美工人员、在校学生和爱好者等。

为什么你需要这本书

与国内市场已有的介绍相关内容的书籍和资料相比来说，本书有一些独有的特色。

- 内容独特。本书填补了 Unity Shader 和渲染流水线之间的知识鸿沟，帮助读者打下良好的底层基础。同时，我们也会对 Unity 中一些渲染机制的工作原理进行详细剖析，帮助读者解决“是什么”“为什么”“怎么做”这 3 个基本问题。除此之外，本书配合大量实例，让读者在实践中逐渐掌握 Unity Shader 的编写。

- 结构连贯。由于网络上关于 Unity Shader 的资料非常零散，许多初学者总是无法系统地进行学习。本书在内容编排上颇费心思，从基础到进阶再到深入的讲解，解决读者长期以来的学习烦恼。
- 充分面向初学者。在本书的编写过程中，我一直在问自己，这么写到底读者能不能看懂？这使得在本书开头的几个章节中，尤其是在基础篇和初级篇中的章节中，我们的学习步调放得很慢，这是因为我非常了解在学习 Shader 的过程中哪些内容比较难理解，哪些内容非常容易让人困惑，而这些内容正是挡在初学者面前的拦路虎！为此，提供了大量的图示并配合文字说明，且在一些章节最后提供了“答疑解惑”小节来解释那些含糊不清而初学者又经常疑问的问题。考虑到数学往往是让初学者望而却步的重要因素，我们在第 4 章数学一章中特意安排了“农场游戏”这一背景案例，以这样一个虚拟的场景来帮助读者理解数学在渲染中是如何发挥作用的。
- 包含了 Unity 5 在渲染方面的新内容。例如，本书多次介绍 Unity 5 中的新工具帧调试器（Frame Debugger），并借助该工具的帮助来理解 Unity 中的渲染过程；第 18 章中介绍了 Unity 5 的基于物理的渲染（PBR），我们较为详细地剖析了 PBR 的实现原理，并介绍了如何在 Unity 5 中使用它们来实现一些更加真实的渲染效果。需要注意的是，在本书编写时使用的版本为当时的最新版本 Unity 5.2.1（免费版），但本书出版时 Unity 可能会发布更新的版本，这可能会造成一些操作界面与本书内容有所冲突。例如，在 Unity 5.3 中，帧调试器的界面更加丰富，包含了材质属性等显示信息，但这并不影响阅读，我们在本书的勘误网址上会更新（https://github.com/candycat1992/Unity_Shaders_Book）。
- 补充了大量延伸阅读资料。渲染领域的博大精深绝不是一本书可以涵盖的，因此，在本书一些章节的最后，提供了“扩展阅读”小节，让那些希望更加深入学习的读者可以在提供的资料中找到更多的学习内容。

总而言之，我希望你可以从这本书中学到许多有价值的内容，并能够享受这个过程。相信我，这些内容很有趣。

本书源代码

读者可以在开源网站 github（https://github.com/ candycat1992/Unity_Shaders_Book）上下载本书的源代码。在编写本书时，我们使用的是当时 Unity 的最新版 Unity 5.2.1（免费版），并在 Mac 10.9.5 平台和 Windows 8 平台下验证了代码的正确性。本书源代码的组织方式大多按资源类型和章节进行划分，主要包含了以下关键文件夹。

文 件 夹	说 明
Assets/Scenes	包含了各章对应的场景，每个章节对应一个子文件夹，例如第 7 章所有场景所在的子文件夹为 Assets/Scenes/Chapter7。每个场景的命名方式为 Scene_章号_小节号_次小节号，例如 7.2.3 节对应的场景名为 Scene_7_2_3。如果同一个小节包含了多个场景，那么会使用英文字母作为后缀依次表示，例如 7.1.2 节包含了两个场景 Scene_7_1_2_a 和 Scene_7_1_2_b
Assets/Shaders	包含了各章实现的 Unity Shader 文件，每个章节对应一个子文件夹，例如第 7 章实现的所有 Unity Shader 所在的子文件夹为 Assets/Shaders/Chapter7。每个 Unity Shader 的命名方式为 ChapterX-功能，例如第 7 章使用渐变纹理的 Unity Shader 名为 Chapter7-RampTexture
Assets/Materials	包含了各章对应的材质，每个章节对应一个子文件夹，例如第 7 章所有材质所在的子文件夹为 Assets/ Scenes/Chapter7。每个材质的命名方式与它使用的 Unity Shader 名称相匹配，并以 Mat 作为后缀，例如使用名为 Chapter7-RampTexture 的 Unity Shader 的材质名称是 RampTextureMat
Assets/Scripts	包含了各章对应的 C#脚本，每个章节对应一个子文件夹，例如第 5 章所有脚本所在的子文件夹为 Assets/Scripts/Chapter5
Assets/Textures	包含了各章使用的纹理贴图，每个章节对应一个子文件夹，例如第 7 章使用的所有纹理所在的子文件夹为 Assets/Textures/Chapter7

除了上述文件夹外，源代码中还包含了一些辅助文件夹。例如，Assets/Editor 文件夹中包含了一些需要在编辑器状态下运行的脚本，Assets/Prefabs 文件夹下包含了各章使用的预设模型和其他常用预设模型等。

读者反馈

尽管我们在本书的编写过程中多次检查内容的正确性，但书中难免仍然会出现一些错误，欢迎读者批评指正。读者可以将问题反映到本书源代码所在的 github 讨论页（https://github.com/candycat1992/Unity_Shaders_Book/issues），此网址也是本书源代码下载地址，该地址中也包括本书示例彩色图文档。也可以发邮件（lelefeng1992@gmail.com）联系作者，本书答疑 QQ 群为 438103099。

编辑联系邮箱为 zhangtao@ptpress.com.cn。

致谢

首先，我要感谢《Unity 3D ShaderLab 开发实战详解》一书的作者郭浩瑜老师，是他向出版社的推荐才导致了本书的编写和出版，并给了我许多在书籍编写过程中的建议和帮助。

感谢卢鹏先生，在本书编写过程中，我们进行了很多关于优化、效果实现等方面的讨论，这些讨论让本书的内容更加丰富。卢先生的乐于分享和好学的精神让我十分敬佩。

我也要感谢我的家人，我的父母和姐姐，是你们在背后的默默支持让我走到了今天，永远爱你们。还要感谢我的男朋友之之，在我遇到瓶颈时，永远是你的鼓励和支持让我走出困境。也是你的帮助，让本书现在的封面得以呈现在读者面前。

除此之外，从开始编写本书到完成之时，很多网友给了我莫大的鼓励和可贵的建议，我从未想到有这么多素未谋面的朋友在关注着本书的进展，感谢你们，是你们让我更加有动力写完本书。

感谢宣雨松和罗盛誉老师在百忙之中为本书写推荐序，谢谢你们的鼓励和支持。

最后，我要感谢人民邮电出版社的编辑张涛，是您的热情鼓励让我对本书的未来满怀希望。谢谢您对本书在内容编排、封面设计等方面的意见和建议，让这本书变得更好。感谢对本书进行修改和排版的出版社工作人员，是你们让这本书更完美地呈现在读者面前。

作者

目　　录

第 1 篇　基础篇

第 1 章　欢迎来到 Shader 的世界……2

1.1　程序员的三大浪漫……2
1.2　本书结构……3

第 2 章　渲染流水线……5

2.1　综述……5
2.1.1　什么是流水线……5
2.1.2　什么是渲染流水线……6
2.2　CPU 和 GPU 之间的通信……7
2.2.1　把数据加载到显存中……7
2.2.2　设置渲染状态……8
2.2.3　调用 Draw Call……8
2.3　GPU 流水线……9
2.3.1　概述……9
2.3.2　顶点着色器……10
2.3.3　裁剪……11
2.3.4　屏幕映射……11
2.3.5　三角形设置……12
2.3.6　三角形遍历……13
2.3.7　片元着色器……13
2.3.8　逐片元操作……14
2.3.9　总结……17
2.4　一些容易困惑的地方……18
2.4.1　什么是 OpenGL/DirectX……18
2.4.2　什么是 HLSL、GLSL、Cg……19
2.4.3　什么是 Draw Call……20
2.4.4　什么是固定管线渲染……22
2.5　那么，你明白什么是 Shader 了吗……23
2.6　扩展阅读……23

第 3 章　Unity Shader 基础……24

3.1　Unity Shader 概述……25
3.1.1　一对好兄弟：材质和 Unity Shader……25
3.1.2　Unity 中的材质……26
3.1.3　Unity 中的 Shader……26
3.2　Unity Shader 的基础：ShaderLab……28
什么是 ShaderLab？……28
3.3　Unity Shader 的结构……29
3.3.1　给我们的 Shader 起个名字……29
3.3.2　材质和 Unity Shader 的桥梁：Properties……29
3.3.3　重量级成员：SubShader……31
3.3.4　留一条后路：Fallback……33
3.3.5　ShaderLab 还有其他的语义吗……33
3.4　Unity Shader 的形式……33
3.4.1　Unity 的宠儿：表面着色器……34
3.4.2　最聪明的孩子：顶点/片元着色器……35
3.4.3　被抛弃的角落：固定函数着色器……35
3.4.4　选择哪种 Unity Shader 形式……36
3.5　本书使用的 Unity Shader 形式……36
3.6　答疑解惑……36
3.6.1　Unity Shader != 真正的 Shader……36

3.6.2 Unity Shader和Cg/HLSL之间的关系……37
3.6.3 我可以使用GLSL来写吗……38
3.7 扩展阅读……38

第4章 学习Shader所需的数学基础……39

4.1 背景：农场游戏……39
4.2 笛卡儿坐标系……40
4.2.1 二维笛卡儿坐标系……40
4.2.2 三维笛卡儿坐标系……41
4.2.3 左手坐标系和右手坐标系……42
4.2.4 Unity使用的坐标系……44
4.2.5 练习题……45
4.3 点和矢量……45
4.3.1 点和矢量的区别……46
4.3.2 矢量运算……47
4.3.3 练习题……53
4.4 矩阵……54
4.4.1 矩阵的定义……54
4.4.2 和矢量联系起来……55
4.4.3 矩阵运算……55
4.4.4 特殊的矩阵……57
4.4.5 行矩阵还是列矩阵……60
4.4.6 练习题……61
4.5 矩阵的几何意义：变换……62
4.5.1 什么是变换……62
4.5.2 齐次坐标……63
4.5.3 分解基础变换矩阵……63
4.5.4 平移矩阵……64
4.5.5 缩放矩阵……64
4.5.6 旋转矩阵……65
4.5.7 复合变换……66
4.6 坐标空间……67
4.6.1 为什么要使用这么多不同的坐标空间……68
4.6.2 坐标空间的变换……68
4.6.3 顶点的坐标空间变换过程……72
4.6.4 模型空间……73
4.6.5 世界空间……73
4.6.6 观察空间……75
4.6.7 裁剪空间……77
4.6.8 屏幕空间……83
4.6.9 总结……85
4.7 法线变换……86
4.8 Unity Shader的内置变量（数学篇）……87
4.8.1 变换矩阵……87
4.8.2 摄像机和屏幕参数……88
4.9 答疑解惑……89
4.9.1 使用3×3还是4×4的变换矩阵……89
4.9.2 Cg中的矢量和矩阵类型……89
4.9.3 Unity中的屏幕坐标：ComputeScreenPos/VPOS/WPOS……90
4.10 扩展阅读……93
4.11 练习题答案……93

第2篇 初级篇

第5章 开始Unity Shader学习之旅……100

5.1 本书使用的软件和环境……100
5.2 一个最简单的顶点/片元着色器……100
5.2.1 顶点/片元着色器的基本结构……101
5.2.2 模型数据从哪里来……103
5.2.3 顶点着色器和片元着色器之间如何通信……104
5.2.4 如何使用属性……105
5.3 强大的援手：Unity提供的内置文件和变量……107
5.3.1 内置的包含文件……107
5.3.2 内置的变量……109
5.4 Unity提供的Cg/HLSL语义……109
5.4.1 什么是语义……109
5.4.2 Unity支持的语义……110

5.4.3 如何定义复杂的变量类型 ··· 110
5.5 程序员的烦恼：Debug ··· 111
5.5.1 使用假彩色图像 ··· 111
5.5.2 利用神器：Visual Studio ··· 113
5.5.3 最新利器：帧调试器 ··· 113
5.6 小心：渲染平台的差异 ··· 115
5.6.1 渲染纹理的坐标差异 ··· 115
5.6.2 Shader 的语法差异 ··· 116
5.6.3 Shader 的语义差异 ··· 117
5.6.4 其他平台差异 ··· 117
5.7 Shader 整洁之道 ··· 117
5.7.1 float、half 还是 fixed ··· 117
5.7.2 规范语法 ··· 118
5.7.3 避免不必要的计算 ··· 118
5.7.4 慎用分支和循环语句 ··· 119
5.7.5 不要除以 0 ··· 119
5.8 扩展阅读 ··· 120

第 6 章 Unity 中的基础光照 ··· 121

6.1 我们是如何看到这个世界的 ··· 121
6.1.1 光源 ··· 121
6.1.2 吸收和散射 ··· 122
6.1.3 着色 ··· 122
6.1.4 BRDF 光照模型 ··· 123
6.2 标准光照模型 ··· 123
6.2.1 环境光 ··· 123
6.2.2 自发光 ··· 124
6.2.3 漫反射 ··· 124
6.2.4 高光反射 ··· 124
6.2.5 逐像素还是逐顶点 ··· 125
6.2.6 总结 ··· 125
6.3 Unity 中的环境光和自发光 ··· 126
6.4 在 Unity Shader 中实现漫反射光照模型 ··· 126
6.4.1 实践：逐顶点光照 ··· 126
6.4.2 实践：逐像素光照 ··· 129
6.4.3 半兰伯特模型 ··· 130
6.5 在 Unity Shader 中实现高光反射光照模型 ··· 131
6.5.1 实践：逐顶点光照 ··· 132
6.5.2 实践：逐像素光照 ··· 134
6.5.3 Blinn-Phong 光照模型 ··· 135
6.6 召唤神龙：使用 Unity 内置的函数 ··· 136

第 7 章 基础纹理 ··· 139

7.1 单张纹理 ··· 140
7.1.1 实践 ··· 140
7.1.2 纹理的属性 ··· 142
7.2 凹凸映射 ··· 146
7.2.1 高度纹理 ··· 146
7.2.2 法线纹理 ··· 146
7.2.3 实践 ··· 148
7.2.4 Unity 中的法线纹理类型 ··· 154
7.3 渐变纹理 ··· 155
7.4 遮罩纹理 ··· 158
7.4.1 实践 ··· 159
7.4.2 其他遮罩纹理 ··· 161

第 8 章 透明效果 ··· 162

8.1 为什么渲染顺序很重要 ··· 163
8.2 Unity Shader 的渲染顺序 ··· 164
8.3 透明度测试 ··· 165
8.4 透明度混合 ··· 169
8.5 开启深度写入的半透明效果 ··· 171
8.6 ShaderLab 的混合命令 ··· 173
8.6.1 混合等式和参数 ··· 173
8.6.2 混合操作 ··· 174

8.6.3 常见的混合类型……175
8.7 双面渲染的透明效果……176
8.7.1 透明度测试的双面渲染……176
8.7.2 透明度混合的双面渲染……176

第 3 篇 中级篇

第 9 章 更复杂的光照……180

9.1 Unity 的渲染路径……180
9.1.1 前向渲染路径……182
9.1.2 顶点照明渲染路径……185
9.1.3 延迟渲染路径……186
9.1.4 选择哪种渲染路径……188
9.2 Unity 的光源类型……188
9.2.1 光源类型有什么影响……189
9.2.2 在前向渲染中处理不同的光源类型……190
9.3 Unity 的光照衰减……195
9.3.1 用于光照衰减的纹理……196
9.3.2 使用数学公式计算衰减……196
9.4 Unity 的阴影……196
9.4.1 阴影是如何实现的……197
9.4.2 不透明物体的阴影……198
9.4.3 使用帧调试器查看阴影绘制过程……202
9.4.4 统一管理光照衰减和阴影……204
9.4.5 透明度物体的阴影……206
9.5 本书使用的标准 Unity Shader……209

第 10 章 高级纹理……210

10.1 立方体纹理……210
10.1.1 天空盒子……210
10.1.2 创建用于环境映射的立方体纹理……212
10.1.3 反射……213
10.1.4 折射……215
10.1.5 菲涅耳反射……217
10.2 渲染纹理……219
10.2.1 镜子效果……219
10.2.2 玻璃效果……220
10.2.3 渲染纹理 vs. GrabPass……224
10.3 程序纹理……225
10.3.1 在 Unity 中实现简单的程序纹理……225
10.3.2 Unity 的程序材质……228

第 11 章 让画面动起来……230

11.1 Unity Shader 中的内置变量（时间篇）……230
11.2 纹理动画……230
11.2.1 序列帧动画……230
11.2.2 滚动的背景……233
11.3 顶点动画……234
11.3.1 流动的河流……234
11.3.2 广告牌……236
11.3.3 注意事项……239

第 4 篇 高级篇

第 12 章 屏幕后处理效果……244

12.1 建立一个基本的屏幕后处理脚本系统……244

12.2 调整屏幕的亮度、饱和度和对比度 ········246
12.3 边缘检测 ········249
12.3.1 什么是卷积 ········249
12.3.2 常见的边缘检测算子 ········249
12.3.3 实现 ········250
12.4 高斯模糊 ········253
12.4.1 高斯滤波 ········253
12.4.2 实现 ········254
12.5 Bloom 效果 ········259
12.6 运动模糊 ········263
12.7 扩展阅读 ········266

第 13 章 使用深度和法线纹理 ········267

13.1 获取深度和法线纹理 ········267
13.1.1 背后的原理 ········267
13.1.2 如何获取 ········269
13.1.3 查看深度和法线纹理 ········271
13.2 再谈运动模糊 ········272
13.3 全局雾效 ········276
13.3.1 重建世界坐标 ········276
13.3.2 雾的计算 ········278
13.3.3 实现 ········278
13.4 再谈边缘检测 ········283
13.5 扩展阅读 ········287

第 14 章 非真实感渲染 ········288

14.1 卡通风格的渲染 ········288
14.1.1 渲染轮廓线 ········288
14.1.2 添加高光 ········289
14.1.3 实现 ········290
14.2 素描风格的渲染 ········293
14.3 扩展阅读 ········296
14.4 参考文献 ········297

第 15 章 使用噪声 ········298

15.1 消融效果 ········298
15.2 水波效果 ········302
15.3 再谈全局雾效 ········305
15.4 扩展阅读 ········309
15.5 参考文献 ········309

第 16 章 Unity 中的渲染优化技术 ········310

16.1 移动平台的特点 ········310
16.2 影响性能的因素 ········311
16.3 Unity 中的渲染分析工具 ········312
16.3.1 认识 Unity 5 的渲染统计窗口 ········312
16.3.2 性能分析器的渲染区域 ········313
16.3.3 再谈帧调试器 ········313
16.3.4 其他性能分析工具 ········314
16.4 减少 draw call 数目 ········314
16.4.1 动态批处理 ········315
16.4.2 静态批处理 ········316
16.4.3 共享材质 ········318
16.4.4 批处理的注意事项 ········318
16.5 减少需要处理的顶点数目 ········319
16.5.1 优化几何体 ········319
16.5.2 模型的 LOD 技术 ········319
16.5.3 遮挡剔除技术 ········320
16.6 减少需要处理的片元数目 ········320
16.6.1 控制绘制顺序 ········320
16.6.2 时刻警惕透明物体 ········321
16.6.3 减少实时光照和阴影 ········321

16.7 节省带宽 ······322
16.7.1 减少纹理大小 ······322
16.7.2 利用分辨率缩放······323
16.8 减少计算复杂度······323
16.8.1 Shader 的 LOD 技术······323
16.8.2 代码方面的优化······323
16.8.3 根据硬件条件进行缩放 ·····324
16.9 扩展阅读 ······324

第 5 篇 扩展篇

第 17 章 Unity 的表面着色器探秘 ······328
17.1 表面着色器的一个例子 ······328
17.2 编译指令 ······330
17.2.1 表面函数······330
17.2.2 光照函数······330
17.2.3 其他可选参数 ······331
17.3 两个结构体 ······332
17.3.1 数据来源：Input 结构体····332
17.3.2 表面属性：SurfaceOutput 结构体······333
17.4 Unity 背后做了什么······334
17.5 表面着色器实例分析 ······336
17.6 Surface Shader 的缺点······341

第 18 章 基于物理的渲染 ······342
18.1 PBS 的理论和数学基础 ······342
18.1.1 光是什么 ······343
18.1.2 双向反射分布函数（BRDF）······344
18.1.3 漫反射项 ······345
18.1.4 高光反射项······346
18.1.5 Unity 中的 PBS 实现 ········ 347
18.2 Unity 5 的 Standard Shader··········· 348
18.2.1 它们是如何实现的 ··········· 348
18.2.2 如何使用 Standard Shader ·· 349
18.3 一个更加复杂的例子······ 352
18.3.1 设置光照环境······ 352
18.3.2 放置反射探针······ 355
18.3.3 调整材质 ······ 356
18.3.4 线性空间 ······ 356
18.4 答疑解惑······ 357
18.4.1 什么是全局光照 ······ 357
18.4.2 什么是伽马校正 ······ 358
18.4.3 什么是 HDR ······ 361
18.4.4 那么，PBS 适合什么样的游戏 ······ 362
18.5 扩展阅读······ 363
18.6 参考文献······ 363

第 19 章 Unity 5 更新了什么 ······365
19.1 场景“更亮了” ······ 365
19.2 表面着色器更容易“报错了” ···· 365
19.3 当家做主：自己控制非统一缩放的网格······ 366
19.4 固定管线着色器逐渐退出舞台 ···· 366

第 20 章 还有更多内容吗······368
20.1 如果你想深入了解渲染的话 ······· 368
20.2 世界那么大······ 369
20.3 参考文献······ 369

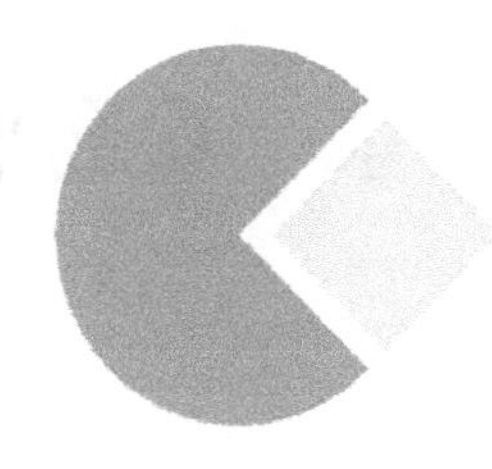

第 1 篇

基础篇

这是很重要的一篇，尽管在本篇中我们没有进行真正的代码编写，但本篇会为初学者普及基本的理论知识以及必要的数学基础，为读者顺利步入 Unity Shader 学习打下很好的基础。

第 1 章　欢迎来到 Shader 的世界

欢迎来到 Shader 的世界！我们曾不断听到周围有人提出类似的问题："Shader 是什么""我应该看哪些书才能学好 Shader""学习 Unity Shader，我应该从哪里着手"。我希望这本书可以告诉你这些问题的答案。让你离制作心目中优秀游戏的心愿更近一步。

第 2 章　渲染流水线

这一章讲解了现代 GPU 是如何实现整个渲染流水线的，这些内容对于理解 Shader 的工作原理有着非常重要的作用。

第 3 章　Unity Shader 基础

这一章将讲解 Unity Shader 的实现原理和基本语法，同时也将为读者解答一些常见的困惑点。

第 4 章　学习 Shader 所需的数学基础

数学向来是初学者面对的一大学习障碍。然而，在初级阶段的渲染学习中，我们需要掌握的数学理论实际上并不复杂。这一章将为读者讲解渲染过程中常见的数学知识。这章内容可以帮助读者理解 Shader 中的数学运算，我们在讲解过程中以一个具体的例子来阐述"一头奶牛的鼻子是如何一步步被绘制到屏幕上的"。

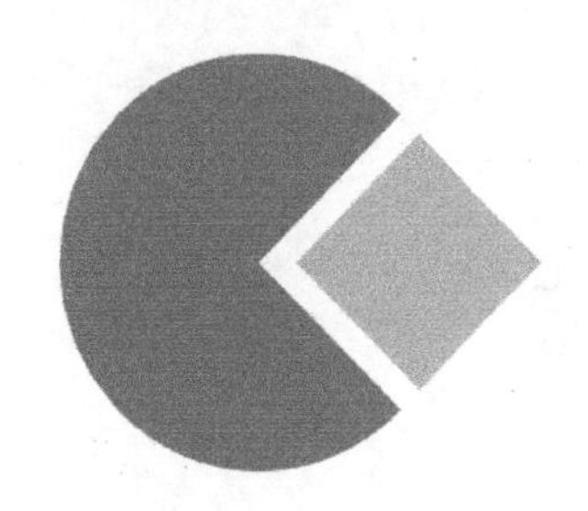

第1章 欢迎来到Shader的世界

欢迎来到 Shader 的世界！我们曾不断听到周围有人提出类似的问题："Shader 是什么""我应该看哪些书才能学好 Shader""学习 Unity Shader，我应该从哪里着手"。我们希望这本书可以告诉你这些问题的答案。如果本书是你学习 Shader 的第一本书，我们希望这本书可以为你打开一扇新的大门，让你离制作心目中的优秀游戏的心愿更近一步；如果不是，我们同样希望这本书可以让你更深入地理解 Shader 的方方面面，在学习 Shader 的过程中更上一层楼。

1.1 程序员的三大浪漫

有人说，程序员的三大浪漫是编译原理、操作系统和图形学（是的，我已经听到很多人在反驳这句话了，不要当真啦）。不管你是否认同这句话，我们只是想借此说明图形学在程序员心目中的地位。正在看此书的你，想必多多少少都对图形学或者渲染有一定兴趣，也许你想要通过此书来学习如何实现游戏中的各种特效，也许你仅仅是好奇那些绚丽的画面是如何产生的。我们是程序员中的"外貌协会"，期待着用代码编写出一个绚丽多姿的世界。这就是我们的浪漫。

我想，读者大概都经历过这样的场景：当你在游戏里看到那些出色的画面时，你很好奇这样的游戏是如何制作出来的，更具体的是，这样的渲染效果是如何得到的。于是你搜索后发现，这个游戏是 Unity 引擎开发的，更巧的是，Unity 也是你熟知的引擎！于是你继续搜索，想要知道如何在 Unity 里实现这样的效果，最后，你往往会得到"要编写自己的 Shader"这样的答案。总算有了一些头绪，你继续在网络上搜索如何学习编写 Shader。于是你看到了很多文章，这些文章告诉你 Unity Shader 有哪些语法，一个普通的漫反射或者边缘高光的效果的代码是什么样子的。然后，你把这些代码粘贴到 Unity 中，保存后运行，效果出现了！一切看起来好像都很顺利，可是，当你仔细阅读这些代码时，却往往没有头绪。你不知道为什么要有一个名为 vert 和 frag 的函数，它们是什么时候调用的，为什么 vert 函数里要进行一些矩阵运算，这些矩阵是用来做什么的，为什么当你按照 C#里面的一些语法编写时 Shader 却报错了。这些疑问大大影响了你学习 Shader 的信心，你开始觉得这是一个比学习 C#难许多倍的事情，怀疑自己是不是还不具备学习如何编写 Shader 的基础。

如果上面的情景和你的经历有些类似，那么相信我，有很多人和你有一样的烦恼。事实上，我们之所以会觉得学习 Shader 比学习 C#这样的编程语言更加困难，一个原因是因为 Shader 需要牵扯到整个渲染流程。当学习 C++、C#这样的高级语言时，我们可以在不了解计算机架构的情况下仍然编写出实现各种功能的代码，这样的高级语言更符合人类的思维方式。然而，Shader 并不是这样的。我们之所以要学习 Shader，是想要学习如何把物体按照自己的意愿渲染到屏幕上，但是，Shader 只是整个渲染流程中的一个子部分。虽然它很关键，但想要学习它，我们就需要了解整个渲染流程是如何进行的。和 C++这样的高级语言不同，尽管 Shader 的编写语言已经达到了我们可以理解的程度，但 Shader 更多地是面向 GPU 的工作方式，所以它的一些语法对我们来说并不那么直观。因此，任何一篇只讲语法、不讲渲染框架的文章都无法解决读者的困惑。

我们希望通过本书可以帮助读者建立一个渲染流程的整体体系，这些基础是跨越 Shader 学习中层层障碍的重要因素。我们也相信，在学习完本书后，读者可以自行回答本章开头提出的那些问题。

1.2 本书结构

我们在编写本书时尽量考虑到没有渲染基础的读者们。因此，我们把整书分成了五大篇。

- 基础篇

这是很重要的一篇，尽管在本篇中我们没有进行真正的代码编写，但基础篇会为初学者普及基本的理论知识以及必要的数学基础。基础篇包括了以下 3 个章节。

第 2 章 渲染流水线 这一章讲解了现代 GPU 是如何实现整个渲染流水线的，这些内容对于理解 Shader 的工作原理有着非常重要的作用。

第 3 章 Unity Shader 基础 Unity 在原有的渲染流程上进行了封装，并提供给开发者新的图像编程接口——Unity Shader。这一章将讲解 Unity Shader 的实现原理和基本语法，同时也将为读者解答一些常见的困惑点。

第 4 章 学习 Shader 所需的数学基础 数学向来是初学者面对的一大学习障碍。然而，在初级阶段的渲染学习中，我们需要掌握的数学理论实际并不复杂。本章将为读者讲解渲染过程中常见的数学知识，如矢量、矩阵运算、坐标空间等。本章内容可以大大帮助读者理解 Shader 中的数学运算。为了帮助读者加深理解，我们在讲解过程中以一个具体的例子来阐述"一头奶牛的鼻子是如何一步步被绘制到屏幕上的"。

- 初级篇

在学习完基础篇后，我们就正式开始了 Unity Shader 的学习之旅。初级篇将会从最简单的 Shader 开始，讲解 Shader 中基础的光照模型、纹理和透明效果等初级渲染效果。需要注意的是，我们在初级篇中实现的 Unity Shader 大多不能直接用于真实项目中，因为它们缺少了完整的光照计算，例如阴影、光照衰减等，仅仅是为了阐述一些实现原理。在第 9 章最后，我们会给出包括了完整光照计算的 Unity Shader。初级篇包含了以下 4 个章节。

第 5 章 开始 Unity Shader 学习之旅 本章将实现一个简单的顶点/片元着色器，并详细解释其中每个步骤的原理，这需要读者对之前基础篇的内容有所理解。本章还会给出关于 Unity Shader 的一些常用的辅助技巧，例如如何调试、查看内置代码以及编写规范等。

第 6 章 Unity 中的基础光照 本章将学习如何在 Shader 中实现基本的光照模型，如漫反射、高光反射等。我们首先解释如何从无到有实现一个光照模型，最后给出使用 Unity 提供的内置函数来实现的版本。

第 7 章 基础纹理 纹理的使用给渲染的世界带来了更多的变化。这一章将会讲述如何在 Unity Shader 中使用法线纹理、遮罩纹理等基础纹理。

第 8 章 透明效果 透明是游戏中常用的渲染效果。这一章首先介绍了渲染的实现原理，并给出了和 Unity 的渲染顺序相关的重要内容。在了解了这些内容的基础上，我们将学习如何实现透明度测试和透明度混合等透明效果。

- 中级篇

中级篇是本书的进阶篇章，主要讲解 Unity 中的渲染路径、如何计算光照衰减和阴影、如何使用高级纹理和动画等一系列进阶内容。中级篇包含了以下 3 个章节。

第 9 章 更复杂的光照 我们在初级篇中实现的光照模型没有考虑一些重要的光照计算，如阴影和光照衰减。本章首先讲解 Unity 中的 3 种渲染路径和 3 种重要的光源类型，再解释如何在前向渲染路径中实现包含了光照衰减、阴影等效果的完整的光照计算。在本章最后，我们会给出基于之前学习内容实现的包含了完整光照计算的 Unity Shader。

第 10 章　高级纹理　这一章将会讲解如何在 Unity Shader 中使用立方体纹理、渲染纹理和程序纹理等高级纹理。

第 11 章　让画面动起来　静态的画面往往是无趣的。这一章将帮助读者学习如何在 Shader 中使用时间变量来实现纹理动画、顶点动画等动态效果。

- 高级篇

高级篇涵盖了一些 Shader 的高级用法，例如如何实现屏幕特效、利用法线和深度缓冲以及非真实感渲染等，同时，我们还会介绍一些针对移动平台的优化技巧。高级篇的结构如下。

第 12 章　屏幕后处理效果　屏幕特效是游戏中常用的渲染手法之一。这一章将介绍如何在 Unity 中实现一个基本的屏幕后处理脚本系统，并给出一些基本的屏幕特效的实现原理，如高斯模糊、边缘检测等。

第 13 章　使用深度和法线纹理　使用深度和法线纹理可以帮助我们实现很多屏幕特效。本章将介绍如何在 Unity 中获取这些特殊的纹理来实现屏幕特效。

第 14 章　非真实感渲染　很多游戏使用了非真实感渲染的方法来渲染游戏画面。这一章将会给出常见的非真实感渲染的算法，如卡通渲染、素描风格的渲染等。本章的扩展阅读部分可以帮助读者找到更多其他类型的非真实感渲染的实现方法。

第 15 章　使用噪声　很多时候噪声是我们的救星。本章给出了噪声在游戏渲染中的一些应用。

第 16 章　Unity 中的渲染优化技术　优化往往是游戏渲染中的重点。这一章介绍了 Unity 中针对移动平台使用的常见的优化技巧。

- 扩展篇

扩展篇旨在进一步扩展读者的视野。本篇将会介绍 Unity 的表面着色器的实现机制，并介绍基于物理的渲染的相关内容。最后，我们给出了更多的关于学习渲染的资料。扩展篇包含了以下 4 个章节。

第 17 章　Unity 的表面着色器探秘　Unity 提出了一种新颖的 Shader 形式——表面着色器。本章将会介绍这些表面着色器是如何实现的，以及如何使用这些表面着色器来实现渲染。

第 18 章　基于物理的渲染　Unity 5 终于引入了基于物理的渲染，这给 Unity 引擎带来了更强的渲染能力。这一章将介绍基于物理渲染的理论基础，并解释 Unity 是如何实现基于物理的渲染的。我们还会在本章实现一个基本的场景来进一步阐述如何在 Unity 5 中利用基于物理的渲染。

第 19 章　Unity 5 更新了什么　相较于 Unity 4.x，Unity 5 在 Shader 方面有很多重要的更新。本章将给出 Unity 5 中一些重要的更新，以帮助读者解决在升级 Unity 5 时所面对的各种问题。

第 20 章　还有更多内容吗　图形学的丰富多彩远远超乎我们的想象，我们相信一本书也远远无法满足一些读者强烈的求知欲。在最后一章中，我们将给出许多非常有价值的学习资料，以帮助读者进行更深入的学习。

那么，你准备好了吗？和我们一起进入 Shader 的世界吧！

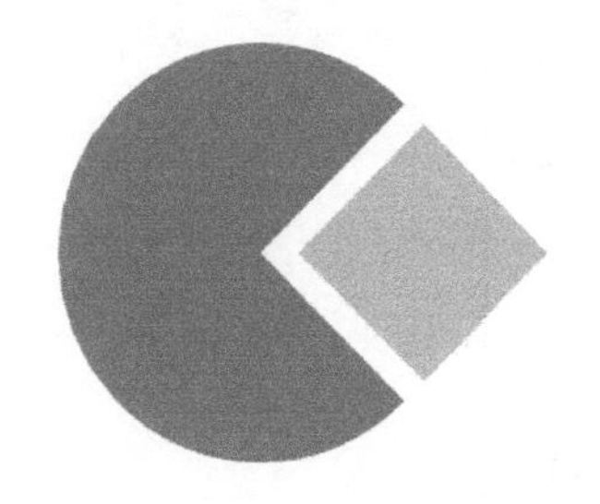

第2章　渲染流水线

在开始一切学习之前，我们有必要了解什么是Shader，即着色器。与之关系非常紧密的就是渲染流水线。可以说，如果你没有了解过渲染流水线的工作流程，就永远无法说自己对Shader已经入门。

渲染流水线的最终目的在于生成或者说是渲染一张二维纹理，即我们在电脑屏幕上看到的所有效果。它的输入是一个虚拟摄像机、一些光源、一些Shader以及纹理等。

本章将会给出渲染流水线的概览，同时会尽量避免数学上的计算，而仅仅提供一些全局上的描述。本书给出的流水线不仅适用于Unity平台，如果读者想要深入了解并学习着色器的话，会发现下面的内容同样是非常重要和有价值的。

2.1 综述

要学会怎么使用Shader，我们首先要了解Shader是怎么工作的。实际上，Shader仅仅是渲染流水线中的一个环节，想要让我们的Shader发挥出它的作用，我们就需要知道它在渲染流水线中扮演了怎样的角色。而本节会给出简化后的渲染流水线的工作流程。

2.1.1　什么是流水线

我们先来看一下真实生活中的流水线是什么。在工业上，流水线被广泛应用在装配线上。

我们来举一个例子。假设，老王有一个生产洋娃娃的工厂，一个洋娃娃的生产流程可以分为4个步骤：第1步，制作洋娃娃的躯干；第2步，缝上眼睛和嘴巴；第3步，添加头发；第4步，给洋娃娃进行最后的产品包装。

在流水线出现之前，只有在每个洋娃娃完成了所有这4个工序后才能开始制作下一个洋娃娃。如果说每个步骤需要的时间是1小时的话，那么每4个小时才能生产一个洋娃娃。

但后来人们发现了一个更加有效的方法，即使用流水线。老王把流水线引入工厂之后，工厂发生了很大的变化。虽然制作一个洋娃娃仍然需要4个步骤，但不需要从头到尾完成全部步骤，而是每个步骤由专人来完成，所有步骤并行进行。也就是说，当工序1完成了制作躯干的任务并把其交给工序2时，工序1又开始进行下一个洋娃娃的制作了。

使用流水线的好处在于可以提高单位时间的生产量。在洋娃娃的例子中，使用了流水线技术后每1个小时就可以生产一个洋娃娃。图2.1显示了使用流水线前后生产效率的变化。

可以发现，流水线系统中决定最后生产速度的是最慢的工序所需的时间。例如，如果生产洋娃娃的第二道工序需要的是两个小时，其他工序仍然需要1个小时的话，那么平均每两个小时才能生产出一个洋娃娃。即工序2是性能的瓶颈（bottleneck）。

理想情况下，如果把一个非流水线系统分成 n 个流水线阶段，且每个阶段耗费时间相同的话，会使整个系统得到 n 倍的速度提升。

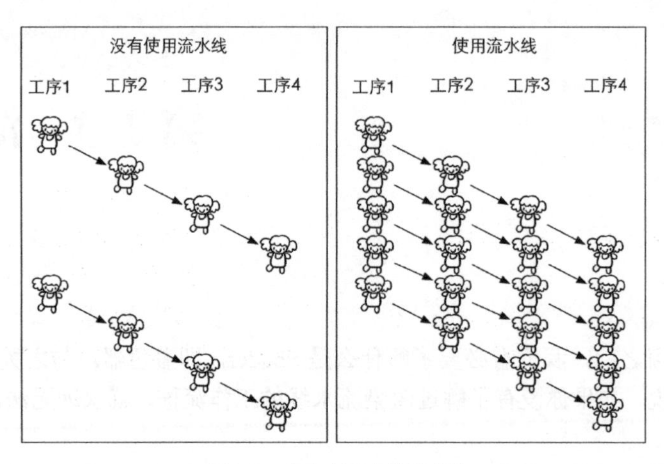

▲图 2.1　真实生活中的流水线

2.1.2　什么是渲染流水线

上面的关于流水线的概念同样适用于计算机的图像渲染中。渲染流水线的工作任务在于由一个三维场景出发、生成（或者说渲染）一张二维图像。换句话说，计算机需要从一系列的顶点数据、纹理等信息出发，把这些信息最终转换成一张人眼可以看到的图像。而这个工作通常是由 CPU 和 GPU 共同完成的。

《Real-Time Rendering, Third Edition》[1]一书中将一个渲染流程分成 3 个阶段：**应用阶段（Application Stage）、几何阶段（Geometry Stage）、光栅化阶段（Rasterizer Stage）。**

注意，这里仅仅是概念性阶段，每个阶段本身通常也是一个流水线系统，即包含了子流水线阶段。图 2.2 显示了 3 个概念阶段之间的联系。

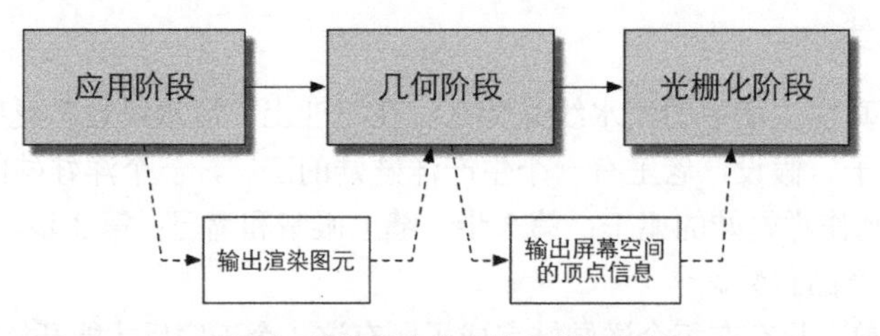

▲图 2.2　渲染流水线中的 3 个概念阶段

- 应用阶段

从名字我们可以看出，这个阶段是由我们的应用主导的，因此通常由 CPU 负责实现。换句话说，我们这些开发者具有这个阶段的绝对控制权。

在这一阶段中，开发者有 3 个主要任务：首先，我们需要准备好场景数据，例如摄像机的位置、视锥体、场景中包含了哪些模型、使用了哪些光源等等；其次，为了提高渲染性能，我们往往需要做一个粗粒度剔除（culling）工作，以把那些不可见的物体剔除出去，这样就不需要再移交给几何阶段进行处理；最后，我们需要设置好每个模型的渲染状态。这些渲染状态包括但不限于它使用的材质（漫反射颜色、高光反射颜色）、使用的纹理、使用的 Shader 等。这一阶段最重要的输出是渲染所需的几何信息，即**渲染图元（rendering primitives）**。通俗来讲，渲染图元可以是点、线、三角面等。这些渲染图元将会被传递给下一个阶段——几何阶段。

由于是由开发者主导这一阶段，因此应用阶段的流水线化是由开发者决定的。这不在本书的范畴内，有兴趣的读者可以参考本章的扩展阅读部分。

- 几何阶段

几何阶段用于处理所有和我们要绘制的几何相关的事情。例如，决定需要绘制的图元是什么，怎样绘制它们，在哪里绘制它们。这一阶段通常在 GPU 上进行。

几何阶段负责和每个渲染图元打交道，进行逐顶点、逐多边形的操作。这个阶段可以进一步分成更小的流水线阶段，这在下一章中会讲到。几何阶段的一个重要任务就是把顶点坐标变换到屏幕空间中，再交给光栅器进行处理。通过对输入的渲染图元进行多步处理后，这一阶段将会输出屏幕空间的二维顶点坐标、每个顶点对应的深度值、着色等相关信息，并传递给下一个阶段。

- 光栅化阶段

这一阶段将会使用上个阶段传递的数据来产生屏幕上的像素，并渲染出最终的图像。这一阶段也是在 GPU 上运行。光栅化的任务主要是决定每个渲染图元中的哪些像素应该被绘制在屏幕上。它需要对上一个阶段得到的逐顶点数据（例如纹理坐标、顶点颜色等）进行插值，然后再进行逐像素处理。

和上一个阶段类似，光栅化阶段也可以分成更小的流水线阶段。

> **提示** 读者需要把上面的 3 个流水线阶段和我们将要讲到的 GPU 流水线阶段区分开来。这里的流水线均是概念流水线，是我们为了给一个渲染流程进行基本的功能划分而提出来的。下面要介绍的 GPU 流水线，则是硬件真正用于实现上述概念的流水线。

2.2 CPU 和 GPU 之间的通信

渲染流水线的起点是 CPU，即应用阶段。应用阶段大致可分为下面 3 个阶段：

（1）把数据加载到显存中。

（2）设置渲染状态。

（3）调用 Draw Call（在本章的最后我们还会继续讨论它）。

2.2.1 把数据加载到显存中

所有渲染所需的数据都需要从硬盘（Hard Disk Drive，HDD）中加载到系统内存（Random Access Memory，RAM）中。然后，网格和纹理等数据又被加载到显卡上的存储空间——显存（Video Random Access Memory，VRAM）中。这是因为，显卡对于显存的访问速度更快，而且大多数显卡对于 RAM 没有直接的访问权利。图 2.3 所示给出了这样一个例子。

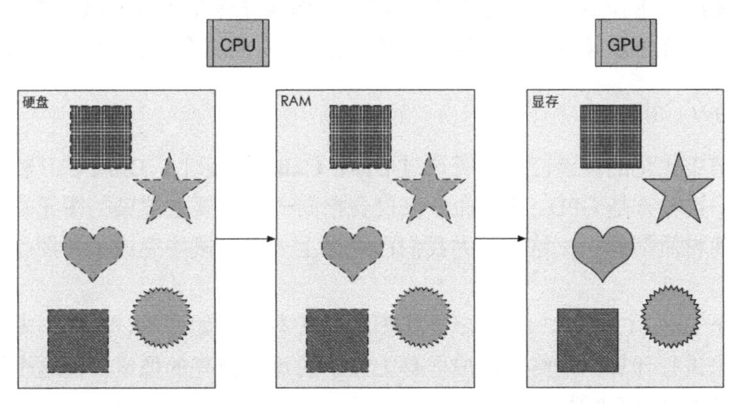

▲图 2.3 渲染所需的数据（两张纹理以及 3 个网格）从硬盘最终加载到显存中。在渲染时，GPU 可以快速访问这些数据

需要注意的是，真实渲染中需要加载到显存中的数据往往比图 2.3 所示复杂许多。例如，顶点的位置信息、法线方向、顶点颜色、纹理坐标等。

当把数据加载到显存中后，RAM 中的数据就可以移除了。但对于一些数据来说，CPU 仍然需要访问它们（例如，我们希望 CPU 可以访问网格数据来进行碰撞检测），那么我们可能就不希望这些数据被移除，因为从硬盘加载到 RAM 的过程是十分耗时的。

在这之后，开发者还需要通过 CPU 来设置渲染状态，从而"指导"GPU 如何进行渲染工作。

2.2.2　设置渲染状态

什么是渲染状态呢？一个通俗的解释就是，这些状态定义了场景中的网格是怎样被渲染的。例如，使用哪个顶点着色器（Vertex Shader）/片元着色器（Fragment Shader）、光源属性、材质等。如果我们没有更改渲染状态，那么所有的网格都将使用同一种渲染状态。图 2.4 显示了当使用同一种渲染状态时，渲染 3 个不同网格的结果。

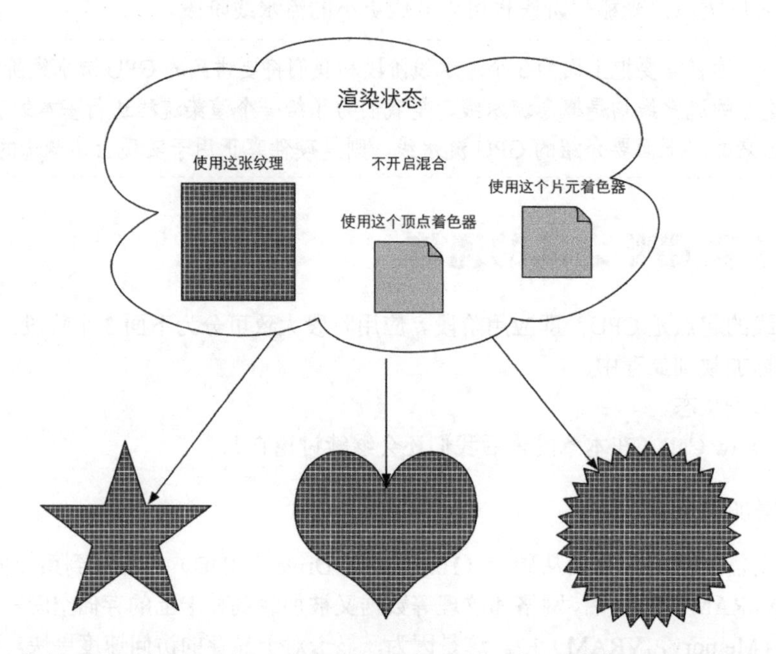

▲图 2.4　在同一状态下渲染 3 个网格。由于没有更改渲染状态，因此 3 个网格的外观看起来像是同一种材质的物体

在准备好上述所有工作后，CPU 就需要调用一个渲染命令来告诉 GPU："嘿！老兄，我都帮你把数据准备好啦，你可以按照我的设置来开始渲染啦！"而这个渲染命令就是 Draw Call。

2.2.3　调用 Draw Call

相信接触过渲染优化的读者应该都听说过 **Draw Call**。实际上，Draw Call 就是一个命令，它的发起方是 CPU，接收方是 GPU。这个命令仅仅会指向一个需要被渲染的图元（primitives）列表，而不会再包含任何材质信息——这是因为我们已经在上一个阶段中完成了！图 2.5 形象化地阐释了这个过程。

当给定了一个 Draw Call 时，GPU 就会根据渲染状态（例如材质、纹理、着色器等）和所有输入的顶点数据来进行计算，最终输出成屏幕上显示的那些漂亮的像素。而这个计算过程，就是我们下一节要讲的 GPU 流水线。

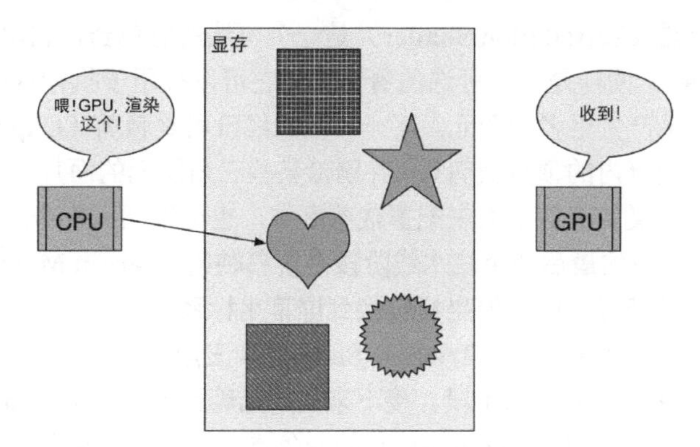

▲图 2.5 CPU 通过调用 Draw Call 来告诉 GPU 开始进行一个渲染过程。
一个 Draw Call 会指向本次调用需要渲染的图元列表

2.3 GPU 流水线

当 GPU 从 CPU 那里得到渲染命令后，就会进行一系列流水线操作，最终把图元渲染到屏幕上。

2.3.1 概述

在上一节中，我们解释了在应用阶段，CPU 是如何和 GPU 通信，并通过调用 Draw Call 来命令 GPU 进行渲染。GPU 渲染的过程就是 GPU 流水线。

对于概念阶段的后两个阶段，即几何阶段和光栅化阶段，开发者无法拥有绝对的控制权，其实现的载体是 GPU。GPU 通过实现流水线化，大大加快了渲染速度。虽然我们无法完全控制这两个阶段的实现细节，但 GPU 向开发者开放了很多控制权。在这一节中，我们将具体了解 GPU 是如何实现这两个概念阶段的。

几何阶段和光栅化阶段可以分成若干更小的流水线阶段，这些流水线阶段由 GPU 来实现，每个阶段 GPU 提供了不同的可配置性或可编程性。图 2.6 中展示了不同的流水线阶段以及它们的可配置性或可编程性。

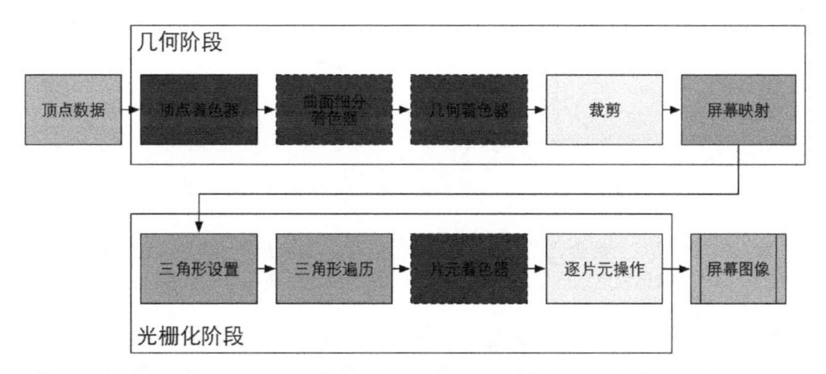

▲图 2.6 GPU 的渲染流水线实现。颜色表示了不同阶段的可配置性或可编程性：绿色表示该流水线阶段是完全可编程控制的，黄色表示该流水线阶段可以配置但不是可编程的，蓝色表示该流水线阶段是由 GPU 固定实现的，开发者没有任何控制权。实线表示该 Shader 必须由开发者编程实现，虚线表示该 Shader 是可选的

从图中可以看出，GPU 的渲染流水线接收顶点数据作为输入。这些顶点数据是由应用阶段加载到显存中，再由 Draw Call 指定的。这些数据随后被传递给顶点着色器。

顶点着色器（Vertex Shader）是完全可编程的，它通常用于实现顶点的空间变换、顶点着色

等功能。**曲面细分着色器（Tessellation Shader）**是一个可选的着色器，它用于细分图元。**几何着色器（Geometry Shader）**同样是一个可选的着色器，它可以被用于执行逐图元（Per-Primitive）的着色操作，或者被用于产生更多的图元。下一个流水线阶段是**裁剪（Clipping）**，这一阶段的目的是将那些不在摄像机视野内的顶点裁剪掉，并剔除某些三角图元的面片。这个阶段是可配置的。例如，我们可以使用自定义的裁剪平面来配置裁剪区域，也可以通过指令控制裁剪三角图元的正面还是背面。几何概念阶段的最后一个流水线阶段是**屏幕映射（Screen Mapping）**。这一阶段是不可配置和编程的，它负责把每个图元的坐标转换到屏幕坐标系中。

光栅化概念阶段中的**三角形设置（Triangle Setup）**和**三角形遍历（Triangle Traversal）**阶段也都是固定函数（Fixed-Function）的阶段。接下来的**片元着色器（Fragment Shader）**，则是完全可编程的，它用于实现逐片元（Per-Fragment）的着色操作。最后，**逐片元操作（Per-Fragment Operations）**阶段负责执行很多重要的操作，例如修改颜色、深度缓冲、进行混合等，它不是可编程的，但具有很高的可配置性。

接下来，我们会对其中主要的流水线阶段进行更加详细的解释。

2.3.2　顶点着色器

顶点着色器（Vertex Shader）是流水线的第一个阶段，它的输入来自于 CPU。顶点着色器的处理单位是顶点，也就是说，输入进来的每个顶点都会调用一次顶点着色器。顶点着色器本身不可以创建或者销毁任何顶点，而且无法得到顶点与顶点之间的关系。例如，我们无法得知两个顶点是否属于同一个三角网格。但正是因为这样的相互独立性，GPU 可以利用本身的特性并行化处理每一个顶点，这意味着这一阶段的处理速度会很快。

顶点着色器需要完成的工作主要有：坐标变换和逐顶点光照。当然，除了这两个主要任务外，顶点着色器还可以输出后续阶段所需的数据。图 2.7 展示了在顶点着色器中对顶点位置进行坐标变换并计算顶点颜色的过程。

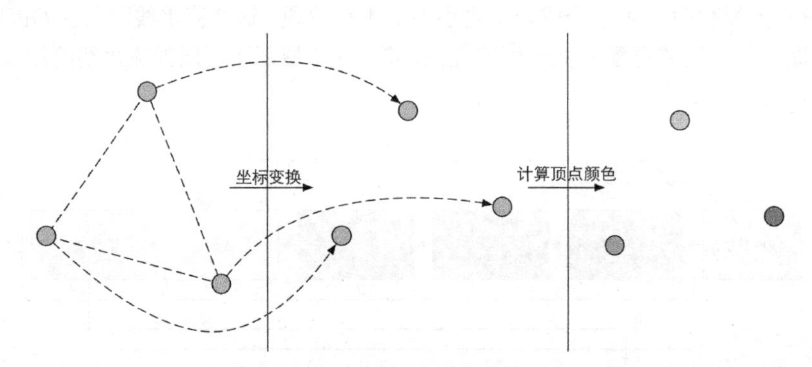

▲图 2.7　GPU 在每个输入的网格顶点上都会调用顶点着色器。顶点着色器必须进行顶点的坐标变换，需要时还可以计算和输出顶点的颜色。例如，我们可能需要进行逐顶点的光照

- 坐标变换。顾名思义，就是对顶点的坐标（即位置）进行某种变换。顶点着色器可以在这一步中改变顶点的位置，这在顶点动画中是非常有用的。例如，我们可以通过改变顶点位置来模拟水面、布料等。但需要注意的是，无论我们在顶点着色器中怎样改变顶点的位置，一个最基本的顶点着色器必须完成的一个工作是，**把顶点坐标从模型空间转换到齐次裁剪空间**。想想看，我们在顶点着色器中是不是会看到类似下面的代码：

```
o.pos = mul(UNITY_MVP, v.position);
```

类似上面这句代码的功能，就是把顶点坐标转换到齐次裁剪坐标系下，接着通常再由硬件做

透视除法后，最终得到归一化的设备坐标（Normalized Device Coordinates ，NDC）。具体数学上的实现细节我们会在第 4 章中讲到。图 2.8 展示了这样的一个转换过程。

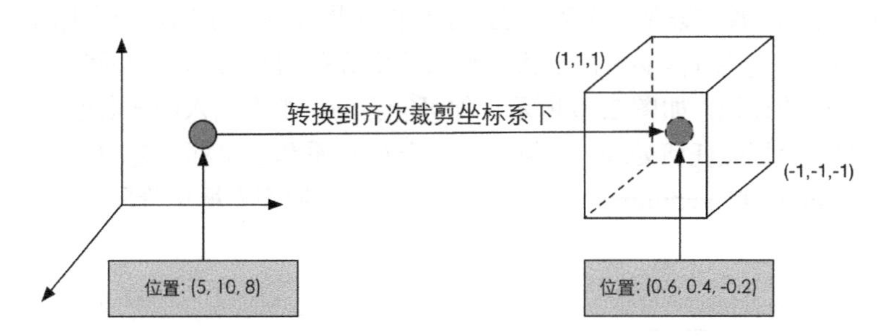

▲图 2.8　顶点着色器会将模型顶点的位置变换到齐次裁剪坐标空间下，进行输出后再由硬件做透视除法得到 NDC 下的坐标

需要注意的是，图 2.8 给出的坐标范围是 OpenGL 同时也是 Unity 使用的 NDC，它的 z 分量范围在[−1, 1]之间，而在 DirectX 中，NDC 的 z 分量范围是[0, 1]。顶点着色器可以有不同的输出方式。最常见的输出路径是经光栅化后交给片元着色器进行处理。而在现代的 Shader Model 中，它还可以把数据发送给曲面细分着色器或几何着色器，感兴趣的读者可以自行了解。

2.3.3　裁剪

由于我们的场景可能会很大，而摄像机的视野范围很有可能不会覆盖所有的场景物体，一个很自然的想法就是，那些不在摄像机视野范围的物体不需要被处理。而**裁剪（Clipping）**就是为了完成这个目的而被提出来的。

一个图元和摄像机视野的关系有 3 种：完全在视野内、部分在视野内、完全在视野外。完全在视野内的图元就继续传递给下一个流水线阶段，完全在视野外的图元不会继续向下传递，因为它们不需要被渲染。而那些部分在视野内的图元需要进行一个处理，这就是裁剪。例如，一条线段的一个顶点在视野内，而另一个顶点不在视野内，那么在视野外部的顶点应该使用一个新的顶点来代替，这个新的顶点位于这条线段和视野边界的交点处。

由于我们已知在 NDC 下的顶点位置，即顶点位置在一个立方体内，因此裁剪就变得很简单：只需要将图元裁剪到单位立方体内。图 2.9 展示了这样的一个过程。

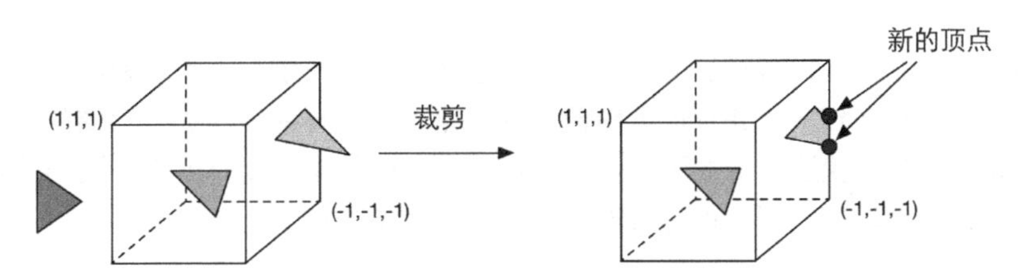

▲图 2.9　只有在单位立方体的图元才需要被继续处理。因此，完全在单位立方体外部的图元（红色三角形）被舍弃，完全在单位立方体内部的图元（绿色三角形）将被保留。和单位立方体相交的图元（黄色三角形）会被裁剪，新的顶点会被生成，原来在外部的顶点会被舍弃

和顶点着色器不同，这一步是不可编程的，即我们无法通过编程来控制裁剪的过程，而是硬件上的固定操作，但我们可以自定义一个裁剪操作来对这一步进行配置。

2.3.4　屏幕映射

这一步输入的坐标仍然是三维坐标系下的坐标（范围在单位立方体内）。**屏幕映射（Screen**

Mapping）的任务是把每个图元的 x 和 y 坐标转换到**屏幕坐标系**（**Screen Coordinates**）下。屏幕坐标系是一个二维坐标系，它和我们用于显示画面的分辨率有很大关系。

假设，我们需要把场景渲染到一个窗口上，窗口的范围是从最小的窗口坐标(x_1,y_1)到最大的窗口坐标(x_2,y_2)，其中 $x_1< x_2$ 且 $y_1< y_2$。由于我们输入的坐标范围在−1 到 1，因此可以想象到，这个过程实际是一个缩放的过程，如图 2.10 所示。你可能会问，那么输入的 z 坐标会怎么样呢？屏幕映射不会对输入的 z 坐标做任何处理。实际上，屏幕坐标系和 z 坐标一起构成了一个坐标系，叫做**窗口坐标系**（**Window Coordinates**）。这些值会一起被传递到光栅化阶段。

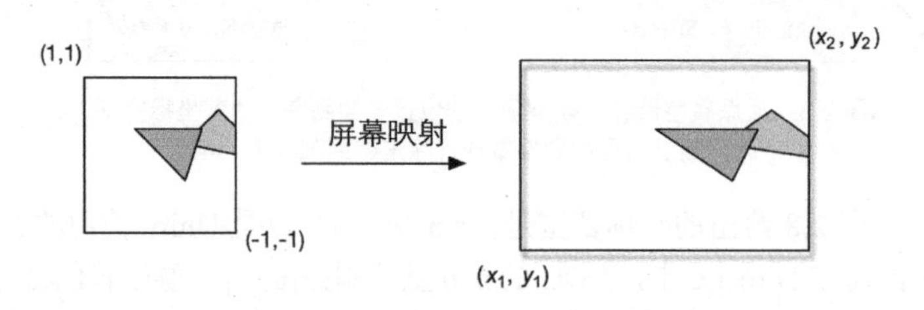

▲图 2.10　屏幕映射将 x、y 坐标从（−1, 1）范围转换到屏幕坐标系中

屏幕映射得到的屏幕坐标决定了这个顶点对应屏幕上哪个像素以及距离这个像素有多远。

有一个需要引起注意的地方是，屏幕坐标系在 OpenGL 和 DirectX 之间的差异问题。OpenGL 把屏幕的左下角当成最小的窗口坐标值，而 DirectX 则定义了屏幕的左上角为最小的窗口坐标值。图 2.11 显示了这样的差异。

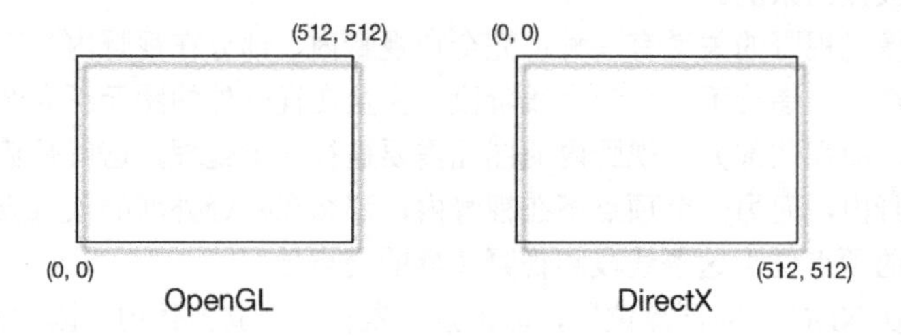

▲图 2.11　OpenGL 和 DirectX 的屏幕坐标系差异。对于一张 512*512 大小的图像，在 OpenGL 中其（0, 0）点在左下角，而在 DirectX 中其(0, 0)点在左上角

产生这种差异的原因是，微软的窗口都使用了这样的坐标系统，因为这和我们的阅读方式是一致的：从左到右、从上到下，并且很多图像文件也是按照这样的格式进行存储的。

不管原因如何，差异就这么造成了。留给我们开发者的就是，要时刻小心这样的差异，如果你发现得到的图像是倒转的，那么很有可能就是这个原因造成的。

2.3.5　三角形设置

由这一步开始就进入了光栅化阶段。从上一个阶段输出的信息是屏幕坐标系下的顶点位置以及和它们相关的额外信息，如深度值（z 坐标）、法线方向、视角方向等。光栅化阶段有两个最重要的目标：计算每个图元覆盖了哪些像素，以及为这些像素计算它们的颜色。

光栅化的第一个流水线阶段是**三角形设置**（**Triangle Setup**）。这个阶段会计算光栅化一个三角网格所需的信息。具体来说，上一个阶段输出的都是三角网格的顶点，即我们得到的是三角网格每条边的两个端点。但如果要得到整个三角网格对像素的覆盖情况，我们就必须计算每条边上的像素坐标。为了能够计算边界像素的坐标信息，我们就需要得到三角形边界的表示方式。这样一个计算三角网格表示数据的过程就叫做三角形设置。它的输出是为了给下一个阶段做准备。

2.3.6 三角形遍历

三角形遍历（Triangle Traversal）阶段将会检查每个像素是否被一个三角网格所覆盖。如果被覆盖的话，就会生成一个**片元（fragment）**。而这样一个找到哪些像素被三角网格覆盖的过程就是三角形遍历，这个阶段也被称为**扫描变换（Scan Conversion）**。

三角形遍历阶段会根据上一个阶段的计算结果来判断一个三角网格覆盖了哪些像素，并使用三角网格 3 个顶点的顶点信息对整个覆盖区域的像素进行插值。图 2.12 展示了三角形遍历阶段的简化计算过程。

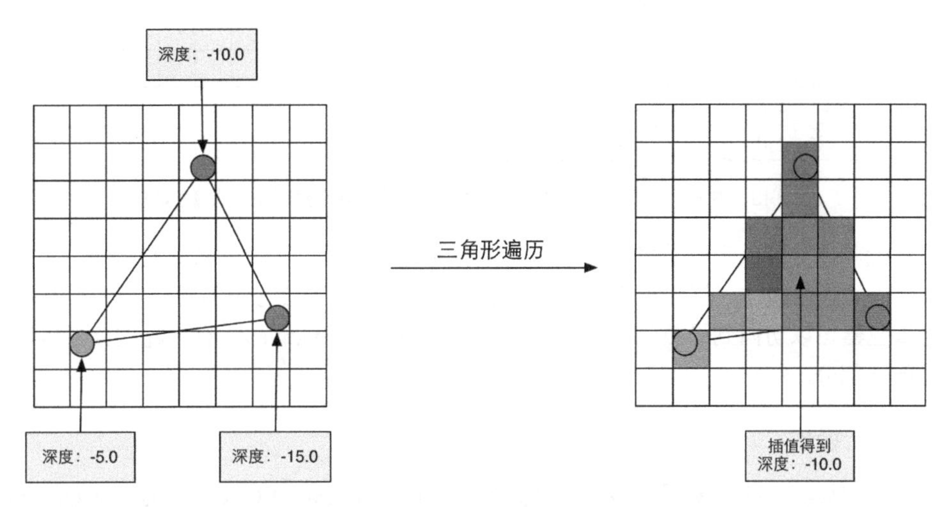

▲图 2.12 三角形遍历的过程。根据几何阶段输出的顶点信息，最终得到该三角网格覆盖的像素位置。对应像素会生成一个片元，而片元中的状态是对 3 个顶点的信息进行插值得到的。例如，对图 2.12 中 3 个顶点的深度进行插值得到其重心位置对应的片元的深度值为−10.0

这一步的输出就是得到一个片元序列。需要注意的是，一个片元并不是真正意义上的像素，而是包含了很多状态的集合，这些状态用于计算每个像素的最终颜色。这些状态包括了（但不限于）它的屏幕坐标、深度信息，以及其他从几何阶段输出的顶点信息，例如法线、纹理坐标等。

2.3.7 片元着色器

片元着色器（Fragment Shader）是另一个非常重要的可编程着色器阶段。在 DirectX 中，片元着色器被称为**像素着色器（Pixel Shader）**，但片元着色器是一个更合适的名字，因为此时的片元并不是一个真正意义上的像素。

前面的光栅化阶段实际上并不会影响屏幕上每个像素的颜色值，而是会产生一系列的数据信息，用来表述一个三角网格是怎样覆盖每个像素的。而每个片元就负责存储这样一系列数据。真正会对像素产生影响的阶段是下一个流水线阶段——**逐片元操作（Per-Fragment Operations）**。我们随后就会讲到。

片元着色器的输入是上一个阶段对顶点信息插值得到的结果，更具体来说，是根据那些从顶点着色器中输出的数据插值得到的。而它的输出是一个或者多个颜色值。图 2.13 显示了这样一个过程。

这一阶段可以完成很多重要的渲染技术，其中最重要的技术之一就是纹理采样。为了在片元着色器中进行纹理采样，我们通常会在顶点着色器阶段输出每个顶点对应的纹理坐标，然后经过光栅化阶段对三角网格的 3 个顶点对应的纹理坐标进行插值后，就可以得到其覆盖的片元的纹理坐标了。

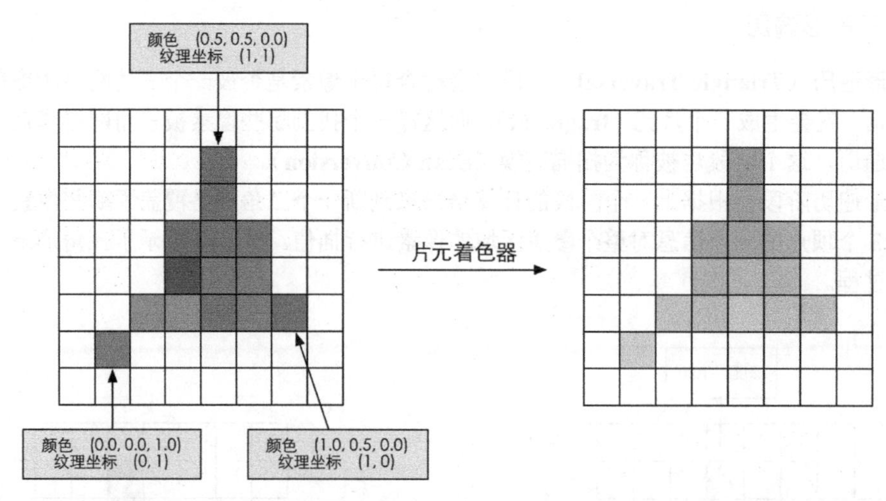

▲图 2.13　根据上一步插值后的片元信息，片元着色器计算该片元的输出颜色

虽然片元着色器可以完成很多重要效果，但它的局限在于，它仅可以影响单个片元。也就是说，当执行片元着色器时，它不可以将自己的任何结果直接发送给它的邻居们。有一个情况例外，就是片元着色器可以访问到导数信息（gradient，或者说是 derivative）。有兴趣的读者可以参考本章的扩展阅读部分。

2.3.8　逐片元操作

终于到了渲染流水线的最后一步。**逐片元操作（Per-Fragment Operations）**是 OpenGL 中的说法，在 DirectX 中，这一阶段被称为**输出合并阶段（Output-Merger）**。Merger 这个词可能更容易让读者明白这一步骤的目的：合并。而 OpenGL 中的名字可以让读者明白这个阶段的操作单位，即是对每一个片元进行一些操作。那么问题来了，要合并哪些数据？又要进行哪些操作呢？

这一阶段有几个主要任务。

（1）决定每个片元的可见性。这涉及了很多测试工作，例如深度测试、模板测试等。

（2）如果一个片元通过了所有的测试，就需要把这个片元的颜色值和已经存储在颜色缓冲区中的颜色进行合并，或者说是混合。

需要指明的是，逐片元操作阶段是高度可配置性的，即我们可以设置每一步的操作细节。这在后面会讲到。

这个阶段首先需要解决每个片元的可见性问题。这需要进行一系列测试。这就好比考试，一个片元只有通过了所有的考试，才能最终获得和 GPU 谈判的资格，这个资格指的是它可以和颜色缓冲区进行合并。如果它没有通过其中的某一个测试，那么对不起，之前为了产生这个片元所做的所有工作都是白费的，因为这个片元会被舍弃掉。Poor fragment！图 2.14 给出了简化后的逐片元操作所做的操作。

▲图 2.14　逐片元操作阶段所做的操作。只有通过了所有的测试后，新生成的片元才能和颜色缓冲区中已经存在的像素颜色进行混合，最后再写入颜色缓冲区中

测试的过程实际上是个比较复杂的过程，而且不同的图形接口（例如 OpenGL 和 DirectX）的实现细节也不尽相同。这里给出两个最基本的测试——深度测试和模板测试的实现过程。能否理解这些测试过程将关乎读者是否可以理解本书后面章节中提到的渲染队列，尤其是处理透明效果时出现的问题。图 2.15 给出了深度测试和模板测试的简化流程图。

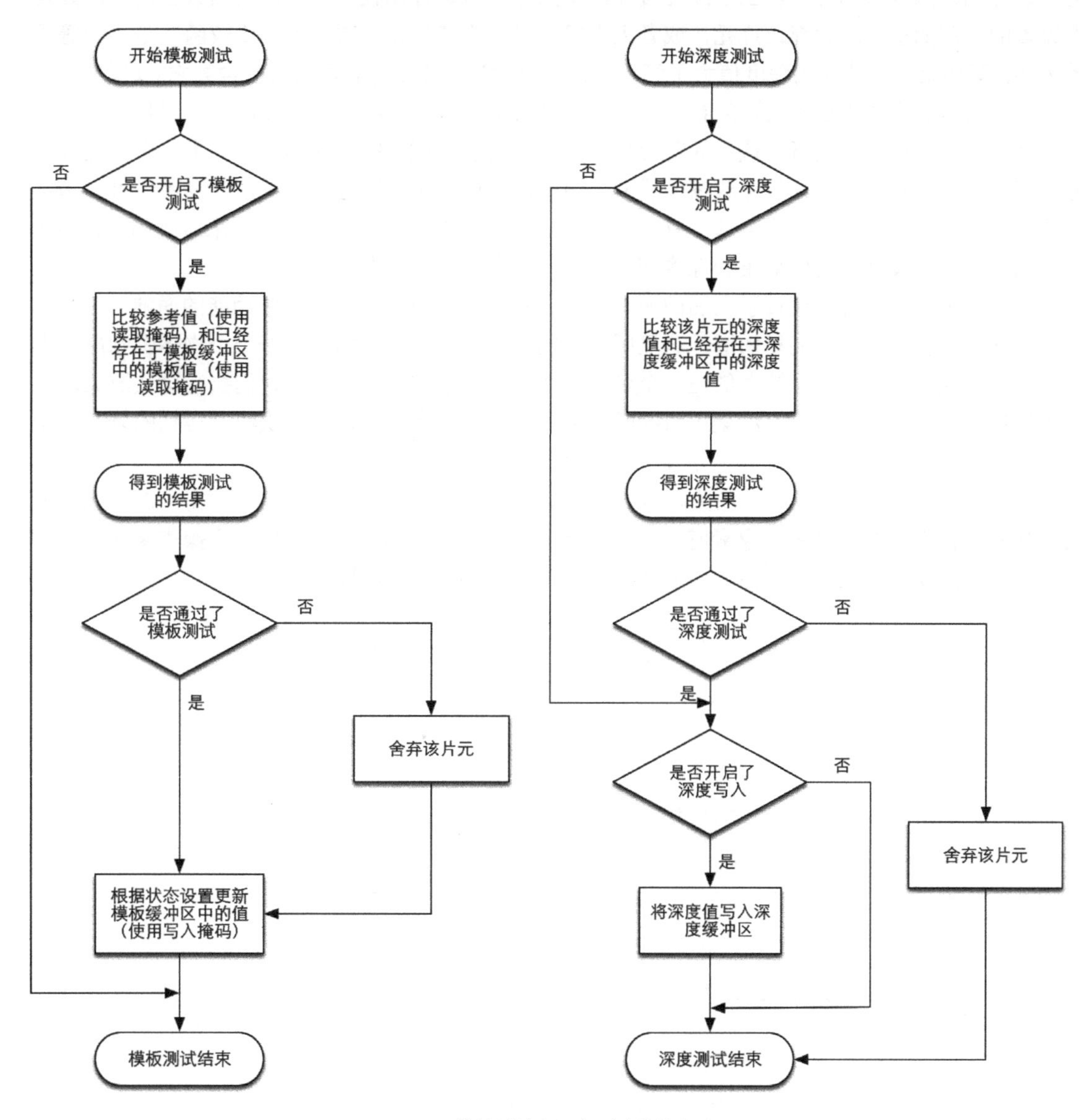

▲图 2.15 模板测试和深度测试的简化流程图

我们先来看**模板测试（Stencil Test）**。与之相关的是模板缓冲（Stencil Buffer）。实际上，模板缓冲和我们经常听到的颜色缓冲、深度缓冲几乎是一类东西。如果开启了模板测试，GPU 会首先读取（使用读取掩码）模板缓冲区中该片元位置的模板值，然后将该值和读取（使用读取掩码）到的参考值（reference value）进行比较，这个比较函数可以是由开发者指定的，例如小于时舍弃该片元，或者大于等于时舍弃该片元。如果这个片元没有通过这个测试，该片元就会被舍弃。不管一个片元有没有通过模板测试，我们都可以根据模板测试和下面的深度测试结果来修改模板缓冲区，这个修改操作也是由开发者指定的。开发者可以设置不同结果下的修改操作，例如，在失败时模板缓冲区保持不变，通过时将模板缓冲区中对应位置的值加 1 等。模板测试通常用于限制渲染的区域。另外，模板测试还有一些更高级的用法，如渲染阴影、轮廓渲染等。

如果一个片元幸运地通过了模板测试，那么它会进行下一个测试——**深度测试（Depth Test）**。相信很多读者都听到过这个测试。这个测试同样是可以高度配置的。如果开启了深度测试，GPU 会把该片元的深度值和已经存在于深度缓冲区中的深度值进行比较。这个比较函数也是可由开发者设置的，例如小于时舍弃该片元，或者大于等于时舍弃该片元。通常这个比较函数是小于等于的关系，即如果这个片元的深度值大于等于当前深度缓冲区中的值，那么就会舍弃它。这是因为，我们总想只显示出离摄像机最近的物体，而那些被其他物体遮挡的就不需要出现在屏幕上。如果这个片元没有通过这个测试，该片元就会被舍弃。和模板测试有些不同的是，如果一个片元没有通过深度测试，它就没有权利更改深度缓冲区中的值。而如果它通过了测试，开发者还可以指定是否要用这个片元的深度值覆盖掉原有的深度值，这是通过开启/关闭深度写入来做到的。我们在后面的学习中会发现，透明效果和深度测试以及深度写入的关系非常密切。

如果一个幸运的片元通过了上面的所有测试，它就可以自豪地来到**合并**功能的面前。

为什么需要合并？我们要知道，这里所讨论的渲染过程是一个物体接着一个物体画到屏幕上的。而每个像素的颜色信息被存储在一个名为颜色缓冲的地方。因此，当我们执行这次渲染时，颜色缓冲中往往已经有了上次渲染之后的颜色结果，那么，我们是使用这次渲染得到的颜色完全覆盖掉之前的结果，还是进行其他处理？这就是合并需要解决的问题。

对于不透明物体，开发者可以关闭**混合（Blend）**操作。这样片元着色器计算得到的颜色值就会直接覆盖掉颜色缓冲区中的像素值。但对于半透明物体，我们就需要使用混合操作来让这个物体看起来是透明的。图 2.16 展示了一个简化版的混合操作的流程图。

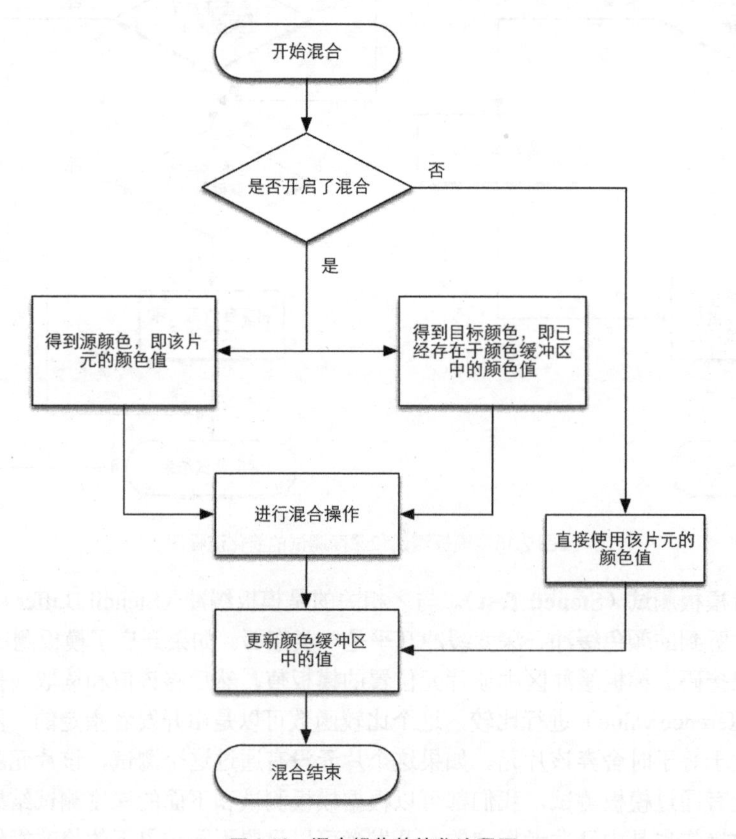

▲图 2.16　混合操作的简化流程图

从流程图中我们可以发现，混合操作也是可以高度配置的：开发者可以选择开启/关闭混合功能。如果没有开启混合功能，就会直接使用片元的颜色覆盖掉颜色缓冲区中的颜色，而这也是很多初学者发现无法得到透明效果的原因（没有开启混合功能）。如果开启了混合，GPU 会取出源颜色和目标颜色，将两种颜色进行混合。源颜色指的是片元着色器得到的颜色值，而目标颜色则是已经存在于颜色缓冲区中的颜色值。之后，就会使用一个混合函数来进行混合操作。这个混合函数通常和透明通道息息相关，例如根据透明通道的值进行相加、相减、相乘等。混合很像 Photoshop 中对图层的操作：每一层图层可以选择混合模式，混合模式决定了该图层和下层图层的混合结果，而我们看到的图片就是混合后的图片。

上面给出的测试顺序并不是唯一的，而且虽然从逻辑上来说这些测试是在片元着色器之后进行的，但对于大多数 GPU 来说，它们会尽可能在执行片元着色器之前就进行这些测试。这是可以理解的，想象一下，当 GPU 在片元着色器阶段花了很大力气终于计算出片元的颜色后，却发现这个片元根本没有通过这些检验，也就是说这个片元还是被舍弃了，那之前花费的计算成本全都浪费了！图 2.17 给出了这样一个场景。

作为一个想充分提高性能的 GPU，它会希望尽可能早地知道哪些片元是会被舍弃的，对于这些片元就不需要再使用片元着色器来计算它们的颜色。在 Unity 给出的渲染流水线中，我们也可以发现它给出的深度测试是在片元着色器之前。这种将深度测试提前执行的技术通常也被称为 Early-Z 技术。希望读者看到这里时不会因此感到困惑。在本书后面的章节中，我们还会继续讨论这个问题。

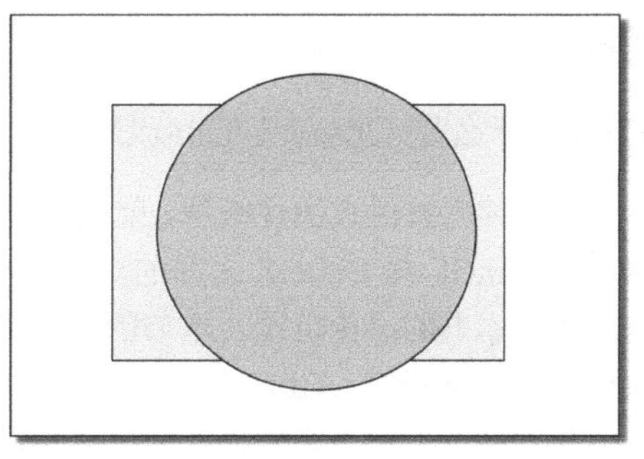

▲图 2.17 图示场景中包含了两个对象：球和长方体，绘制顺序是先绘制球（在屏幕上显示为圆），再绘制长方体（在屏幕上显示为长方形）。如果深度测试在片元着色器之后执行，那么在渲染长方体时，虽然它的大部分区域都被遮挡在球的后面，即它所覆盖的绝大部分片元根本无法通过深度测试，但是我们仍然需要对这些片元执行片元着色器，造成了很大的性能浪费

但是，如果将这些测试提前的话，其检验结果可能会与片元着色器中的一些操作冲突。例如，如果我们在片元着色器进行了透明度测试（我们将在 8.3 节中具体讲到），而这个片元没有通过透明度测试，我们会在着色器中调用 API（例如 clip 函数）来手动将其舍弃掉。这就导致 GPU 无法提前执行各种测试。因此，现代的 GPU 会判断片元着色器中的操作是否和提前测试发生冲突，如果有冲突，就会禁用提前测试。但是，这样也会造成性能上的下降，因为有更多片元需要被处理了。这也是透明度测试会导致性能下降的原因。

当模型的图元经过了上面层层计算和测试后，就会显示到我们的屏幕上。我们的屏幕显示的就是颜色缓冲区中的颜色值。但是，为了避免我们看到那些正在进行光栅化的图元，GPU 会使用**双重缓冲（Double Buffering）**的策略。这意味着，对场景的渲染是在幕后发生的，即在**后置缓冲（Back Buffer）**中。一旦场景已经被渲染到了后置缓冲中，GPU 就会交换后置缓冲区和**前置缓冲（Front Buffer）**中的内容，而前置缓冲区是之前显示在屏幕上的图像。由此，保证了我们看到的图像总是连续的。

2.3.9 总结

虽然我们上面讲了很多，但其真正的实现过程远比上面讲到的要复杂。需要注意的是，读者可能会发现这里给出的流水线名称、顺序可能和在一些资料上看到的不同。一个原因是由于图像编程接口（如 OpenGL 和 DirectX）的实现不尽相同，另一个原因是 GPU 在底层可能做了很多优化，例如上面提到的会在片元着色器之前就进行深度测试，以避免无谓的计算。

虽然渲染流水线比较复杂，但 Unity 作为一个非常出色的平台为我们封装了很多功能。更多时候，我们只需要在一个 Unity Shader 设置一些输入、编写顶点着色器和片元着色器、设置一些状态就可以达到大部分常见的屏幕效果。这是 Unity 吸引人的魅力之处，但这样的缺点在于，封装性会导致编程自由度下降，使很多初学者迷失方向，无法掌握其背后的原理，并在出现问题时，往往无法找到错误原因，这是在学习 Unity Shader 时普遍的遭遇。

渲染流水线几乎和本书所有章节都息息相关，如果读者此时仍然无法完全理解渲染流水线，仍可以继续学习下去。但如果读者在学习过程中发现有些设置或代码无法理解，可以不断查阅本章内容，相信会有更深的理解。

2.4 一些容易困惑的地方

在读者学习 Shader 的过程中，会看到一些所谓的专业术语，这些术语的出现频率很高，以至于如果没有对其有基本的认识，会使得初学者总是感到非常困惑。本章的最后将阐述其中的一些术语。

2.4.1 什么是 OpenGL/DirectX

只要读者接触过图像编程，就一定听说过 OpenGL 和 DirectX，也一定知道这两者之间的竞争关系。OpenGL 与 DirectX 之间的竞争以及它们与各个硬件生产商之间的纠葛历史很有趣，但很可惜这不在本书的讨论范围。本节的目的在于向读者尽可能通俗地解释，它们到底是什么，又和之前讲到的渲染管线、GPU 有什么关系。

我们花了一整个章节的篇幅来讲述渲染的概念流水线以及 GPU 是如何实现这些流水线的，但如果要开发者直接访问 GPU 是一件非常麻烦的事情，我们可能需要和各种寄存器、显存打交道。而图像编程接口在这些硬件的基础上实现了一层抽象。

OpenGL 和 DirectX 就是这些图像应用编程接口，这些接口用于渲染二维或三维图形。可以说，这些接口架起了上层应用程序和底层 GPU 的沟通桥梁。一个应用程序向这些接口发送渲染命令，而这些接口会依次向显卡驱动（Graphics Driver）发送渲染命令，这些显卡驱动是真正知道如何和 GPU 通信的角色，正是它们把 OpenGL 或者 DirectX 的函数调用翻译成了 GPU 能够听懂的语言，同时它们也负责把纹理等数据转换成 GPU 所支持的格式。一个比喻是，显卡驱动就是显卡的操作系统。图 2.18 显示了这样的关系。

概括来说，我们的应用程序运行在 CPU 上。应用程序可以通过调用 OpenGL 或 DirectX 的图形接口将渲染所需的数据，如顶点数据、纹理数据、材质参数等数据存储在显存中的特定区域。随后，开发者可以通过图像编程接口发出渲染命令，这些渲染命令也被称为 Draw Call，它们将会被显卡驱动翻译成 GPU 能够理解的代码，进行真正的绘制。

由图 2.18 可以看出，一个显卡除了有图像处理单元 GPU 外，还拥有自己的内存，这个内存通常被称为**显存（Video Random Access Memory，VRAM）**。GPU 可以在显存中存储任何数据，但对于渲染来说一些数据类型是必需的，例如用于屏幕显示的图像缓冲、深度缓冲等。

因为显卡驱动的存在，几乎所有的 GPU 都既可以和 OpenGL 合作，也可以和 DirectX 一起工作。从显卡的角度出发，实际上它只需要和显卡驱动打交道就可以了。而显卡驱动就好像一个中介者，负责和两方（图像编程接口和 GPU）打交道。因此，一个显卡制作商为了让他们的显卡可以同时和 OpenGL、DirectX 合作，就必须提供支持 OpenGL 和 DirectX 接口的显卡驱动。

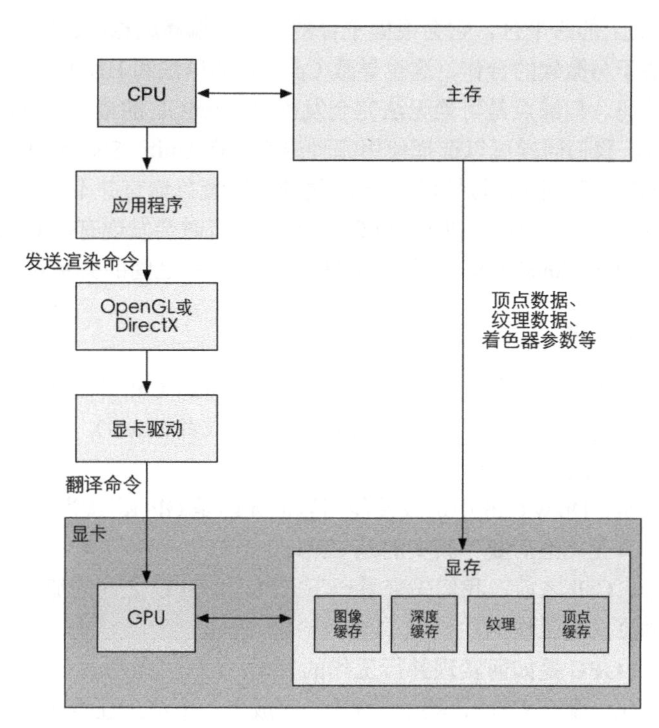

▲图 2.18 CPU、OpenGL/DirectX、显卡驱动和 GPU 之间的关系

2.4.2 什么是 HLSL、GLSL、Cg

我们上面讲到了很多可编程的着色器阶段，如顶点着色器、片元着色器等。这些着色器的可编程性在于，我们可以使用一种特定的语言来编写程序，就好比我们可以用 C#来写游戏逻辑一样。

在可编程管线出现之前，为了编写着色器代码，开发者们学习汇编语言。为了给开发者们打开更方便的大门，就出现了更高级的着色语言（Shading Language）。着色语言是专门用于编写着色器的，常见的着色语言有 DirectX 的 HLSL（High Level Shading Language）、OpenGL 的 GLSL（OpenGL Shading Language）以及 NVIDIA 的 Cg（C for Graphic）。HLSL、GLSL、Cg 都是"高级（High-Level）"语言，但这种高级是相对于汇编语言来说的，而不是像 C#相对于 C 的高级那样。这些语言会被编译成与机器无关的汇编语言，也被称为中间语言（Intermediate Language，IL）。这些中间语言再交给显卡驱动来翻译成真正的机器语言，即 GPU 可以理解的语言。

对于一个初学者来说，一个最常见的问题就是，他应该选择哪种语言？

GLSL 的优点在于它的跨平台性，它可以在 Windows、Linux、Mac 甚至移动平台等多种平台上工作，但这种跨平台性是由于 OpenGL 没有提供着色器编译器，而是由显卡驱动来完成着色器的编译工作。也就是说，只要显卡驱动支持对 GLSL 的编译它就可以运行。这种做法的好处在于，由于供应商完全了解自己的硬件构造，他们知道怎样做可以发挥出最大的作用。换句话说，GLSL 是依赖硬件，而非操作系统层级的。但这也意味着 GLSL 的编译结果将取决于硬件供应商。要知道，世界上有很多硬件供应商——NVIDIA、ATI 等，他们对 GLSL 的编译实现不尽相同，这可能会造成编译结果不一致的情况，因为这完全取决于供应商的做法。

而对于 HLSL，是由微软控制着色器的编译，就算使用了不同的硬件，同一个着色器的编译结果也是一样的（前提是版本相同）。但也因此支持 HLSL 的平台相对比较有限，几乎完全是微软自已的产品，如 Windows、Xbox 360 等。这是因为在其他平台上没有可以编译 HLSL 的编译器。

Cg 则是真正意义上的跨平台。它会根据平台的不同，编译成相应的中间语言。Cg 语言的跨平台性很大原因取决于与微软的合作，这也导致 Cg 语言的语法和 HLSL 非常相像，Cg 语言可以无缝移植成 HLSL 代码。但缺点是可能无法完全发挥出 OpenGL 的最新特性。

对于 Unity 平台，我们同样可以选择使用哪种语言。在 Unity Shader 中，我们可以选择使用“Cg/HLSL”或者“GLSL”。带引号是因为 Unity 里的这些着色语言并不是真正意义上的对应的着色语言，尽管它们的语法几乎一样。以 Unity Cg 为例，你有时会发现有些 Cg 语法在 Unity Shader 中是不支持的。关于 Unity Shader 和真正的 Cg/HLSL、GLSL 之间的关系我们会在 3.6 节中讲到。

2.4.3　什么是 Draw Call

在前面的章节中，我们已经了解了 Draw Call 的含义。Draw Call 本身的含义很简单，就是 CPU 调用图像编程接口，如 OpenGL 中的 glDrawElements 命令或者 DirectX 中的 DrawIndexedPrimitive 命令，以命令 GPU 进行渲染的操作。

一个常见的误区是，Draw Call 中造成性能问题的元凶是 GPU，认为 GPU 上的状态切换是耗时的，其实不是的，真正“拖后腿”其实的是 CPU。

在深入理解 Draw Call 之前，我们先来看一下 CPU 和 GPU 之间的流水线化是怎么实现的，即它们是如何相互独立一起工作的。

问题一：CPU 和 GPU 是如何实现并行工作的？

如果没有流水线化，那么 CPU 需要等到 GPU 完成上一个渲染任务才能再次发送渲染命令。但这种方法显然会造成效率低下。因此，就像在本章一开头讲到的老王的洋娃娃工厂一样，我们需要让 CPU 和 GPU 可以并行工作。而解决方法就是使用一个**命令缓冲区（Command Buffer）**。

命令缓冲区包含了一个命令队列，由 CPU 向其中添加命令，而由 GPU 从中读取命令，添加和读取的过程是互相独立的。命令缓冲区使得 CPU 和 GPU 可以相互独立工作。当 CPU 需要渲染一些对象时，它可以向命令缓冲区中添加命令，而当 GPU 完成了上一次的渲染任务后，它就可以从命令队列中再取出一个命令并执行它。

命令缓冲区中的命令有很多种类，而 Draw Call 是其中一种，其他命令还有改变渲染状态等（例如改变使用的着色器，使用不同的纹理等）。图 2.19 显示了这样一个例子。

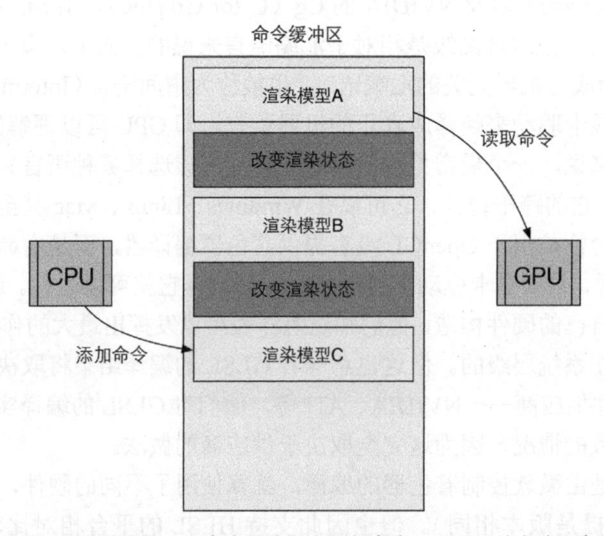

▲图 2.19　命令缓冲区。CPU 通过图像编程接口向命令缓冲区中添加命令，而 GPU 从中读取命令并执行。黄色方框内的命令就是 Draw Call，而红色方框内的命令用于改变渲染状态。我们使用红色方框来表示改变渲染状态的命令，是因为这些命令往往更加耗时

问题二：为什么 Draw Call 多了会影响帧率？

我们先来做一个实验：请创建 10 000 个小文件，每个文件的大小为 1KB，然后把它们从一个文件夹复制到另一个文件夹。你会发现，尽管这些文件的空间总和不超过 10MB，但要花费很长时间。现在，我们再来创建一个单独的文件，它的大小是 10MB，然后也把它从一个文件夹复制到另一个文件夹。而这次复制的时间却少很多！这是为什么呢？明明它们所包含的内容大小是一样的。原因在于，每一个复制动作需要很多额外的操作，例如分配内存、创建各种元数据等。如你所见，这些操作将造成很多额外的性能开销，如果我们复制了很多小文件，那么这个开销将会很大。

渲染的过程虽然和上面的实验有很大不同，但从感性角度上是很类似的。在每次调用 Draw Call 之前，CPU 需要向 GPU 发送很多内容，包括数据、状态和命令等。在这一阶段，CPU 需要完成很多工作，例如检查渲染状态等。而一旦 CPU 完成了这些准备工作，GPU 就可以开始本次的渲染。GPU 的渲染能力是很强的，渲染 200 个还是 2 000 个三角网格通常没有什么区别，因此渲染速度往往快于 CPU 提交命令的速度。如果 Draw Call 的数量太多，CPU 就会把大量时间花费在提交 Draw Call 上，造成 CPU 的过载。图 2.20 显示了这样一个例子。

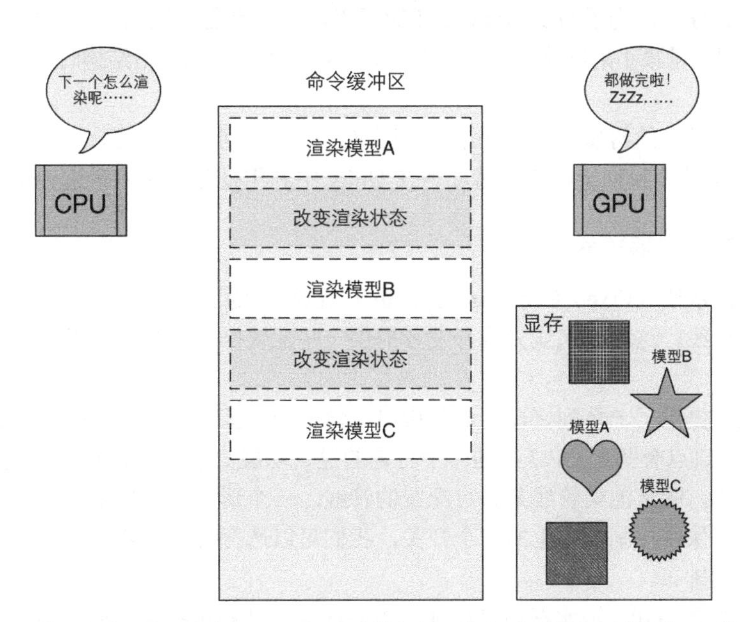

▲图 2.20 命令缓冲区中的虚线方框表示 GPU 已经完成的命令。此时，命令缓冲区中没有可以执行的命令了，GPU 处于空闲状态，而 CPU 还没有准备好下一个渲染命令

问题三：如何减少 Draw Call？

尽管减少 Draw Call 的方法有很多，但我们这里仅讨论使用**批处理（Batching）**的方法。

我们讲过，提交大量很小的 Draw Call 会造成 CPU 的性能瓶颈，即 CPU 把时间都花费在准备 Draw Call 的工作上了。那么，一个很显然的优化想法就是把很多小的 DrawCall 合并成一个大的 Draw Call，这就是批处理的思想。图 2.21 显示了批处理所做的工作。

需要注意的是，由于我们需要在 CPU 的内存中合并网格，而合并的过程是需要消耗时间的。因此，批处理技术更加适合于那些静态的物体，例如不会移动的大地、石头等，对于这些静态物体我们只需要合并一次即可。当然，我们也可以对动态物体进行批处理。但是，由于这些物体是不断运动的，因此每一帧都需要重新进行合并然后再发送给 GPU，这对空间和时间都会造成一定的影响。

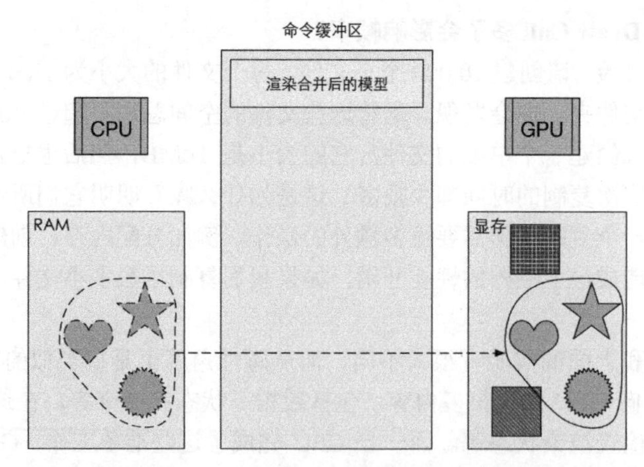

▲图 2.21 利用批处理，CPU 在 RAM 把多个网格合并成一个更大的网格，再发送给 GPU，然后在一个 Draw Call 中渲染它们。但要注意的是，使用批处理合并的网格将会使用同一种渲染状态。也就是说，如果网格之间需要使用不同的渲染状态，那么就无法使用批处理技术

在游戏开发过程中，为了减少 Draw Call 的开销，有两点需要注意。

（1）避免使用大量很小的网格。当不可避免地需要使用很小的网格结构时，考虑是否可以合并它们。

（2）避免使用过多的材质。尽量在不同的网格之间共用同一个材质。

在本书的 16.4 节，我们会继续阐述如何在 Unity 中利用批处理技术来进行优化。

2.4.4 什么是固定管线渲染

固定函数的流水线（Fixed-Function Pipeline），也简称为固定管线，通常是指在较旧的 GPU 上实现的渲染流水线。这种流水线只给开发者提供一些配置操作，但开发者没有对流水线阶段的完全控制权。

固定管线通常提供了一系列接口，这些接口包含了一个函数入口点（Function Entry Points）集合，这些函数入口点会匹配 GPU 上的一个特定的逻辑功能。开发者们通过这些接口来控制渲染流水线。换句话说，固定渲染管线是只可配置的管线。一个形象的比喻是，我们在使用固定管线进行渲染时，就好像在控制电路上的多个开关，我们可以选择打开或者关闭一个开关，但永远无法控制整个电路的排布。

随着时代的发展，GPU 流水线越来越朝着更高的灵活性和可控性方向发展，可编程渲染管线应运而生。我们在上面看到了许多可编程的流水线阶段，如顶点着色器、片元着色器，这些可编程的着色器阶段可以说是 GPU 进化最重要的贡献。表 2.1 给出了 3 种最常见的图像接口从固定管线向可编程管线进化的版本。

表 2.1 3 种图像接口从固定管线向可编程管线进化的版本

3D API	最后支持固定管线的版本	第一个支持可编程管线的版本
OpenGL	1.5	2.0
OpenGL ES	1.1	2.0
DirectX	7.0	8.0

在 GPU 发展的过程中，为了继续提供固定管线的接口抽象，一些显卡驱动的开发者们使用了更加通用的着色架构，即使用可编程的管线来模拟固定管线。这是为了在提供可编程渲染管线的同时，可以让那些已经熟悉了固定管线的开发者们继续使用固定管线进行渲染。例如，OpenGL 2.0

在没有真正的固定管线的硬件支持下，依靠系统的可编程管线功能来模仿固定管线的处理过程。但随着 GPU 的发展，固定管线已经逐渐退出历史舞台。例如，OpenGL 3.0 是最后既支持可编程管线又完全支持固定管线编程接口的版本，在 OpenGL 3.2 中，Core Profile 就完全移除了固定管线的概念。

因此，如果读者不是为了对较旧的设备进行兼容，不建议继续使用固定管线的渲染方式。

2.5 那么，你明白什么是 Shader 了吗

我们之所以要花很大篇幅来讲述 GPU 的渲染流水线，是因为 Shader 所在的阶段就是渲染流水线的一部分，更具体来说，Shader 就是：

- GPU 流水线上一些可高度编程的阶段，而由着色器编译出来的最终代码是会在 GPU 上运行的（对于固定管线的渲染来说，着色器有时等同于一些特定的渲染设置）；
- 有一些特定类型的着色器，如顶点着色器、片元着色器等；
- 依靠着色器我们可以控制流水线中的渲染细节，例如用顶点着色器来进行顶点变换以及传递数据，用片元着色器来进行逐像素的渲染。

但同时，我们也要明白，要得到出色的游戏画面是需要包括 Shader 在内的所有渲染流水线阶段的共同参与才可完成：设置适当的渲染状态，使用合适的混合函数，开启还是关闭深度测试/深度写入等。

Unity 作为一个出色的编辑工具，为我们提供了一个既可以方便地编写着色器 ，同时又可设置渲染状态的地方：Unity Shader。在下一章中，我们将真正走进 Unity Shader 的世界。

2.6 扩展阅读

如果读者对渲染流水线的细节感兴趣，可以阅读更多的资料。托马斯在他们的著作[1]中给出了很多有关实时渲染的内容，这本书被誉为图形学中的圣经。如果你仍然觉得本书讲解的 Draw Call 不够形象生动，西蒙在他的文章中给出了很多动态的演示效果，而且值得注意的是，西蒙本人是一位美术工作者。为什么需要批处理，什么时候需要批处理等更多关于批处理的内容，可以在 NVIDIA 所做的一次报告[2]中找到更多的答案。如果读者对 OpenGL 和 DirectX 的渲染流水线的实现细节感兴趣，那么阅读它们的文档（opengl 官网上 Rendering_Pipeline_Overview，msdn.microsoft 网站上 ff476882(v=vs.85).aspx）是一个非常好的途径。

[1] Akenine-Möller T, Haines E, Hoffman N. Real-time rendering[M]. CRC Press, 2008.

[2] Wloka M. Batch, Batch, Batch: What does it really mean?[C]//Presentation at game developers conference. 2003.

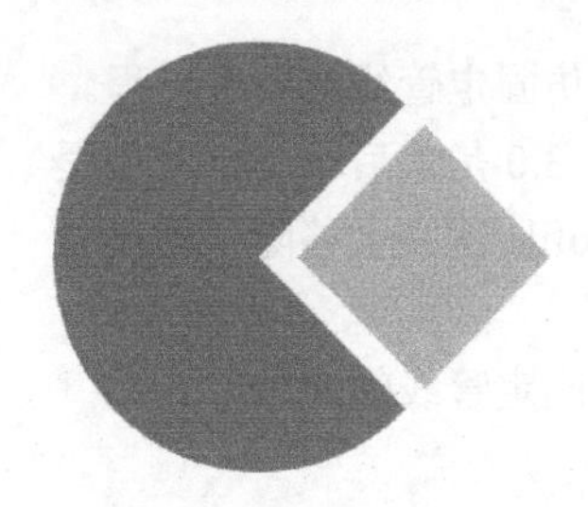

第3章 Unity Shader 基础

通过前面的学习内容我们已经知道，Shader 并不是什么神秘的东西，它们其实就是渲染流水线中的某些特定阶段，如顶点着色器阶段、片元着色器阶段等。

在没有 Unity 这类编辑器的情况下，如果我们想要对某个模型设置渲染状态，可能需要类似下面的代码：

```
// 初始化渲染设置
void Initialization() {
    // 从硬盘上加载顶点着色器的代码
    string vertexShaderCode = LoadShaderFromFile(VertexShader.shader);
    // 从硬盘上加载片元着色器的代码
    string fragmentShaderCode = LoadShaderFromFile(FragmentShader.shader);
    // 把顶点着色器加载到 GPU 中
    LoadVertexShaderFromString(vertexShaderCode);
    // 把片元着色器加载到 GPU 中
    LoadFragmentShaderFromString(fragmentShaderCode);

    // 设置名为"vertexPosition"的属性的输入，即模型顶点坐标
    SetVertexShaderProperty("vertexPosition", vertices);
    // 设置名为"MainTex"的属性的输入，someTexture 是某张已加载的纹理
    SetVertexShaderProperty("MainTex", someTexture);
    // 设置名为"MVP"的属性的输入，MVP 是之前由开发者计算好的变换矩阵
    SetVertexShaderProperty("MVP", MVP);

    // 关闭混合
    Disable(Blend);
    // 设置深度测试
    Enable(ZTest);
    SetZTestFunction(LessOrEqual);

    // 其他设置
    …
}

// 每一帧进行渲染
void OnRendering() {
    // 调用渲染命令
    DrawCall();
    // 当涉及多种渲染设置时，我们可能还需要在这里改变各种渲染设置
    ...
}
```

VertexShader.shader：

```
// 输入：顶点位置、纹理、MVP 变换矩阵
in float3 vertexPosition;
in sampler2D MainTex;
in Matrix4x4 MVP;

// 输出：顶点经过 MVP 变换后的位置
out float4 position;

void main() {
    // 使用 MVP 对模型顶点坐标进行变换
    position = MVP * vertexPosition;
}
```

FragmentShader.shader：

```
// 输入：VertexShader 输出的 position、经过光栅化程序插值后的该片元对应的 position
in float4 position;

// 输出：该片元的颜色值
out float4 fragColor;

void main() {
    // 将片元颜色设为白色
    fragColor = float4(1.0, 1.0, 1.0, 1.0);
}
```

上述伪代码仅仅是简化后的版本，当渲染的模型数目、需要调整的着色器属性不断增多时，上述过程将变得更加复杂和冗长。而且，当涉及透明物体等多物体的渲染时，如果没有编辑器的帮助，我们要非常小心如渲染顺序等问题。

Unity 的出现改善了上面的状况。它提供了一个地方能够让开发者更加轻松地管理着色器代码以及渲染设置（如开启/关闭混合、深度测试、设置渲染顺序等），而不需要像上面的伪代码一样，管理多个文件和函数等。Unity 提供的这个“方便的地方”，就是 Unity Shader。

3.1 Unity Shader 概述

那么如何充分利用 Unity Shader 来为我们的游戏增光添彩呢？

3.1.1 一对好兄弟：材质和 Unity Shader

总体来说，在 Unity 中我们需要配合使用**材质（Material）**和 Unity Shader 才能达到需要的效果。一个最常见的流程是：

（1）创建一个材质；

（2）创建一个 Unity Shader，并把它赋给上一步中创建的材质；

（3）把材质赋给要渲染的对象；

（4）在材质面板中调整 Unity Shader 的属性，以得到满意的效果。

图 3.1 显示了 Unity Shader 和材质是如何一起工作来控制物体的渲染的。

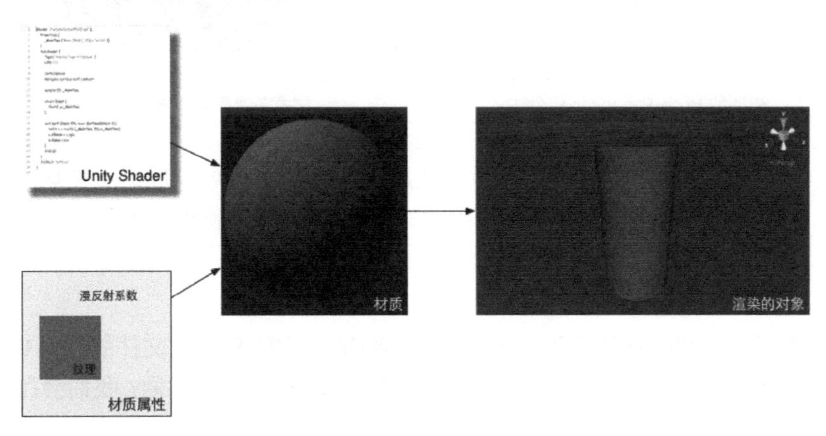

▲图 3.1 Unity Shader 和材质。首先创建需要的 Unity Shader 和材质，然后把 Unity Shader 赋给材质，并在材质面板上调整属性（如使用的纹理、漫反射系数等）。最后，将材质赋给相应的模型来查看最终的渲染效果

可以发现，Unity Shader 定义了渲染所需的各种代码（如顶点着色器和片元着色器）、属性（如使用哪些纹理等）和指令（渲染和标签设置等），而材质则允许我们调节这些属性，并将其最终赋

给相应的模型。

3.1.2 Unity 中的材质

Unity 中的材质需要结合一个 GameObject 的 Mesh 或者 Particle Systems 组件来工作。它决定了我们的游戏对象看起来是什么样子的（这当然也需要 Unity Shader 的配合）。

为了创建一个新的材质，我们可以在 Unity 的菜单栏中选择 *Assets -> Create -> Material* 来创建，也可以直接在 Project 视图中右击 -> Create -> Material 来创建。当创建了一个材质后，就可以把它赋给一个对象。这可以通过把材质直接拖曳到 Scene 视图中的对象上来实现，或者在该对象的 *Mesh Renderer* 组件中直接赋值，如图 3.2 所示。

在 Unity 5.x 版本中，默认情况下，一个新建的材质将使用 Unity 内置的 Standard Shader，这是一种基于物理渲染的着色器，我们将在第 18 章中讲到。

对于美术人员来说，材质是他们十分熟悉的一种事物。Unity 的材质和许多建模软件（如 Cinema 4D、Maya 等）中提供的材质功能类似，它们都提供了一个面板来调整材质的各个参数。这种可视化的方法使得开发者不再需要自行在代码中设置和改变渲染所需的各种参数，如图 3.3 所示。

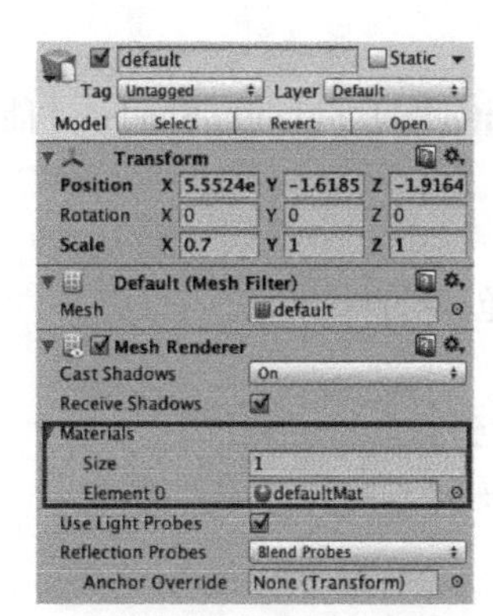

▲图 3.2　将材质直接拖曳到模型的 Mesh Renderer 组件中

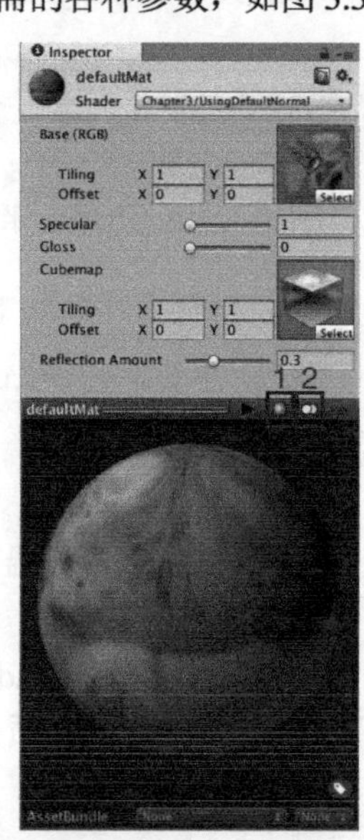

▲图 3.3　材质提供了一种可视化的方式来调整着色器中使用的参数

> **提示**　单击图标“1”可变换面板中使用的基础模型种类，Unity 支持球、立方体、圆柱体等多种基础模型；单击图标“2”可变换面板中使用的光照。

3.1.3 Unity 中的 Shader

为了和前面通用的 Shader 语义进行区分，我们把 Unity 中的 Shader 文件统称为 **Unity Shader**。这是因为，Unity Shader 和我们之前提及的渲染管线的 Shader 有很大不同，我们会在 3.6.2 节中进行更加详细的解释。

为了创建一个新的 Unity Shader，我们可以在 Unity 的菜单栏中选择 *Assets -> Create -> Shader* 来创建，也可以直接在 Project 视图中右击 -> *Create -> Shader* 来创建。在 Unity 5.2 及以上版本中，Unity 一共提供了 4 种 Unity Shader 模板供我们选择——*Standard Surface Shader*，*Unlit Shader*，*Image Effect Shader* 以及 *Compute Shader*。其中，*Standard Surface Shader* 会产生一个包含了标准光照模型（使用了

Unity 5 中新添加的基于物理的渲染方法，详见第 18 章）的表面着色器模板，*Unlit Shader* 则会产生一个不包含光照（但包含雾效）的基本的顶点/片元着色器，*Image Effect Shader* 则为我们实现各种屏幕后处理效果（详见第 12 章）提供了一个基本模板。最后，*Compute Shader* 会产生一种特殊的 Shader 文件，这类 Shader 旨在利用 GPU 的并行性来进行一些与常规渲染流水线无关的计算，而这不在本书的讨论范围内，读者可以在 Unity 手册的 **Compute Shader** 一文（unity3d 网站上 ComputeShaders.html）中找到更多的介绍。总体来说，*Standard Surface Shader* 为我们提供了典型的表面着色器的实现方法，但本书的重点在于如何在 Unity 中编写顶点/片元着色器，因此在后续的学习中，我们通常会使用 *Unlit Shader* 来生成一个基本的顶点/片元着色器模板。

一个单独的 Unity Shader 是无法发挥任何作用的，它必须和材质结合起来，才能发生神奇的“化学反应”！为此，我们可以在材质面板最上方的下拉菜单中选择需要使用的 Unity Shader。当选择完毕后，材质面板中就会出现该 Unity Shader 可用的各种属性。这些属性可以是颜色、纹理、浮点数、滑动条（限制了范围的浮点数）、向量等。当我们把材质赋给场景中的一个对象时，就可以看到调整属性所发生的视觉变化。

Unity Shader 本质上就是一个文本文件。和 Unity 中的很多外部文件类似，Unity Shader 也有**导入设置**（Import Settings）面板，在 **Project** 视图中选中某个 Unity Shader 即可看到。在 Unity 5.2 版本中，Unity Shader 的导入设置面板如图 3.4 所示。

在该面板上，我们可以在 **Default Maps** 中指定该 Unity Shader 使用的默认纹理。当任何材质第一次使用该 Unity Shader 时，这些纹理就会自动被赋予到相应的属性上。在下方的面板中，Unity 会显示出和该 Unity Shader 相关的信息，例如它是否是一个表面着色器（Surface Shader）、是否是一个固定函数着色器（Fixed Function Shader）等，还有一些信息是和我们在 Unity Shader 中的标签设置（详见 3.3.3 节）有关，例如是否会投射阴影、使用的渲染队列、LOD 值等。

对于表面着色器（详见 3.4.1 节）来说，我们可以通过单击 *Show generated code* 按钮来打开一个新的文件，在该文件里将显示 Unity 在背后为该表面着色器生成的顶点/片元着色器。这可以方便我们对这些生成的代码进行修改（需要复制到一个新的 Unity Shader 中才可保存）和研究。同样地，如果该 Unity Shader 是一个固定函数着色器，在 *Fixed function* 的后面也会出现一个 *Show generated code* 按钮，来让我们查看该固定函数着色器生成的顶点/片元着色器。*Compile and show code* 下拉列表可以让开发者检查该 Unity Shader 针对不同图像编程接口（例如 OpenGL、D3D9、D3D11 等）最终编译成的 Shader 代码，如图 3.5 所示。直接单击该按钮可以查看生成的底层的汇编指令。我们可以利用这些代码来分析和优化着色器。

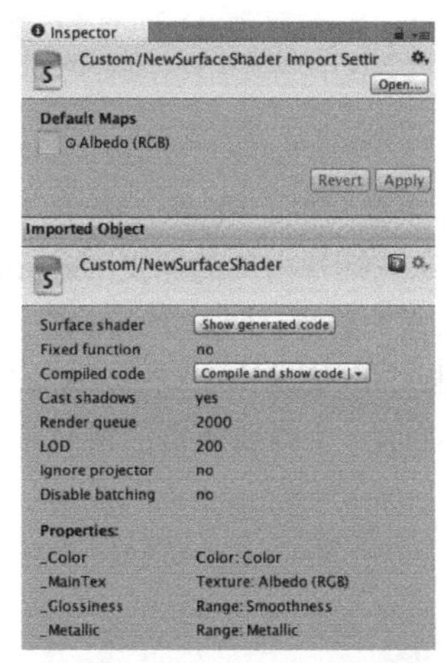

▲图 3.4 Unity Shader 的导入设置面板

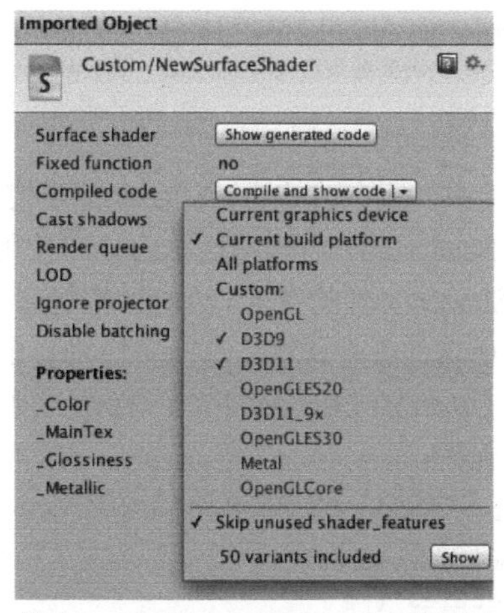

▲图 3.5 Compile and show code 下拉列表

除此之外，Unity Shader 的导入面板还可以方便地查看其使用的渲染队列（Render queue）、是否关闭批处理（Disable batching）、属性列表（Properties）等信息。

3.2 Unity Shader 的基础：ShaderLab

“计算机科学中的任何问题都可以通过增加一层抽象来解决。”——大卫·惠勒

学习和编写着色器的过程一直是一个学习曲线很陡峭的过程。通常情况下，为了自定义渲染效果往往需要和很多文件和设置打交道，这些过程很容易消磨掉初学者的耐心。而且，一些细节问题也往往需要开发者花费较多的时间去解决。

Unity 为了解决上述问题，为我们提供了一层抽象——Unity Shader。而我们和这层抽象打交道的途径就是使用 Unity 提供的一种专门为 Unity Shader 服务的语言——**ShaderLab**。

什么是 ShaderLab?

"ShaderLab is a friend you can afford."——尼古拉斯·弗朗西斯（Nicholas Francis），Unity 前首席运营官（COO）和联合创始人之一。

Unity Shader 是 Unity 为开发者提供的高层级的渲染抽象层。图 3.6 显示了这样的抽象。Unity 希望通过这种方式来让开发者更加轻松地控制渲染。

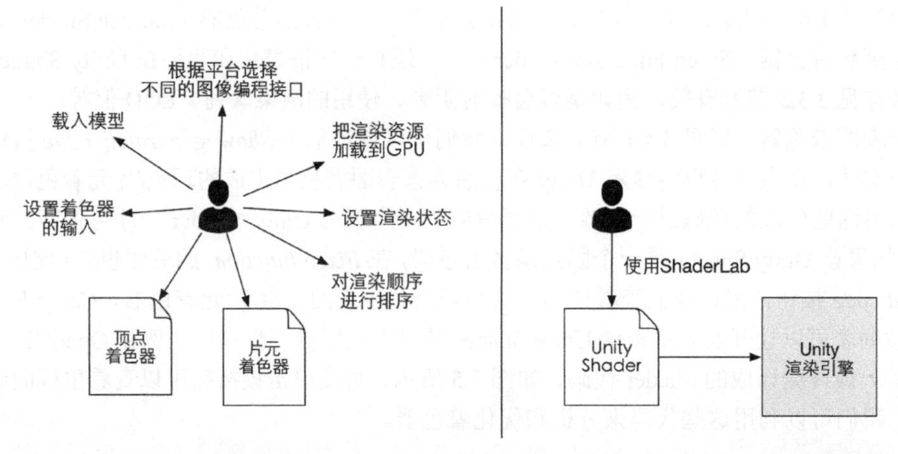

▲图 3.6　Unity Shader 为控制渲染过程提供了一层抽象。如果没有使用 Unity Shader（左图），开发者需要和很多文件和设置打交道，才能让画面呈现出想要的效果；而在 Unity Shader 的帮助下（右图），开发者只需要使用 ShaderLab 来编写 Unity Shader 文件就可以完成所有的工作

在 Unity 中，所有的 Unity Shader 都是使用 ShaderLab 来编写的。ShaderLab 是 Unity 提供的编写 Unity Shader 的一种说明性语言。它使用了一些嵌套在花括号内部的**语义（syntax）**来描述一个 Unity Shader 文件的结构。这些结构包含了许多渲染所需的数据，例如 *Properties* 语句块中定义了着色器所需的各种属性，这些属性将会出现在材质面板中。从设计上来说，ShaderLab 类似于 CgFX 和 Direct3D Effects（.FX）语言，它们都定义了要显示一个材质所需的所有东西，而**不仅仅是着色器代码**。

一个 Unity Shader 的基础结构如下所示：

```
Shader "ShaderName" {
    Properties {
        // 属性
```

```
    }
    SubShader {
        // 显卡 A 使用的子着色器
    }
    SubShader {
        // 显卡 B 使用的子着色器
    }
    Fallback "VertexLit"
}
```

Unity 在背后会根据使用的平台来把这些结构编译成真正的代码和 Shader 文件，而开发者只需要和 Unity Shader 打交道即可。

3.3 Unity Shader 的结构

在上一节的伪代码中我们见到了一些 ShaderLab 的语义，如 *Properties*、*SubShader*、*Fallback* 等。这些语义定义了 Unity Shader 的结构，从而帮助 Unity 分析该 Unity Shader 文件，以便进行正确的编译。在下面，我们会解释这些基础的语义含义和用法。

3.3.1 给我们的 Shader 起个名字

每个 Unity Shader 文件的第一行都需要通过 *Shader* 语义来指定该 Unity Shader 的名字。这个名字由一个字符串来定义，例如"MyShader"。当为材质选择使用的 Unity Shader 时，这些名称就会出现在材质面板的下拉列表里。通过在字符串中添加斜杠（"/"），可以控制 Unity Shader 在材质面板中出现的位置。例如：

```
Shader "Custom/MyShader" {     }
```

那么这个 Unity Shader 在材质面板中的位置就是：*Shader -> Custom -> MyShader*，如图 3.7 所示。

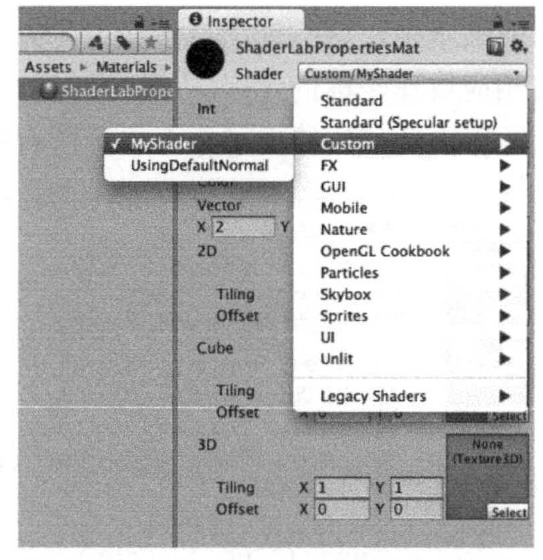

▲图 3.7　在 Unity Shader 的名称定义中利用斜杠来组织在材质面板中的位置

3.3.2 材质和 Unity Shader 的桥梁：Properties

Properties 语义块中包含了一系列**属性（property）**，这些属性将会出现在材质面板中。

Properties 语义块的定义通常如下：

```
Properties {
    Name ("display name", PropertyType) = DefaultValue
    Name ("display name", PropertyType) = DefaultValue
    // 更多属性
}
```

开发者们声明这些属性是为了在材质面板中能够方便地调整各种材质属性。如果我们需要在 Shader 中访问它们，就需要使用每个属性的**名字（Name）**。在 Unity 中，这些属性的名字通常由一个下划线开始。**显示的名称（display name）**则是出现在材质面板上的名字。我们需要为每个属性指定它的**类型（PropertyType）**，常见的属性类型如表 3.1 所示。除此之外，我们还需要为每个属性指定一个默认值，在我们第一次把该 Unity Shader 赋给某个材质时，材质面板上显示的就是这些默认值。

表 3.1　Properties 语义块支持的属性类型

属 性 类 型	默认值的定义语法	例　子
Int	number	_Int ("Int", Int) = 2
Float	number	_Float ("Float", Float) = 1.5
Range(min, max)	number	_Range("Range", Range(0.0, 5.0)) = 3.0
Color	(number,number,number,number)	_Color ("Color", Color) = (1,1,1,1)
Vector	(number,number,number,number)	_Vector ("Vector", Vector) = (2, 3, 6, 1)
2D	"defaulttexture" {}	_2D ("2D", 2D) = "" {}
Cube	"defaulttexture" {}	_Cube ("Cube", Cube) = "white" {}
3D	"defaulttexture" {}	_3D ("3D", 3D) = "black" {}

对于 **Int**、**Float**、**Range** 这些数字类型的属性，其默认值就是一个单独的数字；对于 **Color** 和 **Vector** 这类属性，默认值是用圆括号包围的一个四维向量；对于 **2D**、**Cube**、**3D** 这 3 种纹理类型，默认值的定义稍微复杂，它们的默认值是通过一个字符串后跟一个花括号来指定的，其中，字符串要么是空的，要么是内置的纹理名称，如“white”“black”“gray”或者“bump”。花括号的用处原本是用于指定一些纹理属性的，例如在 Unity 5.0 以前的版本中，我们可以通过 **TexGen CubeReflect**、**TexGen CubeNormal** 等选项来控制固定管线的纹理坐标的生成。但在 Unity 5.0 以后的版本中，这些选项被移除了，如果我们需要类似的功能，就需要自己在顶点着色器中编写计算相应纹理坐标的代码。

下面的代码给出了一个展示所有属性类型的例子：

```
Shader "Custom/ShaderLabProperties" {
    Properties {
        // Numbers and Sliders
        _Int ("Int", Int) = 2
        _Float ("Float", Float) = 1.5
        _Range("Range", Range(0.0, 5.0)) = 3.0
        // Colors and Vectors
        _Color ("Color", Color) = (1,1,1,1)
        _Vector ("Vector", Vector) = (2, 3, 6, 1)
        // Textures
        _2D ("2D", 2D) = "" {}
        _Cube ("Cube", Cube) = "white" {}
        _3D ("3D", 3D) = "black" {}
    }

    FallBack "Diffuse"
}
```

图 3.8 给出了上述代码在材质面板中的显示结果。

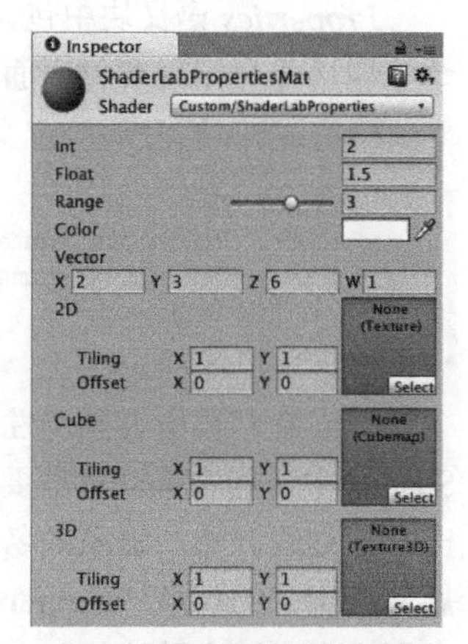

▲图 3.8　不同属性类型在材质面板中的显示结果

有时，我们想要在材质面板上显示更多类型的变量，例如使用布尔变量来控制 Shader 中使用哪种计算。Unity 允许我们重载默认的材质编辑面板，以提供更多自定义的数据类型。我们在本书资源的材质 *Assets -> Materials -> Chapter3 -> RedifyMat* 中提供了这样一个简单的例子，这个例子参考了官方手册的 **Custom Shader GUI** 一文（unity3d 网站上 SL-CustomShaderGUI.html）中的代码。

为了在 Shader 中可以访问到这些属性，我们需要在 Cg 代码片中定义和这些属性类型相匹配的变量。需要说明的是，即使我们不在 *Properties* 语义块中声明这些属性，也可以直接在 Cg 代码片中定义变量。此时，我们可以通过脚本向 Shader 中传递这些属性。因此，*Properties* 语义块的作用仅仅是为了让这些属性可以出现在材质面板中。

3.3.3　重量级成员：SubShader

每一个 Unity Shader 文件可以包含多个 *SubShader* 语义块，但最少要有一个。当 Unity 需要加载这个 Unity Shader 时，Unity 会扫描所有的 *SubShader* 语义块，然后选择第一个能够在目标平台上运行的 *SubShader*。如果都不支持的话，Unity 就会使用 *Fallback* 语义指定的 Unity Shader。

Unity 提供这种语义的原因在于，不同的显卡具有不同的能力。例如，一些旧的显卡仅能支持一定数目的操作指令，而一些更高级的显卡可以支持更多的指令数，那么我们希望在旧的显卡上使用计算复杂度较低的着色器，而在高级的显卡上使用计算复杂度较高的着色器，以便提供更出色的画面。

SubShader 语义块中包含的定义通常如下：

```
SubShader {
    // 可选的
    [Tags]

    // 可选的
    [RenderSetup]

    Pass {
    }
    // Other Passes
}
```

SubShader 中定义了一系列 *Pass* 以及可选的**状态**（[RenderSetup]）和**标签**（[Tags]）设置。每个 *Pass* 定义了一次完整的渲染流程，但如果 *Pass* 的数目过多，往往会造成渲染性能的下降。因此，我们应尽量使用最小数目的 *Pass*。状态和标签同样可以在 *Pass* 声明。不同的是，*SubShader* 中的一些标签设置是特定的。也就是说，这些标签设置和 *Pass* 中使用的标签是不一样的。而对于状态设置来说，其使用的语法是相同的。但是，如果我们在 *SubShader* 进行了这些设置，那么将会用于所有的 *Pass*。

- **状态设置**

ShaderLab 提供了一系列渲染状态的设置指令，这些指令可以设置显卡的各种状态，例如是否开启混合/深度测试等。表 3.2 给出了 ShaderLab 中常见的渲染状态设置选项。

表 3.2　常见的渲染状态设置选项

状态名称	设置指令	解释
Cull	Cull Back | Front | Off	设置剔除模式：剔除背面/正面/关闭剔除
ZTest	ZTest Less Greater | LEqual | GEqual | Equal | NotEqual | Always	设置深度测试时使用的函数
ZWrite	ZWrite On | Off	开启/关闭深度写入
Blend	Blend SrcFactor DstFactor	开启并设置混合模式

当在 *SubShader* 块中设置了上述渲染状态时，将会应用到所有的 *Pass*。如果我们不想这样（例如在双面渲染中，我们希望在第一个 *Pass* 中剔除正面来对背面进行渲染，在第二个 *Pass* 中剔除背面来对正面进行渲染），可以在 *Pass* 语义块中单独进行上面的设置。

- ***SubShader* 的标签**

SubShader 的标签（Tags）是一个**键值对**（Key/Value Pair），它的键和值都是字符串类型。这些键值对是 *SubShader* 和渲染引擎之间的沟通桥梁。它们用来告诉 Unity 的渲染引擎：我希望怎样以及何时渲染这个对象。

标签的结构如下：

```
Tags { "TagName1" = "Value1" "TagName2" = "Value2" }
```

SubShader 的标签块支持的标签类型如表 3.3 所示。

表 3.3　　SubShader 的标签类型

标 签 类 型	说　明	例　子
Queue	控制渲染顺序，指定该物体属于哪一个渲染队列，通过这种方式可以保证所有的透明物体可以在所有不透明物体后面被渲染（详见第 8 章），我们也可以自定义使用的渲染队列来控制物体的渲染顺序	Tags { "Queue" = "Transparent" }
RenderType	对着色器进行分类，例如这是一个不透明的着色器，或是一个透明的着色器等。这可以被用于着色器替换（Shader Replacement）功能	Tags { "RenderType" = "Opaque" }
DisableBatching	一些 *SubShader* 在使用 Unity 的批处理功能时会出现问题，例如使用了模型空间下的坐标进行顶点动画（详见 11.3 节）。这时可以通过该标签来直接指明是否对该 *SubShader* 使用批处理	Tags { "DisableBatching" = "True" }
ForceNoShadowCasting	控制使用该 *SubShader* 的物体是否会投射阴影（详见 8.4 节）	Tags { "ForceNoShadowCasting" = "True" }
IgnoreProjector	如果该标签值为“True”，那么使用该 *SubShader* 的物体将不会受 Projector 的影响。通常用于半透明物体	Tags { "IgnoreProjector" = "True" }
CanUseSpriteAtlas	当该 *SubShader* 是用于精灵（sprites）时，将该标签设为“False”	Tags { "CanUseSpriteAtlas" = "False" }
PreviewType	指明材质面板将如何预览该材质。默认情况下，材质将显示为一个球形，我们可以通过把该标签的值设为“Plane”“SkyBox”来改变预览类型	Tags { "PreviewType" = "Plane" }

具体的标签设置我们会在本书后面的章节中讲到。

需要注意的是，上述标签仅可以在 *SubShader* 中声明，而不可以在 *Pass* 块中声明。*Pass* 块虽然也可以定义标签，但这些标签是不同于 *SubShader* 的标签类型。这是我们下面将要讲到的。

- ***Pass* 语义块**

Pass 语义块包含的语义如下：

```
Pass {
    [Name]
    [Tags]
    [RenderSetup]
    // Other code
}
```

首先，我们可以在 *Pass* 中定义该 *Pass* 的名称，例如：

```
Name "MyPassName"
```

通过这个名称，我们可以使用 ShaderLab 的 *UsePass* 命令来直接使用其他 Unity Shader 中的 *Pass*。例如：

```
UsePass "MyShader/MYPASSNAME"
```

这样可以提高代码的复用性。需要注意的是，由于 Unity 内部会把所有 *Pass* 的名称转换成大写字母的表示，因此，在使用 *UsePass* 命令时必须使用大写形式的名字。

其次，我们可以对 *Pass* 设置渲染状态。*SubShader* 的状态设置同样适用于 *Pass*。除了上面提到的状态设置外，在 *Pass* 中我们还可以使用固定管线的着色器（详见 3.4.3 节）命令。

Pass 同样可以设置标签，但它的标签不同于 *SubShader* 的标签。这些标签也是用于告诉渲染

引擎我们希望怎样来渲染该物体。表 3.4 给出了 *Pass* 中使用的标签类型。

表 3.4 *Pass* 的标签类型

标签类型	说明	例子
LightMode	定义该 *Pass* 在 Unity 的渲染流水线中的角色	Tags { "LightMode" = "ForwardBase" }
RequireOptions	用于指定当满足某些条件时才渲染该 Pass，它的值是一个由空格分隔的字符串。目前，Unity 支持的选项有：SoftVegetation。在后面的版本中，可能会增加更多的选项	Tags { "RequireOptions" = "SoftVegetation" }

除了上面普通的 Pass 定义外，Unity Shader 还支持一些特殊的 *Pass*，以便进行代码复用或实现更复杂的效果。

- **UsePass**：如我们之前提到的一样，可以使用该命令来复用其他 Unity Shader 中的 *Pass*；
- **GrabPass**：该 *Pass* 负责抓取屏幕并将结果存储在一张纹理中，以用于后续的 *Pass* 处理（详见 10.2.2 节）。

如果读者对上述出现的某些定义和名词无法理解，也不要担心。在本书后面的章节中，我们会对这些内容进行更加深入的讲解。

3.3.4 留一条后路：Fallback

紧跟在各个 *SubShader* 语义块后面的，可以是一个 *Fallback* 指令。它用于告诉 Unity，“如果上面所有的 SubShader 在这块显卡上都不能运行，那么就使用这个最低级的 Shader 吧！”

它的语义如下：

```
Fallback "name"
// 或者
Fallback Off
```

如上所述，我们可以通过一个字符串来告诉 Unity 这个“最低级的 Unity Shader”是谁。我们也可以任性地关闭 *Fallback* 功能，但一旦你这么做，你的意思大概就是：“如果一块显卡跑不了上面所有的 SubShader，那就不要管它了！”

下面给出了一个使用 *Fallback* 语句的例子：

```
Fallback "VertexLit"
```

事实上，*Fallback* 还会影响阴影的投射。在渲染阴影纹理时，Unity 会在每个 Unity Shader 中寻找一个阴影投射的 Pass。通常情况下，我们不需要自己专门实现一个 Pass，这是因为 *Fallback* 使用的内置 Shader 中包含了这样一个通用的 Pass。因此，为每个 Unity Shader 正确设置 *Fallback* 是非常重要的。更多关于 Unity 中阴影的实现，可以参见 9.4 节。

3.3.5 ShaderLab 还有其他的语义吗

除了上述的语义，还有一些不常用到的语义。例如，如果我们不满足于 Unity 内置的属性类型，想要自定义材质面板的编辑界面，就可以使用 *CustomEditor* 语义来扩展编辑界面。我们还可以使用 *Category* 语义来对 Unity Shader 中的命令进行分组。由于这些命令很少用到，本书将不再进行深入的讲解。

3.4 Unity Shader 的形式

在上面，我们讲了 Unity Shader 文件的结构以及 ShaderLab 的语法。尽管 Unity Shader 可以做的事情非常多（例如设置渲染状态等），但其最重要的任务还是指定各种着色器所需的代码。这些着色器代码可以写在 *SubShader* 语义块中（表面着色器的做法），也可以写在 *Pass* 语义块中（顶点/片元着色器和固定函数着色器的做法）。

在 Unity 中，我们可以使用下面 3 种形式来编写 Unity Shader。而不管使用哪种形式，真正意义上的 Shader 代码都需要包含在 ShaderLab 语义块中，如下所示：

```
Shader "MyShader" {
    Properties {
        // 所需的各种属性
    }
    SubShader {
        // 真正意义上的 Shader 代码会出现在这里
        // 表面着色器（Surface Shader）或者
        // 顶点/片元着色器（Vertex/Fragment Shader）或者
        // 固定函数着色器（Fixed Function Shader）
    }
    SubShader {
        // 和上一个 SubShader 类似
    }
}
```

3.4.1 Unity 的宠儿：表面着色器

表面着色器（Surface Shader）是 Unity 自己创造的一种着色器代码类型。它需要的代码量很少，Unity 在背后做了很多工作，但渲染的代价比较大。它在本质上和下面要讲到的顶点/片元着色器是一样的。也就是说，当给 Unity 提供一个表面着色器的时候，它在背后仍旧把它转换成对应的顶点/片元着色器。我们可以理解成，表面着色器是 Unity 对顶点/片元着色器的更高一层的抽象。它存在的价值在于，Unity 为我们处理了很多光照细节，使得我们不需要再操心这些“烦人的事情”。

一个非常简单的表面着色器示例代码如下：

```
Shader "Custom/Simple Surface Shader" {
    SubShader {
        Tags { "RenderType" = "Opaque" }
        CGPROGRAM
        #pragma surface surf Lambert
        struct Input {
            float4 color : COLOR;
        };
        void surf (Input IN, inout SurfaceOutput o) {
            o.Albedo = 1;
        }
        ENDCG
    }
    Fallback "Diffuse"
}
```

从上述程序中可以看出，表面着色器被定义在 *SubShader* 语义块（而非 **Pass** 语义块）中的 *CGPROGRAM* 和 *ENDCG* 之间。原因是，表面着色器不需要开发者关心使用多少个 Pass、每个 Pass 如何渲染等问题，Unity 会在背后为我们做好这些事情。我们要做的只是告诉它：“嘿，使用这些纹理去填充颜色，使用这个法线纹理去填充法线，使用 Lambert 光照模型，其他的不要来烦我！”。

CGPROGRAM 和 *ENDCG* 之间的代码是使用 Cg/HLSL 编写的，也就是说，我们需要把 Cg/HLSL 语言嵌套在 ShaderLab 语言中。值得注意的是，这里的 Cg/HLSL 是 Unity 经封装后提供的，它的语法和标准的 Cg/HLSL 语法几乎一样，但还是有细微的不同，例如有些原生的函数和用法 Unity 并没有提供支持。

3.4.2　最聪明的孩子：顶点/片元着色器

在 Unity 中我们可以使用 Cg/HLSL 语言来编写**顶点/片元着色器**（**Vertex/Fragment Shader**）。它们更加复杂，但灵活性也更高。

一个非常简单的顶点/片元着色器示例代码如下：

```
Shader "Custom/Simple VertexFragment Shader" {
    SubShader {
        Pass {
            CGPROGRAM

            #pragma vertex vert
            #pragma fragment frag

            float4 vert(float4 v : POSITION) : SV_POSITION {
                return mul (UNITY_MATRIX_MVP, v);
            }

            fixed4 frag() : SV_Target {
                return fixed4(1.0,0.0,0.0,1.0);
            }

            ENDCG
        }
    }
}
```

和表面着色器类似，顶点/片元着色器的代码也需要定义在 *CGPROGRAM* 和 *ENDCG* 之间，但不同的是，顶点/片元着色器是写在 *Pass* 语义块内，而非 *SubShader* 内的。原因是，我们需要自己定义每个 Pass 需要使用的 Shader 代码。虽然我们可能需要编写更多的代码，但带来的好处是灵活性很高。更重要的是，我们可以控制渲染的实现细节。同样，这里的 *CGPROGRAM* 和 *ENDCG* 之间的代码也是使用 Cg/HLSL 编写的。

3.4.3　被抛弃的角落：固定函数着色器

上面两种 Unity Shader 形式都使用了可编程管线。而对于一些较旧的设备（其 GPU 仅支持 DirectX 7.0、OpenGL 1.5 或 OpenGL ES 1.1），例如 iPhone 3，它们不支持可编程管线着色器，因此，这时候我们就需要使用**固定函数着色器**（**Fixed Function Shader**）来完成渲染。这些着色器往往只可以完成一些非常简单的效果。

一个非常简单的固定函数着色器示例代码如下：

```
Shader "Tutorial/Basic" {
    Properties {
        _Color ("Main Color", Color) = (1,0.5,0.5,1)
    }
    SubShader {
        Pass {
            Material {
                Diffuse [_Color]
            }
            Lighting On
        }
    }
}
```

可以看出，固定函数着色器的代码被定义在 *Pass* 语义块中，这些代码相当于 *Pass* 中的一些渲染设置，正如我们之前在 3.3.3 节中提到的一样。

对于固定函数着色器来说，我们需要完全使用 ShaderLab 的语法（即使用 ShaderLab 的渲染设置命令）来编写，而非使用 Cg/HLSL。

由于现在绝大多数 GPU 都支持可编程的渲染管线，这种固定管线的编程方式已经逐渐被抛弃。实际上，在 Unity 5.2 中，所有固定函数着色器都会在背后被 Unity 编译成对应的顶点/片元着色器，因此真正意义上的固定函数着色器已经不存在了。

3.4.4 选择哪种 Unity Shader 形式

那么，我们究竟选择哪一种来进行 Unity Shader 的编写呢？这里给出了一些建议。

- 除非你有非常明确的需求必须要使用固定函数着色器，例如需要在非常旧的设备上运行你的游戏（这些设备非常少见），否则请使用可编程管线的着色器，即表面着色器或顶点/片元着色器。
- 如果你想和各种光源打交道，你可能更喜欢使用表面着色器，但需要小心它在移动平台的性能表现。
- 如果你需要使用的光照数目非常少，例如只有一个平行光，那么使用顶点/片元着色器是一个更好的选择。
- 最重要的是，如果你有很多自定义的渲染效果，那么请选择顶点/片元着色器。

3.5 本书使用的 Unity Shader 形式

本书的目的不仅在于教给读者如何使用 Unity Shader，更重要的是想要让读者掌握渲染背后的原理。仅仅了解高层抽象虽然可能会暂时使工作简化，但从长久来看“知其然而不知其所以然”所带来的影响更加深远。

因此，在本书接下来的内容中，我们将着重使用顶点/片元着色器来进行 Unity Shader 的编写。对于表面着色器来说，我们会在本书的第 17 章中进行剖析，读者可以在那里找到更多的学习内容。

3.6 答疑解惑

尽管在之前的内容中涵盖了很多基础内容，这里仍给出一些初学者常见的困惑之处，并给予说明和解释。

3.6.1 Unity Shader != 真正的 Shader

需要读者注意的是，Unity Shader 并不等同于第 2 章中所讲的 Shader，尽管 Unity Shader 翻译过来就是 Unity 着色器。在 Unity 里，Unity Shader 实际上指的就是一个 ShaderLab 文件——硬盘上以**.shader** 作为文件后缀的一种文件。

在 Unity Shader（或者说是 ShaderLab 文件）里，我们可以做的事情远多于一个传统意义上的 Shader。

- 在传统的 Shader 中，我们仅可以编写特定类型的 Shader，例如顶点着色器、片元着色器等。而在 Unity Shader 中，我们可以在同一个文件里同时包含需要的顶点着色器和片元着色器代码。
- 在传统的 Shader 中，我们无法设置一些渲染设置，例如是否开启混合、深度测试等，这些是开发者在另外的代码中自行设置的。而在 Unity Shader 中，我们通过一行特定的指令就可以完成这些设置。
- 在传统的 Shader 中，我们需要编写冗长的代码来设置着色器的输入和输出，要小心地处理这些输入输出的位置对应关系等。而在 Unity Shader 中，我们只需要在特定语句块中声明一些属性，就可以依靠材质来方便地改变这些属性。而且对于模型自带的数据（如顶点位置、纹理坐标、法线等），Unity Shader 也提供了直接访问的方法，不需要开发者自行编码来传给着色器。

当然，Unity Shader 除了上述这些优点外，也有一些缺点。由于 Unity Shader 的高度封装性，我们可以编写的 Shader 类型和语法都被限制了。对于一些类型的 Shader，例如曲面细分着色器（Tessellation Shader）、几何着色器（Geometry Shader）等，Unity 的支持就相对差一些。例如，Unity 4.x 仅在 DirectX 11 平台下提供曲面细分着色器、几何着色器的相关功能，而对于 OpenGL 平台则没有这些支持。除此之外，一些高级的 Shader 语法 Unity Shader 也不支持。

可以说，Unity Shader 提供了一种让开发者同时控制渲染流水线中多个阶段的一种方式，不仅仅是提供 Shader 代码。作为开发者而言，我们绝大部分时候只需要和 Unity Shader 打交道，而不需要关心渲染引擎底层的实现细节。

3.6.2 Unity Shader 和 Cg/HLSL 之间的关系

正如我们之前所讲，Unity Shader 是用 ShaderLab 语言编写的，但对于表面着色器和顶点/片元着色器，我们可以在 ShaderLab 内部嵌套 Cg/HLSL 语言来编写这些着色器代码。这些 Cg/HLSL 代码是嵌套在 *CGPROGRAM* 和 *ENDCG* 之间的，正如我们之前看到的示例代码一样。由于 Cg 和 DX9 风格的 HLSL 从写法上来说几乎是同一种语言，因此在 Unity 里 Cg 和 HLSL 是等价的。我们可以说，Cg/HLSL 代码是区别于 ShaderLab 的另一个世界。

通常，Cg 的代码片段是位于 *Pass* 语义块内部的，如下所示：

```
Pass {
    // Pass 的标签和状态设置

    CGPROGRAM
    // 编译指令，例如：
    #pragma vertex vert
    #pragma fragment frag

    // Cg 代码

    ENDCG
    // 其他一些设置
}
```

读者可能会有疑问："之前不是说在表面着色器中，Cg/HLSL 代码是写在 *SubShader* 语义块内吗？而不是 *Pass* 块内。"的确，在表面着色器中，Cg/HLSL 代码是写在 *SubShader* 语义块内，但是读者应该还记得，表面着色器在本质上就是顶点/片元着色器，它们看起来很不像是因为表面着色器是 Unity 在顶点/片元着色器上层为开发者提供的一层抽象封装，但在背后，Unity 还是会把它转化成一个包含多 Pass 的顶点/片元着色器。我们可以在 Unity Shader 的导入设置面板中单击 *Show generated code* 按钮来查看生成的真正的顶点/片元着色器代码。可以说，从本质上来讲，Unity Shader 只有**两种形式**：顶点/片元着色器和固定函数着色器（在 Unity 5.2 以后的版本中，固定函数着色器也会在背后被转化成顶点/片元着色器，因此从本质上来说 Unity 中只存在顶点/片元着色器）。

在提供给编程人员这些便利的背后，Unity 编辑器会把这些 Cg 片段编译成低级语言，如汇编语言等。通常，Unity 会自动把这些 Cg 片段编译到所有相关平台（这里的平台是指不同的渲染平台，例如 Direct3D 9、OpenGL、Direct3D 11、OpenGL ES 等）上。这些编译过程比较复杂，Unity 会使用不同的编译器来把 Cg 转换成对应平台的代码。这样就不会在切换平台时再重新编译，而且如果代码在某些平台上发生错误就可以立刻得到错误信息。

正如在 3.1.3 节中看到的一样，我们可以在 Unity Shader 的导入设置面板上查看这些编译后的代码，查看这些代码有助于进行 Debug 或优化等，如图 3.9 所示。

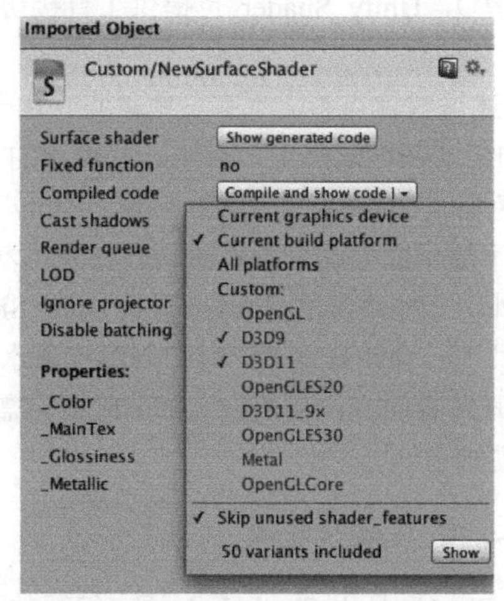

▲图 3.9　在 Unity Shader 的导入设置面板中可以通过 *Compile and show code* 按钮来查看 Unity 对 CG 片段编译后的代码。通过单击 *Compile and show code* 按钮右端的倒三角可以打开下拉菜单，在这个下拉菜单中可以选择编译的平台种类，如只为当前的显卡设备编译特定的汇编代码，或为所有的平台编译汇编代码，我们也可以自定义选择编译到哪些平台上

但当发布游戏的时候，游戏数据文件中只包含目标平台需要的编译代码，而那些在目标平台上不需要的代码部分就会被移除。例如，当发布到 Mac OS X 平台上时，DirectX 对应的代码部分就会被移除。

3.6.3　我可以使用 GLSL 来写吗

当然可以。如果你坚持说：“我就是不想用 Cg/HLSL 来写！就是要使用 GLSL 来写！”，但是这意味着你可以发布的目标平台就只有 Mac OS X、OpenGL ES 2.0 或者 Linux，而对于 PC、Xbox 360 这样的仅支持 DirectX 的平台来说，你就放弃它们了。

建立在你坚持要用 GLSL 来写 Unity Shader 的意愿下，你可以怎么写呢？和 Cg/HLSL 需要嵌套在 *CGPROGRAM* 和 *ENDCG* 之间类似，GLSL 的代码需要嵌套在 *GLSLPROGRAM* 和 *ENDGLSL* 之间。

更多关于如何在 Unity Shader 中写 GLSL 代码的内容可以在 Unity 官方手册的 **GLSL Shader Programs** 一文（docs.unity3d/Manual/SL-GLSLShaderPrograms.html）中找到。

3.7　扩展阅读

Unity 官网上关于 Unity Shader 方面的文档正在不断补充中，由于 Unity 封装了很多功能和细节，因此,如果读者在使用 Unity Shader 的过程中遇到了问题可以去到官方文档（docs.unity3d/Manual/SL-Reference.html）中查看。除此之外，Unity 也提供了一些简单的着色器编写教程（docs.unity3d/Manual/ShaderTut1.html，docs.unity3d/Manual/ShaderTut2.html）。由于在 Unity Shader 中，绝大多数可编程管线的着色器代码是使用 Cg 语言编写的，读者可以在 NVIDIA 提供的 Cg 文档中找到更多的内容。NVIDIA 同样提供了一个系列教程（developer.nvidia/CgTutorial/cg_tutorial_chapter01.html）来帮助初学者掌握 Cg 的基本语法。

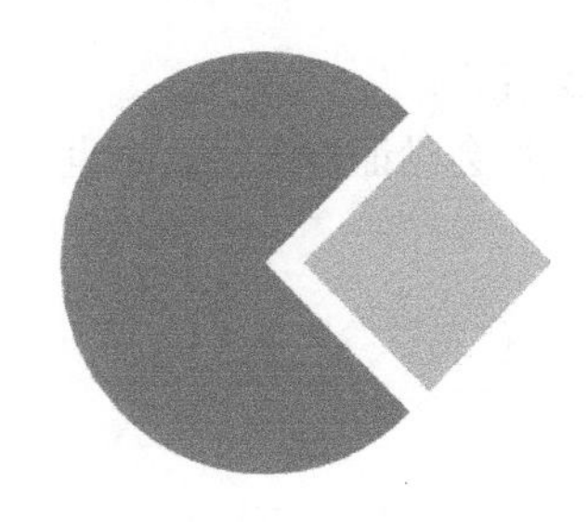

第4章　学习 Shader 所需的数学基础

不懂数学者不得入内。
——古希腊柏拉图学院门口的碑文

计算机图形学之所以深奥难懂，很大原因是在于它是建立在虚拟世界上的数学模型。数学渗透到图形学的方方面面，当然也包括 Shader。在学习 Shader 的过程中，我们最常使用的就是矢量和矩阵（即数学的分支之一——线性代数）。

很多读者认为图形学中的数学复杂难懂。的确，一些数学模型在初学者看来晦涩难懂。但很多情况下，我们需要打交道的只是一些基础的数学运算，而只要掌握了这些内容，就会发现很多事情可以迎刃而解。我们在研究和学习他人编写的 Shader 代码时，也不再会疑问："他为什么要这么写"，而是"哦，这里就是使用矩阵进行了一个变换而已。"

为了让读者能够参与到计算中来，而不是填鸭式地阅读，在一些小节的最后我们会给出一些练习题。练习题的答案会在本章最后给出（不要偷看答案！）。需要注意的是，这些练习题并不是可有可无的，我们并非想利用题海战术来让读者掌握这些数学运算，而是想利用这些练习题来阐述一些容易出错或实践中常见的问题。通过这些练习题，读者可以对本节内容有更加深刻的理解。

那么，拿起笔来，让我们一起走进数学的世界吧！

4.1　背景：农场游戏

为了让读者更加理解数学计算的几何意义，我们先来假定一个场景。现在，假设我们正在开发一款卡通风格的农场游戏。在这个游戏里，玩家可以在农场里养很多可爱的奶牛。与普通农场游戏不同的是，我们的主角不是玩家，而是一头牛——妞妞，如图 4.1 所示。妞妞不仅长得壮，而且它对很多事情都充满了好奇心。

▲图 4.1　我们的农场游戏。我们的主角妞妞是一头长得最壮、好奇心很强的奶牛

读者：为什么游戏主角不是玩家呢？我们：因为我们的策划就是这么任性。

在故事的一开始，农场世界是没有数学概念的。通过下面的学习，我们会见证数学给这个世界带来了怎样翻天覆地的变化。

4.2 笛卡儿坐标系

在游戏制作中，我们使用数学绝大部分都是为了计算位置、距离和角度等变量。而这些计算大部分都是在**笛卡儿坐标系**（**Cartesian Coordinate System**）下进行的。这个名字来源于法国伟大的哲学家、物理学家、心理学家、数学家笛卡儿（René Descartes）。

那么，我们为什么需要笛卡儿坐标系呢？有这样一个传说，讲述了笛卡儿提出笛卡儿坐标系的由来。笛卡儿从小体弱多病，所以他所在的寄宿学校的老师允许他可以一直留在床上直到中午。在笛卡儿的一生中，他每天的上午时光几乎都是在床上度过的。笛卡儿并没有把这段时间用在睡懒觉上，而是思考了很多关于数学和哲学上的问题。有一天，笛卡儿发现一只苍蝇在天花板上爬来爬去，他观察了很长一段时间。笛卡儿想：我要如何来描述这只苍蝇的运动轨迹呢？最后，笛卡儿意识到，他可以使用这只苍蝇距离房间内不同墙面的位置来描述，如图 4.2 所示。他从床上起身，写下了他的发现。然后，他试图描述一些点的位置，正如他要描述苍蝇的位置一样。最后，笛卡儿就发明了这个坐标平面。而这个坐标平面后来逐渐发展，就形成了坐标系系统。人们为了纪念笛卡儿的工作，就用他的名字来给这种坐标系进行命名。

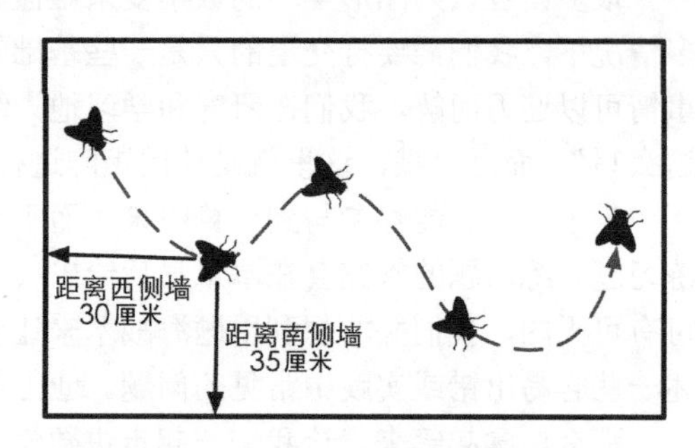

▲图 4.2　传说，笛卡儿坐标系来源于笛卡儿对天花板上一只苍蝇的运动轨迹的观察。笛卡儿发现，可以使用苍蝇距不同墙面的距离来描述它的当前位置

当然，上面传说的可靠性无从验证。一些较真儿的读者就不用急着向本书勘误邮箱中发邮件说："嘿，你简直是胡说！"不过，读者可以从这个传说中发现，笛卡儿坐标系和我们的生活是密切相关的。

4.2.1　二维笛卡儿坐标系

事实上，读者很可能一直在用二维笛卡儿坐标系，尽管你可能并没有听过笛卡儿这个名词。你还记得在《哈利波特与魔法石》电影中，哈利和罗恩大战奇洛教授的魔法棋盘吗？这里的国际象棋棋盘也可以理解成是一个二维的笛卡儿坐标系。

图 4.3 显示了一个二维笛卡儿坐标系。它是不是很像一个棋盘呢？

一个二维的笛卡儿坐标系包含了两个部分的信息：

- 一个特殊的位置，即原点，它是整个坐标系的中心；
- 两条过原点的互相垂直的矢量，即 x 轴和 y 轴。这些坐标轴也被称为是该坐标系的基矢量。

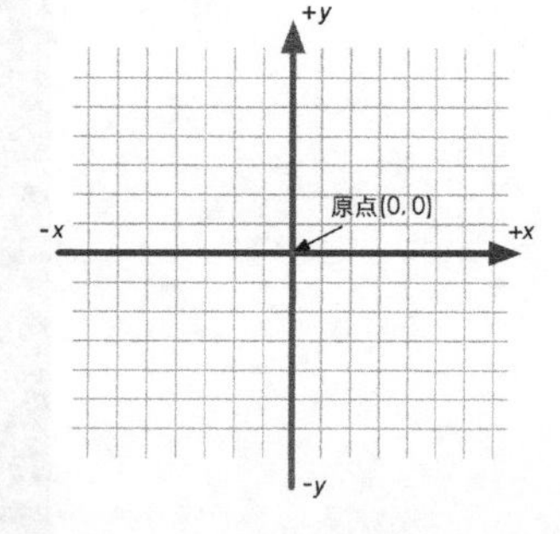

▲图 4.3　一个二维笛卡儿坐标系

虽然在图 4.3 中 x 轴和 y 轴分别是水平和垂直方向的，但这并不是必须的。想象把上面的坐标系整体向左旋转 30°。而且，虽然图中的 x 轴指向右、y 轴指向上，但这也并不是必须的。例如，在 2.3.4 节屏幕映射中，OpenGL 和 DirectX 使用了不同的二维笛卡儿坐标系，如图 4.4 所示。

而有了这个坐标系我们就可以精确地定位一个点的位置。例如，如果说："在（1, 2）的位置上画一个点。"那么相信读者肯定知道这个位置在哪里。

我们来看一下笛卡儿坐标系给奶牛农场带来了什么变化。在没有笛卡儿坐标系的时候，奶牛们根本没有明确的位置概念。如果一头奶牛问："妞妞，你现在在哪里啊？"妞妞只能回答说"我在这里"或者"我在那里"这些模糊的词语。但那头奶牛永远不会知道妞妞的确切位置。而把笛卡儿坐标系引入到奶牛农场后，所有的一切都变得清晰起来。我们把奶牛农场的中心定义成坐标原点，而把地理方向中的东、北定义成坐标轴方向。现在，如果奶牛再问："妞妞，你现在在哪里啊？"妞妞就可以回答说："我在东 1 米、北 3 米的地方。"如图 4.5 所示。

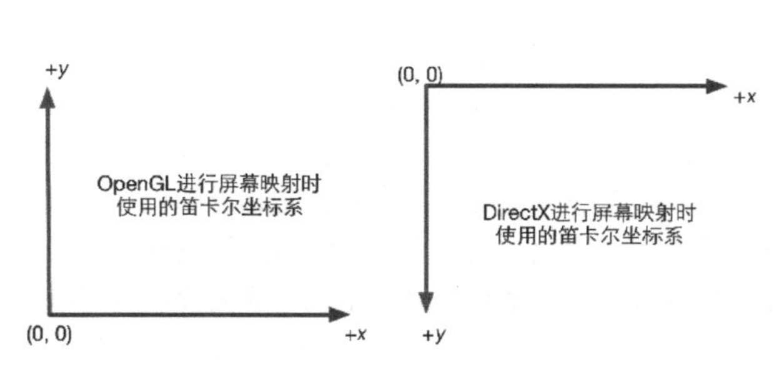

▲图 4.4 在屏幕映射时，OpenGL 和 DirectX 使用了不同方向的二维笛卡儿坐标系

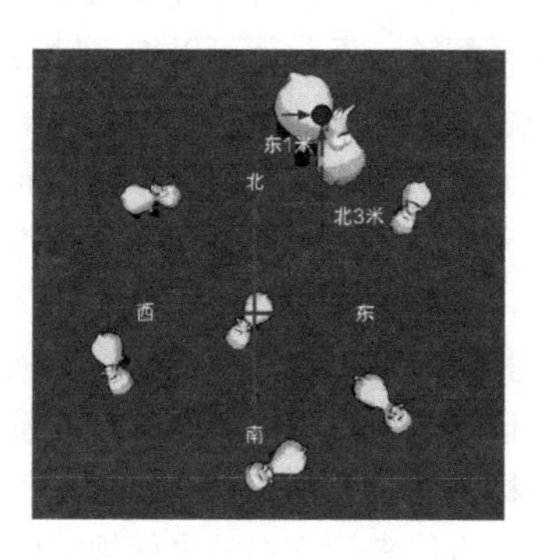

▲图 4.5 笛卡儿坐标系可以让妞妞精确表述自己的位置

4.2.2 三维笛卡儿坐标系

在上面一节中，我们已经了解了二维笛卡儿坐标系。可以看出，二维笛卡儿坐标系实际上是比较简单的。那么，三维比二维只多了一个维度，是不是也就难了 50%而已呢？

不幸的是，答案是否定的。三维笛卡儿坐标系相较于二维来说要复杂许多，但这并不意味着很难学会它。对人类来说，我们生活的世界就是三维的，因此对于理解更低维度的空间（一维和二维）是比较容易的。而对于同等维度的一些概念；理解起来难度就大一些；对于更高维度的空间（如四维空间），理解难度就更大了。

在三维笛卡儿坐标系中，我们需要定义 3 个坐标轴和一个原点。图 4.6 显示了一个三维笛卡儿坐标系。

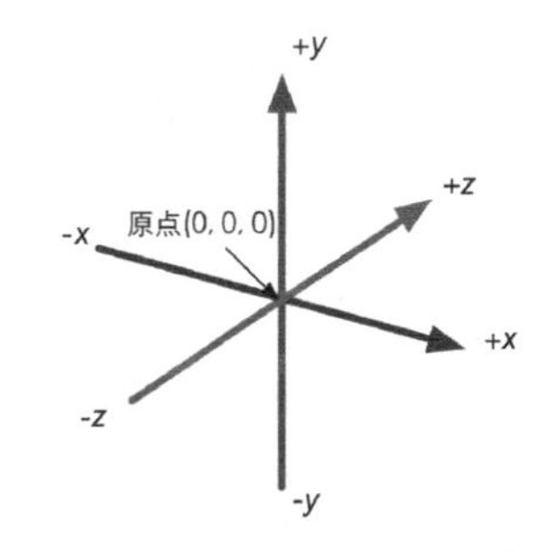

▲图 4.6 一个三维笛卡儿坐标系

这 3 个坐标轴也被称为是该坐标系的**基矢量（basis vector）**。通常情况下，这 3 个坐标轴之间是互相垂直的，且长度为 1，这样的基矢量被称为**标准正交基（orthonormal basis）**，但这并不是必须的。例如，在一些坐标系中坐标轴之间互相垂直但长度不为 1，这样的基矢量被称为**正交基（orthogonal basis）**。如非特殊说明，本书默认情况下使用的坐标轴指的都是标准正交基。

读者：正交这个词是什么意思呢？

我们：正交可以理解成互相垂直的意思。在下面矩阵的内容中，我们还会看到正交矩阵的概念。

和二维笛卡儿坐标系类似，三维笛卡儿坐标系中的坐标轴方向也不是固定的，即不一定是像图 4.6 中那样的指向。但这种不同导致了两种不同种类的坐标系：**左手坐标系（left-handed coordinate space）**和**右手坐标系（right-handed coordinate space）**。

4.2.3　左手坐标系和右手坐标系

为什么在三维笛卡儿坐标系中要区分左手坐标系和右手坐标系，而二维中就没有这些烦人的事情呢？这是因为，在二维笛卡儿坐标系中，*x* 轴和 *y* 轴的指向虽然可能不同，就如我们在图 4.4 中看到的一样。但我们总可以通过一些旋转操作来使它们的坐标轴指向相同。以图 4.4 中 OpenGL 和 DirectX 使用的坐标系为例，为了把右侧的坐标轴指向转换到左侧那样的指向，我们可以首先对右侧的坐标系顺时针旋转 180°，此时它的 *y* 轴指向上，而 *x* 轴指向左。然后，我们再把整个纸面水平翻转一下，就可以把 *x* 轴翻转到指向右了，此时左右两侧的坐标轴指向就完全相同了。从这种意义上来说，所有的二维笛卡儿坐标系都是等价的。

但对于三维笛卡儿坐标系，靠这种旋转有时并不能使两个不同朝向的坐标系重合。例如，在图 4.6 中，+*z* 轴的方向指向纸面的内部，如果有另一个三维笛卡儿坐标系，它的+*z* 轴是指向纸面外部，*x* 轴和 *y* 轴保持不变，那么我们可以通过旋转把这两个坐标轴重合在一起吗？答案是否定的。我们总可以让其中两个坐标轴的指向重合，但第三个坐标轴的指向总是相反的。

也就是说，三维笛卡儿坐标系并不都是等价的。因此，就出现了两种不同的三维坐标系：左手坐标系和右手坐标系。如果两个坐标系具有相同的**旋向性（handedness）**，那么我们就可以通过旋转的方法来让它们的坐标轴指向重合。但是，如果它们具有不同的旋向性（例如坐标系 A 属于左手坐标系，而坐标系 B 属于右手坐标系），那么就无法达到重合的目的。

那么，为什么叫左手坐标系和右手坐标系呢？和手有什么关系？这是因为，我们可以利用我们的双手来判断一个坐标系的旋向性。请读者举起你的左手，用食指和大拇指摆出一个“L”的手势，并且让你的食指指向上，大拇指指向右。现在，伸出你的中指，不出意外的话它应该指向你的前方（如果你一定要展示自己骨骼惊奇的话我也没有办法）。恭喜你，你已经得到了一个左手坐标系了！你的大拇指、食指和中指分别对应了+*x*、+*y* 和+*z* 轴的方向，如图 4.7 所示。

同样，读者可以通过右手来得到一个右手坐标系。举起你的右手，这次食指仍然指向上，中指指向前方，不同的是，大拇指将指向左侧，如图 4.8 所示。

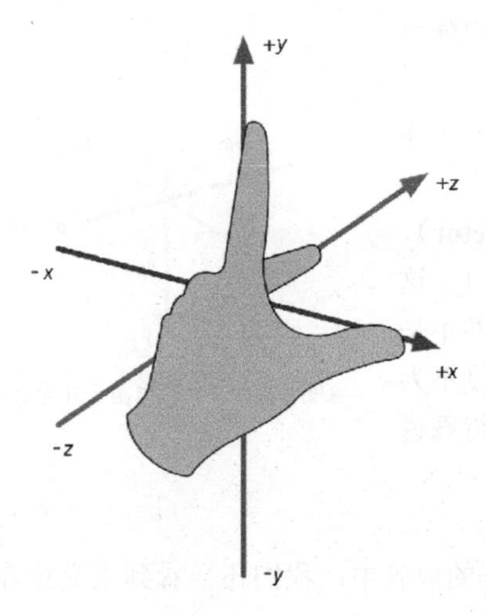

▲图 4.7　左手坐标系

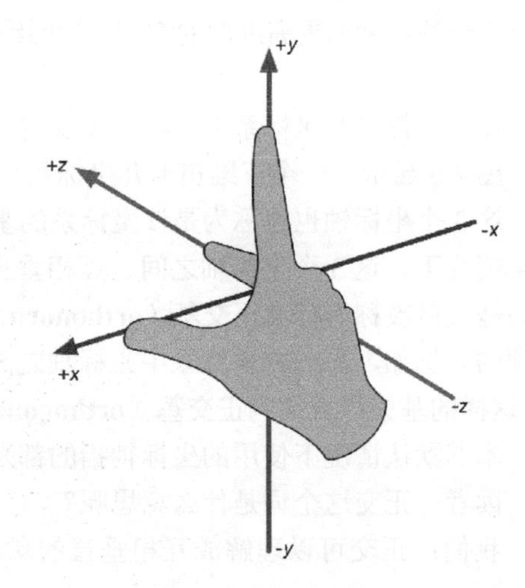

▲图 4.8　右手坐标系

正如我们之前所说，左手坐标系和右手坐标系之间无法通过旋转来同时使它们的 3 个坐标轴指向重合，如果你不信，你现在可以拿自己的双手来试验一下。

另外一个确定是左手还是右手坐标系的方法是，判断**前向（forward）**的方向。请读者坐直，向右伸直你的右手，此时右手方向就是 *x* 轴的正向，而你的头顶向上的方向就是 *y* 轴的正向。这时，如果你的正前方的方向是 z 轴的正向，那么你本身所在的坐标系就是一个左手坐标系；如果你的正前方的方向对应的是 z 轴的负向，那么这就是一个右手坐标系。

除了坐标轴朝向不同之外，左手坐标系和右手坐标系对于正向旋转的定义也不同，即在初高中物理中学到的**左手法则（left-hand rule）**和**右手法则（right-hand rule）**。假设现在空间中有一条直线，还有一个点，我们希望把这个点以该直线为旋转轴旋转某个角度，比如旋转 30°。读者可以拿一支笔当成这个旋转轴，再拿自己的手当成这个需要旋转的点，可以发现，我们有两个旋转方向可以选择。那么，我们应该往哪个方向旋转呢？这意味着，我们需要在坐标系中定义一个旋转的正方向。在左手坐标系中，这个旋转正方向是由左手法则定义的，而在右手坐标系中则是由右手法则定义的。

在左手坐标系中，我们可以这样来应用左手法则：还是举起你的左手，握拳，伸出大拇指让它指向旋转轴的正方向，那么旋转的正方向就是剩下 4 个手指的弯曲方向。在右手坐标系中，使用右手法则对旋转正方向的判断类似。如图 4.9 所示。

从图 3.9 中可以看出，在左手坐标系中，旋转正方向是顺时针的，而在右手坐标系中，旋转正方向是逆时针的。

左右手坐标系之间是可以进行互相转换的。最简单的方法就是把其中一个轴反转，并保持其他两个轴不变。

对于开发者来说，使用左手坐标系还是右手坐标系都是可以的，它们之间并没有优劣之分。无论使用哪种坐标系，绝大多数情况下并不会影响底层的数学运算，而只是在映射到视觉上时会有差别（见练习题 2）。这是因为，一个点或者旋转在空间内来说是绝对的。一些较真儿读者可能会看不惯“绝对”这个词：“你怎么能忽略相对论呢？这世上一切都是相对的！”这些读者请容我解释。这里所说的绝对是说，在我们所关心的最广阔的空间中，这些值是绝对的。例如我说，把你的书从桌子的左边移到右边，你不会对这个过程产生什么疑问，此时我们关心的整个空间就是桌子这个空间，而在这个空间中，书的运动是绝对的。但是，在数学的世界中，我们需要使用一种数学模型来精确地描述它们，这个模型就是坐标系。一旦有了坐标系，每个点的位置就不再是绝对的，而是相对于这个坐标系来说的。这种相对关系导致，即便从数学表示上来说两种表示方式完全一样，但从视觉上来说是不一样的。

我们可以在奶牛农场的例子中体会左手坐标系和右手坐标系的分别。我们假设，妞妞想要到一个新的地方，因为那里的草很美味。妞妞知道到达这个目标点的“绝对路径”是怎样的，如图 4.10 所示。

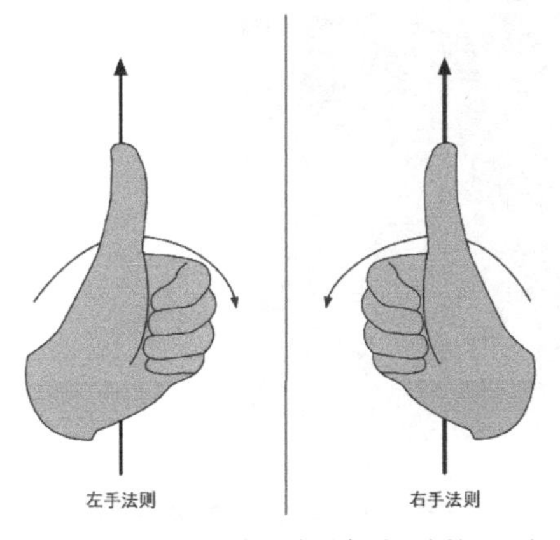

▲图 4.9 用左手法则和右手法则来判断旋转正方向

▲图 4.10 为了移动到新的位置，妞妞需要首先向某个方向平移 1 个单位，再向另一个方向平移 4 个单位，最后再向一个方向旋转 60°

我们可以分别在一个左手坐标系和右手坐标系中描述这样一次运动，即使用数学表达式来描述它。我们会发现，在不同的坐标系中描述这样同一次运动是不一样的，如图 4.11 所示。

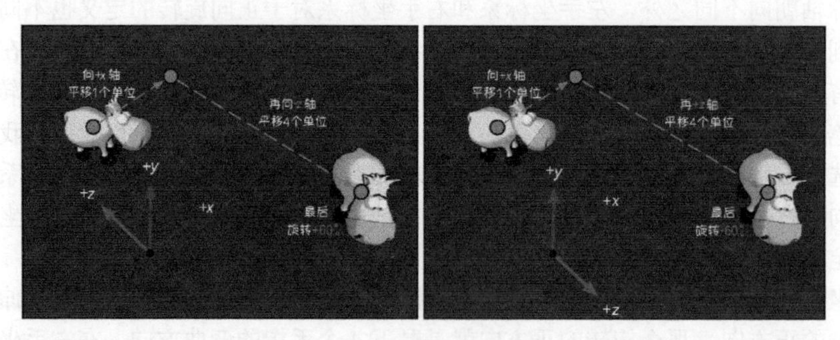

▲图 4.11　左图和右图分别表示了在左手坐标系和右手坐标系中描述妞妞这次运动的结果，得到的数学描述是不同的

在左手坐标系中，3 个坐标轴的朝向如图 4.11 左图所示。妞妞首先向 x 轴正方向平移 1 个单位，然后再向 z 轴负方向移动 4 个单位，最后朝旋转的正方向旋转 60°。而在右手坐标系中，$+z$ 轴的方向和左手坐标系中刚好相反，因此妞妞首先向 x 轴正方向平移 1 个单位（与左手坐标系中的移动一致），然后再向 z 轴正方向移动 4 个单位（与左手坐标系中的移动相反），最后朝旋转的负方向旋转 60°（与左手坐标系中的旋转相反）。

可以看出，为了达到同样的视觉效果（这里指把妞妞移动到视觉上的同一个位置），左右手坐标系在 z 轴上的移动以及旋转方向是不同的。如果使用相同的数学运算（指均向 z 轴某方向移动或均朝旋转正方向旋转等），那么得到的视觉效果就是不一样的。因此，如果我们需要从左手坐标系迁移到右手坐标系，并且保持视觉上的不变，就需要进行一些转换。读者可以参见本章最后的扩展阅读部分。

4.2.4　Unity 使用的坐标系

对于一个需要可视化虚拟的三维世界的应用（如 Unity）来说，它的设计者就要进行一个选择。对于模型空间和世界空间（在 4.6 节中会具体讲解这两个空间是什么），Unity 使用的是左手坐标系。这可以从 Scene 视图的坐标轴显示看出来，如图 4.12 所示。这意味着，在模型空间中，一个物体的右侧（right）、上侧（up）和前侧（forward）分别对应了 x 轴、y 轴和 z 轴的正方向。

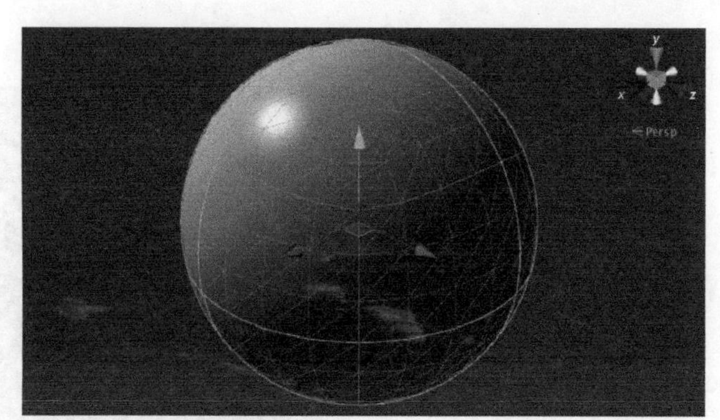

▲图 4.12　在模型空间和世界空间中，Unity 使用的是左手坐标系。
图中，球的坐标轴显示了它在模型空间中的 3 个坐标轴（红色为 x 轴，绿色是 y 轴，蓝色是 z 轴）

但对于观察空间来说，Unity 使用的是右手坐标系。观察空间，通俗来讲就是以摄像机为原点的坐标系。在这个坐标系中，摄像机的前向是 z 轴的负方向，这与在模型空间和世界空间中的定义相反。也就是说，z 轴坐标的减少意味着场景深度的增加，如图 4.13 所示。

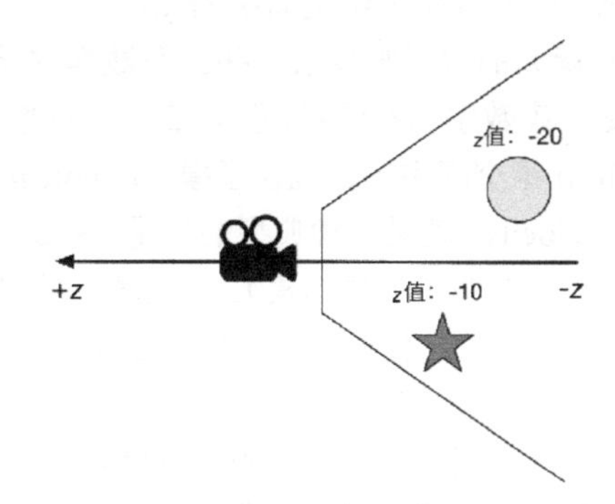

▲图 4.13 在 Unity 中，观察空间使用的是右手坐标系，摄像机的前向是 z 轴的负方向，z 轴越小，物体的深度越大，离摄像机越远

关于 Unity 中使用的坐标系的旋向性，我们会在 4.5.9 节中详细地讲解。

4.2.5 练习题

这是本书中第一次出现练习题的地方，希望你可以快速解决它们！

（1）在非常流行的建模软件 3ds Max 中，默认的坐标轴方向是：x 轴正方向指向右方，y 轴正方向指向前方，z 轴正方向指向上方。那么它是左手坐标系还是右手坐标系？

（2）在左手坐标系中，有一点的坐标是（0, 0, 1），如果把该点绕 y 轴正方向旋转+90°，旋转后的坐标是什么？如果是在右手坐标系中，同样有一点坐标为（0, 0, 1），把它绕 y 轴正方向旋转+90°，旋转后的坐标是什么？

（3）在 Unity 中，新建的场景中主摄像机的位置位于世界空间中的（0, 1, −10）位置。在不改变摄像机的任何设置（如保持 Rotation 为(0, 0, 0)，Scale 为（1, 1, 1））的情况下，在世界空间中的(0, 1, 0)位置新建一个球体，如图 4.14 所示。

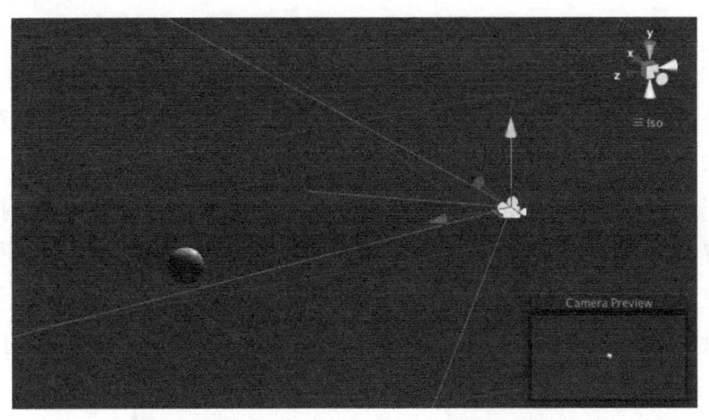

▲图 4.14 摄像机的位置是（0, 1, −10），球体的位置是（0, 1, 0）

在摄像机的观察空间下，该球体的 z 值是多少？在摄像机的模型空间下，该球体的 z 值又是多少？

4.3 点和矢量

点（point）是 n 维空间（游戏中主要使用二维和三维空间）中的一个位置，它没有大小、宽度这类概念。在笛卡儿坐标系中，我们可以使用 2 个或 3 个实数来表示一个点的坐标，如：$P=(P_x, P_y)$，表示二维空间的点，$P=(P_x, P_y, P_z)$表示三维空间中的点。

矢量（vector，也被称为向量）的定义则复杂一些。在数学家看来，矢量就是一串数字。你可能要问了，点的表达式不也是一串数字吗？没错，但矢量存在的意义更多是为了和**标量（scalar）**区分开来。通常来讲，矢量是指 n 维空间中一种包含了**模（magnitude）**和**方向（direction）**的**有向线段**，我们通常讲到的速度（velocity）就是一种典型的矢量。例如，这辆车的速度是向南 80km/h（向南指明了矢量的方向，80km/h 指明了矢量的模）。而标量只有模没有方向，生活中常常说到的距离（distance）就是一种标量。例如，我家离学校只有 200 米（200 米就是一个标量）。

具体来讲。

- 矢量的模指的是这个矢量的长度。一个矢量的长度可以是任意的非负数。
- 矢量的方向则描述了这个矢量在空间中的指向。

矢量的表示方法和点类似。我们可以使用 $\mathbf{v}=(x,y)$来表示二维矢量，用 $\mathbf{v}=(x,y,z)$来表示三维矢量，用 $\mathbf{v}=(x,y,z,w)$来表示四维矢量。

为了方便阐述，我们对不同类型的变量在书写和印刷上使用不同的样式：

- 对于标量，我们使用小写字母来表示，如 a，b，x，y，z，θ，α等；
- 对于矢量，我们使用小写的粗体字母来表示，如 **a**，**b**，**u**，**v** 等；
- 对于后面要学习的矩阵，我们使用大写的粗体字母来表示，如 **A**，**B**，**S**，**M**，**R** 等。

在图 4.15 中，一个矢量通常由一个箭头来表示。我们有时会讲到一个矢量的**头（head）**和**尾（tail）**。矢量的头指的是它的箭头所在的端点处，而尾指的是另一个端点处，如图 4.15 所示。

那么一个矢量要放在哪里呢？从矢量的定义来看，它只有模和方向两个属性，并没有位置信息。这听起来很难理解，但实际上在生活中我们总是会和这样的矢量打交道。例如，当我们讲到一个物体的速度时，可能会这样说“那个小偷正在以 100km/h 的速度向南逃窜”（快抓住他!），这里的“以 100km/h 的速度向南”就可以使用一个矢量来表示。通常，矢量被用于表示相对于某个点的**偏移（displacement）**，也就是说它是一个相对量。只要矢量的模和方向保持不变，无论放在哪里，都是同一个矢量。

4.3.1　点和矢量的区别

回顾一下，点是一个没有大小之分的空间中的位置，而矢量是一个有模和方向但没有位置的量。从这里看，点和矢量具有不同的意义。但是，从表示方式上两者非常相似。

在上一节中我们提到，矢量通常用于描述偏移量，因此，它们可以用于描述相对位置，即相对于另一个点的位置，此时矢量的尾是一个位置，那么矢量的头就可以表示另一个位置了。而一个点可以用于指定空间中的一个位置（即相对于原点的位置）。如果我们把矢量的尾固定在坐标系原点，那么这个矢量的表示就和点的表示重合了。图 4.16 表示了两者之间的关系。

▲图 4.15　一个二维向量以及它的头和尾

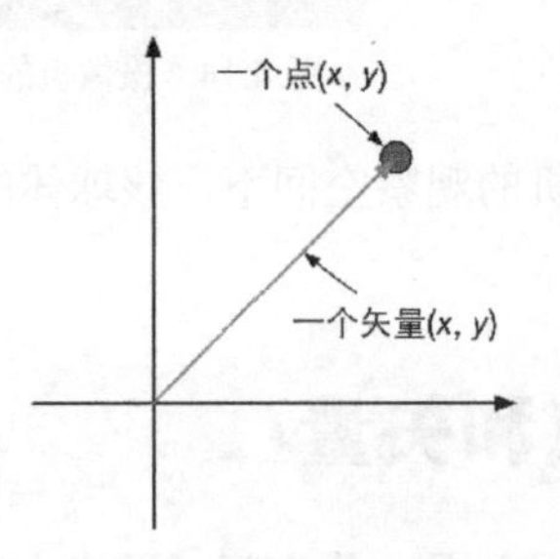

▲图 4.16　点和矢量之间的关系

尽管上面的内容看起来显而易见，但区分点和矢量之间的不同是非常重要的，尽管它们在数学表达式上是一样的，都是一串数字而已。如果一定要给它们之间建立一个联系的话，我们可以认为，任何一个点都可以表示成一个从原点出发的矢量。为了明确点和矢量的区别，在本书后面的内容中，我们将用于表示方向的矢量称为方向矢量。

4.3.2 矢量运算

在下面的内容里，我们将给出一些最常见的矢量运算。幸运的是，这些运算大都很好理解。对于每种运算，我们会先给出数学上的描述，然后再给出几何意义上的解释。同样，为了让读者加深印象，我们会在最后给出一些练习题。相信读完本节后，你一定可以快速地解决它们！

1. 矢量和标量乘法/除法

还记得吗？标量是只有模没有方向的量，虽然我们不能把矢量和标量进行相加/相减的运算（想象一下，你会把速度和距离相加吗），但可以对它们进行乘法运算，结果会得到一个不同长度且可能方向相反的新的矢量。

公式非常简单，我们只需要把矢量的每个分量和标量相乘即可：

$$k\mathbf{v}=(kv_x,kv_y, kv_z)$$

类似的，一个矢量也可以被一个非零的标量除。这等同于和这个标量的倒数相乘：

$$\frac{\mathbf{v}}{k}=\frac{(x,y,z)}{k}=\frac{1}{k}(x,y,z)=\left(\frac{x}{k},\frac{y}{k},\frac{z}{k}\right),k\neq 0$$

下面给出一些例子：

$$2(1,2,3)=(2,4,6)$$
$$-3.5(2, 0)=(-7, 0)$$
$$\frac{(1,2,3)}{2}=(0.5,1,1.5)$$

注意，对于乘法来说，矢量和标量的位置可以互换。但对于除法，只能是矢量被标量除，而不能是标量被矢量除，这是没有意义的。

从几何意义上看，把一个矢量 **v** 和一个标量 k 相乘，意味着对矢量 **v** 进行一个大小为$|k|$的缩放。例如，如果想要把一个矢量放大两倍，就可以乘以 2。当 $k<0$ 时，矢量的方向也会取反。图 4.17 显示了这样的一些例子。

2. 矢量的加法和减法

我们可以对两个矢量进行相加或相减，其结果是一个相同维度的新矢量。

我们只需要把两个矢量的对应分量进行相加或相减即可。公式如下：

$$\mathbf{a}+\mathbf{b}=(a_x+b_x,a_y+b_y, a_z+b_z)$$
$$\mathbf{a}-\mathbf{b}=(a_x-b_x,a_y-b_y, a_z-b_z)$$

下面是一些例子：

$$(1,2,3)+(4,5,6)=(5,7,9)$$
$$(5,2,7)-(3,8,4)=(2,-6,3)$$

需要注意的是，一个矢量不可以和一个标量相加或相减，或者是和不同维度的矢量进行运算。

从几何意义上来看，对于加法，我们可以把矢量 **a** 的头连接到矢量 **b** 的尾，然后画一条从 **a** 的尾到 **b** 的头的矢量，来得到 **a** 和 **b** 相加后的矢量。也就是说，如果我们从一个起点开始进行了一个位置偏移 **a**，然后又进行一个位置偏移 **b**，那么就等同于进行了一个 **a**+**b** 的位置偏移。这被称为矢量加法的**三角形定则（triangle rule）**。矢量的减法是类似的。如图 4.18 所示。

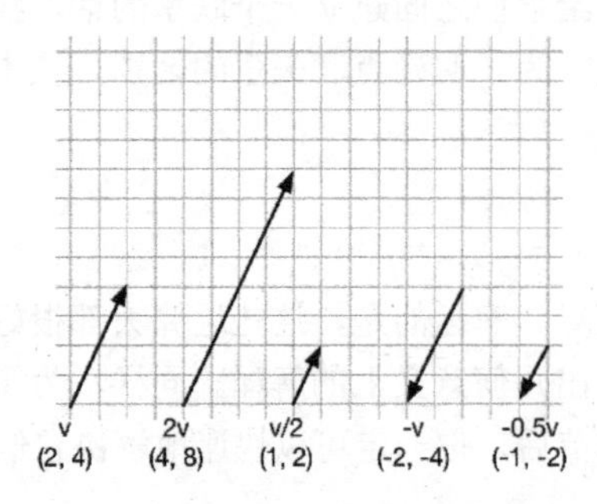

▲图 4.17　二维矢量和一些标量的乘法和除法

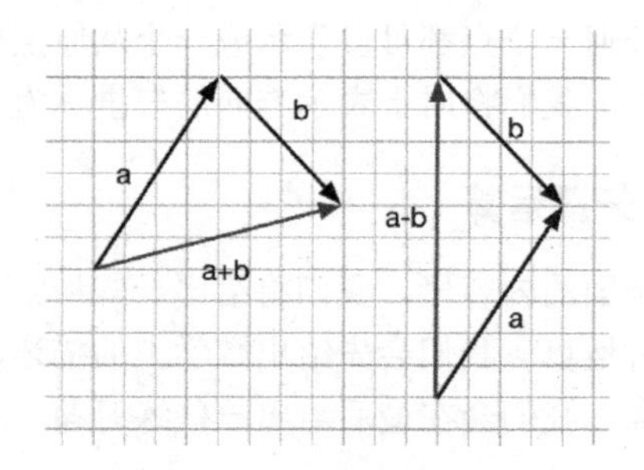

▲图 4.18　二维矢量的加法和减法

读者需要时刻谨记，在图形学中矢量通常用于描述位置偏移（简称位移）。因此，我们可以利用矢量的加法和减法来计算一点相对于另一点的位移。

假设，空间内有两点 a 和 b。还记得吗，我们可以用矢量 **a** 和 **b** 来表示它们相对于原点的位移。如果我们想要计算点 b 相对于点 a 的位移，就可以通过把 **b** 和 **a** 相减得到，如图 4.19 所示。

3. 矢量的模

正如我们之前讲到的一样，矢量是有模和方向的。矢量的模是一个标量，可以理解为是矢量在空间中的长度。它的表示符号通常是在矢量两旁分别加上一条垂直线（有的文献中会使用两条垂直线）。三维矢量的模的计算公式如下：

$$|\mathbf{v}|=\sqrt{v_x^2+v_y^2+v_z^2}$$

其他维度的矢量的模计算类似，都是对每个分量的平方相加后再开根号得到。

下面给出一些例子：

$$|(1,2,3)|=\sqrt{1^2+2^2+3^2}=\sqrt{1+4+9}=\sqrt{14}\approx 3.742$$

$$|(3,4)|=\sqrt{3^2+4^2}=\sqrt{9+16}=\sqrt{25}=5$$

我们可以从几何意义来理解上述公式。对于二维矢量来说，我们可以对任意矢量构建一个三角形，如图 4.20 所示。

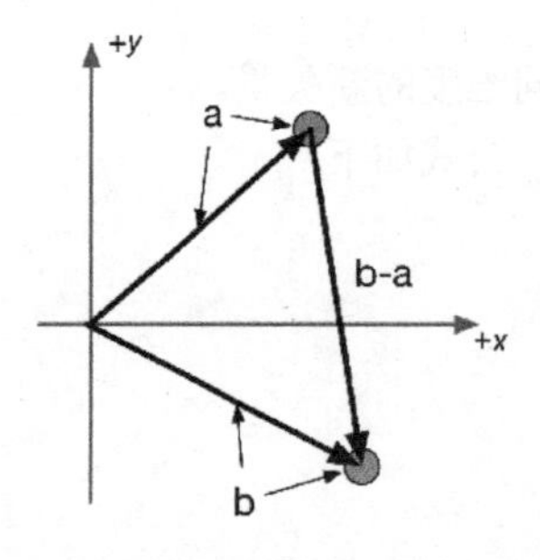

▲图 4.19　使用矢量减法来计算从点 a 到点 b 的位移

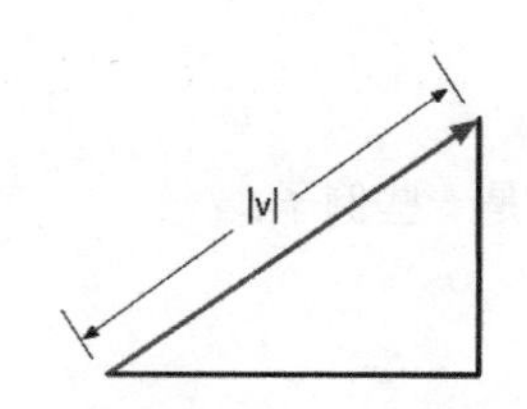

▲图 4.20　矢量的模

从图 4.20 可以看出，对于二维矢量，其实就是使用了勾股定理，矢量的两个分量的绝对值对应了三角形两个直角边的长度，而斜边的长度就是矢量的模。

4. 单位矢量

在很多情况下，我们只关心矢量的方向而不是模。例如，在计算光照模型时，我们往往需要得到顶点的法线方向和光源方向，此时我们不关心这些矢量有多长。在这些情况下，我们就需要计算**单位矢量（unit vector）**。

单位矢量指的是那些模为 1 的矢量。单位矢量也被称为**被归一化的矢量（normalized vector）**。对任何给定的非零矢量，把它转换成单位矢量的过程就被称为**归一化（normalization）**。

给定任意非零矢量 **v**，我们可以计算和 **v** 方向相同的单位矢量。在本书中，我们通过在一个矢量的头上添加一个戴帽符号来表示单位矢量，例如 $\hat{\mathbf{v}}$。为了对矢量进行归一化，我们可以用矢量除以该矢量的模来得到。公式如下：

$$\hat{\mathbf{v}} = \frac{\mathbf{v}}{|\mathbf{v}|}, \mathbf{v}\text{是任意非零矢量}$$

下面给出一些例子：

$$\frac{(3,-4)}{|(3,-4)|} = \frac{(3,-4)}{\sqrt{3^2+(-4)^2}} = \frac{(3,-4)}{\sqrt{25}} = \frac{(3,-4)}{5} = \left(\frac{3}{5},\frac{-4}{5}\right) = (0.6,-0.8)$$

零矢量（即矢量的每个分量值都为 0，如 **v**=(0,0,0)）是不可以被归一化的。这是因为做除法运算时分母不能为 0。

从几何意义上看，对二维空间来说，我们可以画一个单位圆，那么单位矢量就可以是从圆心出发、到圆边界的矢量。在三维空间中，单位矢量就是从一个单位球的球心出发、到达球面的矢量。图 4.21 给出了二维空间内的一些单位矢量。

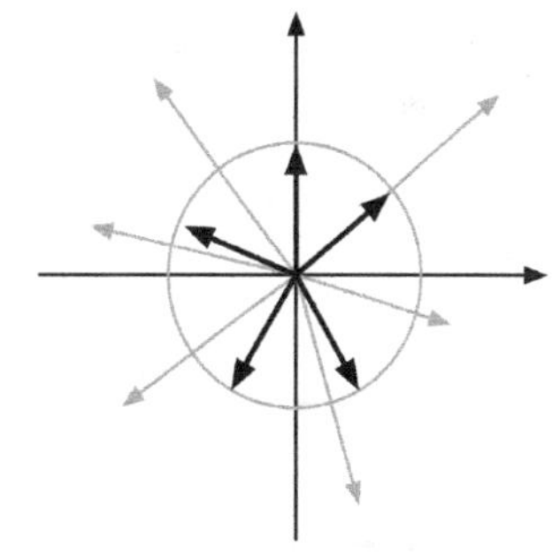

▲图 4.21 二维空间的单位矢量都会落在单位圆上

需要注意的是，在后面的章节中我们将会不断遇到法线方向（也被称为法矢量）、光源方向等，这些矢量不一定是归一化后的矢量。由于我们的计算往往要求矢量是单位矢量，因此在使用前应先对这些矢量进行归一化运算。

5. 矢量的点积

矢量之间也可以进行乘法，但是和标量之间的乘法有很大不同。矢量的乘法有两种最常用的种类：**点积（dot product，也被称为内积，inner product）**和**叉积（cross product，也被称为外积，outer product）**。在本节中，我们将讨论第一种类型：点积。

读者可能认为上面几节的内容都很简单，“这些都显而易见嘛”。那么从这一节开始，我们就会遇到一些真正需要花费力气（真的只要一点点）去记忆的公式。幸运的是，绝大多数公式是有几何意义的，也就是说，我们可以通过画图的方式来理解和帮助记忆。

比仅仅记住这些公式更加重要的是，我们要真正理解它们是做什么的。只有这样，我们才能在需要时想起来，“噢，这个需求我可以用这个公式来实现！”在我们编写 Shader 的过程中，通常程序接口都会提供这些公式的实现，因此我们往往不需要手工输入这些公式。例如，在 Unity Shader 中，我们可以直接使用形如 dot(a, b)的代码来对两个矢量值进行点积的运算。

点积的名称来源于这个运算的符号：**a**·**b**。中间的这个圆点符号是不可以省略的。点积的公式有两种形式，我们先来看第一种。两个三维矢量的点积是把两个矢量对应分量相乘后再取和，最后的结果是一个标量。

公式一：

$$\mathbf{a}\cdot\mathbf{b}=(a_x, a_y, a_z)\cdot(b_x, b_y, b_z)= a_xb_x+ a_yb_y+a_zb_z$$

下面是一些例子：

$$(1,2,3)\cdot(0.5,4,2.5)=0.5+8+7.5=16$$
$$(-3,4,0)\cdot(5,-1,7)=-15+-4+0=-19$$

矢量的点积满足交换律，即 $\mathbf{a}\cdot\mathbf{b}=\mathbf{b}\cdot\mathbf{a}$

点积的几何意义很重要，因为点积几乎应用到了图形学的各个方面。其中一个几何意义就是**投影（projection）**。

假设，有一个单位矢量 $\hat{\mathbf{a}}$ 和另一个长度不限的矢量 **b**。现在，我们希望得到 **b** 在平行于 $\hat{\mathbf{a}}$ 的一条直线上的投影。那么，我们就可以使用点积 $\hat{\mathbf{a}}\cdot\mathbf{b}$ 来得到 **b** 在 $\hat{\mathbf{a}}$ 方向上的有符号的投影。

那么，投影到底是什么意思呢？这里给出一个通俗的解释。我们可以认为，现在有一个光源，它发出的光线是垂直于 $\hat{\mathbf{a}}$ 方向的，那么 **b** 在 $\hat{\mathbf{a}}$ 方向上的投影就是 **b** 在 $\hat{\mathbf{a}}$ 方向上的影子，如图 4.22 所示。

需要注意的是，投影的值可能是负数。投影结果的正负号与 $\hat{\mathbf{a}}$ 和 **b** 的方向有关：当它们的方向相反（夹角大于 90°）时，结果小于 0；当它们的方向互相垂直（夹角为 90°）时，结果等于 0；当它们的方向相同（夹角小于 90°）时，结果大于 0。图 4.23 给出了这 3 种情况的图示。

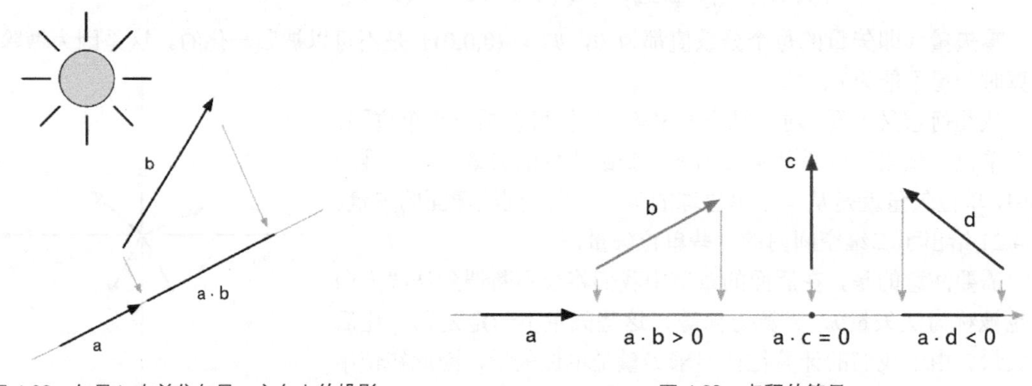

▲图 4.22　矢量 b 在单位矢量 a 方向上的投影　　▲图 4.23　点积的符号

也就是说，点积的符号可以让我们知道两个矢量的方向关系。

那么，如果 $\hat{\mathbf{a}}$ 不是一个单位矢量会如何呢？这很容易想到，任何两个矢量的点积 $\mathbf{a}\cdot\mathbf{b}$ 等同于 **b** 在 **a** 方向上的投影值，再乘以 **a** 的长度。

点积具有一些很重要的性质，在 Shader 的计算中，我们会经常利用这些性质来帮助计算。

性质一：点积可结合标量乘法。

上面的"结合"是说，点积的操作数之一可以是另一个运算的结果，即矢量和标量相乘的结果。公式如下：

$$(k\mathbf{a})\cdot\mathbf{b}=\mathbf{a}\cdot(k\mathbf{b})=k(\mathbf{a}\cdot\mathbf{b})$$

也就是说，对点积中其中一个矢量进行缩放的结果，相当于对最后的点积结果进行缩放。

性质二：点积可结合矢量加法和减法，和性质一类似。

这里的"结合"指的是，点积的操作数可以是矢量相加或相减后的结果。用公式表达就是：

$$\mathbf{a}\cdot(\mathbf{b}+\mathbf{c})=\mathbf{a}\cdot\mathbf{b}+\mathbf{a}\cdot\mathbf{c}$$

把上面的 **c** 换成 $-\mathbf{c}$ 就可以得到减法的版本。

性质三：一个矢量和本身进行点积的结果，是该矢量的模的平方。

这点可以很容易从公式验证得到：

$$\mathbf{v}\cdot\mathbf{v}=v_xv_x+v_yv_y+v_zv_z=|\mathbf{v}|^2$$

这意味着，我们可以直接利用点积来求矢量的模，而不需要使用模的计算公式。当然，我们需要对点积结果进行开平方的操作来得到真正的模。但很多情况下，我们只是想要比较两个矢量的长度大小，因此可以直接使用点积的结果。毕竟，开平方的运算需要消耗一定性能。

现在是时候来看点积的另一种表示方法了。这种方法是从三角代数的角度出发的，这种表示方法更加具有几何意义，因为它可以明确地强调出两个矢量之间的角度。

我们先直接给出第二个公式。

公式二：

$$\mathbf{a}\cdot\mathbf{b}=|\mathbf{a}||\mathbf{b}|\cos\theta$$

初看之下，似乎和公式一没有什么联系，怎么会相等呢？我们先来看最简单的情况。假设，我们对两个单位矢量进行点积，即$\hat{\mathbf{a}}\cdot\hat{\mathbf{b}}$，如图 4.24 所示。

到了产生魔法的时间了！我们知道$\hat{\mathbf{b}}$的模为 1，且读者应该记得 $\cos\theta=\frac{邻边}{斜边}$。我们可以发现，图中$\hat{\mathbf{a}}\cdot\hat{\mathbf{b}}$的结果刚好就是 $\cos\theta$ 对应的直角边。因此，由图 4.24 可以得到：

$$\hat{\mathbf{a}}\cdot\hat{\mathbf{b}}=\frac{邻边}{斜边}=\cos\theta$$

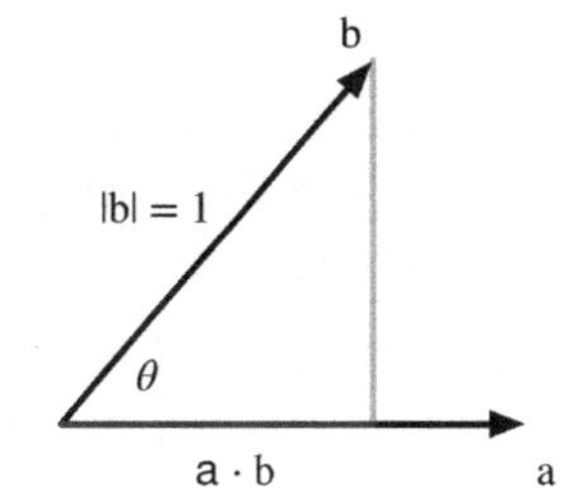

▲图 4.24　两个单位矢量进行点积

这也就是说，两个单位矢量的点积等于它们之间夹角的余弦值。再应用性质一就可以得到公式二了：

$$\mathbf{a}\cdot\mathbf{b}=(|\mathbf{a}|\hat{\mathbf{a}})\cdot(|\mathbf{b}|\hat{\mathbf{b}})=|\mathbf{a}||\mathbf{b}|(\hat{\mathbf{a}}\cdot\hat{\mathbf{b}})=|\mathbf{a}||\mathbf{b}|\cos\theta$$

也就是说，两个矢量的点积可以表示为两个矢量的模相乘，再乘以它们之间夹角的余弦值。从这个公式也可以看出，为什么计算投影时两个矢量的方向不同会得到不同符号的投影值：当夹角小于 90°时，$\cos\theta>0$；当夹角等于 90°时，$\cos\theta=0$；当夹角大于 90°时，$\cos\theta<0$。

利用这个公式我们还可以求得两个向量之间的夹角（在 0°～180°）：

$$\theta=\arccos(\hat{\mathbf{a}}\cdot\hat{\mathbf{b}})，假设\hat{\mathbf{a}}和\hat{\mathbf{b}}是单位矢量。$$

其中，arcos 是反余弦操作。

6. 矢量的叉积

另一个重要的矢量运算就是**叉积**（**cross product**），也被称为**外积**（**outer product**）。与点积不同的是，矢量叉积的结果仍是一个矢量，而非标量。

和点积类似，叉积的名称来源于它的符号：$\mathbf{a}\times\mathbf{b}$。同样，这个叉号也是不可省略的。两个矢量的叉积可以用如下公式计算：

$$\mathbf{a}\times\mathbf{b}=(a_x, a_y, a_z)\times(b_x, b_y, b_z)=(a_yb_z-a_zb_y, a_zb_x-a_xb_z, a_xb_y-a_yb_x)$$

上面的公式看起来很复杂，但其实是有一定规律的。图 4.25 给出了这样的规律图示。

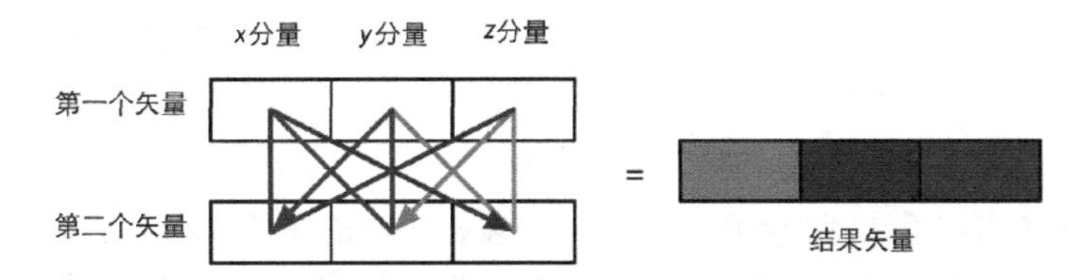

▲图 4.25　三维矢量叉积的计算规律。不同颜色的线表示了计算结果矢量中对应颜色的分量的计算路径。以红色为例，即结果矢量的第一个分量，它是从第一个矢量的 y 分量出发乘以第二个矢量的 z 分量，再减去第一个矢量的 z 分量和第二矢量的 y 分量的乘积

例如：

$$(1,2,3)\times(-2,-1,4)=((2)(4)-(3)(-1),(3)(-2)-(1)(4),(1)(-1)-(2)(-2))$$
$$=(8-(-3),(-6)-4,(-1)-(-4))=(11,-10,3)$$

需要注意的是，叉积不满足交换律，即 $\mathbf{a}\times\mathbf{b}\neq\mathbf{b}\times\mathbf{a}$。实际上，叉积是满足反交换律的，即 $\mathbf{a}\times\mathbf{b}=-(\mathbf{b}\times\mathbf{a})$。而且叉积也不满足结合律，即 $(\mathbf{a}\times\mathbf{b})\times\mathbf{c}\neq\mathbf{a}\times(\mathbf{b}\times\mathbf{c})$。

从叉积的几何意义出发，我们可以更加深入地理解它的用处。对两个矢量进行叉积的结果会得到一个同时垂直于这两个矢量的新矢量。我们已经知道，矢量是由一个模和方向来定义的，那么这个新的矢量的模和方向是什么呢？

我们先来看它的模。$\mathbf{a}\times\mathbf{b}$ 的长度等于 **a** 和 **b** 的模的乘积再乘以它们之间夹角的正弦值。公式如下：

$$|\mathbf{a}\times\mathbf{b}|=|\mathbf{a}||\mathbf{b}|\sin\theta$$

读者可能已经发现，上述公式和点积的计算公式很类似，不同的是，这里使用的是正弦值。如果读者对中学数学还有记忆的话，可能还会发现，这和平行四边形的面积计算公式是一样的。如果你忘记了，没关系，我们在这里回忆一下。

如图 4.26 所示，我们使用 **a** 和 **b** 构建一个平行四边形。

我们知道，平行四边形的面积可以使用$|\mathbf{b}|h$ 来得到，即底乘以高。而 h 又可以使用$|\mathbf{a}|$和夹角θ来得到，即

$$A=|\mathbf{b}|h=|\mathbf{b}|(|\mathbf{a}|\sin\theta)=|\mathbf{a}||\mathbf{b}|\sin\theta=|\mathbf{a}\times\mathbf{b}|$$

你可能会问，如果 **a** 和 **b** 平行（可以是方向完全相同，也可以是完全相反）怎么办，不就不能构建平行四边形了吗？我们可以认为构建出来的平行四边形面积为 0，那么 $\mathbf{a}\times\mathbf{b}=\mathbf{0}$。注意，这里得到的是零向量，而不是标量 0。

下面，我们来看结果矢量的方向。你可能会说：“方向？不是已经说了方向了嘛，就是和两个矢量都垂直就可以了啊。”但是，如果你仔细想一下就会发现，实际上我们有两个方向可以选择，这两个方向都和这两个矢量垂直。那么，我们要选择哪个方向呢？

这里就要和之前提到的左手坐标系和右手坐标系联系起来了，如图 4.27 所示。

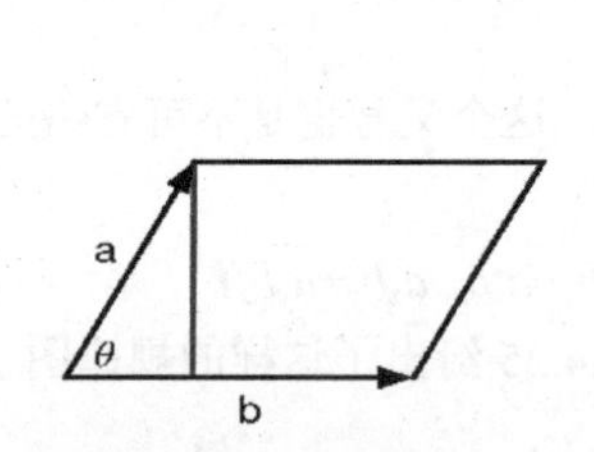

▲图 4.26　使用矢量 a 和矢量 b 构建一个平行四边形

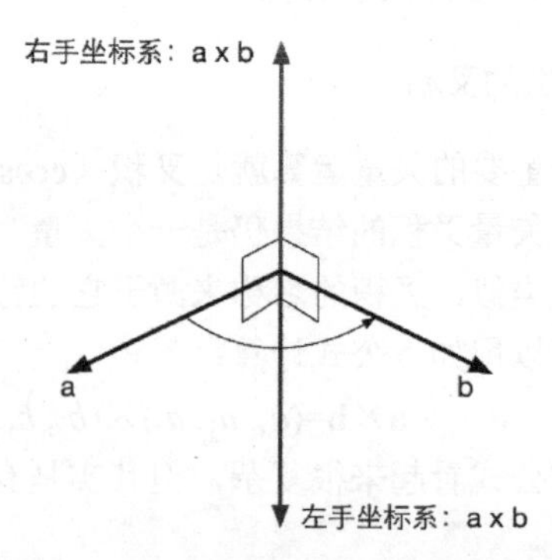

▲图 4.27　分别使用左手坐标系和右手坐标系得到的叉积结果

这个结果是怎么得到的呢？来，举起你的双手！哦，不……先举起你的右手。在右手坐标系中，$\mathbf{a}\times\mathbf{b}$ 的方向将使用右手法则来判断。我们先想象把手心放在了 **a** 和 **b** 的尾部交点处，然后张开你的手掌让手掌方向和 **a** 的方向重合，再弯曲你的四指让它们向 **b** 的方向靠拢，最后伸出你的大拇指！大拇指指向的方向就是右手坐标系中 $\mathbf{a}\times\mathbf{b}$ 的方向了。如果你实在不明白怎么摆放和扭动你的手，那么就看图 4.28 好了。

同理，我们可以使用左手法则来判断左手坐标系中 **a**×**b** 的方向。赶紧举起你的左手试试吧（你可能会发现这个姿势比较扭曲）！

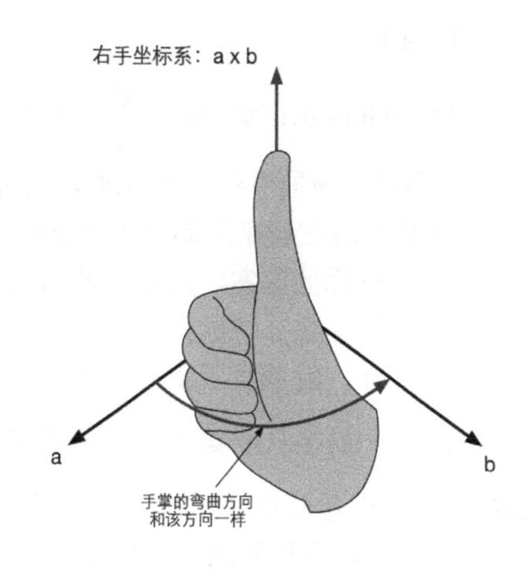

▲图 4.28 使用右手法则判断右手坐标系中 a×b 的方向

需要注意的是，虽然看起来左右手坐标系的选择会影响叉积的结果，但这仅仅是“看起来”而已。从叉积的数学表达式可以发现，使用左手坐标系还是右手坐标系不会对计算结果产生任何影响，它影响的只是数字在三维空间中的视觉化表现而已。当从右手坐标系转换为左手坐标系时，所有点和矢量的表达和计算方式都会保持不变，只是当呈现到屏幕上时，我们可能会发现，“咦，怎么图像反过来了！”。当我们想要两个坐标系达到同样的视觉效果时，可能就需要改变一些数学运算公式，这不在本书的范畴内。有兴趣的读者可以参考本章的扩展阅读部分。

那么，叉积到底有什么用呢？最常见的一个应用就是计算垂直于一个平面、三角形的矢量。另外，还可以用于判断三角面片的朝向。读者可以在本节的练习题中找到这些应用。

4.3.3 练习题

又到了做练习的时候了，大家是不是都很激动！那么，赶紧拿起笔、拿起纸开始吧！

1．是非题

（1）一个矢量的大小不重要，我们只需要在正确的位置把它画出来就可以了。

（2）点可以认为是位置矢量，这是通过把矢量的尾固定在原点得到的。

（3）选择左手坐标系还是右手坐标系很重要，因为这会影响叉积的计算。

2．计算下面的矢量运算：

（1）$|(2,7,3)|$

（2）$2.5(5,4,10)$

（3）$\dfrac{(3,4)}{2}$

（4）对$(5,12)$进行归一化

（5）$(1,1,1)$进行归一化

（6）$(7,4)+(3,5)$

（7）$(9,4,13)-(15,3,11)$

3．假设，场景中有一个光源，位置在(10,13,11)处，还有一个点(2,1,1)，那么光源距离该点的距离是的少？

4．计算下面的矢量运算：

（1）$(4,7)\cdot(3,9)$

（2）$(2,5,6)\cdot(3,1,2)-10$

（3）$0.5(-3,4)\cdot(-2,5)$

（4）$(3,-1, 2)\times(-5,4,1)$

（5）$(-5,4,1)\times(3,-1,2)$

5．已知矢量 **a** 和矢量 **b**，**a** 的模为 4，**b** 的模为 6，它们之间的夹角为 60°。计算：

（1）$\mathbf{a} \cdot \mathbf{b}$

（2）$|\mathbf{a} \times \mathbf{b}|$提示：$\sin 60° = \frac{\sqrt{3}}{2} \approx 0.866$，$\cos 60° = \frac{1}{2} = 0.5$。

6．假设，场景中有一个 NPC，它位于点 p 处，它的前方（forward）可以使用矢量 $\mathbf{v}$ 来表示。

（1）如果现在玩家运动到了点 x 处，那么如何判断玩家是在 NPC 的前方还是后方？请使用数学公式来描述你的答案。提示：使用点积。

（2）使用你在 a 中提到的方法，代入 $p=(4,2),\mathbf{v}=(-3,4),x=(10,6)$来验证你的答案。

（3）现在，游戏有了新的需求：NPC 只能观察到有限的视角范围，这个视角的角度是ϕ，也就是说 NPC 最多只能看到它前方左侧或右侧$\frac{\phi}{2}$角度内的物体。那么，我们如何通过点积来判断 NPC 是否可以看到点 x 呢？

（4）在 c 的条件基础上，策划又有了新的需求：NPC 的观察距离也有了限制，它只能看到固定距离内的对象，现在又如何判断呢？

7．在渲染中我们时常会需要判断一个三角面片是正面还是背面，这可以通过判断三角形的 3 个顶点在当前空间中是顺时针还是逆时针排列来得到。给定三角形的 3 个顶点 p_1、p_2和 p_3，如何利用叉积来判断这 3 个点的顺序是顺时针还是逆时针？假设我们使用的是左手坐标系，且 p_1、p_2和 p_3都位于 xy 平面（即它们的 z 分量均为 0），人眼位于 z 轴的负方向上，向 z 轴正方向观察，如图 4.29 所示。

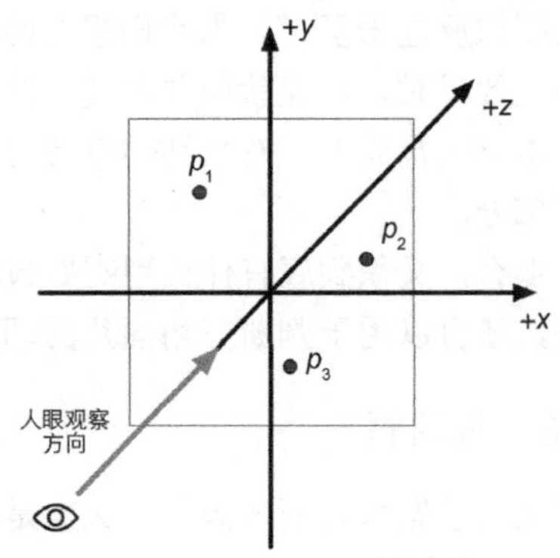

▲图 4.29　三角形的三个顶点位于 xy 平面上，人眼位于 z 轴负方向，向 z 轴正方向观察

4.4 矩阵

不幸的是，没有人能告诉你母体（matrix）究竟是什么。你需要自己去发现它。

——电影《黑客帝国》（英文名：The Matrix）

矩阵，英文名是 matrix。如果你用翻译软件去查 matrix 这个单词的翻译，就会发现它还有一个意思就是母体。事实上，很多人都不知道，那部具有跨时代意义的电影《黑客帝国》的英文名就是《The Matrix》。在电影《黑客帝国》中，母体是一个庞大的虚拟系统，它看似虚无缥渺，但又连接万物。这一点和矩阵有异曲同工之妙。

没有人敢否认矩阵在三维数学中的重要性，事实上矩阵在整个线性代数的世界中都扮演了举足轻重的角色。在三维数学中，我们通常会使用矩阵来进行变换。一个矩阵可以把一个矢量从一个坐标空间转换到另一个坐标空间。在第 2 章渲染流水线中，我们就看到了很多坐标变换，例如在顶点着色器中我们需要把顶点坐标从模型空间变换到齐次裁剪坐标系中。而在这一章中，我们先来认识一下矩阵这个概念。

那么，现在我们就来看一下，这些放在一个小括号里的数字怎么就这么重要呢？为什么数学家们都喜欢用这个小东西来搞出这么多名堂呢？

4.4.1 矩阵的定义

相信很多读者都见过矩阵的真容，例如像下面这个样子：

$$\begin{bmatrix} 1 & 0.5 & 3 & 2 \\ 2.3 & 5 & \sqrt{3} & 10 \\ 4 & 8 & 11 & 5 \end{bmatrix}$$

从它的外观上来看，就是一个长方形的网格，每个格子里放了一个数字。的确，矩阵就是这么简单：它是由 $m \times n$ 个标量组成的长方形数组。在上面的式子中，我们是用方括号来围住矩阵中的数字，而一些其他的资料可能会使用圆括号或花括号来表示，这都是等价的。

既然是网格结构，就意味着矩阵有**行**（row）**列**（column）之分。例如上面的例子就是一个 3×4 的矩阵，它有三行四列。据此，我们可以给出矩阵的一般表达式。以 3×3 的矩阵为例，它可以写成：

$$\mathbf{M} = \begin{bmatrix} m_{11} & m_{12} & m_{13} \\ m_{21} & m_{22} & m_{23} \\ m_{31} & m_{32} & m_{33} \end{bmatrix}$$

m_{ij} 表明了这个元素在矩阵 **M** 的第 i 行、第 j 列。

这样看起来矩阵也没什么神秘的嘛。但是，越简单的东西往往越厉害，这也是数学的魅力所在。

4.4.2 和矢量联系起来

前面说到，矢量其实就是一个数组，而矩阵也是一个数组。既然都是数组，那就是一家人了！我们很容易想到，我们可以用矩阵来表示矢量。实际上，矢量可以看成是 $n \times 1$ 的**列矩阵（column matrix）**或 $1 \times n$ 的**行矩阵（row matrix）**，其中 n 对应了矢量的维度。例如，矢量 $\mathbf{v}=(3,8,6)$可以写成行矩阵

$$\begin{bmatrix} 3 & 8 & 6 \end{bmatrix}$$

或列矩阵

$$\begin{bmatrix} 3 \\ 8 \\ 6 \end{bmatrix}$$

为什么我们要把矢量和矩阵联系在一起呢？这是为了可以让矢量像一个矩阵一样一起参与矩阵运算。这在空间变换中将非常有用。

到现在，使用行矩阵还是列矩阵来表示矢量看起来是没什么分别的。的确，我们可以根据自己的喜好来选择表示方法，但是，如果要和矩阵一起参与乘法运算时，这种选择会影响我们的书写顺序和结果。这正是我们下面要讲到的。

4.4.3 矩阵运算

矩阵这个家伙看起来比矢量要庞大很多，那么它的运算是不是很复杂呢？答案是肯定的。但是，幸运的是在写 Shader 的过程中，我们只需要和很简单的一部分运算打交道。

1. 矩阵和标量的乘法

和矢量类似，矩阵也可以和标量相乘，它的结果仍然是一个相同维度的矩阵。它们之间的乘法非常简单，就是矩阵的每个元素和该标量相乘。以 3×3 的矩阵为例，其公式如下：

$$k\mathbf{M}=\mathbf{M}k=k\begin{bmatrix} m_{11} & m_{12} & m_{13} \\ m_{21} & m_{22} & m_{23} \\ m_{31} & m_{32} & m_{33} \end{bmatrix}=\begin{bmatrix} km_{11} & km_{12} & km_{13} \\ km_{21} & km_{22} & km_{23} \\ km_{31} & km_{32} & km_{33} \end{bmatrix}$$

2. 矩阵和矩阵的乘法

两个矩阵的乘法也很简单，它们的结果会是一个新的矩阵，并且这个矩阵的维度和两个原矩阵的维度都有关系。

一个 $r\times n$ 的矩阵 **A** 和一个 $n\times c$ 的矩阵 **B** 相乘，它们的结果 **AB** 将会是一个 $r\times c$ 大小的矩阵。请读者注意它们的行列关系，第一个矩阵的列数必须和第二个矩阵的行数相同，它们相乘得到的矩阵的行数是第一个矩阵的行数，而列数是第二个矩阵的列数。例如，如果矩阵 **A** 的维度是 4×3，矩阵 **B** 的维度是 3×6，那么 **AB** 的维度就是 4×6。

如果两个矩阵的行列不满足上面的规定怎么办？那么很抱歉，这两个矩阵就不能相乘，因为它们之间的乘法是没有被定义的（当然，读者完全可以自己定义一种新的乘法，但是数学家们会不会买账就不一定了）。那么为什么会有上面的规定呢？等我们理解了矩阵乘法的操作过程自然就会明白。

我们先给出看起来很复杂难懂（当给出直观的表式后读者会发现其实它没那么难懂）的数学表达式：设有 $r\times n$ 的矩阵 **A** 和一个 $n\times c$ 的矩阵 **B**，它们相乘会得到一个 $r\times c$ 的矩阵 **C=AB**。那么，**C** 中的每一个元素 c_{ij} 等于 **A** 的第 i 行所对应的矢量和 **B** 的第 j 列所对应的矢量进行矢量点乘的结果，即

$$c_{ij}=a_{i1}b_{1j}+a_{i2}b_{2j}+\cdots+a_{in}b_{nj}=\sum_{k=1}^{n}a_{ik}b_{kj}$$

看起来很复杂对吗？但是，我们可以用一个更简单的方式来解释：对于每个元素 c_{ij}，我们找到 **A** 中的第 i 行和 **B** 中的第 j 列，然后把它们的对应元素相乘后再加起来，这个和就是 c_{ij}。

一种更直观的方式如图 4.30 所示。假设 **A** 的大小是 4×2，**B** 的大小是 2×4，那么如果要计算 **C** 的元素 c_{23} 的话，先找到对应的行矩阵和列矩阵，即 **A** 中的第 2 行和 **B** 中的第 3 列，把它们进行矢量点积后就可以得到结果值。因此，$c_{23}=a_{21}b_{13}+a_{22}b_{23}$。

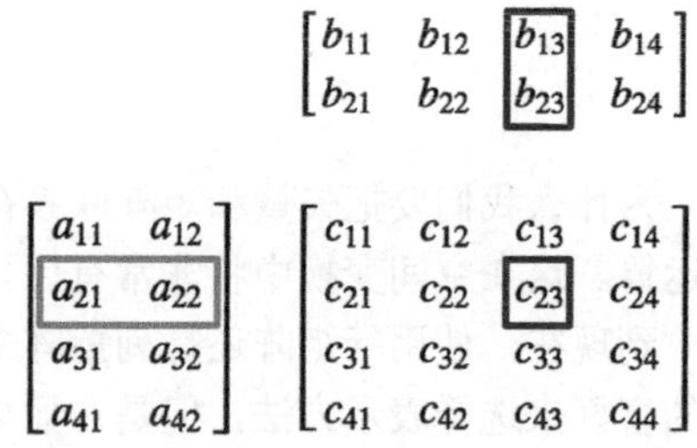

在 Shader 的计算中，我们更多的是使用 4×4 矩阵来运算的。

$$\begin{bmatrix} b_{11} & b_{12} & b_{13} & b_{14} \\ b_{21} & b_{22} & b_{23} & b_{24} \end{bmatrix}$$

$$\begin{bmatrix} a_{11} & a_{12} \\ a_{21} & a_{22} \\ a_{31} & a_{32} \\ a_{41} & a_{42} \end{bmatrix}\quad\begin{bmatrix} c_{11} & c_{12} & c_{13} & c_{14} \\ c_{21} & c_{22} & c_{23} & c_{24} \\ c_{31} & c_{32} & c_{33} & c_{34} \\ c_{41} & c_{42} & c_{43} & c_{44} \end{bmatrix}$$

▲图 4.30　计算 c_{23} 的过程

矩阵乘法满足一些性质。

性质一：矩阵乘法并不满足交换律。

也就是说，通常情况下：

$$\mathbf{AB}\neq\mathbf{BA}$$

性质二：矩阵乘法满足结合律。

也就是说，

$$\mathbf{(AB)C=A(BC)}$$

矩阵乘法的结合律可以扩展到更多矩阵的相乘。例如，

$$\mathbf{ABCDE=((A(BC))D)E=(AB)(CD)E}$$

读者可根据矩阵乘法的定义很轻松地验证上述结论。

4.4.4 特殊的矩阵

有一些特殊的矩阵类型在 Shader 中经常见到。这些特殊的矩阵往往具有一些重要的性质。

1. 方块矩阵

方块矩阵（square matrix），简称方阵，是指那些行和列数目相等的矩阵。在三维渲染里，最常使用的就是 3×3 和 4×4 的方阵。

方阵之所以值得单独拿出来讲，是因为矩阵的一些运算和性质是只有方阵才具有的。例如，**对角元素（diagonal elements）**。方阵的对角元素指的是行号和列号相等的元素，例如 m_{11}、m_{22}、m_{33} 等。如果把方阵看成一个正方形的话，这些元素排列在正方形的对角线上，这也是它们名字的由来。如果一个矩阵除了对角元素外的所有元素都为 0，那么这个矩阵就叫做**对角矩阵（diagonal matrix）**。例如，下面就是一个 4×4 的对角矩阵：

$$\begin{bmatrix} 3 & 0 & 0 & 0 \\ 0 & -2 & 0 & 0 \\ 0 & 0 & 1 & 0 \\ 0 & 0 & 0 & 7 \end{bmatrix}$$

2. 单位矩阵

一个特殊的对角矩阵是**单位矩阵（identity matrix）**，用 $\mathbf{I}_n$ 来表示。一个 3×3 的单位矩阵如下：

$$\mathbf{I}_3 = \begin{bmatrix} 1 & 0 & 0 \\ 0 & 1 & 0 \\ 0 & 0 & 1 \end{bmatrix}$$

为什么要为这种矩阵单独起一个名字呢？这是因为，任何矩阵和它相乘的结果都还是原来的矩阵。也就是说，

$$\mathbf{MI}=\mathbf{IM}=\mathbf{M}$$

这就跟标量中的数字 1 一样！

3. 转置矩阵

转置矩阵（transposed matrix）实际是对原矩阵的一种运算，即转置运算。给定一个 $r \times c$ 的矩阵 **M**，它的转置可以表示成 $\mathbf{M}^T$，这是一个 $c \times r$ 的矩阵。转置矩阵的计算非常简单，我们只需要把原矩阵翻转一下即可。也就是说，原矩阵的第 i 行变成了第 i 列，而第 j 列变成了第 j 行。数学公式是：

$$\mathbf{M}_{ij}^T = \mathbf{M}_{ji}$$

例如，

$$\begin{bmatrix} 6 & 2 & 10 & 3 \\ 7 & 5 & 4 & 9 \end{bmatrix}^T = \begin{bmatrix} 6 & 7 \\ 2 & 5 \\ 10 & 4 \\ 3 & 9 \end{bmatrix}$$

对于行矩阵和列矩阵来说，我们可以使用转置操作来转换行列矩阵：

$$\begin{bmatrix} x & y & z \end{bmatrix}^T = \begin{bmatrix} x \\ y \\ z \end{bmatrix}$$

$$\begin{bmatrix} x \\ y \\ z \end{bmatrix}^T = \begin{bmatrix} x & y & z \end{bmatrix}$$

转置矩阵也有一些常用的性质。

性质一：矩阵转置的转置等于原矩阵。

很容易理解，我们把一个矩阵翻转一下后再翻转一下，等于没有对矩阵做任何操作。即

$$(\mathbf{M}^T)^T=\mathbf{M}$$

性质二：矩阵串接的转置，等于反向串接各个矩阵的转置。

用公式表示就是：

$$(\mathbf{AB})^T=\mathbf{B}^T\mathbf{A}^T$$

该性质同样可以扩展到更多矩阵相乘的情况。

4．逆矩阵

逆矩阵（**inverse matrix**）大概是本书讲到的关于矩阵最复杂的一种操作了。不是所有的矩阵都有逆矩阵，第一个前提就是，该矩阵必须是一个方阵。

给定一个方阵 **M**，它的逆矩阵用 $\mathbf{M}^{-1}$ 来表示。逆矩阵最重要的性质就是，如果我们把 **M** 和 $\mathbf{M}^{-1}$ 相乘，那么它们的结果将会是一个单位矩阵。也就是说，

$$\mathbf{MM}^{-1}= \mathbf{M}^{-1}\mathbf{M}=\mathbf{I}$$

前面说了，并非所有的方阵都有对应的逆矩阵。一个明显的例子就是一个所有元素都为 0 的矩阵，很显然，任何矩阵和它相乘都会得到一个零矩阵，即所有的元素仍然都是 0。如果一个矩阵有对应的逆矩阵，我们就说这个矩阵是**可逆的**（**invertible**）或者说是**非奇异的**（**nonsingular**）；相反的，如果一个矩阵没有对应的逆矩阵，我们就说它是**不可逆的**（**noninvertible**）或者说是**奇异的**（**singular**）。

那么如何判断一个矩阵是否是可逆的呢？简单来说，如果一个矩阵的**行列式**（**determinant**）不为 0，那么它就是可逆的。关于矩阵的行列式是什么以及如何求解一个矩阵的逆矩阵，可以参见本章的扩展阅读部分。由于这部分内容涉及较多计算和其他定义，本书不再赘述。在写 Shader 的过程中，这些矩阵通常可以通过调用第三方库（如 C++数学库 Eigen）来直接求得，不需要开发者手动计算。在 Unity 中，重要变换矩阵的逆矩阵 Unity 也提供了相应的变量供我们使用。关于这些 Unity 内置的矩阵，读者可以在本章的 4.8 节找到更详细的解释。

逆矩阵有很多非常重要的性质。

性质一：逆矩阵的逆矩阵是原矩阵本身。

假设矩阵 **M** 是可逆的，那么

$$(\mathbf{M}^{-1})^{-1}=\mathbf{M}$$

性质二：单位矩阵的逆矩阵是它本身。

即

$$\mathbf{I}^{-1}=\mathbf{I}$$

性质三：转置矩阵的逆矩阵是逆矩阵的转置。

即

$$(\mathbf{M}^T)^{-1}=(\mathbf{M}^{-1})^T$$

性质四：矩阵串接相乘后的逆矩阵等于反向串接各个矩阵的逆矩阵。

即

$$(\mathbf{AB})^{-1}=\mathbf{B}^{-1}\mathbf{A}^{-1}$$

这个性质也可以扩展到更多矩阵的连乘，如：

$$(\mathbf{ABCD})^{-1}=\mathbf{D}^{-1}\mathbf{C}^{-1}\mathbf{B}^{-1}\mathbf{A}^{-1}$$

逆矩阵是具有几何意义的。我们知道一个矩阵可以表示一个变换（详见 4.5 节），而逆矩阵允许我们还原这个变换，或者说是计算这个变换的反向变换。因此，如果我们使用变换矩阵 **M** 对矢量 **v** 进行了一次变换，然后再使用它的逆矩阵 $\mathbf{M}^{-1}$ 进行另一次变换，那么我们会得到原来的矢量。这个性质可以使用矩阵乘法的结合律很容易地进行证明：

$$\mathbf{M}^{-1}(\mathbf{Mv})=(\mathbf{M}^{-1}\mathbf{M})\mathbf{v}=\mathbf{Iv}=\mathbf{v}$$

5. 正交矩阵

另一个特殊的方阵是**正交矩阵**（**orthogonal matrix**）。正交是矩阵的一种属性。如果一个方阵 **M** 和它的转置矩阵的乘积是单位矩阵的话，我们就说这个矩阵是**正交的**（**orthogonal**）。反过来也是成立的。也就是说，矩阵 **M** 是正交的等价于：

$$\mathbf{MM}^T=\mathbf{M}^T\mathbf{M}=\mathbf{I}$$

读者可能已经看出来，上式和我们在上一节讲到的逆矩阵时遇到的公式很像。把这两个公式结合起来，我们就可以得到一个重要的性质，即如果一个矩阵是正交的，那么它的转置矩阵和逆矩阵是一样的。也就是说，矩阵 **M** 是正交的等价于：

$$\mathbf{M}^T=\mathbf{M}^{-1}$$

这个式子非常有用，因为在三维变换中我们经常会需要使用逆矩阵来求解反向的变换。而逆矩阵的求解往往计算量很大，但转置矩阵却非常容易求解：我们只需要把矩阵翻转一下就可以了。那么，我们如何提前判断一个矩阵是否是正交矩阵呢？读者可能会说，判断 $\mathbf{MM}^T=\mathbf{I}$ 是否成立就可以了嘛！但是，求解这样一个表达式无疑是需要一定计算量的，这些计算量可能和直接求解逆矩阵无异。而且，如果我们判断出来这不是一个正交矩阵，那么这些花在验证是否是正交矩阵上的计算就浪费了。因此，我们更想不需要计算，而仅仅根据一个矩阵的构造过程来判断这个矩阵是否是正交矩阵。为此，我们需要来了解正交矩阵的几何意义。

我们来看一下对于 3×3 的正交矩阵有什么特点。根据正交矩阵的定义，我们有：

$$\begin{aligned}\mathbf{M}^T\mathbf{M}&=\begin{bmatrix}- & \mathbf{c}_1 & -\\ - & \mathbf{c}_2 & -\\ - & \mathbf{c}_3 & -\end{bmatrix}\begin{bmatrix}| & | & |\\ \mathbf{c}_1 & \mathbf{c}_2 & \mathbf{c}_3\\ | & | & |\end{bmatrix}\\&=\begin{bmatrix}\mathbf{c}_1\cdot\mathbf{c}_1 & \mathbf{c}_1\cdot\mathbf{c}_2 & \mathbf{c}_1\cdot\mathbf{c}_3\\ \mathbf{c}_2\cdot\mathbf{c}_1 & \mathbf{c}_2\cdot\mathbf{c}_2 & \mathbf{c}_2\cdot\mathbf{c}_3\\ \mathbf{c}_3\cdot\mathbf{c}_1 & \mathbf{c}_3\cdot\mathbf{c}_2 & \mathbf{c}_3\cdot\mathbf{c}_3\end{bmatrix}\\&=\begin{bmatrix}1 & 0 & 0\\ 0 & 1 & 0\\ 0 & 0 & 1\end{bmatrix}=\mathbf{I}\end{aligned}$$

这样，我们就有了 9 个等式：

$$\mathbf{c}_1\cdot\mathbf{c}_1=1,\ \mathbf{c}_1\cdot\mathbf{c}_2=0,\ \mathbf{c}_1\cdot\mathbf{c}_3=0$$
$$\mathbf{c}_2\cdot\mathbf{c}_1=0,\ \mathbf{c}_2\cdot\mathbf{c}_2=1,\ \mathbf{c}_2\cdot\mathbf{c}_3=0$$
$$\mathbf{c}_3\cdot\mathbf{c}_1=0,\ \mathbf{c}_3\cdot\mathbf{c}_2=0,\ \mathbf{c}_3\cdot\mathbf{c}_3=1$$

我们可以得到以下结论：

- 矩阵的每一行，即 $\mathbf{c}_1$、$\mathbf{c}_2$ 和 $\mathbf{c}_3$ 是单位矢量，因为只有这样它们与自己的点积才能是 1；
- 矩阵的每一行，即 $\mathbf{c}_1$、$\mathbf{c}_2$ 和 $\mathbf{c}_3$ 之间互相垂直，因为只有这样它们之间的点积才能是 0。
- 上述两条结论对矩阵的每一列同样适用，因为如果 $\mathbf{M}$ 是正交矩阵的话，$\mathbf{M}^T$ 也会是正交矩阵。

也就是说，如果一个矩阵满足上面的条件，那么它就是一个正交矩阵。读者可以注意到，一组标准正交基（定义详见 4.2.2 节）可以精确地满足上述条件。在 4.6.2 节中，我们会使用坐标空间的基矢量来构建用于空间变换的矩阵。因此，如果这些基矢量是一组标准正交基的话（例如只存在旋转变换），那么我们就可以直接使用转置矩阵来求得该变换的逆变换。

读者：我被标准正交、正交这些概念搞混了，可以再说明一下是什么意思吗？

我们：读者应该已经知道，一个坐标空间需要指定一组基矢量，也就是我们理解的坐标轴。如果这些基矢量之间是互相垂直的，那么我们就把它们称为是一组**正交基**（**orthogonal basis**）。但是，它们的长度并不要求一定是 1。如果它们的长度的确是 1 的话，我们就说它们是一组**标准正交基**（**orthonormal basis**）。因此，一个正交矩阵的行和列之间分别构成了一组标准正交基。但是，如果我们使用一组正交基来构建一个矩阵的话，这个矩阵可能就不是一个正交矩阵，因为这些基矢量的长度可能不为 1，也就是说它们不是标准正交基。

4.4.5　行矩阵还是列矩阵

我们已经了解了足够多的数学概念，但在学习矩阵的几何意义之前，我们有必要说明一下行矩阵和列矩阵的问题。

在前面的章节中我们讲到，可以把一个矢量转换成一个行矩阵或是列矩阵。它们本身是没有区别的，但是，当我们需要把它和另一个矩阵相乘时，就会出现一些差异。

假设有一个矢量 $\mathbf{v}=(x,y,z)$，我们可以把它转换成行矩阵 $\mathbf{v}=[xyz]$或列矩阵 $\mathbf{v}=[x\ \ y\ \ z]^T$（这里使用了转置符号来避免列矩阵在我们的这一行中显得太高）。现在，有另一个矩阵 $\mathbf{M}$：

$$\mathbf{M}=\begin{bmatrix} m_{11} & m_{12} & m_{13} \\ m_{21} & m_{22} & m_{23} \\ m_{31} & m_{32} & m_{33} \end{bmatrix}$$

那么 $\mathbf{M}$ 分别和行矩阵以及列矩阵相乘后会是什么结果呢？我们先来看 $\mathbf{M}$ 和行矩阵的相乘。由矩阵乘法的定义可知，我们需要把行矩阵放在 $\mathbf{M}$ 的左边（还记得吗，矩阵乘法要求两个矩阵的行列数满足一定条件），即

$$\mathbf{vM}=[xm_{11}+ym_{21}+zm_{31}\quad xm_{12}+ym_{22}+zm_{32}\quad xm_{13}+ym_{23}+zm_{33}]$$

而如果和列矩阵相乘的话，结果是：

$$\mathbf{Mv}=\begin{bmatrix} xm_{11}+ym_{12}+zm_{13} \\ xm_{21}+ym_{22}+zm_{23} \\ xm_{31}+ym_{32}+zm_{33} \end{bmatrix}$$

读者认真对比就会发现，结果矩阵除了行列矩阵的区别外，里面的元素也是不一样的。这就意味着，在和矩阵相乘时选择行矩阵还是列矩阵来表示矢量是非常重要的，因为这决定了矩阵乘法的书写次序和结果值。

在 Unity 中，常规做法是把矢量放在矩阵的右侧，即把矢量转换成列矩阵来进行运算。因此，在本书后面的内容中，如无特殊情况，我们都将使用列矩阵。这意味着，我们的矩阵乘法通常都是右乘，例如：

$$\mathbf{CBAv} = (\mathbf{C}(\mathbf{B}(\mathbf{Av})))$$

使用列向量的结果是，我们的阅读顺序是从右到左，即先对 **v** 使用 **A** 进行变换，再使用 **B** 进行变换，最后使用 **C** 进行变换。

上面的计算等价于下面的行矩阵运算：

$$\mathbf{v}\mathbf{A}^T\mathbf{B}^T\mathbf{C}^T = (((\mathbf{v}\mathbf{A}^T)\mathbf{B}^T)\mathbf{C}^T)$$

如果你还是不能明白上面的含义，可以参见练习题 3。

4.4.6 练习题

1．判断下面矩阵的乘法是否存在。如果存在，计算它们的乘积。

（1）$\begin{bmatrix} 1 & 3 \\ 2 & 4 \end{bmatrix}\begin{bmatrix} -1 & 5 \\ 0 & 2 \end{bmatrix}$

（2）$\begin{bmatrix} 2 & 4 & 3 \\ 2 & 1 & 4 \end{bmatrix}\begin{bmatrix} -1 & 5 \\ 0 & 2 \\ 3 & 10 \\ 4 & 5 \end{bmatrix}$

（3）$\begin{bmatrix} 1 & -2 & 3 \\ 5 & 1 & 4 \\ 6 & 0 & 3 \end{bmatrix}\begin{bmatrix} -5 \\ 4 \\ 8 \end{bmatrix}$

2．判断下面的矩阵是否是正交矩阵。

（1）$\begin{bmatrix} 1 & 0 & 0 \\ 1 & 0 & 0 \\ 1 & 0 & 0 \end{bmatrix}$

（2）$\begin{bmatrix} 1 & 0 & 0 & 0 \\ 0 & 1 & 0 & 0 \\ 0 & 0 & 1 & 0 \\ 0 & 0 & 0 & 1 \end{bmatrix}$

（3）$\begin{bmatrix} \cos\theta & -\sin\theta & 0 \\ \sin\theta & \cos\theta & 0 \\ 0 & 0 & 1 \end{bmatrix}$

3．给定一个矢量(3,2,6)，分别把它当成行矩阵和列矩阵与下面的矩阵相乘。考虑两种情况下得到的矢量结果是否一样。如果不一样，考虑如何得到相同的结果。

（1）$\begin{bmatrix} 1 & 0 & 0 \\ 0 & 1 & 0 \\ 0 & 0 & 1 \end{bmatrix}$

（2）$\begin{bmatrix} 1 & 0 & 2 \\ 0 & 1 & -3 \\ 0 & 0 & 3 \end{bmatrix}$

（3）$\begin{bmatrix} 2 & -1 & 3 \\ -1 & 5 & -3 \\ 3 & -3 & 4 \end{bmatrix}$

4.5 矩阵的几何意义：变换

关于矩阵，很多困扰初学者的问题都是类似的：

- 点和矢量都可以在图像中画出来，那么矩阵可以吗？
- 我听说矩阵和线性变换、仿射变换有关，这些变换到底是什么意思呢？
- 我总是听到齐次坐标这个名词，它是什么意思呢？
- 变换和矩阵的关系又是什么呢？或者说，给定一个变换，我如何得到它对应的矩阵呢？

在学习完本节后，希望读者们能够回答出这些问题。

对于第一个问题，在三维渲染中矩阵可以可视化吗？幸运的是，答案是肯定的，这个可视化的结果就是变换。因此，如果读者在后面的内容中看到了一个矩阵，那么你可以认为自己看到的就是一个变换（当然，在线性代数中矩阵的用处不仅是用于变换，但本书的讨论范围仅在于此）。

在游戏的世界中，这些变换一般包含了旋转、缩放和平移。游戏开发人员希望给定一个点或矢量，再给定一个变换（例如把点平移到另一个位置，把矢量的方向旋转 30°等），就可以通过某个数学运算来求得新的点和矢量。聪明的先人们发现，可以使用矩阵来完美地解决这个问题。那么问题就变成了，我们如何使用矩阵来表示这些变换？

4.5.1　什么是变换

变换（transform），指的是我们把一些数据，如点、方向矢量甚至是颜色等，通过某种方式进行转换的过程。在计算机图形学领域，变换非常重要。尽管通过变换我们能够进行的操作是有限的，但这些操作已经足够奠定变换在图形学领域举足轻重的地位了。

我们先来看一个非常常见的变换类型——**线性变换（linear transform）**。线性变换指的是那些可以保留矢量加和标量乘的变换。用数学公式来表示这两个条件就是：

$$\mathbf{f}(\mathbf{x})+\mathbf{f}(\mathbf{y})=\mathbf{f}(\mathbf{x}+\mathbf{y})$$

$$k\mathbf{f}(\mathbf{x})=\mathbf{f}(k\mathbf{x})$$

上面的式子看起来很抽象。**缩放（scale）**就是一种线性变换。例如，$\mathbf{f}(\mathbf{x})=2\mathbf{x}$，可以表示一个大小为 2 的统一缩放，即经过变换后矢量 $\mathbf{x}$ 的模将被放大两倍。可以发现，$\mathbf{f}(\mathbf{x})=2\mathbf{x}$ 是满足上面的两个条件的。同样，**旋转（rotation）**也是一种线性变换。对于线性变换来说，如果我们要对一个三维的矢量进行变换，那么仅仅使用 3×3 的矩阵就可以表示所有的线性变换。

线性变换除了包括旋转和缩放外，还包括**错切（shear）**、**镜像（mirroring，也被称为 reflection）**、**正交投影（orthographic projection）**等，但本书着重讲述旋转和缩放变换。

但是，仅有线性变换是不够的。我们来考虑平移变换，例如 $\mathbf{f}(\mathbf{x})=\mathbf{x}+(1,2,3)$。这个变换就不是一个线性变换，它既不满足标量乘法，也不满足矢量加法。如果我们令 $\mathbf{x}=(1,1,1)$，那么：

$$\mathbf{f}(\mathbf{x})+\mathbf{f}(\mathbf{x})=(4,6,8)$$

$$\mathbf{f}(\mathbf{x}+\mathbf{x})=(3,4,5)$$

可见，两个运算得到的结果是不一样的。因此，我们不能用一个 3×3 的矩阵来表示一个平移变换。这是我们不希望看到的，毕竟平移变换是非常常见的一种变换。

这样，就有了**仿射变换**（**affine transform**）。仿射变换就是合并线性变换和平移变换的变换类型。仿射变换可以使用一个 4×4 的矩阵来表示，为此，我们需要把矢量扩展到四维空间下，这就是**齐次坐标空间**（**homogeneous space**）。

表 4.1 给出了图形学中常见变换矩阵的名称和它们的特性。

表 4.1　常见的变换种类和它们的特性（N 表示不满足该特性，Y 表示满足该特性）

变换名称	是线性变换吗	是仿射变换吗	是可逆矩阵吗	是正交矩阵吗
平移矩阵	N	Y	Y	N
绕坐标轴旋转的旋转矩阵	Y	Y	Y	Y
绕任意轴旋转的旋转矩阵	Y	Y	Y	Y
按坐标轴缩放的缩放矩阵	Y	Y	Y	N
错切矩阵	Y	Y	Y	N
镜像矩阵	Y	Y	Y	Y
正交投影矩阵	Y	Y	N	N
透视投影矩阵	N	N	N	N

在下面的内容中，我们将学习其中一些基本的变换类型：旋转，缩放和平移。对于正交投影和透视投影，我们将在 4.6.7 节中给出它们的表示方法。而对于其他变换类型，本书不再具体讨论，读者可以在本章的扩展阅读中找到更多内容。

4.5.2　齐次坐标

我们知道，由于 3×3 矩阵不能表示平移操作，我们就把其扩展到了 4×4 的矩阵（是的，只要多一个维度就可以实现对平移的表示）。为此，我们还需要把原来的三维矢量转换成四维矢量，也就是我们所说的**齐次坐标**（**homogeneous coordinate**）（事实上齐次坐标的维度可以超过四维，但本书中所说的齐次坐标将泛指四维齐次坐标）。我们可以发现，齐次坐标并没有神秘的地方，它只是为了方便计算而使用的一种表示方式而已。

如上所说，齐次坐标是一个四维矢量。那么，我们如何把三维矢量转换成齐次坐标呢？对于一个点，从三维坐标转换成齐次坐标是把其 w 分量设为 1，而对于方向矢量来说，需要把其 w 分量设为 0。这样的设置会导致，当用一个 4×4 矩阵对一个点进行变换时，平移、旋转、缩放都会施加于该点。但是如果是用于变换一个方向矢量，平移的效果就会被忽略。我们可以从下面的内容中理解这些差异的原因。

4.5.3　分解基础变换矩阵

我们已经知道，可以使用一个 4×4 的矩阵来表示平移、旋转和缩放。我们把表示纯平移、纯旋转和纯缩放的变换矩阵叫做基础变换矩阵。这些矩阵具有一些共同点，我们可以把一个基础变换矩阵分解成 4 个组成部分：

$$\begin{bmatrix} \mathbf{M}_{3\times3} & \mathbf{t}_{3\times1} \\ \mathbf{0}_{1\times3} & 1 \end{bmatrix}$$

其中，左上角的矩阵 $\mathbf{M}_{3\times3}$ 用于表示旋转和缩放，$\mathbf{t}_{3\times1}$ 用于表示平移，$\mathbf{0}_{1\times3}$ 是零矩阵，即 $\mathbf{0}_{1\times3}$=[0

0　0]，右下角的元素就是标量 1。

接下来，我们来具体学习如何用这样一个 4×4 的矩阵来表示平移、旋转和缩放。

4.5.4　平移矩阵

我们可以使用矩阵乘法来表示对一个点进行平移变换：

$$\begin{bmatrix}1 & 0 & 0 & t_x\\ 0 & 1 & 0 & t_y\\ 0 & 0 & 1 & t_z\\ 0 & 0 & 0 & 1\end{bmatrix}\begin{bmatrix}x\\ y\\ z\\ 1\end{bmatrix}=\begin{bmatrix}x+t_x\\ y+t_y\\ z+t_z\\ 1\end{bmatrix}$$

从结果来看我们可以很容易看出为什么这个矩阵有平移的效果：点的 x、y、z 分量分别增加了一个位置偏移。在 3D 中的可视化效果是，把点(x,y,z)在空间中平移了(t_x,t_y,t_z)个单位。

有趣的是，如果我们对一个方向矢量进行平移变换，结果如下：

$$\begin{bmatrix}1 & 0 & 0 & t_x\\ 0 & 1 & 0 & t_y\\ 0 & 0 & 1 & t_z\\ 0 & 0 & 0 & 1\end{bmatrix}\begin{bmatrix}x\\ y\\ z\\ 0\end{bmatrix}=\begin{bmatrix}x\\ y\\ z\\ 0\end{bmatrix}$$

可以发现，平移变换不会对方向矢量产生任何影响。这点很容易理解，我们在学习矢量的时候就说过了，矢量没有位置属性，也就是说它可以位于空间中的任意一点，因此对位置的改变（即平移）不应该对方向矢量产生影响。

现在，读者应该明白当给定一个平移操作时如何构建一个平移矩阵：基础变换矩阵中的 $\mathbf{t}_{3\times1}$ 矢量对应了平移矢量，左上角的矩阵 $\mathbf{M}_{3\times3}$ 为单位矩阵 $\mathbf{I}_3$。

平移矩阵的逆矩阵就是反向平移得到的矩阵，即

$$\begin{bmatrix}1 & 0 & 0 & -t_x\\ 0 & 1 & 0 & -t_y\\ 0 & 0 & 1 & -t_z\\ 0 & 0 & 0 & 1\end{bmatrix}$$

可以看出，平移矩阵并不是一个正交矩阵。

4.5.5　缩放矩阵

我们可以对一个模型沿空间的 x 轴、y 轴和 z 轴进行缩放。同样，我们可以使用矩阵乘法来表示一个缩放变换：

$$\begin{bmatrix}k_x & 0 & 0 & 0\\ 0 & k_y & 0 & 0\\ 0 & 0 & k_z & 0\\ 0 & 0 & 0 & 1\end{bmatrix}\begin{bmatrix}x\\ y\\ z\\ 1\end{bmatrix}=\begin{bmatrix}k_x x\\ k_y y\\ k_z z\\ 1\end{bmatrix}$$

对方向矢量可以使用同样的矩阵进行缩放：

$$\begin{bmatrix} k_x & 0 & 0 & 0 \\ 0 & k_y & 0 & 0 \\ 0 & 0 & k_z & 0 \\ 0 & 0 & 0 & 1 \end{bmatrix} \begin{bmatrix} x \\ y \\ z \\ 0 \end{bmatrix} = \begin{bmatrix} k_x x \\ k_y y \\ k_z z \\ 0 \end{bmatrix}$$

如果缩放系数 $k_x = k_y = k_z$，我们把这样的缩放称为**统一缩放**（**uniform scale**），否则称为**非统一缩放**（**nonuniform scale**）。从外观上看，统一缩放是扩大整个模型，而非统一缩放会拉伸或挤压模型。更重要的是，统一缩放不会改变角度和比例信息，而非统一缩放会改变与模型相关的角度和比例。例如在对法线进行变换时，如果存在非统一缩放，直接使用用于变换顶点的变换矩阵的话，就会得到错误的结果。正确的变换方法可参见 4.7 节。

缩放矩阵的逆矩阵是使用原缩放系数的倒数来对点或方向矢量进行缩放，即

$$\begin{bmatrix} \frac{1}{k_x} & 0 & 0 & 0 \\ 0 & \frac{1}{k_y} & 0 & 0 \\ 0 & 0 & \frac{1}{k_z} & 0 \\ 0 & 0 & 0 & 1 \end{bmatrix}$$

缩放矩阵一般不是正交矩阵。

上面的矩阵只适用于沿坐标轴方向进行缩放。如果我们希望在任意方向上进行缩放，就需要使用一个复合变换。其中一种方法的主要思想就是，先将缩放轴变换成标准坐标轴，然后进行沿坐标轴的缩放，再使用逆变换得到原来的缩放轴朝向。

4.5.6 旋转矩阵

旋转是三种常见的变换矩阵中最复杂的一种。我们知道，旋转操作需要指定一个旋转轴，这个旋转轴不一定是空间中的坐标轴，但本节所讲的旋转就是指绕着空间中的 x 轴、y 轴或 z 轴进行旋转。

如果我们需要把点绕着 x 轴旋转 θ 度，可以使用下面的矩阵：

$$\mathbf{R}_x(\theta) = \begin{bmatrix} 1 & 0 & 0 & 0 \\ 0 & \cos\theta & -\sin\theta & 0 \\ 0 & \sin\theta & \cos\theta & 0 \\ 0 & 0 & 0 & 1 \end{bmatrix}$$

绕 y 轴的旋转也是类似的：

$$\mathbf{R}_y(\theta) = \begin{bmatrix} \cos\theta & 0 & \sin\theta & 0 \\ 0 & 1 & 0 & 0 \\ -\sin\theta & 0 & \cos\theta & 0 \\ 0 & 0 & 0 & 1 \end{bmatrix}$$

最后，是绕 z 轴的旋转：

$$R_z(\theta)=\begin{bmatrix}\cos\theta & -\sin\theta & 0 & 0\\ \sin\theta & \cos\theta & 0 & 0\\ 0 & 0 & 1 & 0\\ 0 & 0 & 0 & 1\end{bmatrix}$$

旋转矩阵的逆矩阵是旋转相反角度得到的变换矩阵。旋转矩阵是正交矩阵，而且多个旋转矩阵之间的串联同样是正交的。

4.5.7 复合变换

我们可以把平移、旋转和缩放组合起来，来形成一个复杂的变换过程。例如，可以对一个模型先进行大小为(2, 2, 2)的缩放，再绕 y 轴旋转 30°，最后向 z 轴平移 4 个单位。复合变换可以通过矩阵的串联来实现。上面的变换过程可以使用下面的公式来计算：

$$\mathbf{p}_{new}=\mathbf{M}_{translation}\mathbf{M}_{rotation}\mathbf{M}_{scale}\mathbf{p}_{old}$$

由于上面我们使用的是列矩阵，因此阅读顺序是从右到左，即先进行缩放变换，再进行旋转变换，最后进行平移变换。需要注意的是，变换的结果是依赖于变换顺序的，由于矩阵乘法不满足交换律，因此矩阵的乘法顺序很重要。也就是说，不同的变换顺序得到的结果可能是不一样的。想象一下，如果让读者向前一步然后左转，记住此时的位置。然后回到原位，这次先左转再向前走一步，得到的位置和上一次是不一样的。究其本质，是因为矩阵的乘法不满足交换律，因此不同的乘法顺序得到的结果是不一样的。

在绝大多数情况下，我们约定变换的顺序就是先缩放，再旋转，最后平移。

读者：为什么要约定这样的顺序，而不是其他顺序呢？

我们：因为这样的变换顺序是我们需要的。想象我们对奶牛妞妞进行一个复合变换。如果我们按先平移、再缩放的顺序进行变换，假设初始情况下妞妞位于原点，我们先按(0, 0, 5)平移它，现在它距离原点 5 个单位。然后再将它放大 2 倍，这样所有的坐标都变成了原来的 2 倍，而这意味着妞妞现在的位置是(0, 0, 10)，这不是我们希望的。正确的做法是，先缩放再平移。也就是说，我们先在原点对妞妞进行 2 倍的缩放，再进行平移，这样妞妞的大小正确了，位置也正确了。

为了从数学公式上理解变换顺序的本质，我们可以对比不同变换顺序产生的变换矩阵的表达式。如果我们只考虑对 y 轴的旋转的话，按先缩放、再旋转、最后平移这样的顺序组合 3 种变换得到的变换矩阵是：

$$\mathbf{M}_{translation}\mathbf{M}_{rotation}\mathbf{M}_{scale}=\begin{bmatrix}1 & 0 & 0 & t_x\\ 0 & 1 & 0 & t_y\\ 0 & 0 & 1 & t_z\\ 0 & 0 & 0 & 1\end{bmatrix}\begin{bmatrix}\cos\theta & 0 & \sin\theta & 0\\ 0 & 1 & 0 & 0\\ -\sin\theta & 0 & \cos\theta & 0\\ 0 & 0 & 0 & 1\end{bmatrix}\begin{bmatrix}k_x & 0 & 0 & 0\\ 0 & k_y & 0 & 0\\ 0 & 0 & k_z & 0\\ 0 & 0 & 0 & 1\end{bmatrix}$$

$$=\begin{bmatrix}k_x\cos\theta & 0 & k_z\sin\theta & t_x\\ 0 & k_y & 0 & t_y\\ -k_x\sin\theta & 0 & k_z\cos\theta & t_z\\ 0 & 0 & 0 & 1\end{bmatrix}$$

而如果我们使用了其他变换顺序，例如先平移，再缩放，最后旋转，那么得到的变换矩阵是：

$$\mathbf{M}_{rotation}\mathbf{M}_{scale}\mathbf{M}_{translation}=\begin{bmatrix}\cos\theta & 0 & \sin\theta & 0\\ 0 & 1 & 0 & 0\\ -\sin\theta & 0 & \cos\theta & 0\\ 0 & 0 & 0 & 1\end{bmatrix}\begin{bmatrix}k_x & 0 & 0 & 0\\ 0 & k_y & 0 & 0\\ 0 & 0 & k_z & 0\\ 0 & 0 & 0 & 1\end{bmatrix}\begin{bmatrix}1 & 0 & 0 & t_x\\ 0 & 1 & 0 & t_y\\ 0 & 0 & 1 & t_z\\ 0 & 0 & 0 & 1\end{bmatrix}$$

$$=\begin{bmatrix}k_x\cos\theta & 0 & k_z\sin\theta & t_xk_x\cos\theta+t_zk_z\sin\theta\\ 0 & k_y & 0 & t_yk_y\\ -k_x\sin\theta & 0 & k_z\cos\theta & -t_xk_x\sin\theta+t_zk_z\cos\theta\\ 0 & 0 & 0 & 1\end{bmatrix}$$

从两个结果可以看出，得到的变换矩阵是不一样的。

除了需要注意不同类型的变换顺序外，我们有时还需要小心旋转的变换顺序。在 4.5.6 节中，我们给出了分别绕 x 轴、y 轴和 z 轴旋转的变换矩阵。一个问题是，如果我们需要同时绕着 3 个轴进行旋转，是先绕 x 轴、再绕 y 轴最后绕 z 轴旋转还是按其他的旋转顺序呢？

当我们直接给出$(\theta_x,\theta_y,\theta_z)$这样的旋转角度时，需要定义一个旋转顺序。在 Unity 中，这个旋转顺序是 zxy，这在旋转相关的 API 文档中都有说明。这意味着，当给定$(\theta_x,\theta_y,\theta_z)$这样的旋转角度时，得到的组合旋转变换矩阵是：

$$\mathbf{M}_{rotate_Z}\mathbf{M}_{rotate_X}\mathbf{M}_{rotate_Y}=\begin{bmatrix}\cos\theta_z & -\sin\theta_z & 0 & 0\\ \sin\theta_z & \cos\theta_z & 0 & 0\\ 0 & 0 & 1 & 0\\ 0 & 0 & 0 & 1\end{bmatrix}\begin{bmatrix}1 & 0 & 0 & 0\\ 0 & \cos\theta_x & -\sin\theta_x & 0\\ 0 & \sin\theta_x & \cos\theta_x & 0\\ 0 & 0 & 0 & 1\end{bmatrix}\begin{bmatrix}\cos\theta_y & 0 & \sin\theta_y & 0\\ 0 & 1 & 0 & 0\\ -\sin\theta_y & 0 & \cos\theta_y & 0\\ 0 & 0 & 0 & 1\end{bmatrix}$$

一些读者会有疑问：上面的公式书写顺序是不是反了？不是说列矩阵要从右往左读吗？这样一来顺序不就颠倒了吗？实际上，有一个非常重要的东西我们没有说明白，那就是旋转时使用的坐标系。给定一个旋转顺序（例如这里的 zxy），以及它们对应的旋转角度$(\theta_x,\theta_y,\theta_z)$，有两种坐标系可以选择。

- 绕坐标系 E 下的 z 轴旋转θ_z，绕坐标系 E 下的 y 轴旋转θ_y，绕坐标系 E 下的 x 轴旋转θ_x，即进行一次旋转时不一起旋转当前坐标系。
- 绕坐标系 E 下的 z 轴旋转θ_z，在坐标系 E 下绕 z 轴旋转θ_z后的新坐标系 E'下的 y 轴旋转θ_y，在坐标系 E'下绕 y 轴旋转θ_y后的新坐标系 E''下的 x 轴旋转θ_x，即在旋转时，把坐标系一起转动。

很容易知道，这两种选择的结果是不一样的。但如果把它们的旋转顺序颠倒一下，它们得到的结果就会是一样的！说得明白点，在第一种情况下，按 zxy 顺序旋转和在第二种情况下，按 yxz 顺序旋转是一样的。而 Unity 文档中说明的旋转顺序指的是在第一种情况下的顺序。

和上面不同类型的变换顺序导致的问题类似，不同的旋转顺序得到的结果也可能是不一样的。我们同样可以通过对比不同旋转顺序得到的变换矩阵来理解为什么会出现这样的不同。而这个验证过程留给读者作为练习。

4.6 坐标空间

我们已经学会了如何使用矩阵来表示基本的变换，如平移、旋转和缩放。而在本节中，我们将关注如何使用这些变换来对坐标空间进行变换。

我们在第 2 章渲染流水线中就接触了坐标空间的变换。例如，在学习顶点着色器流水线阶段时，我们说过，顶点着色器最基本的功能就是把模型的顶点坐标从模型空间转换到齐次裁剪坐标空间中。

渲染游戏的过程可以理解成是把一个个顶点经过层层处理最终转化到屏幕上的过程，那么本节我们就将学习这个转换的过程是如何实现的。更具体来说，顶点是经过了哪些坐标空间后，最后被画在了我们的屏幕上。

4.6.1　为什么要使用这么多不同的坐标空间

我们先要回答读者的一个疑问。在编写 Shader 的过程中，很多看起来很难理解和复杂的数学运算都是为了在不同坐标空间之间转换点和矢量。看起来，这么多的坐标空间就是“万恶之源”啊！很多人都有这样的疑问：“为什么我们不能只使用一个坐标空间来做所有的事情呢？这样一来我们不就不用学习这些烦人的数学公式了吗？这样世界将变得多美好啊！”

事情看起来虽然是这样——在只有一个坐标空间的世界里，Shader 的开发者会生活得更加美好。但事实是，一旦你真的这么做了，就会发现理想和现实之间的差距：我们不可以也不愿意抛弃这些不同的坐标空间。

事实上，在我们的生活中，我们也总是使用不同的坐标空间来交流。现在正在读这本书的你，很可能正坐在办公室或书房中。如果问你：“办公室的饮水机在哪里？”你大概会回答：“在办公室门的左方 3 米处。”这里，你很自然地使用了以门为原点的坐标空间。现在，公司的前台小姐走进门来，你非常惊讶地看到她脸上还残留有中午吃饭的米粒！我们假设正在读这本书的你是一个好心而且不喜欢看别人笑话的人，这时你可能会提醒她：“嘿，你左脸上面有些东西没有擦掉！”此时，你又使用了以前台小姐的嘴巴为原点的坐标空间。如果只有一个坐标系会怎么样呢？你可以尝试一下使用以你的办公室的门为原点的坐标空间来描述前台小姐脸上的一粒饭粒。

再比如，我们每个人所生活的城市可以看成是一个世界坐标系（三维渲染里的世界坐标系将在 4.6.5 节中讲到），这个坐标系的坐标轴可以认为是由东南西北这些定义的方向轴。如果一个陌生人向你问路，你很有可能会说：“向东走 800 米上桥，然后再向南走 50 米就到了”。但是我们知道，现实生活中有很多人是分不清东南西北的（在作者小时候，经常使用“上北下南左西右东”来傻傻地判断东南西北，因此总是得到错误方位）。如果现在有一个饥肠辘辘又分不清东南西北的路人来问你最近的餐厅怎么走，你可能会说：“你先往前走 50 米，到了路口向左拐 100 米就有一家非常好吃的烤鸭店。”此时，你使用的是以这个路人为原点的坐标空间。想象一下，如果在这个世界上我们只能使用东南西北来描述所有东西的话，该会有多少人会被饿死。

由此可见，我们需要在不同的情况下使用不同的坐标空间，因为一些概念只有在特定的坐标空间下才有意义，才更容易理解。这也是为什么在渲染中我们要使用这么多坐标空间。

在开始介绍一些不同的坐标空间之前，读者需要注意，所有的坐标空间在理论上都是平等的，没有谁优谁劣之分，不会因为我们从一个坐标空间转换到另一个坐标空间计算就出错了。但是，在特定的情况下，一些坐标空间的确比另一些坐标空间更加吸引人。

现在，就让我们来看一下在游戏渲染流水线中，一个顶点到底经过了怎样的空间变换。

4.6.2　坐标空间的变换

我们先要为后面的内容做些数学铺垫。在渲染流水线中，我们往往需要把一个点或方向矢量从一个坐标空间转换到另一个坐标空间。这个过程到底是怎么实现的呢？

我们把问题一般化。我们知道，要想定义一个坐标空间，必须指明其原点位置和 3 个坐标轴的方向。而这些数值实际上是相对于另一个坐标空间的（读者需要记住，所有的都是相对的）。也就是说，坐标空间会形成一个层次结构——每个坐标空间都是另一个坐标空间的子空间，反过来说，每个空间都有一个**父**（parent）坐标空间。对坐标空间的变换实际上就是在父空间和子空间之间对点和矢量进行变换。

假设，现在有父坐标空间 **P** 以及一个子坐标空间 **C**。我们知道在父坐标空间中子坐标空间的原点位置以及 3 个单位坐标轴。我们一般会有两种需求：一种需求是把子坐标空间下表示的点或矢量 $\mathbf{A}_c$ 转换到父坐标空间下的表示 $\mathbf{A}_p$，另一个需求是反过来，即把父坐标空间下表示的点或矢量 $\mathbf{B}_p$ 转换到子坐标空间下的表示 $\mathbf{B}_c$。我们可以使用下面的公式来表示这两种需求：

$$\mathbf{A}_p=\mathbf{M}_{c\to p}\mathbf{A}_c$$

$$\mathbf{B}_c=\mathbf{M}_{p\to c}\mathbf{B}_p$$

其中，$\mathbf{M}_{c\to p}$ 表示的是从子坐标空间变换到父坐标空间的变换矩阵，而 $\mathbf{M}_{p\to c}$ 是其逆矩阵（即反向变换）。那么，现在的问题就是，如何求解这些变换矩阵？事实上，我们只需要解出两者之一即可，另一个矩阵可以通过求逆矩阵的方式来得到。

下面，我们就来讲解如何求出从子坐标空间到父坐标空间的变换矩阵 $\mathbf{M}_{c\to p}$。

首先，我们来回顾一个看似很简单的问题：当给定一个坐标空间以及其中一点(a,b,c)时，我们是如何知道该点的位置的呢？我们可以通过 4 个步骤来确定它的位置：

（1）从坐标空间的原点开始；

（2）向 x 轴方向移动 a 个单位；

（3）向 y 轴方向移动 b 个单位；

（4）向 z 轴方向移动 c 个单位。

需要说明的是，上面的步骤只是我们的想象，这个点实际上并没有发生移动。上面的步骤看起来再简单不过了，坐标空间的变换就蕴含在上面的 4 个步骤中。现在，我们已知子坐标空间 **C** 的 3 个坐标轴在父坐标空间 **P** 下的表示 $\mathbf{x}_c$、$\mathbf{y}_c$、$\mathbf{z}_c$，以及其原点位置 $\boldsymbol{O}_c$。当给定一个子坐标空间中的一点 $\mathbf{A}_c=(a,b,c)$，我们同样可以依照上面 4 个步骤来确定其在父坐标空间下的位置 $\mathbf{A}_p$：

1. 从坐标空间的原点开始

这很简单，我们已经知道了子坐标空间的原点位置 $\mathbf{O}_c$。

2. 向 *x* 轴方向移动 *a* 个单位

仍然很简单，因为我们已经知道了 x 轴的矢量表示，因此可以得到

$$\mathbf{O}_c+a\mathbf{x}_c$$

3. 向 *y* 轴方向移动 *b* 个单位

同样的道理，这一步就是：

$$\mathbf{O}_c+a\mathbf{x}_c+b\mathbf{y}_c$$

4. 向 *z* 轴方向移动 *c* 个单位

最后，就可以得到

$$\mathbf{O}_c+a\mathbf{x}_c+b\mathbf{y}_c+c\mathbf{z}_c$$

现在，我们已经求出了 $\mathbf{M}_{c\to p}$！什么？你没看出来吗？我们再来看一下最后得到的式子：

$$\mathbf{A}_p=\mathbf{O}_c+a\mathbf{x}_c+b\mathbf{y}_c+c\mathbf{z}_c$$

读者可能会问，这个式子里根本没有矩阵啊！其实我们只要稍稍使用一点“魔法”，矩阵就会出现在上面的式子中：

$$
\begin{aligned}
\mathbf{A}_p &= \mathbf{O}_c + a\mathbf{x}_c + b\mathbf{y}_c + c\mathbf{z}_c \\
&= (x_{O_c}, y_{O_c}, z_{O_c}) + a(x_{x_c}, y_{x_c}, z_{x_c}) + b(x_{y_c}, y_{y_c}, z_{y_c}) + c(x_{z_c}, y_{z_c}, z_{z_c}) \\
&= (x_{O_c}, y_{O_c}, z_{O_c}) + \begin{bmatrix} x_{x_c} & x_{y_c} & x_{z_c} \\ y_{x_c} & y_{y_c} & y_{z_c} \\ z_{x_c} & z_{y_c} & z_{z_c} \end{bmatrix} \begin{bmatrix} a \\ b \\ c \end{bmatrix} \\
&= (x_{O_c}, y_{O_c}, z_{O_c}) + \begin{bmatrix} | & | & | \\ \mathbf{x}_c & \mathbf{y}_c & \mathbf{z}_c \\ | & | & | \end{bmatrix} \begin{bmatrix} a \\ b \\ c \end{bmatrix}
\end{aligned}
$$

其中“|”符号表示是按列展开的。上面的式子实际上就是使用了我们之前所学的公式而已。但这个最后的表达式还不是很漂亮，因为还存在加法表达式，即平移变换。我们已经知道 3×3 的矩阵无法表示平移变换，因此为了得到一个更漂亮的结果，我们把上面的式子扩展到齐次坐标空间中，得

$$
\begin{aligned}
\mathbf{A}_p &= (x_{O_c}, y_{O_c}, z_{O_c}, 1) + \begin{bmatrix} | & | & | & 0 \\ \mathbf{x}_c & \mathbf{y}_c & \mathbf{z}_c & 0 \\ | & | & | & 0 \\ 0 & 0 & 0 & 1 \end{bmatrix} \begin{bmatrix} a \\ b \\ c \\ 1 \end{bmatrix} \\
&= \begin{bmatrix} 1 & 0 & 0 & x_{O_c} \\ 0 & 1 & 0 & y_{O_c} \\ 0 & 0 & 1 & z_{O_c} \\ 0 & 0 & 0 & 1 \end{bmatrix} \begin{bmatrix} | & | & | & 0 \\ \mathbf{x}_c & \mathbf{y}_c & \mathbf{z}_c & 0 \\ | & | & | & 0 \\ 0 & 0 & 0 & 1 \end{bmatrix} \begin{bmatrix} a \\ b \\ c \\ 1 \end{bmatrix} \\
&= \begin{bmatrix} | & | & | & x_{O_c} \\ \mathbf{x}_c & \mathbf{y}_c & \mathbf{z}_c & y_{O_c} \\ | & | & | & z_{O_c} \\ 0 & 0 & 0 & 1 \end{bmatrix} \begin{bmatrix} a \\ b \\ c \\ 1 \end{bmatrix} \\
&= \begin{bmatrix} | & | & | & | \\ \mathbf{x}_c & \mathbf{y}_c & \mathbf{z}_c & O_c \\ | & | & | & | \\ 0 & 0 & 0 & 1 \end{bmatrix} \begin{bmatrix} a \\ b \\ c \\ 1 \end{bmatrix}
\end{aligned}
$$

那么现在，你看到 $\mathbf{M}_{c\to p}$ 在哪里了吧？没错，

$$
\mathbf{M}_{c\to p} = \begin{bmatrix} | & | & | & | \\ \mathbf{x}_c & \mathbf{y}_c & \mathbf{z}_c & \mathbf{O}_c \\ | & | & | & | \\ 0 & 0 & 0 & 1 \end{bmatrix}
$$

读者：这个看起来太神奇了！怎么就变着变着就出现了矩阵呢？

我们：上面只是运用了一些基础的矢量和矩阵运算，一旦当你真正理解了这些运算就会发现上面的过程只是简单地推导了一下而已。

一旦求出来 $\mathbf{M}_{c\to p}$，$\mathbf{M}_{p\to c}$ 就可以通过求逆矩阵的方式求出来，因为从坐标空间 **C** 变换到坐标空间 **P** 与从坐标空间 **P** 变换到坐标空间 **C** 是互逆的两个过程。

可以看出来，变换矩阵 $\mathbf{M}_{c\to p}$ 实际上可以通过坐标空间 **C** 在坐标空间 **P** 中的原点和坐标轴的矢量表示来构建出来：把 3 个坐标轴依次放入矩阵的前 3 列，把原点矢量放到最后一列，再用 0 和 1 填充最后一行即可。

需要注意的是，这里我们并没有要求 3 个坐标轴 $\mathbf{x}_c$、$\mathbf{y}_c$ 和 $\mathbf{z}_c$ 是单位矢量，事实上，如果存在缩放的话，这 3 个矢量值很可能不是单位矢量。

更加令人振奋的是，我们可以利用反向思维，从这个变换矩阵反推来获取子坐标空间的原点和坐标轴方向！例如，当我们已知从模型空间到世界空间的一个 4×4 的变换矩阵，可以提取它的第一列再进行归一化后（为了消除缩放的影响）来得到模型空间的 x 轴在世界空间下的单位矢量表示。同样的方法可以提取 y 轴和 z 轴。我们可以从另一个角度来理解这个提取过程。因为矩阵 $\mathbf{M}_{c\to p}$ 可以把一个方向矢量从坐标空间 **C** 变换到坐标空间 **P** 中，那么，我们只需要用它来变换坐标空间 **C** 中的 x 轴(1,0,0,0)，即使用矩阵乘法 $\mathbf{M}_{c\to p}[1\quad 0\quad 0\quad 0]^T$，得到的结果正是 $\mathbf{M}_{c\to p}$ 的第一列。

另一个有趣的情况是，对方向矢量的坐标空间变换。我们知道，矢量是没有位置的，因此坐标空间的原点变换是可以忽略的。也就是说，我们仅仅平移坐标系的原点是不会对矢量造成任何影响的。那么，对矢量的坐标空间变换就可以使用 3×3 的矩阵来表示，因为我们不需要表示平移变换。那么变换矩阵就是：

$$\mathbf{M}_{c\to p}=\begin{bmatrix} | & | & | \\ \mathbf{x}_c & \mathbf{y}_c & \mathbf{z}_c \\ | & | & | \end{bmatrix}$$

在 Shader 中，我们常常会看到截取变换矩阵的前 3 行前 3 列来对法线方向、光照方向来进行空间变换，这正是原因所在。

现在，我们再来关注 $\mathbf{M}_{p\to c}$。我们前面讲到，可以通过求 $\mathbf{M}_{c\to p}$ 的逆矩阵的方式求解出来反向变换 $\mathbf{M}_{p\to c}$。但有一种情况我们不需要求解逆矩阵就可以得到 $\mathbf{M}_{p\to c}$，这种情况就是 $\mathbf{M}_{c\to p}$ 是一个正交矩阵。如果它是一个正交矩阵的话，$\mathbf{M}_{c\to p}$ 的逆矩阵就等于它的转置矩阵。这意味着我们不需要进行复杂的求逆操作就可以得到反向变换。也就是说，

$$\mathbf{M}_{p\to c}=\begin{bmatrix} | & | & | \\ \mathbf{x}_p & \mathbf{y}_p & \mathbf{z}_p \\ | & | & | \end{bmatrix}=\mathbf{M}_{c\to p}^{-1}=\mathbf{M}_{c\to p}^{T}$$

$$=\begin{bmatrix} - & \mathbf{x}_c & - \\ - & \mathbf{y}_c & - \\ - & \mathbf{z}_c & - \end{bmatrix}$$

而现在，我们不仅可以根据变换矩阵 $\mathbf{M}_{c\to p}$ 反推出子坐标空间的坐标轴方向在父坐标空间中的表示 $\mathbf{x}_c$、$\mathbf{y}_c$ 和 $\mathbf{z}_c$，还可以反推出父坐标空间的坐标轴方向在子坐标空间中的表示 $\mathbf{x}_p$、$\mathbf{y}_p$ 和 $\mathbf{z}_p$，这些坐标轴对应的就是 $\mathbf{M}_{c\to p}$ 的每一行！也就是说，如果我们知道坐标空间变换矩阵 $\mathbf{M}_{A\to B}$ 是一个正交矩阵，那么我们可以提取它的第一列来得到坐标空间 **A** 的 x 轴在坐标空间 **B** 下的表示，还可以提取它的第一行来得到坐标空间 **B** 的 x 轴在坐标空间 **A** 下的表示。反过来，如果我们知道坐标空间 **B** 的 x 轴、y 轴和 z 轴（必须是单位矢量，否则构建出来的就不是正交矩阵了）在坐标空间 **A** 下的表示，就可以把它们依次放在矩阵的每一行就可以得到从 **A** 到 **B** 的变换矩阵了。

读者：天呐，我的脑子已经完全乱掉了，一会儿从 P 到 C，一会儿又从 C 到 P，一会儿是行，一会儿又是列，我自己写的时候一定会搞不清楚！

我们：我们知道这个过程很容易造成思维的混乱，因此才要花费大量的篇幅来解释背后的数学原理。只有知道了这些原理，遇到疑问时你才知道怎样去验证结果的正确性。例如像下面这样。

当你不知道把坐标轴的表示是按行放还是按列放的时候，不妨先选择一种摆放方式来得到变换矩阵。例如，现在我们想把一个矢量从坐标空间 **A** 变换到坐标空间 **B**，而且我们已经知道坐标空间 **B** 的 x 轴、y 轴、z 轴在空间 **A** 下的表示，即 $\mathbf{x_B}$、$\mathbf{y_B}$ 和 $\mathbf{z_B}$。那么想要得到从 **A** 到 **B** 的变换矩

阵 $\mathbf{M}_{A\to B}$，我们是把它们按列放呢还是按行放呢？如果读者实在想不起来正确答案，我们不妨先随便选择一种方式，例如按列摆放。那么，

$$\mathbf{M}_{A\to B}=\begin{bmatrix}| & | & | \\ \mathbf{x}_B & \mathbf{y}_B & \mathbf{z}_B \\ | & | & |\end{bmatrix}\text{，注意，这个矩阵是不对的}$$

现在，我们可以非常快速地来验证它是否是正确的。方法就是，用 $\mathbf{M}_{A\to B}$ 来变换 $\mathbf{x_B}$。在计算前我们先想一下这个结果，如果我们用变换矩阵来变换 **B** 的 x 轴的话，那么结果应该是(1,0,0)才对。因为当变换到空间 B 中时，x 轴的指向就是(1,0,0)。好了，我们可以来进行真正的计算来验证它了：

$$\mathbf{M}_{A\to B}\mathbf{x_B}=\begin{bmatrix}| & | & | \\ \mathbf{x}_B & \mathbf{y}_B & \mathbf{z}_B \\ | & | & |\end{bmatrix}\mathbf{x_B}$$

读者看到这里会有疑问，“我不知道这个结果是什么啊”。没错，这不是你的计算有问题，而是上式的计算结果的确不可知。这种时候你就会发现我们的摆放方式选择错了。现在，我们使用正确的摆放方式，即按行来摆放，那么就有：

$$\mathbf{M}_{A\to B}\mathbf{x_B}=\begin{bmatrix}- & \mathbf{x}_B & - \\ - & \mathbf{y}_B & - \\ - & \mathbf{z}_B & -\end{bmatrix}\mathbf{x_B}=\begin{bmatrix}\mathbf{x}_B\cdot\mathbf{x}_B \\ \mathbf{y}_B\cdot\mathbf{x}_B \\ \mathbf{z}_B\cdot\mathbf{x}_B\end{bmatrix}=\begin{bmatrix}1 \\ 0 \\ 0\end{bmatrix}$$

这次结果就和我们预期的一样了。

理解上面的原理和过程非常重要。我们在本书的后面也会经常遇到坐标空间的变换。

4.6.3　顶点的坐标空间变换过程

我们知道，在渲染流水线中，一个顶点要经过多个坐标空间的变换才能最终被画在屏幕上。一个顶点最开始是在模型空间（见 4.6.4 节）中定义的，最后它将会变换到屏幕空间（见 4.6.8 节）中，得到真正的屏幕像素坐标。因此，接下来的内容我们将解释顶点要进行的各种空间变换的过程。

为了帮助读者理解这个过程，我们将建立在农场游戏的实例背景下，每讲到一种空间变换，我们会解释如何应用到这个案例中。

在我们的农场游戏中，妞妞很好奇自己是如何被渲染到屏幕上的。它只知道自己和一群小伙伴在农场里快乐地吃草，而前面有一个摄像机一直在观察它们，如图 4.31 所示。妞妞特别喜欢自己的鼻子，它想知道鼻子是怎么被画到屏幕上的？

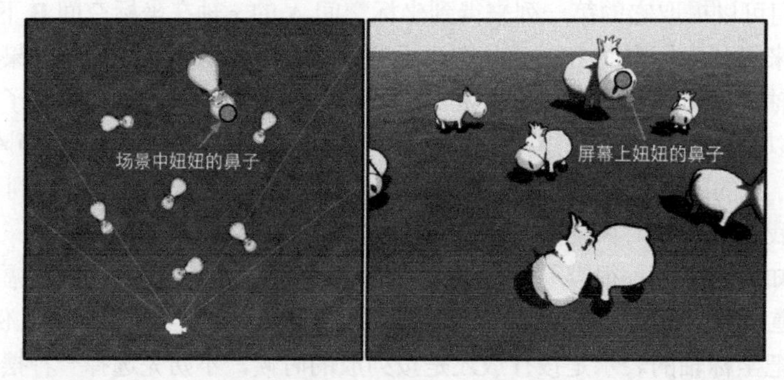

▲图 4.31　场景中的妞妞（左图）和屏幕上的妞妞（右图）。妞妞想知道，自己的鼻子是如何被画到屏幕上的

在下面的内容中，我们将了解妞妞的鼻子是如何一步步画到屏幕上的。

4.6.4 模型空间

模型空间（model space），如它的名字所暗示的那样，是和某个模型或者说是对象有关的。有时模型空间也被称为**对象空间（object space）**或**局部空间（local space）**。每个模型都有自己独立的坐标空间，当它移动或旋转的时候，模型空间也会跟着它移动和旋转。把我们自己当成游戏中的模型的话，当我们在办公室里移动时，我们的模型空间也在跟着移动，当我们转身时，我们本身的前后左右方向也在跟着改变。

在模型空间中，我们经常使用一些方向概念，例如“前（forward）”“后（back）”“左（left）”、“右（right）”、“上（up）”、“下（down）”。在本书中，我们把这些方向称为自然方向。模型空间中的坐标轴通常会使用这些自然方向。在 4.2.4 节中我们讲过，Unity 在模型空间中使用的是左手坐标系，因此在模型空间中，$+x$ 轴、$+y$ 轴、$+z$ 轴分别对应的是模型的右、上和前向。需要注意的是，模型坐标空间中的 x 轴、y 轴、z 轴和自然方向的对应不一定是上述这种关系，但由于 Unity 使用的是这样的约定，因此本书将使用这种方式。我们可以在 Hierarchy 视图中单击任意对象就可以看见它们对应的模型空间的 3 个坐标轴。

模型空间的原点和坐标轴通常是由美术人员在建模软件里确定好的。当导入到 Unity 中后，我们可以在顶点着色器中访问到模型的顶点信息，其中包含了每个顶点的坐标。这些坐标都是相对于模型空间中的原点（通常位于模型的重心）定义的。

当我们把妞妞放到场景中时，就会有一个模型坐标空间时刻跟随着它。妞妞鼻子的位置可以通过访问顶点属性来得到。假设这个位置是(0, 2, 4)，由于顶点变换中往往包含了平移变换，因此需要把其扩展到齐次坐标系下，得到顶点坐标是(0, 2, 4, 1)，如图 4.32 所示。

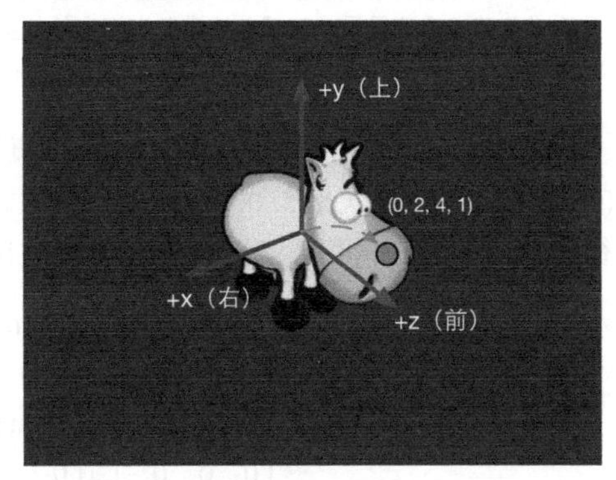

▲图 4.32 在我们的农场游戏中，每个奶牛都有自己的模型坐标系。在模型坐标系中妞妞鼻子的位置是(0, 2, 4, 1)

4.6.5 世界空间

世界空间（world space）是一个特殊的坐标系，因为它建立了我们所关心的最大的空间。一些读者可能会指出，空间可以是无限大的，怎么会有“最大”这一说呢？这里说的最大指的是一个宏观的概念，也就是说它是我们所关心的最外层的坐标空间。以我们的农场游戏为例，在这个游戏里世界空间指的就是农场，我们不关心这个农场是在什么地方，在这个虚拟的游戏世界里，农场就是最大的空间概念。

世界空间可以被用于描述绝对位置（较真的读者可能会再一次提醒我，没有绝对的位置。没错，但我相信读者可以明白这里绝对的意思）。在本书中，绝对位置指的就是在世界坐标系中的位置。通常，我们会把世界空间的原点放置在游戏空间的中心。

在 Unity 中，世界空间同样使用了左手坐标系。但它的 x 轴、y 轴、z 轴是固定不变的。在 Unity 中，我们可以通过调整 Transform 组件中的 Position 属性来改变模型的位置，这里的位置指的是相对于这个 Transform 的**父节点（parent）**的模型坐标空间中的原点定义的。如果一个 Transform 没有任何父节点，那么这个位置就是在世界坐标系中的位置，如图 4.33 所示。我们可以想象成还有一个虚拟的根模型，这个根模型的模型空间就是世界空间，所有的游戏对象都附属于这个根模型。同样，Transform 中的 Rotation 和 Scale 也是同样的道理。

顶点变换的第一步，就是将顶点坐标从模型空间变换到世界空间中。这个变换通常叫做**模型**

变换（**model transform**）。

现在，我们来对妞妞的鼻子进行模型变换。为此，我们首先需要知道妞妞在世界坐标系中进行了哪些变换，这可以通过面板中的 Transform 组件来得到相关的变换信息，如图 4.34 所示。

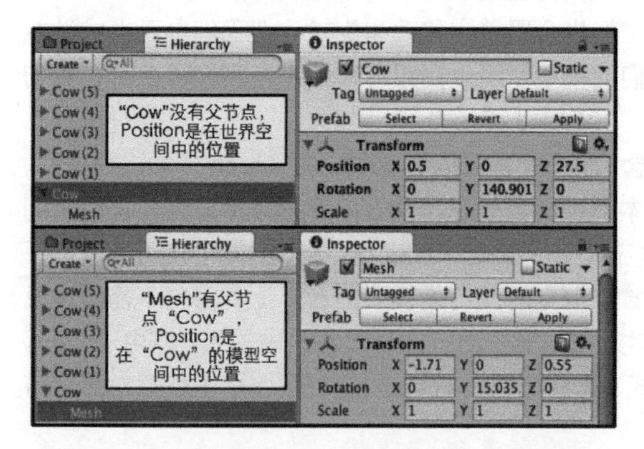

▲图 4.33　Unity 的 Transform 组件可以调节模型的位置。如果 Transform 有父节点，如图中的"Mesh"，那么 Position 将是在其父节点（这里是"Cow"）的模型空间中的位置；如果没有父节点，Position 就是在世界空间中的位置

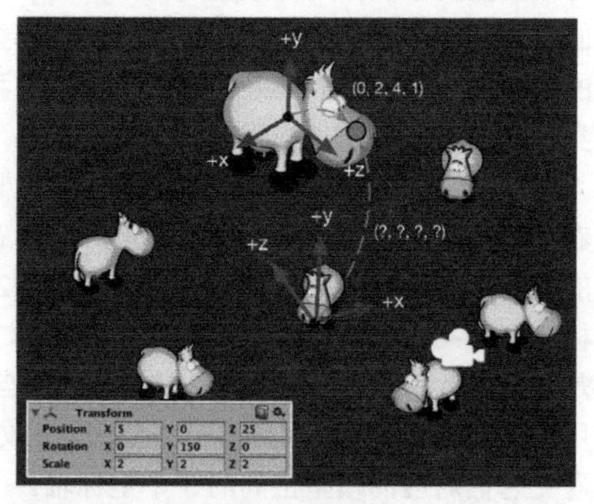

▲图 4.34　农场游戏中的世界空间。世界空间的原点被放置在农场的中心。左下角显示了妞妞在世界空间中所做的变换。我们想要把妞妞的鼻子从模型空间变换到世界空间中

根据 Transform 组件上的信息，我们知道在世界空间中，妞妞进行了(2, 2, 2)的缩放，又进行了(0, 150, 0)的旋转以及(5, 0, 25)的平移。注意这里的变换顺序是不能互换的，即先进行缩放，再进行旋转，最后是平移。据此我们可以构建出模型变换的变换矩阵：

$$\mathbf{M}_{model}=\begin{bmatrix}1&0&0&t_x\\0&1&0&t_y\\0&0&1&t_z\\0&0&0&1\end{bmatrix}\begin{bmatrix}\cos\theta&0&\sin\theta&0\\0&1&0&0\\-\sin\theta&0&\cos\theta&0\\0&0&0&1\end{bmatrix}\begin{bmatrix}k_x&0&0&0\\0&k_y&0&0\\0&0&k_z&0\\0&0&0&1\end{bmatrix}$$

$$=\begin{bmatrix}1&0&0&5\\0&1&0&0\\0&0&1&25\\0&0&0&1\end{bmatrix}\begin{bmatrix}-0.866&0&0.5&0\\0&1&0&0\\-0.5&0&-0.866&0\\0&0&0&1\end{bmatrix}\begin{bmatrix}2&0&0&0\\0&2&0&0\\0&0&2&0\\0&0&0&1\end{bmatrix}$$

$$=\begin{bmatrix}-1.732&0&1&5\\0&2&0&0\\-1&0&-1.732&25\\0&0&0&1\end{bmatrix}$$

现在我们可以用它来对妞妞的鼻子进行模型变换了：

$$\mathbf{P}_{world}=\mathbf{M}_{model}\mathbf{P}_{model}$$

$$=\begin{bmatrix}-1.732&0&1&5\\0&2&0&0\\-1&0&-1.732&25\\0&0&0&1\end{bmatrix}\begin{bmatrix}0\\2\\4\\1\end{bmatrix}=\begin{bmatrix}9\\4\\18.072\\1\end{bmatrix}$$

也就是说，在世界空间下，妞妞鼻子的位置是(9, 4, 18.072)。注意，这里的浮点数都是近似值，这里近似到小数点后 3 位。实际数值和 Unity 采用的浮点值精度有关。

4.6.6　观察空间

观察空间（view space）也被称为**摄像机空间（camera space）**。观察空间可以认为是模型空间的一个特例——在所有的模型中有一个非常特殊的模型，即摄像机（虽然通常来说摄像机本身是不可见的），它的模型空间值得我们单独拿出来讨论，也就是观察空间。

摄像机决定了我们渲染游戏所使用的视角。在观察空间中，摄像机位于原点，同样，其坐标轴的选择可以是任意的，但由于本书讨论的是以 Unity 为主，而 Unity 中观察空间的坐标轴选择是：+*x* 轴指向右方，+*y* 轴指向上方，而+*z* 轴指向的是摄像机的后方。读者在这里可能觉得很奇怪，我们之前讨论的模型空间和世界空间中+*z* 轴指的都是物体的前方，为什么这里不一样了呢？这是因为，Unity 在模型空间和世界空间中选用的都是左手坐标系，而在观察空间中使用的是右手坐标系。这是符合 OpenGL 传统的，在这样的观察空间中，摄像机的正前方指向的是-*z* 轴方向。

这种左右手坐标系之间的改变很少会对我们在 Unity 中的编程产生影响，因为 Unity 为我们做了很多渲染的底层工作，包括很多坐标空间的转换。但是，如果读者需要调用类似 Camera.cameraToWorldMatrix、Camera.worldToCameraMatrix 等接口自行计算某模型在观察空间中的位置，就要小心这样的差异。

最后要提醒读者的一点是，观察空间和屏幕空间（详见 4.6.8 节）是不同的。观察空间是一个三维空间，而屏幕空间是一个二维空间。从观察空间到屏幕空间的转换需要经过一个操作，那就是**投影（projection）**。我们后面就会讲到。

顶点变换的第二步，就是将顶点坐标从世界空间变换到观察空间中。这个变换通常叫做**观察变换（view transform）**。

回到我们的农场游戏。现在我们需要把妞妞的鼻子从世界空间变换到观察空间中。为此，我们需要知道世界坐标系下摄像机的变换信息。这同样可以通过摄像机面板中的 Transform 组件得到，如图 4.35 所示。

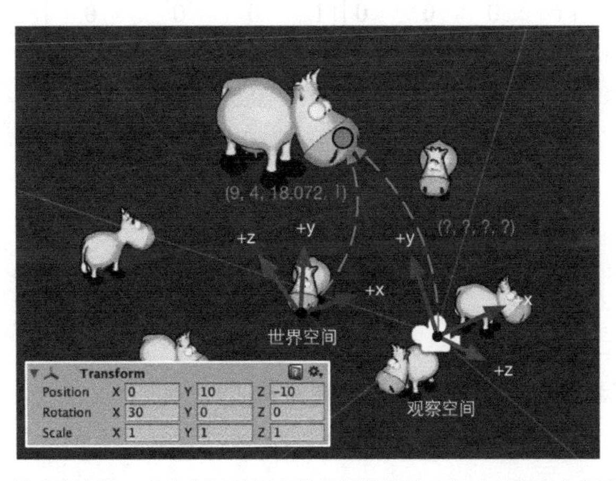

▲图 4.35　农场游戏中摄像机的观察空间。观察空间的原点位于摄像机处。注意在观察空间中，摄像机的前向是 *z* 轴的负方向（图中只画出了 *z* 轴正方向），这是因为 Unity 在观察空间中使用了右手坐标系。左下角显示了摄像机在世界空间中所做的变换。我们想要把妞妞的鼻子从世界空间变换到观察空间中

为了得到顶点在观察空间中的位置，我们可以有两种方法。一种方法是计算观察空间的三个坐标轴在世界空间下的表示，然后根据 4.6.2 节中讲到的方法，构建出从观察空间变换到世界空间的变换矩阵，再对该矩阵求逆来得到从世界空间变换到观察空间的变换矩阵。我们还可以使用另一种方法，即想象平移整个观察空间，让摄像机原点位于世界坐标的原点，坐标轴与世界空间中

的坐标轴重合即可。这两种方法得到的变换矩阵都是一样的，不同的只是我们思考的方式。

这里我们使用第二种方法。由 Transform 组件可以知道，摄像机在世界空间中的变换是先按(30, 0, 0)进行旋转，然后按(0, 10, −10)进行了平移。那么，为了把摄像机重新移回到初始状态（这里指摄像机原点位于世界坐标的原点、坐标轴与世界空间中的坐标轴重合），我们需要进行逆向变换，即先按(0, −10, 10)平移，以便将摄像机移回到原点，再按(−30, 0, 0)进行旋转，以便让坐标轴重合。因此，变换矩阵就是：

$$\mathbf{M}_{view}=\begin{bmatrix}1&0&0&0\\0&\cos\theta&-\sin\theta&0\\0&\sin\theta&\cos\theta&0\\0&0&0&1\end{bmatrix}\begin{bmatrix}1&0&0&t_x\\0&1&0&t_y\\0&0&1&t_z\\0&0&0&1\end{bmatrix}$$

$$=\begin{bmatrix}1&0&0&0\\0&0.866&0.5&0\\0&-0.5&0.866&0\\0&0&0&1\end{bmatrix}\begin{bmatrix}1&0&0&0\\0&1&0&-10\\0&0&1&10\\0&0&0&1\end{bmatrix}$$

$$=\begin{bmatrix}1&0&0&0\\0&0.866&0.5&-3.66\\0&-0.5&0.866&13.66\\0&0&0&1\end{bmatrix}$$

但是，由于观察空间使用的是右手坐标系，因此需要对 z 分量进行取反操作。我们可以通过乘以另一个特殊的矩阵来得到最终的观察变换矩阵：

$$\mathbf{M}_{view}=\mathbf{M}_{negate\ z}\mathbf{M}_{view}$$

$$=\begin{bmatrix}1&0&0&0\\0&1&0&0\\0&0&-1&0\\0&0&0&1\end{bmatrix}\begin{bmatrix}1&0&0&0\\0&0.866&0.5&-3.66\\0&-0.5&0.866&13.66\\0&0&0&1\end{bmatrix}$$

$$=\begin{bmatrix}1&0&0&0\\0&0.866&0.5&-3.66\\0&0.5&-0.866&-13.66\\0&0&0&1\end{bmatrix}$$

现在我们可以用它来对妞妞的鼻子进行顶点变换了：

$$\mathbf{P}_{view}=\mathbf{M}_{view}\mathbf{P}_{world}$$

$$=\begin{bmatrix}1&0&0&0\\0&0.866&0.5&-3.66\\0&0.5&-0.866&-13.66\\0&0&0&1\end{bmatrix}\begin{bmatrix}9\\4\\18.072\\1\end{bmatrix}=\begin{bmatrix}9\\8.84\\-27.31\\1\end{bmatrix}$$

这样，我们就得到了观察空间中妞妞鼻子的位置——(9, 8.84,−27.31)。

4.6.7 裁剪空间

顶点接下来要从观察空间转换到**裁剪空间（clip space，也被称为齐次裁剪空间）**中，这个用于变换的矩阵叫做**裁剪矩阵（clip matrix）**，也被称为投影矩阵（**projection matrix**）。

裁剪空间的目标是能够方便地对渲染图元进行裁剪：完全位于这块空间内部的图元将会被保留，完全位于这块空间外部的图元将会被剔除，而与这块空间边界相交的图元就会被裁剪。那么，这块空间是如何决定的呢？答案是由**视锥体（view frustum）**来决定。

视锥体指的是空间中的一块区域，这块区域决定了摄像机可以看到的空间。视锥体由六个平面包围而成，这些平面也被称为**裁剪平面（clip planes）**。视锥体有两种类型，这涉及两种投影类型：一种是**正交投影（orthographic projection）**，一种是**透视投影（perspective projection）**。图 4.36 显示了从同一位置、同一角度渲染同一个场景的两种摄像机的渲染结果。

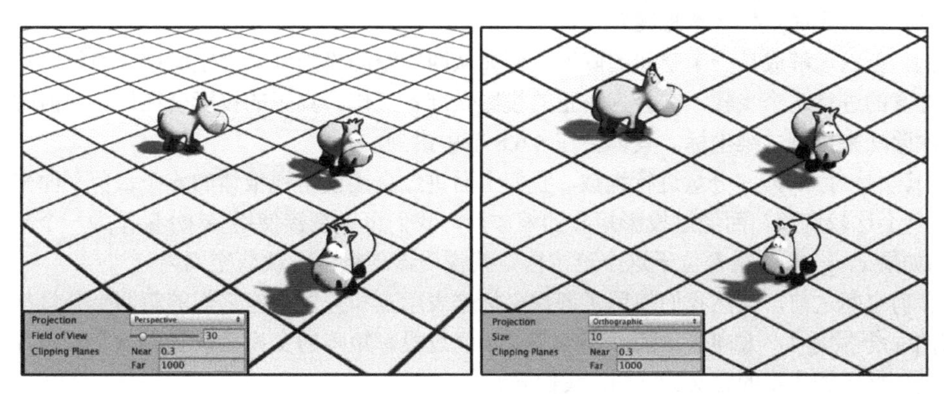

▲图 4.36 透视投影（左图）和正交投影（右图）。左下角分别显示了当前摄像机的投影模式和相关属性

从图中可以发现，在透视投影中，地板上的平行线并不会保持平行，离摄像机越近网格越大，离摄像机越远网格越小。而在正交投影中，所有的网格大小都一样，而且平行线会一直保持平行。可以注意到，透视投影模拟了人眼看世界的方式，而正交投影则完全保留了物体的距离和角度。因此，在追求真实感的 3D 游戏中我们往往会使用透视投影，而在一些 2D 游戏或渲染小地图等其他 HUD 元素时，我们会使用正交投影。

在视锥体的 6 块裁剪平面中，有两块裁剪平面比较特殊，它们分别被称为**近剪裁平面（near clip plane）**和**远剪裁平面（far clip plane）**。它们决定了摄像机可以看到的深度范围。正交投影和透视投影的视锥体如图 4.37 所示。

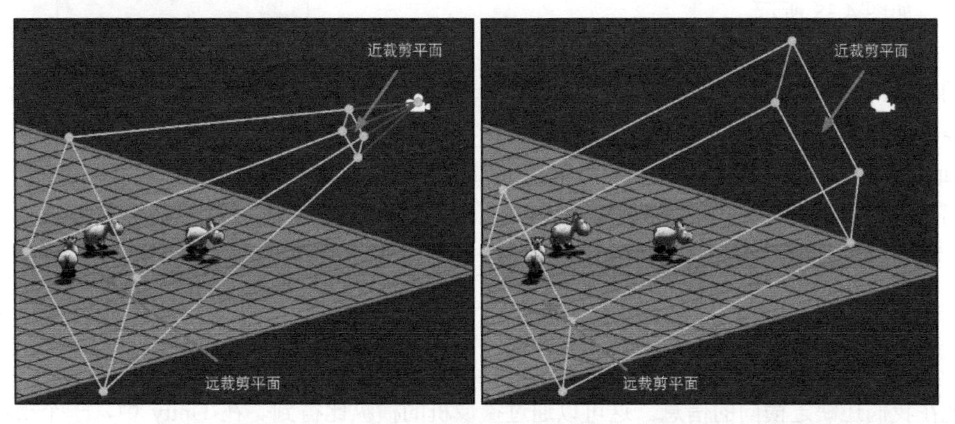

▲图 4.37 视锥体和裁剪平面。左图显示了透视投影的视锥体，右图显示了正交投影的视锥体

由图 4.37 可以看出，透视投影的视锥体是一个金字塔形，侧面的 4 个裁剪平面将会在摄像机处相交。它更符合视锥体这个词语。正交投影的视锥体是一个长方体。前面讲到，我们希望根据视锥体围成的区域对图元进行裁剪，但是，如果直接使用视锥体定义的空间来进行裁剪，那么不同的视锥体就需要不同的处理过程，而且对于透视投影的视锥体来说，想要判断一个顶点是否处于一个金字塔内部是比较麻烦的。因此，我们想用一种更加通用、方便和整洁的方式来进行裁剪的工作，这种方式就是通过一个投影矩阵把顶点转换到一个裁剪空间中。

投影矩阵有两个目的：

- 首先是为投影做准备。这是个迷惑点，虽然投影矩阵的名称包含了投影二字，但是它并没有进行真正的投影工作，而是在为投影做准备。真正的投影发生在后面的**齐次除法（homogeneous division）**过程中。而经过投影矩阵的变换后，顶点的 w 分量将会具有特殊的意义。

读者：投影到底是什么意思呢？

我们：可以理解成是一个空间的降维，例如从四维空间投影到三维空间中。而投影矩阵实际上并不会真的进行这个步骤，它会为真正的投影做准备工作。真正的投影会在屏幕映射时发生，通过齐次除法来得到二维坐标。具体会在 4.6.8 节中讲到。

- 其次是对 x、y、z 分量进行缩放。我们上面讲过直接使用视锥体的 6 个裁剪平面来进行裁剪会比较麻烦。而经过投影矩阵的缩放后，我们可以直接使用 w 分量作为一个范围值，如果 x、y、z 分量都位于这个范围内，就说明该顶点位于裁剪空间内。

在裁剪空间之前，虽然我们使用了齐次坐标来表示点和矢量，但它们的第四个分量都是固定的：点的 w 分量是 1，方向矢量的 w 分量是 0。经过投影矩阵的变换后，我们就会赋予齐次坐标的第 4 个坐标更加丰富的含义。下面，我们来看一下两种投影类型使用的投影矩阵具体是什么。

1. 透视投影

视锥体的意义在于定义了场景中的一块三维空间。所有位于这块空间内的物体将会被渲染，否则就会被剔除或裁剪。我们已经知道，这块区域由 6 个裁剪平面定义，那么这 6 个裁剪平面又是怎么决定的呢？在 Unity 中，它们由 Camera 组件中的参数和 Game 视图的横纵比共同决定，如图 4.38 所示。

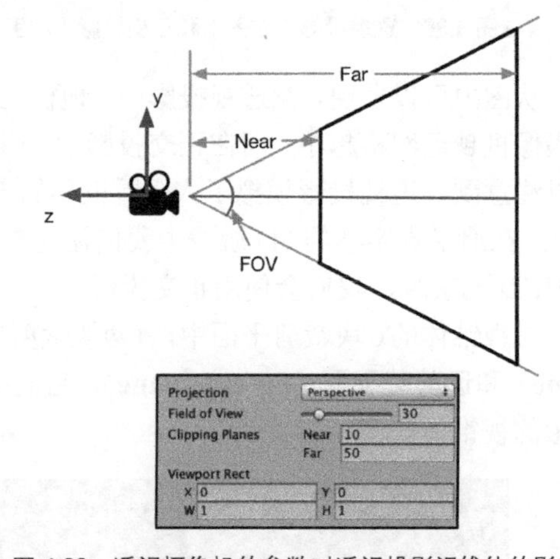

▲图 4.38 透视摄像机的参数对透视投影视锥体的影响

由图 4.38 可以看出，我们可以通过 Camera 组件的 Field of View（简称 FOV）属性来改变视锥体竖直方向的张开角度，而 Clipping Planes 中的 Near 和 Far 参数可以控制视锥体的近裁剪平面和远裁剪平面距离摄像机的远近。这样，我们可以求出视锥体近裁剪平面和远裁剪平面的高度，也就是：

$$nearClipPlaneHeight = 2 \cdot Near \cdot \tan\frac{FOV}{2}$$

$$farClipPlaneHeight = 2 \cdot Far \cdot \tan\frac{FOV}{2}$$

现在我们还缺乏横向的信息。这可以通过摄像机的横纵比得到。在 Unity 中，一个摄像机的横纵比由 Game 视图的横纵比和 Viewport Rect 中的 W 和 H 属性共同决定（实际上，Unity 允许我们在脚本里通过 Camera.aspect 进行更改，但这里不做讨论）。假设，当前摄像机的横纵比为 Aspect，我们定义：

$$Aspect = \frac{nearClipPlaneWidth}{nearClipPlaneHeight}$$

$$Aspect = \frac{farClipPlaneWidth}{farClipPlaneHeight}$$

现在，我们可以根据已知的 Near、Far、FOV 和 Aspect 的值来确定透视投影的投影矩阵。如下：

$$\mathbf{M}_{frustum} = \begin{bmatrix} \frac{\cot\frac{FOV}{2}}{Aspect} & 0 & 0 & 0 \\ 0 & \cot\frac{FOV}{2} & 0 & 0 \\ 0 & 0 & -\frac{Far+Near}{Far-Near} & -\frac{2\cdot Near\cdot Far}{Far-Near} \\ 0 & 0 & -1 & 0 \end{bmatrix}$$

上面公式的推导部分可以参见本章的扩展阅读部分。需要注意的是，这里的投影矩阵是建立在 Unity 对坐标系的假定上面的，也就是说，我们针对的是观察空间为右手坐标系，使用列矩阵在矩阵右侧进行相乘，且变换后 z 分量范围将在[$-w$, w]之间的情况。而在类似 DirectX 这样的图形接口中，它们希望变换后 z 分量范围将在[0, w]之间，因此就需要对上面的透视矩阵进行一些更改。这不在本书的讨论范围内。

而一个顶点和上述投影矩阵相乘后，可以由观察空间变换到裁剪空间中，结果如下：

$$\begin{aligned} \mathbf{P}_{clip} &= \mathbf{M}_{frustum}\mathbf{P}_{view} \\ &= \begin{bmatrix} \frac{\cot\frac{FOV}{2}}{Aspect} & 0 & 0 & 0 \\ 0 & \cot\frac{FOV}{2} & 0 & 0 \\ 0 & 0 & -\frac{Far+Near}{Far-Near} & -\frac{2\cdot Near\cdot Far}{Far-Near} \\ 0 & 0 & -1 & 0 \end{bmatrix} \begin{bmatrix} x \\ y \\ z \\ 1 \end{bmatrix} \\ &= \begin{bmatrix} x\frac{\cot\frac{FOV}{2}}{Aspect} \\ y\cot\frac{FOV}{2} \\ -z\frac{Far+Near}{Far-Near} - \frac{2\cdot Near\cdot Far}{Far-Near} \\ -z \end{bmatrix} \end{aligned}$$

从结果可以看出，这个投影矩阵本质就是对 x、y 和 z 分量进行了不同程度的缩放（当然，z 分量还做了一个平移），缩放的目的是为了方便裁剪。我们可以注意到，此时顶点的 w 分量不再是 1，而是原先 z 分量的取反结果。现在,我们就可以按如下不等式来判断一个变换后的顶点是否位于视锥体内。如果一个顶点在视锥体内，那么它变换后的坐标必须满足：

$$-w \leq x \leq w$$

$$-w \leq y \leq w$$

$$-w \leq z \leq w$$

任何不满足上述条件的图元都需要被剔除或者裁剪。图 4.39 显示了经过上述投影矩阵后，视锥体的变化。

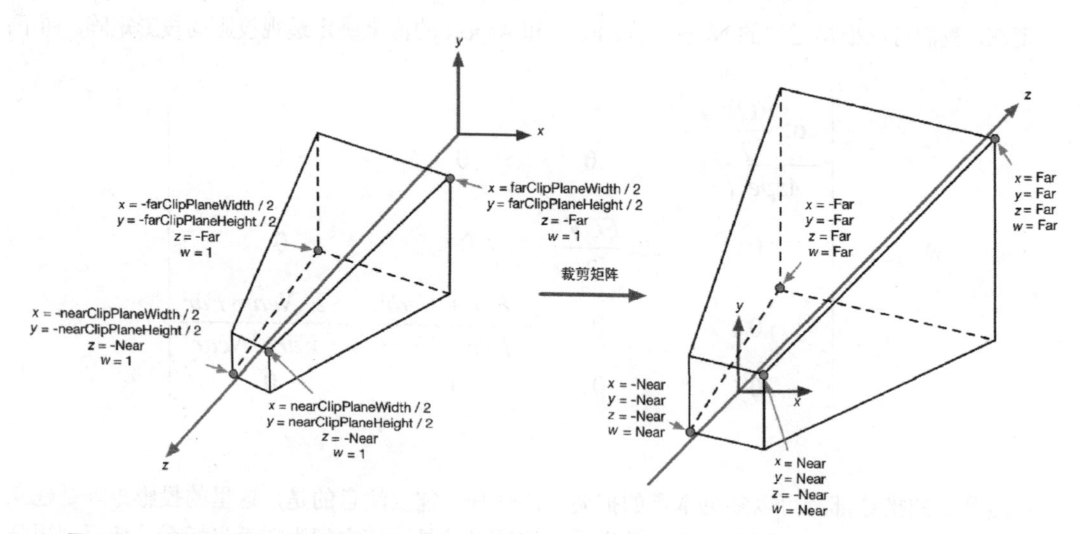

▲图 4.39　在透视投影中，投影矩阵对顶点进行了缩放。图中标注了 4 个关键点经过投影矩阵变换后的结果。从这些结果可以看出 *x*、*y*、*z* 和 *w* 分量的范围发生的变化

从图 4.39 还可以注意到，裁剪矩阵会改变空间的旋向性：空间从右手坐标系变换到了左手坐标系。这意味着，离摄像机越远，*z* 值将越大。

2. 正交投影

首先，我们还是看一下正交投影中的 6 个裁剪平面是如何定义的。和透视投影类似，在 Unity 中，它们也是由 Camera 组件中的参数和 Game 视图的横纵比共同决定，如图 4.40 所示。

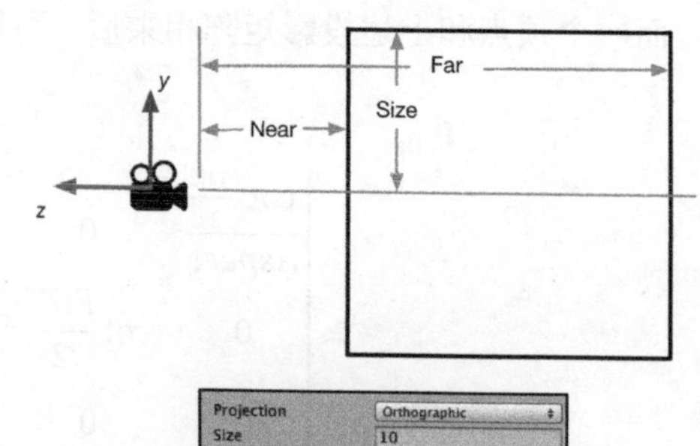

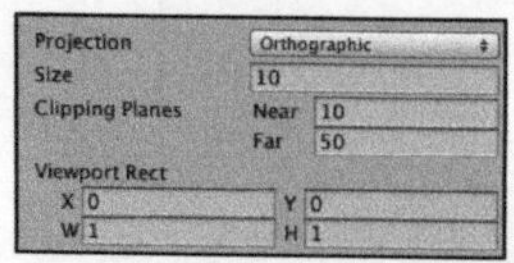

▲图 4.40　正交摄像机的参数对正交投影视锥体的影响

正交投影的视锥体是一个长方体，因此计算上相比透视投影来说更加简单。由图可以看出，我们可以通过 Camera 组件的 Size 属性来改变视锥体竖直方向上高度的一半，而 Clipping Planes 中的 Near 和 Far 参数可以控制视锥体的近裁剪平面和远裁剪平面距离摄像机的远近。这样，我们可以求出视锥体近裁剪平面和远裁剪平面的高度，也就是：

$$nearClipPlaneHeight = 2 \cdot Size$$

$$farClipPlaneHeight = nearClipPlaneHeight$$

现在我们还缺乏横向的信息。同样，我们可以通过摄像机的横纵比得到。假设，当前摄像机的横纵比为 Aspect，那么：

$$nearClipPlaneWidth = Aspect \cdot nearClipPlaneHeight$$

$$farClipPlaneWidth=nearClipPlaneWidth$$

现在，我们可以根据已知的 Near、Far、Size 和 Aspect 的值来确定正交投影的裁剪矩阵。如下：

$$\mathbf{M}_{ortho}=\begin{bmatrix}\frac{1}{Aspect\cdot Size} & 0 & 0 & 0\\ 0 & \frac{1}{Size} & 0 & 0\\ 0 & 0 & -\frac{2}{Far-Near} & -\frac{Far+Near}{Far-Near}\\ 0 & 0 & 0 & 1\end{bmatrix}$$

上面公式的推导部分可以参见本章的扩展阅读部分。同样，这里的投影矩阵是建立在 Unity 对坐标系的假定上面的。

一个顶点和上述投影矩阵相乘后的结果如下：

$$\begin{aligned}\mathbf{P}_{clip} &= \mathbf{M}_{ortho}\mathbf{P}_{view}\\ &=\begin{bmatrix}\frac{1}{Aspect\cdot Size} & 0 & 0 & 0\\ 0 & \frac{1}{Size} & 0 & 0\\ 0 & 0 & -\frac{2}{Far-Near} & -\frac{Far+Near}{Far-Near}\\ 0 & 0 & 0 & 1\end{bmatrix}\begin{bmatrix}x\\ y\\ z\\ 1\end{bmatrix}\\ &=\begin{bmatrix}\frac{x}{Aspect\cdot Size}\\ \frac{y}{Size}\\ -\frac{2z}{Far-Near}-\frac{Far+Near}{Far-Near}\\ 1\end{bmatrix}\end{aligned}$$

注意到，和透视投影不同的是，使用正交投影的投影矩阵对顶点进行变换后，其 w 分量仍然为 1。本质是因为投影矩阵最后一行的不同，透视投影的投影矩阵的最后一行是[0 0 −1 0]，而正交投影的投影矩阵的最后一行是[0 0 0 1]。这样的选择是有原因的，是为了为齐次除法做准备。具体会在下一节中讲到。

判断一个变换后的顶点是否位于视锥体内使用的不等式和透视投影中的一样，这种通用性也是为什么要使用投影矩阵的原因之一。图 4.41 显示了经过上述投影矩阵后，正交投影的视锥体的变化。

同样，裁剪矩阵改变了空间的旋向性。可以注意到，经过正交投影变换后的顶点实际已经位于一个立方体内了。

希望看到这里读者的脑袋还没有爆炸。现在，我们继续来看我们的农场游戏。在 4.6.6 节的最后，我们已经帮助妞妞确定了它的鼻子在观察空间中的位置——(9, 8.84, -27.31)。现在，我们要计算它在裁剪空间中的位置。

首先，我们需要知道农场游戏中使用的摄像机类型。由于农场游戏是一个 3D 游戏，因此这里我们使用了透视摄像机。摄像机参数和 Game 视图的横纵比如图 4.42 所示。

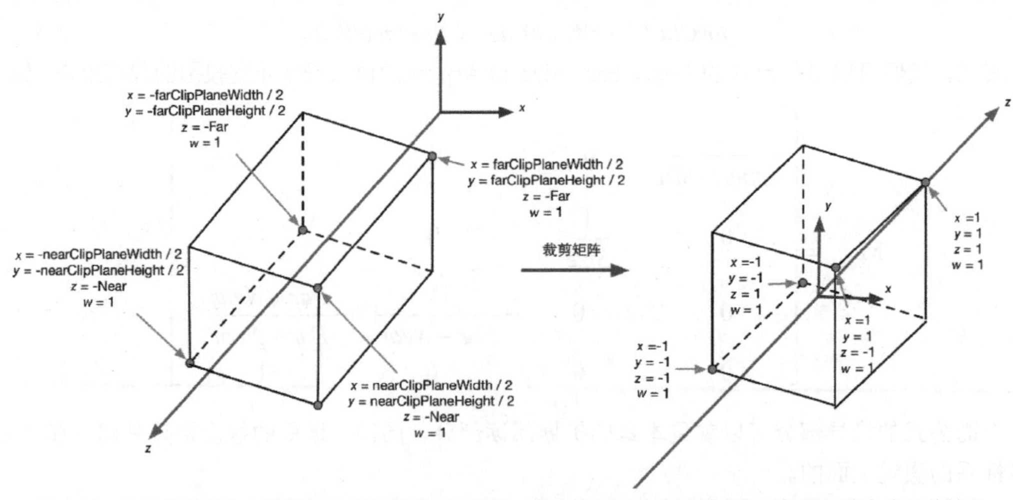

▲图 4.41　在正交投影中，投影矩阵对顶点进行了缩放。图中标注了 4 个关键点经过投影矩阵变换后的结果。从这些结果可以看出 x、y、z 和 w 分量范围发生的变化。

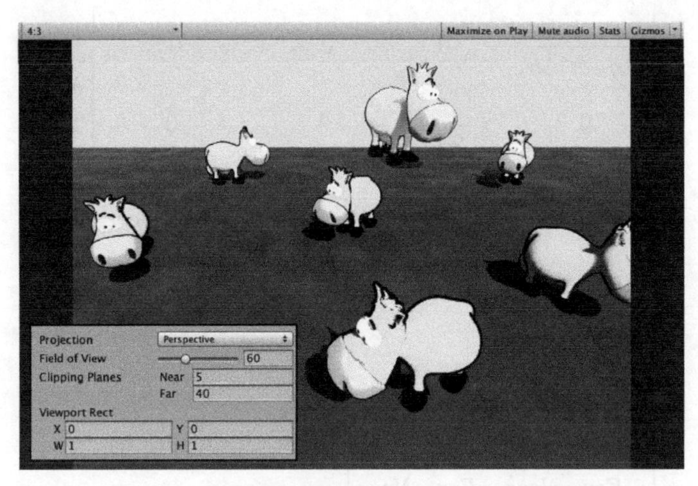

▲图 4.42　农场游戏使用的摄像机参数和游戏画面的横纵比

据此，我们可以知道透视投影的参数：FOV 为 60°，Near 为 5，Far 为 40，Aspect 为 4/3 = 1.333。那么，对应的投影矩阵就是：

$$
\mathbf{M}_{frustum}=\begin{bmatrix}\dfrac{\cot\dfrac{FOV}{2}}{Aspect} & 0 & 0 & 0\\ 0 & \cot\dfrac{FOV}{2} & 0 & 0\\ 0 & 0 & -\dfrac{Far+Near}{Far-Near} & -\dfrac{2\cdot Near\cdot Far}{Far-Near}\\ 0 & 0 & -1 & 0\end{bmatrix}
$$

$$
=\begin{bmatrix}1.299 & 0 & 0 & 0\\ 0 & 1.732 & 0 & 0\\ 0 & 0 & -1.286 & -11.429\\ 0 & 0 & -1 & 0\end{bmatrix}
$$

然后，我们用这个投影矩阵来把妞妞的鼻子从观察空间转换到裁剪空间中。如下：

$$\mathbf{P}_{clip} = \mathbf{M}_{frustum}\mathbf{P}_{view}$$

$$= \begin{bmatrix} 1.299 & 0 & 0 & 0 \\ 0 & 1.732 & 0 & 0 \\ 0 & 0 & -1.286 & -11.429 \\ 0 & 0 & -1 & 0 \end{bmatrix} \begin{bmatrix} 9 \\ 8.84 \\ -27.31 \\ 1 \end{bmatrix} = \begin{bmatrix} 11.691 \\ 15.311 \\ 23.692 \\ 27.31 \end{bmatrix}$$

这样，我们就求出了妞妞的鼻子在裁剪空间中的位置—— (11.691, 15.311, 23.692, 27.31)。接下来，Unity 会判断妞妞的鼻子是否需要裁剪。通过比较得到，妞妞的鼻子满足下面的不等式：

$$-w \leqslant x \leqslant w \to -27.31 \leqslant 11.691 \leqslant 27.31$$

$$-w \leqslant y \leqslant w \to -27.31 \leqslant 15.311 \leqslant 27.31$$

$$-w \leqslant z \leqslant w \to -27.31 \leqslant 23.692 \leqslant 27.31$$

由此，我们可以判断，妞妞的鼻子位于视锥体内，不需要被裁剪。

4.6.8 屏幕空间

经过投影矩阵的变换后，我们可以进行裁剪操作。当完成了所有的裁剪工作后，就需要进行真正的投影了，也就是说，我们需要把视锥体投影到**屏幕空间**（**screen space**）中。经过这一步变换，我们会得到真正的像素位置，而不是虚拟的三维坐标。

屏幕空间是一个二维空间，因此，我们必须把顶点从裁剪空间投影到屏幕空间中，来生成对应的 2D 坐标。这个过程可以理解成有两个步骤。

首先，我们需要进行标准**齐次除法**（**homogeneous division**），也被称为**透视除法**（**perspective division**）。虽然这个步骤听起来很陌生，但是它实际上非常简单，就是用齐次坐标系的 w 分量去除 x、y、z 分量。在 OpenGL 中，我们把这一步得到的坐标叫做**归一化的设备坐标**（**Normalized Device Coordinates，NDC**）。经过这一步，我们可以把坐标从齐次裁剪坐标空间转换到 NDC 中。经过透视投影变换后的裁剪空间，经过齐次除法后会变换到一个立方体内。按照 OpenGL 的传统，这个立方体的 x、y、z 分量的范围都是[−1, 1]。但在 DirectX 这样的 API 中，z 分量的范围会是[0, 1]。而 Unity 选择了 OpenGL 这样的齐次裁剪空间。如图 4.43 所示。

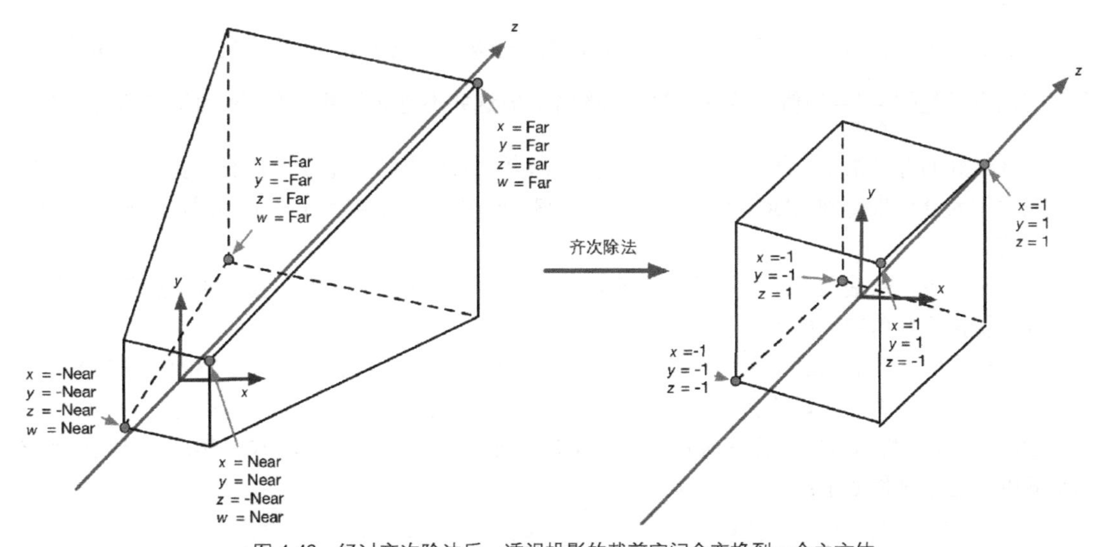

▲图 4.43　经过齐次除法后，透视投影的裁剪空间会变换到一个立方体

而对于正交投影来说，它的裁剪空间实际已经是一个立方体了，而且由于经过正交投影矩阵变换后的顶点的 w 分量是 1，因此齐次除法并不会对顶点的 x、y、z 坐标产生影响。如图 4.44 所示。

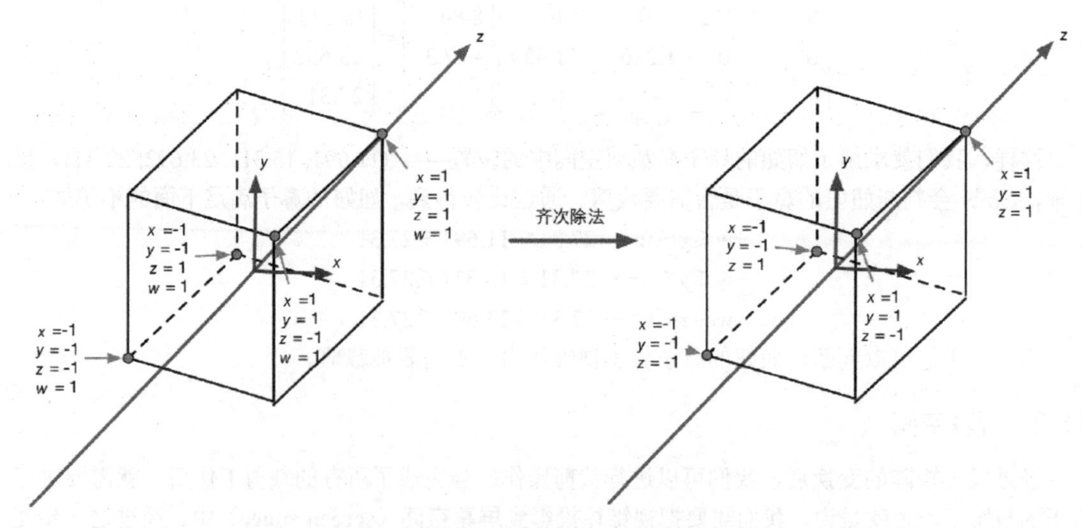

▲图 4.44　经过齐次除法后，正交投影的裁剪空间会变换到一个立方体

经过齐次除法后，透视投影和正交投影的视锥体都变换到一个相同的立方体内。现在，我们可以根据变换后的 x 和 y 坐标来映射输出窗口的对应像素坐标。

在 Unity 中，屏幕空间左下角的像素坐标是 (0, 0)，右上角的像素坐标是(pixelWidth, pixelHeight)。由于当前 x 和 y 坐标都是[−1, 1]，因此这个映射的过程就是一个缩放的过程。

齐次除法和屏幕映射的过程可以使用下面的公式来总结：

$$screen_x = \frac{clip_x \cdot pixelWidth}{2 \cdot clip_w} + \frac{pixelWidth}{2}$$

$$screen_y = \frac{clip_y \cdot pixelHeight}{2 \cdot clip_w} + \frac{pixelHeight}{2}$$

上面的式子对 x 和 y 分量都进行了处理，那么 z 分量呢？通常，z 分量会被用于深度缓冲。一个传统的方式是把 $\frac{clip_z}{clip_w}$ 的值直接存进深度缓冲中，但这并不是必须的。通常驱动生产商会根据硬件来选择最好的存储格式。此时 $clip_w$ 也并不会被抛弃，虽然它已经完成了它的主要工作——在齐次除法中作为分母来得到 NDC，但它仍然会在后续的一些工作中起到重要的作用，例如进行透视校正插值。

在 Unity 中，从裁剪空间到屏幕空间的转换是由底层帮我们完成的。我们的顶点着色器只需要把顶点转换到裁剪空间即可。

在上一步中，我们知道了裁剪空间中妞妞鼻子的位置——(11.691, 15.311, 23.692, 27.31)。现在，我们终于可以确定妞妞的鼻子在屏幕上的像素位置。假设，当前屏幕的像素宽度为 400，高度为 300。首先，我们需要进行齐次除法，把裁剪空间的坐标投影到 NDC 中。然后，再映射到屏幕空间中。这个过程如下：

$$
\begin{aligned}
screen_x &= \frac{clip_x \cdot pixelWidth}{2 \cdot clip_w} + \frac{pixelWidth}{2} \\
&= \frac{11.691 \cdot 400}{2 \cdot 27.31} + \frac{400}{2} \\
&= 285.617 \\
screen_y &= \frac{clip_y \cdot pixelHeight}{2 \cdot clip_w} + \frac{pixelHeight}{2} \\
&= \frac{15.311 \cdot 300}{2 \cdot 27.31} + \frac{300}{2} \\
&= 234.096
\end{aligned}
$$

由此，我们知道了妞妞鼻子在屏幕上的位置——(285.617, 234.096)。

4.6.9 总结

以上就是一个顶点如何从模型空间变换到屏幕坐标的过程。图 4.45 总结了这些空间和用于变换的矩阵。

顶点着色器的最基本的任务就是把顶点坐标从模型空间转换到裁剪空间中。这对应了图 4.45 中的前 3 个顶点变换过程。而在片元着色器中，我们通常也可以得到该片元在屏幕空间的像素位置。我们会在 4.9.3 节中看到如何得到这些像素位置。

在 Unity 中，坐标系的旋向性也随着变换发生了改变。图 4.46 总结了 Unity 中各个空间使用的坐标系旋向性。

从图 4.46 中可以发现，只有在观察空间中 Unity 使用了右手坐标系。

需要注意的是，这里仅仅给出的是一些最重要的坐标空间。还有一些空间在实际开发中也会遇到，例如**切线空间**（**tangent space**）。切线空间通常用于法线映射，在后面的 4.7 节中我们会讲到。

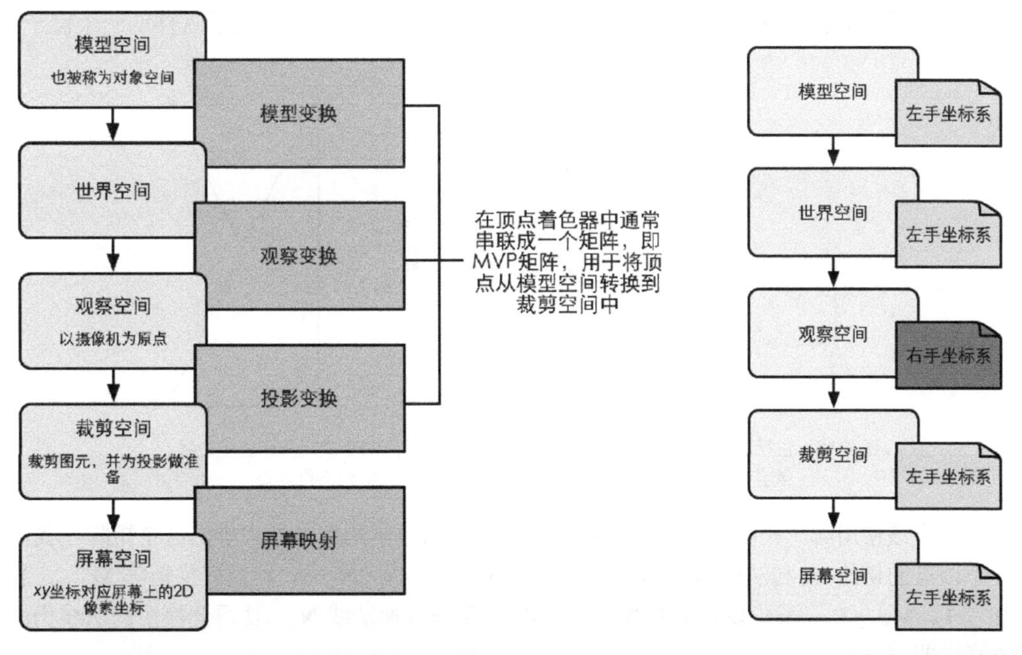

▲图 4.45　渲染流水线中顶点的空间变换过程　　▲图 4.46　Unity 中各个坐标空间的旋向性

4.7 法线变换

在本章的最后，我们来看一种特殊的变换：法线变换。

法线（normal），也被称为**法矢量（normal vector）**。在上面我们已经看到如何使用变换矩阵来变换一个顶点或一个方向矢量，但法线是需要我们特殊处理的一种方向矢量。在游戏中，模型的一个顶点往往会携带额外的信息，而顶点法线就是其中一种信息。当我们变换一个模型的时候，不仅需要变换它的顶点，还需要变换顶点法线，以便在后续处理（如片元着色器）中计算光照等。

一般来说，点和绝大部分方向矢量都可以使用同一个 4×4 或 3×3 的变换矩阵 $\mathbf{M}_{A\to B}$ 把其从坐标空间 **A** 变换到坐标空间 **B** 中。但在变换法线的时候，如果使用同一个变换矩阵，可能就无法确保维持法线的垂直性。下面就来了解一下为什么会出现这样的问题。

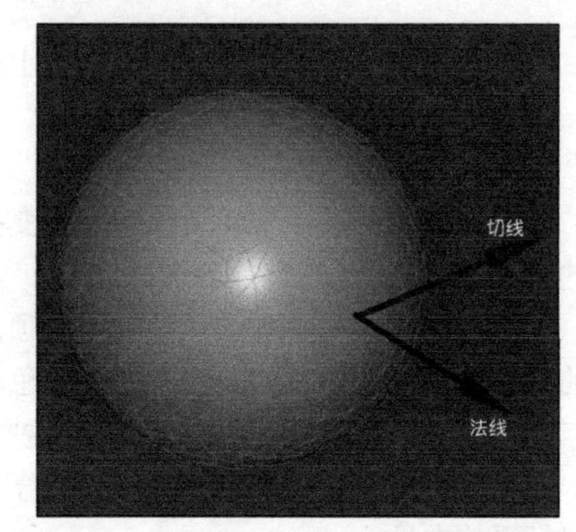

▲图 4.47　顶点的切线和法线。切线和法线互相垂直

我们先来了解一下另一种方向矢量——**切线（tangent）**，也被称为**切矢量（tangent vector）**。与法线类似，切线往往也是模型顶点携带的一种信息。它通常与纹理空间对齐，而且与法线方向垂直，如图 4.47 所示。

由于切线是由两个顶点之间的差值计算得到的，因此我们可以直接使用用于变换顶点的变换矩阵来变换切线。假设，我们使用 3×3 的变换矩阵 $\mathbf{M}_{A\to B}$ 来变换顶点（注意，这里涉及的变换矩阵都是 3×3 的矩阵，不考虑平移变换。这是因为切线和法线都是方向矢量，不会受平移的影响），可以由下面的式子直接得到变换后的切线：

$$\mathbf{T}_B=\mathbf{M}_{A\to B}\mathbf{T}_A$$

其中 $\mathbf{T}_A$ 和 $\mathbf{T}_B$ 分别表示在坐标空间 A 下和坐标空间 B 下的切线方向。但如果直接使用 $\mathbf{M}_{A\to B}$ 来变换法线，得到的新的法线方向可能就不会与表面垂直了。图 4.48 给出了这样的一个例子。

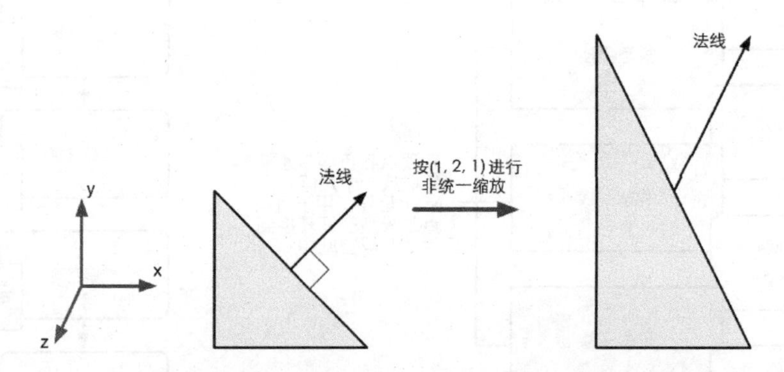

▲图 4.48　进行非统一缩放时，如果使用和变换顶点相同的变换矩阵来变换法线，就会得到错误的结果，即变换后的法线方向与平面不再垂直

那么，应该使用哪个矩阵来变换法线呢？我们可以由数学约束条件来推出这个矩阵。我们知道同一个顶点的切线 $\mathbf{T}_A$ 和法线 $\mathbf{N}_A$ 必须满足垂直条件，即 $\mathbf{T}_A\cdot\mathbf{N}_A=0$。给定变换矩阵 $\mathbf{M}_{A\to B}$，我们已经知道 $\mathbf{T}_B=\mathbf{M}_{A\to B}\mathbf{T}_A$。我们现在想要找到一个矩阵 **G** 来变换法线 $\mathbf{N}_A$，使得变换后的法线仍然与切线垂直。即

$$\mathbf{T}_B \cdot \mathbf{N}_B = (\mathbf{M}_{A\to B}\,\mathbf{T}_A) \cdot (\mathbf{G}\mathbf{N}_A) = 0$$

对上式进行一些推导后可得

$$(\mathbf{M}_{A\to B}\mathbf{T}_A)\cdot(\mathbf{G}\mathbf{N}_A) = (\mathbf{M}_{A\to B}\mathbf{T}_A)^T(\mathbf{G}\mathbf{N}_A) = \mathbf{T}_A^T\mathbf{M}_{A\to B}^T\mathbf{G}\mathbf{N}_A = \mathbf{T}_A^T(\mathbf{M}_{A\to B}^T\mathbf{G})\mathbf{N}_A = 0$$

由于 $\mathbf{T}_A \cdot \mathbf{N}_A=0$，因此如果 $\mathbf{M}_{A\to B}^T\mathbf{G}=\mathbf{I}$，那么上式即可成立。也就是说，如果 $\mathbf{G}=(\mathbf{M}_{A\to B}^T)^{-1}=(\mathbf{M}_{A\to B}^{-1})^T$，即使用原变换矩阵的逆转置矩阵来变换法线就可以得到正确的结果。

值得注意的是，如果变换矩阵 $\mathbf{M}_{A\to B}$ 是正交矩阵，那么 $\mathbf{M}_{A\to B}^{-1}=\mathbf{M}_{A\to B}^T$，因此 $(\mathbf{M}_{A\to B}^T)^{-1}=\mathbf{M}_{A\to B}$，也就是说我们可以使用用于变换顶点的变换矩阵来直接变换法线。如果变换只包括旋转变换，那么这个变换矩阵就是正交矩阵。而如果变换只包含旋转和统一缩放，而不包含非统一缩放，我们利用统一缩放系数 k 来得到变换矩阵 $\mathbf{M}_{A\to B}$ 的逆转置矩阵 $(\mathbf{M}_{A\to B}^T)^{-1}=\frac{1}{k}\mathbf{M}_{A\to B}$。这样就可以避免计算逆矩阵的过程。如果变换中包含了非统一变换，那么我们就必须要求解逆矩阵来得到变换法线的矩阵。

4.8 Unity Shader 的内置变量（数学篇）

使用 Unity 写 Shader 的一个好处在于，它提供了很多内置的参数，这使得我们不再需要自己手动计算一些值。本节将给出 Unity 内置的用于空间变换和摄像机以及屏幕参数的内置变量。这些内置变量可以在 UnityShaderVariables.cginc 文件中找到定义和说明。

4.8.1 变换矩阵

首先是用于坐标空间变换的矩阵。表 4.2 给出了 Unity 5.2 版本提供的所有内置变换矩阵。下面所有的矩阵都是 float4x4 类型的。

读者：为什么在我的 Unity 中，有些变量不存在呢？

我们：可能是由于你使用的 Unity 版本和本书使用的版本不同。在写本书时，我们使用的 Unity 版本是最新的 5.2。而在 4.x 版本中，一些内置变量可能会与之不同。

表 4.2　　Unity 内置的变换矩阵

变量名	描述
UNITY_MATRIX_MVP	当前的模型观察投影矩阵，用于将顶点/方向矢量从模型空间变换到裁剪空间
UNITY_MATRIX_MV	当前的模型观察矩阵，用于将顶点/方向矢量从模型空间变换到观察空间
UNITY_MATRIX_V	当前的观察矩阵，用于将顶点/方向矢量从世界空间变换到观察空间
UNITY_MATRIX_P	当前的投影矩阵，用于将顶点/方向矢量从观察空间变换到裁剪空间
UNITY_MATRIX_VP	当前的观察投影矩阵，用于将顶点/方向矢量从世界空间变换到裁剪空间
UNITY_MATRIX_T_MV	UNITY_MATRIX_MV 的转置矩阵
UNITY_MATRIX_IT_MV	UNITY_MATRIX_MV 的逆转置矩阵，用于将法线从模型空间变换到观察空间，也可用于得到 UNITY_MATRIX_MV 的逆矩阵
_Object2World	当前的模型矩阵，用于将顶点/方向矢量从模型空间变换到世界空间
_World2Object	_Object2World 的逆矩阵，用于将顶点/方向矢量从世界空间变换到模型空间

表 4.2 给出了这些矩阵的常用用法。但读者可以根据需求来达到不同的目的，例如我们可以提取坐标空间的坐标轴，方法可回顾 4.6.2 节。

其中有一个矩阵比较特殊，即 UNITY_MATRIX_T_MV 矩阵。很多对数学不了解的读者不理解这个矩阵有什么用处。如果读者认真看过矩阵一节的知识，应该还会记得一种非常吸引人的矩阵类型——正交矩阵。对于正交矩阵来说，它的逆矩阵就是转置矩阵。因此，如果UNITY_MATRIX_MV 是一个正交矩阵的话，那么 UNITY_MATRIX_T_MV 就是它的逆矩阵，也就是说，我们可以使用 UNITY_MATRIX_T_MV 把顶点和方向矢量从观察空间变换到模型空间。那么问题是，UNITY_MATRIX_MV 什么时候是一个正交矩阵呢？读者可以从 4.5 节找到答案。总结一下，如果我们只考虑旋转、平移和缩放这 3 种变换的话，如果一个模型的变换只包括旋转，那么 UNITY_MATRIX_MV 就是一个正交矩阵。这个条件似乎有些苛刻，我们可以把条件再放宽一些，如果只包括旋转和统一缩放（假设缩放系数是 k），那么 UNITY_MATRIX_MV 就几乎是一个正交矩阵了。为什么是几乎呢？因为统一缩放可能会导致每一行（或每一列）的矢量长度不为 1，而是 k，这不符合正交矩阵的特性，但我们可以通过除以这个统一缩放系数，来把它变成正交矩阵。在这种情况下，UNITY_MATRIX_MV 的逆矩阵就是 $\frac{1}{k}$UNITY_MATRIX_T_MV。而且，如果我们只是对方向矢量进行变换的话，条件可以放得更宽，即不用考虑有没有平移变换，因为平移对方向矢量没有影响。因此，我们可以截取 UNITY_MATRIX_T_MV 的前 3 行前 3 列来把方向矢量从观察空间变换到模型空间（前提是只存在旋转变换和统一缩放）。对于方向矢量，我们可以在使用前对它们进行归一化处理，来消除统一缩放的影响。

还有一个矩阵需要说明一下，那就是 UNITY_MATRIX_IT_MV 矩阵。我们在 4.7 节已经知道，法线的变换需要使用原变换矩阵的逆转置矩阵。因此 UNITY_MATRIX_IT_MV 可以把法线从模型空间变换到观察空间。但只要我们做一点手脚，它也可以用于直接得到 UNITY_MATRIX_MV 的逆矩阵——我们只需要对它进行转置就可以了。因此，为了把顶点或方向矢量从观察空间变换到模型空间，我们可以使用类似下面的代码：

```
// 方法一：使用 transpose 函数对 UNITY_MATRIX_IT_MV 进行转置，
// 得到 UNITY_MATRIX_MV 的逆矩阵，然后进行列矩阵乘法，
// 把观察空间中的点或方向矢量变换到模型空间中
float4 modelPos = mul(transpose(UNITY_MATRIX_IT_MV), viewPos);

// 方法二：不直接使用转置函数 transpose，而是交换 mul 参数的位置，使用行矩阵乘法
// 本质和方法一是完全一样的
float4 modelPos = mul(viewPos, UNITY_MATRIX_IT_MV);
```

关于 mul 函数参数位置导致的不同，在 4.9.2 节中我们会继续讲到。

4.8.2 摄像机和屏幕参数

Unity 提供了一些内置变量来让我们访问当前正在渲染的摄像机的参数信息。这些参数对应了摄像机上的 Camera 组件中的属性值。表 4.3 给出了 Unity 5.2 版本提供的这些变量。

表 4.3 Unity 内置的摄像机和屏幕参数

变量名	类型	描述
_WorldSpaceCameraPos	float3	该摄像机在世界空间中的位置
_ProjectionParams	float4	x = 1.0（或−1.0，如果正在使用一个翻转的投影矩阵进行渲染），y = Near，z = Far，w = 1.0 + 1.0/Far，其中 Near 和 Far 分别是近裁剪平面和远裁剪平面和摄像机的距离
_ScreenParams	float4	x = width，y = height，z = 1.0 + 1.0/width，w = 1.0 + 1.0/height，其中 width 和 height 分别是该摄像机的渲染目标（render target）的像素宽度和高度
_ZBufferParams	float4	x = 1− Far/Near，y = Far/Near，z = x/Far，w = y/Far，该变量用于线性化 Z 缓存中的深度值（可参考 13.1 节）

续表

变量名	类型	描述
unity_OrthoParams	float4	x = width，y = heigth，z 没有定义，w = 1.0（该摄像机是正交摄像机）或 w = 0.0（该摄像机是透视摄像机），其中 width 和 height 是正交投影摄像机的宽度和高度
unity_CameraProjection	float4x4	该摄像机的投影矩阵
unity_CameraInvProjection	float4x4	该摄像机的投影矩阵的逆矩阵
unity_CameraWorldClipPlanes[6]	float4	该摄像机的 6 个裁剪平面在世界空间下的等式，按如下顺序：左、右、下、上、近、远裁剪平面

4.9 答疑解惑

恭喜你已经几乎完成了本书所有的数学训练！我们希望你能从上面的内容中得到很多收获和启发。但是，我们也相信在读完上面的内容后你可能对某些概念仍然感到迷惑。不要担心，答疑解惑一节就可以帮你跨过一些障碍。

4.9.1 使用 3×3 还是 4×4 的变换矩阵

对于线性变换（例如旋转和缩放）来说，仅使用 3×3 的矩阵就足够表示所有的变换了。但如果存在平移变换，我们就需要使用 4×4 的矩阵。因此，在对顶点的变换中，我们通常使用 4×4 的变换矩阵。当然，在变换前我们需要把点坐标转换成齐次坐标的表示，即把顶点的 w 分量设为 1。而在对方向矢量的变换中，我们通常使用 3×3 的矩阵就足够了，这是因为平移变换对方向矢量是没有影响的。

4.9.2 Cg 中的矢量和矩阵类型

我们通常在 Unity Shader 中使用 Cg 作为着色器编程语言。在 Cg 中变量类型有很多种，但在本节我们是想解释如何使用这些类型进行数学运算。因此，我们只以 float 家族的变量来做说明。

在 Cg 中，矩阵类型是由 float3x3、float4x4 等关键词进行声明和定义的。而对于 float3、float4 等类型的变量，我们既可以把它当成一个矢量，也可以把它当成是一个 $1 \times n$ 的行矩阵或者一个 $n \times 1$ 的列矩阵。这取决于运算的种类和它们在运算中的位置。例如，当我们进行点积操作时，两个操作数就被当成矢量类型，如下：

```
float4 a = float4(1.0, 2.0, 3.0, 4.0);
float4 b = float4(1.0, 2.0, 3.0, 4.0);
// 对两个矢量进行点积操作
float result = dot(a, b);
```

但在进行矩阵乘法时，参数的位置将决定是按列矩阵还是行矩阵进行乘法。在 Cg 中，矩阵乘法是通过 mul 函数实现的。例如：

```
float4 v = float4(1.0, 2.0, 3.0, 4.0);
float4x4 M = float4x4(1.0, 0.0, 0.0, 0.0,
                      0.0, 2.0, 0.0, 0.0,
                      0.0, 0.0, 3.0, 0.0,
                      0.0, 0.0, 0.0, 4.0);
// 把 v 当成列矩阵和矩阵 M 进行右乘
float4 column_mul_result = mul(M, v);
// 把 v 当成行矩阵和矩阵 M 进行左乘
float4 row_mul_result = mul(v, M);
// 注意：column_mul_result 不等于 row_mul_result，而是：
// mul(M,v) == mul(v, tranpose(M))
// mul(v,M) == mul(tranpose(M), v)
```

因此，参数的位置会直接影响结果值。通常在变换顶点时，我们都是使用右乘的方式来按列矩阵进行乘法。这是因为，Unity 提供的内置矩阵（如 UNITY_MATRIX_MVP 等）都是按列存储的。但有时，我们也会使用左乘的方式，这是因为可以省去对矩阵转置的操作。

需要注意的一点是，Cg 对矩阵类型中元素的初始化和访问顺序。在 Cg 中，对 float4x4 等类型的变量是按行优先的方式进行填充的。什么意思呢？我们知道，想要填充一个矩阵需要给定一串数字，例如，如果需要声明一个 3×4 的矩阵，我们需要提供 12 个数字。那么，这串数字是一行一行地填充矩阵还是一列一列地填充矩阵呢？这两种方式得到的矩阵是不同的。例如，我们使用(1, 2, 3, 4, 5, 6, 7, 8, 9)去填充一个 3×3 的矩阵，如果是按照行优先的方式，得到的矩阵是：

$$\begin{bmatrix} 1 & 2 & 3 \\ 4 & 5 & 6 \\ 7 & 8 & 9 \end{bmatrix}$$

如果是按照列优先的方式，得到的矩阵是：

$$\begin{bmatrix} 1 & 4 & 7 \\ 2 & 5 & 8 \\ 3 & 6 & 9 \end{bmatrix}$$

Cg 使用的是行优先的方法，即是一行一行地填充矩阵的。因此，如果读者需要自己定义一个矩阵时（例如，自己构建用于空间变换的矩阵），就要注意这里的初始化方式。

类似地，当我们在 Cg 中访问一个矩阵中的元素时，也是按行来索引的。例如：

```
// 按行优先的方式初始化矩阵 M
float3x3 M = float3x3(1.0, 2.0, 3.0,
                      4.0, 5.0, 6.0,
                      7.0, 8.0, 9.0);
// 得到 M 的第一行，即(1.0, 2.0, 3.0)
float3 row = M[0];

// 得到 M 的第 2 行第 1 列的元素，即 4.0
float ele = M[1][0];
```

之所以 Unity Shader 中的矩阵类型满足上述规则，是因为使用的是 Cg 语言。换句话说，上面的特性都是 Cg 的规定。

如果读者熟悉 Unity 的 API，可能知道 Unity 在脚本中提供了一种矩阵类型——Matrix4x4。脚本中的这个矩阵类型则是采用列优先的方式。这与 Unity Shader 中的规定不一样，希望读者在遇到时不会感到困惑。

4.9.3　Unity 中的屏幕坐标：ComputeScreenPos/VPOS/WPOS

我们在 4.6.8 节中讲了屏幕空间的转换细节。在写 Shader 的过程中，我们有时候希望能够获得片元在屏幕上的像素位置。

在顶点/片元着色器中，有两种方式来获得片元的屏幕坐标。

一种是在片元着色器的输入中声明 **VPOS** 或 **WPOS** 语义（关于什么是语义，可参见 5.4 节）。VPOS 是 HLSL 中对屏幕坐标的语义，而 WPOS 是 Cg 中对屏幕坐标的语义。两者在 Unity Shader 中是等价的。我们可以在 HLSL/Cg 中通过语义的方式来定义顶点/片元着色器的默认输入，而不需要自己定义输入输出的数据结构。这里的内容有一些超前，因为我们还没有具体讲解顶点/片元着色器的写法，读者在这里可以只关注 VPOS 和 WPOS 的语义。使用这种方法，可以在片元着色器中这样写：

```
fixed4 frag(float4 sp : VPOS) : SV_Target {
    // 用屏幕坐标除以屏幕分辨率_ScreenParams.xy，得到视口空间中的坐标
    return fixed4(sp.xy/_ScreenParams.xy,0.0,1.0);
}
```

得到的效果如图 4.49 所示。

▲图 4.49　由片元的像素位置得到的图像

VPOS/WPOS 语义定义的输入是一个 float4 类型的变量。我们已经知道它的 *xy* 值代表了在屏幕空间中的像素坐标。如果屏幕分辨率为 400 x 300，那么 *x* 的范围就是[0.5,400.5]，*y* 的范围是[0.5,300.5]。注意，这里的像素坐标并不是整数值，这是因为 OpenGL 和 DirectX 10 以后的版本认为像素中心对应的是浮点值中的 0.5。那么，它的 *zw* 分量是什么呢？在 Unity 中，VPOS/WPOS 的 *z* 分量范围是[0,1]，在摄像机的近裁剪平面处，*z* 值为 0，在远裁剪平面处，*z* 值为 1。对于 *w* 分量，我们需要考虑摄像机的投影类型。如果使用的是透视投影，那么 *w* 分量的范围是 $\left[\frac{1}{Near},\frac{1}{Far}\right]$，Near 和 Far 对应了在 Camera 组件中设置的近裁剪平面和远裁剪平面距离摄像机的远近；如果使用的是正交投影，那么 *w* 分量的值恒为 1。这些值是通过对经过投影矩阵变换后的 *w* 分量取倒数后得到的。在代码的最后，我们把屏幕空间除以屏幕分辨率来得到**视口空间**（**viewport space**）中的坐标。视口坐标很简单，就是把屏幕坐标归一化，这样屏幕左下角就是(0, 0)，右上角就是(1, 1)。如果已知屏幕坐标的话，我们只需要把 *xy* 值除以屏幕分辨率即可。

另一种方式是通过 Unity 提供的 **ComputeScreenPos** 函数。这个函数在 UnityCG.cginc 里被定义。通常的用法需要两个步骤，首先在顶点着色器中将 ComputeScreenPos 的结果保存在输出结构体中，然后在片元着色器中进行一个齐次除法运算后得到视口空间下的坐标。例如：

```
struct vertOut {
    float4 pos:SV_POSITION;
    float4 scrPos : TEXCOORD0;
};

vertOut vert(appdata_base v) {
    vertOut o;
    o.pos = mul (UNITY_MATRIX_MVP, v.vertex);
    // 第一步：把 ComputeScreenPos 的结果保存到 scrPos 中
    o.scrPos = ComputeScreenPos(o.pos);
    return o;
}

fixed4 frag(vertOut i) : SV_Target {
    // 第二步：用 scrPos.xy 除以 scrPos.w 得到视口空间中的坐标
    float2 wcoord = (i.scrPos.xy/i.scrPos.w);
    return fixed4(wcoord,0.0,1.0);
}
```

上面代码的实现效果和图 4.49 中的一样。我们现在来看一下这种方式的实现细节。这种方法实际上是手动实现了屏幕映射的过程，而且它得到的坐标直接就是视口空间中的坐标。我们在 4.6.8 节中已经看到了如何将裁剪坐标空间中的点映射到屏幕坐标中。据此，我们可以得到视口空间中的坐标，公式如下：

$$viewport_x = \frac{clip_x}{2 \cdot clip_w} + \frac{1}{2}$$

$$viewport_y = \frac{clip_y}{2 \cdot clip_w} + \frac{1}{2}$$

上面公式的思想就是，首先对裁剪空间下的坐标进行齐次除法，得到范围在[−1, 1]的 NDC，然后再将其映射到范围在[0, 1]的视口空间下的坐标。那么 ComputeScreenPos 究竟是如何做到的呢？我们可以在 UnityCG.cginc 文件中找到 ComputeScreenPos 函数的定义。如下：

```
inline float4 ComputeScreenPos (float4 pos) {
    float4 o = pos * 0.5f;
    #if defined(UNITY_HALF_TEXEL_OFFSET)
    o.xy = float2(o.x, o.y*_ProjectionParams.x) + o.w * _ScreenParams.zw;
    #else
    o.xy = float2(o.x, o.y*_ProjectionParams.x) + o.w;
    #endif

    o.zw = pos.zw;
    return o;
}
```

ComputeScreenPos 的输入参数 pos 是经过 MVP 矩阵变换后在裁剪空间中的顶点坐标。UNITY_HALF_TEXEL_OFFSET 是 Unity 在某些 DirectX 平台上使用的宏，在这里我们可以忽略它。这样，我们可以只关注#else 的部分。_ProjectionParams.x 在默认情况下是 1（如果我们使用了一个翻转的投影矩阵的话就是−1，但这种情况很少见）。那么上述代码的过程实际是输出了：

$$Output_x = \frac{clip_x}{2} + \frac{clip_w}{2}$$

$$Output_y = \frac{clip_y}{2} + \frac{clip_w}{2}$$

$$Output_z = clip_z$$

$$Output_w = clip_w$$

可以看出，这里的 xy 并不是真正的视口空间下的坐标。因此，我们在片元着色器中再进行一步处理，即除以裁剪坐标的 w 分量。至此，完成整个映射的过程。因此，虽然 ComputeScreenPos 的函数名字似乎意味着会直接得到屏幕空间中的位置，但并不是这样的，我们仍需在片元着色器中除以它的 w 分量来得到真正的视口空间中的位置。那么，为什么 Unity 不直接在 ComputeScreenPos 中为我们进行除以 w 分量的这个步骤呢？为什么还需要我们来进行这个除法？这是因为，如果 Unity 在顶点着色器中这么做的话，就会破坏插值的结果。我们知道，从顶点着色器到片元着色器的过程实际会有一个插值的过程（如果你忘了的话，可以回顾 2.3.6 小节）。如果不在顶点着色器中进行这个除法，保留 x、y 和 w 分量，那么它们在插值后再进行这个除法，得到的 $\frac{x}{w}$ 和 $\frac{y}{w}$ 就是正确的（我们可以认为是除法抵消了插值的影响）。但如果我们直接在顶点着色器中进行这个除法，那么就需要对 $\frac{x}{w}$ 和 $\frac{y}{w}$ 直接进行插值，这样得到的插值结果就会不准确。原因是，我们不可以在投影空间中进行插值，因为这并不是一个线性空间，而插值往往是线性的。

经过除法操作后，我们就可以得到该片元在视口空间中的坐标了，也就是一个 xy 范围都在[0, 1]之间的值。那么它的 zw 值是什么呢？可以看出，我们在顶点着色器中直接把裁剪空间的 zw 值存进了输出结构体中，因此片元着色器输入的就是这些插值后的裁剪空间中的 zw 值。这意味着，如果使用的是透视投影，那么 z 值的范围是[-Near, Far]，w 值的范围是[Near, Far]；如果使用的是正交投影，那么 z 值范围是[−1, 1]，而 w 值恒为 1。

4.10 扩展阅读

计算机图形学使用的数学还有很多，本书仅涵盖了其中非常小的一部分。如果读者想要深入学习这些知识的话，书籍[1][2]是非常好的图形学数学学习资料，读者可以在那里找到更多类型的变换及其数学表示。关于如何从左手坐标系转换到右手坐标系同时又保持视觉效果一样，可以参考资料[3]。关于如何得到线性的深度值可以参考资料。

[1] Fletcher Dunn, Ian Parberry. 3D Math Primer for Graphics and Game Development (2nd Edition). November 2, 2011 by A K Peters/CRC Press。

[2] Eric Lengyel. Mathematics for 3D game programming and computer graphics (3rd Edition). 2011 by Charles River Media。

[3] David Eberly. Conversion of Left-Handed Coordinates to Right-Handed Coordinates。

4.11 练习题答案

4.2.5 节

1．右手坐标系。

2．(1, 0, 0)。(1, 0, 0)。从坐标表示来看，结果是完全一样的。左手坐标系和右手坐标系在绝大多数情况下不会对底层的数学运算造成影响，但是会在视觉表现上有所差异。以本题为例，虽然旋转之前点的坐标是一样的，但如果把它们统一在同一个空间中显示出来，其绝对位置是不同的。如图 4.50 所示。

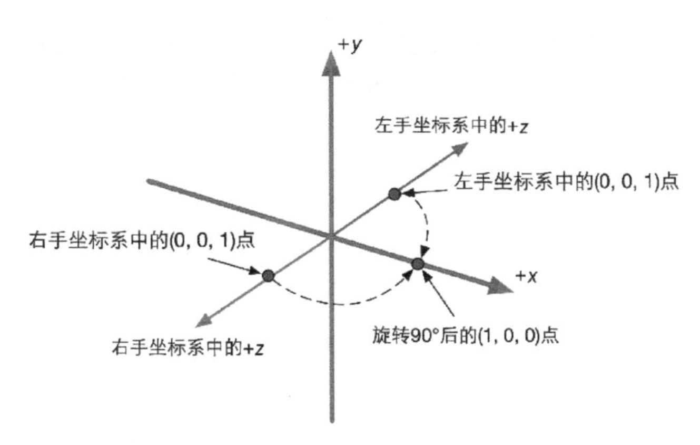

▲图 4.50　图中两个坐标系的 x 轴和 y 轴是重合的，区别仅在于 z 轴的方向。左手坐标系的（0, 0, 1）点和右手坐标系中的（0, 0, 1）点是不同的，但它们旋转后的点却对应到了同一点

因此，如果我们想要在左手和右手坐标系中表示同一个点，就需要把其中一个坐标系中的表示方法中的某个轴反向，一般是把 z 值取反。在本例中，左手坐标系的(0, 0, 1)点和右手坐标系中的(0, 0, −1)点是同一点。但是，如果此时对该点再次分别在左手和右手坐标系中绕 y 轴正方向旋转 90°，结果就不是同一个点了，如图 4.51 所示。

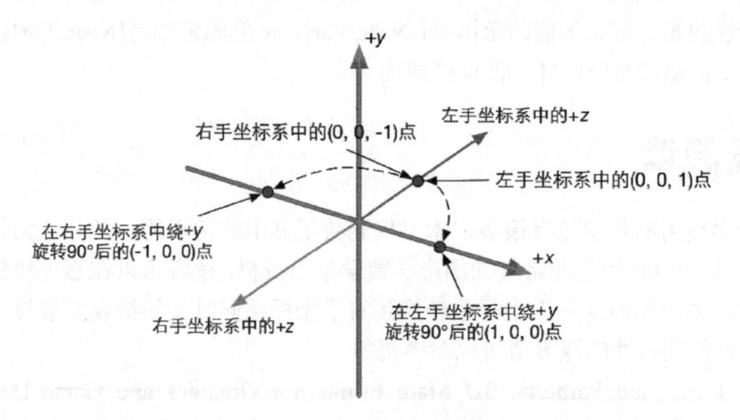

▲图 4.51 绝对空间中的同一点，在左手和右手坐标系中进行同样角度的旋转，其旋转方向是不一样的。在左手坐标系中将按顺时针方向旋转，在右手坐标系中将按逆时针方向旋转

3．−10。10。这是因为，在Unity中，模型空间使用的是左手坐标系。球体所在的位置位于摄像机模型空间中的 z 轴正方向，因此在模型空间下其 z 值为10。而观察空间使用的右手坐标系，摄像机的正前方是 z 轴的负方向，因此在观察空间下其 z 值为−10。

4.3.3节

1．

（1）错误，完全说反了。对于矢量来说它有两个属性：模（即大小）和方向，矢量是没有位置属性的，也就是说，我们可以随意把它放在空间的任何位置。

（2）正确。

（3）错误。坐标系的选择不会对底层的数学计算产生影响，对于叉积来说，我们总可以使用公式

$$\mathbf{a}\times\mathbf{b}=(a_x,a_y,a_z)\times(b_x,b_y,b_z)$$
$$=(a_yb_z-a_zb_y,\ a_zb_x-a_xb_z,\ a_xb_y-a_yb_x)$$

来计算。但是，不同的坐标系会影响最后的显示结果，即视觉上的表现。数学是一门非常严谨的学科，但人类往往需要可视化一些东西，例如在屏幕上显示虚拟的三维空间，在把数字转换成视觉表现的时候，选择不同的坐标系可能会得到不同的结果。

2．

（1）$\sqrt{62}\approx 7.874$

（2）(12.5,10,25)

（3）(1.5,2)

（4）$\left(\frac{5}{13},\frac{12}{13}\right)\approx(0.385,0.923)$

（5）$\left(\frac{1}{\sqrt{3}},\frac{1}{\sqrt{3}},\frac{1}{\sqrt{3}}\right)\approx(0.577,0.577,0.577)$

（6）(10,9)

（7）(−6,1,2)

3．$\sqrt{308}\approx 17.55$

4．

（1）75

（2）13

（3）13

（4）$(-9,-13,7)$

（5）$(9,13,-7)$，注意，结果和答案（4）是相反的。这是因为，叉积满足反交换律。

5.

（1）12

（2）$12\sqrt{3}\approx 20.785$

6.

（1）我们可以通过判断 **x-p** 和 **v** 点积的符号来判断 **x** 是否在 NPC 的前方。这是因为：

$$(\mathbf{x}-\mathbf{p})\cdot\mathbf{v}=|\mathbf{v}||\mathbf{x}-\mathbf{p}|\cos\theta$$

其中θ是 **x-p** 和 **v** 之间的夹角。如果它们点积的结果大于 0，那么说明$\theta<90°$，即点 **x** 在 NPC 的前方；如果点积结果小于 0，那么说明$\theta>90°$，即点 **x** 在 NPC 的后方；如果点积结果等于 0，那么说明$\theta=90°$，即点 **x** 在 NPC 的正左侧或正右侧。

（2）代入得

$$(\mathbf{x}-\mathbf{p})\cdot\mathbf{v}=((10,6)-(4,2))\cdot(-3,4)=(6,4)\cdot(-3,4)=-18+16=-2<0$$

因此，点 **x** 在 NPC 的后方。

（3）我们现在需要判断 $\cos\theta$和$\cos\frac{\phi}{2}$的大小。如果$\cos\theta>\cos\frac{\phi}{2}$，那么说明$\theta<\frac{\phi}{2}$，即 NPC 可以看到该点；如果$\cos\theta<\cos\frac{\phi}{2}$，那么说明$\theta>\frac{\phi}{2}$，即 NPC 无法看到该点。$\cos\theta$可以由$\cos\theta=\frac{(\mathbf{x}-\mathbf{p})\cdot\mathbf{v}}{|\mathbf{x}-\mathbf{p}||\mathbf{v}|}$来得到，而$\cos\frac{\phi}{2}$可直接计算得到。

（4）如果有距离限制，我们只需要判断该点到 **p** 的距离是否小于该限制值即可。

7．令 $\mathbf{u}=\mathbf{p}_2-\mathbf{p}_1$，$\mathbf{v}=\mathbf{p}_3-\mathbf{p}_1$。由于三点都位于 xy 平面，那么有：

$$\mathbf{u}=(u_x,u_y,0),\ \mathbf{v}=(v_x,v_y,0)$$

它们的叉积为：

$$\mathbf{u}\times\mathbf{v}=(0,0,u_xv_y-u_yv_x)$$

我们可以通过判断 $u_xv_y-u_yv_x$ 的符号来判断三角形的朝向。如果该值为负，则由左手法则判断可得到 3 个顶点的顺序是顺时针方向；如果为正，则为逆时针方向。如图 4.52 所示。

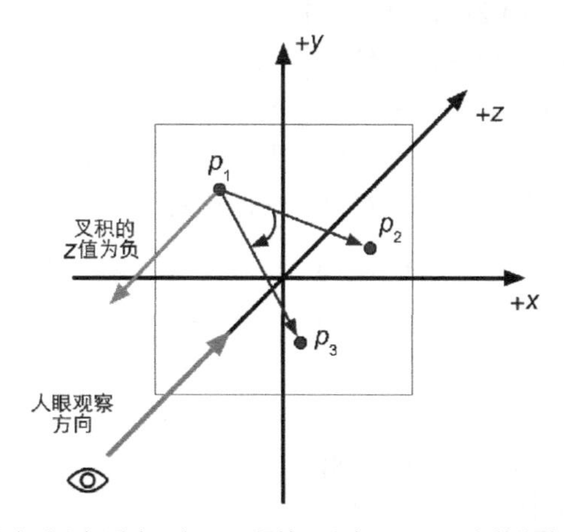

▲图 4.52　在左手坐标系中，如果叉积结果为负，那么 3 点的顺序是顺时针方向

4.4.6 小节

1.

（1）$\begin{bmatrix}1 & 3\\2 & 4\end{bmatrix}\begin{bmatrix}-1 & 5\\0 & 2\end{bmatrix}=\begin{bmatrix}(1)(-1)+(3)(0) & (1)(5)+(3)(2)\\(2)(-1)+(4)(0) & (2)(5)+(4)(2)\end{bmatrix}=\begin{bmatrix}-1 & 11\\-2 & 18\end{bmatrix}$

（2）无法进行矩阵乘法，两个矩阵相乘要求第一个矩阵的列数等于第二个的行数，因此我们无法对 2×3 和 4×2 的矩阵进行乘法。

（3）$\begin{bmatrix}1 & -2 & 3\\5 & 1 & 4\\6 & 0 & 3\end{bmatrix}\begin{bmatrix}-5\\4\\8\end{bmatrix}=\begin{bmatrix}(1)(-5)+(-2)(4)+(3)(8)\\(5)(-5)+(1)(4)+(4)(8)\\(6)(-5)+(0)(4)+(3)(8)\end{bmatrix}=\begin{bmatrix}11\\11\\-6\end{bmatrix}$

2.

（1）不是正交矩阵。它的转置矩阵和本身相乘的结果不是单位矩阵。也可以通过验证矩阵的行是否构成一组标准正交基来判断。

（2）是正交矩阵。

（3）是正交矩阵。这实际上是一个绕 z 轴旋转 $\theta°$ 的旋转矩阵。

3.

（1）$[3\quad 2\quad 6]\begin{bmatrix}1 & 0 & 0\\0 & 1 & 0\\0 & 0 & 1\end{bmatrix}=\begin{bmatrix}(3)(1)+(2)(0)+(6)(0)\\(3)(0)+(2)(1)+(6)(0)\\(3)(0)+(2)(0)+(6)(1)\end{bmatrix}=[3\quad 2\quad 6]$

$$\begin{bmatrix}1 & 0 & 0\\0 & 1 & 0\\0 & 0 & 1\end{bmatrix}\begin{bmatrix}3\\2\\6\end{bmatrix}=\begin{bmatrix}(1)(3)+(0)(2)+(0)(6)\\(0)(3)+(1)(2)+(0)(6)\\(3)(0)(3)+(0)(2)+(1)(6)\end{bmatrix}=\begin{bmatrix}3\\2\\6\end{bmatrix}$$

得到的结果转换成矢量都是(3,2,6)，是一样的。这是因为，该矩阵是一个单位矩阵，单位矩阵和任何矩阵相乘都是原矩阵本身。

（2）

$$[3\quad 2\quad 6]\begin{bmatrix}1 & 0 & 2\\0 & 1 & -3\\0 & 0 & 3\end{bmatrix}=\begin{bmatrix}(3)(1)+(2)(0)+(6)(0)\\(3)(0)+(2)(1)+(6)(0)\\(3)(2)+(2)(-3)+(6)(3)\end{bmatrix}=[3\quad 2\quad 18]$$

$$\begin{bmatrix}1 & 0 & 2\\0 & 1 & -3\\0 & 0 & 3\end{bmatrix}\begin{bmatrix}3\\2\\6\end{bmatrix}=\begin{bmatrix}(1)(3)+(0)(2)+(2)(6)\\(0)(3)+(1)(2)+(-3)(6)\\(0)(3)+(0)(2)+(3)(6)\end{bmatrix}=\begin{bmatrix}15\\-16\\18\end{bmatrix}$$

得到的结果不一致。为了得到一致的结果，我们可以对矩阵进行转置。例如，为了得到和列矩阵相同的结果，在进行行矩阵乘法时，对矩阵进行转置，得

$$[3\quad 2\quad 6]\begin{bmatrix}1 & 0 & 2\\0 & 1 & -3\\0 & 0 & 3\end{bmatrix}^T=[3\quad 2\quad 6]\begin{bmatrix}1 & 0 & 0\\0 & 1 & 0\\2 & -3 & 3\end{bmatrix}$$

$$=\begin{bmatrix}(3)(1)+(2)(0)+(6)(2)\\(3)(0)+(2)(1)+(6)(-3)\\(3)(0)+(2)(0)+(6)(3)\end{bmatrix}=[15\quad -16\quad 18]$$

（3）

$$[3 \quad 2 \quad 6]\begin{bmatrix} 2 & -1 & 3 \\ -1 & 5 & -3 \\ 3 & -3 & 4 \end{bmatrix} = \begin{bmatrix} (3)(2)+(2)(-1)+(6)(3) \\ (3)(-1)+(2)(5)+(6)(-3) \\ (3)(3)+(2)(-3)+(6)(4) \end{bmatrix} = [22 \quad -11 \quad 27]$$

$$\begin{bmatrix} 2 & -1 & 3 \\ -1 & 5 & -3 \\ 3 & -3 & 4 \end{bmatrix}\begin{bmatrix} 3 \\ 2 \\ 6 \end{bmatrix} = \begin{bmatrix} (2)(3)+(-1)(2)+(3)(6) \\ (-1)(3)+(5)(2)+(-3)(6) \\ (3)(3)+(-3)(2)+(4)(6) \end{bmatrix} = \begin{bmatrix} 22 \\ -11 \\ 27 \end{bmatrix}$$

得到的结果转换成矢量都是(22,−11,27)，是一样的。这是因为，该矩阵是一个**对称矩阵**（**symmetric matrix**）。对称矩阵的转置是其本身，因此行矩阵和列矩阵不会对结果产生影响。

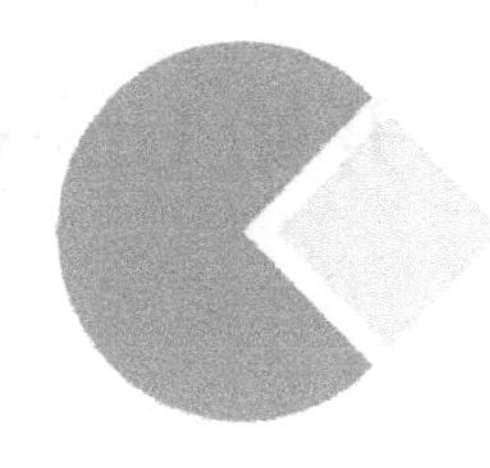

第2篇

初级篇

在学习完基础篇后，我们就正式开始了 Unity Shader 的学习之旅。初级篇将会从最简单的 Shader 开始，讲解 Shader 中基础的光照模型、纹理和透明效果等初级渲染效果。需要注意的是，我们在初级篇中实现的 Unity Shader 大多不能直接用于真实项目中，因为它们缺少了完整的光照计算，例如阴影、光照衰减等，仅仅是为了阐述一些实现原理。在第 9 章，会给出包含了完整光照计算的 Unity Shader。

第 5 章　开始 Unity Shader 学习之旅

本章将实现一个简单的顶点/片元着色器，并详细解释其中每个步骤的原理，还会给出关于 Unity Shader 的一些常用的辅助技巧等。

第 6 章　Unity 中的基础光照

本章将学习如何在 Shader 中实现基本的光照模型，如漫反射、高光反射等。

第 7 章　基础纹理

这一章将会讲述如何在 Unity Shader 中使用法线纹理、遮罩纹理等基础纹理。

第 8 章　透明效果

这一章首先介绍了渲染的实现原理，并给出了和 Unity 的渲染顺序相关的重要内容。在了解了这些内容的基础上，我们将学习如何实现透明度测试和透明度混合等透明效果。

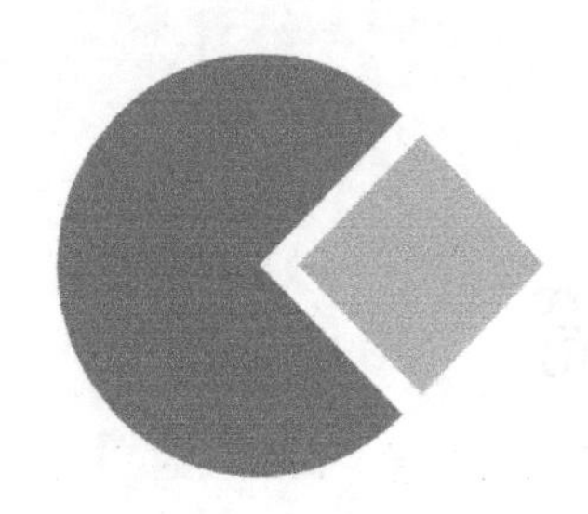

第5章　开始 Unity Shader 学习之旅

欢迎来到本书的第2篇——初级篇。在基础篇中，我们学习了渲染流水线，并给出了 Unity Shader 的基本概况，同时还打下了一定的数学基础。从本章开始，我们将真正开始学习如何在 Unity 中编写 Unity Shader。

本章的结构如下：在5.1节，我们将给出编写本书时使用的软件，包括 Unity 的版本等。这是为了让读者可以在实践时不会出现因版本不同而造成困扰。在5.2节，我们将看到一个最简单的顶点/片元着色器，并详细地解释这个顶点/片元着色器的组成结构。5.3节将介绍 Unity 内置的 Unity Shader 文件，以及提供给用户的一些包含文件、内置变量和函数等。5.4节则向读者阐述 Unity Shader 中使用的 Cg 语义，这是很多初学者容易困惑的地方。在5.5节中，我们会介绍如何对 Unity Shader 进行调试。5.6节将介绍平台差异对 Unity Shader 的影响。最后，5.7节将给出一些在编写 Unity Shader 时很容易实现的优化技巧。为了让读者养成良好的编程习惯，我们在这节也给出了一些建议。

5.1 本书使用的软件和环境

本书使用的 Unity 版本是 Unity 5.2.1 免费版。使用更高版本的 Unity 通常不会有什么影响。但如果你打算使用更低版本的 Unity，那么在学习本书时可能就会遇到一些问题。例如，你发现有些菜单或变量在你安装的 Unity 中找不到，可能就是因为 Unity 版本不同造成的。绝大多数情况下，本书的代码和指令仍然可以工作良好，但在一些特殊情况下，Unity 可能会更改底层的实现细节，造成同样的代码得到不一样的效果（例如，在非统一缩放时对法线进行变换，详见19.3节）。还有一些问题是 Unity 提供的内置变量、宏和函数，例如我们在书中经常会使用 UnityObjectToWorldNormal 内置函数把法线从模型空间变换到世界空间中，但这个函数是在 Unity 5 中被引入的，因此如果读者使用的是 Unity 5 之前的版本就会报错。类似的情况还有和阴影相关的宏和变量等。和 Unity 4.x 版本相比，Unity 5.x 最大的变化之一就是很多以前只有在专业版才支持的功能，在免费版也同样提供了。因此，如果读者使用的是 Unity 4.x 免费版，可能会发现本书中的某些示例无法实现。

本书工程编写的系统环境是 Mac OS X 10.9.5。如果读者使用的是其他系统，绝大部分情况也不会有任何问题。但有时会由于图像编程接口的种类和版本不同而有一些差别，这是因为 Mac 使用的图像编程接口是基于 OpenGL 的，而其他平台如 Windows，可能使用的是 DirectX。例如，在 OpenGL 中，渲染纹理（Render Texture）的(0, 0)点是在左下角，而在 DirectX 中，(0, 0)点是在左上角。在5.6节，我们将总结一些由于平台而造成的差异问题。

5.2 一个最简单的顶点/片元着色器

现在，我们正式开始学习如何编写 Unity Shader，更准确地说是，学习如何编写顶点/片元着色器。

5.2.1 顶点/片元着色器的基本结构

我们在 3.3 节已经看到了 Unity Shader 的基本结构。它包含了 *Shader*、*Properties*、*SubShader*、*Fallback* 等语义块。顶点/片元着色器的结构与之大体类似，它的结构如下：

```
Shader "MyShaderName" {
    Properties {
        // 属性
    }
    SubShader {
        // 针对显卡 A 的 SubShader
        Pass {
            // 设置渲染状态和标签

            // 开始 Cg 代码片段
            CGPROGRAM
            // 该代码片段的编译指令，例如：
            #pragma vertex vert
            #pragma fragment frag

            // Cg 代码写在这里

            ENDCG

            // 其他设置
        }
        // 其他需要的 Pass
    }
    SubShader {
        // 针对显卡 B 的 SubShader
    }

    // 上述 SubShader 都失败后用于回调的 Unity Shader
    Fallback "VertexLit"
}
```

其中，最重要的部分是 *Pass* 语义块，我们绝大部分的代码都是写在这个语义块里面的。下面我们就来创建一个最简单的顶点/片元着色器。

（1）新建一个场景，把它命名为 Scene_5_2。在 Unity 5 中可以得到图 5.1 中的效果。

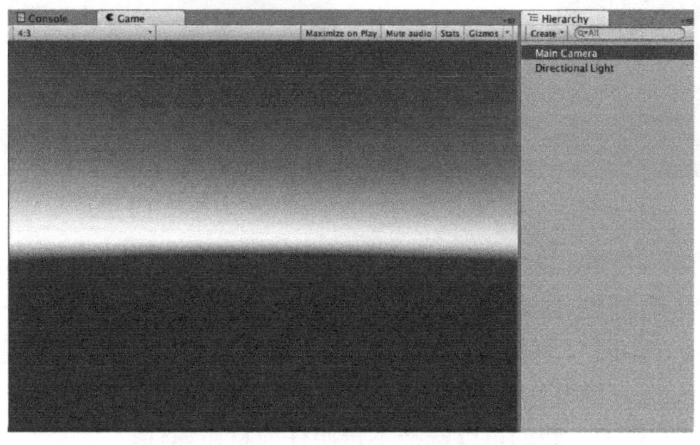

▲图 5.1 在 Unity 5 中新建一个场景得到的效果

可以看到，场景中已经包含了一个摄像机、一个平行光。而且，场景的背景不是纯色，而是一个天空盒子（Skybox）。这是因为在 Unity 5.x 版本中，默认的天空盒子不为空，而是 Unity 内置的一个天空盒子。为了得到更加原始的效果，我们选择去掉这个天空盒子。做法是，在 Unity 的菜单中，选择 Window -> Lighting -> Skybox，把该项置为空。注意，在 Unity 4.x 版本中，设置天空盒子的位置与这里并不一样。

（2）新建一个 Unity Shader，把它命名为 Chapter5-SimpleShader。

（3）新建一个材质，把它命名为 SimpleShaderMat。把第 2 步中新建的 Unity Shader 赋给它。

（4）新建一个球体，拖曳它的位置以便在 Game 视图中可以合适地显示出来。把第 3 步中新建的材质拖曳给它。

（5）双击打开第 2 步中创建的 Unity Shader。删除里面的所有代码，把下面的代码粘贴进去：

```
Shader "Unity Shaders Book/Chapter 5/Simple Shader" {
    SubShader {
        Pass {
            CGPROGRAM

            #pragma vertex vert
            #pragma fragment frag

            float4 vert(float4 v : POSITION) : SV_POSITION {
                return mul (UNITY_MATRIX_MVP, v);
            }

            fixed4 frag() : SV_Target {
                return fixed4(1.0, 1.0, 1.0, 1.0);
            }

            ENDCG
        }
    }
}
```

保存并返回 Unity 查看结果。

最后，我们得到的结果如图 5.2 所示。

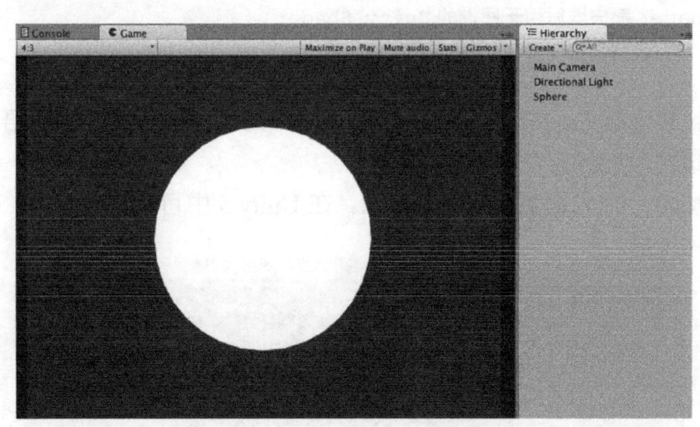

▲图 5.2　用一个最简单的顶点/片元着色器得到一个白色的球

这是我们遇见的第一个真正意义上的顶点/片元着色器，我们有必要来详细地解释一下它。

首先，代码的第一行通过 *Shader* 语义定义了这个 Unity Shader 的名字——“Unity Shaders Book/Chapter 5/Simple Shader”。保持良好的命名习惯有助于我们在为材质球选择 Shader 时快速找到自定义的 Unity Shader。需要注意的是，在上面的代码里我们并没有用到 *Properties* 语义块。*Properties* 语义并不是必需的，我们可以选择不声明任何材质属性。

然后，我们声明了 *SubShader* 和 *Pass* 语义块。在本例中，我们不需要进行任何渲染设置和标签设置，因此 *SubShader* 将使用默认的渲染设置和标签设置。在 *SubShader* 语义块中，我们定义了一个 *Pass*，在这个 *Pass* 中我们同样没有进行任何自定义的渲染设置和标签设置。

接着，就是由 *CGPROGRAM* 和 *ENDCG* 所包围的 CG 代码片段。这是我们的重点。首先，我们遇到了两行非常重要的编译指令：

```
#pragma vertex vert
#pragma fragment frag
```

它们将告诉 Unity，哪个函数包含了顶点着色器的代码，哪个函数包含了片元着色器的代码。更通用的编译指令表示如下：

```
#pragma vertex name
#pragma fragment name
```

其中 **name** 就是我们指定的函数名，这两个函数的名字不一定是 vert 和 frag，它们可以是任意自定义的合法函数名，但我们一般使用 vert 和 frag 来定义这两个函数，因为它们很直观。

接下来，我们具体看一下 vert 函数的定义：

```
float4 vert(float4 v : POSITION) : SV_POSITION {
    return mul (UNITY_MATRIX_MVP, v);
}
```

这就是本例使用的顶点着色器代码，它是逐顶点执行的。vert 函数的输入 v 包含了这个顶点的位置，这是通过 *POSITION* 语义指定的。它的返回值是一个 float4 类型的变量，它是该顶点在裁剪空间中的位置，*POSITION* 和 SV_*POSITION* 都是 Cg/HLSL 中的**语义**（**semantics**），它们是不可省略的，这些语义将告诉系统用户需要哪些输入值，以及用户的输出是什么。例如这里，*POSITION* 将告诉 Unity，把模型的顶点坐标填充到输入参数 v 中，*SV_POSITION* 将告诉 Unity，顶点着色器的输出是裁剪空间中的顶点坐标。如果没有这些语义来限定输入和输出参数的话，渲染器就完全不知道用户的输入输出是什么，因此就会得到错误的效果。在 5.4 节中，我们将总结这些语义。在本例中，顶点着色器只包含了一行代码，这行代码读者应该已经很熟悉了（起码对这个数学操作应该很熟悉了），这一步就是把顶点坐标从模型空间转换到裁剪空间中。UNITY_MATRIX_MVP 矩阵是 Unity 内置的模型·观察·投影矩阵，我们在 4.8 节已经见过它了。

然后，我们再来看一下 frag 函数：

```
fixed4 frag() : SV_Target {
    return fixed4(1.0, 1.0, 1.0, 1.0);
}
```

在本例中，frag 函数没有任何输入。它的输出是一个 fixed4 类型的变量，并且使用了 *SV_Target* 语义进行限定。*SV_Target* 也是 HLSL 中的一个系统语义，它等同于告诉渲染器，把用户的输出颜色存储到一个渲染目标（render target）中，这里将输出到默认的帧缓存中。片元着色器中的代码很简单，返回了一个表示白色的 fixed4 类型的变量。片元着色器输出的颜色的每个分量范围在[0, 1]，其中(0, 0, 0)表示黑色，而(1, 1, 1)表示白色。

至此，我们已经对第一个顶点/片元着色器进行了详细的解释。但是，现在得到的效果实在是太简单了，如何丰富它呢？下面我们将一步步为它添加更多的内容，以得到一个更加具有实践意义的顶点/片元着色器。

5.2.2 模型数据从哪里来

在上面的例子中，在顶点着色器中我们使用 *POSITION* 语义得到了模型的顶点位置。那么，如果我们想要得到更多模型数据怎么办呢？

现在，我们想要得到模型上每个顶点的纹理坐标和法线方向。这个需求是很常见的，我们需要使用纹理坐标来访问纹理，而法线可用于计算光照。因此，我们需要为顶点着色器定义一个新的输入参数，这个参数不再是一个简单的数据类型，而是一个结构体。修改后的代码如下：

```
Shader "Unity Shaders Book/Chapter 5/Simple Shader" {
    SubShader {
```

```
        Pass {
            CGPROGRAM

            #pragma vertex vert
            #pragma fragment frag

            // 使用一个结构体来定义顶点着色器的输入
            struct a2v {
                // POSITION 语义告诉 Unity，用模型空间的顶点坐标填充 vertex 变量
                float4 vertex : POSITION;
                // NORMAL 语义告诉 Unity，用模型空间的法线方向填充 normal 变量
                float3 normal : NORMAL;
                // TEXCOORD0 语义告诉 Unity，用模型的第一套纹理坐标填充 texcoord 变量
                float4 texcoord : TEXCOORD0;
            };

            float4 vert(a2v v) : SV_POSITION {
                // 使用 v.vertex 来访问模型空间的顶点坐标
                return mul (UNITY_MATRIX_MVP, v.vertex);
            }

            fixed4 frag() : SV_Target {
                return fixed4(1.0, 1.0, 1.0, 1.0);
            }

            ENDCG
        }
    }
}
```

在上面的代码中，我们声明了一个新的结构体 a2v，它包含了顶点着色器需要的模型数据。在 a2v 的定义中，我们用到了更多 Unity 支持的语义，如 *NORMAL* 和 *TEXCOORD0*，当它们作为顶点着色器的输入时都是有特定含义的，因为 Unity 会根据这些语义来填充这个结构体。对于顶点着色器的输入，Unity 支持的语义有：*POSITION, TANGENT*，*NORMAL*，*TEXCOORD0*，*TEXCOORD1*，*TEXCOORD2*，*TEXCOORD3*，*COLOR* 等。

为了创建一个自定义的结构体，我们必须使用如下格式来定义它：

```
struct StructName {
    Type Name : Semantic;
    Type Name : Semantic;
    .......
};
```

其中，语义是不可以被省略的。在 5.4 节中，我们将给出这些语义的含义和用法。

然后，我们修改了 vert 函数的输入参数类型，把它设置为我们新定义的结构体 a2v。通过这种自定义结构体的方式，我们就可以在顶点着色器中访问模型数据。

读者：a2v 的名字是什么意思呢？

我们：a 表示应用（application），v 表示顶点着色器（vertex shader），a2v 的意思就是把数据从应用阶段传递到顶点着色器中。

那么，填充到 *POSITION*, *TANGENT*, *NORMAL* 这些语义中的数据究竟是从哪里来的呢？在 Unity 中，它们是由使用该材质的 *Mesh Render* 组件提供的。在每帧调用 Draw Call 的时候，*Mesh Render* 组件会把它负责渲染的模型数据发送给 Unity Shader。我们知道，一个模型通常包含了一组三角面片，每个三角面片由 3 个顶点构成，而每个顶点又包含了一些数据，例如顶点位置、法线、切线、纹理坐标、顶点颜色等。通过上面的方法，我们就可以在顶点着色器中访问顶点的这些模型数据。

5.2.3　顶点着色器和片元着色器之间如何通信

在实践中，我们往往希望从顶点着色器输出一些数据，例如把模型的法线、纹理坐标等传递

给片元着色器。这就涉及顶点着色器和片元着色器之间的通信。

为此，我们需要再定义一个新的结构体。修改后的代码如下：

```
Shader "Unity Shaders Book/Chapter 5/Simple Shader" {
    SubShader {
        Pass {
            CGPROGRAM

            #pragma vertex vert
            #pragma fragment frag

            struct a2v {
                float4 vertex : POSITION;
                float3 normal : NORMAL;
                float4 texcoord : TEXCOORD0;
            };

            // 使用一个结构体来定义顶点着色器的输出
            struct v2f {
                // SV_POSITION 语义告诉 Unity，pos 里包含了顶点在裁剪空间中的位置信息
                float4 pos : SV_POSITION;
                // COLOR0 语义可以用于存储颜色信息
                fixed3 color : COLOR0;
            };

            v2f vert(a2v v) {
                // 声明输出结构
                v2f o;
                o.pos = mul(UNITY_MATRIX_MVP, v.vertex);
                // v.normal 包含了顶点的法线方向，其分量范围在[-1.0, 1.0]
                // 下面的代码把分量范围映射到了[0.0, 1.0]
                // 存储到 o.color 中传递给片元着色器
                o.color = v.normal * 0.5 + fixed3(0.5, 0.5, 0.5);
                return o;
            }

            fixed4 frag(v2f i) : SV_Target {
                // 将插值后的 i.color 显示到屏幕上
                return fixed4(i.color, 1.0);
            }

            ENDCG
        }
    }
}
```

在上面的代码中，我们声明了一个新的结构体 v2f。v2f 用于在顶点着色器和片元着色器之间传递信息。同样的，v2f 中也需要指定每个变量的语义。在本例中，我们使用了 *SV_POSITION* 和 *COLOR0* 语义。顶点着色器的输出结构中，必须包含一个变量，它的语义是 *SV_POSITION*。否则，渲染器将无法得到裁剪空间中的顶点坐标，也就无法把顶点渲染到屏幕上。*COLOR0* 语义中的数据则可以由用户自行定义，但一般都是存储颜色，例如逐顶点的漫反射颜色或逐顶点的高光反射颜色。类似的语义还有 *COLOR1* 等，具体可以详见 5.4 节。

至此，我们就完成了顶点着色器和片元着色器之间的通信。需要注意的是，顶点着色器是逐顶点调用的，而片元着色器是逐片元调用的。片元着色器中的输入实际上是把顶点着色器的输出进行插值后得到的结果。

5.2.4 如何使用属性

在 3.1.1 节中，我们就提到了材质和 Unity Shader 之间的紧密联系。材质提供给我们一个可以方便地调节 Unity Shader 中参数的方式，通过这些参数，我们可以随时调整材质的效果。而这些参数就需要写在 Properties 语义块中。

现在，我们有了新的需求。我们想要在材质面板显示一个颜色拾取器，从而可以直接控制模型在屏幕上显示的颜色。为此，我们继续修改上面的代码。

```
Shader "Unity Shaders Book/Chapter 5/Simple Shader" {
    Properties {
        // 声明一个Color类型的属性
        _Color ("Color Tint", Color) = (1.0,1.0,1.0,1.0)
    }
    SubShader {
        Pass {
            CGPROGRAM

            #pragma vertex vert
            #pragma fragment frag

            // 在Cg代码中，我们需要定义一个与属性名称和类型都匹配的变量
            fixed4 _Color;

            struct a2v {
                float4 vertex : POSITION;
                float3 normal : NORMAL;
                float4 texcoord : TEXCOORD0;
            };

            struct v2f {
                float4 pos : SV_POSITION;
                fixed3 color : COLOR0;
            };

            v2f vert(a2v v) {
                v2f o;
                o.pos = mul(UNITY_MATRIX_MVP, v.vertex);
                o.color = v.normal * 0.5 + fixed3(0.5, 0.5, 0.5);
                return o;
            }

            fixed4 frag(v2f i) : SV_Target {
                fixed3 c = i.color;
                // 使用_Color属性来控制输出颜色
                c *= _Color.rgb;
                return fixed4(c, 1.0);
            }

            ENDCG
        }
    }
}
```

在上面的代码中，我们首先添加了 *Properties* 语义块中，并在其中声明了一个属性_Color，它的类型是 Color，初始值是(1.0,1.0,1.0,1.0)，对应白色。为了在 Cg 代码中可以访问它，我们还需要在 Cg 代码片段中提前定义一个新的变量，这个变量的名称和类型必须与 *Properties* 语义块中的属性定义相匹配。

ShaderLab 中属性的类型和 Cg 中变量的类型之间的匹配关系如表 5.1 所示。

表 5.1　ShaderLab 属性类型和 Cg 变量类型的匹配关系

ShaderLab 属性类型	Cg 变量类型
Color，Vector	float4, half4，fixed4
Range，Float	float，half，fixed
2D	sampler2D
Cube	samplerCube
3D	sampler3D

有时，读者可能会发现在 Cg 变量前会有一个 uniform 关键字，例如：

```
uniform fixed4 _Color;
```

uniform 关键词是 Cg 中修饰变量和参数的一种修饰词，它仅仅用于提供一些关于该变量的初始值是如何指定和存储的相关信息（这和其他一些图像编程接口中的 uniform 关键词的作用不太一样）。在 Unity Shader 中，uniform 关键词是可以省略的。

5.3 强大的援手：Unity 提供的内置文件和变量

上一节讲述了如何在 Unity 中编写一个基本的顶点/片元着色器的过程。顶点/片元着色的复杂之处在于，很多事情都需要我们"亲力亲为"，例如我们需要自己转换法线方向，自己处理光照、阴影等。为了方便开发者的编码过程，Unity 提供了很多内置文件，这些文件包含了很多提前定义的函数、变量和宏等。如果读者在学习他人编写的 Unity Shader 代码时，遇到了一些从未见过的变量、函数，而又无法找到对应的声明和定义，那么很有可能就是这些代码使用了 Unity 内置文件提供的函数和变量。

本节将给出这些文件和变量的概览。

5.3.1 内置的包含文件

包含文件（include file），是类似于 C++中头文件的一种文件。在 Unity 中，它们的文件后缀是.cginc。在编写 Shader 时，我们可以使用#include 指令把这些文件包含进来，这样我们就可以使用 Unity 为我们提供的一些非常有用的变量和帮助函数。例如：

```
CGPROGRAM
// ...
#include "UnityCG.cginc"
// ...
ENDCG
```

那么，这些文件在哪里呢？我们可以在官方网站（unity3d/cn/get-unity/download/ archive）上选择*下载 -> 内置着色器*来直接下载这些文件，图 5.3 显示了由官网压缩包得到的文件。

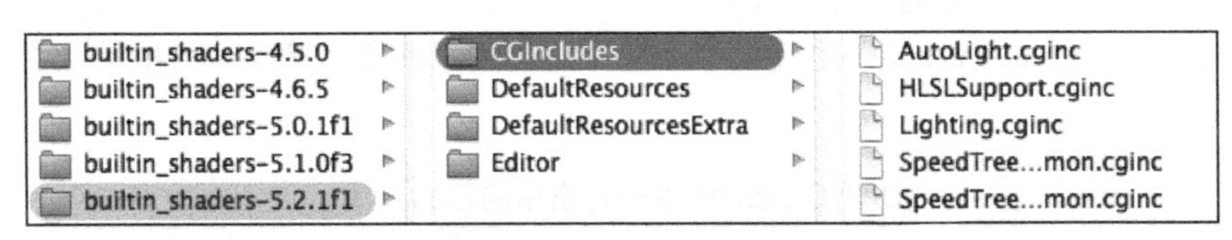

▲图 5.3 Unity 的内置着色器

从图 5.3 中可以看出，从官网下载的文件中包含了多个文件夹。其中，CGIncludes 文件夹中包含了所有的内置包含文件；DefaultResources 文件夹中包含了一些内置组件或功能所需要的 Unity Shader，例如一些 GUI 元素使用的 Shader；DefaultResourcesExtra 则包含了所有 Unity 中内置的 Unity Shader；Editor 文件夹目前只包含了一个脚本文件，它用于定义 Unity 5 引入的 Standard Shader（详见第 18 章）所用的材质面板。这些文件都是非常好的参考资料，在我们想要学习内置着色器的实现或是寻找内置函数的实现时，都可以在这里找到内部实现。但在本节中，我们只关注 CGIncludes 文件夹下的相关文件。

我们也可以从 Unity 的应用程序中直接找到 CGIncludes 文件夹。在 Mac 上，它们的位置是：/Applications/Unity/Unity.app/Contents/CGIncludes；在 Windows 上，它们的位置是：Unity 的安装路径/Data/CGIncludes。

表 5.2 给出了 CGIncludes 中主要的包含文件以及它们的主要用处。

表 5.2　　　　Unity 中一些常用的包含文件

文 件 名	描 述
UnityCG.cginc	包含了最常使用的帮助函数、宏和结构体等
UnityShaderVariables.cginc	在编译 Unity Shader 时，会被自动包含进来。包含了许多内置的全局变量，如 UNITY_MATRIX_MVP 等
Lighting.cginc	包含了各种内置的光照模型，如果编写的是 Surface Shader 的话，会自动包含进来
HLSLSupport.cginc	在编译 Unity Shader 时，会被自动包含进来。声明了很多用于跨平台编译的宏和定义

可以看出，有一些文件是即便我们没有使用*#include* 指令，它们也是会被自动包含进来的，例如 UnityShaderVariables.cginc。因此，在前面的例子中，我们可以直接使用 UNITY_MATRIX_MVP 变量来进行顶点变换。除了表 5.2 中列出的包含文件外，Unity 5 引入了许多新的重要的包含文件，如 UnityStandardBRDF.cginc、UnityStandardCore.cginc 等，这些包含文件用于实现基于物理的渲染，我们会在第 18 章中再次遇到它们。

UnityCG.cginc 是我们最常接触的一个包含文件。在后面的学习中，我们将使用很多该文件提供的结构体和函数，为我们的编写提供方便。例如，我们可以直接使用 UnityCG.cginc 中预定义的结构体作为顶点着色器的输入和输出。表 5.3 给出了一些结构体的名称和包含的变量。

表 5.3　　　　UnityCG.cginc 中一些常用的结构体

名 称	描 述	包含的变量
appdata_base	可用于顶点着色器的输入	顶点位置、顶点法线、第一组纹理坐标
appdata_tan	可用于顶点着色器的输入	顶点位置、顶点切线、顶点法线、第一组纹理坐标
appdata_full	可用于顶点着色器的输入	顶点位置、顶点切线、顶点法线、四组（或更多）纹理坐标
appdata_img	可用于顶点着色器的输入	顶点位置、第一组纹理坐标
v2f_img	可用于顶点着色器的输出	裁剪空间中的位置、纹理坐标

强烈建议读者找到 UnityCG.cginc 文件并查看上述结构体的声明，这样的过程可以帮助我们快速理解 Unity 中一些内置变量的工作原理。

除了结构体外，UnityCG.cginc 也提供了一些常用的帮助函数。表 5.4 给出了一些函数名和它们的描述。

表 5.4　　　　UnityCG.cginc 中一些常用的帮助函数

函 数 名	描 述
float3 WorldSpaceViewDir (float4 v)	输入一个模型空间中的顶点位置，返回世界空间中从该点到摄像机的观察方向
float3 ObjSpaceViewDir (float4 v)	输入一个模型空间中的顶点位置，返回模型空间中从该点到摄像机的观察方向
float3 WorldSpaceLightDir (float4 v)	**仅可用于前向渲染中**。输入一个模型空间中的顶点位置，返回世界空间中从该点到光源的光照方向。没有被归一化
float3 ObjSpaceLightDir (float4 v)	**仅可用于前向渲染中**。输入一个模型空间中的顶点位置，返回模型空间中从该点到光源的光照方向。没有被归一化
float3 UnityObjectToWorldNormal (float3 norm)	把法线方向从模型空间转换到世界空间中
float3 UnityObjectToWorldDir (float3 dir)	把方向矢量从模型空间变换到世界空间中
float3 UnityWorldToObjectDir(float3 dir)	把方向矢量从世界空间变换到模型空间中

我们建议读者在 UnityCG.cginc 文件找到这些函数的定义，并尝试理解它们。一些函数我们完全可以自己实现，例如 UnityObjectToWorldDir 和 UnityWorldToObjectDir，这两个函数实际上就是对方向矢量进行了一次坐标空间变换。而 UnityCG.cginc 文件可以帮助我们提高代码的复用率。UnityCG.cginc 还包含了很多宏，在后面的学习中，我们就会遇到它们。

5.3.2 内置的变量

我们在 4.8 节给出了一些用于坐标变换和摄像机参数的内置变量。除此之外，Unity 还提供了用于访问时间、光照、雾效和环境光等目的的变量。这些内置变量大多位于 UnityShader Variables.cginc 中，与光照有关的内置变量还会位于 Lighting.cginc、AutoLight.cginc 等文件中。当我们在后面的学习中遇到这些变量时，再进行详细的讲解。

5.4 Unity 提供的 Cg/HLSL 语义

读者在平时的 Shader 学习中可能经常看到，在顶点着色器和片元着色器的输入输出变量后还有一个冒号以及一个全部大写的名称，例如在 5.2 节看到的 *SV_POSITION*、*POSITION*、*COLOR*0。这些大写的名字是什么意思呢？它们有什么用呢？

5.4.1 什么是语义

实际上，这些是 Cg/HLSL 提供的**语义（semantics）**。如果读者从前接触过 Cg/HLSL 编程的话，可能对这些语义很熟悉。读者可以在微软官方网站的关于 DirectX 的文档（msdn.microsoft/en-us/library/windows/desktop/bb509647(v=vs.85).aspx#VS）中找到关于语义的详细说明页面。根据文档我们可以知道，语义实际上就是一个赋给 Shader 输入和输出的字符串，这个字符串表达了这个参数的含义。通俗地讲，这些语义可以让 Shader 知道从哪里读取数据，并把数据输出到哪里，它们在 Cg/HLSL 的 Shader 流水线中是不可或缺的。需要注意的是，Unity 并没有支持所有的语义。

通常情况下，这些输入输出变量并不需要有特别的意义，也就是说，我们可以自行决定这些变量的用途。例如在上面的代码中，顶点着色器的输出结构体中我们用 *COLOR*0 语义去描述 color 变量。color 变量本身存储了什么，Shader 流水线并不关心。

而 Unity 为了方便对模型数据的传输，对一些语义进行了特别的含义规定。例如，在顶点着色器的输入结构体 a2v 用 *TEXCOORD*0 来描述 texcoord，Unity 会识别 *TEXCOORD*0 语义，以把模型的第一组纹理坐标填充到 texcoord 中。需要注意的是，即便语义的名称一样，如果出现的位置不同，含义也不同。例如，*TEXCOORD*0 既可以用于描述顶点着色器的输入结构体 a2v，也可用于描述输出结构体 v2f。但在输入结构体 a2v 中，*TEXCOORD*0 有特别的含义，即把模型的第一组纹理坐标存储在该变量中，而在输出结构体 v2f 中，*TEXCOORD*0 修饰的变量含义就可以由我们来决定。

在 DirectX 10 以后，有了一种新的语义类型，就是**系统数值语义（system-value semantics）**。这类语义是以 SV 开头的，SV 代表的含义就是**系统数值（system-value）**。这些语义在渲染流水线中有特殊的含义。例如在上面的代码中，我们使用 *SV_POSITION* 语义去修饰顶点着色器的输出变量 pos，那么就表示 pos 包含了可用于光栅化的变换后的顶点坐标（即齐次裁剪空间中的坐标）。用这些语义描述的变量是不可以随便赋值的，因为流水线需要使用它们来完成特定的目的，例如渲染引擎会把用 *SV_POSITION* 修饰的变量经过光栅化后显示在屏幕上。读者有时可能会看到同一个变量在不同的 Shader 里面使用了不同的语义修饰。例如，一些 Shader 会使用 *POSITION* 而非 *SV_POSITION* 来修饰顶点着色器的输出。*SV_POSITION* 是 DirectX 10 中引入的系统数值语义，在绝大多数平台上，它和 *POSITION* 语义是等价的，但在某些平台（例如索尼 PS4）上必须使用 *SV_POSITION* 来修饰顶点着色器的输出，否则无法让 Shader 正常工作。同样的例子还有 *COLOR* 和 *SV_Target*。因此，为了让我们的 Shader 有更好的跨平台性，对于这些有特殊含义的变量我们最好使用以 SV 开头的语义进行修饰。我们在 5.6 节中会总结更多这种因为平台差异而造成的问题。

5.4.2　Unity 支持的语义

表 5.5 总结了从应用阶段传递模型数据给顶点着色器时 Unity 使用的常用语义。这些语义虽然没有使用 SV 开头，但 Unity 内部赋予了它们特殊的含义。

表 5.5　　从应用阶段传递模型数据给顶点着色器时 Unity 支持的常用语义

语　义	描　述
POSITION	模型空间中的顶点位置，通常是 float4 类型
NORMAL	顶点法线，通常是 float3 类型
TANGENT	顶点切线，通常是 float4 类型
TEXCOORD*n*，如 TEXCOORD0、TEXCOORD1	该顶点的纹理坐标，TEXCOORD0 表示第一组纹理坐标，依此类推。通常是 float2 或 float4 类型
COLOR	顶点颜色，通常是 fixed4 或 float4 类型

其中 TEXCOORD*n* 中 *n* 的数目是和 Shader Model 有关的，例如一般在 Shader Model 2（即 Unity 默认编译到的 Shader Model 版本）和 Shader Model 3 中，*n* 等于 8，而在 Shader Model 4 和 Shader Model 5 中，*n* 等于 16。通常情况下，一个模型的纹理坐标组数一般不超过 2，即我们往往只使用 TEXCOORD0 和 TEXCOORD1。在 Unity 内置的数据结构体 appdata_full 中，它最多使用了 6 个坐标纹理组。

表 5.6 总结了从顶点着色器阶段到片元着色器阶段 Unity 支持的常用语义。

表 5.6　　从顶点着色器传递数据给片元着色器时 Unity 使用的常用语义

语　义	描　述
SV_POSITION	裁剪空间中的顶点坐标，结构体中必须包含一个用该语义修饰的变量。等同于 DirectX 9 中的 POSITION，但最好使用 SV_POSITION
COLOR0	通常用于输出第一组顶点颜色，但不是必需的
COLOR1	通常用于输出第二组顶点颜色，但不是必需的
TEXCOORD0～TEXCOORD7	通常用于输出纹理坐标，但不是必需的

上面的语义中，除了 *SV_POSITION* 是有特别含义外，其他语义对变量的含义没有明确要求，也就是说，我们可以存储任意值到这些语义描述变量中。通常，如果我们需要把一些自定义的数据从顶点着色器传递给片元着色器，一般选用 *TEXCOORD*0 等。

表 5.7 给出了 Unity 中支持的片元着色器的输出语义。

表 5.7　　片元着色器输出时 Unity 支持的常用语义

语　义	描　述
SV_Target	输出值将会存储到渲染目标（render target）中。等同于 DirectX 9 中的 COLOR 语义，但最好使用 SV_Target

5.4.3　如何定义复杂的变量类型

上面提到的语义绝大部分用于描述标量或矢量类型的变量，例如 fixed2、float、float4、fixed4

等。下面的代码给出了一个使用语义来修饰不同类型变量的例子：

```
struct v2f {
    float4 pos : SV_POSITION;
    fixed3 color0 : COLOR0;
    fixed4 color1 : COLOR1;
    half value0 : TEXCOORD0;
    float2 value1 : TEXCOORD1;
};
```

关于何时使用哪种变量类型，我们会在 5.7.1 节给出一些建议。但需要注意的是，一个语义可以使用的寄存器只能处理 4 个浮点值（float）。因此，如果我们想要定义矩阵类型，如 float3×4、float4×4 等变量就需要使用更多的空间。一种方法是，把这些变量拆分成多个变量，例如对于 float4×4 的矩阵类型，我们可以拆分成 4 个 float4 类型的变量，每个变量存储了矩阵中的一行数据。

5.5 程序员的烦恼：Debug

有这样一个笑话，据说只有程序员才能看懂：

> 问：程序员最讨厌康熙的哪个儿子？

> 答：胤禩。因为他是八阿哥（谐音：bug）。

调试（debug），大概是所有程序员的噩梦。而不幸的是，对一个 Shader 进行调试更是噩梦中的噩梦。这也是造成 Shader 难写的原因之一——如果发现得到的效果不对，我们可能要花非常多的时间来找到问题所在。造成这种现状的原因就是在 Shader 中可以选择的调试方法非常有限，甚至连简单的输出都不行。

本节旨在给出 Unity 中对 Unity Shader 的调试方法，这主要包含了两种方法。

5.5.1 使用假彩色图像

假彩色图像（false-color image）指的是用假彩色技术生成的一种图像。与假彩色图像对应的是照片这种**真彩色图像（true-color image）**。一张假彩色图像可以用于可视化一些数据，那么如何用它来对 Shader 进行调试呢？

主要思想是，我们可以把需要调试的变量映射到[0, 1]之间，把它们作为颜色输出到屏幕上，然后通过屏幕上显示的像素颜色来判断这个值是否正确。读者心里可能已经在咆哮：“什么？！这方法也太原始了吧！”没错，这种方法得到的调试信息很模糊，能够得到的信息很有限，但在很长一段时间内，这种方法的确是唯一的可选方法。

需要注意的是，由于颜色的分量范围在[0, 1]，因此我们需要小心处理需要调试的变量的范围。如果我们已知它的值域范围，可以先把它映射到[0, 1]之间再进行输出。如果你不知道一个变量的范围（这往往说明你对这个 Shader 中的运算并不了解），我们就只能不停地实验。一个提示是，颜色分量中任何大于 1 的数值将会被设置为 1，而任何小于 0 的数值会被设置为 0。因此，我们可以尝试使用不同的映射，直到发现颜色发生了变化（这意味着得到了 0～1 的值）。

如果我们要调试的数据是一个一维数据，那么可以选择一个单独的颜色分量（如 R 分量）进行输出，而把其他颜色分量置为 0。如果是多维数据，可以选择对它的每一个分量单独调试，或者选择多个颜色分量进行输出。

作为实例，下面我们会使用假彩色图像的方式来可视化一些模型数据，如法线、切线、纹理坐标、顶点颜色，以及它们之间的运算结果等。我们使用的代码如下：

```
Shader "Unity Shaders Book/Chapter 5/False Color" {
    SubShader {
```

```
        Pass {
            CGPROGRAM

            #pragma vertex vert
            #pragma fragment frag

            #include "UnityCG.cginc"

            struct v2f {
                float4 pos : SV_POSITION;
                fixed4 color : COLOR0;
            };

            v2f vert(appdata_full v) {
                v2f o;
                o.pos = mul(UNITY_MATRIX_MVP, v.vertex);

                // 可视化法线方向
                o.color = fixed4(v.normal * 0.5 + fixed3(0.5, 0.5, 0.5), 1.0);

                // 可视化切线方向
                o.color = fixed4(v.tangent.xyz * 0.5 + fixed3(0.5, 0.5, 0.5), 1.0);

                // 可视化副切线方向
                fixed3 binormal = cross(v.normal, v.tangent.xyz) * v.tangent.w;
                o.color = fixed4(binormal * 0.5 + fixed3(0.5, 0.5, 0.5), 1.0);

                // 可视化第一组纹理坐标
                o.color = fixed4(v.texcoord.xy, 0.0, 1.0);

                // 可视化第二组纹理坐标
                o.color = fixed4(v.texcoord1.xy, 0.0, 1.0);

                // 可视化第一组纹理坐标的小数部分
                o.color = frac(v.texcoord);
                if (any(saturate(v.texcoord) - v.texcoord)) {
                    o.color.b = 0.5;
                }
                o.color.a = 1.0;

                // 可视化第二组纹理坐标的小数部分
                o.color = frac(v.texcoord1);
                if (any(saturate(v.texcoord1) - v.texcoord1)) {
                    o.color.b = 0.5;
                }
                o.color.a = 1.0;

                // 可视化顶点颜色
                //o.color = v.color;

                return o;
            }

            fixed4 frag(v2f i) : SV_Target {
                return i.color;
            }

            ENDCG
        }
    }
}
```

在上面的代码中，我们使用了 Unity 内置的一个结构体——*appdata_full*。我们在 5.3 节讲过该结构体的构成。我们可以在 UnityCG.cginc 里找到它的定义：

```
struct appdata_full {
    float4 vertex : POSITION;
    float4 tangent : TANGENT;
    float3 normal : NORMAL;
```

```
    float4 texcoord : TEXCOORD0;
    float4 texcoord1 : TEXCOORD1;
    float4 texcoord2 : TEXCOORD2;
    float4 texcoord3 : TEXCOORD3;
#if defined(SHADER_API_XBOX360)
    half4 texcoord4 : TEXCOORD4;
    half4 texcoord5 : TEXCOORD5;
#endif
    fixed4 color : COLOR;
};
```

可以看出，appdata_full 几乎包含了所有的模型数据。

我们把计算得到的假彩色存储到了顶点着色器的输出结构体——v2f 中的 color 变量里，并且在片元着色器中输出了这个颜色。读者可以对其中的代码添加或取消注释，观察不同运算和数据得到的效果。图 5.4 给出了这些代码得到的显示效果。读者可以先自己想一想代码和这些效果之间的对应关系，然后再在 Unity 中进行验证。

为了可以得到某点的颜色值，我们可以使用类似颜色拾取器的脚本得到屏幕上某点的 RGBA 值，从而推断出该点的调试信息。在本书的附带工程中，读者可以找到这样一个简单的实例脚本：*Assets -> Scripts -> Chapter5 -> ColorPicker.cs*。把该脚本拖曳到一个摄像机上，单击运行后，可以用鼠标单击屏幕，以得到该点的颜色值，如图 5.5 所示。

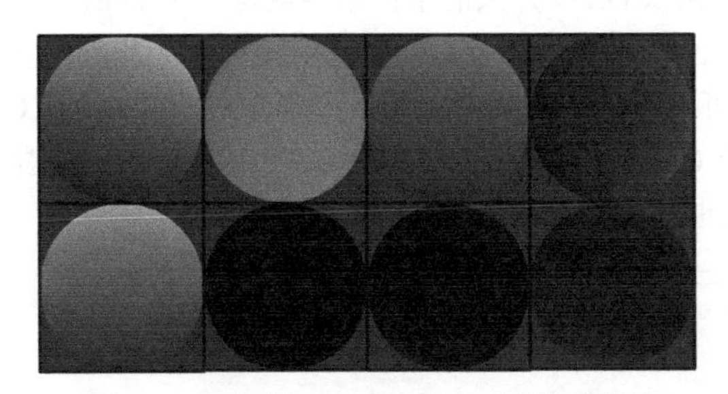

▲图 5.4 用假彩色对 Unity Shader 进行调试

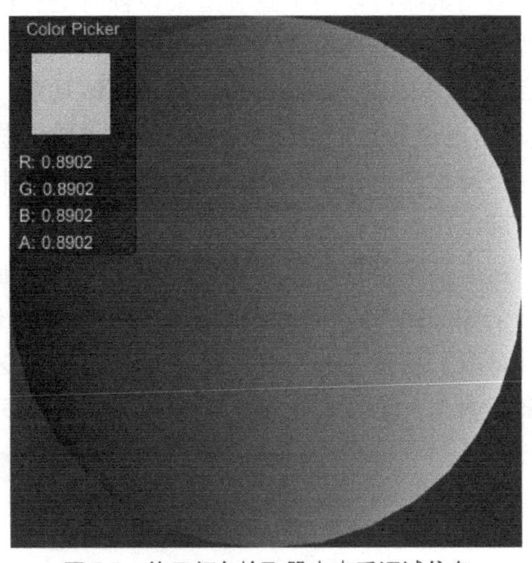

▲图 5.5 使用颜色拾取器来查看调试信息

5.5.2 利用神器：Visual Studio

本节是 Windows 用户的福音，Mac 用户的噩耗。Visual Studio 作为 Windows 系统下的开发利器，在 Visual Studio 2012 版本中也提供了对 Unity Shader 的调试功能——**Graphics Debugger**。

通过 Graphics Debugger，我们不仅可以查看每个像素的最终颜色、位置等信息，还可以对顶点着色器和片元着色器进行单步调试。具体的安装和使用方法可以参见 Unity 官网文档中**使用 Visual Studio 对 DirectX 11 的 Shader 进行调试**一文（docs.unity3d/Manual/SL-DebuggingD3D11ShadersWithVS.html）。

当然，本方法也有一些限制。例如，我们需要保证 Unity 运行在 DirectX 11 平台上，而且 Graphics Debugger 本身存在一些 bug。但这无法阻止我们对它的喜爱之情！而 Mac 用户可能就只能无奈地眼馋了。

5.5.3 最新利器：帧调试器

尽管 Mac 用户无法体验 Visual Studio 的强大功能，但幸运的是，Unity 5 除了带来全新的 UI

系统外，还给我们带来了一个新的针对渲染的调试器——**帧调试器（Frame Debugger）**。与其他调试工具的复杂性相比，Unity 原生的帧调试器非常简单快捷。我们可以使用它来看到游戏图像的某一帧是如何一步步渲染出来的。

要使用帧调试器，我们首先需要在 *Window -> Frame Debugger* 中打开帧调试器窗口，如图 5.6 所示。

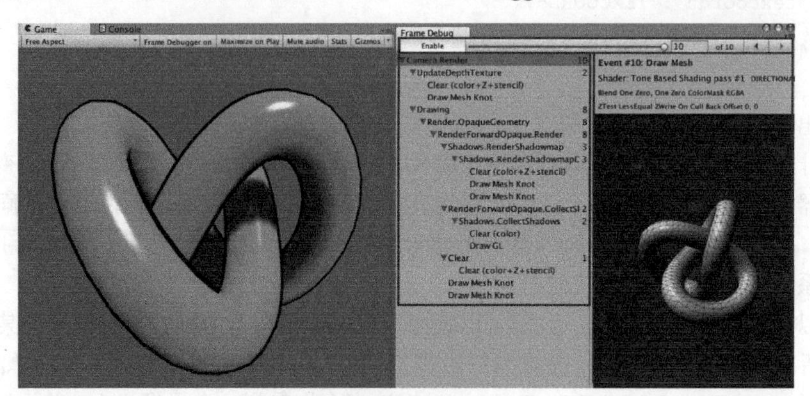

▲图 5.6　帧调试器

帧调试器可以用于查看渲染该帧时进行的各种**渲染事件（event）**，这些事件包含了 Draw Call 序列，也包括了类似清空帧缓存等操作。帧调试器窗口大致可分为 3 个部分：最上面的区域可以开启/关闭（单击 Enable 按钮）帧调试功能，当开启了帧调试时，通过移动窗口最上方的滑动条（或单击前进和后退按钮），我们可以重放这些渲染事件；左侧的区域显示了所有事件的树状图，在这个树状图中，每个叶子节点就是一个事件，而每个父节点的右侧显示了该节点下的事件数目。我们可以从事件的名字了解这个事件的操作，例如以 Draw 开头的事件通常就是一个 Draw Call；当单击了某个事件时，在右侧的窗口中就会显示出该事件的细节，例如几何图形的细节以及使用了哪个 Shader 等。同时在 Game 视图中我们也可以看到它的效果。如果该事件是一个 Draw Call 并且对应了场景中的一个 GameObject，那么这个 GameObject 也会在 Hierarchy 视图中被高亮显示出来，图 5.7 显示了单击渲染某个对象的深度图事件的结果。

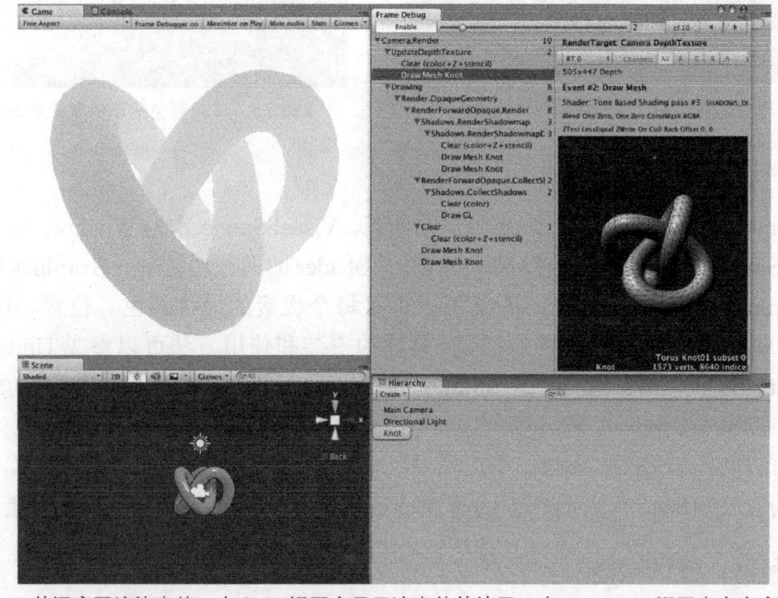

▲图 5.7　单击 Knot 的深度图渲染事件，在 Game 视图会显示该事件的效果，在 Hierarchy 视图中会高亮显示 Knot 对象，在帧调试器的右侧窗口会显示出该事件的细节

如果被选中的 Draw Call 是对一个渲染纹理（RenderTexture）的渲染操作，那么这个渲染纹理就会显示在 Game 视图中。而且，此时右侧面板上方的工具栏中也会出现更多的选项，例如在 Game 视图中单独显示 R、G、B 和 A 通道。

Unity 5 提供的帧调试器实际上并没有实现一个真正的帧拾取（frame capture）的功能，而是仅仅使用**停止渲染**的方法来查看渲染事件的结果。例如，如果我们想要查看第 4 个 Draw Call 的结果，那么帧调试器就会在第 4 个 Draw Call 调用完毕后停止渲染。这种方法虽然简单，但得到的信息也很有限。如果读者想要获取更多的信息，还是需要使用外部工具，例如 5.5.2 节中的 Visual Studio 插件，或者 Intel GPA、RenderDoc、NVIDIA NSight、AMD GPU PerfStudio 等工具。

5.6 小心：渲染平台的差异

Unity 的优点之一是其强大的跨平台性——写一份代码可以运行在很多平台上。绝大多数情况下，Unity 为我们隐藏了这些细节，但有些时候我们需要自己处理它们。本节给出了一些常见的因为平台不同而造成的差异。

5.6.1 渲染纹理的坐标差异

在 2.3.4 节和 4.2.2 节中，我们都提到过 OpenGL 和 DirectX 的屏幕空间坐标的差异。在水平方向上，两者的数值变化方向是相同的，但在竖直方向上，两者是相反的。在 OpenGL（OpenGL ES 也是）中，(0, 0)点对应了屏幕的左下角，而在 DirectX（Metal 也是）中，(0, 0)点对应了左上角。图 5.8 可以帮助读者回忆它们之间的这种不同。

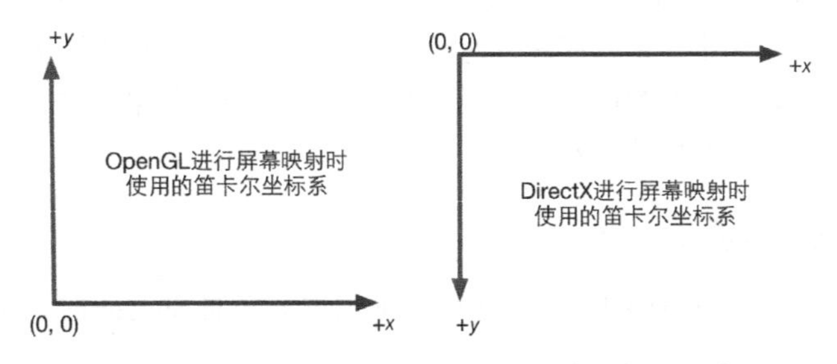

▲图 5.8 OpenGL 和 DirectX 使用了不同的屏幕空间坐标

需要注意的是，我们不仅可以把渲染结果输出到屏幕上，还可以输出到不同的渲染目标（Render Target）中。这时，我们需要使用渲染纹理（Render Texture）来保存这些渲染结果。我们将在第 12 章中学习如何实现这样的目的。

大多数情况下，这样的差异并不会对我们造成任何影响。但当我们要使用渲染到纹理技术，把屏幕图像渲染到一张渲染纹理中时，如果不采取任何措施的话，就会出现纹理翻转的情况。幸运的是，Unity 在背后为我们处理了这种翻转问题——当在 DirectX 平台上使用渲染到纹理技术时，Unity 会为我们翻转屏幕图像纹理，以便在不同平台上达到一致性。

在一种特殊情况下 Unity 不会为我们进行这个翻转操作，这种情况就是我们开启了抗锯齿（在 Edit -> Project Settings -> Quality -> Anti Aliasing 中开启）并在此时使用了渲染到纹理技术。在这种情况下，Unity 首先渲染得到屏幕图像，再由硬件进行抗锯齿处理后，得到一张渲染纹理来供我们进行后续处理。此时，在 DirectX 平台下，我们得到的输入屏幕图像并不会被 Unity 翻转，也就是说，此时对屏幕图像的采样坐标是需要符合 DirectX 平台规定的。如果我们的屏幕特效只需要处理一张渲染图像，我们仍然不需要在意纹理的翻转问题，这是因为在我们调用 Graphics.Blit

函数时，Unity 已经为我们对屏幕图像的采样坐标进行了处理，我们只需要按正常的采样过程处理屏幕图像即可。但如果我们需要同时处理多张渲染图像（前提是开启了抗锯齿），例如需要同时处理屏幕图像和法线纹理，这些图像在竖直方向的朝向就可能是不同的（只有在 DirectX 这样的平台上才有这样的问题）。这种时候，我们就需要自己在顶点着色器中翻转某些渲染纹理（例如深度纹理或其他由脚本传递过来的纹理）的纵坐标，使之都符合 DirectX 平台的规则。例如：

```
#if UNITY_UV_STARTS_AT_TOP
if (_MainTex_TexelSize.y < 0)
    uv.y = 1-uv.y;
#endif
```

其中，UNITY_UV_STARTS_AT_TOP 用于判断当前平台是否是 DirectX 类型的平台，而当在这样的平台下开启了抗锯齿后，主纹理的纹素大小在竖直方向上会变成负值，以方便我们对主纹理进行正确的采样。因此，我们可以通过判断_MainTex_TexelSize.y 是否小于 0 来检验是否开启了抗锯齿。如果是，我们就需要对除主纹理外的其他纹理的采样坐标进行竖直方向上的翻转。我们会在第 13 章中再次看到上面的代码。

在本书资源的项目中，我们开启了抗锯齿选项。在第 12 章中，我们将学习一些基本的屏幕后处理效果。这些效果大多使用了单张屏幕图像进行处理，因此我们不需要考虑平台差异化的问题，因为 Unity 已经在背后为我们处理过了。但在 12.5 节中，我们需要在一个 Pass 中同时处理屏幕图像和提取得到的亮部图像来实现 Bloom 效果。由于需要同时处理多张纹理，因此在 DirectX 这样的平台下如果开启了抗锯齿，主纹理和亮部纹理在竖直方向上的朝向就是不同的，我们就需要对亮部纹理的采样坐标进行翻转。在第 13 章中，我们需要同时处理屏幕图像和深度/法线纹理来实现一些特殊的屏幕效果，在这些处理过程中，我们也需要进行一些平台差异化处理。在 15.3 节中，尽管我们也在一个 Pass 中同时处理了屏幕图像、深度纹理和一张噪声纹理，但我们只对深度纹理的采样坐标进行了平台差异化处理，而没有对噪声纹理进行处理。这是因为，类似噪声纹理的装饰性纹理，它们在竖直方向上的朝向并不是很重要，即便翻转了效果往往也是正确的，因此我们可以不对这些纹理进行平台差异化处理。

5.6.2　Shader 的语法差异

读者在 Windows 平台下编译某些在 Mac 平台下工作良好的 Shader 时，可能会看到类似下面的报错信息：

```
incorrect number of arguments to numeric-type constructor (compiling for d3d11)
```

或者

```
output parameter 'o' not completely initialized (compiling for d3d11)
```

上面的报错都是因为 DirectX 9/11 对 Shader 的语义更加严格造成的。例如，造成第一个报错信息的原因是，Shader 中可能存在下面这样的代码：

```
// v 是 float4 类型，但在它的构造器中我们仅提供了一个参数
float4 v = float4(0.0);
```

在 OpenGL 平台上，上面的代码是合法的，它将得到一个 4 个分量都是 0.0 的 float4 类型的变量。但在 DirectX 11 平台上，我们必须提供和变量类型相匹配的参数数目。也就是说，我们应该写成：

```
float4 v = float4(0.0, 0.0, 0.0, 0.0);
```

而对于第二个报错信息，往往是出现在表面着色器中。表面着色器的顶点函数（注意，不是顶点着色器）有一个使用了 out 修饰符的参数。如果出现这样的报错信息，可能是因为我们在顶点函数中没有对这个参数的所有成员变量都进行初始化。我们应该使用类似下面的代码来对这些参数进行初始化：

```
void vert (inout appdata_full v, out Input o) {
    // 使用 Unity 内置的 UNITY_INITIALIZE_OUTPUT 宏对输出结构体 o 进行初始化
    UNITY_INITIALIZE_OUTPUT(Input,o);
    // …
}
```

除了上述两点语法不同外，DirectX 9 / 11 也不支持在顶点着色器中使用 tex2D 函数。tex2D 是一个对纹理进行采样的函数，我们在后面的章节中将会具体讲到。之所以 DirectX 9 / 11 不支持顶点阶段中的 tex2D 运算，是因为在顶点着色器阶段 Shader 无法得到 UV 偏导，而 tex2D 函数需要这样的偏导信息（这和纹理采样时使用的数学运算有关）。如果我们的确需要在顶点着色器中访问纹理，需要使用 tex2Dlod 函数来替代，如：

```
tex2Dlod(tex, float4(uv, 0, 0)).
```

而且我们还需要添加#pragma target 3.0，因为 tex2Dlod 是 Shader Model 3.0 中的特性。

5.6.3 Shader 的语义差异

我们在 5.4 节讲到了 Shader 中的语义是什么，其中我们讲到了一些语义在某些平台下是等价的，例如 *SV_POSITION* 和 *POSITION*。但在另一些平台上，这些语义是不等价的。为了让 Shader 能够在所有平台上正常工作，我们应该尽可能使用下面的语义来描述 Shader 的输入输出变量。

- 使用 *SV_POSITION* 来描述顶点着色器输出的顶点位置。一些 Shader 使用了 *POSITION* 语义，但这些 Shader 无法在索尼 PS4 平台上或使用了细分着色器的情况下正常工作。
- 使用 *SV_Target* 来描述片元着色器的输出颜色。一些 Shader 使用了 COLOR 或者 *COLOR0* 语义，同样的，这些 Shader 无法在索尼 PS4 上正常工作。

5.6.4 其他平台差异

本书只给出了一些最常见的平台差异造成的问题，还有一些差异不再列举。如果读者发现一些 Shader 在平台 A 下工作良好，而在平台 B 下出现了问题，可以去 Unity 官方文档（docs.unity3d/Manual/SL-PlatformDifferences.html）中寻找更多的资料。

5.7 Shader 整洁之道

在本章的最后，我们给出一些关于如何规范 Shader 代码的建议。当然，这些建议并不是绝对正确的，读者可以根据实际情况做出权衡。写出规范的代码不仅是让代码变得漂亮易懂而已，更重要的是，养成这些习惯有助于我们写出高效的代码。

5.7.1 float、half 还是 fixed

在本书中，我们使用 Cg/HLSL 来编写 Unity Shader 中的代码。而在 Cg/HLSL 中，有 3 种精度的数值类型：float，half 和 fixed。这些精度将决定计算结果的数值范围。表 5.8 给出了这 3 种精度在通常情况下的数值范围。

表 5.8 Cg/HLSL 中 3 种精度的数值类型

类 型	精 度
float	最高精度的浮点值。通常使用 32 位来存储
half	中等精度的浮点值。通常使用 16 位来存储，精度范围是−60 000～+60 000
fixed	最低精度的浮点值。通常使用 11 位来存储，精度范围是−2.0～+2.0

上面的精度范围并不是绝对正确的，尤其是在不同平台和 GPU 上，它们实际的精度可能和上面给出的范围不一致。通常来讲。

- 大多数现代的桌面 GPU 会把所有计算都按最高的浮点精度进行计算，也就是说，float、half、fixed 在这些平台上实际是等价的。这意味着，我们在 PC 上很难看出因为 half 和 fixed 精度而带来的不同。
- 但在移动平台的 GPU 上，它们的确会有不同的精度范围，而且不同精度的浮点值的运算速度也会有所差异。因此，我们应该确保在真正的移动平台上验证我们的 Shader。
- fixed 精度实际上只在一些较旧的移动平台上有用，在大多数现代的 GPU 上，它们内部把 fixed 和 half 当成同等精度来对待。

尽管有上面的不同，但一个基本建议是，尽可能使用精度较低的类型，因为这可以优化 Shader 的性能，这一点在移动平台上尤其重要。从它们大体的值域范围来看，我们可以使用 fixed 类型来存储颜色和单位矢量，如果要存储更大范围的数据可以选择 half 类型，最差情况下再选择使用 float。如果我们的目标平台是移动平台，一定要确保在真实的手机上测试我们的 Shader，这一点非常重要。关于移动平台的优化技术，读者可以在第 16 章中找到更多内容。

5.7.2 规范语法

在 5.6.2 节，我们提到 DirectX 平台对 Shader 的语义有更加严格的要求。这意味着，如果我们要发布到 DirectX 平台上就需要使用更严格的语法。例如，使用和变量类型相匹配的参数数目来对变量进行初始化。

5.7.3 避免不必要的计算

如果我们毫无节制地在 Shader（尤其是片元着色器）中进行了大量计算，那么我们可能很快就会收到 Unity 的错误提示：

```
temporary register limit of 8 exceeded
```

或

```
Arithmetic instruction limit of 64 exceeded; 65 arithmetic instructions needed to compile
program
```

出现这些错误信息大多是因为我们在 Shader 中进行了过多的运算，使得需要的临时寄存器数目或指令数目超过了当前可支持的数目。读者需要知道，不同的 Shader Target、不同的着色器阶段，我们可使用的临时寄存器和指令数目都是不同的。

通常，我们可以通过指定更高等级的 Shader Target 来消除这些错误。表 5.9 给出了 Unity 目前支持的一些 Shader Target。

表 5.9 Unity 支持的 Shader Target

指　令	描　述
#pragma target 2.0	默认的 Shader Target 等级。相当于 Direct3D 9 上的 Shader Model 2.0，不支持对顶点纹理的采样，不支持显式的 LOD 纹理采样等
#pragma target 3.0	相当于 Direct3D 9 上的 Shader Model 3.0，支持对顶点纹理的采样等
#pragma target 4.0	相当于 Direct3D 10 上的 Shader Model 4.0，支持几何着色器等
#pragma target 5.0	相当于 Direct3D 11 上的 Shader Model 5.0

需要注意的是，由于 Unity 版本的不同，Unity 支持的 Shader Target 种类也不同，读者可以在官方手册上找到更为详细的介绍。

读者：什么是 Shader Model 呢？

我们：Shader Model 是由微软提出的一套规范，通俗地理解就是它们决定了 Shader 中各个特性（feature）的能力（capability）。这些特性和能力体现在 Shader 能使用的运算指令数目、寄存器个数等各个方面。Shader Model 等级越高，Shader 的能力就越大。具体的细节读者可以参见本章的扩展阅读部分。

虽然更高等级的 Shader Target 可以让我们使用更多的临时寄存器和运算指令，但一个更好的方法是尽可能减少 Shader 中的运算，或者通过预计算的方式来提供更多的数据。

5.7.4 慎用分支和循环语句

在我们学习第一门语言的课上，类似分支、循环语句这样的流程控制语句是最基本的语法之一。但在编写 Shader 的时候，我们要对它们格外小心。

在最开始，GPU 是不支持在顶点着色器和片元着色器中使用流程控制语句的。随着 GPU 的发展，我们现在已经可以使用 if-else、for 和 while 这种流程控制指令了。但是，它们在 GPU 上的实现和在 CPU 上有很大的不同。深究这些指令的底层实现不在本书的讨论范围内，读者可以在本章的扩展阅读中找到更多的内容。大体来说，GPU 使用了不同于 CPU 的技术来实现分支语句，在最坏的情况下，我们花在一个分支语句的时间相当于运行了所有分支语句的时间。因此，我们不鼓励在 Shader 中使用流程控制语句，因为它们会降低 GPU 的并行处理操作（尽管在现代的 GPU 上已经有了改进）。

如果我们在 Shader 中使用了大量的流程控制语句，那么这个 Shader 的性能可能会成倍下降。一个解决方法是，我们应该尽量把计算向流水线上端移动，例如把放在片元着色器中的计算放到顶点着色器中，或者直接在 CPU 中进行预计算，再把结果传递给 Shader。当然，有时我们不可避免地要使用分支语句来进行运算，那么一些建议是：

- 分支判断语句中使用的条件变量最好是常数，即在 Shader 运行过程中不会发生变化；
- 每个分支中包含的操作指令数尽可能少；
- 分支的嵌套层数尽可能少。

5.7.5 不要除以 0

虽然在用类似 C#等高级语言进行编程的时候，我们会谨记不要除以 0 这个基本常识（就算你没这么做，编辑器可能也会报错），但有时在编写 Shader 的时候我们会忽略这个问题。

例如，我们在 Shader 里写下如下代码：

```
fixed4 frag(v2f i) : SV_Target
{
    return fixed4(0.0/0.0,0.0/0.0, 0.0/0.0, 1.0);
}
```

这样代码的结果往往是不可预测的。在某些渲染平台上，上面的代码不会造成 Shader 的崩溃，但即便不会崩溃得到的结果也是不确定的，有些会得到白色（由无限大截取到 1.0），有些会得到黑色，但在另一些平台上，我们的 Shader 可能就会直接崩溃。因此，即便在开发游戏的平台上，我们看到的结果可能是符合预期的，但在目标平台上可能就会出现问题。

一个解决方法是，对那些除数可能为 0 的情况，强制截取到非 0 范围。在一些资料中，读者可能也会看到使用 if 语句来判断除数是否为 0 的例子。另一个方法是，使用一个很小的浮点值，例如 0.000001 来保证分母大于 0（前提是原始数值是非负数）。

5.8 扩展阅读

读者可以在《GPU 精粹 2》中的 **GPU 流程控制**一章[1]中更加深入地了解为什么流程控制语句在 GPU 上会影响性能。在 5.7.3 节我们提到了 Shader 中临时寄存器数目和运算指令都有限制，实际上 Shader Model 对顶点着色器和片元着色器中使用的指令数、临时寄存器、常量寄存器、输入/输出寄存器、纹理等数目都进行了规定。读者可以在 Wiki 的相关资料[2]和 HLSL 的手册[3]中找到更多的内容。

[1] Mark Harris, Ian Buck. "GPU Flow-Control Idioms." In GPU Gems 2. 中译本：GPU 精粹 2：高性能图形芯片和通用计算编程技巧，法尔译，清华大学出版社，2007 年。

[2] High-Level Shading Language，Wiki。

[3] Shader Models vs Shader Profiles，HLSL 手册（msdn.microsoft/en-us/library/windows/desktop/bb509626(v=vs.85).aspx）。

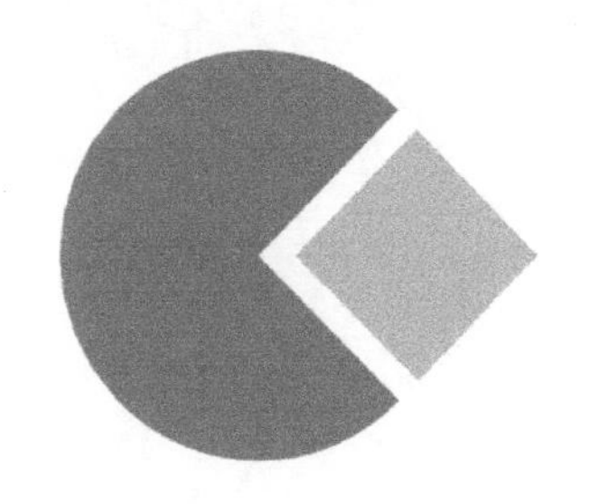

第6章　Unity中的基础光照

渲染总是围绕着一个基础问题：我们如何决定一个像素的颜色？从宏观上来说，渲染包含了两大部分：决定一个像素的可见性，决定这个像素上的光照计算。而光照模型就是用于决定在一个像素上进行怎样的光照计算。

我们首先会在6.1节介绍在真实世界中，我们是如何看到一个物体的，以此来帮助读者理解光照模型背后的原理。随后在6.2节中，我们将解释什么是标准光照模型，以及如何在Unity Shader中实现标准光照模型。6.3节介绍如何计算光照模型中的环境光和自发光部分。在6.4节和6.5节中，我们将学习两种最基本的光照模型，并比较逐顶点和逐像素光照的区别。最后，在6.6节中介绍如何使用Unity的内置函数来帮助我们实现这些光照模型。

需要提醒读者注意的是，本章着重讲述光照模型的原理，因此实现的Shader往往并不能直接应用到实际项目中（直接使用会缺少阴影、光照衰减等效果）。我们会在9.5节给出包含了完整光照模型的可真正使用的Unity Shader。

6.1 我们是如何看到这个世界的

我们可能常常会问类似这样的问题："这个物体是什么颜色的？"如果读者对小学的自然课还有印象的话，可能还会记得这个问题是没有意义的：当我们在描述"这个物体是红色的"时，实际上是因为这个物体会反射更多的红光波长，而吸收了其他波长。而如果一个物体在我们看来是黑色的，实际上是因为它吸收了绝大部分的波长。这种物理现象就是本节需要探讨的内容。

通常来讲，我们要模拟真实的光照环境来生成一张图像，需要考虑3种物理现象。

- 首先，光线从**光源（light source）**中被发射出来。
- 然后，光线和场景中的一些物体相交：一些光线被物体吸收了，而另一些光线被散射到其他方向。
- 最后，摄像机吸收了一些光，产生了一张图像。

下面，我们将对每个部分进行更加详细的解释。

6.1.1 光源

光不是从石头里蹦出来的，而是由光源发射出来的。在实时渲染中，我们通常把光源当成一个没有体积的点，用 l 来表示它的方向。那么，我们如何测量一个光源发射出了多少光呢？也就是说，我们如何量化光呢？在光学里，我们使用**辐照度（irradiance）**来量化光。对于平行光来说，它的辐照度可通过计算在垂直于 l 的单位面积上单位时间内穿过的能量来得到。在计算光照模型时，我们需要知道一个物体表面的辐照度，而物体表面往往是和 l 不垂直的，那么如何计算这样的表面的辐照度呢？我们可以使用光源方向 l 和表面法线 n 之间的夹角的余弦值来得到。需要注意的是，这里默认方向矢量的模都为1。图6.1显示了使用余弦值来计算的原因。

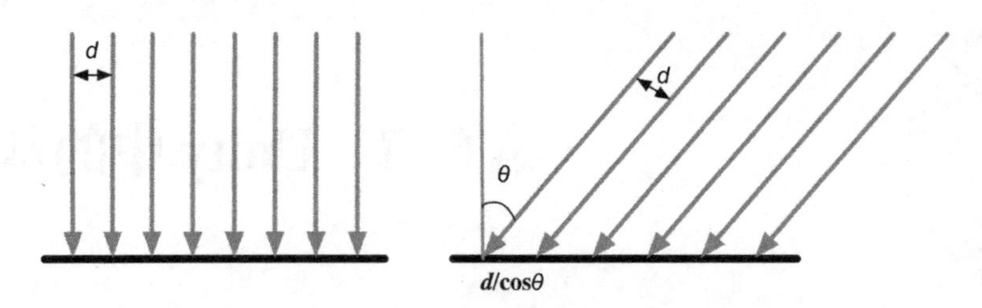

▲图 6.1　在左图中，光是垂直照射到物体表面，因此光线之间的垂直距离保持不变；而在右图中，光是斜着照射到物体表面，在物体表面光线之间的距离是 d/cosθ，因此单位面积上接收到的光线数目要少于左图

因为辐照度是和照射到物体表面时光线之间的距离 $d/\cos\theta$成反比的，因此辐照度就和 $\cos\theta$ 成正比。$\cos\theta$ 可以使用光源方向 l 和表面法线 n 的点积来得到。这就是使用点积来计算辐照度的由来。

6.1.2　吸收和散射

光线由光源发射出来后，就会与一些物体相交。通常，相交的结果有两个：**散射（scattering）**和**吸收（absorption）**。

散射只改变光线的方向，但不改变光线的密度和颜色。而吸收只改变光线的密度和颜色，但不改变光线的方向。光线在物体表面经过散射后，有两种方向：一种将会散射到物体内部，这种现象被称为**折射（refraction）**或**透射（transmission）**；另一种将会散射到外部，这种现象被称为**反射（reflection）**。对于不透明物体，折射进入物体内部的光线还会继续与内部的颗粒进行相交，其中一些光线最后会重新发射出物体表面，而另一些则被物体吸收。那些从物体表面重新发射出的光线将具有和入射光线不同的方向分布和颜色。图 6.2 给出了这样的一个例子。

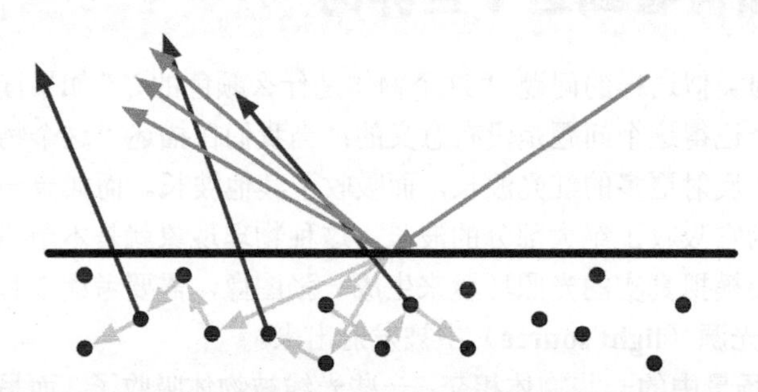

▲图 6.2　散射时，光线会发生折射和反射现象。对于不透明物体，折射的光线会在物体内部继续传播，最终有一部分光线会重新从物体表面被发射出去

为了区分这两种不同的散射方向，我们在光照模型中使用了不同的部分来计算它们：**高光反射（specular）**部分表示物体表面是如何反射光线的，而**漫反射（diffuse）**部分则表示有多少光线会被折射、吸收和散射出表面。根据入射光线的数量和方向，我们可以计算出射光线的数量和方向，我们通常使用**出射度（exitance）**来描述它。辐照度和出射度之间是满足线性关系的，而它们之间的比值就是材质的漫反射和高光反射属性。

在本章中，我们假设漫反射部分是没有方向性的，也就是说，光线在所有方向上是平均分布的。同时，我们也只考虑某一个特定方向上的高光反射。

6.1.3　着色

着色（shading）指的是，根据材质属性（如漫反射属性等）、光源信息（如光源方向、辐照度等），使用一个等式去计算沿某个观察方向的出射度的过程。我们也把这个等式称为**光照模型**

(**Lighting Model**)。不同的光照模型有不同的目的。例如，一些用于描述粗糙的物体表面，一些用于描述金属表面等。

6.1.4 BRDF 光照模型

我们已经了解了光线在和物体表面相交时会发生哪些现象。当已知光源位置和方向、视角方向时，我们就需要知道一个表面是如何和光照进行交互的。例如，当光线从某个方向照射到一个表面时，有多少光线被反射？反射的方向有哪些？而 **BRDF**（**Bidirectional Reflectance Distribution Function**）就是用来回答这些问题的。当给定模型表面上的一个点时，BRDF 包含了对该点外观的完整的描述。在图形学中，BRDF 大多使用一个数学公式来表示，并且提供了一些参数来调整材质属性。通俗来讲，当给定入射光线的方向和辐照度后，BRDF 可以给出在某个出射方向上的光照能量分布。本章涉及的 BRDF 都是对真实场景进行理想化和简化后的模型，也就是说，它们并不能真实地反映物体和光线之间的交互，这些光照模型被称为是经验模型。尽管如此，这些经验模型仍然在实时渲染领域被应用了多年。读者可以从邓恩的著作《3D 数学基础：图形与游戏开发》（英文名：《3D Math Primer For Graphics And Game Development》）中提到的一句名言来体会这其中的原因。

计算机图形学的第一定律：如果它看起来是对的，那么它就是对的。

然而，有时我们希望可以更加真实地模拟光和物体的交互，这就出现了基于物理的 BRDF 模型，我们会在第 18 章基于物理的渲染中看到这些更加复杂的光照模型。

6.2 标准光照模型

虽然光照模型有很多种类，但在早期的游戏引擎中往往只使用一个光照模型，这个模型被称为标准光照模型。实际上，在 BRDF 理论被提出之前，标准光照模型就已经被广泛使用了。

在 1973[①]年，著名学者裴祥风（Bui Tuong Phong）提出了标准光照模型背后的基本理念。标准光照模型只关心直接光照（direct light），也就是那些直接从光源发射出来照射到物体表面后，经过物体表面的一次反射直接进入摄像机的光线。

它的基本方法是，把进入到摄像机内的光线分为 4 个部分，每个部分使用一种方法来计算它的贡献度。这 4 个部分是。

- **自发光**（**emissive**）部分，本书使用 $c_{emissive}$ 来表示。这个部分用于描述当给定一个方向时，一个表面本身会向该方向发射多少辐射量。需要注意的是，如果没有使用全局光照（global illumination）技术，这些自发光的表面并不会真的照亮周围的物体，而是它本身看起来更亮了而已。
- **高光反射**（**specular**）部分，本书使用 $c_{specular}$ 来表示。这个部分用于描述当光线从光源照射到模型表面时，该表面会在完全镜面反射方向散射多少辐射量。
- **漫反射**（**diffuse**）部分，本书使用 $c_{diffuse}$ 来表示。这个部分用于描述，当光线从光源照射到模型表面时，该表面会向每个方向散射多少辐射量。
- **环境光**（**ambient**）部分，本书使用 $c_{ambient}$ 来表示。它用于描述其他所有的间接光照。

6.2.1 环境光

虽然标准光照模型的重点在于描述直接光照，但在真实的世界中，物体也可以被**间接光照**（**indirect light**）所照亮。间接光照指的是，光线通常会在多个物体之间反射，最后进入摄像机，也就是说，在光线进入摄像机之前，经过了不止一次的物体反射。例如，在红地毯上放置一个浅

① en.wikipedia/wiki/Bui Tuong Phong

灰色的沙发，那么沙发底部也会有红色，这些红色是由红地毯反射了一部分光线，再反弹到沙发上的。

在标准光照模型中，我们使用了一种被称为环境光的部分来近似模拟间接光照。环境光的计算非常简单，它通常是一个全局变量，即场景中的所有物体都使用这个环境光。下面的等式给出了计算环境光的部分：

$$c_{ambient} = g_{ambient}$$

6.2.2　自发光

光线也可以直接由光源发射进入摄像机，而不需要经过任何物体的反射。标准光照模型使用自发光来计算这个部分的贡献度。它的计算也很简单，就是直接使用了该材质的自发光颜色：

$$c_{emissive} = m_{emissive}$$

通常在实时渲染中，自发光的表面往往并不会照亮周围的表面，也就是说，这个物体并不会被当成一个光源。Unity 5 引入的全新的全局光照系统则可以模拟这类自发光物体对周围物体的影响，我们会在第 18 章中看到。

6.2.3　漫反射

漫反射光照是用于对那些被物体表面随机散射到各个方向的辐射度进行建模的。在漫反射中，视角的位置是不重要的，因为反射是完全随机的，因此可以认为在任何反射方向上的分布都是一样的。但是，入射光线的角度很重要。

漫反射光照符合**兰伯特定律（Lambert's law）**：反射光线的强度与表面法线和光源方向之间夹角的余弦值成正比。因此，漫反射部分的计算如下：

$$c_{diffuse} = (c_{light} \cdot m_{diffuse})\max(0, \hat{n} \cdot \hat{l})$$

其中，$\hat{n}$ 是表面法线，$\hat{l}$ 是指向光源的单位矢量，$m_{diffuse}$ 是材质的漫反射颜色，c_{light} 是光源颜色。需要注意的是，我们需要防止法线和光源方向点乘的结果为负值，为此，我们使用取最大值的函数来将其截取到 0，这可以防止物体被从后面来的光源照亮。

6.2.4　高光反射

这里的高光反射是一种经验模型，也就是说，它并不完全符合真实世界中的高光反射现象。它可用于计算那些沿着完全镜面反射方向被反射的光线，这可以让物体看起来是有光泽的，例如金属材质。

计算高光反射需要知道的信息比较多，如表面法线、视角方向、光源方向、反射方向等。在本节中，我们假设这些矢量都是单位矢量。图 6.3 给出了这些方向矢量。

在这四个矢量中，我们实际上只需要知道其中 3 个矢量即可，而第四个矢量——反射方向可以通过其他信息计算得到：

$$\hat{r} = 2(\hat{n} \cdot \hat{l})\hat{n} - \hat{l}$$

这样，我们就可以利用 Phong 模型来计算高光反射的部分：

$$c_{specular} = (c_{light} \cdot m_{specular})\max(0, \hat{v} \cdot \hat{r})^{m_{gloss}}$$

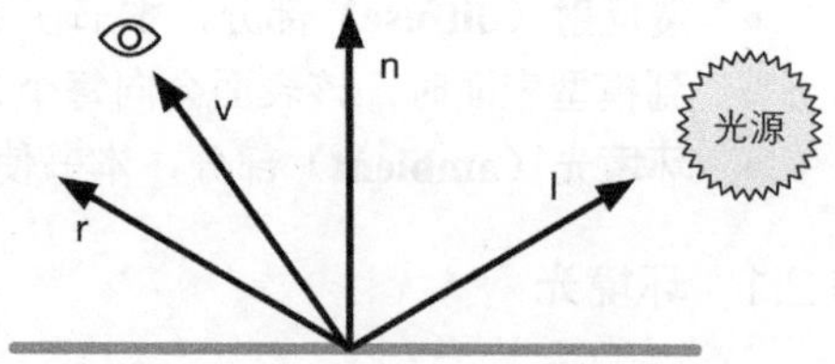

▲图 6.3　使用 Phong 模型计算高光反射

其中，m_{gloss} 是材质的**光泽度（gloss）**，也被称为**反光度（shininess）**。它用于控制高光区域的“亮点”有多宽，m_{gloss} 越大，亮点就越小。$m_{specular}$ 是材质的高光反射颜色，它用于控制该材质对于高光反射的强度和颜色。c_{light} 则是光源的颜色和强度。同样，这里也需要防止 $\hat{\boldsymbol{v}}\cdot\hat{\boldsymbol{r}}$ 的结果为负数。

和上述的 Phong 模型相比，Blinn 提出了一个简单的修改方法来得到类似的效果。它的基本思想是，避免计算反射方向 $\hat{\boldsymbol{r}}$。为此，Blinn 模型引入了一个新的矢量 $\hat{\boldsymbol{h}}$，它是通过对 $\hat{\boldsymbol{v}}$ 和 $\hat{\boldsymbol{l}}$ 的取平均后再归一化得到的。即

$$\hat{\boldsymbol{h}}=\frac{\hat{\boldsymbol{v}}+\hat{\boldsymbol{l}}}{|\hat{\boldsymbol{v}}+\hat{\boldsymbol{l}}|}$$

然后，使用 $\hat{\boldsymbol{n}}$ 和 $\hat{\boldsymbol{h}}$ 之间的夹角进行计算，而非 $\hat{\boldsymbol{v}}$ 和 $\hat{\boldsymbol{r}}$ 之间的夹角，如图 6.4 所示。

总结一下，Blinn 模型的公式如下：

$$\boldsymbol{c}_{specular}=(\boldsymbol{c}_{light}\cdot\boldsymbol{m}_{specular})\max(0,\hat{\boldsymbol{n}}\cdot\hat{\boldsymbol{h}})^{m_{gloss}}$$

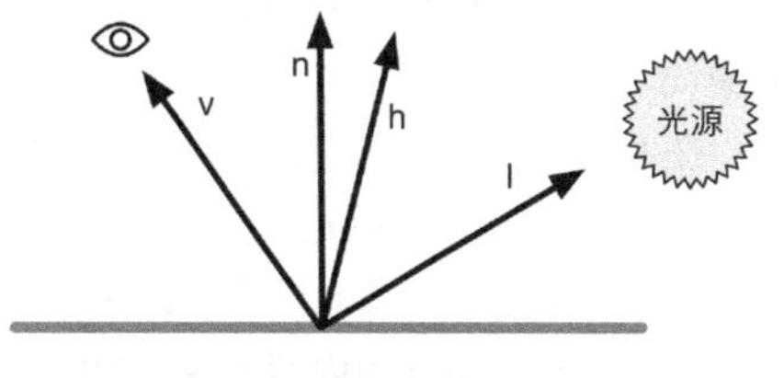

▲图 6.4 Blinn 模型

在硬件实现时，如果摄像机和光源距离模型足够远的话，Blinn 模型会快于 Phong 模型，这是因为，此时可以认为 $\hat{\boldsymbol{v}}$ 和 $\hat{\boldsymbol{l}}$ 都是定值，因此 $\hat{\boldsymbol{h}}$ 将是一个常量。但是，当 $\hat{\boldsymbol{v}}$ 或者 $\hat{\boldsymbol{l}}$ 不是定值时，Phong 模型可能反而更快一些。需要注意的是，这两种光照模型都是经验模型，也就是说，我们不应该认为 Blinn 模型是对“正确的”Phong 模型的近似。实际上，在一些情况下，Blinn 模型更符合实验结果。

6.2.5 逐像素还是逐顶点

上面，我们给出了基本光照模型使用的数学公式，那么我们在哪里计算这些光照模型呢？通常来讲，我们有两种选择：在片元着色器中计算，也被称为**逐像素光照（per-pixel lighting）**；在顶点着色器中计算，也被称为**逐顶点光照（per-vertex lighting）**。

在逐像素光照中，我们会以每个像素为基础，得到它的法线（可以是对顶点法线插值得到的，也可以是从法线纹理中采样得到的），然后进行光照模型的计算。这种在面片之间对顶点法线进行插值的技术被称为 **Phong 着色（Phong shading）**，也被称为 Phong 插值或法线插值着色技术。这不同于我们之前讲到的 Phong 光照模型。

与之相对的是逐顶点光照，也被称为**高洛德着色（Gouraud shading）**。在逐顶点光照中，我们在每个顶点上计算光照，然后会在渲染图元内部进行线性插值，最后输出成像素颜色。由于顶点数目往往远小于像素数目，因此逐顶点光照的计算量往往要小于逐像素光照。但是，由于逐顶点光照依赖于线性插值来得到像素光照，因此，当光照模型中有非线性的计算（例如计算高光反射时）时，逐顶点光照就会出问题。在后面的章节中，我们将会看到这种情况。而且，由于逐顶点光照会在渲染图元内部对顶点颜色进行插值，这会导致渲染图元内部的颜色总是暗于顶点处的最高颜色值，这在某些情况下会产生明显的棱角现象。

6.2.6 总结

虽然标准光照模型仅仅是一个经验模型，也就是说，它并不完全符合真实世界中的光照现象。但由于它的易用性、计算速度和得到的效果都比较好，因此仍然被广泛使用。而也是由于它的广泛使用性，这种标准光照模型有很多不同的叫法。例如，一些资料中称它为 **Phong 光照模型**，因为裴祥风（Bui Tuong Phong）首先提出了使用漫反射和高光反射的和来对反射光照进行建模的基本思想，并且提出了基于经验的计算高光反射的方法（用于计算漫反射光照的兰伯特模型在那时已经被提出了）。而后，由于 Blinn 的方法简化了计算而且在某些情况下计算更快，我们把这种模型称为 **Blinn-Phong 光照模型**。

但这种模型有很多局限性。首先，有很多重要的物理现象无法用 Blinn-Phong 模型表现出来，例如**菲涅耳反射**（**Fresnel reflection**）。其次，Blinn-Phong 模型是**各项同性**（**isotropic**）的，也就是说，当我们固定视角和光源方向旋转这个表面时，反射不会发生任何改变。但有些表面是具有**各向异性**（**anisotropic**）反射性质的，例如拉丝金属、毛发等。在第 18 章中，我们将学习基于物理的光照模型，这些光照模型更加复杂，同时也可以更加真实地反映光和物体的交互。

6.3 Unity 中的环境光和自发光

在标准光照模型中，环境光和自发光的计算是最简单的。

在 Unity 中，场景中的环境光可以在 *Window -> Lighting -> Ambient Source/Ambient Color/Ambient Intensity* 中控制，如图 6.5 所示。在 Shader 中，我们只需要通过 Unity 的内置变量 UNITY_LIGHTMODEL_AMBIENT 就可以得到环境光的颜色和强度信息。

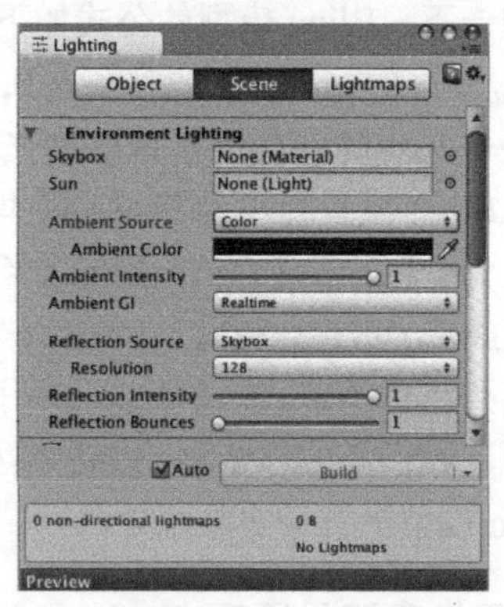

▲图 6.5　在 Unity 的 *Window -> Lighting* 面板中，我们可以通过 *Ambient Source/Ambient Color/Ambient Intensity* 来控制场景中的环境光的颜色和强度

而大多数物体是没有自发光特性的，因此在本书绝大部分的 Shader 中都没有计算自发光部分。如果要计算自发光也非常简单，我们只需要在片元着色器输出最后的颜色之前，把材质的自发光颜色添加到输出颜色上即可。

6.4 在 Unity Shader 中实现漫反射光照模型

在了解了上述的理论后，我们现在来看一下如何在 Unity 中实现这些基本光照模型。首先，我们来实现标准光照模型中的漫反射光照部分。

在 6.2.3 节中，我们给出了基本光照模型中漫反射部分的计算公式：

$$\mathbf{c}_{diffuse} = (\mathbf{c}_{light} \cdot \mathbf{m}_{diffuse}) \max(0, \hat{\boldsymbol{n}} \cdot \hat{\boldsymbol{l}})$$

从公式可以看出，要计算漫反射需要知道 4 个参数：入射光线的颜色和强度 $\mathbf{c}_{light}$，材质的漫反射系数 $\mathbf{m}_{diffuse}$，表面法线 $\hat{\boldsymbol{n}}$ 以及光源方向 $\hat{\boldsymbol{l}}$。

为了防止点积结果为负值，我们需要使用 max 操作，而 Cg 提供了这样的函数。在本例中，使用 Cg 的另一个函数可以达到同样的目的，即 saturate 函数。

函数：saturate(*x*)

参数：*x*：为用于操作的标量或矢量，可以是 float、float2、float3 等类型。

描述：把 *x* 截取在[0, 1]范围内，如果 *x* 是一个矢量，那么会对它的每一个分量进行这样的操作。

6.4.1　实践：逐顶点光照

我们首先来看如何实现一个逐顶点的漫反射光照效果。在学习完本节后，我们会得到类似图 6.6 中的效果。

为此，我们进行如下准备工作。

（1）在 Unity 中新建一个场景。在本书资源中，该场景名为 Scene_6_4。在 Unity 5.2 中，默认情况下场景将包含一个摄像机和一个平行光，并且使用了内置的天空盒子。在 Window ->

Lighting -> Skybox 中去掉场景中的天空盒子。

（2）新建一个材质。在本书资源中，该材质名为 DiffuseVertexLevelMat。

（3）新建一个 Unity Shader。在本书资源中，该 Shader 名为 Chapter6-DiffuseVertexLevel。把新的 Shader 赋给第 2 步中创建的材质。

（4）在场景中创建一个胶囊体，并把第 2 步中的材质赋给该胶囊体。

（5）保存场景。

下面，我们需要编写自己的 Shader 来实现一个逐顶点的漫反射效果。打开第 3 步中创建的 Unity Shader，删除所有已有代码，并进行如下修改。

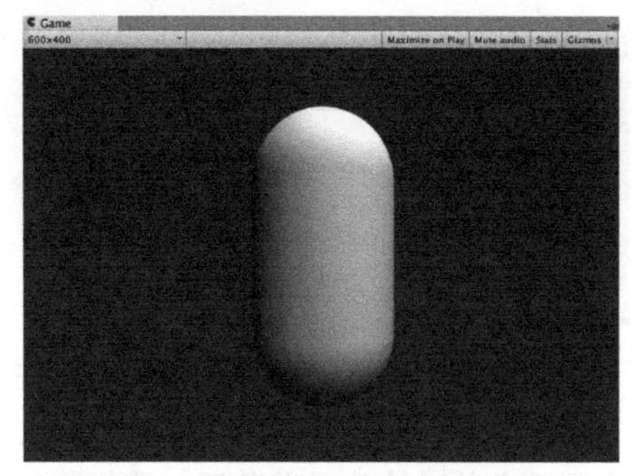

▲图 6.6　逐顶点的漫反射光照效果

（1）首先，我们需要为这个 Shader 起一个名字：

```
Shader "Unity Shaders Book/Chapter 6/Diffuse Vertex-Level" {
```

（2）为了得到并且控制材质的漫反射颜色，我们首先在 Shader 的 *Properties* 语义块中声明了一个 Color 类型的属性，并把它的初始值设为白色：

```
Properties {
    _Diffuse ("Diffuse", Color) = (1, 1, 1, 1)
}
```

（3）然后，我们在 *SubShader* 语义块中定义了一个 *Pass* 语义块。这是因为顶点/片元着色器的代码需要写在 *Pass* 语义块，而非 *SubShader* 语义块中。而且，我们在 Pass 的第一行指明了该 Pass 的光照模式：

```
SubShader {
    Pass {
        Tags { "LightMode"="ForwardBase" }
```

LightMode 标签是 Pass 标签中的一种，它用于定义该 Pass 在 Unity 的光照流水线中的角色，在第 9 章中我们会更加详细地解释它。在这里，我们只需要知道，只有定义了正确的 LightMode，我们才能得到一些 Unity 的内置光照变量，例如下面要讲到的_LightColor0。

（4）然后，我们使用 *CGPROGRAM* 和 *ENDCG* 来包围 Cg 代码片，以定义最重要的顶点着色器和片元着色器代码。首先，我们使用#pragma 指令来告诉 Unity，我们定义的顶点着色器和片元着色器叫什么名字。在本例中，它们的名字分别是 vert 和 frag：

```
CGPROGRAM

#pragma vertex vert
#pragma fragment frag
```

（5）为了使用 Unity 内置的一些变量，如后面要讲到的_LightColor0，还需要包含进 Unity 的内置文件 Lighting.cginc：

```
#include "Lighting.cginc"
```

（6）为了在 Shader 中使用 *Properties* 语义块中声明的属性，我们需要定义一个和该属性类型相匹配的变量：

```
fixed4 _Diffuse;
```

通过这样的方式，我们就可以得到漫反射公式中需要的参数之一——材质的漫反射属性。由于颜色属性的范围在 0 到 1 之间，因此我们可以使用 fixed 精度的变量来存储它。

（7）然后，我们定义了顶点着色器的输入和输出结构体（输出结构体同时也是片元着色器的输入结构体）：

```
struct a2v {
    float4 vertex : POSITION;
    float3 normal : NORMAL;
};

struct v2f {
    float4 pos : SV_POSITION;
    fixed3 color : COLOR;
};
```

为了访问顶点的法线，我们需要在 a2v 中定义一个 normal 变量，并通过使用 NORMAL 语义来告诉 Unity 要把模型顶点的法线信息存储到 normal 变量中。为了把在顶点着色器中计算得到的光照颜色传递给片元着色器，我们需要在 v2f 中定义一个 color 变量，且并不是必须使用 COLOR 语义，一些资料中会使用 TEXCOORD0 语义。

（8）接下来是关键的顶点着色器。由于本小节关注如何实现一个逐顶点的漫反射光照，因此漫反射部分的计算都将在顶点着色器中进行：

```
v2f vert(a2v v) {
    v2f o;
    // Transform the vertex from object space to projection space
    o.pos = mul(UNITY_MATRIX_MVP, v.vertex);

    // Get ambient term
    fixed3 ambient = UNITY_LIGHTMODEL_AMBIENT.xyz;

    // Transform the normal fram object space to world space
    fixed3 worldNormal = normalize(mul(v.normal, (float3x3)_World2Object));
    // Get the light direction in world space
    fixed3 worldLight = normalize(_WorldSpaceLightPos0.xyz);
    // Compute diffuse term
    fixed3 diffuse = _LightColor0.rgb * _Diffuse.rgb * saturate(dot(worldNormal, 
worldLight));

    o.color = ambient + diffuse;

    return o;
}
```

在第一行，我们首先定义了返回值 o。我们已经重复过很多次，顶点着色器最基本的任务就是把顶点位置从模型空间转换到裁剪空间中，因此我们需要使用 Unity 内置的模型*世界*投影矩阵 UNITY_MATRIX_MVP 来完成这样的坐标变换。接下来，我们通过 Unity 的内置变量 UNITY_LIGHTMODEL_AMBIENT 得到了环境光部分。

然后，就是真正计算漫反射光照的部分。回忆一下，为了计算漫反射光照我们需要知道 4 个参数。在前面的步骤中，我们已经知道了材质的漫反射颜色_Diffuse 以及顶点法线 v.normal。我们还需要知道光源的颜色和强度信息以及光源方向。Unity 提供给我们一个内置变量_LightColor0 来访问该 Pass 处理的光源的颜色和强度信息（注意，想要得到正确的值需要定义合适的 LightMode 标签），而光源方向可以由_WorldSpaceLightPos0 来得到。需要注意的是，这里对光源方向的计算并不具有通用性。在本节中，我们假设场景中只有一个光源且该光源的类型是平行光。但如果场景中有多个光源并且类型可能是点光源等其他类型，直接使用_WorldSpaceLightPos0 就不能得到正确的结果。我们将在 6.6 节中学习如何使用内置函数来处理更复杂的光源类型。

在计算法线和光源方向之间的点积时，我们需要选择它们所在的坐标系，只有两者处于同一坐标空间下，它们的点积才有意义。在这里，我们选择了世界坐标空间。而由 a2v 得到的顶点法线是位于模型空间下的，因此我们首先需要把法线转换到世界空间中。在 4.7 节中，我们已经知道可以使用顶点变换矩阵的逆转置矩阵对法线进行相同的变换，因此我们首先得到模型空间到世界空间的变换矩阵的逆矩阵_World2Object，然后通过调换它在 mul 函数中的位置，得到和转置矩阵相同的矩阵乘法。由于法线是一个三维矢量，因此我们只需要截取_World2Object 的前三行前三列即可。

在得到了世界空间中的法线和光源方向后，我们需要对它们进行归一化操作。在得到它们点积的结果后，我们需要防止这个结果为负值。为此，我们使用了 saturate 函数。saturate 函数是 Cg 提供的一种函数，它的作用是可以把参数截取到[0, 1]的范围内。最后，再与光源的颜色和强度以及材质的漫反射颜色相乘即可得到最终的漫反射光照部分。

最后，我们对环境光和漫反射光部分相加，得到最终的光照结果。

（9）由于所有的计算在顶点着色器中都已经完成了，因此片元着色器的代码很简单，我们只需要直接把顶点颜色输出即可：

```
fixed4 frag(v2f i) : SV_Target {
    return fixed4(i.color, 1.0);
}
```

（10）最后，我们需要把这个 Unity Shader 的回调 shader 设置为内置的 Diffuse：

```
Fallback "Diffuse"
```

至此，我们已经详细解释了逐顶点的漫反射光照的实现。对于细分程度较高的模型，逐顶点光照已经可以得到比较好的光照效果了。但对于一些细分程度较低的模型，逐顶点光照就会出现一些视觉问题，例如我们可以在图 6.6 中看到在胶囊体的背光面与向光面交界处有一些锯齿。为了解决这些问题，我们可以使用逐像素的漫反射光照。

6.4.2 实践：逐像素光照

我们只需要对 Shader 进行一些更改就可以实现逐像素的漫反射效果，如图 6.7 所示。

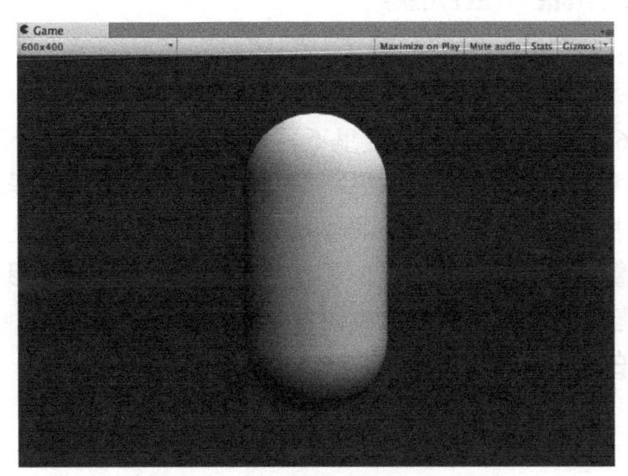

▲图 6.7 逐像素的漫反射光照效果

为此，我们进行如下准备工作。

（1）使用 6.4.1 节中使用的场景。

（2）新建一个材质。在本书资源中，该材质名为 DiffusePixelLevelMat。

（3）新建一个 Unity Shader。在本书资源中，该 Shader 名为 Chapter6-DiffusePixelLevel。把新的 Shader 赋给第 2 步中创建的材质。

（4）把第 2 步中创建的材质赋给胶囊体。

Chapter6-DiffusePixelLevel 的代码和 6.4.1 小节中的非常相似，因此我们首先把 6.4.1 节中的代码直接粘贴到 Chapter6-DiffusePixelLevel 中，并进行如下修改。

（1）修改顶点着色器的输出结构体 v2f：

```
struct v2f {
    float4 pos : SV_POSITION;
    float3 worldNormal : TEXCOORD0;
};
```

（2）顶点着色器不需要计算光照模型，只需要把世界空间下的法线传递给片元着色器即可：

```
v2f vert(a2v v) {
    v2f o;
    // Transform the vertex from object space to projection space
    o.pos = mul(UNITY_MATRIX_MVP, v.vertex);

    // Transform the normal fram object space to world space
    o.worldNormal = mul(v.normal, (float3x3)_World2Object);

    return o;
}
```

（3）片元着色器需要计算漫反射光照模型：

```
fixed4 frag(v2f i) : SV_Target {
    // Get ambient term
    fixed3 ambient = UNITY_LIGHTMODEL_AMBIENT.xyz;

    // Get the normal in world space
    fixed3 worldNormal = normalize(i.worldNormal);
    // Get the light direction in world space
    fixed3 worldLightDir = normalize(_WorldSpaceLightPos0.xyz);

    // Compute diffuse term
    fixed3  diffuse  =  _LightColor0.rgb  *  _Diffuse.rgb  *  saturate(dot(worldNormal,
worldLightDir));

    fixed3 color = ambient + diffuse;

    return fixed4(color, 1.0);
}
```

上面的计算过程和 6.4.1 节完全相同，这里不再赘述。

逐像素光照可以得到更加平滑的光照效果。但是，即便使用了逐像素漫反射光照，有一个问题仍然存在。在光照无法到达的区域，模型的外观通常是全黑的，没有任何明暗变化，这会使模型的背光区域看起来就像一个平面一样，失去了模型细节表现。实际上我们可以通过添加环境光来得到非全黑的效果，但即便这样仍然无法解决背光面明暗一样的缺点。为此，有一种改善技术被提出来，这就是**半兰伯特（Half Lambert）光照模型**。

6.4.3 半兰伯特模型

在 6.4.1 小节中，我们使用的漫反射光照模型也被称为兰伯特光照模型，因为它符合兰伯特定律——在平面某点漫反射光的光强与该反射点的法向量和入射光角度的余弦值成正比。为了改善 6.4.2 小节最后提出的问题，Valve 公司在开发游戏《半条命》时提出了一种技术，由于该技术是在原兰伯特光照模型的基础上进行了一个简单的修改，因此被称为**半兰伯特光照模型**。

广义的半兰伯特光照模型的公式如下：

$$c_{diffuse} = (c_{light} \cdot m_{diffuse})(\alpha(\hat{n} \cdot \hat{l}) + \beta)$$

可以看出，与原兰伯特模型相比，半兰伯特光照模型没有使用 max 操作来防止 $\hat{n}$ 和 $\hat{l}$ 的点积为负值，而是对其结果进行了一个α倍的缩放再加上一个β大小的偏移。绝大多数情况下，α和β

的值均为 0.5，即公式为：

$$\boldsymbol{c}_{diffuse} = (\boldsymbol{c}_{light} \cdot \boldsymbol{m}_{diffuse})(0.5(\hat{\boldsymbol{n}} \cdot \hat{\boldsymbol{l}}) + 0.5)$$

通过这样的方式，我们可以把 $\hat{\boldsymbol{n}} \cdot \hat{\boldsymbol{l}}$ 的结果范围从[−1, 1]映射到[0, 1]范围内。也就是说，对于模型的背光面，在原兰伯特光照模型中点积结果将映射到同一个值，即 0 值处；而在半兰伯特模型中，背光面也可以有明暗变化，不同的点积结果会映射到不同的值上。

需要注意的是，半兰伯特是没有任何物理依据的，它仅仅是一个视觉加强技术。

对 6.4.2 小节中得到的代码做一些修改就可以实现半兰伯特漫反射光照效果。

（1）仍然使用 6.4.1 小节中使用的场景。

（2）新建一个材质。在本书资源中，该材质名为 HalfLambertMat。

（3）新建一个 Unity Shader。在本书资源中，该 Shader 名为 Chapter6-HalfLambert。把新的 Shader 赋给第 2 步中创建的材质。

（4）把第 2 步中创建的材质赋给胶囊体。

打开 Chapter6-HalfLambert，删除已有的 Shader 代码，把 6.4.2 小节的 Chapter6-DiffusePixelLevel 代码粘贴进去，并使用半兰伯特公式修改片元着色器中计算漫反射光照的部分：

```
fixed4 frag(v2f i) : SV_Target {
    ...

    // Compute diffuse term
    fixed halfLambert = dot(worldNormal, worldLightDir) * 0.5 + 0.5;
    fixed3 diffuse = _LightColor0.rgb * _Diffuse.rgb * halfLambert;

    fixed3 color = ambient + diffuse;

    return fixed4(color, 1.0);
}
```

在上面的代码中，我们使用半兰伯特模型代替了原有的兰伯特模型。图 6.8 给出了逐顶点漫反射光照、逐像素漫反射光照和半兰伯特光照的对比效果。

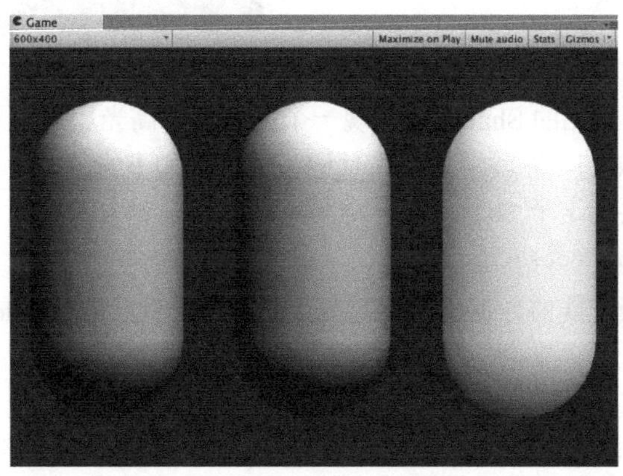

▲图 6.8　逐顶点漫反射光照、逐像素漫反射光照、半兰伯特光照的对比效果

6.5 在 Unity Shader 中实现高光反射光照模型

在 6.2.4 节中，我们给出了基本光照模型中高光反射部分的计算公式：

$$\boldsymbol{c}_{specular} = (\boldsymbol{c}_{light} \cdot \boldsymbol{m}_{specular})\max(0, \hat{\boldsymbol{v}} \cdot \hat{\boldsymbol{r}})^{m_{gloss}}$$

从公式可以看出，要计算高光反射需要知道 4 个参数：入射光线的颜色和强度 $\boldsymbol{c}_{light}$，材质的高光反射系数 $\boldsymbol{m}_{specular}$，视角方向 $\hat{\boldsymbol{v}}$ 以及反射方向 $\hat{\boldsymbol{r}}$。其中，反射方向 $\hat{\boldsymbol{r}}$ 可以由表面法线 $\hat{\boldsymbol{n}}$ 和光源

方向 $\hat{l}$ 计算而得：

$$\hat{r} = \hat{l} - 2(\hat{n} \cdot \hat{l})\hat{n}$$

上述公式很简单，更幸运的是，Cg 提供了计算反射方向的函数 reflect。

函数：reflect(i, n)

参数：i，入射方向；n，法线方向。可以是 float、float2、float3 等类型。

描述：当给定入射方向 i 和法线方向 n 时，reflect 函数可以返回反射方向。图 6.9 给出了参数和返回值之间的关系。

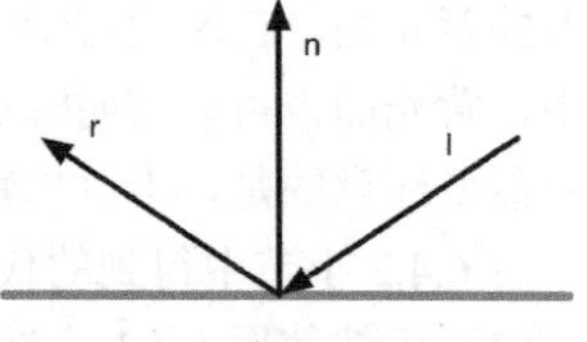

▲图 6.9　Cg 的 reflect 函数

6.5.1　实践：逐顶点光照

我们首先来看如何实现一个逐顶点的高光反射光照效果。在学习完本节后，我们会得到类似图 6.10 中的效果。

我们需要进行如下准备工作。

（1）在 Unity 中新建一个场景。在本书资源中，该场景名为 Scene_6_5。在 Unity 5.2 中，默认情况下场景将包含一个摄像机和一个平行光，并且使用了内置的天空盒子。在 Window -> Lighting -> Skybox 中去掉场景中的天空盒子。

（2）新建一个材质。在本书资源中，该材质名为 SpecularVertexLevelMat。

（3）新建一个 Unity Shader。在本书资源中，该 Shader 名为 Chapter6-SpecularVertexLevel。把新的 Shader 赋给第 2 步中创建的材质。

（4）在场景中创建一个胶囊体，并把第 2 步中的材质赋给该胶囊体。

（5）保存场景。

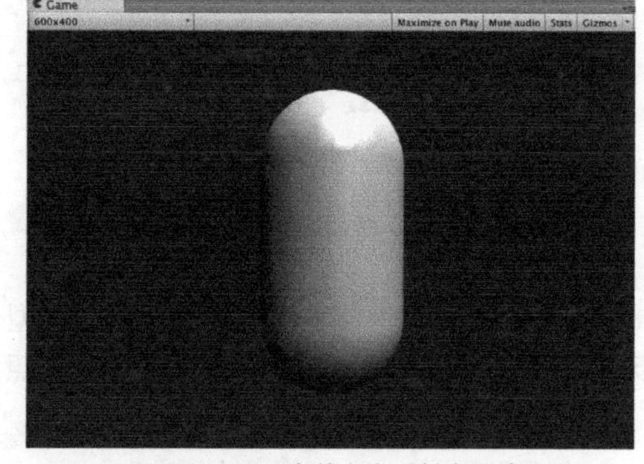

▲图 6.10　逐顶点的高光反射光照效果

下面，我们需要编写自己的 Shader 来实现一个逐顶点的高光反射效果。打开第 3 步中创建的 Chapter6-SpecularVertexLevel，删除所有已有代码，并进行如下修改。

（1）首先，我们需要为这个 Shader 起一个名字：

```
Shader "Unity Shaders Book/Chapter 6/Specular Vertex-Level" {
```

（2）为了在材质面板中能够方便地控制高光反射属性，我们在 Shader 的 *Properties* 语义块中声明了三个属性：

```
Properties {
    _Diffuse ("Diffuse", Color) = (1, 1, 1, 1)
    _Specular ("Specular", Color) = (1, 1, 1, 1)
    _Gloss ("Gloss", Range(8.0, 256)) = 20
}
```

其中，新添加的_Specular 用于控制材质的高光反射颜色，而_Gloss 用于控制高光区域的大小。

（3）然后，我们在 *SubShader* 语义块中定义了一个 *Pass* 语义块。这是因为顶点/片元着色器的代码需要写在 *Pass* 语义块，而非 *SubShader* 语义块中。而且，我们在 Pass 的第一行指明了该 Pass 的光照模式：

```
SubShader {
    Pass {
        Tags { "LightMode"="ForwardBase" }
```

LightMode 标签是 Pass 标签中的一种，它用于定义该 Pass 在 Unity 的光照流水线中的角色，在第 9 章中我们会更加详细地解释它。在这里，我们只需要知道，只有定义了正确的 LightMode，我们才能得到一些 Unity 的内置光照变量，例如_LightColor0。

（4）然后，我们使用 *CGPROGRAM* 和 *ENDCG* 来包围 CG 代码片，以定义最重要的顶点着色器和片元着色器代码。首先，我们使用#pragma 指令来告诉 Unity，我们定义的顶点着色器和片元着色器叫什么名字。在本例中，它们的名字分别是 vert 和 frag：

```
CGPROGRAM

#pragma vertex vert
#pragma fragment frag
```

（5）为了使用 Unity 内置的一些变量，如_LightColor0，还需要包含进 Unity 的内置文件 Lighting.cginc：

```
#include "Lighting.cginc"
```

（6）为了在 Shader 中使用 *Properties* 语义块中声明的属性，我们需要定义和这些属性类型相匹配的变量：

```
fixed4 _Diffuse;
fixed4 _Specular;
float _Gloss;
```

由于颜色属性的范围在 0 到 1 之间，因此对于_Diffuse 和_Specular 属性我们可以使用 fixed 精度的变量来存储它。而_Gloss 的范围很大，因此我们使用 float 精度来存储。

（7）然后，我们定义了顶点着色器的输入和输出结构体（输出结构体同时也是片元着色器的输入结构体）：

```
struct a2v {
    float4 vertex : POSITION;
    float3 normal : NORMAL;
};

struct v2f {
    float4 pos : SV_POSITION;
    fixed3 color : COLOR;
};
```

（8）在顶点着色器中，我们计算了包含高光反射的光照模型：

```
v2f vert(a2v v) {
    v2f o;
    // Transform the vertex from object space to projection space
    o.pos = mul(UNITY_MATRIX_MVP, v.vertex);

    // Get ambient term
    fixed3 ambient = UNITY_LIGHTMODEL_AMBIENT.xyz;

    // Transform the normal fram object space to world space
    fixed3 worldNormal = normalize(mul(v.normal, (float3x3)_World2Object));
    // Get the light direction in world space
    fixed3 worldLightDir = normalize(_WorldSpaceLightPos0.xyz);

    // Compute diffuse term
    fixed3 diffuse = _LightColor0.rgb * _Diffuse.rgb * saturate(dot(worldNormal, worldLightDir));

    // Get the reflect direction in world space
    fixed3 reflectDir = normalize(reflect(-worldLightDir, worldNormal));
    // Get the view direction in world space
```

```
    fixed3 viewDir = normalize(_WorldSpaceCameraPos.xyz - mul(_Object2World, v.vertex).xyz);

    // Compute specular term
    fixed3 specular = _LightColor0.rgb * _Specular.rgb * pow(saturate(dot(reflectDir, viewDir)), _Gloss);

    o.color = ambient + diffuse + specular;

    return o;
}
```

其中漫反射部分的计算和 6.4 节中的代码完全一致。对于高光反射部分，我们首先计算了入射光线方向关于表面法线的反射方向 reflectDir。由于 Cg 的 reflect 函数的入射方向要求是由光源指向交点处的，因此我们需要对 worldLightDir 取反后再传给 reflect 函数。然后，我们通过 _WorldSpaceCameraPos 得到了世界空间中的摄像机位置，再把顶点位置从模型空间变换到世界空间下，再通过和_WorldSpaceCameraPos 相减即可得到世界空间下的视角方向。

由此，我们已经得到了所有的 4 个参数，代入公式即可得到高光反射的光照部分。最后，再和环境光、漫反射光相加存储到最后的颜色中。

（9）片元着色器的代码非常简单，我们只需要直接返回顶点颜色即可：

```
fixed4 frag(v2f i) : SV_Target {
    return fixed4(i.color, 1.0);
}
```

（10）最后，我们需要把这个 Unity Shader 的回调 Shader 设置为内置的 Specular：

```
Fallback "Specular"
```

使用逐顶点的方法得到的高光效果有比较大的问题，我们可以在图 6.10 中看出高光部分明显不平滑。这主要是因为，高光反射部分的计算是非线性的，而在顶点着色器中计算光照再进行插值的过程是线性的，破坏了原计算的非线性关系，就会出现较大的视觉问题。因此，我们就需要使用逐像素的方法来计算高光反射。

6.5.2 实践：逐像素光照

我们可以使用逐像素光照来得到更加平滑的高光效果，如图 6.11 所示。

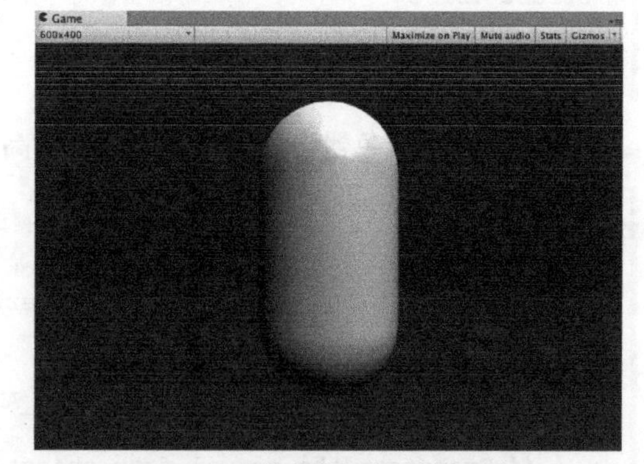

▲图 6.11 逐像素的高光反射光照效果

首先，我们需要进行如下准备工作。

（1）使用和 6.5.1 小节同样的场景。

（2）新建一个材质。在本书资源中，该材质名为 SpecularPixelLevelMat。

（3）新建一个 Unity Shader。在本书资源中，该 Shader 名为 Chapter6-SpecularPixelLevel。把新的 Shader 赋给第 2 步中创建的材质。

（4）把第 2 步中创建的材质赋给胶囊体。

打开 Chapter6-SpecularPixelLevel，删除已有的 Shader 代码，把上 6.5.1 节中的代码粘贴进去，并对顶点着色器和片元着色器进行如下修改。

（1）修改顶点着色器的输出结构体 v2f：

```
struct v2f {
    float4 pos : SV_POSITION;
    float3 worldNormal : TEXCOORD0;
    float3 worldPos : TEXCOORD1;
};
```

（2）顶点着色器只需要计算世界空间下的法线方向和顶点坐标，并把它们传递给片元着色器即可：

```
v2f vert(a2v v) {
    v2f o;
    // Transform the vertex from object space to projection space
    o.pos = mul(UNITY_MATRIX_MVP, v.vertex);

    // Transform the normal fram object space to world space
    o.worldNormal = mul(v.normal, (float3x3)_World2Object);
    // Transform the vertex from object space to world space
    o.worldPos = mul(_Object2World, v.vertex).xyz;

    return o;
}
```

（3）片元着色器需要计算关键的光照模型：

```
fixed4 frag(v2f i) : SV_Target {
    // Get ambient term
    fixed3 ambient = UNITY_LIGHTMODEL_AMBIENT.xyz;

    fixed3 worldNormal = normalize(i.worldNormal);
    fixed3 worldLightDir = normalize(_WorldSpaceLightPos0.xyz);

    // Compute diffuse term
    fixed3 diffuse = _LightColor0.rgb * _Diffuse.rgb * saturate(dot(worldNormal, worldLightDir));

    // Get the reflect direction in world space
    fixed3 reflectDir = normalize(reflect(-worldLightDir, worldNormal));
    // Get the view direction in world space
    fixed3 viewDir = normalize(_WorldSpaceCameraPos.xyz - i.worldPos.xyz);
    // Compute specular term
    fixed3 specular = _LightColor0.rgb * _Specular.rgb * pow(saturate(dot(reflectDir, viewDir)), _Gloss);

    return fixed4(ambient + diffuse + specular, 1.0);
}
```

上面的代码和 6.5.1 节中的基本相同，在此不再赘述。

可以看出，按逐像素的方式处理光照可以得到更加平滑的高光效果。至此，我们就实现了一个完整的 Phong 光照模型。

6.5.3 Blinn-Phong 光照模型

在 6.5.2 小节中，我们给出了 Phong 光照模型在 Unity 中的实现，而在 6.2.4 节中，我们还提到了另一种高光反射的实现方法——Blinn 光照模型。回忆一下，Blinn 模型没有使用反射方向，而是引入一个新的矢量 $\hat{\boldsymbol{h}}$，它是通过对视角方向 $\hat{\boldsymbol{v}}$ 和光照方向 $\hat{\boldsymbol{l}}$ 相加后再归一化得到的。即

$$\hat{\boldsymbol{h}} = \frac{\hat{\boldsymbol{v}} + \hat{\boldsymbol{l}}}{|\hat{\boldsymbol{v}} + \hat{\boldsymbol{l}}|}$$

而 Blinn 模型计算高光反射的公式如下：

$$\boldsymbol{c}_{specular} = (\boldsymbol{c}_{light} \cdot \boldsymbol{m}_{specular}) \max(0, \hat{\boldsymbol{n}} \cdot \hat{\boldsymbol{h}})^{m_{gloss}}$$

Blinn-Phong 模型的实现和 6.5.2 节中的代码很类似。为此。

（1）仍然使用和 6.5.2 节同样的场景。

（2）新建一个材质。在本书资源中，该材质名为 BlinnPhongMat。

（3）新建一个 Unity Shader。在本书资源中，该 Shader 名为 Chapter6-BlinnPhong。把新的

Shader 赋给第 2 步中创建的材质。

（4）把第 2 步中创建的材质赋给胶囊体。

打开 Chapter6-BlinnPhong，删除已有的 Shader 代码，并把 6.5.2 节中的 Chapter6-Specular PixelLevel 代码直接粘贴进去。我们只需要修改片元着色器中对高光反射部分的计算代码：

```
fixed4 frag(v2f i) : SV_Target {
    ...

    // Get the view direction in world space
    fixed3 viewDir = normalize(_WorldSpaceCameraPos.xyz - i.worldPos.xyz);
    // Get the half direction in world space
    fixed3 halfDir = normalize(worldLightDir + viewDir);
    // Compute specular term
    fixed3 specular = _LightColor0.rgb * _Specular.rgb * pow(max(0, dot(worldNormal, halfDir)), _Gloss);

    return fixed4(ambient + diffuse + specular, 1.0);
}
```

图 6.12 给出了逐顶点的高光反射光照、逐像素的高光反射光照（Phong 模型）和 Blinn-Phong 高光反射光照的对比结果。

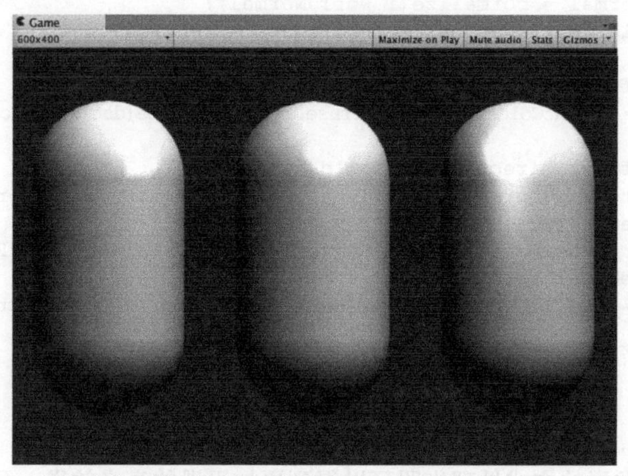

▲图 6.12 逐顶点的高光反射光照、逐像素的高光反射光照（Phong 光照模型）和 Blinn-Phong 高光反射光照的对比结果

可以看出，Blinn-Phong 光照模型的高光反射部分看起来更大、更亮一些。在实际渲染中，绝大多数情况我们都会选择 Blinn-Phong 光照模型。需要再次提醒的是，这两种光照模型都是经验模型，也就是说，我们不应该认为 Blinn-Phong 模型是对“正确的”Phong 模型的近似。实际上，在一些情况下（详见第 18 章•基于物理的渲染），Blinn-Phong 模型更符合实验结果。

6.6 召唤神龙：使用 Unity 内置的函数

读者可以发现，在计算光照模型的时候，我们往往需要得到光源方向、视角方向这两个基本信息。在上面的例子中，我们都是自行在代码里计算的，例如使用 normalize(_WorldSpaceLightPos0.xyz)来得到光源方向（这种方法实际只适用于平行光），使用 normalize(_WorldSpaceCameraPos.xyz - i.worldPosition.xyz)来得到视角方向。但如果需要处理更复杂的光照类型，如点光源和聚光灯，我们计算光源方向的方法就是错误的。这需要我们在代码中先判断光源类型，再计算它的光源信息。具体方法会在 9.2 节中讲到。

手动计算这些光源信息的过程相对比较麻烦（但并不意味着你不需要了解它们的原理）。幸运的是，Unity 提供了一些内置函数来帮助我们计算这些信息。在 5.3.1 节中，我们给出了 UnityCG.cginc 里一些非常有用的帮助函数。这里，我们再次回顾一下它们。表 6.1 给出了计算光照模型时，我们常常使用的一些内置函数。

表 6.1　UnityCG.cginc 中一些常用的帮助函数

函 数 名	描 述
float3 WorldSpaceViewDir (float4 v)	输入一个模型空间中的顶点位置，返回世界空间中从该点到摄像机的观察方向。内部实现使用了 UnityWorldSpaceViewDir 函数
float3 UnityWorldSpaceViewDir (float4 v)	输入一个世界空间中的顶点位置，返回世界空间中从该点到摄像机的观察方向
float3 ObjSpaceViewDir (float4 v)	输入一个模型空间中的顶点位置，返回模型空间中从该点到摄像机的观察方向
float3 WorldSpaceLightDir (float4 v)	**仅可用于前向渲染中**。输入一个模型空间中的顶点位置，返回世界空间中从该点到光源的光照方向。内部实现使用了 UnityWorldSpaceLightDir 函数。没有被归一化
float3 UnityWorldSpaceLightDir (float4 v)	**仅可用于前向渲染中**。输入一个世界空间中的顶点位置，返回世界空间中从该点到光源的光照方向。没有被归一化
float3 ObjSpaceLightDir (float4 v)	**仅可用于前向渲染中**。输入一个模型空间中的顶点位置，返回模型空间中从该点到光源的光照方向。没有被归一化
float3 UnityObjectToWorldNormal (float3 norm)	把法线方向从模型空间转换到世界空间中
float3 UnityObjectToWorldDir (float3 dir)	把方向矢量从模型空间变换到世界空间中
float3 UnityWorldToObjectDir(float3 dir)	把方向矢量从世界空间变换到模型空间中

注意，类似 UnityXXX 的几个函数是 Unity 5 中新添加的内置函数。这些帮助函数使得我们不需要跟各种变换矩阵、内置变量打交道，也不需要考虑各种不同的情况（例如使用了哪种光源），而仅仅调用一个函数就可以得到需要的信息。上面的 9 个帮助函数中，有 5 个我们已经掌握了其内部实现，例如 WorldSpaceViewDir 函数实现如下：

```
// Computes world space view direction, from object space position
inline float3 UnityWorldSpaceViewDir( in float3 worldPos )
{
   return _WorldSpaceCameraPos.xyz - worldPos;
}
```

可以看出，这与之前计算视角方向的方法一致。**需要注意的是，**这些函数都没有保证得到的方向矢量是单位矢量，因此，我们需要在使用前把它们归一化。

而计算光源方向的 3 个函数：WorldSpaceLightDir、UnityWorldSpaceLightDir 和 ObjSpaceLightDir，稍微复杂一些，这是因为，Unity 帮我们处理了不同种类光源的情况。**需要注意的是，**这 3 个函数仅可用于前向渲染（关于什么是前向渲染会在 9.1 节中讲到）。这是因为只有在前向渲染时，这 3 个函数里使用的内置变量_WorldSpaceLightPos0 等才会被正确赋值。关于哪些内置变量只会在前向渲染中被正确赋值，可以参见 9.1.1 节。

下面介绍使用内置函数改写 Unity Shader。

我们已经在本节涉及了过多的细节，如果读者无法理解所有内容的话，只需要知道，在实际编写过程中，我们往往会借助于 Unity 的内置函数来帮助我们进行各种计算，这可以减轻不少我们的“痛苦”。

下面，我们将使用这些内置函数来改写 6.5.3 小节中使用 Blinn-Phong 光照模型的 Unity

Shader。为此。

（1）在 Unity 中新建一个场景。在本书资源中，该场景名为 Scene_6_6。在 Unity 5.2 中，默认情况下场景将包含一个摄像机和一个平行光，并且使用了内置的天空盒子。在 *Window -> Lighting -> Skybox* 中去掉场景中的天空盒子。

（2）新建一个材质。在本书资源中，该材质名为 BlinnPhongUseBuildInFunctionMat。

（3）新建一个 Unity Shader。在本书资源中，该 Shader 名为 Chapter6-BlinnPhongUseBuildInunction。把新的 Shader 赋给第 2 步中创建的材质。

（4）创建一个胶囊体，并把第 2 步中创建的材质赋给它。

Chapter6-BlinnPhongUseBuildInFunction 中的代码几乎和 Chapter6-BlinnPhong 中的完全一样，只是计算时使用了 Unity 的内置函数。修改部分的代码如下：

（1）在顶点着色器中，我们使用内置的 UnityObjectToWorldNormal 函数来计算世界空间下的法线方向：

```
v2f vert(a2v v) {
    v2f o;
    ...
    // Use the build-in function to compute the normal in world space
    o.worldNormal = UnityObjectToWorldNormal(v.normal);
    ...
    return o;
}
```

（2）在片元着色器中，我们使用内置的 UnityWorldSpaceLightDir 函数和 UnityWorldSpaceViewDir 函数来分别计算世界空间的光照方向和视角方向：

```
fixed4 frag(v2f i) : SV_Target {
    ...

    fixed3 worldNormal = normalize(i.worldNormal);
    // Use the build-in function to compute the light direction in world space
    // Remember to normalize the result
    fixed3 worldLightDir = normalize(UnityWorldSpaceLightDir(i.worldPos));

    ...

    // Use the build-in function to compute the view direction in world space
    // Remember to normalize the result
    fixed3 viewDir = normalize(UnityWorldSpaceViewDir(i.worldPos));
    ...
}
```

需要注意的是，由内置函数得到的方向是没有归一化的，因此我们需要使用 normalize 函数来对结果进行归一化，再进行光照模型的计算。

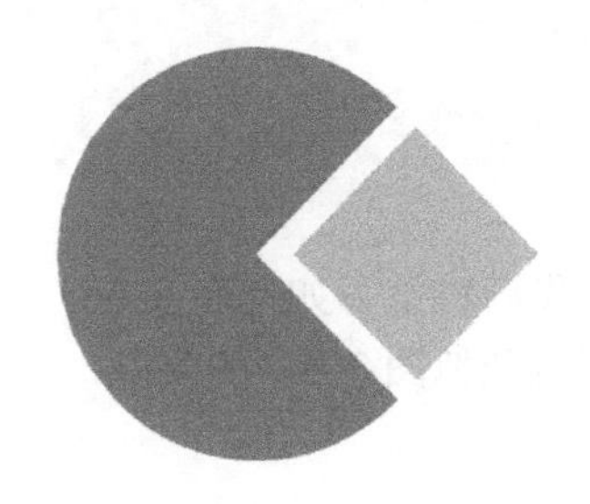

第 7 章 基础纹理

纹理最初的目的就是使用一张图片来控制模型的外观。使用**纹理映射（texture mapping）技术**，我们可以把一张图“黏”在模型表面，逐**纹素（texel）**（纹素的名字是为了和像素进行区分）地控制模型的颜色。

在美术人员建模的时候，通常会在建模软件中利用纹理展开技术把**纹理映射坐标（texture-mapping coordinates）**存储在每个顶点上。纹理映射坐标定义了该顶点在纹理中对应的 2D 坐标。通常，这些坐标使用一个二维变量(u, v)来表示，其中 u 是横向坐标，而 v 是纵向坐标。因此，纹理映射坐标也被称为 UV 坐标。

尽管纹理的大小可以是多种多样的，例如可以是 256×256 或者 1024×1024，但顶点 UV 坐标的范围通常都被归一化到[0, 1]范围内。需要注意的是，纹理采样时使用的纹理坐标不一定是在[0, 1]范围内。实际上，这种不在[0, 1]范围内的纹理坐标有时会非常有用。与之关系紧密的是纹理的平铺模式，它将决定渲染引擎在遇到不在[0, 1]范围内的纹理坐标时如何进行纹理采样。我们将在 7.1.2 节中更加详细地进行阐述。

在本书之前的章节中，我们曾不止一次地提到过 OpenGL 和 DirectX 在二维纹理空间中的坐标系差异问题。重要的事情要说很多次，我们再来回顾一下。在 OpenGL 里，纹理空间的原点位于左下角，而在 DirectX 中，原点位于左上角。幸运的是，Unity 在绝大多数情况下（特例情况可以参见 5.6 节）为我们处理好了这个差异问题，也就是说，即便游戏的目标平台可能既有 OpenGL 风格的，也有 DirectX 风格的，但我们在 Unity 中使用的通常只有一种坐标系。Unity 使用的纹理空间是符合 OpenGL 的传统的，也就是说，原点位于纹理左下角，如图 7.1 所示。

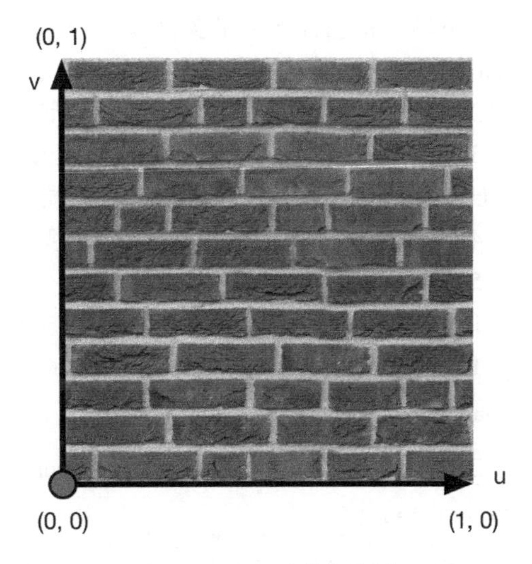

▲图 7.1 Unity 中的纹理坐标

本章将介绍如何在 Unity 中利用纹理采样来实现更加丰富的视觉效果。在 7.1 节中，我们将学习如何在 Unity Shader 中进行最基本的纹理采样，并介绍纹理的属性等基本概念。7.2 节将介绍游戏中应用广泛的凹凸纹理，还会解释 Unity 中法线纹理的一些实现细节。7.3 节和 7.4 节将分别介绍两类特殊的纹理类型，即渐变纹理和遮罩纹理，这些纹理在游戏中的应用非常广泛。

需要提醒读者注意的是，本章着重讲述纹理采样的原理，因此实现的 Shader 往往并不能直接应用到实际项目中（直接使用的话会缺少阴影、光照衰减等效果）。我们会在 9.5 节给出包含了纹理采样和完整光照模型的可真正使用的 Unity Shader。

7.1 单张纹理

我们通常会使用一张纹理来代替物体的漫反射颜色。在本节中，我们将学习如何在 Unity Shader 中使用单张纹理来作为模拟的颜色。在学习完本节后，我们会得到类似图 7.2 中的效果。

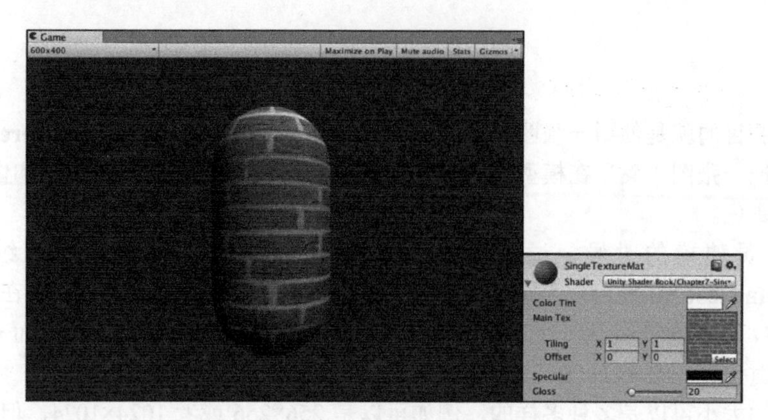

▲图 7.2 使用单张纹理

7.1.1 实践

在本例中，我们仍然使用 Blinn-Phong 光照模型来计算光照。准备工作如下。

（1）在 Unity 中新建一个场景。在本书资源中，该场景名为 Scene_7_1。在 Unity 5.2 中，默认情况下场景将包含一个摄像机和一个平行光，并且使用了内置的天空盒子。在 Window -> Lighting -> Skybox 中去掉场景中的天空盒子。

（2）新建一个材质。在本书资源中，该材质名为 SingleTextureMat。

（3）新建一个 Unity Shader。在本书资源中，该 Unity Shader 名为 Chapter7-SingleTexture。把新的 Unity Shader 赋给第 2 步中创建的材质。

（4）在场景中创建一个胶囊体，并把第 2 步中的材质赋给该胶囊体。

（5）保存场景。

打开新建的 Chapter7-SingleTexture，删除所有已有代码，并进行如下修改。

（1）首先，我们需要为这个 Unity Shader 起一个名字：

```
Shader "Unity Shaders Book/Chapter 7/Single Texture" {
```

（2）为了使用纹理，我们需要在 Properties 语义块中添加一个纹理属性：

```
Properties {
    _Color ("Color Tint", Color) = (1,1,1,1)
    _MainTex ("Main Tex", 2D) = "white" {}
    _Specular ("Specular", Color) = (1, 1, 1, 1)
    _Gloss ("Gloss", Range(8.0, 256)) = 20
}
```

上面的代码声明了一个名为_MainTex 的纹理，在 3.3.2 节中，我们已经知道 2D 是纹理属性的声明方式。我们使用一个字符串后跟一个花括号作为它的初始值，“white”是内置纹理的名字，也就是一个全白的纹理。为了控制物体的整体色调，我们还声明了一个_Color 属性。

（3）然后，我们在 SubShader 语义块中定义了一个 Pass 语义块。而且，我们在 Pass 的第一行指明了该 Pass 的光照模式：

```
SubShader {
    Pass {
        Tags { "LightMode"="ForwardBase" }
```

LightMode 标签是 Pass 标签中的一种，它用于定义该 Pass 在 Unity 的光照流水线中的角色。

（4）接着，我们使用 CGPROGRAM 和 ENDCG 来包围住 Cg 代码片，以定义最重要的顶点着色器和片元着色器代码。首先，我们使用#pragma 指令来告诉 Unity，我们定义的顶点着色器和片元着色器叫什么名字。在本例中，它们的名字分别是 vert 和 frag：

```
CGPROGRAM

#pragma vertex vert
#pragma fragment frag
```

（5）为了使用 Unity 内置的一些变量，如_LightColor0，还需要包含进 Unity 的内置文件 Lighting.cginc：

```
#include "Lighting.cginc"
```

（6）我们需要在 Cg 代码片中声明和上述属性类型相匹配的变量，以便和材质面板中的属性建立联系：

```
fixed4 _Color;
sampler2D _MainTex;
float4 _MainTex_ST;
fixed4 _Specular;
float _Gloss;
```

与其他属性类型不同的是，我们还需要为纹理类型的属性声明一个 float4 类型的变量_MainTex_ST。其中，_MainTex_ST 的名字不是任意起的。在 Unity 中，我们需要使用**纹理名_ST** 的方式来声明某个纹理的属性。其中，ST 是缩放（scale）和平移（translation）的缩写。_MainTex_ST 可以让我们得到该纹理的缩放和平移（偏移）值，_MainTex_ST.xy 存储的是缩放值，而_MainTex_ST.zw 存储的是偏移值。这些值可以在材质面板的纹理属性中调节，如图 7.3 所示。在 7.1.2 节中，我们将更详细地解释这些纹理属性。

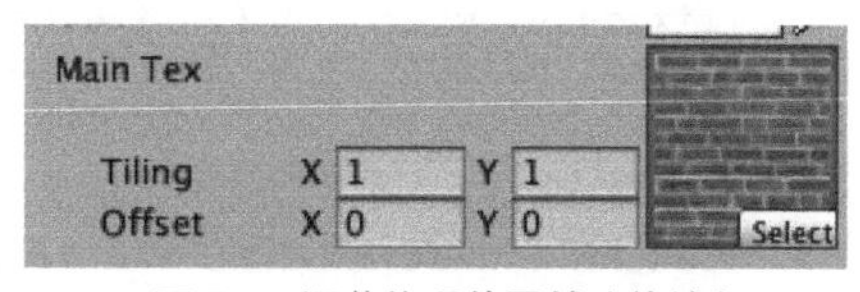

▲图 7.3 调节纹理的平铺（缩放）和偏移（平移）属性

（7）接下来，我们需要定义顶点着色器的输入和输出结构体：

```
struct a2v {
    float4 vertex : POSITION;
    float3 normal : NORMAL;
    float4 texcoord : TEXCOORD0;
};

struct v2f {
    float4 pos : SV_POSITION;
    float3 worldNormal : TEXCOORD0;
    float3 worldPos : TEXCOORD1;
    float2 uv : TEXCOORD2;
};
```

在上面的代码中，我们首先在 a2v 结构体中使用 TEXCOORD0 语义声明了一个新的变量 texcoord，这样 Unity 就会将模型的第一组纹理坐标存储到该变量中。然后，我们在 v2f 结构体中添加了用于存储纹理坐标的变量 uv，以便在片元着色器中使用该坐标进行纹理采样。

（8）然后，我们定义了顶点着色器：

```
v2f vert(a2v v) {
    v2f o;
    o.pos = mul(UNITY_MATRIX_MVP, v.vertex);
```

```
    o.worldNormal = UnityObjectToWorldNormal(v.normal);

    o.worldPos = mul(_Object2World, v.vertex).xyz;

    o.uv = v.texcoord.xy * _MainTex_ST.xy + _MainTex_ST.zw;
    // Or just call the built-in function
    //      o.uv = TRANSFORM_TEX(v.texcoord, _MainTex);

    return o;
}
```

在顶点着色器中，我们使用纹理的属性值_MainTex_ST 来对顶点纹理坐标进行变换，得到最终的纹理坐标。计算过程是，首先使用缩放属性_MainTex_ST.xy 对顶点纹理坐标进行缩放，然后再使用偏移属性_MainTex_ST.zw 对结果进行偏移。Unity 提供了一个内置宏 TRANSFORM_TEX 来帮我们计算上述过程。TRANSFORM_TEX 是在 UnityCG.cginc 中定义的：

```
// Transforms 2D UV by scale/bias property
#define TRANSFORM_TEX(tex,name)  (tex.xy * name##_ST.xy + name##_ST.zw)
```

它接受两个参数，第一个参数是顶点纹理坐标，第二个参数是纹理名，在它的实现中，将利用**纹理名_ST** 的方式来计算变换后的纹理坐标。

（9）我们还需要实现片元着色器，并在计算漫反射时使用纹理中的纹素值：

```
fixed4 frag(v2f i) : SV_Target {
    fixed3 worldNormal = normalize(i.worldNormal);
    fixed3 worldLightDir = normalize(UnityWorldSpaceLightDir(i.worldPos));

    // Use the texture to sample the diffuse color
    fixed3 albedo = tex2D(_MainTex, i.uv).rgb * _Color.rgb;

    fixed3 ambient = UNITY_LIGHTMODEL_AMBIENT.xyz * albedo;

    fixed3 diffuse = _LightColor0.rgb * albedo * max(0, dot(worldNormal, worldLightDir));

    fixed3 viewDir = normalize(UnityWorldSpaceViewDir(i.worldPos));
    fixed3 halfDir = normalize(worldLightDir + viewDir);
    fixed3 specular = _LightColor0.rgb * _Specular.rgb * pow(max(0, dot(worldNormal,
halfDir)), _Gloss);

    return fixed4(ambient + diffuse + specular, 1.0);
}
```

上面的代码首先计算了世界空间下的法线方向和光照方向。然后，使用 Cg 的 tex2D 函数对纹理进行采样。它的第一个参数是需要被采样的纹理，第二个参数是一个 float2 类型的纹理坐标，它将返回计算得到的纹素值。我们使用采样结果和颜色属性_Color 的乘积来作为材质的反射率 albedo，并把它和环境光照相乘得到环境光部分。随后，我们使用 albedo 来计算漫反射光照的结果，并和环境光照、高光反射光照相加后返回。

（10）最后，我们为该 Shader 设置了合适的 Fallback：

```
Fallback "Specular"
```

保存后返回 Unity 中查看。在 SingleTextureMat 的面板上，我们使用本书资源中的 Brick_Diffuse.jpg 纹理对 Main Tex 属性进行赋值。

7.1.2　纹理的属性

虽然很多资料把 Unity 的纹理映射描述得很简单——声明一个纹理变量，再使用 tex2D 函数采样。实际上，在渲染流水线中，纹理映射的实现远比我们想象的复杂。在本书不会过多涉及一些具体的实现细节，但要解释一些我们认为读者必须要知道的事情。在本节中，我们将关注 Unity

中的纹理属性。

在我们向 Unity 中导入一张纹理资源后，可以在它的材质面板上调整其属性，如图 7.4 所示。

纹理面板中的第一个属性是纹理类型。在本节中，我们使用的是 *Texture* 类型，在下面的法线纹理一节中，我们会使用 *Normal map* 类型。而在后面的章节中，我们还会看到 *Cubemap* 等高级纹理类型。我们之所以要为导入的纹理选择合适的类型，是因为只有这样才能让 Unity 知道我们的意图，为 Unity Shader 传递正确的纹理，并在一些情况下可以让 Unity 对该纹理进行优化。

▲图 7.4　纹理的属性

当把纹理类型设置成 *Texture* 后，下面会有一个 *Alpha from Grayscale* 复选框，如果勾选了它，那么透明通道的值将会由每个像素的灰度值生成。关于透明效果，我们会在第 8 章中讲到。在这里我们不需要勾选它。

下面一个属性非常重要——*Wrap Mode*。它决定了当纹理坐标超过[0, 1]范围后将会如何被平铺。Wrap Mode 有两种模式：一种是 *Repeat*，在这种模式下，如果纹理坐标超过了 1，那么它的整数部分将会被舍弃，而直接使用小数部分进行采样，这样的结果是纹理将会不断重复；另一种是 *Clamp*，在这种模式下，如果纹理坐标大于 1，那么将会截取到 1，如果小于 0，那么将会截取到 0。图 7.5 给出了两种模式下平铺一张纹理的效果（读者可在本书资源中的 Scene_7_1_2_a 中找到相应场景）。

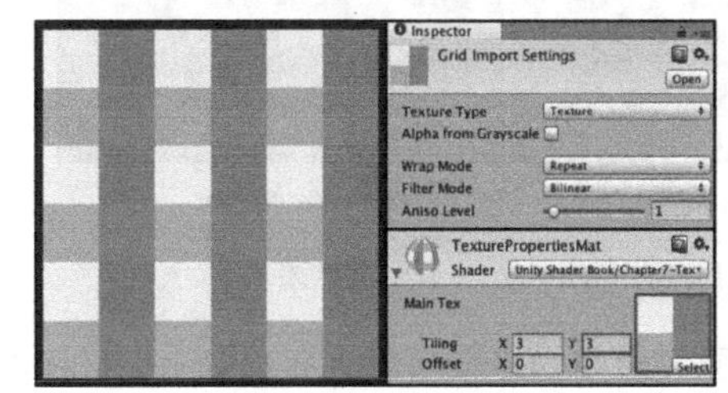

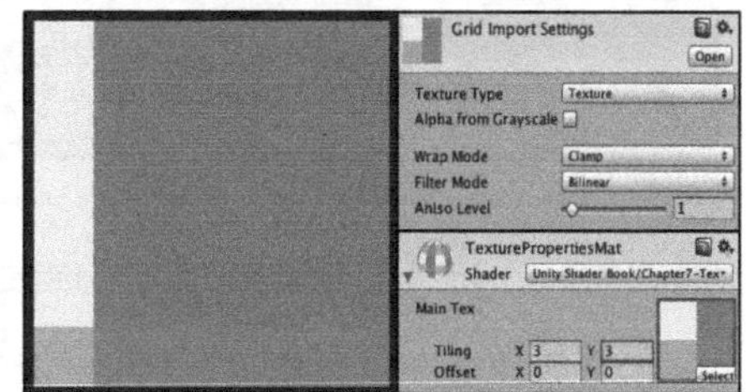

▲图 7.5　Wrap Mode 决定了当纹理坐标超过[0, 1]范围后将会如何被平铺

图 7.5 展示了在纹理的平铺（Tiling）属性为(3, 3)时分别使用两种 Wrap Mode 的结果。左图使用了 Repeat 模式，在这种模式下纹理将会不断重复；右图使用了 Clamp 模式，在这种模式下超过范围的部分将会截取到边界值，形成一个条形结构。

需要注意的是，想要让纹理得到这样的效果，我们必须使用纹理的属性（例如上面的 _MainTex_ST 变量）在 Unity Shader 中对顶点纹理坐标进行相应的变换。也就是说，代码中需要包含类似下面的代码：

```
o.uv = v.texcoord.xy * _MainTex_ST.xy + _MainTex_ST.zw;
// Or just call the built-in function
o.uv = TRANSFORM_TEX(v.texcoord, _MainTex);
```

我们还可以在材质面板中调整纹理的偏移量，图 7.6 给出了两种模式下调整纹理偏移量的一个例子。

图 7.6 展示了在纹理的偏移属性为(0.2, 0.6)时分别使用两种 Wrap Mode 的结果，左图使用了 Repeat 模式，右图使用了 Clamp 模式。

纹理导入面板中的下一个属性是 *Filter Mode* 属性，它决定了当纹理由于变换而产生拉伸时将会采用哪种滤波模式。Filter Mode 支持 3 种模式：*Point*，*Bilinear* 以及 *Trilinear*。它们得到的图片滤波效果依次提升，但需要耗费的性能也依次增大。纹理滤波会影响放大或缩小纹理时得到的图片质量。例如，当我们把一张 64×64 大小的纹理贴在一个 512×512 大小的平面上时，就需要放大纹理。图 7.7 给出了 3 种滤波模式下的放大结果。读者可以在本书资源中的 Scene_7_1_2_b 中找到该场景。

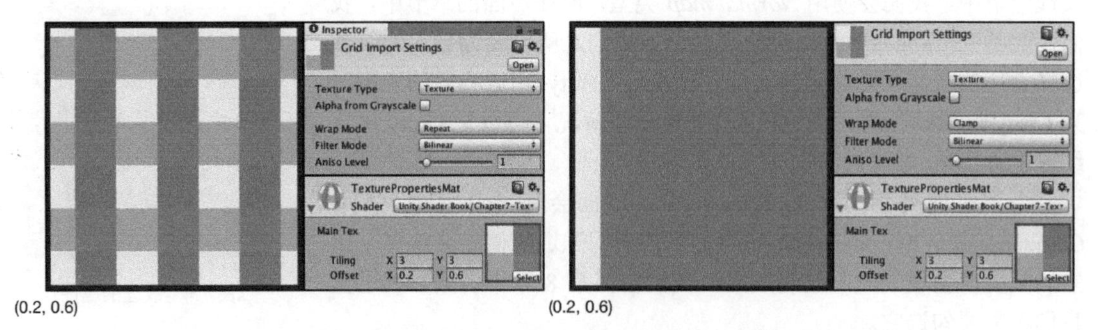

▲图 7.6　偏移（Offset）属性决定了纹理坐标的偏移量

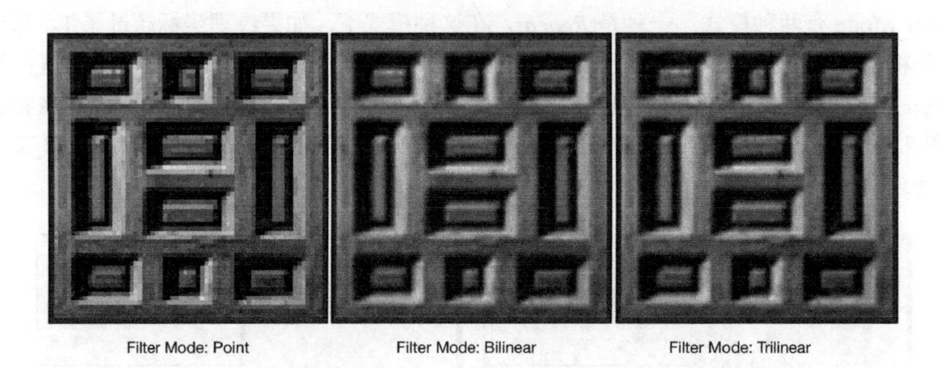

▲图 7.7　在放大纹理时，分别使用 3 种 Filter Mode 得到的结果

纹理缩小的过程比放大更加复杂一些，此时原纹理中的多个像素将会对应一个目标像素。纹理缩小更加复杂的原因在于我们往往需要处理抗锯齿问题，一个最常使用的方法就是使用**多级渐远纹理（mipmapping）**技术。其中“mip”是拉丁文“multum in parvo”的缩写，它的意思是“在一个小空间中有许多东西”。如同它的名字，多级渐远纹理技术将原纹理提前用滤波处理来得到很多更小的图像，形成了一个图像金字塔，每一层都是对上一层图像降采样的结果。这样在实时运行时，就可以快速得到结果像素，例如当物体远离摄像机时，可以直接使用较小的纹理。但缺点是需要使用一定的空间用于存储这些多级渐远纹理，通常会多占用 33%的内存空间。这是一种典型的用空间换取时间的方法。在 Unity 中，我们可以在纹理导入面板中，首先将纹理类型（Texture Type）选择成 *Advanced*，再勾选 *Generate Mip Maps* 即可开启多级渐远纹理技术。同时，我们还可以选择生成多级渐远纹理时是否使用线性空间（用于伽玛校正，详见 18.4.2 节）以及采用的滤波器等，如图 7.8 所示。

图 7.9 给出了从一个倾斜的角度观察一个网格结构的地板时，使用不同 Filter Mode（同时也使用了多级渐远纹理技术）得到的效果。读者可以在本书资源中的 Scene_7_1_2_c 中找到该场景。

在内部实现上，Point 模式使用了**最近邻（nearest neighbor）**滤波，在放大或缩小时，它的采样像素数目通常只有一个，因此图像会看起来有种像素风格的效果。而 Bilinear 滤波则使用了线性滤波，对于每个目标像素，它会找到 4 个邻近像素，然后对它们进行线性插值混合后得到最终像素，因此图像看起来像被模糊了。而 Trilinear 滤波几乎是和 Bilinear 一样的，只是 Trilinear 还会在多级渐远纹理之间进行混合。如果一张纹理没有使用多级渐远纹理技术，那么 Trilinear 得到的结果是和 Bilinear 就一样的。通常，我们会选择 Bilinear 滤波模式。需要注意的是，有时我们不希望纹理看起来是模糊的，例如对于一些类似棋盘的纹理，我们希望它就是像素风的，这时我们可能会选择 Point 模式。

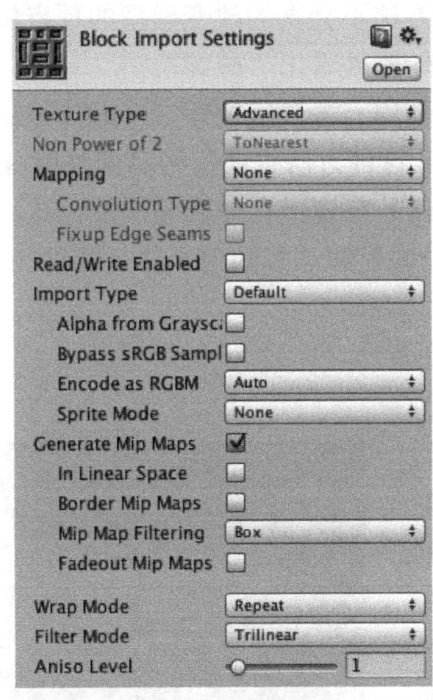

▲图 7.8 在 Advanced 模式下可以设置多级渐远纹理的相关属性

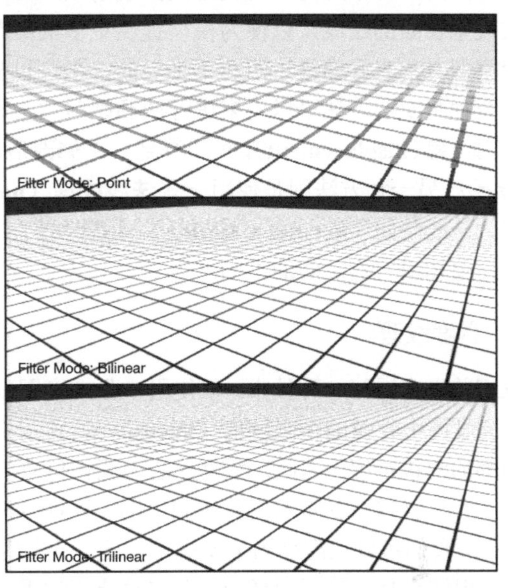

▲图 7.9 从上到下：Point 滤波 + 多级渐远纹理技术，Bilinear 滤波 + 多级渐远纹理技术），Trilinear 滤波 + 多级渐远纹理技术

最后，我们来讲一下纹理的最大尺寸和纹理模式。当我们在为不同平台发布游戏时，需要考虑目标平台的纹理尺寸和质量问题。Unity 允许我们为不同目标平台选择不同的分辨率，如图 7.10 所示。

▲图 7.10 选择纹理的最大尺寸和纹理模式

如果导入的纹理大小超过了 *Max Texture Size* 中的设置值，那么 Unity 将会把该纹理缩放为这个最大分辨率。理想情况下，导入的纹理可以是非正方形的，但长宽的大小应该是 2 的幂，例如 2、4、8、16、32、64 等。如果使用了非 2 的幂大小（Non Power of Two，NPOT）的纹理，那么这些纹理往往会占用更多的内存空间，而且 GPU 读取该纹理的速度也会有所下降。有一些平台甚至不支持这种 NPOT 纹理，这时 Unity 在内部会把它缩放成最近的 2 的幂大小。出于性能和空间的考虑，我们应该尽量使用 2 的幂大小的纹理。

而 *Format* 决定了 Unity 内部使用哪种格式来存储该纹理。如果我们将 Texture Type 设置为 Advanced，那么会有更多的 Format 供我们选择。这里不再依次介绍每种纹理模式，但需要知道的是，使用的纹理格式精度越高（例如使用 Truecolor），占用的内存空间越大，但得到的效果也越好。我们可以从纹理导入面板的最下方看到存储该纹理需要占用的内存空间（如果开启了多级渐远纹理技术，也会增加纹理的内存占用）。当游戏使用了大量 Truecolor 类型的纹理时，内存可能会迅速增加，因此对于一些不需要使用很高精度的纹理（例如用于漫反射颜色的纹理），我们应该尽量使用压缩格式。

7.2 凹凸映射

纹理的另一种常见的应用就是**凹凸映射（bump mapping）**。凹凸映射的目的是使用一张纹理来修改模型表面的法线，以便为模型提供更多的细节。这种方法不会真的改变模型的顶点位置，只是让模型看起来好像是“凹凸不平”的，但可以从模型的轮廓处看出“破绽”。

有两种主要的方法可以用来进行凹凸映射：一种方法是使用一张**高度纹理（height map）**来模拟**表面位移（displacement）**，然后得到一个修改后的法线值，这种方法也被称为**高度映射（height mapping）**；另一种方法则是使用一张**法线纹理（normal map）**来直接存储表面法线，这种方法又被称为**法线映射（normal mapping）**。尽管我们常常将凹凸映射和法线映射当成是相同的技术，但读者需要知道它们之间的不同。

7.2.1 高度纹理

我们首先来看第一种技术，即使用一张高度图来实现凹凸映射。高度图中存储的是强度值（intensity），它用于表示模型表面局部的海拔高度。因此，颜色越浅表明该位置的表面越向外凸起，而颜色越深表明该位置越向里凹。这种方法的好处是非常直观，我们可以从高度图中明确地知道一个模型表面的凹凸情况，但缺点是计算更加复杂，在实时计算时不能直接得到表面法线，而是需要由像素的灰度值计算而得，因此需要消耗更多的性能。图 7.11 给出了一张高度图。

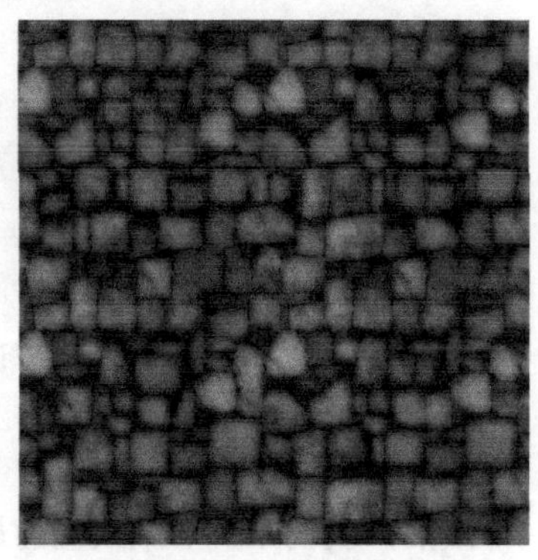

▲图 7.11　高度图

高度图通常会和法线映射一起使用，用于给出表面凹凸的额外信息。也就是说，我们通常会使用法线映射来修改光照。

7.2.2 法线纹理

而法线纹理中存储的就是表面的法线方向。由于法线方向的分量范围在[−1, 1]，而像素的分量范围为[0, 1]，因此我们需要做一个映射，通常使用的映射就是：

$$pixel = \frac{normal + 1}{2}$$

这就要求，我们在 Shader 中对法线纹理进行纹理采样后，还需要对结果进行一次反映射的过程，以得到原先的法线方向。反映射的过程实际就是使用上面映射函数的逆函数：

$$normal = pixel \times 2 - 1$$

然而，由于方向是相对于坐标空间来说的，那么法线纹理中存储的法线方向在哪个坐标空间中呢？对于模型顶点自带的法线，它们是定义在模型空间中的，因此一种直接的想法就是将修改后的模型空间中的表面法线存储在一张纹理中，这种纹理被称为是**模型空间的法线纹理（object-space normal map）**。然而，在实际制作中，我们往往会采用另一种坐标空间，即模型顶点的**切线空间（tangent space）**来存储法线。对于模型的每个顶点，它都有一个属于自己的切线空间，这个切线空间的原点就是该顶点本身，而 z 轴是顶点的法线方向（n），x 轴是顶点的切线方向（t），而 y 轴可由法线和切线叉积而得，也被称为是副切线（bitangent，b）或副法线，如图 7.12 所示。

这种纹理被称为是**切线空间的法线纹理（tangent-space normal map）**。图 7.13 分别给出了模型空间和切线空间下的法线纹理（图片来源：surlybird 官方网站/tutorials/TangentSpace/）。

从图 7.13 中可以看出，模型空间下的法线纹理看起来是“五颜六色”的。这是因为所有法线所在的坐标空间是同一个坐标空间，即模型空间，而每个点存储的法线方向是各异的，有的是(0, 1, 0)，经过映射后存储到纹理中就对应了 RGB(0.5, 1, 0.5)浅绿色，有的是(0, −1, 0)，经过映射后存储到纹理中就对应了(0.5, 0, 0.5)紫色。而切线空间下的法线纹理看起来几乎全部是浅蓝色的。这是因为，每个法线方向所在的坐标空间是不一样的，即是表面每点各自的切线空间。这种法线纹理其实就是存储了每个点在各自的切线空间中的法线扰动方向。也就是说，如果一个点的法线方向不变，那么在它的切线空间中，新的法线方向就是 z 轴方向，即值为(0, 0, 1)，经过映射后存储在纹理中就对应了 RGB(0.5, 0.5, 1)浅蓝色。而这个颜色就是法线纹理中大片的蓝色。这些蓝色实际上说明顶点的大部分法线是和模型本身法线一样的，不需要改变。

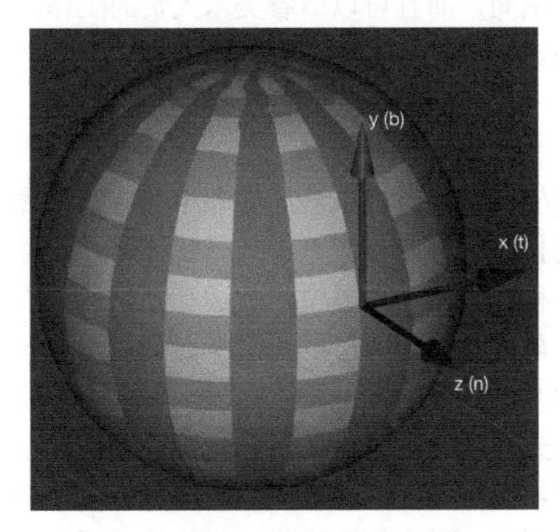

▲图 7.12 模型顶点的切线空间。其中，原点对应了顶点坐标，x 轴是切线方向（t），y 轴是副切线方向（b），z 轴是法线方向（n）

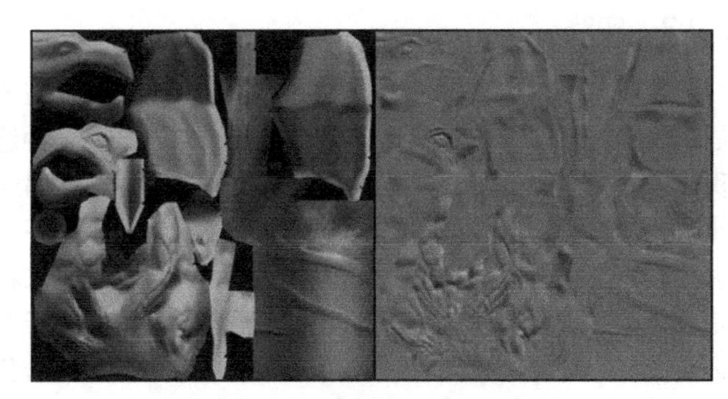

▲图 7.13 左边：模型空间下的法线纹理。右边：切线空间下的法线纹理

总体来说，模型空间下的法线纹理更符合人类的直观认识，而且法线纹理本身也很直观，容易调整，因为不同的法线方向就代表了不同的颜色。但美术人员往往更喜欢使用切线空间下的法线纹理。那么，为什么他们更偏好使用这个看起来“很蹩脚”的切线空间呢？

实际上，法线本身存储在哪个坐标系中都是可以的，我们甚至可以选择存储在世界空间下。但问题是，我们并不是单纯地想要得到法线，后续的光照计算才是我们的目的。而选择哪个坐标系意味着我们需要把不同信息转换到相应的坐标系中。例如，如果选择了切线空间，我们需要把从法线纹理中得到的法线方向从切线空间转换到世界空间（或其他空间）中。

总体来说，使用模型空间来存储法线的优点如下。

- 实现简单，更加直观。我们甚至都不需要模型原始的法线和切线等信息，也就是说，计算更少。生成它也非常简单，而如果要生成切线空间下的法线纹理，由于模型的切线一般是和 UV 方向相同，因此想要得到效果比较好的法线映射就要求纹理映射也是连续的。
- 在纹理坐标的缝合处和尖锐的边角部分，可见的突变（缝隙）较少，即可以提供平滑的边界。这是因为模型空间下的法线纹理存储的是同一坐标系下的法线信息，因此在边界处通过插值得到的法线可以平滑变换。而切线空间下的法线纹理中的法线信息是依靠纹理坐标的方向得到的结果，可能会在边缘处或尖锐的部分造成更多可见的缝合迹象。

但使用切线空间有更多优点。

- 自由度很高。模型空间下的法线纹理记录的是**绝对法线信息**，仅可用于创建它时的那个模型，而应用到其他模型上效果就完全错误了。而切线空间下的法线纹理记录的是相对法线信息，这意味着，即便把该纹理应用到一个完全不同的网格上，也可以得到一个合理的结果。
- 可进行 UV 动画。比如，我们可以移动一个纹理的 UV 坐标来实现一个凹凸移动的效果，但使用模型空间下的法线纹理会得到完全错误的结果。原因同上。这种 UV 动画在水或者火山熔岩这种类型的物体上会经常用到。

- 可以重用法线纹理。比如，一个砖块，我们仅使用一张法线纹理就可以用到所有的 6 个面上。原因同上。
- 可压缩。由于切线空间下的法线纹理中法线的 Z 方向总是正方向，因此我们可以仅存储 XY 方向，而推导得到 Z 方向。而模型空间下的法线纹理由于每个方向都是可能的，因此必须存储 3 个方向的值，不可压缩。

切线空间下的法线纹理的前两个优点足以让很多人放弃模型空间下的法线纹理而选择它。从上面的优点可以看出，切线空间在很多情况下都优于模型空间，而且可以节省美术人员的工作。因此，在本书中，我们使用的也是切线空间下的法线纹理。

7.2.3　实践

我们需要在计算光照模型中统一各个方向矢量所在的坐标空间。由于法线纹理中存储的法线是切线空间下的方向，因此我们通常有两种选择：一种选择是在切线空间下进行光照计算，此时我们需要把光照方向、视角方向变换到切线空间下；另一种选择是在世界空间下进行光照计算，此时我们需要把采样得到的法线方向变换到世界空间下，再和世界空间下的光照方向和视角方向进行计算。从效率上来说，第一种方法往往要优于第二种方法，因为我们可以在顶点着色器中就完成对光照方向和视角方向的变换，而第二种方法由于要先对法线纹理进行采样，所以变换过程必须在片元着色器中实现，这意味着我们需要在片元着色器中进行一次矩阵操作。但从通用性角度来说，第二种方法要优于第一种方法，因为有时我们需要在世界空间下进行一些计算，例如在使用 Cubemap 进行环境映射时，我们需要使用世界空间下的反射方向对 Cubemap 进行采样。如果同时需要进行法线映射，我们就需要把法线方向变换到世界空间下。当然，读者可以选择其他坐标空间进行计算，例如模型空间等，但切线空间和世界空间是最为常用的两种空间。在本节中，我们将依次实现上述的两种方法。

1. 在切线空间下计算

我们首先来实现第一种方法，即在切线空间下计算光照模型。基本思路是：在片元着色器中通过纹理采样得到切线空间下的法线，然后再与切线空间下的视角方向、光照方向等进行计算，得到最终的光照结果。为此，我们首先需要在顶点着色器中把视角方向和光照方向从模型空间变换到切线空间中，即我们需要知道从模型空间到切线空间的变换矩阵。这个变换矩阵的逆矩阵，即从切线空间到模型空间的变换矩阵是非常容易求得的，我们在顶点着色器中按切线（x 轴）、副切线（y 轴）、法线（z 轴）的顺序**按列**排列即可得到（数学原理详见 4.6.2 节）。在 4.6.2 节中我们已经知道，如果一个变换中仅存在平移和旋转变换，那么这个变换的逆矩阵就等于它的转置矩阵，而从切线空间到模型空间的变换正是符合这样要求的变换。因此，从模型空间到切线空间的变换矩阵就是从切线空间到模型空间的变换矩阵的转置矩阵，我们把切线（x 轴）、副切线（y 轴）、法线（z 轴）的顺序**按行**排列即可得到。在本节最后，我们可以得到类似图 7.14 中的效果。

为此，我们进行如下准备工作。

（1）在 Unity 中新建一个场景。在本书资源中，该场景名为 Scene_7_2_3。在 Unity 5.2 中，默认情况下场景将包含一个摄像机和一个平行光，并且使用了内置的天空盒子。在 Window -> Lighting -> Skybox 中去掉场景中的天空盒子。

（2）新建一个材质。在本书资源中，该材质名为 NormalMapTangentSpaceMat。

（3）新建一个 Unity Shader。在本书资源中，该 Unity Shader 名为 Chapter7-NormalMapTangentSpace。

把新的 Unity Shader 赋给第 2 步中创建的材质。

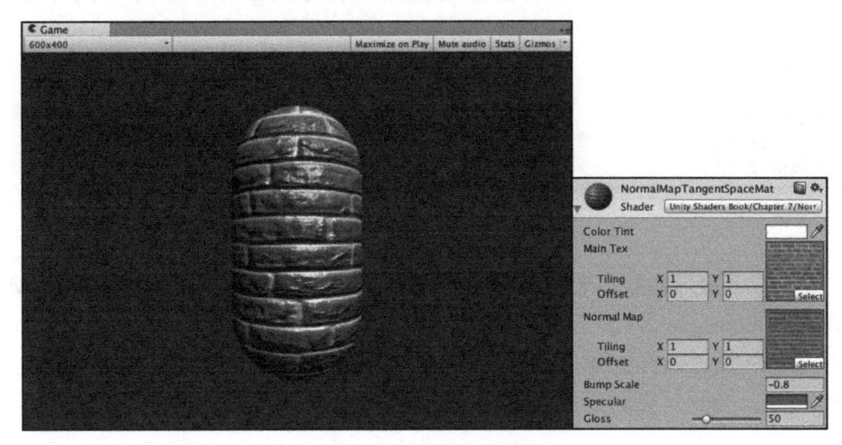

▲图 7.14　使用法线纹理

（4）在场景中创建一个胶囊体，并把第 2 步中的材质赋给该胶囊体。

（5）保存场景。

打开新建的 Chapter7-NormalMapTangentSpace，删除所有已有代码，并进行如下修改。

（1）首先，我们为该 Unity Shader 定义一个名字：

```
Shader "Unity Shaders Book/Chapter 7/Normal Map In Tangent Space" {
```

（2）然后，我们在 Properties 语义块中添加了法线纹理的属性，以及用于控制凹凸程度的属性：

```
Properties {
    _Color ("Color Tint", Color) = (1,1,1,1)
    _MainTex ("Main Tex", 2D) = "white" {}
    _BumpMap ("Normal Map", 2D) = "bump" {}
    _BumpScale ("Bump Scale", Float) = 1.0
    _Specular ("Specular", Color) = (1, 1, 1, 1)
    _Gloss ("Gloss", Range(8.0, 256)) = 20
}
```

对于法线纹理_BumpMap，我们使用"bump"作为它的默认值。"bump"是 Unity 内置的法线纹理，当没有提供任何法线纹理时，"bump"就对应了模型自带的法线信息。_BumpScale 则是用于控制凹凸程度的，当它为 0 时，意味着该法线纹理不会对光照产生任何影响。

（3）我们在 SubShader 语义块中定义了一个 Pass 语义块，并且在 Pass 的第一行指明了该 Pass 的光照模式：

```
SubShader {
    Pass {
        Tags { "LightMode"="ForwardBase" }
```

LightMode 标签是 Pass 标签中的一种，它用于定义该 Pass 在 Unity 的光照流水线中的角色。

（4）接着，我们使用 CGPROGRAM 和 ENDCG 来包围住 Cg 代码片，以定义最重要的顶点着色器和片元着色器代码。首先，我们使用#pragma 指令来告诉 Unity，我们定义的顶点着色器和片元着色器叫什么名字。在本例中，它们的名字分别是 vert 和 frag：

```
CGPROGRAM

#pragma vertex vert
#pragma fragment frag
```

（5）为了使用 Unity 内置的一些变量，如_LightColor0，还需要包含进 Unity 的内置文件 Lighting.cginc：

```
#include "Lighting.cginc"
```

（6）为了和 Properties 语义块中的属性建立联系，我们在 Cg 代码块中声明了和上述属性类型匹配的变量：

```
fixed4 _Color;
sampler2D _MainTex;
float4 _MainTex_ST;
sampler2D _BumpMap;
float4 _BumpMap_ST;
float _BumpScale;
fixed4 _Specular;
float _Gloss;
```

为了得到该纹理的属性（平铺和偏移系数），我们为_MainTex 和_BumpMap 定义了_MainTex_ST 和_BumpMap_ST 变量。

（7）我们已经知道，切线空间是由顶点法线和切线构建出的一个坐标空间，因此我们需要得到顶点的切线信息。为此，我们修改顶点着色器的输入结构体 a2v：

```
struct a2v {
    float4 vertex : POSITION;
    float3 normal : NORMAL;
    float4 tangent : TANGENT;
    float4 texcoord : TEXCOORD0;
};
```

我们使用 TANGENT 语义来描述 float4 类型的 tangent 变量，以告诉 Unity 把顶点的切线方向填充到 tangent 变量中。需要注意的是，和法线方向 normal 不同，tangent 的类型是 float4，而非 float3，这是因为我们需要使用 tangent.w 分量来决定切线空间中的第三个坐标轴——副切线的方向性。

（8）我们需要在顶点着色器中计算切线空间下的光照和视角方向，因此我们在 v2f 结构体中添加了两个变量来存储变换后的光照和视角方向：

```
struct v2f {
    float4 pos : SV_POSITION;
    float4 uv : TEXCOORD0;
    float3 lightDir: TEXCOORD1;
    float3 viewDir : TEXCOORD2;
};
```

（9）定义顶点着色器：

```
v2f vert(a2v v) {
    v2f o;
    o.pos = mul(UNITY_MATRIX_MVP, v.vertex);

    o.uv.xy = v.texcoord.xy * _MainTex_ST.xy + _MainTex_ST.zw;
    o.uv.zw = v.texcoord.xy * _BumpMap_ST.xy + _BumpMap_ST.zw;

    // Compute the binormal
//  float3  binormal  =  cross(  normalize(v.normal),  normalize(v.tangent.xyz)  )  *
v.tangent.w;
//  // Construct a matrix which transform vectors from object space to tangent space
//  float3x3 rotation = float3x3(v.tangent.xyz, binormal, v.normal);
    // Or just use the built-in macro
    TANGENT_SPACE_ROTATION;

    // Transform the light direction from object space to tangent space
    o.lightDir = mul(rotation, ObjSpaceLightDir(v.vertex)).xyz;
    // Transform the view direction from object space to tangent space
    o.viewDir = mul(rotation, ObjSpaceViewDir(v.vertex)).xyz;

    return o;
}
```

由于我们使用了两张纹理，因此需要存储两个纹理坐标。为此，我们把 v2f 中的 uv 变量的类型定义为float4类型，其中xy分量存储了_MainTex的纹理坐标，而zw分量存储了_BumpMap的纹理坐标（实际上，_MainTex和_BumpMap通常会使用同一组纹理坐标，出于减少插值寄存器的使用数目的目的，我们往往只计算和存储一个纹理坐标即可）。然后，我们把模型空间下切线方向、副切线方向和法线方向按行排列来得到从模型空间到切线空间的变换矩阵rotation。需要注意的是，在计算副切线时我们使用v.tangent.w和叉积结果进行相乘，这是因为和切线与法线方向都垂直的方向有两个，而w决定了我们选择其中哪一个方向。Unity也提供了一个内置宏TANGENT_SPACE_ROTATION（在UnityCG.cginc中被定义）来帮助我们直接计算得到rotation变换矩阵，它的实现和上述代码完全一样。然后，我们使用Unity的内置函数ObjSpaceLightDir和ObjSpaceViewDir来得到模型空间下的光照和视角方向，再利用变换矩阵rotation把它们从模型空间变换到切线空间中。

（10）由于我们在顶点着色器中完成了大部分工作，因此片元着色器中只需要采样得到切线空间下的法线方向，再在切线空间下进行光照计算即可：

```
fixed4 frag(v2f i) : SV_Target {
    fixed3 tangentLightDir = normalize(i.lightDir);
    fixed3 tangentViewDir = normalize(i.viewDir);

    // Get the texel in the normal map
    fixed4 packedNormal = tex2D(_BumpMap, i.uv.zw);
    fixed3 tangentNormal;
    // If the texture is not marked as "Normal map"
//  tangentNormal.xy = (packedNormal.xy * 2 - 1) * _BumpScale;
//  tangentNormal.z = sqrt(1.0 - saturate(dot(tangentNormal.xy, tangentNormal.xy)));

    // Or mark the texture as "Normal map", and use the built-in funciton
    tangentNormal = UnpackNormal(packedNormal);
    tangentNormal.xy *= _BumpScale;
    tangentNormal.z = sqrt(1.0 - saturate(dot(tangentNormal.xy, tangentNormal.xy)));

    fixed3 albedo = tex2D(_MainTex, i.uv).rgb * _Color.rgb;

    fixed3 ambient = UNITY_LIGHTMODEL_AMBIENT.xyz * albedo;

    fixed3 diffuse = _LightColor0.rgb * albedo * max(0, dot(tangentNormal,
tangentLightDir));

    fixed3 halfDir = normalize(tangentLightDir + tangentViewDir);
    fixed3 specular = _LightColor0.rgb * _Specular.rgb * pow(max(0, dot(tangentNormal,
halfDir)), _Gloss);

    return fixed4(ambient + diffuse + specular, 1.0);
}
```

在上面的代码中，我们首先利用tex2D对法线纹理_BumpMap进行采样。正如本节一开头所讲的，法线纹理中存储的是把法线经过映射后得到的像素值，因此我们需要把它们反映射回来。如果我们没有在Unity里把该法线纹理的类型设置成Normal map（详见7.2.4节），就需要在代码中手动进行这个过程。我们首先把packedNormal的xy分量按之前提到的公式映射回法线方向，然后乘以_BumpScale（控制凹凸程度）来得到tangentNormal的xy分量。由于法线都是单位矢量，因此tangentNormal.z分量可以由tangentNormal.xy计算而得。由于我们使用的是切线空间下的法线纹理，因此可以保证法线方向的z分量为正。 在Unity中，为了方便Unity对法线纹理的存储进行优化，我们通常会把法线纹理的纹理类型标识成*Normal map*，Unity会根据平台来选择不同的压缩方法。这时，如果我们再使用上面的方法来计算就会得到错误的结果，因为此时_BumpMap的rgb分量并不再是切线空间下法线方向的xyz值了。在7.2.4节中，我们会具体解释。在这种情况下，我们可以使用Unity的内置函数UnpackNormal来得到正确的法线方向。

（11）最后，我们为该 Unity Shader 设置合适的 Fallback：

```
Fallback "Specular"
```

保存后返回 Unity 中查看。在 NormalMapTangentSpaceMat 的面板上，我们使用本书资源中的 Brick_Diffuse.jpg 和 Brick_Normal.jpg 纹理对其赋值。我们可以调整材质面板中的 Bump Scale 属性来改变模型的凹凸程度。图 7.15 给出了不同的 Bump Scale 属性值下得到的结果。

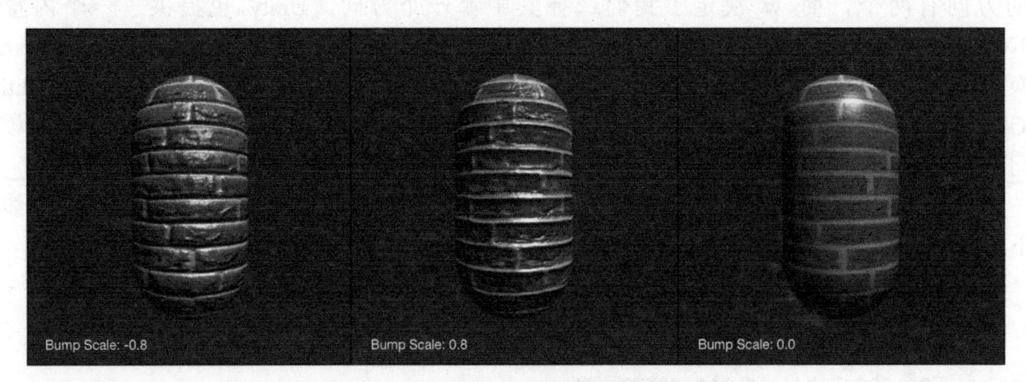

▲图 7.15　使用 Bump Scale 属性来调整模型的凹凸程度

2. 在世界空间下计算

现在，我们来实现第二种方法，即在世界空间下计算光照模型。我们需要在片元着色器中把法线方向从切线空间变换到世界空间下。这种方法的基本思想是：在顶点着色器中计算从切线空间到世界空间的变换矩阵，并把它传递给片元着色器。变换矩阵的计算可以由顶点的切线、副切线和法线在世界空间下的表示来得到。最后，我们只需要在片元着色器中把法线纹理中的法线方向从切线空间变换到世界空间下即可。尽管这种方法需要更多的计算，但在需要使用 Cubemap 进行环境映射等情况下，我们就需要使用这种方法。

为此，我们进行如下准备工作。

（1）使用上一节中使用的场景。

（2）新建一个材质。在本书资源中，该材质名为 NormalMapWorldSpaceMat。

（3）新建一个 Unity Shader。在本书资源中，该 Shader 名为 Chapter7-NormalMapWorldSpace。把新的 Shader 赋给第 2 步中创建的材质。

（4）把第 2 步中创建的材质赋给胶囊体。

打开 Chapter7-NormalMapWorldSpace，把上一节中的代码粘贴进去，并进行如下修改：

（1）我们需要修改顶点着色器的输出结构体 v2f，使它包含从切线空间到世界空间的变换矩阵：

```
struct v2f {
    float4 pos : SV_POSITION;
    float4 uv : TEXCOORD0;
    float4 TtoW0 : TEXCOORD1;
    float4 TtoW1 : TEXCOORD2;
    float4 TtoW2 : TEXCOORD3;
};
```

我们在 3.3.2 节中讲到，一个插值寄存器最多只能存储 float4 大小的变量，对于矩阵这样的变量，我们可以把它们按行拆成多个变量再进行存储。上面代码中的 TtoW0、TtoW1 和 TtoW2 就依次存储了从切线空间到世界空间的变换矩阵的每一行。实际上，对方向矢量的变换只需要使用 3×3 大小的矩阵，也就是说，每一行只需要使用 float3 类型的变量即可。但为了充分利用插值寄存器的存储空间，我们把世界空间下的顶点位置存储在这些变量的 w 分量中。

（2）修改顶点着色器，计算从切线空间到世界空间的变换矩阵：

```
v2f vert(a2v v) {
    v2f o;
    o.pos = mul(UNITY_MATRIX_MVP, v.vertex);

    o.uv.xy = v.texcoord.xy * _MainTex_ST.xy + _MainTex_ST.zw;
    o.uv.zw = v.texcoord.xy * _BumpMap_ST.xy + _BumpMap_ST.zw;

    float3 worldPos = mul(_Object2World, v.vertex).xyz;
    fixed3 worldNormal = UnityObjectToWorldNormal(v.normal);
    fixed3 worldTangent = UnityObjectToWorldDir(v.tangent.xyz);
    fixed3 worldBinormal = cross(worldNormal, worldTangent) * v.tangent.w;

    // Compute the matrix that transform directions from tangent space to world space
    // Put the world position in w component for optimization
    o.TtoW0 = float4(worldTangent.x, worldBinormal.x, worldNormal.x, worldPos.x);
    o.TtoW1 = float4(worldTangent.y, worldBinormal.y, worldNormal.y, worldPos.y);
    o.TtoW2 = float4(worldTangent.z, worldBinormal.z, worldNormal.z, worldPos.z);

    return o;
}
```

在上面的代码中，我们计算了世界空间下的顶点切线、副切线和法线的矢量表示，并把它们**按列**摆放得到从切线空间到世界空间的变换矩阵。我们把该矩阵的每一行分别存储在 TtoW0、TtoW1 和 TtoW2 中，并把世界空间下的顶点位置的 xyz 分量分别存储在了这些变量的 w 分量中，以便充分利用插值寄存器的存储空间。

（3）修改片元着色器，在世界空间下进行光照计算：

```
fixed4 frag(v2f i) : SV_Target {
    // Get the position in world space
    float3 worldPos = float3(i.TtoW0.w, i.TtoW1.w, i.TtoW2.w);
    // Compute the light and view dir in world space
    fixed3 lightDir = normalize(UnityWorldSpaceLightDir(worldPos));
    fixed3 viewDir = normalize(UnityWorldSpaceViewDir(worldPos));

    // Get the normal in tangent space
    fixed3 bump = UnpackNormal(tex2D(_BumpMap, i.uv.zw));
    bump.xy *= _BumpScale;
    bump.z = sqrt(1.0 - saturate(dot(bump.xy, bump.xy)));
    // Transform the normal from tangent space to world space
    bump = normalize(half3(dot(i.TtoW0.xyz, bump), dot(i.TtoW1.xyz, bump),
dot(i.TtoW2.xyz, bump)));

    ...
}
```

我们首先从 TtoW0、TtoW1 和 TtoW2 的 w 分量中构建世界空间下的坐标。然后，使用内置的 UnityWorldSpaceLightDir 和 UnityWorldSpaceViewDir 函数得到世界空间下的光照和视角方向。接着，我们使用内置的 UnpackNormal 函数对法线纹理进行采样和解码（需要把法线纹理的格式标识成 Normal map），并使用_BumpScale 对其进行缩放。最后，我们使用 TtoW0、TtoW1 和 TtoW2 存储的变换矩阵把法线变换到世界空间下。这是通过使用点乘操作来实现矩阵的每一行和法线相乘来得到的。

从视觉表现上，在切线空间下和在世界空间下计算光照几乎没有任何差别。在 Unity 4.x 版本中，在不需要使用 Cubemap 进行环境映射的情况下，内置的 Unity Shader 使用的是切线空间来进行法线映射和光照计算。而在 Unity 5.x 中，所有内置的 Unity Shader 都使用了世界空间来进行光照计算。这也是为什么 Unity 5.x 中表面着色器更容易报错，因为它们使用了更多的插值寄存器来存储变换矩阵（还有一些额外的插值寄存器是用来辅助计算雾效的，更多内容可以参见 19.2 节）。

7.2.4　Unity 中的法线纹理类型

上面我们提到了当把法线纹理的纹理类型标识成 Normal map 时，可以使用 Unity 的内置函数 UnpackNormal 来得到正确的法线方向，如图 7.16 所示。

▲图 7.16　当使用 UnpackNormal 函数计算法线纹理中的法线方向时，需要把纹理类型标识为 Normal map

当我们需要使用那些包含了法线映射的内置的 Unity Shader 时，必须把使用的法线纹理按上面的方式标识成 Normal map 才能得到正确结果（即便你忘了这么做，Unity 也会在材质面板中提醒你修正这个问题），这是因为这些 Unity Shader 都使用了内置的 UnpackNormal 函数来采样法线方向。那么，当我们把纹理类型设置成 Normal map 时到底发生了什么呢？为什么要这么做呢？

简单来说，这么做可以让 Unity 根据不同平台对纹理进行压缩（例如使用 DXT5nm 格式，具体的压缩细节可以参考：tech-artists 网站的/wiki/Normal_map_compression），再通过 UnpackNormal 函数来针对不同的压缩格式对法线纹理进行正确的采样。我们可以在 UnityCG.cginc 里找到 UnpackNormal 函数的内部实现：

```
inline fixed3 UnpackNormalDXT5nm (fixed4 packednormal)
{
    fixed3 normal;
    normal.xy = packednormal.wy * 2 - 1;
    normal.z = sqrt(1 - saturate(dot(normal.xy, normal.xy)));
    return normal;
}

inline fixed3 UnpackNormal(fixed4 packednormal)
{
#if defined(UNITY_NO_DXT5nm)
    return packednormal.xyz * 2 - 1;
#else
    return UnpackNormalDXT5nm(packednormal);
#endif
}
```

从代码中可以看出，在某些平台上由于使用了 DXT5nm 的压缩格式，因此需要针对这种格式对法线进行解码。在 DXT5nm 格式的法线纹理中，纹素的 a 通道（即 w 分量）对应了法线的 x 分量，g 通道对应了法线的 y 分量，而纹理的 r 和 b 通道则会被舍弃，法线的 z 分量可以由 xy 分量推导而得。为什么之前的普通纹理不能按这种方式压缩，而法线就需要使用 DXT5nm 格式来进行压缩呢？这是因为，按我们之前的处理方式，法线纹理被当成一个和普通纹理无异的图，但实际上，它只有两个通道是真正必不可少的，因为第三个通道的值可以用另外两个推导出来（法线是单位向量，并且切线空间下的法线方向的 z 分量始终为正）。使用这种压缩方法就可以减少法线纹理占用的内存空间。

当我们把纹理类型设置成 Normal map 后，还有一个复选框是 *Create from Grayscale*，那么它是做什么用的呢？读者应该还记得在本节开始我们提到过另一种凹凸映射的方法，即使用高度图，而这个复选框就是用于从高度图中生成法线纹理的。高度图本身记录的是相对高度，是一张灰度图，白色表示相对更高，黑色表示相对更低。当我们把一张高度图导入 Unity 后，除了需要把它的纹理类型设置成 Normal map 外，还需要勾选 Create from Grayscale，这样就可以得到类似图 7.17

中的结果。然后，我们就可以把它和切线空间下的法线纹理同等对待了。

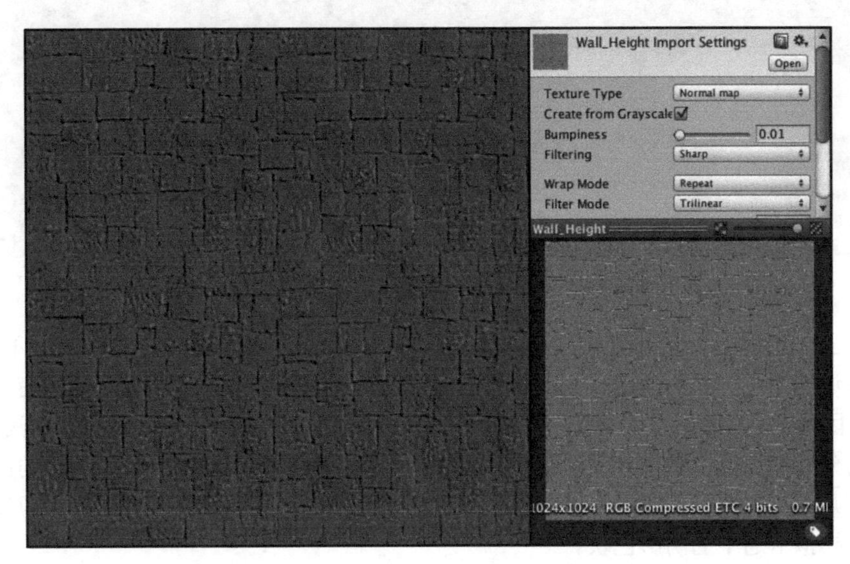

▲图 7.17 当勾选了 *Create from Grayscale* 后，Unity 会根据高度图来生成一张切线空间下的法线纹理

当勾选了 Create from Grayscale 后，还多出了两个选项——*Bumpiness* 和 *Filtering*。其中 Bumpiness 用于控制凹凸程度，而 Filtering 决定我们使用哪种方式来计算凹凸程度，它有两种选项：一种是 *Smooth*，这使得生成后的法线纹理会比较平滑；另一种是 *Sharp*，它会使用 Sobel 滤波（一种边缘检测时使用的滤波器）来生成法线。Sobel 滤波的实现非常简单，我们只需要在一个 3×3 的滤波器中计算 x 和 y 方向上的导数，然后从中得到法线即可。具体方法是：对于高度图中的每个像素，我们考虑它与水平方向和竖直方向上的像素差，把它们的差当成该点对应的法线在 x 和 y 方向上的位移，然后使用之前提到的映射函数存储成到法线纹理的 r 和 g 分量即可。

7.3 渐变纹理

尽管在一开始，我们在渲染中使用纹理是为了定义一个物体的颜色，但后来人们发现，纹理其实可以用于存储任何表面属性。一种常见的用法就是使用渐变纹理来控制漫反射光照的结果。在之前计算漫反射光照时，我们都是使用表面法线和光照方向的点积结果与材质的反射率相乘来得到表面的漫反射光照。但有时，我们需要更加灵活地控制光照结果。这种技术在游戏《军团要塞 2》（英文名：《Team Fortress 2》）中流行起来，它也是由 Valve 公司（提出半兰伯特光照技术的公司）提出来的，他们使用这种技术来渲染游戏中具有插画风格的角色。Valve 发表了一篇著名的论文来专门讲述在制作《军团要塞 2》时使用的技术。

这种技术最初由 Gooch 等人在 1998 年他们发表的一篇著名的论文《A Non-Photorealistic Lighting Model For Automatic Technical Illustration》中被提出，在这篇论文中，作者提出了一种基于**冷到暖色调（cool-to-warm tones）**的着色技术，用来得到一种插画风格的渲染效果。使用这种技术，可以保证物体的轮廓线相比于之前使用的传统漫反射光照更加明显，而且能够提供多种色调变化。而现在，很多卡通风格的渲染中都使用了这种技术。我们在 14.1 节中会专门学习如何编写一个卡通风格的 Unity Shader。

在本节中，我们将学习如何使用一张渐变纹理来控制漫反射光照。在学习完本节后，我们可以得到类似图 7.18 中的效果。

▲图 7.18　使用不同的渐变纹理控制漫反射光照，左下角给出了每张图使用的渐变纹理

可以看出，使用这种方式可以自由地控制物体的漫反射光照。不同的渐变纹理有不同的特性。例如，在左边的图中，我们使用一张从紫色调到浅黄色调的渐变纹理；而中间的图使用的渐变纹理则和《军团要塞 2》中渲染人物使用的渐变纹理是类似的，它们都是从黑色逐渐向浅灰色靠拢，而且中间的分界线部分微微发红，这是因为画家在插画中往往会在阴影处使用这样的色调；右侧的渐变纹理则通常被用于卡通风格的渲染，这种渐变纹理中的色调通常是突变的，即没有平滑过渡，以此来模拟卡通中的阴影色块。

为了实现上述效果，我们需要进行如下准备工作。

（1）在 Unity 中新建一个场景。在本书资源中，该场景名为 Scene_7_3。在 Unity 5.2 中，默认情况下场景将包含一个摄像机和一个平行光，并且使用了内置的天空盒子。在 Window -> Lighting -> Skybox 中去掉场景中的天空盒子。

（2）新建一个材质。在本书资源中，该材质名为 RampTextureMat。

（3）新建一个 Unity Shader。在本书资源中，该 Unity Shader 名为 Chapter7-RampTexture。把新的 Unity Shader 赋给第 2 步中创建的材质。

（4）向场景中拖曳一个 Suzanne 模型，并把第 2 步中的材质赋给该模型。

（5）保存场景。

打开新建的 Chapter7-RampTexture，删除所有已有代码，并进行如下修改。

（1）首先，我们需要为这个 Shader 起一个名字：

```
Shader "Unity Shaders Book/Chapter 7/Ramp Texture" {
```

（2）我们在 Properties 语义块中声明一个纹理属性来存储渐变纹理：

```
Properties {
    _Color ("Color Tint", Color) = (1,1,1,1)
    _RampTex ("Ramp Tex", 2D) = "white" {}
    _Specular ("Specular", Color) = (1, 1, 1, 1)
    _Gloss ("Gloss", Range(8.0, 256)) = 20
}
```

（3）然后，我们在 SubShader 语义块中定义了一个 Pass 语义块，并在 Pass 的第一行指明了该 Pass 的光照模式：

```
SubShader {
    Pass {
        Tags { "LightMode"="ForwardBase" }
```

LightMode 标签是 Pass 标签中的一种，它用于定义该 Pass 在 Unity 的光照流水线中的角色。

（4）然后，我们使用 CGPROGRAM 和 ENDCG 来包围住 Cg 代码片，以定义最重要的顶点着色器和片元着色器代码。我们使用#pragma 指令来告诉 Unity，我们定义的顶点着色器和片元着色器叫什么名字。在本例中，它们的名字分别是 vert 和 frag：

```
CGPROGRAM

#pragma vertex vert
#pragma fragment frag
```

（5）为了使用 Unity 内置的一些变量，如_LightColor0，还需要包含进 Unity 的内置文件 Lighting.cginc：

```
#include "Lighting.cginc"
```

（6）随后，我们需要定义和 Properties 中各个属性类型相匹配的变量：

```
fixed4 _Color;
sampler2D _RampTex;
float4 _RampTex_ST;
fixed4 _Specular;
float _Gloss;
```

我们为渐变纹理_RampTex 定义了它的纹理属性变量_RampTex_ST。

（7）定义顶点着色器的输入和输出结构体：

```
struct a2v {
    float4 vertex : POSITION;
    float3 normal : NORMAL;
    float4 texcoord : TEXCOORD0;
};

struct v2f {
    float4 pos : SV_POSITION;
    float3 worldNormal : TEXCOORD0;
    float3 worldPos : TEXCOORD1;
    float2 uv : TEXCOORD2;
};
```

（8）定义顶点着色器：

```
v2f vert(a2v v) {
    v2f o;
    o.pos = mul(UNITY_MATRIX_MVP, v.vertex);

    o.worldNormal = UnityObjectToWorldNormal(v.normal);

    o.worldPos = mul(_Object2World, v.vertex).xyz;

    o.uv = TRANSFORM_TEX(v.texcoord, _RampTex);

    return o;
}
```

我们使用了内置的 TRANSFORM_TEX 宏来计算经过平铺和偏移后的纹理坐标。

（9）接下来是关键的片元着色器：

```
fixed4 frag(v2f i) : SV_Target {
    fixed3 worldNormal = normalize(i.worldNormal);
    fixed3 worldLightDir = normalize(UnityWorldSpaceLightDir(i.worldPos));

    fixed3 ambient = UNITY_LIGHTMODEL_AMBIENT.xyz;

    // Use the texture to sample the diffuse color
    fixed halfLambert  = 0.5 * dot(worldNormal, worldLightDir) + 0.5;
    fixed3 diffuseColor  =  tex2D(_RampTex,  fixed2(halfLambert,  halfLambert)).rgb  *
_Color.rgb;

    fixed3 diffuse = _LightColor0.rgb * diffuseColor;

    fixed3 viewDir = normalize(UnityWorldSpaceViewDir(i.worldPos));
    fixed3 halfDir = normalize(worldLightDir + viewDir);
    fixed3 specular = _LightColor0.rgb * _Specular.rgb * pow(max(0, dot(worldNormal,
halfDir)), _Gloss);
```

```
    return fixed4(ambient + diffuse + specular, 1.0);
}
```

在上面的代码中，我们使用 6.4.3 节中提到的半兰伯特模型，通过对法线方向和光照方向的点积做一次 0.5 倍的缩放以及一个 0.5 大小的偏移来计算半兰伯特部分 halfLambert。这样，我们得到的 halfLambert 的范围被映射到了[0，1]之间。之后，我们使用 halfLambert 来构建一个纹理坐标，并用这个纹理坐标对渐变纹理_RampTex 进行采样。由于_RampTex 实际就是一个一维纹理（它在纵轴方向上颜色不变），因此纹理坐标的 u 和 v 方向我们都使用了 halfLambert。然后，把从渐变纹理采样得到的颜色和材质颜色_Color 相乘，得到最终的漫反射颜色。剩下的代码就是计算高光反射和环境光，并把它们的结果进行相加。相信读者已经对这些步骤非常熟悉了。

（10）最后，我们为该 Unity Shader 设置合适的 Fallback：

```
Fallback "Specular"
```

保存后返回场景。我们在本书资源中提供了多种渐变纹理，如 Ramp_Texture0.psd 和 Ramp_Texture1.psd 等。读者可以尝试把不同的渐变纹理拖曳到材质面板查看效果。

需要注意的是，我们需要把渐变纹理的 Wrap Mode 设为 Clamp 模式，以防止对纹理进行采样时由于浮点数精度而造成的问题。图 7.19 给出了 Wrap Mode 分别为 Repeat 和 Clamp 模式的效果对比。

可以看出，左图（使用 Repeat 模式）中在高光区域有一些黑点。这是由浮点精度造成的，当我们使用 fixed2(halfLambert, halfLambert)对渐变纹理进行采样时，虽然理论上 halfLambert 的值在[0, 1]之间，但可能会有 1.000 01 这样的值出现。如果我们使用的是 Repeat 模式，此时就会舍弃整数部分，只保留小数部分，得到的值就是 0.000 01，对应了渐变图中最左边的值，即黑色。因此，就会出现图中这样在高光区域反而有黑点的情况。我们只需要把渐变纹理的 Wrap Mode 设为 Clamp 模式就可以解决这种问题。

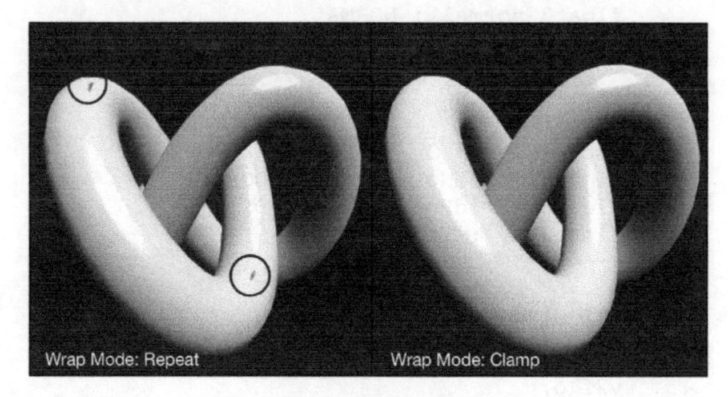

▲图 7.19 Wrap Mode 分别为 Repeat 和 Clamp 模式的效果对比

7.4 遮罩纹理

遮罩纹理（mask texture）是本章要介绍的最后一种纹理，它非常有用，在很多商业游戏中都可以见到它的身影。那么什么是遮罩呢？简单来讲，遮罩允许我们可以保护某些区域，使它们免于某些修改。例如，在之前的实现中，我们都是把高光反射应用到模型表面的所有地方，即所有的像素都使用同样大小的高光强度和高光指数。但有时，我们希望模型表面某些区域的反光强烈一些，而某些区域弱一些。为了得到更加细腻的效果，我们就可以使用一张遮罩纹理来控制光照。另一种常见的应用是在制作地形材质时需要混合多张图片，例如表现草地的纹理、表现石子的纹理、表现裸露土地的纹理等，使用遮罩纹理可以控制如何混合这些纹理。

使用遮罩纹理的流程一般是：通过采样得到遮罩纹理的纹素值，然后使用其中某个（或某几个）通道的值（例如 texel.r）来与某种表面属性进行相乘，这样，当该通道的值为 0 时，可以保护表面不受该属性的影响。总而言之，使用遮罩纹理可以让美术人员更加精准（像素级别）地控制模型表面的各种性质。

7.4.1 实践

在本节中，我们将学习如何使用一张高光遮罩纹理，逐像素地控制模型表面的高光反射强度。图 17.20 显示了只包含漫反射、未使用遮罩的高光反射和使用遮罩的高光反射的对比效果。

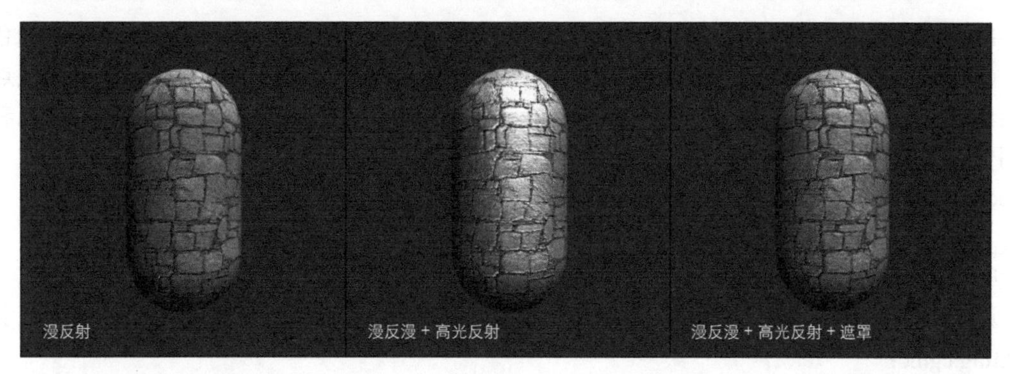

▲图 7.20　使用高光遮罩纹理。从左到右：只包含漫反射，未使用遮罩的高光反射，使用遮罩的高光反射

我们使用的遮罩纹理如图 7.21 所示。可以看出，遮罩纹理可以让我们更加精细地控制光照细节，得到更细腻的效果。

为了在 Unity Shader 中实现上述效果，我们需要进行如下准备工作。

（1）在 Unity 中新建一个场景。在本书资源中，该场景名为 Scene_7_4。在 Unity 5.2 中，默认情况下场景将包含一个摄像机和一个平行光，并且使用了内置的天空盒子。在 Window -> Lighting -> Skybox 中去掉场景中的天空盒子。

（2）新建一个材质。在本书资源中，该材质名为 MaskTextureMat。

（3）新建一个 Unity Shader。在本书资源中，该 Unity Shader 名为 Chapter7-MaskTexture。把新的 Unity Shader 赋给第 2 步中创建的材质。

（4）在场景中创建一个胶囊体，并把第 2 步中的材质赋给该胶囊体。

（5）保存场景。

▲图 7.21　本节使用的高光遮罩纹理

打开新建的 Chapter7-MaskTexture，删除所有已有代码，并进行如下修改：

（1）首先，我们需要为这个 Shader 起一个名字：

```
Shader "Unity Shaders Book/Chapter 7/Mask Texture" {
```

（2）我们需要在 Properties 语义块中声明更多的变量来控制高光反射：

```
Properties {
    _Color ("Color Tint", Color) = (1,1,1,1)
    _MainTex ("Main Tex", 2D) = "white" {}
    _BumpMap ("Normal Map", 2D) = "bump" {}
    _BumpScale("Bump Scale", Float) = 1.0
    _SpecularMask ("Specular Mask", 2D) = "white" {}
    _SpecularScale ("Specular Scale", Float) = 1.0
    _Specular ("Specular", Color) = (1, 1, 1, 1)
    _Gloss ("Gloss", Range(8.0, 256)) = 20
}
```

上面属性中的_SpecularMask 即是我们需要使用的高光反射遮罩纹理，_SpecularScale 则是用于控制遮罩影响度的系数。

（3）然后，我们在SubShader语义块中定义了一个Pass语义块，并在Pass的第一行指明了该Pass的光照模式：

```
SubShader {
    Pass {
        Tags { "LightMode"="ForwardBase" }
```

LightMode标签是Pass标签中的一种，它用于定义该Pass在Unity的光照流水线中的角色。

（4）然后，我们使用CGPROGRAM和ENDCG来包围住Cg代码片，以定义最重要的顶点着色器和片元着色器代码。我们使用#pragma指令来告诉Unity，我们定义的顶点着色器和片元着色器叫什么名字。在本例中，它们的名字分别是vert和frag：

```
CGPROGRAM

#pragma vertex vert
#pragma fragment frag
```

（5）为了使用Unity内置的一些变量，如_LightColor0，还需要包含进Unity的内置文件Lighting.cginc：

```
#include "Lighting.cginc"
```

（6）随后，我们需要定义和Properties中各个属性类型相匹配的变量：

```
fixed4 _Color;
sampler2D _MainTex;
float4 _MainTex_ST;
sampler2D _BumpMap;
float _BumpScale;
sampler2D _SpecularMask;
float _SpecularScale;
fixed4 _Specular;
float _Gloss;
```

我们为主纹理_MainTex、法线纹理_BumpMap和遮罩纹理_SpecularMask定义了它们共同使用的纹理属性变量_MainTex_ST。这意味着，在材质面板中修改主纹理的平铺系数和偏移系数会同时影响3个纹理的采样。使用这种方式可以让我们节省需要存储的纹理坐标数目，如果我们为每一个纹理都使用一个单独的属性变量TextureName_ST，那么随着使用的纹理数目的增加，我们会迅速占满顶点着色器中可以使用的插值寄存器。而很多时候，我们不需要对纹理进行平铺和位移操作，或者很多纹理可以使用同一种平铺和位移操作，此时我们就可以对这些纹理使用同一个变换后的纹理坐标进行采样。

（7）定义顶点着色器的输入和输出结构体：

```
struct a2v {
    float4 vertex : POSITION;
    float3 normal : NORMAL;
    float4 tangent : TANGENT;
    float4 texcoord : TEXCOORD0;
};

struct v2f {
    float4 pos : SV_POSITION;
    float2 uv : TEXCOORD0;
    float3 lightDir: TEXCOORD1;
    float3 viewDir : TEXCOORD2;
};
```

（8）在顶点着色器中，我们对光照方向和视角方向进行了坐标空间的变换，把它们从模型空间变换到了切线空间中，以便在片元着色器中和法线进行光照运算：

```
v2f vert(a2v v) {
    v2f o;
```

```
    o.pos = mul(UNITY_MATRIX_MVP, v.vertex);

    o.uv.xy = v.texcoord.xy * _MainTex_ST.xy + _MainTex_ST.zw;

    TANGENT_SPACE_ROTATION;
    o.lightDir = mul(rotation, ObjSpaceLightDir(v.vertex)).xyz;
    o.viewDir = mul(rotation, ObjSpaceViewDir(v.vertex)).xyz;

    return o;
}
```

（9）使用遮罩纹理的地方是片元着色器。我们使用它来控制模型表面的高光反射强度：

```
fixed4 frag(v2f i) : SV_Target {
    fixed3 tangentLightDir = normalize(i.lightDir);
    fixed3 tangentViewDir = normalize(i.viewDir);

    fixed3 tangentNormal = UnpackNormal(tex2D(_BumpMap, i.uv));
    tangentNormal.xy *= _BumpScale;
    tangentNormal.z = sqrt(1.0 - saturate(dot(tangentNormal.xy, tangentNormal.xy)));

    fixed3 albedo = tex2D(_MainTex, i.uv).rgb * _Color.rgb;

    fixed3 ambient = UNITY_LIGHTMODEL_AMBIENT.xyz * albedo;

    fixed3 diffuse = _LightColor0.rgb * albedo * max(0, dot(tangentNormal, tangentLightDir));

    fixed3 halfDir = normalize(tangentLightDir + tangentViewDir);
    // Get the mask value
    fixed specularMask = tex2D(_SpecularMask, i.uv).r * _SpecularScale;
    // Compute specular term with the specular mask
    fixed3 specular = _LightColor0.rgb * _Specular.rgb * pow(max(0, dot(tangentNormal,
halfDir)), _Gloss) * specularMask;

    return fixed4(ambient + diffuse + specular, 1.0);
}
```

环境光照和漫反射光照和之前使用过的代码完全一样。在计算高光反射时，我们首先对遮罩纹理_SpecularMask 进行采样。由于本书使用的遮罩纹理中每个纹素的 rgb 分量其实都是一样的，表明了该点对应的高光反射强度，在这里我们选择使用 r 分量来计算掩码值。然后，我们用得到的掩码值和_SpecularScale 相乘，一起来控制高光反射的强度。

需要说明的是，我们使用的这张遮罩纹理其实有很多空间被浪费了——它的 rgb 分量存储的都是同一个值。在实际的游戏制作中，我们往往会充分利用遮罩纹理中的每一个颜色通道来存储不同的表面属性，我们会在 7.4.2 节中介绍这样一个例子。

（10）最后，我们为该 Unity Shader 设置了合适的 Fallback：

```
Fallback "Specular"
```

7.4.2 其他遮罩纹理

在真实的游戏制作过程中，遮罩纹理已经不止限于保护某些区域使它们免于某些修改，而是可以存储任何我们希望逐像素控制的表面属性。通常，我们会充分利用一张纹理的 RGBA 四个通道，用于存储不同的属性。例如，我们可以把高光反射的强度存储在 R 通道，把边缘光照的强度存储在 G 通道，把高光反射的指数部分存储在 B 通道，最后把自发光强度存储在 A 通道。

在游戏《DOTA 2》的开发中，开发人员为每个模型使用了 4 张纹理：一张用于定义模型颜色，一张用于定义表面法线，另外两张则都是遮罩纹理。这样，两张遮罩纹理提供了共 8 种额外的表面属性，这使得游戏中的人物材质自由度很强，可以支持很多高级的模型属性。读者可以在他们的官网上找到关于《DOTA 2》的更加详细的制作资料，包括游戏中的人物模型、纹理以及制作手册等。这是非常好的学习资料。

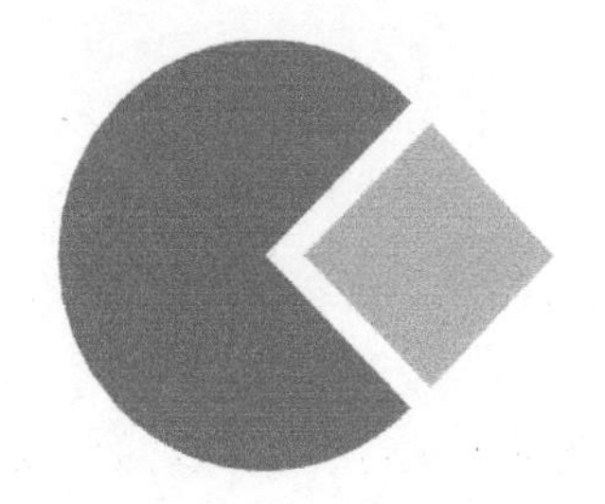

第8章　透明效果

透明是游戏中经常要使用的一种效果。在实时渲染中要实现透明效果，通常会在渲染模型时控制它的**透明通道（Alpha Channel）**。当开启透明混合后，当一个物体被渲染到屏幕上时，每个片元除了颜色值和深度值之外，它还有另一个属性——透明度。当透明度为1时，表示该像素是完全不透明的，而当其为0时，则表示该像素完全不会显示。

在Unity中，我们通常使用两种方法来实现透明效果：第一种是使用**透明度测试（Alpha Test）**，这种方法其实无法得到真正的半透明效果；另一种是**透明度混合（Alpha Blending）**。

在之前的学习中，我们从没有强调过渲染顺序的问题。也就是说，当场景中包含很多模型时，我们并没有考虑是先渲染A，再渲染B，最后再渲染C，还是按照其他的顺序来渲染。事实上，对于不透明（opaque）物体，不考虑它们的渲染顺序也能得到正确的排序效果，这是由于强大的深度缓冲（depth buffer，也被称为z-buffer）的存在。在实时渲染中，深度缓冲是用于解决可见性（visibility）问题的，它可以决定哪个物体的哪些部分会被渲染在前面，而哪些部分会被其他物体遮挡。它的基本思想是：根据深度缓存中的值来判断该片元距离摄像机的距离，当渲染一个片元时，需要把它的深度值和已经存在于深度缓冲中的值进行比较（如果开启了深度测试），如果它的值距离摄像机更远，那么说明这个片元不应该被渲染到屏幕上（有物体挡住了它）；否则，这个片元应该覆盖掉此时颜色缓冲中的像素值，并把它的深度值更新到深度缓冲中（如果开启了深度写入）。

使用深度缓冲，可以让我们不用关心不透明物体的渲染顺序，例如A挡住B，即便我们先渲染A再渲染B也不用担心B会遮盖掉A，因为在进行深度测试时会判断出B距离摄像机更远，也就不会写入到颜色缓冲中。但如果想要实现透明效果，事情就不那么简单了，这是因为，当使用透明度混合时，我们关闭了深度写入（ZWrite）。

简单来说，透明度测试和透明度混合的基本原理如下。

- **透明度测试**：它采用一种“霸道极端”的机制，只要一个片元的透明度不满足条件（通常是小于某个阈值），那么它对应的片元就会被舍弃。被舍弃的片元将不会再进行任何处理，也不会对颜色缓冲产生任何影响；否则，就会按照普通的不透明物体的处理方式来处理它，即进行深度测试、深度写入等。也就是说，透明度测试是不需要关闭深度写入的，它和其他不透明物体最大的不同就是它会根据透明度来舍弃一些片元。虽然简单，但是它产生的效果也很极端，要么完全透明，即看不到，要么完全不透明，就像不透明物体那样。
- **透明度混合**：这种方法可以得到真正的半透明效果。它会使用当前片元的透明度作为混合因子，与已经存储在颜色缓冲中的颜色值进行混合，得到新的颜色。但是，透明度混合需要关闭深度写入（我们下面会讲为什么需要关闭），这使得我们要非常小心物体的渲染顺序。需要注意的是，透明度混合只关闭了深度写入，但没有关闭深度测试。这意味着，当使用透明度混合渲染一个片元时，还是会比较它的深度值与当前深度缓冲中的深度值，如果它的深度值距离摄像机更远，那么就不会再进行混合操作。这一点决定了，当一个不透明物体出现在一个透明物体的前面，而我们先渲染了不透明物体，它仍然可以正常地遮挡住透明物体。也就是说，对于透明度混合来说，深度缓冲是只读的。

8.1 为什么渲染顺序很重要

前面说到，对于透明度混合技术，需要关闭深度写入，此时我们就需要小心处理透明物体的渲染顺序。那么，我们为什么要关闭深度写入呢？如果不关闭深度写入，一个半透明表面背后的表面本来是可以透过它被我们看到的，但由于深度测试时判断结果是该半透明表面距离摄像机更近，导致后面的表面将会被剔除，我们也就无法透过半透明表面看到后面的物体了。但是，我们由此就破坏了深度缓冲的工作机制，而这是一个**非常非常非常**（重要的事情要讲3遍）糟糕的事情，尽管我们不得不这样做。关闭深度写入导致渲染顺序将变得非常重要。

我们来考虑最简单的情况。假设场景里有两个物体A和B，如图8.1所示，其中A是半透明物体，而B是不透明物体。

我们来考虑不同的渲染顺序会有什么结果。

- 第一种情况，我们先渲染B，再渲染A。那么由于不透明物体开启了深度测试和深度写入，而此时深度缓冲中没有任何有效数据，因此B首先会写入颜色缓冲和深度缓冲。随后我们渲染A，透明物体仍然会进行深度测试，因此我们发现和B相比A距离摄像机更近，因此，我们会使用A的透明度来和颜色缓冲中的B的颜色进行混合，得到正确的半透明效果。
- 第二种情况，我们先渲染A，再渲染B。渲染A时，深度缓冲区中没有任何有效数据，因此A直接写入颜色缓冲，但由于对半透明物体关闭了深度写入，因此A不会修改深度缓冲。等到渲染B时，B会进行深度测试，它发现，“咦，深度缓存中还没有人来过，那我就放心地写入颜色缓冲了！”，结果就是B会直接覆盖A的颜色。从视觉上来看，B就出现在了A的前面，而这是错误的。

从这个例子可以看出，当关闭了深度写入后，渲染顺序是多么重要。由此我们知道，我们应该在不透明物体渲染完之后再渲染半透明物体。那么，如果都是半透明物体，渲染顺序还重要吗？答案是肯定的。还是假设场景里有两个物体A和B，如图8.2所示，其中A和B都是半透明物体。

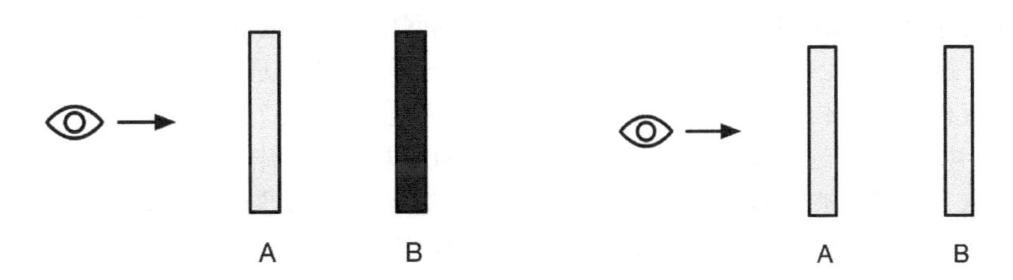

▲图8.1 场景中有两个物体，其中A（黄色）是半透明物体，B（紫色）是不透明物体

▲图8.2 场景中有两个物体，其中A和B都是半透明物体

我们还是考虑不同的渲染顺序有什么不同结果。

- 第一种情况，我们先渲染B，再渲染A。那么B会正常写入颜色缓冲，然后A会和颜色缓冲中的B颜色进行混合，得到正确的半透明效果。
- 第二种情况，我们先渲染A，再渲染B。那么A会先写入颜色缓冲，随后B会和颜色缓冲中的A进行混合，这样混合结果会完全反过来，看起来就好像B在A的前面，得到的就是错误的半透明结构。

从这个例子可以看出，半透明物体之间也是要符合一定的渲染顺序的。

基于这两点，渲染引擎一般都会先对物体进行排序，再渲染。常用的方法是。

（1）先渲染所有不透明物体，并开启它们的深度测试和深度写入。

（2）把半透明物体按它们距离摄像机的远近进行排序，然后按照从后往前的顺序渲染这些半透明物体，并开启它们的深度测试，但关闭深度写入。

那么，问题都解决了吗？不幸的是，仍然没有。在一些情况下，半透明物体还是会出现“穿帮镜头”。如果我们仔细想想的话，上面给出的第2步中渲染顺序仍然是含糊不清的——“按它们距离摄像机的远近进行排序”，那么它们距离摄像机的远近是如何决定的呢？读者可能会马上脱口而出，“就是距离摄像的深度值嘛！”但是，深度缓冲中的值其实是像素级别的，即每个像素有一个深度值，但是现在我们对单个物体级别进行排序，这意味着排序结果是，要么物体A全部在B前面渲染，要么A全部在B后面渲染。但如果存在循环重叠的情况，那么使用这种方法就永远无法得到正确的结果。图8.3给出了3个物体循环重叠的情况。

在图8.3中，由于3个物体互相重叠，我们不可能得到一个正确的排序顺序。这种时候，我们可以选择把物体拆分成两个部分，然后再进行正确的排序。但即便我们通过分割的方法解决了循环覆盖的问题，还是会有其他的情况来”捣乱”。考虑图8.4给出的情况。

▲图8.3　循环重叠的半透明物体总是无法得到正确的半透明效果

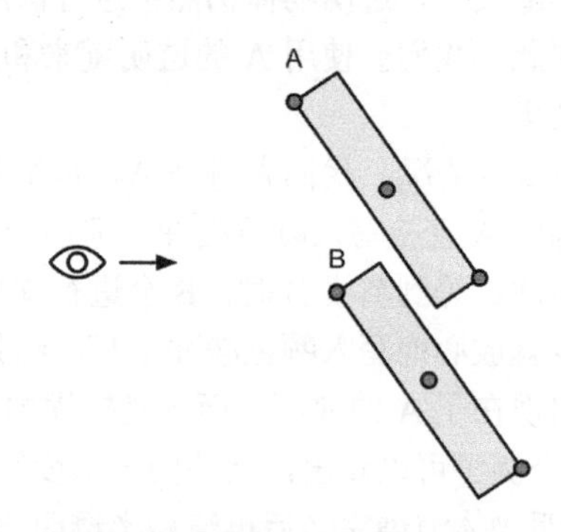

▲图8.4　使用哪个深度对物体进行排序。红色点分别标明了网格上距离摄像机最近的点、最远的点以及网格中点

这里的问题是：如何排序？我们知道，一个物体的网格结构往往占据了空间中的某一块区域，也就是说，这个网格上每一个点的深度值可能都是不一样的，我们选择哪个深度值来作为整个物体的深度值和其他物体进行排序呢？是网格中点吗？还是最远的点？还是最近的点？不幸的是，对于图8.4中的情况，选择哪个深度值都会得到错误的结果，我们的排序结果总是A在B的前面，但实际上A有一部分被B遮挡了。这也意味着，一旦选定了一种判断方式后，在某些情况下半透明物体之间一定会出现错误的遮挡问题。这种问题的解决方法通常也是分割网格。

尽管结论是，总是会有一些情况打乱我们的阵脚，但由于上述方法足够有效并且容易实现，因此大多数游戏引擎都使用了这样的方法。为了减少错误排序的情况，我们可以尽可能让模型是凸面体，并且考虑将复杂的模型拆分成可以独立排序的多个子模型等。其实就算排序错误结果有时也不会非常糟糕，如果我们不想分割网格，可以试着让透明通道更加柔和，使穿插看起来并不是那么明显。我们也可以使用开启了深度写入的半透明效果来近似模拟物体的半透明（详见8.5节）。

下面，我们就来看一下Unity是如何解决排序问题的。

8.2 Unity Shader 的渲染顺序

Unity为了解决渲染顺序的问题提供了**渲染队列（render queue）**这一解决方案。我们可以使用 SubShader 的 **Queue** 标签来决定我们的模型将归于哪个渲染队列。Unity 在内部使用一系列整数索引来表示每个渲染队列，且索引号越小表示越早被渲染。在 Unity 5 中，Unity 提前定义了 5 个渲染队列（与 Unity 5 之前的版本相比多了一个 AlphaTest 渲染队列），当然在每个队列中间我们可以使用其他队列。表 8.1 给出了这 5 个提前定义的渲染队列以及它们的描述。

表 8.1　Unity 提前定义的 5 个渲染队列

名称	队列索引号	描　述
Background	1000	这个渲染队列会在任何其他队列之前被渲染，我们通常使用该队列来渲染那些需要绘制在背景上的物体
Geometry	2000	默认的渲染队列，大多数物体都使用这个队列。不透明物体使用这个队列
AlphaTest	2450	需要透明度测试的物体使用这个队列。在 Unity 5 中它从 Geometry 队列中被单独分出来，这是因为在所有不透明物体渲染之后再渲染它们会更加高效
Transparent	3000	这个队列中的物体会在所有 Geometry 和 AlphaTest 物体渲染后，再按**从后往前**的顺序进行渲染。任何使用了透明度混合（例如关闭了深度写入的 Shader）的物体都应该使用该队列
Overlay	4000	该队列用于实现一些叠加效果。任何需要在最后渲染的物体都应该使用该队列

因此，如果我们想要通过透明度测试实现透明效果，代码中应该包含类似下面的代码：

```
SubShader {
    Tags { "Queue"="AlphaTest" }
    Pass {
        ...
    }
}
```

如果我们想要通过透明度混合来实现透明效果，代码中应该包含类似下面的代码：

```
SubShader {
    Tags { "Queue"="Transparent" }
    Pass {
        ZWrite Off
        ...
    }
}
```

其中，**ZWrite Off** 用于关闭深度写入，在这里我们选择把它写在 Pass 中。我们也可以把它写在 SubShader 中，这意味着该 SubShader 下的所有 Pass 都会关闭深度写入。

8.3 透明度测试

我们来看一下如何在 Unity 中实现透明度测试的效果。在上面我们已经知道了透明度测试的工作原理。

透明度测试：只要一个片元的透明度不满足条件（通常是小于某个阈值），那么它对应的片元就会被舍弃。被舍弃的片元将不会再进行任何处理，也不会对颜色缓冲产生任何影响；否则，就会按照普通的不透明物体的处理方式来处理它。

通常，我们会在片元着色器中使用 clip 函数来进行透明度测试。clip 是 Cg 中的一个函数，它的定义如下。

函数：void clip(float4 x); void clip(float3 x); void clip(float2 x); void clip(float1 x); void clip(float x);

参数：裁剪时使用的标量或矢量条件。

描述：如果给定参数的任何一个分量是负数，就会舍弃当前像素的输出颜色。它等同于下面的代码：

```
void clip(float4 x)
{
    if (any(x < 0))
        discard;
}
```

在本节中，我们使用图 8.5 中的半透明纹理来实现透明度测试。在本书资源中，该纹理名为 transparent_texture.psd。该透明纹理在不同区域的透明度也不同，我们通过它来查看透明度测试的效果。

在学习完本节后，我们可以得到类似图 8.6 中的效果。

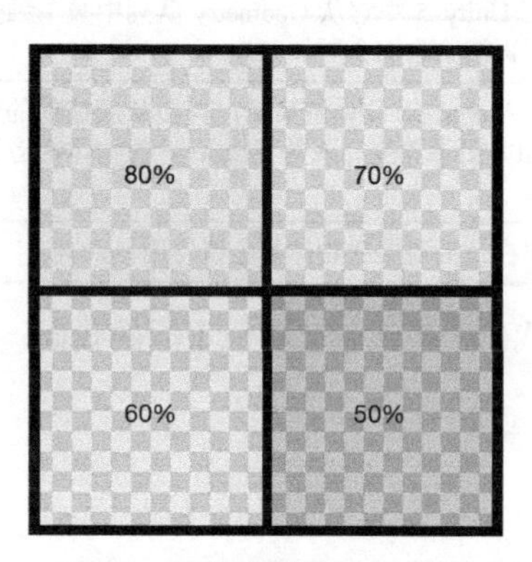

▲图 8.5　一张透明纹理，其中每个方格的透明度都不同

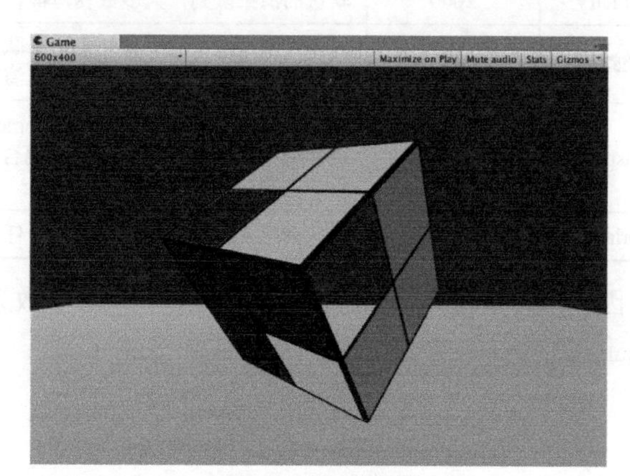

▲图 8.6　透明度测试

为此，我们需要进行如下准备工作。

（1）在 Unity 中新建一个场景。在本书资源中，该场景名为 Scene_8_3。在 Unity 5.2 中，默认情况下场景将包含一个摄像机和一个平行光，并且使用了内置的天空盒子。在 Window -> Lighting -> Skybox 中去掉场景中的天空盒子。

（2）新建一个材质。在本书资源中，该材质名为 AlphaTestMat。

（3）新建一个 Unity Shader。在本书资源中，该 Unity Shader 名为 Chapter8-AlphaTest。把新的 Unity Shader 赋给第 2 步中创建的材质。

（4）在场景中创建一个立方体，并把第 2 步中的材质赋给该模型。创建一个平面，使得平面位于立方体下面。

（5）保存场景。

打开新建的 Chapter8-AlphaTest，删除所有已有代码，并进行如下修改。

（1）首先，我们需要为这个 Shader 起一个名字：

```
Shader "Unity Shaders Book/Chapter 8/Alpha Test" {
```

（2）为了在材质面板中控制透明度测试时使用的阈值，我们在 Properties 语义块中声明一个范围在[0, 1]之间的属性_Cutoff：

```
Properties {
    _Color ("Main Tint", Color) = (1,1,1,1)
    _MainTex ("Main Tex", 2D) = "white" {}
    _Cutoff ("Alpha Cutoff", Range(0, 1)) = 0.5
}
```

_Cutoff 参数用于决定我们调用 clip 进行透明度测试时使用的判断条件。它的范围是[0，1]，这是因为纹理像素的透明度就是在此范围内。

（3）然后，我们在 SubShader 语义块中定义了一个 Pass 语义块：

```
SubShader {
  Tags {"Queue"="AlphaTest" "IgnoreProjector"="True" "RenderType"="TransparentCutout"}

   Pass {
      Tags { "LightMode"="ForwardBase" }
```

我们在 8.2 节中已经知道渲染顺序的重要性，并且知道在 Unity 中透明度测试使用的渲染队列是名为 AlphaTest 的队列，因此我们需要把 Queue 标签设置为 AlphaTest。而 RenderType 标签可以让 Unity 把这个 Shader 归入到提前定义的组（这里就是 TransparentCutout 组）中，以指明该 Shader 是一个使用了透明度测试的 Shader。RenderType 标签通常被用于着色器替换功能。我们还把 IgnoreProjector 设置为 True，这意味着这个 Shader 不会受到投影器（Projectors）的影响。通常，使用了透明度测试的 Shader 都应该在 SubShader 中设置这三个标签。最后，LightMode 标签是 Pass 标签中的一种，它用于定义该 Pass 在 Unity 的光照流水线中的角色。只有定义了正确的 LightMode，我们才能正确得到一些 Unity 的内置光照变量，例如_LightColor0。

（4）然后，我们使用 CGPROGRAM 和 ENDCG 来包围住 Cg 代码片，来定义最重要的顶点着色器和片元着色器代码。首先，我们使用#pragma 指令来告诉 Unity，我们定义的顶点着色器和片元着色器叫什么名字。在本例中，它们的名字分别是 vert 和 frag：

```
CGPROGRAM

#pragma vertex vert
#pragma fragment frag
```

（5）为了使用 Unity 内置的一些变量，如_LightColor0，还需要包含进 Unity 的内置文件 Lighting.cginc：

```
#include "Lighting.cginc"
```

（6）为了和 Properties 语义块中声明的属性建立联系，我们需要定义和各个属性类型相匹配的变量：

```
fixed4 _Color;
sampler2D _MainTex;
float4 _MainTex_ST;
fixed _Cutoff;
```

由于_Cutoff 的范围在[0, 1]，因此我们可以使用 fixed 精度来存储它。

（7）然后，我们定义了顶点着色器的输入和输出结构体，接着定义顶点着色器：

```
struct a2v {
   float4 vertex : POSITION;
   float3 normal : NORMAL;
   float4 texcoord : TEXCOORD0;
};

struct v2f {
   float4 pos : SV_POSITION;
   float3 worldNormal : TEXCOORD0;
   float3 worldPos : TEXCOORD1;
   float2 uv : TEXCOORD2;
};

v2f vert(a2v v) {
   v2f o;
   o.pos = mul(UNITY_MATRIX_MVP, v.vertex);

   o.worldNormal = UnityObjectToWorldNormal(v.normal);
```

```
    o.worldPos = mul(_Object2World, v.vertex).xyz;

    o.uv = TRANSFORM_TEX(v.texcoord, _MainTex);

    return o;
}
```

上面的代码我们已经见到过很多次了，我们在顶点着色器计算出世界空间的法线方向和顶点位置以及变换后的纹理坐标，再把它们传递给片元着色器。

（8）最重要的透明度测试的代码在片元着色器中：

```
fixed4 frag(v2f i) : SV_Target {
    fixed3 worldNormal = normalize(i.worldNormal);
    fixed3 worldLightDir = normalize(UnityWorldSpaceLightDir(i.worldPos));

    fixed4 texColor = tex2D(_MainTex, i.uv);

    // Alpha test
    clip (texColor.a - _Cutoff);
    // Equal to
//  if ((texColor.a - _Cutoff) < 0.0) {
//      discard;
//  }

    fixed3 albedo = texColor.rgb * _Color.rgb;

    fixed3 ambient = UNITY_LIGHTMODEL_AMBIENT.xyz * albedo;

    fixed3 diffuse = _LightColor0.rgb * albedo * max(0, dot(worldNormal, worldLightDir));

    return fixed4(ambient + diffuse, 1.0);
}
```

前面我们已经提到过 clip 函数的定义，它会判断它的参数，即 texColor.a - _Cutoff 是否为负数，如果是就会舍弃该片元的输出。也就是说，当 texColor.a 小于材质参数_Cutoff 时，该片元就会产生完全透明的效果。使用 clip 函数等同于先判断参数是否小于零，如果是就使用 discard 指令来显式剔除该片元。后面的代码和之前使用过的完全一样，我们计算得到环境光照和漫反射光照，把它们相加后再进行输出。

（9）最后，我们需要为这个 Unity Shader 设置合适的 Fallback：

```
Fallback "Transparent/Cutout/VertexLit"
```

和之前使用的 Diffuse 和 Specular 不同，这次我们使用内置的 Transparent/Cutout/VertexLit 来作为回调 Shader。这不仅能够保证在我们编写的 SubShader 无法在当前显卡上工作时可以有合适的代替 Shader，还可以保证使用透明度测试的物体可以正确地向其他物体投射阴影，具体原理可以参见 9.4.5 节。

材质面板中的 Alpha cutoff 参数用于调整透明度测试时使用的阈值，当纹理像素的透明度小于该值时，对应的片元就会被舍弃。当我们逐渐调大该值时，立方体上的网格会逐渐消失，如图 8.7 所示。

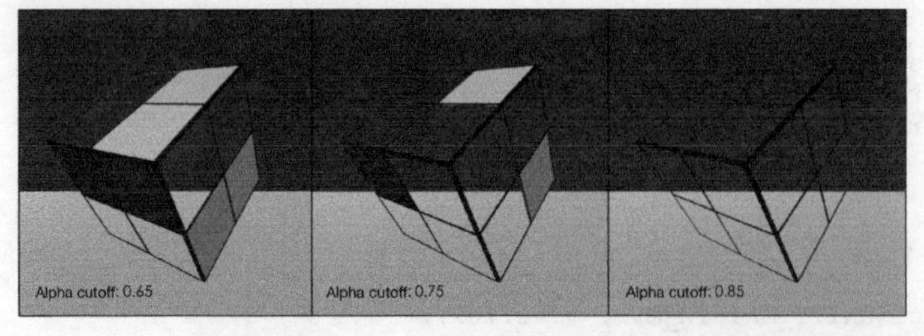

▲图 8.7　随着 Alpha cutoff 参数的增大，更多的像素由于不满足透明度测试条件而被剔除

从图 8.6 和图 8.7 可以看出，透明度测试得到的透明效果很“极端”——要么完全透明，要么完全不透明，它的效果往往像在一个不透明物体上挖了一个空洞。而且，得到的透明效果在边缘处往往参差不齐，有锯齿，这是因为在边界处纹理的透明度的变化精度问题。为了得到更加柔滑的透明效果，就可以使用透明度混合。

8.4 透明度混合

透明度混合的实现要比透明度测试复杂一些，这是因为我们在处理透明度测试时，实际上跟对待普通的不透明物体几乎是一样的，只是在片元着色器中增加了对透明度判断并裁剪片元的代码。而想要实现透明度混合就没有这么简单了。我们回顾之前提到的透明度混合的原理：

透明度混合：这种方法可以得到真正的半透明效果。它会使用当前片元的透明度作为混合因子，与已经存储在颜色缓冲中的颜色值进行混合，得到新的颜色。但是，透明度混合需要关闭深度写入，这使得我们要非常小心物体的渲染顺序。

为了进行混合，我们需要使用 Unity 提供的混合命令——Blend。Blend 是 Unity 提供的设置混合模式的命令。想要实现半透明的效果就需要把当前自身的颜色和已经存在于颜色缓冲中的颜色值进行混合，混合时使用的函数就是由该指令决定的。表 8.2 给出了 Blend 命令的语义。

表 8.2　　ShaderLab 的 Blend 命令

语　义	描　述
Blend Off	关闭混合
Blend SrcFactor DstFactor	开启混合，并设置混合因子。源颜色（该片元产生的颜色）会乘以 SrcFactor，而目标颜色（已经存在于颜色缓存的颜色）会乘以 DstFactor，然后把两者相加后再存入颜色缓冲中
Blend SrcFactor DstFactor, SrcFactorA DstFactorA	和上面几乎一样，只是使用不同的因子来混合透明通道
BlendOp BlendOperation	并非是把源颜色和目标颜色简单相加后混合，而是使用 BlendOperation 对它们进行其他操作

在本节里，我们会使用第二种语义，即 Blend SrcFactor DstFactor 来进行混合。需要注意的是，这个命令在设置混合因子的同时也开启了混合模式。这是因为，只有开启了混合之后，设置片元的透明通道才有意义，而 Unity 在我们使用 Blend 命令的时候就自动帮我们打开了。很多初学者总是抱怨为什么自己的模型没有任何透明效果，这往往是因为他们没有在 Pass 中使用 Blend 命令，一方面是没有设置混合因子，但更重要的是，根本没有打开混合模式。我们会把源颜色的混合因子 SrcFactor 设为 SrcAlpha，而目标颜色的混合因子 DstFactor 设为 OneMinusSrcAlpha。这意味着，经过混合后新的颜色是：

$$DstColor_{new} = SrcAlpha \times SrcColor + (1 - SrcAlpha) \times DstColor_{old}$$

通常，透明度混合使用的就是这样的混合命令。在 8.6 节中，我们会看到更多混合语义的用法。

我们使用和 8.3 节中同样的透明纹理，在学习完本节后，我们可以得到类似图 8.8 这样的效果。

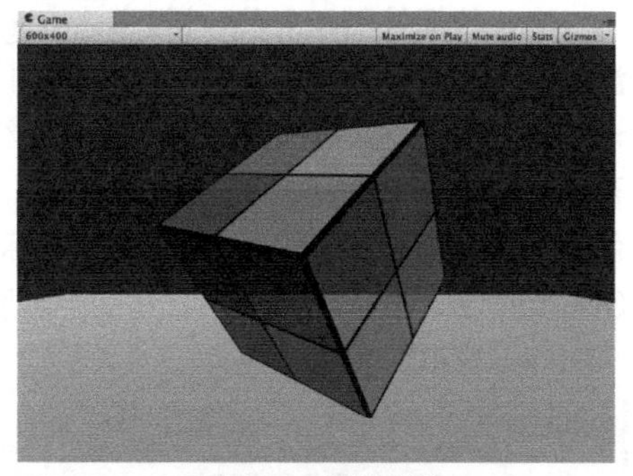

▲图 8.8　透明度混合

为了在 Unity 中实现透明度混合，我们先进行如下准备工作。

（1）在 Unity 中新建一个场景。在本书资源中，该场景名为 Scene_8_4。在 Unity 5.2 中，默认情况下场景将包含一个摄像机和一个平行光，并且使用了内置的天空盒子。在 Window -> Lighting -> Skybox 中去掉场景中的天空盒子。

（2）新建一个材质。在本书资源中，该材质名为 AlphaBlendMat。

（3）新建一个 Unity Shader。在本书资源中，该 Unity Shader 名为 Chapter8-AlphaBlend。把新的 Unity Shader 赋给第 2 步中创建的材质。

（4）在场景中创建一个立方体，并把第 2 步中的材质赋给该模型。创建一个平面，使得平面位于立方体下面。

（5）保存场景。

打开新建的 Chapter8-AlphaBlend，删除所有已有代码，并把 8.3 节的 Chapter8-AlphaTest 代码全部粘贴进去，我们只需要在这个基础上进行一些修改即可。

（1）修改 Properties 语义块：

```
Properties {
    _Color ("Main Tint", Color) = (1,1,1,1)
    _MainTex ("Main Tex", 2D) = "white" {}
    _AlphaScale ("Alpha Scale", Range(0, 1)) = 1
}
```

我们使用一个新的属性_AlphaScale 来替代原先的_Cutoff 属性。_AlphaScale 用于在透明纹理的基础上控制整体的透明度。相应的，我们也需要在 Pass 中修改和属性对应的变量：

```
fixed4 _Color;
sampler2D _MainTex;
float4 _MainTex_ST;
fixed _AlphaScale;
```

（2）修改 SubShader 使用的标签：

```
SubShader {
    Tags {"Queue"="Transparent" "IgnoreProjector"="True" "RenderType"="Transparent"}
```

在本章一开头，我们已经知道在 Unity 中透明度混合使用的渲染队列是名为 Transparent 的队列，因此我们需要把 Queue 标签设置为 Transparent。RenderType 标签可以让 Unity 把这个 Shader 归入到提前定义的组（这里就是 Transparent 组）中，用来指明该 Shader 是一个使用了透明度混合的 Shader。RenderType 标签通常被用于着色器替换功能。我们还把 IgnoreProjector 设置为 True，这意味着这个 Shader 不会受到投影器（Projectors）的影响。通常，使用了透明度混合的 Shader 都应该在 SubShader 中设置这 3 个标签。

（3）与透明度测试不同的是，我们还需要在 Pass 中为透明度混合进行合适的混合状态设置：

```
Pass {
    Tags { "LightMode"="ForwardBase" }

    ZWrite Off
    Blend SrcAlpha OneMinusSrcAlpha
```

Pass 的标签仍和之前一样，即把 LightMode 设为 ForwardBase，这是为了让 Unity 能够按前向渲染路径的方式为我们正确提供各个光照变量。除此之外，我们还把该 Pass 的深度写入（ZWrite）设置为关闭状态（Off），我们在之前已经讲过为什么要这样做了。这是非常重要的。然后，我们开启并设置了该 Pass 的混合模式。如在本节开头所讲的，我们将源颜色（该片元着色器产生的颜色）的混合因子设为 SrcAlpha，把目标颜色（已经存在于颜色缓冲中的颜色）的混合因子设为 OneMinusSrcAlpha，以得到合适的半透明效果。

（4）修改片元着色器：

```
fixed4 frag(v2f i) : SV_Target {
    fixed3 worldNormal = normalize(i.worldNormal);
    fixed3 worldLightDir = normalize(UnityWorldSpaceLightDir(i.worldPos));
```

```
    fixed4 texColor = tex2D(_MainTex, i.uv);

    fixed3 albedo = texColor.rgb * _Color.rgb;

    fixed3 ambient = UNITY_LIGHTMODEL_AMBIENT.xyz * albedo;

    fixed3 diffuse = _LightColor0.rgb * albedo * max(0, dot(worldNormal, worldLightDir));

    return fixed4(ambient + diffuse, texColor.a * _AlphaScale);
}
```

上述代码和 8.3 节中的几乎完全一样，只是移除了透明度测试的代码，并设置了该片元着色器返回值中的透明通道，它是纹理像素的透明通道和材质参数_AlphaScale 的乘积。正如本节一开始所说的，只有使用 Blend 命令打开混合后，我们在这里设置透明通道才有意义，否则，这些透明度并不会对片元的透明效果有任何影响。

（5）最后，修改 Unity Shader 的 Fallback：

```
Fallback "Transparent/VertexLit"
```

我们可以调节材质面板上的 Alpha Scale 参数，以控制整体透明度。图 8.9 给出了不同 Alpha Scale 参数下的半透明效果。

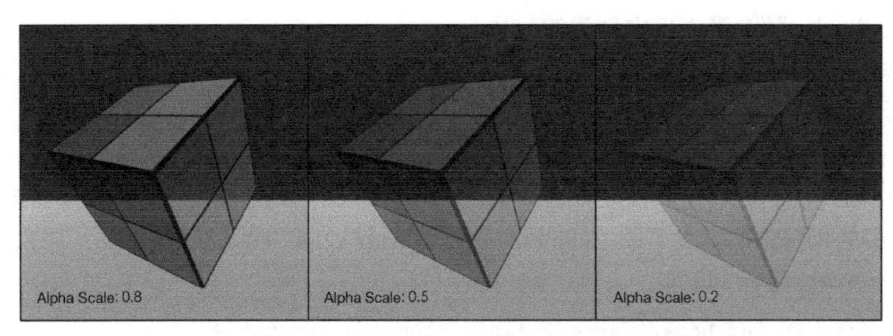

▲图 8.9　随着 Alpha Scale 参数的减小，模型变得越来越透明

我们在 8.1 节中详细解释了由于关闭深度写入带来的各种问题。当模型本身有复杂的遮挡关系或是包含了复杂的非凸网格的时候，就会有各种各样因为排序错误而产生的错误的透明效果。图 8.10 给出了使用上面的 Unity Shader 渲染 Knot 模型时得到的效果。

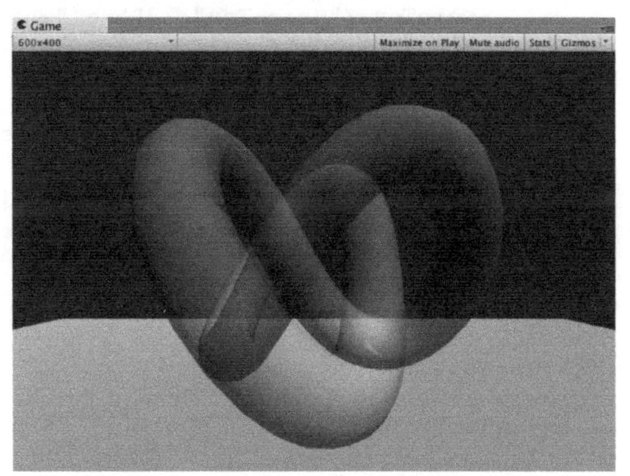

▲图 8.10　当模型网格之间有互相交叉的结构时，往往会得到错误的半透明效果

这都是由于我们关闭了深度写入造成的，因为这样我们就无法对模型进行像素级别的深度排序。在 8.1 节中我们提到了一种解决方法是分割网格，从而可以得到一个“质量优等”的网格。但是很多情况下这往往是不切实际的。这时，我们可以想办法重新利用深度写入，让模型可以像半透明物体一样进行淡入淡出。这就是我们下面要讲的内容。

8.5 开启深度写入的半透明效果

在 8.4 节最后，我们给出了一种由于关闭深度写入而造成的错误排序的情况。一种解决方法是使用两个 Pass 来渲染模型：第一个 Pass 开启深度写入，但不输出颜色，它的目的仅仅是为了把该模型的深度值写入深度缓冲中；第二个 Pass 进行正常的透明度混合，由于上一个 Pass 已经得到了逐像素的正确的深度信息，该 Pass 就可以按照像素级别的深度排序结果进行透明渲染。但这种方法的缺点在于，多使用一个 Pass 会对性能造成一定的影响。在本节最后，我们可以得到类似图 8.11 中的效果。可以看出，使用这种方法，我们仍然可以实现模型与它后面的背景混合的效果，但模型内部之间不会有任何真正的半透明效果。

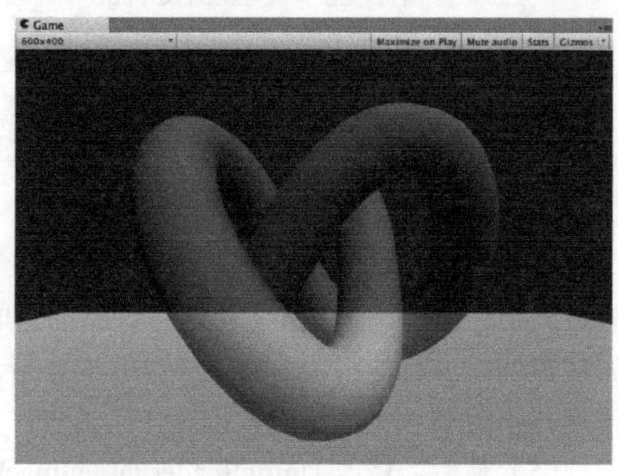

▲图 8.11　开启了深度写入的半透明效果

为此，我们需要进行如下准备工作。

（1）在 Unity 中新建一个场景。在本书资源中，该场景名为 Scene_8_5。在 Unity 5.2 中，默认情况下场景将包含一个摄像机和一个平行光，并且使用了内置的天空盒子。在 Window -> Lighting -> Skybox 中去掉场景中的天空盒子。

（2）新建一个材质。在本书资源中，该材质名为 AlphaBlendZWriteMat。

（3）新建一个 Unity Shader。在本书资源中，该 Unity Shader 名为 Chapter8-AlphaBlendZWrite。把新的 Unity Shader 赋给第 2 步中创建的材质。

（4）在场景中创建一个立方体，并把第 2 步中的材质赋给该模型。创建一个平面，使得平面位于立方体下面。

（5）保存场景。

本节使用的代码和 8.4 节使用的 Chapter8-AlphaBlend 几乎完全一样。我们把 Chapter8-AlphaBlend 中的代码粘贴到本节的 Chapter8-AlphaBlendZWrite 中，我们只需要在原来使用的 Pass 前面再增加一个新的 Pass 即可：

```
Shader "Unity Shader Book/Chapter8-Alpha Blending ZWrite" {
    Properties {
        _Color ("Main Tint", Color) = (1,1,1,1)
        _MainTex ("Main Tex", 2D) = "white" {}
        _AlphaScale ("Alpha Scale", Range(0, 1)) = 1
    }
    SubShader {
        Tags {"Queue"="Transparent" "IgnoreProjector"="True" "RenderType"="Transparent"}

        // Extra pass that renders to depth buffer only
        Pass {
            ZWrite On
            ColorMask 0
        }

        Pass {
            // 和 8.4 节同样的代码
        }
    }
    Fallback "Diffuse"
}
```

这个新添加的 Pass 的目的仅仅是为了把模型的深度信息写入深度缓冲中，从而剔除模型中被自身遮挡的片元。因此，Pass 的第一行开启了深度写入。在第二行，我们使用了一个新的渲染命令——**ColorMask**。在 ShaderLab 中，ColorMask 用于设置颜色通道的写掩码（write mask）。它的语义如下：

```
ColorMask RGB | A | 0 | 其他任何 R、G、B、A 的组合
```

当 ColorMask 设为 0 时，意味着该 Pass 不写入任何颜色通道，即不会输出任何颜色。这正是我们需要的——该 Pass 只需写入深度缓存即可。

8.6 ShaderLab 的混合命令

在 8.4 一节中，我们已经看到如何利用 Blend 命令进行混合。实际上，混合还有很多其他用处，不仅仅是用于透明度混合。在本节里，我们将更加详细地了解混合中的细节问题。

我们首先来看一下混合是如何实现的。当片元着色器产生一个颜色的时候，可以选择与颜色缓存中的颜色进行混合。这样一来，混合就和两个操作数有关：**源颜色（source color）**和**目标颜色（destination color）**。源颜色，我们用 **S** 表示，指的是由片元着色器产生的颜色值；目标颜色，我们用 **D** 表示，指的是从颜色缓冲中读取到的颜色值。对它们进行混合后得到的输出颜色，我们用 **O** 表示，它会重新写入到颜色缓冲中。需要注意的是，当我们谈及混合中的源颜色、目标颜色和输出颜色时，它们都包含了 RGBA 四个通道的值，而并非仅仅是 RGB 通道。

想要使用混合，我们必须首先开启它。在 Unity 中，当我们使用 Blend（Blend Off 命令除外）命令时，除了设置混合状态外也开启了混合。但是，在其他图形 API 中我们是需要手动开启的。例如在 OpenGL 中，我们需要使用 glEnable(GL_BLEND)来开启混合。但在 Unity 中，它已经在背后为我们做了这些工作。

8.6.1 混合等式和参数

在 2.3.8 节中我们提到过，混合是一个逐片元的操作，而且它不是可编程的，但却是高度可配置的。也就是说，我们可以设置混合时使用的运算操作、混合因子等来影响混合。那么，这些配置又是如何实现的呢？

现在，我们已知两个操作数：源颜色 S 和目标颜色 D，想要得到输出颜色 O 就必须使用一个等式来计算。我们把这个等式称为**混合等式（blend equation）**。当进行混合时，我们需要使用两个混合等式：一个用于混合 RGB 通道，一个用于混合 A 通道。当设置混合状态时，我们实际上设置的就是混合等式中的**操作**和**因子**。在默认情况下，混合等式使用的操作都是加操作（我们也可以使用其他操作），我们只需要再设置一下混合因子即可。由于需要两个等式（分别用于混合 RGB 通道和 A 通道），每个等式有两个因子（一个用于和源颜色相乘，一个用于和目标颜色相乘），因此一共需要 4 个因子。表 8.3 给出了 ShaderLab 中设置混合因子的命令。

表 8.3 ShaderLab 中设置混合因子的命令

命　令	描　述
Blend SrcFactor DstFactor	开启混合，并设置混合因子。源颜色（该片元产生的颜色）会乘以 SrcFactor，而目标颜色（已经存在于颜色缓存的颜色）会乘以 DstFactor，然后把两者相加后再存入颜色缓冲中
Blend SrcFactor DstFactor, SrcFactorA DstFactorA	和上面几乎一样，只是使用不同的因子来混合透明通道

可以发现，第一个命令只提供了两个因子，这意味着将使用同样的混合因子来混合 RGB 通道和 A 通道，即此时 SrcFactorA 将等于 SrcFactor，DstFactorA 将等于 DstFactor。下面就是使用这些因子进行加法混合时使用的混合公式：

$$O_{rgb} = SrcFactor \times S_{rgb} + DstFactor \times D_{rgb}$$

$$O_{a} = SrcFactorA \times S_{a} + DstFactorA \times D_{a}$$

那么，这些混合因子可以有哪些值呢？表 8.4 给出了 ShaderLab 支持的几种混合因子。

表 8.4　　ShaderLab 中的混合因子

参　　数	描　　述
One	因子为 1
Zero	因子为 0
SrcColor	因子为源颜色值。当用于混合 RGB 的混合等式时，使用 SrcColor 的 RGB 分量作为混合因子；当用于混合 A 的混合等式时，使用 SrcColor 的 A 分量作为混合因子
SrcAlpha	因子为源颜色的透明度值（A 通道）
DstColor	因子为目标颜色值。当用于混合 RGB 通道的混合等式时，使用 DstColor 的 RGB 分量作为混合因子；当用于混合 A 通道的混合等式时，使用 DstColor 的 A 分量作为混合因子。
DstAlpha	因子为目标颜色的透明度值（A 通道）
OneMinusSrcColor	因子为(1-源颜色)。当用于混合 RGB 的混合等式时，使用结果的 RGB 分量作为混合因子；当用于混合 A 的混合等式时，使用结果的 A 分量作为混合因子
OneMinusSrcAlpha	因子为(1-源颜色的透明度值)
OneMinusDstColor	因子为(1-目标颜色)。当用于混合 RGB 的混合等式时，使用结果的 RGB 分量作为混合因子；当用于混合 A 的混合等式时，使用结果的 A 分量作为混合因子
OneMinusDstAlpha	因子为(1-目标颜色的透明度值)

使用上面的指令进行设置时，RGB 通道的混合因子和 A 通道的混合因子都是一样的，有时我们希望可以使用不同的参数混合 A 通道，这时就可以利用 **Blend SrcFactor DstFactor, SrcFactorA DstFactorA** 指令。例如，如果我们想要在混合后，输出颜色的透明度值就是源颜色的透明度，可以使用下面的命令：

```
Blend SrcAlpha OneMinusSrcAlpha, One Zero
```

8.6.2　混合操作

在上面涉及的混合等式中，当把源颜色和目标颜色与它们对应的混合因子相乘后，我们都是把它们的结果加起来作为输出颜色的。那么可不可以选择不使用加法，而使用减法呢？答案是肯定的，我们可以使用 ShaderLab 的 **BlendOp BlendOperation** 命令，即混合操作命令。表 8.5 给出了 ShaderLab 中支持的混合操作。

表 8.5　　ShaderLab 中的混合操作

操　　作	描　　述
Add	将混合后的源颜色和目标颜色相加。默认的混合操作。使用的混合等式是： $O_{rgb} = SrcFactor \times S_{rgb} + DstFactor \times D_{rgb}$ $O_a = SrcFactorA \times S_a + DstFactorA \times D_a$
Sub	用混合后的源颜色减去混合后的目标颜色。使用的混合等式是： $O_{rgb} = SrcFactor \times S_{rgb} - DstFactor \times D_{rgb}$ $O_a = SrcFactorA \times S_a - DstFactorA \times D_a$
RevSub	用混合后的目标颜色减去混合后的源颜色。使用的混合等式是： $O_{rgb} = DstFactor \times D_{rgb} - SrcFactor \times S_{rgb}$ $O_a = DstFactorA \times D_a - SrcFactorA \times S_a$
Min	使用源颜色和目标颜色中较小的值，是逐分量比较的。使用的混合等式是： $O_{rgba} = (\min(S_r, D_r), \min(S_g, D_g), \min(S_b, D_b), \min(S_a, D_a))$

续表

操　作	描　述
Max	使用源颜色和目标颜色中较大的值，是逐分量比较的。使用的混合等式是： $O_{rgba} = (\max(S_r, D_r), \max(S_g, D_g), \max(S_b, D_b), \max(S_a, D_a))$
其他逻辑操作	仅在 DirectX 11.1 中支持

混合操作命令通常是与混合因子命令一起工作的。但需要注意的是，当使用 **Min** 或 **Max** 混合操作时，混合因子实际上是不起任何作用的，它们仅会判断原始的源颜色和目的颜色之间的比较结果。

8.6.3 常见的混合类型

通过混合操作和混合因子命令的组合，我们可以得到一些类似 Photoshop 混合模式中的混合效果：

```
// 正常（Normal），即透明度混合
Blend SrcAlpha OneMinusSrcAlpha

// 柔和相加（Soft Additive）
Blend OneMinusDstColor One

// 正片叠底（Multiply），即相乘
Blend DstColor Zero

// 两倍相乘（2x Multiply）
Blend DstColor SrcColor

// 变暗（Darken）
BlendOp Min
Blend One One

// 变亮（Lighten）
BlendOp Max
Blend One One

// 滤色（Screen）
Blend OneMinusDstColor One
// 等同于
Blend One OneMinusSrcColor

// 线性减淡（Linear Dodge）
Blend One One
```

图 8.12 给出了上面不同设置下得到的结果。我们可以在本书资源中的 Scene_8_6_3 场景中找到相关资源。

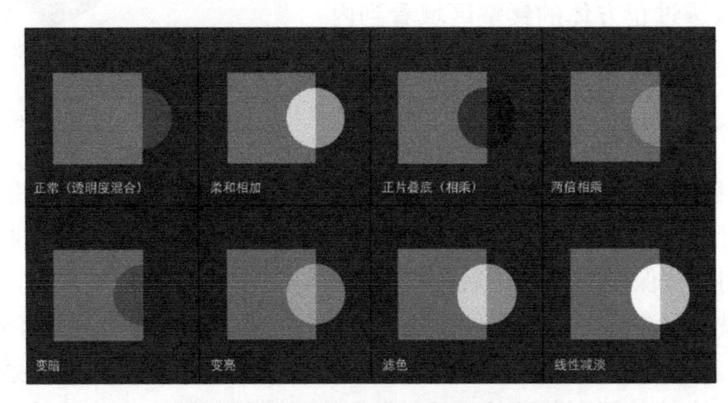

▲图 8.12　不同混合状态设置得到的效果

需要注意的是，虽然上面使用 Min 和 Max 混合操作时仍然设置了混合因子，但实际上它们并不会对结果有任何影响，因为 Min 和 Max 混合操作会忽略混合因子。另一点是，虽然上面有些混合模式并没有设置混合操作的种类，但是它们默认就是使用加法操作，相当于设置了 BlendOp Add。

8.7 双面渲染的透明效果

在现实生活中，如果一个物体是透明的，意味着我们不仅可以透过它看到其他物体的样子，也可以看到它内部的结构。但在前面实现的透明效果中，无论是透明度测试还是透明度混合，我们都无法观察到正方体内部及其背面的形状，导致物体看起来就好像只有半个一样。这是因为，默认情况下渲染引擎剔除了物体背面（相对于摄像机的方向）的渲染图元，而只渲染了物体的正面。如果我们想要得到双面渲染的效果，可以使用 **Cull** 指令来控制需要剔除哪个面的渲染图元。在 Unity 中，Cull 指令的语法如下：

```
Cull Back | Front | Off
```

如果设置为 Back，那么那些背对着摄像机的渲染图元就不会被渲染，这也是默认情况下的剔除状态；如果设置为 Front，那么那些朝向摄像机的渲染图元就不会被渲染；如果设置为 **Off**，就会关闭剔除功能，那么所有的渲染图元都会被渲染，但由于这时需要渲染的图元数目会成倍增加，因此除非是用于特殊效果，例如这里的双面渲染的透明效果，通常情况是不会关闭剔除功能的。

8.7.1 透明度测试的双面渲染

我们首先来看一下，如何让使用了透明度测试的物体实现双面渲染的效果。这非常简单，只需要在 Pass 的渲染设置中使用 Cull 指令来关闭剔除即可。为此，我们新建了一个场景，在本章资源中，该场景名为 Scene_8_7_1，场景中同样包含了一个正方体，它使用的材质和 Unity Shader 分别名为 AlphaTestBothSidedMat 和 Chapter8-AlphaTestBothSided。Chapter8-AlphaTestBothSided 的代码和 8.3 节中的 Chapter8-AlphaTest 几乎完全一样，只添加了一行代码：

```
Pass {
    Tags { "LightMode"="ForwardBase" }

    // Turn off culling
    Cull Off
```

如上所示，这行代码的作用是关闭剔除功能，使得该物体的所有的渲染图元都会被渲染。由此，我们可以得到图 8.13 中的效果。

此时，我们可以透过正方体的镂空区域看到内部的渲染结果。

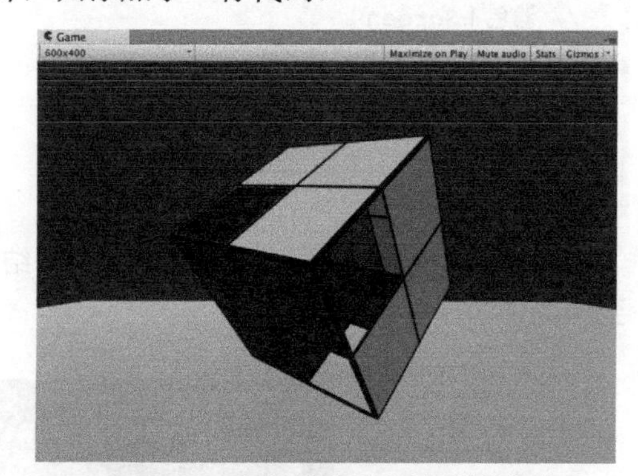

▲图 8.13 双面渲染的透明度测试的物体

8.7.2 透明度混合的双面渲染

和透明度测试相比，想要让透明度混合实现双面渲染会更复杂一些，这是因为透明度混合需要关闭深度写入，而这是“一切混乱的开端”。我们知道，想要得到正确的透明效果，渲染顺序是非常重要的——我们想要保证图元是从后往前渲染的。对于透明度测试来说，由于我们没有关闭深度写入，因此可以利用深度缓冲按逐像素的粒度进行深度排序，从而保证渲染的正确性。然而一旦关闭了深度写入，我们就需要小心地控制渲染顺序来得到正确的深度关系。如果我们仍然采用 8.7.1 节中的方法，直接关闭剔除功能，那么我们就无法保证同一个物体的正面和背面图元的渲染顺序，就有可能得到错误的半透明效果。

为此，我们选择把双面渲染的工作分成两个 Pass——第一个 Pass 只渲染背面，第二个 Pass 只渲染正面，由于 Unity 会顺序执行 SubShader 中的各个 Pass，因此我们可以保证背面总是在正面被渲染之前渲染，从而可以保证正确的深度渲染关系。

我们新建了一个场景，在本章资源中，该场景名为 Scene_8_7_2，场景中包含了一个正方体，它使用的材质和 Unity Shader 分别名为 AlphaBlendBothSidedMat 和 Chapter8-AlphaBlendBothSided。相较于 8.4 节的 Chapter8-AlphaBlend，我们对 Chapter8-AlphaTestBothSided 的代码做了两个改动。

（1）复制原 Pass 的代码，得到另一个 Pass。

（2）在两个 Pass 中分别使用 **Cull** 指令剔除不同朝向的渲染图元：

```
Shader "Unity Shaders Book/Chapter 8/Alpha Blend With Both Side" {
    Properties {
        _Color ("Main Tint", Color) = (1,1,1,1)
        _MainTex ("Main Tex", 2D) = "white" {}
        _AlphaScale ("Alpha Scale", Range(0, 1)) = 1
    }
    SubShader {
        Tags {"Queue"="Transparent" "IgnoreProjector"="True" "RenderType"="Transparent"}

        Pass {
            Tags { "LightMode"="ForwardBase" }

            // First pass renders only back faces
            Cull Front

            // 和之前一样的代码
        }

        Pass {
            Tags { "LightMode"="ForwardBase" }

            // Second pass renders only front faces
            Cull Back

            // 和之前一样的代码
        }
    }
    Fallback "Transparent/VertexLit"
}
```

通过上面的代码，我们可以得到图 8.14 中的效果。

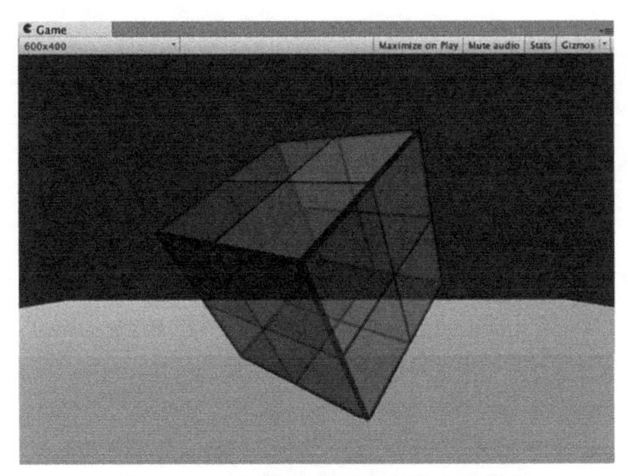

▲图 8.14　双面渲染的透明度混合的物体

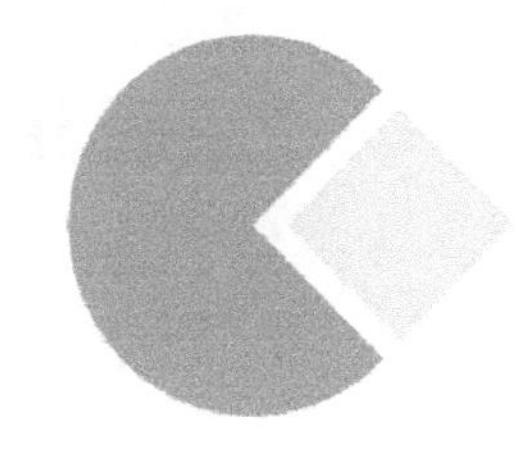

第 3 篇

中级篇

中级篇是本书的进阶篇，将讲解 Unity 中的渲染路径、如何计算光照衰减和阴影、如何使用高级纹理和动画等一系列进阶内容。

第 9 章　更复杂的光照

我们在初级篇中实现的光照模型中没有考虑一些重要的光照计算，如阴影和光照衰减。本章首先讲解 Unity 中的 3 种渲染路径和 3 种重要的光源类型，再解释如何在前向渲染路径中实现包含了光照衰减、阴影等效果的完整的光照计算。在本章最后，会给出基于之前学习内容实现的包含了完整光照计算的 Unity Shader。

第 10 章　高级纹理

这一章将会讲解如何在 Unity Shader 中使用立方体纹理、渲染纹理和程序纹理等类型的纹理。

第 11 章　让画面动起来

静态的画面往往是无趣的。这一章将帮助读者学习如何在 Shader 中使用时间变量来实现纹理动画、顶点动画等动态效果。

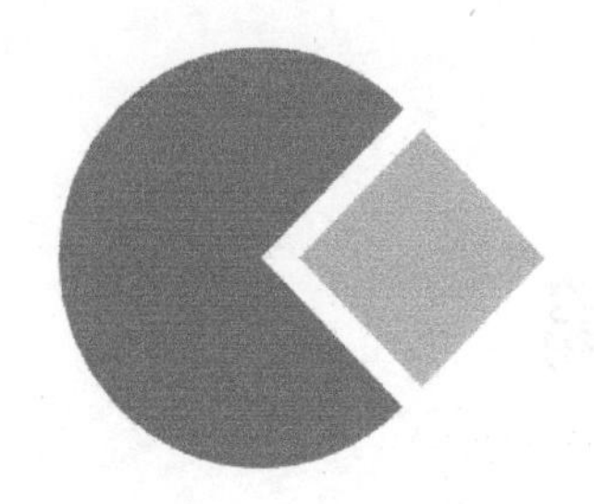

第 9 章　更复杂的光照

从本章开始，我们就进入了中级篇的学习。在初级篇中，我们对实现的 Unity Shader 中的每一行代码都进行了详细解释。我们相信通过初级篇的学习，读者已经对 Shader 的基本语法有了一定了解，因此在中级篇以及之后的篇节中，我们不再列出 Unity Shader 中的每一行代码，而是选择其中的关键代码进行解释。读者可以在本书资源中找到完整的实现。**需要注意的是**，本章实现的代码大多是为了阐述一些计算的实现原理，并不可以直接用于项目中。我们会在 9.5 节给出包含了完整光照计算的 Unity Shader。

在前面的学习中，我们的场景中都仅有一个光源且光源类型是平行光（如果你的场景不是这样的话，可能会得到错误的结果）。但在实际的游戏开发过程中，我们往往需要处理数目更多、类型更复杂的光源。更重要的是，我们想要得到阴影。在本章我们就会学习如何在 Unity 中实现上面的功能。

在学习这些之前，我们有必要知道 Unity 到底是如何处理这些光源的。也就是说，当我们在场景里放置了各种类型的光源后，Unity 的底层渲染引擎是如何让我们在 Shader 中访问到它们的，因此 9.1 节首先介绍了 Unity 的渲染路径。之后，我们将在 9.2 节中学习如何处理更多不同类型的光源，如点光源和聚光灯。9.3 节将介绍如何在 Unity Shader 中处理光照衰减，实现距离光源越远光强越弱的效果。在 9.4 节，我们将介绍 Unity 中阴影的实现方法，并学习在 Unity Shader 中如何为不同类型的物体实现阴影效果。最后，我们会在 9.5 节给出本书使用的标准的 Unity Shader，这些 Unity Shader 包含了完整的光照计算，本书后面的章节中也会使用这些 Shader 进行场景搭建。

9.1 Unity 的渲染路径

在 Unity 里，**渲染路径（Rendering Path）**决定了光照是如何应用到 Unity Shader 中的。因此，如果要和光源打交道，我们需要为每个 Pass 指定它使用的渲染路径，只有这样才能让 Unity 知道，“哦，原来这个程序员想要这种渲染路径，那么好的，我把光源和处理后的光照信息都放在这些数据里，你可以访问啦！”也就是说，我们只有为 Shader 正确地选择和设置了需要的渲染路径，该 Shader 的光照计算才能被正确执行。

Unity 支持多种类型的渲染路径。在 Unity 5.0 版本之前，主要有 3 种：**前向渲染路径（Forward Rendering Path）**、**延迟渲染路径（Deferred Rendering Path）**和**顶点照明渲染路径（Vertex Lit Rendering Path）**。但在 Unity 5.0 版本以后，Unity 做了很多更改，主要有两个变化：首先，顶点照明渲染路径已经被 Unity 抛弃（但目前仍然可以对之前使用了顶点照明渲染路径的 Unity Shader 兼容）；其次，新的延迟渲染路径代替了原来的延迟渲染路径（同样，目前也提供了对较旧版本的兼容）。

大多数情况下，一个项目只使用一种渲染路径，因此我们可以为整个项目设置渲染时的渲染路径。我们可以通过在 Unity 的 Edit → Project Settings → Player → Other Settings → Rendering Path 中选择项目所需的渲染路径。默认情况下，该设置选择的是前向渲染路径，如图 9.1 所示。

但有时，我们希望可以使用多个渲染路径，例如摄像机 A 渲染的物体使用前向渲染路径，而摄像机 B 渲染的物体使用延迟渲染路径。这时，我们可以在每个摄像机的渲染路径设置中设置该摄像机使用的渲染路径，以覆盖 Project Settings 中的设置，如图 9.2 所示。

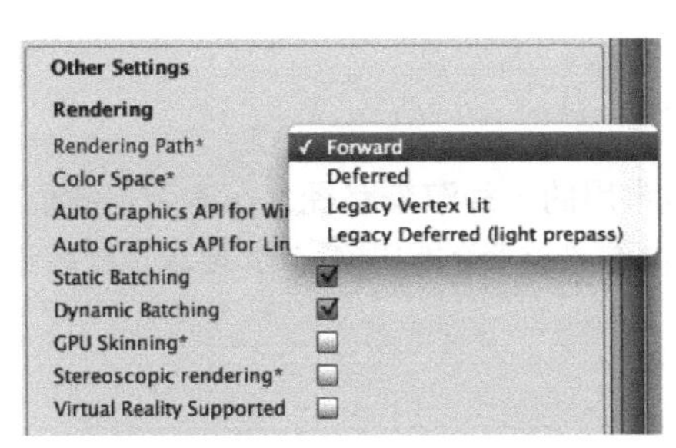

▲图 9.1　设置 Unity 项目的渲染路径

▲图 9.2　摄像机组件的 Rendering Path 中的设置可以覆盖 Project Settings 中的设置

在上面的设置中，如果选择了 Use Player Settings，那么这个摄像机会使用 Project Settings 中的设置；否则就会覆盖掉 Project Settings 中的设置。需要注意的是，如果当前的显卡并不支持所选择的渲染路径，Unity 会自动使用更低一级的渲染路径。例如，如果一个 GPU 不支持延迟渲染，那么 Unity 就会使用前向渲染。

完成了上面的设置后，我们就可以在每个 Pass 中使用标签来指定该 Pass 使用的渲染路径。这是通过设置 Pass 的 **LightMode** 标签实现的。不同类型的渲染路径可能会包含多种标签设置。例如，我们之前在代码中写的：

```
Pass {
    Tags { "LightMode" = "ForwardBase" }
```

上面的代码将告诉 Unity，该 Pass 使用前向渲染路径中的 **ForwardBase** 路径。而前向渲染路径还有一种路径叫做 **ForwardAdd**。表 9.1 给出了 Pass 的 LightMode 标签支持的渲染路径设置选项。

表 9.1　LightMode 标签支持的渲染路径设置选项

标　签　名	描　　述
Always	不管使用哪种渲染路径，该 Pass 总是会被渲染，但不会计算任何光照
ForwardBase	用于**前向渲染**。该 Pass 会计算环境光、最重要的平行光、逐顶点/SH 光源和 Lightmaps
ForwardAdd	用于**前向渲染**。该 Pass 会计算额外的逐像素光源，每个 Pass 对应一个光源
Deferred	用于**延迟渲染**。该 Pass 会渲染 G 缓冲（G-buffer）
ShadowCaster	把物体的深度信息渲染到阴影映射纹理（shadowmap）或一张深度纹理中
PrepassBase	用于**遗留的延迟渲染**。该 Pass 会渲染法线和高光反射的指数部分
PrepassFinal	用于**遗留的延迟渲染**。该 Pass 通过合并纹理、光照和自发光来渲染得到最后的颜色
Vertex、VertexLMRGBM 和 VertexLM	用于**遗留的顶点照明渲染**

那么指定渲染路径到底有什么用呢？如果一个 Pass 没有指定任何渲染路径会有什么问题吗？通俗来讲，指定渲染路径是我们和 Unity 的底层渲染引擎的一次重要的沟通。例如，如果我们为一个 Pass 设置了前向渲染路径的标签，相当于会告诉 Unity：“嘿，我准备使用前向渲染了，

你把那些光照属性都按前向渲染的流程给我准备好，我一会儿要用！”随后，我们可以通过 Unity 提供的内置光照变量来访问这些属性。如果我们没有指定任何渲染路径（实际上，在 Unity 5.x 版本中如果使用了前向渲染又没有为 Pass 指定任何前向渲染适合的标签，就会被当成一个和顶点照明渲染路径等同的 Pass），那么一些光照变量很可能不会被正确赋值，我们计算出的效果也就很有可能是错误的。

那么，Unity 的渲染引擎是如何处理这些渲染路径的呢？下面，我们会对这些渲染路径进行更加详细的解释。

9.1.1　前向渲染路径

前向渲染路径是传统的渲染方式，也是我们最常用的一种渲染路径。在本节，我们首先会概括前向渲染路径的原理，然后再给出 Unity 对于前向渲染路径的实现细节和要求，最后给出 Unity Shader 中哪些内置变量是用于前向渲染路径的。

1. 前向渲染路径的原理

每进行一次完整的前向渲染，我们需要渲染该对象的渲染图元，并计算两个缓冲区的信息：一个是颜色缓冲区，一个是深度缓冲区。我们利用深度缓冲来决定一个片元是否可见，如果可见就更新颜色缓冲区中的颜色值。我们可以用下面的伪代码来描述前向渲染路径的大致过程：

```
Pass {
    for (each primitive in this model) {
        for (each fragment covered by this primitive) {
            if (failed in depth test) {
                // 如果没有通过深度测试，说明该片元是不可见的
                discard;
            } else {
                // 如果该片元可见
                // 就进行光照计算
                float4 color = Shading(materialInfo, pos, normal, lightDir, viewDir);
                // 更新帧缓冲
                writeFrameBuffer(fragment, color);
            }
        }
    }
}
```

对于每个逐像素光源，我们都需要进行上面一次完整的渲染流程。如果一个物体在多个逐像素光源的影响区域内，那么该物体就需要执行多个 Pass，每个 Pass 计算一个逐像素光源的光照结果，然后在帧缓冲中把这些光照结果混合起来得到最终的颜色值。假设，场景中有 N 个物体，每个物体受 M 个光源的影响，那么要渲染整个场景一共需要 $N*M$ 个 Pass。可以看出，如果有大量逐像素光照，那么需要执行的 Pass 数目也会很大。因此，渲染引擎通常会限制每个物体的逐像素光照的数目。

2. Unity 中的前向渲染

事实上，一个 Pass 不仅仅可以用来计算逐像素光照，它也可以用来计算逐顶点等其他光照。这取决于光照计算所处流水线阶段以及计算时使用的数学模型。当我们渲染一个物体时，Unity 会计算哪些光源照亮了它，以及这些光源照亮该物体的方式。

在 Unity 中，前向渲染路径有 3 种处理光照（即照亮物体）的方式：**逐顶点处理**、**逐像素处理**，**球谐函数（Spherical Harmonics，SH）处理**。而决定一个光源使用哪种处理模式取决于它的类型和渲染模式。光源类型指的是该光源是平行光还是其他类型的光源，而光源的渲染模式指的是该光源是否是**重要的（Important）**。如果我们把一个光照的模式设置为 Important，意味着我们告诉 Unity，

“嘿老兄，这个光源很重要，我希望你可以认真对待它，把它当成一个逐像素光源来处理！”我们可以在光源的 Light 组件中设置这些属性，如图 9.3 所示。

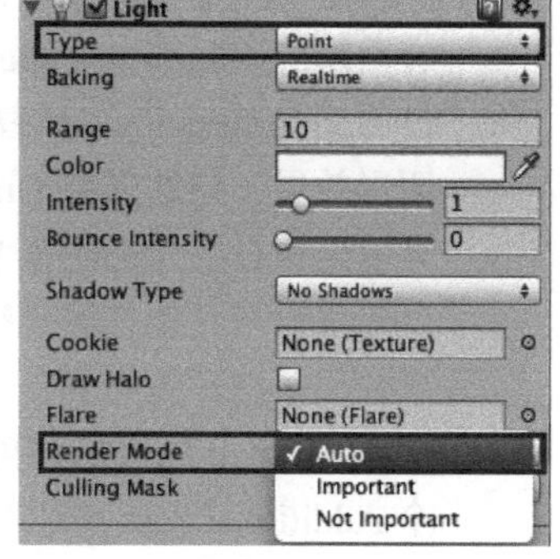

▲图 9.3 设置光源的类型和渲染模式

在前向渲染中，当我们渲染一个物体时，Unity 会根据场景中各个光源的设置以及这些光源对物体的影响程度（例如，距离该物体的远近、光源强度等）对这些光源进行一个重要度排序。其中，一定数目的光源会按逐像素的方式处理，然后最多有 4 个光源按逐顶点的方式处理，剩下的光源可以按 SH 方式处理。Unity 使用的判断规则如下。

- 场景中最亮的平行光总是按逐像素处理的。
- 渲染模式被设置成 **Not Important** 的光源，会按逐顶点或者 SH 处理。
- 渲染模式被设置成 **Important** 的光源，会按逐像素处理。
- 如果根据以上规则得到的逐像素光源数量小于 **Quality Setting** 中的逐像素光源数量(Pixel Light Count)，会有更多的光源以逐像素的方式进行渲染。

那么，在哪里进行光照计算呢？当然是在 Pass 里。前面提到过，前向渲染有两种 Pass：Base Pass 和 Additional Pass。通常来说，这两种 Pass 进行的标签和渲染设置以及常规光照计算如图 9.4 所示。

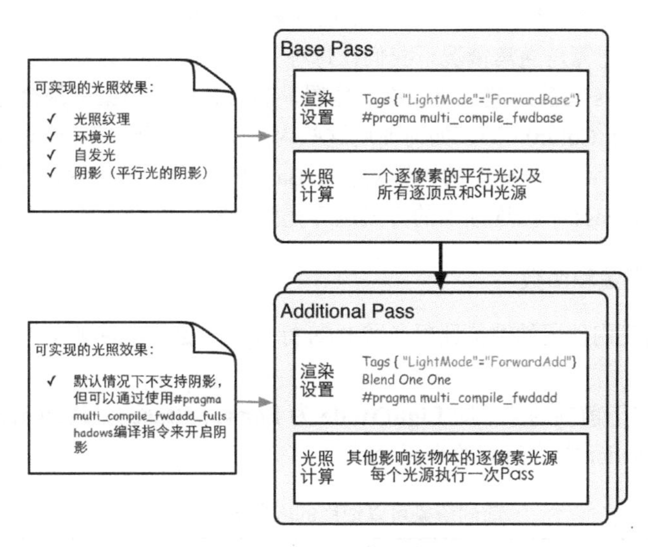

▲图 9.4 前向渲染的两种 Pass

图 9.4 中有几点需要说明的地方。

- 首先，可以发现在渲染设置中，我们除了设置了 Pass 的标签外，还使用了**#pragma multi_compile_fwdbase** 这样的编译指令。根据官方文档（docs.unity3d/Manual/SL-MultipleProgramVariants.html）中的相关解释，我们可以知道，这些编译指令会保证 Unity 可以为相应类型的 Pass 生成所有需要的 Shader 变种，这些变种会处理不同条件下的渲染逻辑，例如是否使用光照贴图、当前处理哪种光源类型、是否开启了阴影等，同时 Unity 也会在背后声明相关的内置变量并传递到 Shader 中。通俗来讲，只有分别为 Base Pass 和 Additional Pass 使用这两个编译指令，我们才可以在相关的 Pass 中得到一些正确的光照变量，例如光照衰减值等。
- Base Pass 旁边的注释给出了 Base Pass 中支持的一些光照特性。例如在 Base Pass 中，我们可以访问光照纹理（lightmap）。

- Base Pass 中渲染的平行光默认是支持阴影的（如果开启了光源的阴影功能），而 Additional Pass 中渲染的光源在默认情况下是没有阴影效果的，即便我们在它的 Light 组件中设置了有阴影的 **Shadow Type**。但我们可以在 Additional Pass 中使用 #pragma multi_compile_fwdadd_fullshadows 代替#pragma multi_compile_fwdadd 编译指令，为点光源和聚光灯开启阴影效果，但这需要 Unity 在内部使用更多的 Shader 变种。
- 环境光和自发光也是在 Base Pass 中计算的。这是因为，对于一个物体来说，环境光和自发光我们只希望计算一次即可，而如果我们在 Additional Pass 中计算这两种光照，就会造成叠加多次环境光和自发光，这不是我们想要的。
- 在 Additional Pass 的渲染设置中，我们还开启和设置了混合模式。这是因为，我们希望每个 Additional Pass 可以与上一次的光照结果在帧缓存中进行叠加，从而得到最终的有多个光照的渲染效果。如果我们没有开启和设置混合模式，那么 Additional Pass 的渲染结果会覆盖掉之前的渲染结果，看起来就好像该物体只受该光源的影响。通常情况下，我们选择的混合模式是 **Blend One One**。
- 对于前向渲染来说，一个 Unity Shader 通常会定义一个 Base Pass（Base Pass 也可以定义多次，例如需要双面渲染等情况）以及一个 Additional Pass。一个 Base Pass 仅会执行一次（定义了多个 Base Pass 的情况除外），而一个 Additional Pass 会根据影响该物体的其他逐像素光源的数目被多次调用，即每个逐像素光源会执行一次 Additional Pass。

图 9.4 给出的光照计算是**通常情况**下我们在每种 Pass 中进行的计算。实际上，渲染路径的设置用于告诉 Unity 该 Pass 在前向渲染路径中的位置，然后底层的渲染引擎会进行相关计算并填充一些内置变量（如_LightColor0 等），如何使用这些内置变量进行计算完全取决于开发者的选择。例如，我们完全可以利用 Unity 提供的内置变量在 Base Pass 中只进行逐顶点光照；同样，我们也完全可以在 Additional Pass 中按逐顶点的方式进行光照计算，不进行任何逐像素光照计算。

3. 内置的光照变量和函数

前面说过，根据我们使用的渲染路径（即 Pass 标签中 LightMode 的值），Unity 会把不同的光照变量传递给 Shader。

在 Unity 5 中，对于前向渲染（即 **LightMode** 为 **ForwardBase** 或 **ForwardAdd**）来说，表 9.2 给出了我们可以在 Shader 中访问到的光照变量。

表 9.2　　前向渲染可以使用的内置光照变量

名　　称	类　型	描　　述
_LightColor0	float4	该 Pass 处理的逐像素光源的颜色
_WorldSpaceLightPos0	float4	_WorldSpaceLightPos0.xyz 是该 Pass 处理的逐像素光源的位置。如果该光源是平行光，那么_WorldSpaceLightPos0.w 是 0，其他光源类型 w 值为 1
_LightMatrix0	float4×4	从世界空间到光源空间的变换矩阵。可以用于采样 cookie 和光强衰减（attenuation）纹理
unity_4LightPosX0, unity_4LightPosY0, unity_4LightPosZ0	float4	仅用于 Base Pass。前 4 个非重要的点光源在世界空间中的位置
unity_4LightAtten0	float4	仅用于 Base Pass。存储了前 4 个非重要的点光源的衰减因子
unity_LightColor	half4[4]	仅用于 Base Pass。存储了前 4 个非重要的点光源的颜色

我们在 6.6 节中已经给出了一些可以用于前向渲染路径的函数，例如 WorldSpaceLightDir、

UnityWorldSpaceLightDir 和 ObjSpaceLightDir 。为了完整性，我们在表 9.3 中再次列出了前向渲染中可以使用的内置光照函数。

表 9.3 前向渲染可以使用的内置光照函数

函数名	描述
float3 WorldSpaceLightDir (float4 v)	**仅可用于前向渲染中。**输入一个模型空间中的顶点位置，返回世界空间中从该点到光源的光照方向。内部实现使用了 UnityWorldSpaceLightDir 函数。没有被归一化
float3 UnityWorldSpaceLightDir (float4 v)	**仅可用于前向渲染中。**输入一个世界空间中的顶点位置，返回世界空间中从该点到光源的光照方向。没有被归一化
float3 ObjSpaceLightDir (float4 v)	**仅可用于前向渲染中。**输入一个模型空间中的顶点位置，返回模型空间中从该点到光源的光照方向。没有被归一化
float3 Shade4PointLights (...)	**仅可用于前向渲染中。**计算四个点光源的光照，它的参数是已经打包进矢量的光照数据，通常就是表 9.2 中的内置变量，如 unity_4LightPosX0, unity_4LightPosY0, unity_4LightPosZ0、unity_LightColor 和 unity_4LightAtten0 等。前向渲染通常会使用这个函数来计算逐顶点光照

需要说明的是，上面给出的变量和函数并不是完整的，一些前向渲染可以使用的内置变量和函数官方文档中并没有给出说明。在后面的学习中，我们会使用到一些不在这些表中的变量和函数，那时我们会特别说明的。

9.1.2 顶点照明渲染路径

顶点照明渲染路径是对硬件配置要求最少、运算性能最高，但同时也是得到的效果最差的一种类型，它不支持那些逐像素才能得到的效果，例如阴影、法线映射、高精度的高光反射等。实际上，它仅仅是前向渲染路径的一个子集，也就是说，所有可以在顶点照明渲染路径中实现的功能都可以在前向渲染路径中完成。就如它的名字一样，顶点照明渲染路径只是使用了逐顶点的方式来计算光照，并没有什么神奇的地方。实际上，我们在上面的前向渲染路径中也可以计算一些逐顶点的光源。但如果选择使用顶点照明渲染路径，那么 Unity 会只填充那些逐顶点相关的光源变量，意味着我们不可以使用一些逐像素光照变量。

1. Unity 中的顶点照明渲染

顶点照明渲染路径通常在一个 Pass 中就可以完成对物体的渲染。在这个 Pass 中，我们会计算我们关心的所有光源对该物体的照明，并且这个计算是按逐顶点处理的。这是 Unity 中最快速的渲染路径，并且具有最广泛的硬件支持（但是游戏机上并不支持这种路径）。

由于顶点照明渲染路径仅仅是前向渲染路径的一个子集，因此在 Unity 5 发布之前，Unity 在论坛上发起了一个投票（forum.unity3d/threads/official-dropping-vertexlit-rendering-path-for-unity-5-0.275248/），让开发者选择是否应该在 Unity 5.0 中抛弃顶点照明渲染路径。在这个投票中，很多开发人员表示了赞同的意见。结果是，Unity 5 中将顶点照明渲染路径作为一个遗留的渲染路径，在未来的版本中，顶点照明渲染路径的相关设定可能会被移除。

2. 可访问的内置变量和函数

在 Unity 中，我们可以在一个顶点照明的 Pass 中最多访问到 8 个逐顶点光源。如果我们只需要渲染其中两个光源对物体的照明，可以仅使用表 9.4 中内置光照数据的前两个。如果影响该物体的光源数目小于 8，那么数组中剩下的光源颜色会设置成黑色。

表 9.4　　顶点照明渲染路径中可以使用的内置变量

名　称	类　型	描　述
unity_LightColor	half4[8]	光源颜色
unity_LightPosition	float4[8]	xyz 分量是视角空间中的光源位置。如果光源是平行光，那么 z 分量值为 0，其他光源类型 z 分量值为 1
unity_LightAtten	half4[8]	光源衰减因子。如果光源是聚光灯，x 分量是 cos(spotAngle/2)，y 分量是 1/cos(spotAngle/4)；如果是其他类型的光源，x 分量是−1，y 分量是 1。z 分量是衰减的平方，w 分量是光源范围开根号的结果
unity_SpotDirection	float4[8]	如果光源是聚光灯的话，值为视角空间的聚光灯的位置；如果是其他类型的光源，值为(0, 0, 1, 0)

可以看出，一些变量我们同样可以在前向渲染路径中使用，例如 unity_LightColor。但这些变量数组的维度和数值在不同渲染路径中的值是不同的。

表 9.5 给出了顶点照明渲染路径中可以使用的内置函数。

表 9.5　　顶点照明渲染路径中可以使用的内置函数

函 数 名	描　述
float3 ShadeVertexLights (float4 vertex, float3 normal)	输入模型空间中的顶点位置和法线，计算四个逐顶点光源的光照以及环境光。内部实现实际上调用了 ShadeVertexLightsFull 函数
float3 ShadeVertexLightsFull (float4 vertex, float3 normal, int lightCount, bool spotLight)	输入模型空间中的顶点位置和法线，计算 lightCount 个光源的光照以及环境光。如果 spotLight 值为 true，那么这些光源会被当成聚光灯来处理，虽然结果更精确，但计算更加耗时；否则，按点光源处理

9.1.3　延迟渲染路径

前向渲染的问题是：当场景中包含大量实时光源时，前向渲染的性能会急速下降。例如，如果我们在场景的某一块区域放置了多个光源，这些光源影响的区域互相重叠，那么为了得到最终的光照效果，我们就需要为该区域内的每个物体执行多个 Pass 来计算不同光源对该物体的光照结果，然后在颜色缓存中把这些结果混合起来得到最终的光照。然而，每执行一个 Pass 我们都需要重新渲染一遍物体，但很多计算实际上是重复的。

延迟渲染是一种更古老的渲染方法，但由于上述前向渲染可能造成的瓶颈问题，近几年又流行起来。除了前向渲染中使用的颜色缓冲和深度缓冲外，延迟渲染还会利用额外的缓冲区，这些缓冲区也被统称为 G 缓冲（G-buffer），其中 G 是英文 Geometry 的缩写。G 缓冲区存储了我们所关心的表面（通常指的是离摄像机最近的表面）的其他信息，例如该表面的法线、位置、用于光照计算的材质属性等。

1. 延迟渲染的原理

延迟渲染主要包含了两个 Pass。在第一个 Pass 中，我们不进行任何光照计算，而是仅仅计算哪些片元是可见的，这主要是通过深度缓冲技术来实现，当发现一个片元是可见的，我们就把它的相关信息存储到 G 缓冲区中。然后，在第二个 Pass 中，我们利用 G 缓冲区的各个片元信息，例如表面法线、视角方向、漫反射系数等，进行真正的光照计算。

延迟渲染的过程大致可以用下面的伪代码来描述：

```
Pass 1 {
    // 第一个 Pass 不进行真正的光照计算
    // 仅仅把光照计算需要的信息存储到 G 缓冲中

    for (each primitive in this model) {
```

```
        for (each fragment covered by this primitive) {
            if (failed in depth test) {
                // 如果没有通过深度测试，说明该片元是不可见的
                discard;
            } else {
                // 如果该片元可见
                // 就把需要的信息存储到 G 缓冲中
                writeGBuffer(materialInfo, pos, normal);
            }
        }
    }
}

Pass 2 {
    // 利用 G 缓冲中的信息进行真正的光照计算

    for (each pixel in the screen) {
        if (the pixel is valid) {
            // 如果该像素是有效的
            // 读取它对应的 G 缓冲中的信息
            readGBuffer(pixel, materialInfo, pos, normal);

            // 根据读取到的信息进行光照计算
            float4 color = Shading(materialInfo, pos, normal, lightDir, viewDir);
            // 更新帧缓冲
            writeFrameBuffer(pixel, color);
        }
    }
}
```

可以看出，延迟渲染使用的 Pass 数目通常就是两个，这跟场景中包含的光源数目是没有关系的。换句话说，延迟渲染的效率不依赖于场景的复杂度，而是和我们使用的屏幕空间的大小有关。这是因为，我们需要的信息都存储在缓冲区中，而这些缓冲区可以理解成是一张张 2D 图像，我们的计算实际上就是在这些图像空间中进行的。

2. Unity 中的延迟渲染

Unity 有两种延迟渲染路径，一种是遗留的延迟渲染路径，即 Unity 5 之前使用的延迟渲染路径，而另一种是 Unity5.x 中使用的延迟渲染路径。如果游戏中使用了大量的实时光照，那么我们可能希望选择延迟渲染路径，但这种路径需要一定的硬件支持。

新旧延迟渲染路径之间的差别很小，只是使用了不同的技术来权衡不同的需求。例如，较旧版本的延迟渲染路径不支持 Unity 5 的基于物理的 Standard Shader。以下我们仅讨论 Unity 5 后使用的延迟渲染路径。对于遗留的延迟渲染路径，读者可以在官方文档（http://docs.unity3d.com/Manual/RenderTech-DeferredLighting.html）找到更多的资料。

对于延迟渲染路径来说，它最适合在场景中光源数目很多、如果使用前向渲染会造成性能瓶颈的情况下使用。而且，延迟渲染路径中的每个光源都可以按逐像素的方式处理。但是，延迟渲染也有一些缺点。

- 不支持真正的抗锯齿（anti-aliasing）功能。
- 不能处理半透明物体。
- 对显卡有一定要求。如果要使用延迟渲染的话，显卡必须支持 MRT（Multiple Render Targets）、Shader Mode 3.0 及以上、深度渲染纹理以及双面的模板缓冲。

当使用延迟渲染时，Unity 要求我们提供两个 Pass。

（1）第一个 Pass 用于渲染 G 缓冲。在这个 Pass 中，我们会把物体的漫反射颜色、高光反射颜色、平滑度、法线、自发光和深度等信息渲染到屏幕空间的 G 缓冲区中。对于每个物体来说，这个 Pass 仅会执行一次。

（2）第二个 Pass 用于计算真正的光照模型。这个 Pass 会使用上一个 Pass 中渲染的数据来计算最终的光照颜色，再存储到帧缓冲中。

默认的 G 缓冲区（注意，不同 Unity 版本的渲染纹理存储内容会有所不同）包含了以下几个渲染纹理（Render Texture，RT）。

- RT0：格式是 ARGB32，RGB 通道用于存储漫反射颜色，A 通道没有被使用。
- RT1：格式是 ARGB32，RGB 通道用于存储高光反射颜色，A 通道用于存储高光反射的指数部分。
- RT2：格式是 ARGB2101010，RGB 通道用于存储法线，A 通道没有被使用。
- RT3：格式是 ARGB32（非 HDR）或 ARGBHalf（HDR），用于存储自发光+lightmap+反射探针（reflection probes）。
- 深度缓冲和模板缓冲。

当在第二个 Pass 中计算光照时，默认情况下仅可以使用 Unity 内置的 Standard 光照模型。如果我们想要使用其他的光照模型，就需要替换掉原有的 Internal-DeferredShading.shader 文件。更详细的信息可以访问官方文档（docs.unity3d/Manual/RenderTech-DeferredShading.html）。

3. 可访问的内置变量和函数

表 9.6 给出了处理延迟渲染路径可以使用的光照变量。这些变量都可以在 UnityDeferredLibrary.cginc 文件中找到它们的声明。

表 9.6　延迟渲染路径中可以使用的内置变量

名　称	类　型	描　述
_LightColor	float4	光源颜色
_LightMatrix0	float4×4	从世界空间到光源空间的变换矩阵。可以用于采样 cookie 和光强衰减纹理

9.1.4　选择哪种渲染路径

Unity 的官方文档（docs.unity3d/Manual/RenderingPaths.html）中给出了 4 种渲染路径（前向渲染路径、延迟渲染路径、遗留的延迟渲染路径和顶点照明渲染路径）的详细比较，包括它们的特性比较（是否支持逐像素光照、半透明物体、实时阴影等）、性能比较以及平台支持。

总体来说，我们需要根据游戏发布的目标平台来选择渲染路径。如果当前显卡不支持所选渲染路径，那么 Unity 会自动使用比其低一级的渲染路径。

在本书中，我们主要使用 Unity 的前向渲染路径。

9.2 Unity 的光源类型

在前面的例子中，我们的场景中都仅仅有一个光源且光源类型是平行光（如果你的场景不是这样的话，可能会得到错误的结果）。只有一个平行光的世界很美好，但美梦总有醒的一天，这时，我们就需要在 Unity Shader 中处理更复杂的光源类型以及数目更多的光源。在本节中，我们将会学习如何在 Unity 中处理**点光源（point light）**和**聚光灯（spot light）**。

Unity 一共支持 4 种光源类型：平行光、点光源、聚光灯和**面光源（area light）**。面光源仅在烘焙时才可发挥作用，因此不在本节讨论范围内。由于每种光源的几何定义不同，因此它们对应的光源属性也就各不相同。这就要求我们要区别对待它们。幸运的是，Unity 提供了很多内置函数来帮我们处理这些光源，在本章的最后我们会介绍这些函数，但首先我们需要了解它们背后的原理。

9.2.1 光源类型有什么影响

我们来看一下光源类型的不同到底会给 Shader 带来哪些影响。我们可以考虑 Shader 中使用了光源的哪些属性。最常使用的光源属性有光源的**位置**、**方向**（更具体说就是，到某点的方向）、**颜色**、**强度以及衰减**（更具体说就是，到某点的衰减，与该点到光源的距离有关）这 5 个属性。而这些属性和它们的几何定义息息相关。

1. 平行光

对于我们之前使用的平行光来说，它的几何定义是最简单的。平行光可以照亮的范围是没有限制的，它通常是作为太阳这样的角色在场景中出现的。图 9.5 给出了 Unity 中平行光在 Scene 视图中的表示以及 Light 组件的面板。

平行光之所以简单，是因为它没有一个唯一的位置，也就是说，它可以放在场景中的任意位置（回忆一下，我们小时候是不是总感觉太阳跟着我们一起移动）。它的几何属性只有方向，我们可以调整平行光的 Transform 组件中的 Rotation 属性来改变它的光源方向，而且平行光到场景中所有点的方向都是一样的，这也是平行光名字的由来。除此之外，由于平行光没有一个具体的位置，因此也没有衰减的概念，也就是说，光照强度不会随着距离而发生改变。

2. 点光源

点光源的照亮空间则是有限的，它是由空间中的一个球体定义的。点光源可以表示由一个点发出的、向所有方向延伸的光。图 9.6 给出了 Unity 中点光源在 Scene 视图中的表示以及 Light 组件的面板。

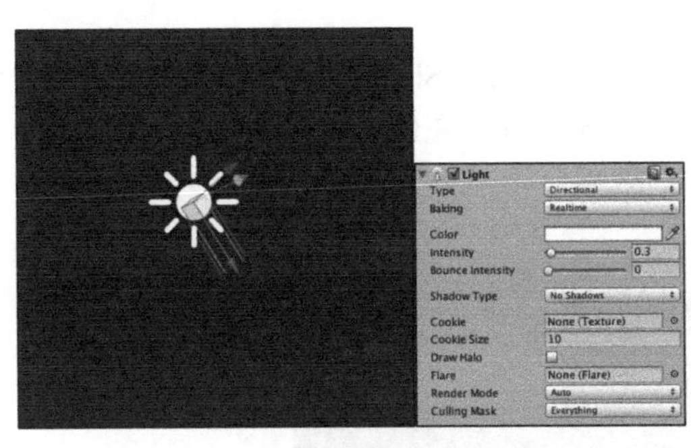

▲图 9.5 平行光

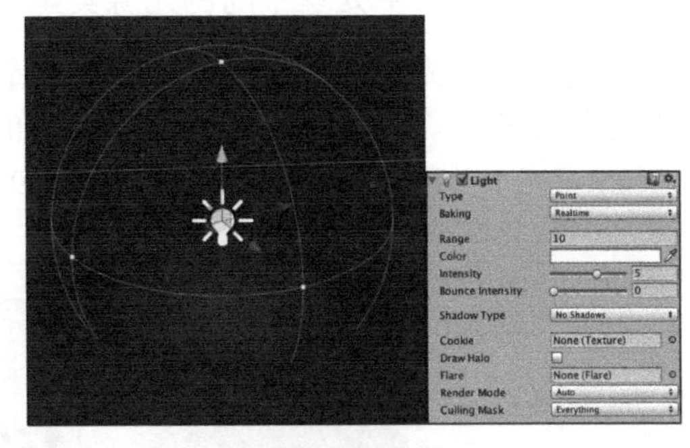

▲图 9.6 点光源

需要提醒读者的一点是，我们需要在 Scene 视图中开启光照才能看到预览光源是如何影响场景中的物体的。图 9.7 给出了开启 Scene 视图光照的按钮。

球体的半径可以由面板中的 Range 属性来调整，也可以在 Scene 视图中直接拖拉点光源的线框（如球体上的黄色控制点）来修改它的属性。点光源是有位置属性的，它是由点光源的 Transform 组件中的 Position 属性定义的。对于方向属性，我们需要用点光源的位置减去某点的位置来得到它到该点的方向。而点光源的颜色和强度可以在 Light 组件面板中调整。同时，点光源也是会衰减的，随着物体逐渐远离点光源，它接收到的光照强度也会逐渐减小。点光源球心处的光照强度最强，球体边界处的最弱，值为 0。其中间的衰减值可以由一个函数定义。

3. 聚光灯

聚光灯是这 3 种光源类型中最复杂的一种。它的照亮空间同样是有限的，但不再是简单的球体，而是由空间中的一块锥形区域定义的。聚光灯可以用于表示由一个特定位置出发、向特定方向延伸的光。图 9.8 给出了 Unity 中聚光灯在 Scene 视图中的表示以及 Light 组件的面板。

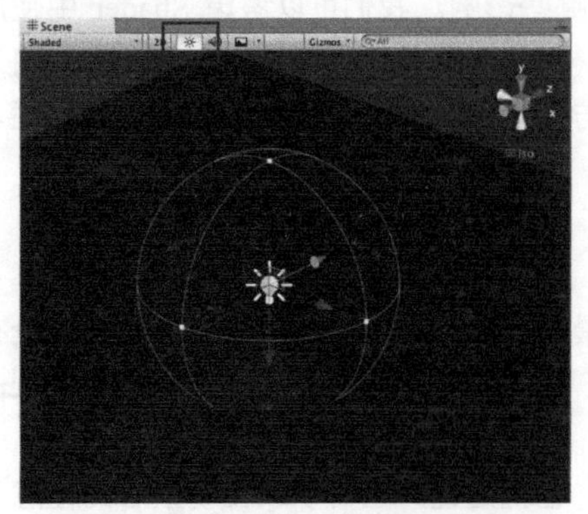

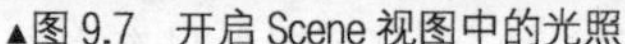
▲图 9.7　开启 Scene 视图中的光照

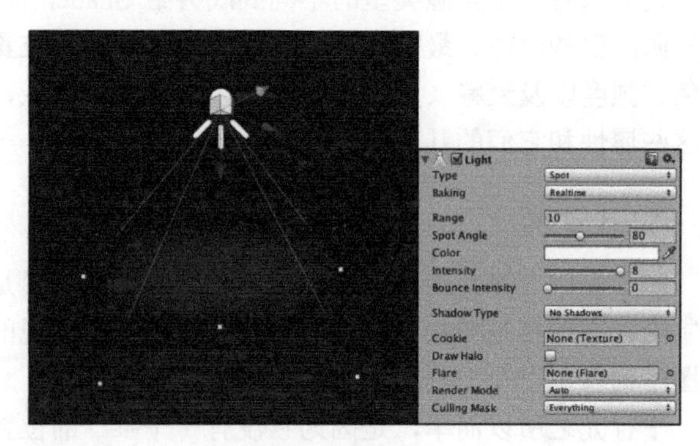

▲图 9.8　聚光灯

这块锥形区域的半径由面板中的 Range 属性决定，而锥体的张开角度由 Spot Angle 属性决定。我们同样也可以在 Scene 视图中直接拖拉聚光灯的线框（如中间的黄色控制点以及四周的黄色控制点）来修改它的属性。聚光灯的位置同样是由 Transform 组件中的 Position 属性定义的。对于方向属性，我们需要用聚光灯的位置减去某点的位置来得到它到该点的方向。聚光灯的衰减也是随着物体逐渐远离点光源而逐渐减小，在锥形的顶点处光照强度最强，在锥形的边界处强度为 0。其中间的衰减值可以由一个函数定义，这个函数相对于点光源衰减计算公式要更加复杂，因为我们需要判断一个点是否在锥体的范围内。

9.2.2　在前向渲染中处理不同的光源类型

在了解了 3 种光源的几何定义后，我们来看一下如何在 Unity Shader 中访问它们的 5 个属性：**位置、方向、颜色、强度以及衰减**。需要注意的是，本节均建立在使用前向渲染路径的基础上。

在学习完本节后，我们可以得到类似图 9.9 中的效果。

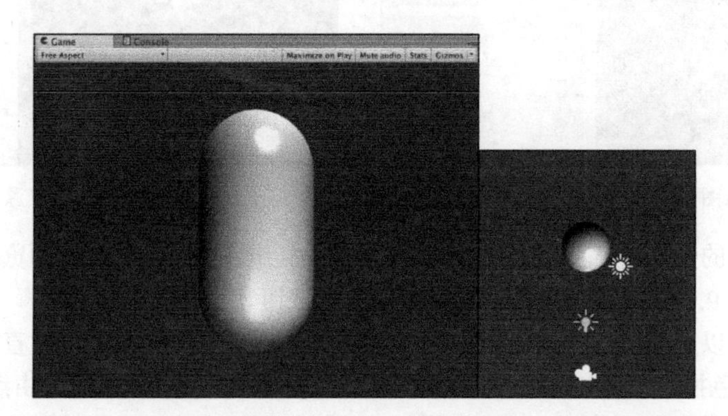

▲图 9.9　使用一个平行光和一个点光源共同照亮物体。右图显示了胶囊体、平行光和点光源在场景中的相对位置

1. 实践

为了实现上述效果，我们首先做如下准备工作。

（1）在 Unity 中新建一个场景。在本书资源中，该场景名为 Scene_9_2_2_1。在 Unity 5.2 中，默认情况下场景将包含一个摄像机和一个平行光，并且使用了内置的天空盒子。在 Window → Lighting → Skybox 中去掉场景中的天空盒子。

（2）新建一个材质。在本书资源中，该材质名为 ForwardRenderingMat。

（3）新建一个 Unity Shader。在本书资源中，该 Shader 名为 Chapter9-ForwardRendering。把新的 Unity Shader 赋给第 2 步中创建的材质。

（4）在场景中创建一个胶囊体，并把第 2 步中的材质赋给该胶囊体。

（5）为了让物体受多个光源的影响，我们再新建一个点光源，把其颜色设为绿色，以和平行光进行区分。

（6）保存场景。

我们的代码使用了 Blinn-Phong 光照模型，并为前向渲染定义了 Base Pass 和 Additional Pass 来处理多个光源。在这里我们只给出其中关键的代码，而省略与之前章节中重复的代码。完整的代码读者可以在本书资源中找到。关键代码如下。

（1）我们首先定义第一个 Pass——Base Pass。为此，我们需要设置该 Pass 的渲染路径标签：

```
Pass {
    // Pass for ambient light & first pixel light (directional light)
    Tags { "LightMode"="ForwardBase" }

    CGPROGRAM

    // Apparently need to add this declaration
    #pragma multi_compile_fwdbase
```

需要注意的是，我们除了设置渲染路径外，还使用了 **#pragma** 编译指令。**#pragma multi_compile_fwdbase** 指令可以保证我们在 Shader 中使用光照衰减等光照变量可以被正确赋值。这是不可缺少的。

（2）在 Base Pass 的片元着色器中，我们首先计算了场景中的环境光：

```
// Get ambient term
fixed3 ambient = UNITY_LIGHTMODEL_AMBIENT.xyz;
```

我们希望环境光计算一次即可，因此在后面的 Additional Pass 中就不会再计算这个部分。与之类似，还有物体的自发光，但在本例中，我们假设胶囊体没有自发光效果。

（3）然后，我们在 Base Pass 中处理了场景中的最重要的平行光。在这个例子中，场景中只有一个平行光。如果场景中包含了多个平行光，Unity 会选择最亮的平行光传递给 Base Pass 进行逐像素处理，其他平行光会按照逐顶点或在 Additional Pass 中按逐像素的方式处理。如果场景中没有任何平行光，那么 Base Pass 会当成全黑的光源处理。我们提到过，每一个光源有 5 个属性：**位置、方向、颜色、强度**以及**衰减**。对于 Base Pass 来说，它处理的逐像素光源类型一定是平行光。我们可以使用_WorldSpaceLightPos0 来得到这个平行光的方向（位置对平行光来说没有意义），使用_LightColor0 来得到它的颜色和强度（_LightColor0 已经是颜色和强度相乘后的结果），由于平行光可以认为是没有衰减的，因此这里我们直接令衰减值为 1.0。相关代码如下：

```
// Compute diffuse term
fixed3 diffuse = _LightColor0.rgb * _Diffuse.rgb * max(0, dot(worldNormal, worldLightDir));

...

// Compute specular term
fixed3 specular = _LightColor0.rgb * _Specular.rgb * pow(max(0, dot(worldNormal, halfDir)),
_Gloss);

// The attenuation of directional light is always 1
fixed atten = 1.0;

return fixed4(ambient + (diffuse + specular) * atten, 1.0);
```

至此，Base Pass 的工作就完成了。

（4）接下来，我们需要为场景中其他逐像素光源定义 Additional Pass。为此，我们首先需要设置 Pass 的渲染路径标签：

```
Pass {
    // Pass for other pixel lights
    Tags { "LightMode"="ForwardAdd" }

    Blend One One

    CGPROGRAM

    // Apparently need to add this declaration
    #pragma multi_compile_fwdadd
```

除了设置渲染路径标签外，我们同样使用了**#pragma multi_compile_fwdadd** 指令，如前面所说，这个指令可以保证我们在 Additional Pass 中访问到正确的光照变量。与 Base Pass 不同的是，我们还使用 Blend 命令开启和设置了混合模式。这是因为，我们希望 Additional Pass 计算得到的光照结果可以在帧缓存中与之前的光照结果进行叠加。如果没有使用 Blend 命令的话，Additional Pass 会直接覆盖掉之前的光照结果。在本例中，我们选择的混合系数是 **Blend One One**，这不是必需的，我们可以设置成 Unity 支持的任何混合系数。常见的还有 **Blend SrcAlpha One**。

（5）通常来说，Additional Pass 的光照处理和 Base Pass 的处理方式是一样的，因此我们只需要把 Base Pass 的顶点和片元着色器代码粘贴到 Additional Pass 中，然后再稍微修改一下即可。这些修改往往是为了去掉 Base Pass 中环境光、自发光、逐顶点光照、SH 光照的部分，并添加一些对不同光源类型的支持。因此，在 Additional Pass 的片元着色器中，我们没有再计算场景中的环境光。由于 Additional Pass 处理的光源类型可能是平行光、点光源或是聚光灯，因此在计算光源的 5 个属性——**位置**、**方向**、**颜色**、**强度**以及**衰减**时，颜色和强度我们仍然可以使用_LightColor0 来得到，但对于位置、方向和衰减属性，我们就需要根据光源类型分别计算。首先，我们来看如何计算不同光源的方向：

```
#ifdef USING_DIRECTIONAL_LIGHT
        fixed3 worldLightDir = normalize(_WorldSpaceLightPos0.xyz);
#else
        fixed3 worldLightDir = normalize(_WorldSpaceLightPos0.xyz - i.worldPosition.xyz);
#endif
```

在上面的代码中，我们首先判断了当前处理的逐像素光源的类型，这是通过使用#ifdef 指令判断是否定义了 USING_DIRECTIONAL_LIGHT 来得到的。如果当前前向渲染 Pass 处理的光源类型是平行光，那么 Unity 的底层渲染引擎就会定义 USING_DIRECTIONAL_LIGHT。如果判断得知是平行光的话，光源方向可以直接由_WorldSpaceLightPos0.xyz 得到；如果是点光源或聚光灯，那么_WorldSpaceLightPos0.xyz 表示的是世界空间下的光源位置，而想要得到光源方向的话，我们就需要用这个位置减去世界空间下的顶点位置。

（6）最后，我们需要处理不同光源的衰减：

```
#ifdef USING_DIRECTIONAL_LIGHT
    fixed atten = 1.0;
#else
    float3 lightCoord = mul(_LightMatrix0, float4(i.worldPosition, 1)).xyz;
    fixed atten = tex2D(_LightTexture0, dot(lightCoord, lightCoord).rr).UNITY_ATTEN_CHANNEL;
#endif
```

我们同样通过判断是否定义了 USING_DIRECTIONAL_LIGHT 来决定当前处理的光源类型。如果是平行光的话，衰减值为 1.0。如果是其他光源类型，那么处理更复杂一些。尽管我们可以使用数学表达式来计算给定点相对于点光源和聚光灯的衰减，但这些计算往往涉及开根号、除法等计算量相对较大的操作，因此 Unity 选择了使用一张纹理作为查找表（Lookup Table，LUT），以在片元着色器中得到光源的衰减。我们首先得到光源空间下的坐标，然后使用该坐标对衰减纹理进行采样得到衰减值。关于 Unity 中衰减纹理的细节可以参见 9.3 节。

我们可以在场景中添加更多的逐像素光源来照亮胶囊体。**需要注意的是**，本节只是为了讲解处理其他类型光源的实现原理，上述代码并不会用于真正的项目中，我们会在 9.5 节给出包含了完整光照计算的 Unity Shader。

2. 实验：Base Pass 和 Additional Pass 的调用

我们在 9.1.1 节中给出了前向渲染中 Unity 是如何决定哪些光源是逐像素光，而哪些是逐顶点或 SH 光。为了让读者有更加直观的理解，我们可以在 Unity 中进行一个实验。实验的准备工作如下。

（1）在 Unity 中新建一个场景。在本书资源中，该场景名为 Scene_9_2_2_2。在 Unity 5.2 中，默认情况下场景将包含一个摄像机和一个平行光，并且使用了内置的天空盒子。在 Window -> Lighting -> Skybox 中去掉场景中的天空盒子。

（2）调整平行光的颜色为绿色。

（3）在场景中创建一个胶囊体，并把上一节中的 ForwardRenderingMat 材质赋给该胶囊体。

（4）新建 4 个点光源，调整它们的颜色为相同的红色。

（5）保存场景。

我们可以得到类似图 9.10 中的效果。

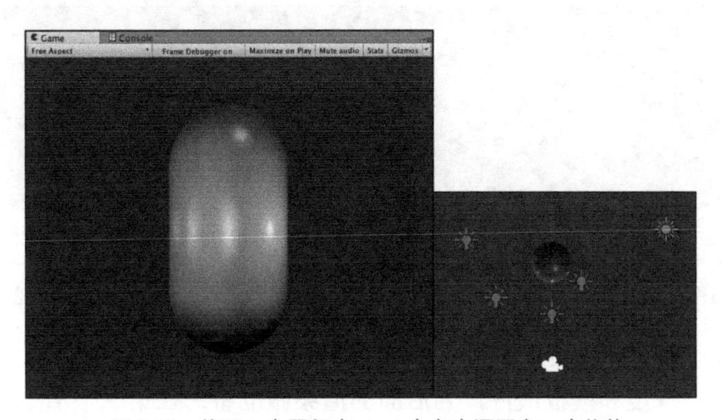

▲图 9.10 使用 1 个平行光 + 4 个点光源照亮一个物体

那么，这样的结果是怎么来的呢？当我们创建一个光源时，默认情况下它的 **Render Mode**（可以在 Light 组件中设置）是 **Auto**。这意味着，Unity 会在背后为我们判断哪些光源会按逐像素处理，而哪些按逐顶点或 SH 的方式处理。由于我们没有更改 Edit → Project Settings → Quality → Pixel Light Count 中的数值，因此默认情况下一个物体可以接收除最亮的平行光外的 4 个逐像素光照。在这个例子中，场景中共包含了 5 个光源，其中一个是平行光，它会在 Chapter9-Forward Rendering 的 Base Pass 中按逐像素的方式被处理；其余 4 个都是点光源，由于它们的 **Render Mode** 为 **Auto** 且数目正好等于 4，因此都会在 Chapter9-ForwardRendering 的 Additional Pass 中逐像素的方式被处理，每个光源会调用一次 Additional Pass。

在 Unity 5 中，我们还可以使用**帧调试器（Frame Debugger）**工具来查看场景的绘制过程。使用方法是：在 Window -> Frame Debugger 中打开帧调试器，如图 9.11 所示。

从帧调试器中可以看出，渲染这个场景 Unity 一共进行了 6 个渲染事件，由于本例中只包含了一个物体，因此这 6 个渲染事件几乎都是用于渲染该物体的光照结果。我们可以通过依次单击帧调试器中的渲染事件，来查看 Unity 是怎样渲染物体的。图 9.12 给出了本例中 Unity 进行的 6 个渲染事件。

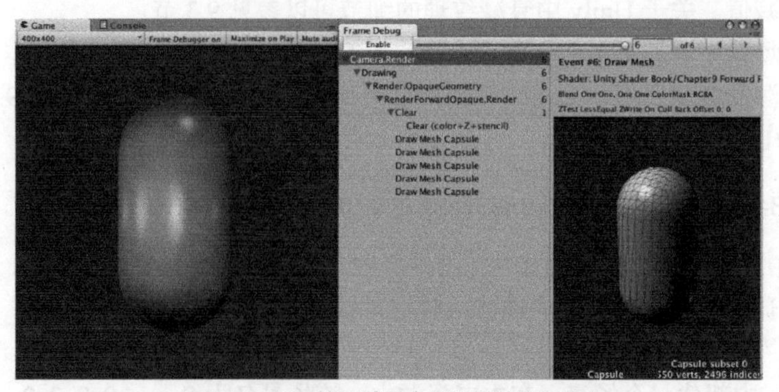

▲图 9.11　打开帧调试器查看场景的绘制事件

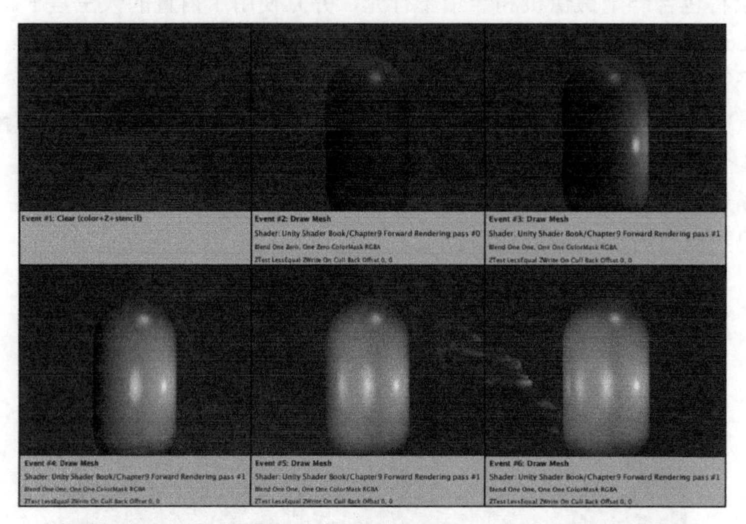

▲图 9.12　本例中的 6 个渲染事件，绘制顺序是从左到右、从上到下进行的

从图 9.12 可以看出，Unity 是如何一步步将不同光照渲染到物体上的：在第一个渲染事件中，Unity 首先清除颜色、深度和模板缓冲，为后面的渲染做准备；在第二个渲染事件中，Unity 利用 Chapter9-ForwardRendering 的第一个 Pass，即 Base Pass，将平行光的光照渲染到帧缓存中；在后面的 4 个渲染事件中，Unity 使用 Chapter9-ForwardRendering 的第二个 Pass，即 Additional Pass，依次将 4 个点光源的光照应用到物体上，得到最后的渲染结果。

可以注意到，Unity 处理这些点光源的顺序是按照它们的重要度排序的。在这个例子中，由于所有点光源的颜色和强度都相同，因此它们的重要度取决于它们距离胶囊体的远近，因此图 9.12 中首先绘制的是距离胶囊体最近的点光源。但是，如果光源的强度和颜色互不相同，那么距离就不再是唯一的衡量标准。例如，如果我们把现在距离最近的点光源的强度设为 0.2，那么从帧调试器中我们可以发现绘制顺序发生了变化，此时首先绘制的是距离胶囊体第二近的点光源，最近的点光源则会在最后被渲染。Unity 官方文档中并没有给出光源强度、颜色和距离物体的远近是如何具体影响光源的重要度排序的，我们仅知道排序结果和这三者都有关系。

对于场景中的一个物体，如果它不在一个光源的光照范围内，Unity 是不会为这个物体调用 Pass 来处理这个光源的。我们可以把本例中距离最远的点光源的范围调小，使得胶囊体在它的照亮范围外。此时再查看帧调试器，我们可以发现渲染事件比之前少了一个，如图 9.13 所示。同样，如果一个物体不在某个聚光灯的范围内，Unity 也是不会为该物体调用相关的渲染事件的。

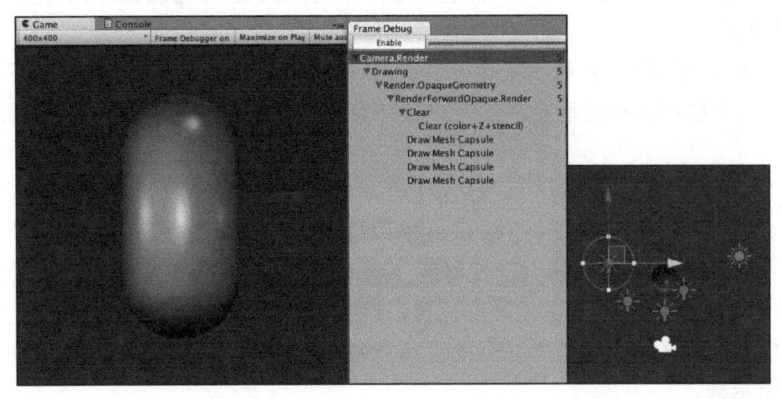

▲图 9.13　如果物体不在一个光源的光照范围内（从右图可以看出，胶囊体不在最左方的点光源的照明范围内），Unity 是不会调用 Additional Pass 来为该物体处理该光源的

我们知道，如果逐像素光源的数目很多的话，该物体的 Additional Pass 就会被调用多次，影响性能。我们可以通过把光源的 **Render Mode** 设为 **Not Important** 来告诉 Unity，我们不希望把该光源当成逐像素处理。在本例中，我们可以把 4 个点光源的 **Render Mode** 都设为 **Not Important**，可以得到图 9.14 中的结果。

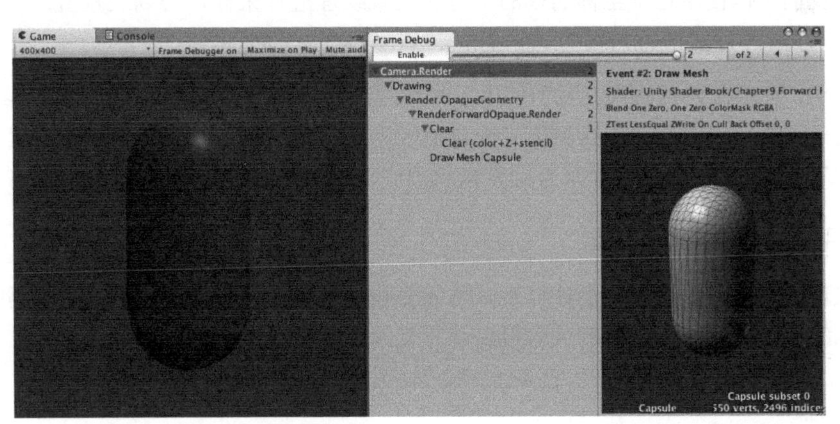

▲图 9.14　当把光源的 Render Mode 设为 Not Important 时，这些光源就不会按逐像素光来处理

由于我们在 Chapter9-ForwardRendering 中没有在 Bass Pase 中计算逐顶点和 SH 光源，因此场景中的 4 个点光源实际上不会对物体造成任何影响。同样，如果我们把平行光的 **Render Mode** 也设为 **Not Important**，那么读者可以猜测一下结果会是什么。没错，物体就会仅显示环境光的光照结果。

那么，我们如何在前向渲染路径的 Base Pass 中计算逐顶点和 SH 光呢？我们可以使用 9.1.1 节中提到的内置变量和函数来计算这些光源的光照效果。

9.3 Unity 的光照衰减

在 9.2 节中，我们提到 Unity 使用一张纹理作为查找表来在片元着色器中计算逐像素光照的衰减。这样的好处在于，计算衰减不依赖于数学公式的复杂性，我们只要使用一个参数值去纹理中采样即可。但使用纹理查找来计算衰减也有一些弊端。

- 需要预处理得到采样纹理，而且纹理的大小也会影响衰减的精度。
- 不直观，同时也不方便，因此一旦把数据存储到查找表中，我们就无法使用其他数学公式来计算衰减。

但由于这种方法可以在一定程度上提升性能，而且得到的效果在大部分情况下都是良好的，因此 Unity 默认就是使用这种纹理查找的方式来计算逐像素的点光源和聚光灯的衰减的。

9.3.1　用于光照衰减的纹理

Unity 在内部使用一张名为_LightTexture0 的纹理来计算光源衰减。需要注意的是，如果我们对该光源使用了 cookie，那么衰减查找纹理是_LightTextureB0，但这里不讨论这种情况。我们通常只关心_LightTexture0 对角线上的纹理颜色值，这些值表明了在光源空间中不同位置的点的衰减值。例如，(0, 0)点表明了与光源位置重合的点的衰减值，而(1, 1)点表明了在光源空间中所关心的距离最远的点的衰减。

为了对_LightTexture0 纹理采样得到给定点到该光源的衰减值，我们首先需要得到该点在光源空间中的位置，这是通过_LightMatrix0 变换矩阵得到的。在 9.1.1 节中，我们已经知道_LightMatrix0 可以把顶点从世界空间变换到光源空间。因此，我们只需要把_LightMatrix0 和世界空间中的顶点坐标相乘即可得到光源空间中的相应位置：

```
float3 lightCoord = mul(_LightMatrix0, float4(i.worldPosition, 1)).xyz;
```

然后，我们可以使用这个坐标的模的平方对衰减纹理进行采样，得到衰减值：

```
fixed atten = tex2D(_LightTexture0, dot(lightCoord,  lightCoord).rr).UNITY_ATTEN_CHANNEL;
```

可以发现，在上面的代码中，我们使用了光源空间中顶点距离的平方（通过 dot 函数来得到）来对纹理采样，之所以没有使用距离值来采样是因为这种方法可以避免开方操作。然后，我们使用宏 UNITY_ATTEN_CHANNEL 来得到衰减纹理中衰减值所在的分量，以得到最终的衰减值。

9.3.2　使用数学公式计算衰减

尽管纹理采样的方法可以减少计算衰减时的复杂度，但有时我们希望可以在代码中利用公式来计算光源的衰减。例如，下面的代码可以计算光源的线性衰减：

```
float distance = length(_WorldSpaceLightPos0.xyz - i.worldPosition.xyz);
atten = 1.0 / distance; // linear attenuation
```

可惜的是，Unity 没有在文档中给出内置衰减计算的相关说明。尽管我们仍然可以在片元着色器中利用一些数学公式来计算衰减，但由于我们无法在 Shader 中通过内置变量得到光源的范围、聚光灯的朝向、张开角度等信息，因此得到的效果往往在有些时候不尽如人意，尤其在物体离开光源的照明范围时会发生突变（这是因为，如果物体不在该光源的照明范围内，Unity 就不会为物体执行一个 Additional Pass）。当然，我们可以利用脚本将光源的相关信息传递给 Shader，但这样的灵活性很低。我们只能期待未来的版本中 Unity 可以完善文档并开放更多的参数给开发者使用。

9.4 Unity 的阴影

为了让场景看起来更加真实，具有深度信息，我们通常希望光源可以把一些物体的阴影投射在其他物体上。在本节，我们就来学习如何在 Unity 中让一个物体向其他物体投射阴影，以及如何让一个物体接收来自其他物体的阴影。

9.4.1 阴影是如何实现的

我们可以先考虑真实生活中阴影是如何产生的。当一个光源发射的一条光线遇到一个不透明物体时，这条光线就不可以再继续照亮其他物体（这里不考虑光线反射）。因此，这个物体就会向它旁边的物体投射阴影，那些阴影区域的产生是因为光线无法到达这些区域。

在实时渲染中，我们最常使用的是一种名为 **Shadow Map** 的技术。这种技术理解起来非常简单，它会首先把摄像机的位置放在与光源重合的位置上，那么场景中该光源的阴影区域就是那些摄像机看不到的地方。而 Unity 就是使用的这种技术。

在前向渲染路径中，如果场景中最重要的平行光开启了阴影，Unity 就会为该光源计算它的阴影映射纹理（shadowmap）。这张阴影映射纹理本质上也是一张深度图，它记录了从该光源的位置出发、能看到的场景中距离它最近的表面位置（深度信息）。

那么，在计算阴影映射纹理时，我们如何判定距离它最近的表面位置呢？一种方法是，先把摄像机放置到光源的位置上，然后按正常的渲染流程，即调用 Base Pass 和 Additional Pass 来更新深度信息，得到阴影映射纹理。但这种方法会对性能造成一定的浪费，因为我们实际上仅仅需要深度信息而已，而 Base Pass 和 Additional Pass 中往往涉及很多复杂的光照模型计算。因此，Unity 选择使用一个额外的 Pass 来专门更新光源的阴影映射纹理，这个 Pass 就是 **LightMode** 标签被设置为 **ShadowCaster** 的 Pass。这个 Pass 的渲染目标不是帧缓存，而是阴影映射纹理（或深度纹理）。Unity 首先把摄像机放置到光源的位置上，然后调用该 Pass，通过对顶点变换后得到光源空间下的位置，并据此来输出深度信息到阴影映射纹理中。因此，当开启了光源的阴影效果后，底层渲染引擎首先会在当前渲染物体的 Unity Shader 中找到 **LightMode** 为 **ShadowCaster** 的 Pass，如果没有，它就会在 **Fallback** 指定的 Unity Shader 中继续寻找，如果仍然没有找到，该物体就无法向其他物体投射阴影（但它仍然可以接收来自其他物体的阴影）。当找到了一个 **LightMode** 为 **ShadowCaster** 的 Pass 后，Unity 会使用该 Pass 来更新光源的阴影映射纹理。

在传统的阴影映射纹理的实现中，我们会在正常渲染的 Pass 中把顶点位置变换到光源空间下，以得到它在光源空间中的三维位置信息。然后，我们使用 xy 分量对阴影映射纹理进行采样，得到阴影映射纹理中该位置的深度信息。如果该深度值小于该顶点的深度值（通常由 z 分量得到），那么说明该点位于阴影中。但在 Unity 5 中，Unity 使用了不同于这种传统的阴影采样技术，即**屏幕空间的阴影映射技术（Screenspace Shadow Map）**。屏幕空间的阴影映射原本是延迟渲染中产生阴影的方法。需要注意的是，并不是所有的平台 Unity 都会使用这种技术。这是因为，屏幕空间的阴影映射需要显卡支持 MRT，而有些移动平台不支持这种特性。

当使用了屏幕空间的阴影映射技术时，Unity 首先会通过调用 **LightMode** 为 **ShadowCaster** 的 Pass 来得到可投射阴影的光源的阴影映射纹理以及摄像机的深度纹理。然后，根据光源的阴影映射纹理和摄像机的深度纹理来得到屏幕空间的阴影图。如果摄像机的深度图中记录的表面深度大于转换到阴影映射纹理中的深度值，就说明该表面虽然是可见的，但是却处于该光源的阴影中。通过这样的方式，阴影图就包含了屏幕空间中所有有阴影的区域。如果我们想要一个物体接收来自其他物体的阴影，只需要在 Shader 中对阴影图进行采样。由于阴影图是屏幕空间下的，因此，我们首先需要把表面坐标从模型空间变换到屏幕空间中，然后使用这个坐标对阴影图进行采样即可。

总结一下，一个物体接收来自其他物体的阴影，以及它向其他物体投射阴影是两个过程。

- 如果我们想要一个物体接收来自其他物体的阴影，就必须在 Shader 中对阴影映射纹理（包括屏幕空间的阴影图）进行采样，把采样结果和最后的光照结果相乘来产生阴影效果。
- 如果我们想要一个物体向其他物体投射阴影，就必须把该物体加入到光源的阴影映射纹理的计算中，从而让其他物体在对阴影映射纹理采样时可以得到该物体的相关信息。在 Unity

中，这个过程是通过为该物体执行 **LightMode** 为 **ShadowCaster** 的 Pass 来实现的。如果使用了屏幕空间的投影映射技术，Unity 还会使用这个 Pass 产生一张摄像机的深度纹理。

在下面的章节中，我们会学习如何在 Unity 中实现上面两个过程。

9.4.2 不透明物体的阴影

我们首先进行如下的准备工作。

（1）在 Unity 中新建一个场景。在本书资源中，该场景名为 Scene_9_4_2。在 Unity 5.2 中，默认情况下场景将包含一个摄像机和一个平行光，并且使用了内置的天空盒子。在 Window → Lighting → Skybox 中去掉场景中的天空盒子。

（2）新建一个材质。在本书资源中，该材质名为 ShadowMat。我们把 9.2 节中的 Chapter9-ForwardRendering 赋给它。

（3）在场景中创建一个正方体、两个平面，并把第 2 步中的材质赋给正方体，但不改变两个平面的材质（默认情况下，它们会使用内置的 Standard 材质）。

（4）保存场景。

为了让场景中可以产生阴影，我们首先需要让平行光可以收集阴影信息。这需要在光源的 Light 组件中开启阴影，如图 9.15 所示。

在本例中，我们选择了软阴影（Soft Shadows）。

1. 让物体投射阴影

在 Unity 中，我们可以选择是否让一个物体投射或接收阴影。这是通过设置 **Mesh Renderer** 组件中的 **Cast Shadows** 和 **Receive Shadows** 属性来实现的，如图 9.16 所示。

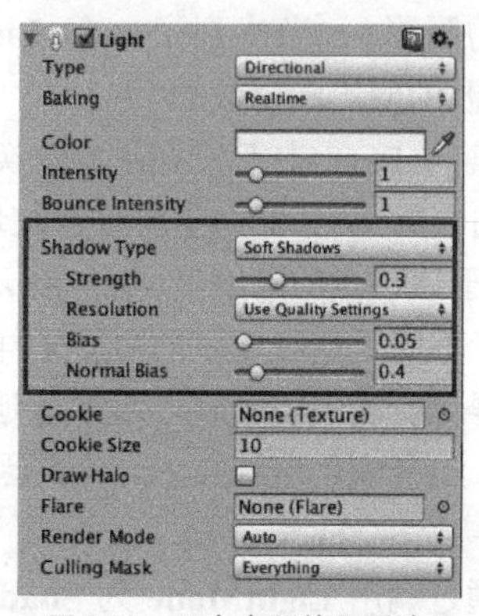

▲图 9.15 开启光源的阴影效果

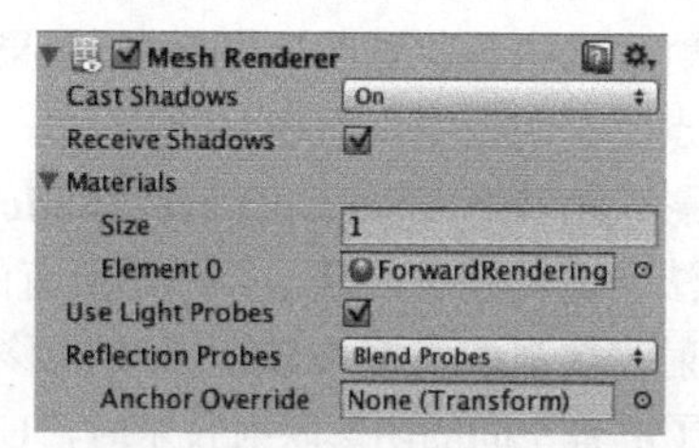

▲图 9.16 Mesh Renderer 组件的 Cast Shadows 和 Receive Shadows 属性可以控制该物体是否投射/接收阴影

Cast Shadows 可以被设置为开启（On）或关闭（Off）。如果开启了 **Cast Shadows** 属性，那么 Unity 就会把该物体加入到光源的阴影映射纹理的计算中，从而让其他物体在对阴影映射纹理采样时可以得到该物体的相关信息。正如之前所说，这个过程是通过为该物体执行 **LightMode** 为 **ShadowCaster** 的 Pass 来实现的。**Receive Shadows** 则可以选择是否让物体接收来自其他物体的阴影。如果没有开启 **Receive Shadows**，那么当我们调用 Unity 的内置宏和变量计算阴影（在后面我们会看到如何实现）时，这些宏通过判断该物体没有开启接收阴影的功能，就不会在内部为我们计算阴影。

我们把正方体和两个平面的 **Cast Shadows** 和 **Receive Shadows** 都设为开启状态，可以得到图 9.17 中的结果。

从图 9.17 可以发现，尽管我们没有对正方体使用的 Chapter9-ForwardRendering 进行任何更改，但正方体仍然可以向下面的平面投射阴影。一些读者可能会有疑问:“之前不是说 Unity 要使用 **LightMode** 为 **ShadowCaster** 的 Pass 来渲染阴影映射纹理和深度图吗？但是 Chapter9-ForwardRendering 中并没有这样一个 Pass 啊。”没错，我们在 Chapter9-ForwardRendering 的 SubShader 只定义了两个 Pass——一个 Base Pass，一个 Additional Pass。那么为什么它还可以投射阴影呢？实际上，秘密就在于 Chapter9-ForwardRendering 中的 **Fallback** 语义：

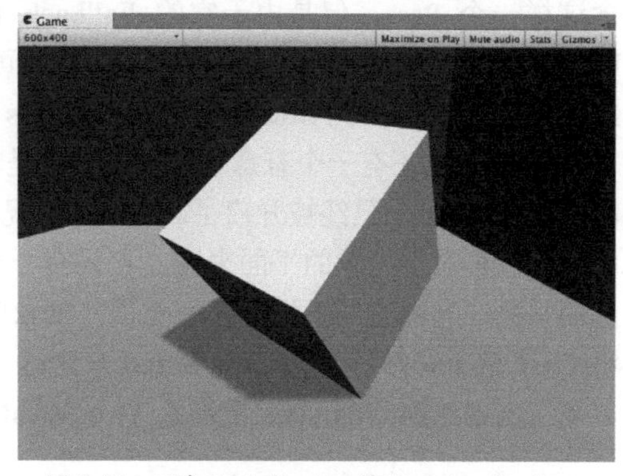

▲图 9.17　开启 Cast Shadows 和 Receive Shadows，从而让正方体可以投射和接收阴影

```
Fallback "Specular"
```

在 Chapter9-ForwardRendering 中，我们为它的 Fallback 指定了一个用于回调 Unity Shader，即内置的 Specular。虽然 Specular 本身也没有包含这样一个 Pass，但是由于它的 Fallback 调用了 VertexLit，它会继续回调，并最终回调到内置的 VertexLit。我们可以在 Unity 内置的着色器里找到它：builtin-shaders-xxx->DefaultResourcesExtra->Normal-VertexLit.shader。打开它，我们就可以看到“传说中”的 **LightMode** 为 **ShadowCaster** 的 Pass 了：

```
// Pass to render object as a shadow caster
Pass {
    Name "ShadowCaster"
    Tags { "LightMode" = "ShadowCaster" }

    CGPROGRAM
    #pragma vertex vert
    #pragma fragment frag
    #pragma multi_compile_shadowcaster
    #include "UnityCG.cginc"

    struct v2f {
        V2F_SHADOW_CASTER;
    };

    v2f vert( appdata_base v )
    {
        v2f o;
        TRANSFER_SHADOW_CASTER_NORMALOFFSET(o)
        return o;
    }

    float4 frag( v2f i ) : SV_Target
    {
        SHADOW_CASTER_FRAGMENT(i)
    }
    ENDCG

}
```

上面的代码非常短，尽管有一些宏和指令是我们之前没有遇到过的，但它们的用处实际上就是为了把深度信息写入渲染目标中。在 Unity 5 中，这个 Pass 的渲染目标可以是光源的阴影映射纹理，或是摄像机的深度纹理。

如果我们把 Chapter9-ForwardRendering 中的 Fallback 注释掉，就可以发现正方体不会再向平面投射阴影了。当然，我们可以不依赖 Fallback，而自行在 SubShader 中定义自己的 **LightMode** 为 **ShadowCaster** 的 Pass。这种自定义的 Pass 可以让我们更加灵活地控制阴影的产生。但由于这个 Pass 的功能通常是可以在多个 Unity Shader 间通用的，因此直接 Fallback 是一个更加方便的用法。在之前的章节中，我们有时也在 Fallback 中使用内置的 Diffuse，虽然 Diffuse 本身也没有包含这样一个 Pass，但是由于它的 Fallback 调用了 VertexLit，因此 Unity 最终还是会找到一个 **LightMode** 为 **ShadowCaster** 的 Pass，从而可以让物体产生阴影。在下面的 9.4.2 节中，我们将继续看到 **LightMode** 为 **ShadowCaster** 的 Pass 对产生正确的阴影的重要性。

图 9.17 中还有一个有意思的现象，就是右侧的平面并没有向最下面的平面投射阴影，尽管它的 **Cast Shadows** 已经被开启了。在默认情况下，我们在计算光源的阴影映射纹理时会剔除掉物体的背面。但对于内置的平面来说，它只有一个面，因此在本例中当计算阴影映射纹理时，由于右侧的平面在光源空间下没有任何正面（frontface），因此就不会添加到阴影映射纹理中。我们可以将 **Cast Shadows** 设置为 **Two Sided** 来允许对物体的所有面都计算阴影信息。图 9.18 给出了当把右侧平面的 **Cast Shadows** 设置为 **Two Sided** 后的结果。

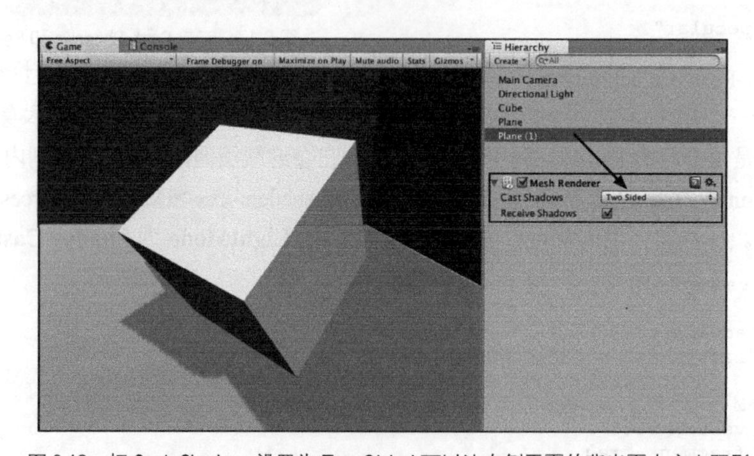

▲图 9.18 把 Cast Shadows 设置为 Two Sided 可以让右侧平面的背光面也产生阴影

在本例中，最下面的平面之所以可以接收阴影是因为它使用了内置的 Standard Shader，而这个内置的 Shader 进行了接收阴影的相关操作。但由于正方体使用的 Chapter9-ForwardRendering 并没有对阴影进行任何处理，因此它不会显示出右侧平面投射来的阴影。在下一节中，我们将学习如何让正方体也可以接收阴影。

2. 让物体接收阴影

为了让正方体可以接收阴影，我们首先新建一个 Unity Shader，在本书资源中，它的名称为 Chapter9-Shadow。我们把 Chapter9-Shadow 赋给正方体使用的材质 ShadowMat。删除 Chapter9-Shadow 中的代码，把 Chapter9-ForwardRendering 的代码复制给它。当然，这样仍然不会有任何阴影出现在正方体上，因此我们需要对代码进行一些更改。

（1）首先，我们在 Base Pass 中包含进一个新的内置文件：

```
#include "AutoLight.cginc"。
```

这是因为，我们下面计算阴影时所用的宏都是在这个文件中声明的。

（2）我们在顶点着色器的输出结构体 v2f 中添加了一个内置宏 **SHADOW_COORDS**：

```
struct v2f {
    float4 pos : SV_POSITION;
    float3 worldNormal : TEXCOORD0;
    float3 worldPos : TEXCOORD1;
    SHADOW_COORDS(2)
};
```

这个宏的作用很简单，就是声明一个用于对阴影纹理采样的坐标。需要注意的是，这个宏的参数需要是下一个可用的插值寄存器的索引值，在上面的例子中就是 2。

（3）然后，我们在顶点着色器返回之前添加另一个内置宏 **TRANSFER_SHADOW**：

```
v2f vert(a2v v) {
    v2f o;
    ...
    // Pass shadow coordinates to pixel shader
    TRANSFER_SHADOW(o);

    return o;
}
```

这个宏用于在顶点着色器中计算上一步中声明的阴影纹理坐标。

（4）接着，我们在片元着色器中计算阴影值，这同样使用了一个内置宏 **SHADOW_ATTENUATION**：

```
// Use shadow coordinates to sample shadow map
fixed shadow = SHADOW_ATTENUATION(i);
```

SHADOW_COORDS、**TRANSFER_SHADOW** 和 **SHADOW_ATTENUATION** 是计算阴影时的“三剑客”。这些内置宏帮助我们在必要时计算光源的阴影。我们可以在 AutoLight.cginc 中找到它们的声明：

```
    // ----------------
// Shadow helpers
// ----------------

// ---- Screen space shadows
#if defined (SHADOWS_SCREEN)
    UNITY_DECLARE_SHADOWMAP(_ShadowMapTexture);
    #define SHADOW_COORDS(idx1) unityShadowCoord4 _ShadowCoord : TEXCOORD##idx1;
    #if defined(UNITY_NO_SCREENSPACE_SHADOWS)
        #define TRANSFER_SHADOW(a) a._ShadowCoord = mul( unity_World2Shadow[0],
        mul( _Object2World, v.vertex ) );
        inline fixed unitySampleShadow (unityShadowCoord4 shadowCoord)
        {
            ...
        }
    #else // UNITY_NO_SCREENSPACE_SHADOWS
        #define TRANSFER_SHADOW(a) a._ShadowCoord = ComputeScreenPos(a.pos);
        inline fixed unitySampleShadow (unityShadowCoord4 shadowCoord)
        {
            fixed shadow = tex2Dproj( _ShadowMapTexture, UNITY_PROJ_COORD(shadowCoord) ).r;
            return shadow;
        }
    #endif
    #define SHADOW_ATTENUATION(a) unitySampleShadow(a._ShadowCoord)
#endif

// ---- Spot light shadows
#if defined (SHADOWS_DEPTH) && defined (SPOT)
        ...
#endif


// ---- Point light shadows
#if defined (SHADOWS_CUBE)
    ...
#endif

// ---- Shadows off
#if !defined (SHADOWS_SCREEN) && !defined (SHADOWS_DEPTH) && !defined (SHADOWS_CUBE)
    #define SHADOW_COORDS(idx1)
    #define TRANSFER_SHADOW(a)
```

```
    #define SHADOW_ATTENUATION(a) 1.0
#endif
```

上面的代码看起来很多、很复杂，实际上只是Unity为了处理不同光源类型、不同平台而定义了多个版本的宏。在前向渲染中，宏 **SHADOW_COORDS** 实际上就是声明了一个名为_ShadowCoord的阴影纹理坐标变量。而 **TRANSFER_SHADOW** 的实现会根据平台不同而有所差异。如果当前平台可以使用屏幕空间的阴影映射技术（通过判断是否定义了 **UNITY_NO_SCREENSPACE_SHADOWS** 来得到），**TRANSFER_SHADOW** 会调用内置的 ComputeScreenPos 函数来计算_ShadowCoord；如果该平台不支持屏幕空间的阴影映射技术，就会使用传统的阴影映射技术，**TRANSFER_SHADOW** 会把顶点坐标从模型空间变换到光源空间后存储到_ShadowCoord中。然后，SHADOW_ATTENUATION负责使用_ShadowCoord对相关的纹理进行采样，得到阴影信息。

注意到，上面内置代码的最后定义了在关闭阴影时的处理代码。可以看出，当关闭了阴影后，**SHADOW_COORDS**和**TRANSFER_SHADOW**实际没有任何作用，而**SHADOW_ATTENUATION**会直接等同于数值1。

需要读者注意的是，由于这些宏中会使用上下文变量来进行相关计算，例如 TRANSFER_SHADOW 会使用 v.vertex 或 a.pos 来计算坐标，因此为了能够让这些宏正确工作，我们需要保证自定义的变量名和这些宏中使用的变量名相匹配。我们需要保证：a2v 结构体的顶点坐标变量名必须是 **vertex**，顶点着色器的输入结构体 a2v 必须命名为 **v**，且 v2f 中的顶点位置变量必须命名为 **pos**。

（5）在完成了上面的所有操作后，我们只需要把阴影值 shadow 和漫反射以及高光反射颜色相乘即可。

保存文件，返回 Unity 我们可以发现，现在正方体也可以接收来自右侧平面的阴影了，如图9.19所示。

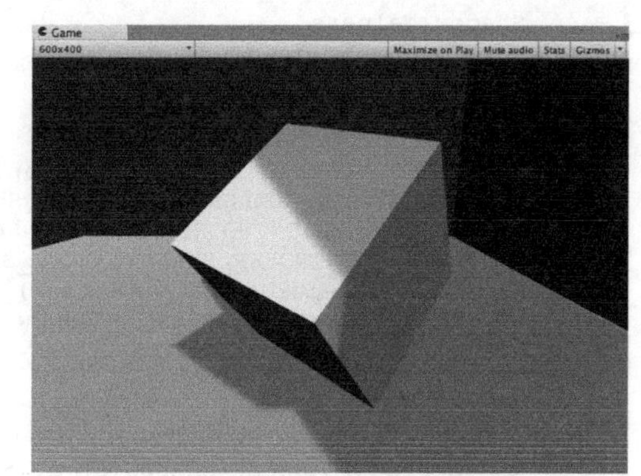

▲图9.19　正方体可以接收来自右侧平面的阴影

需要注意的是，在上面的代码里我们只更改了Base Pass中的代码，使其可以得到阴影效果，而没有对 Additional Pass 进行任何更改。大体上，Additional Pass的阴影处理和Base Pass是一样的。我们将在 9.4.4 节看到如何处理这些阴影。本节实现的代码仅是为了解释如何让物体接收阴影，但不可以直接应用到项目中。我们会在 9.5 节中给出包含了完整的光照处理的Unity Shader。

9.4.3　使用帧调试器查看阴影绘制过程

尽管我们在上面描述了阴影的产生过程，但如果有直观的方式看到阴影一步步的绘制过程那就太好了！幸运的是，Unity 5 添加了一个新的工具——帧调试器。我们曾在9.2.2节中利用它查看过Pass的绘制过程，在本节我们会通过它来查看阴影的绘制过程。

首先，我们需要在Window -> Frame Debugger中打开帧调试器。图9.20给出了Scene_9_4_2在帧调试器中的分析结果。

从图9.20中可以看出，绘制该场景共需要花费20个渲染事件。这些渲染事件可以分为4个部分：UpdateDepthTexture，即更新摄像机的深度纹理；RenderShadowmap，即渲染得到平行光的阴影映射纹理；CollectShadows，即根据深度纹理和阴影映射纹理得到屏幕空间的阴影图；最后绘制渲染结果。

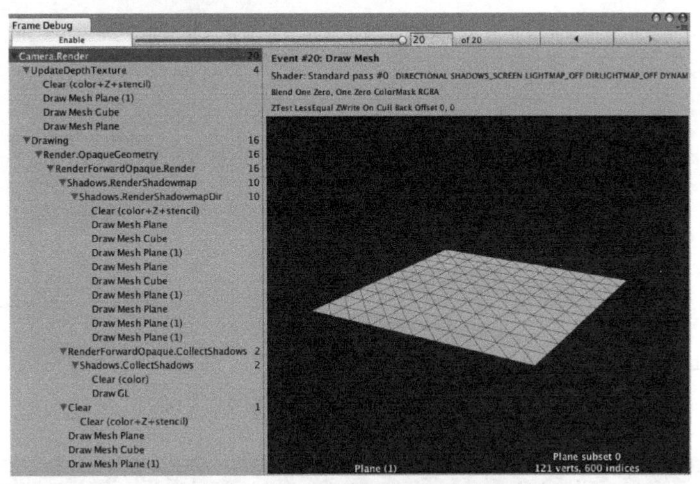

▲图 9.20 使用帧调试器查看阴影绘制过程

我们首先来看第一个部分：更新摄像机的深度纹理，这是前 4 个渲染事件的工作。我们可以单击这些事件查看它们的绘制结果。图 9.21 给出了正方体对深度纹理的更新结果。

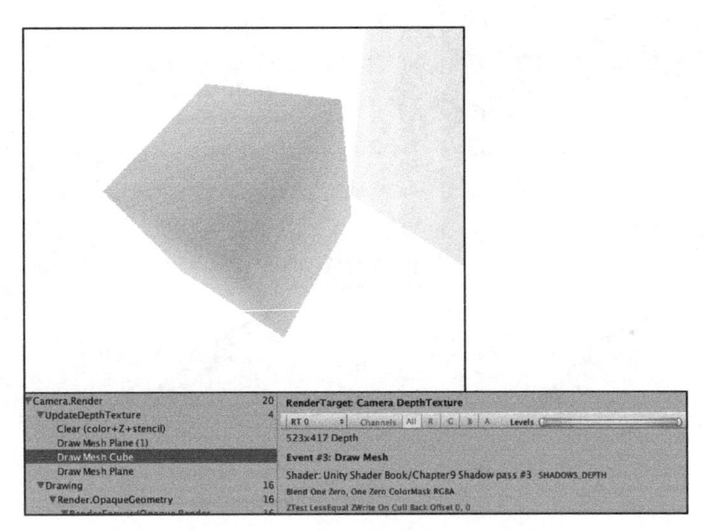

▲图 9.21 正方体对深度纹理的更新结果

从帧调试器右侧的面板我们可以了解这一渲染事件的详细信息。在图 9.21 中，我们可以发现，Unity 调用了 **Shader: Unity Shader Book/Chapter9 Shadow pass #3** 来更新深度纹理，即 Chapter9-Shadow 中的第三个 Pass。尽管 Chapter9-Shadow 中只定义了两个 Pass，但正如我们之前所说，Unity 会在它的 Fallback 中找到第三个 Pass，即 **LightMode** 为 **ShadowCaster** 的 Pass 来更新摄像机的深度纹理。同样，在第二个部分，即渲染得到平行光的阴影映射纹理的过程中，Unity 也是调用了这个 Pass 来得到光源的阴影映射纹理。

在第三个部分中，Unity 会根据之前两步的结果得到屏幕空间的阴影图，如图 9.22 所示。

这张图已经包含了最终屏幕上所有有阴影区域的阴影。在最后一个部分中，如果物体所使用的 Shader 包含了对这张阴影图的采样就会得到阴影效果。图 9.23 给出了这个部分 Unity 是如何一步步绘制出有阴影的画面效果的。

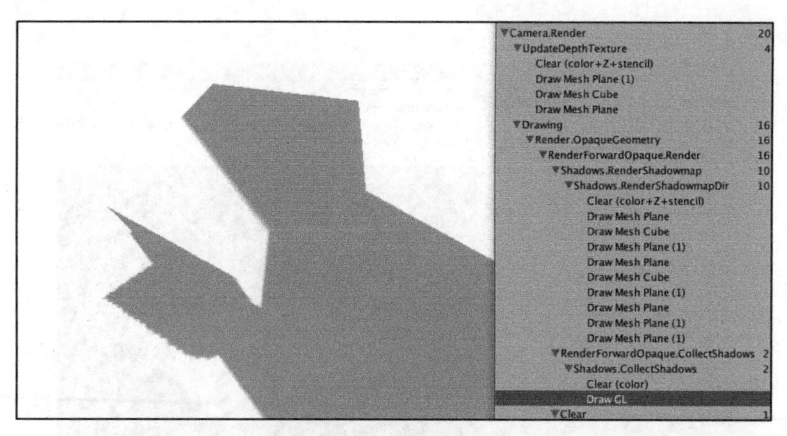

▲图 9.22　屏幕空间的阴影图

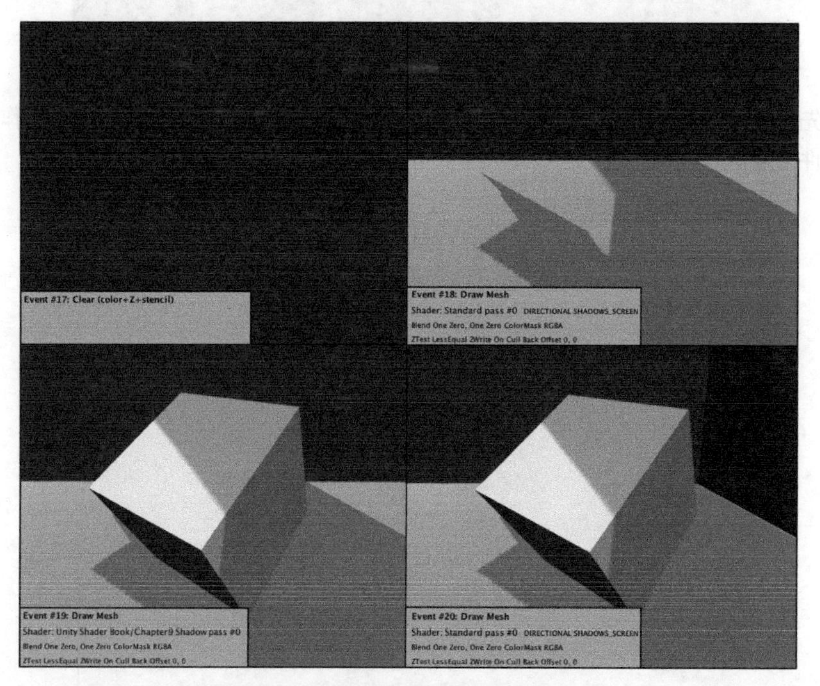

▲图 9.23　Unity 绘制屏幕阴影的过程

9.4.4　统一管理光照衰减和阴影

在 9.2 节和 9.3 节中，我们已经讲过如何在 Unity Shader 的前向渲染路径中计算光照衰减——在 Base Pass 中，平行光的衰减因子总是等于 1，而在 Additional Pass 中，我们需要判断该 Pass 处理的光源类型，再使用内置变量和宏计算衰减因子。实际上，光照衰减和阴影对物体最终的渲染结果的影响本质上是相同的——我们都是把光照衰减因子和阴影值及光照结果相乘得到最终的渲染结果。那么，是不是可以有一个方法可以同时计算两个信息呢？好消息是，Unity 在 Shader 里提供了这样的功能，这主要是通过内置的 **UNITY_LIGHT_ATTENUATION** 宏来实现的。

为此，我们做如下准备工作。

（1）复制 9.4.2 节中同样的场景，在本书资源中该场景名为 Scene_9_4_4。

（2）新建一个材质。在本书资源中，该材质名为 AttenuationAndShadowUseBuildInFunctionsMat。

（3）新建一个 Unity Shader。在本书资源中，该 Shader 名为 Chapter9-AttenuationAndShadowUse

BuildInFunctions。把新的 Shader 赋给第 2 步中创建的材质。

（4）把第 2 步中的材质赋给一个正方体。

（5）保存场景。

打开 Chapter9-AttenuationAndShadowUseBuildInFunctions，把 Chapter9-Shadow 中的代码粘贴进去。尽管 Chapter9-Shadow 中的代码可以让我们得到正确的阴影，但在实践中我们通常会使用 Unity 的内置宏和函数来计算衰减和阴影，从而隐藏一些实现细节。关键代码如下。

（1）首先包含进需要的头文件。

```
// Need these files to get built-in macros
#include "Lighting.cginc"
#include "AutoLight.cginc"
```

（2）在 v2f 结构体中使用内置宏 **SHADOW_COORDS** 声明阴影坐标：

```
struct v2f {
    float4 pos : SV_POSITION;
    float3 worldNormal : TEXCOORD0;
    float3 worldPos : TEXCOORD1;
    SHADOW_COORDS(2)
};
```

（3）在顶点着色器中使用内置宏 **TRANSFER_SHADOW** 计算并向片元着色器传递阴影坐标：

```
v2f vert(a2v v) {
    v2f o;
    ...
    TRANSFER_SHADOW(o);

    return o;
}
```

（4）和 9.4.2 节中的方式不同，这次我们在片元着色器中使用内置宏 **UNITY_LIGHT_ATTENUATION** 来计算光照衰减和阴影：

```
fixed4 frag(v2f i) : SV_Target {
    ...

    // UNITY_LIGHT_ATTENUATION not only compute attenuation, but also shadow infos
    UNITY_LIGHT_ATTENUATION(atten, i, i.worldPos);

    return fixed4(ambient + (diffuse + specular) * atten, 1.0);
}
```

UNITY_LIGHT_ATTENUATION 是 Unity 内置的用于计算光照衰减和阴影的宏，我们可以在内置的 AutoLight.cginc 里找到它的相关声明。它接受 3 个参数，它会将光照衰减和阴影值相乘后的结果存储到第一个参数中。注意到，我们并没有在代码中声明第一个参数 **atten**，这是因为 **UNITY_LIGHT_ATTENUATION** 会帮我们声明这个变量。它的第二个参数是结构体 v2f，这个参数会传递给 9.4.2 节中使用的 **SHADOW_ATTENUATION**，用来计算阴影值。而第三个参数是世界空间的坐标，正如我们在 9.3 节中看到的一样，这个参数会用于计算光源空间下的坐标，再对光照衰减纹理采样来得到光照衰减。我们强烈建议读者查阅 AutoLight.cginc 中 **UNITY_LIGHT_ATTENUATION** 的声明，读者可以发现，Unity 针对不同光源类型、是否启用 cookie 等不同情况声明了多个版本的 **UNITY_LIGHT_ATTENUATION**。这些不同版本的声明是保证我们可以通过这样一个简单的代码来得到正确结果的关键。

（5）由于使用了 **UNITY_LIGHT_ATTENUATION**，我们的 Base Pass 和 Additional Pass 的代码得以统一——我们不需要在 Base Pass 里单独处理阴影，也不需要在 Additional Pass 中判断光源类型来处理光照衰减，一切都只需要通过 **UNITY_LIGHT_ATTENUATION** 来完成即可。这正是

Unity 内置文件的魅力所在。如果我们希望可以在 Additional Pass 中添加阴影效果，就需要使用 #pragma multi_compile_fwdadd_fullshadows 编译指令来代替 Additional Pass 中的#pragma multi_compile_fwdadd 指令。这样一来，Unity 也会为这些额外的逐像素光源计算阴影，并传递给 Shader。

9.4.5　透明度物体的阴影

我们从一开始就强调，想要在 Unity 里让物体能够向其他物体投射阴影，一定要在它使用的 Unity Shader 中提供一个 **LightMode** 为 **ShadowCaster** 的 Pass。在前面的例子中，我们使用内置的 **VertexLit** 中提供的 **ShadowCaster** 来投射阴影。**VertexLit** 中的 **ShadowCaster** 实现很简单，它会正常渲染整个物体，然后把深度结果输出到一张深度图或阴影映射纹理中。读者可以在内置文件中找到相关的文件。

对于大多数不透明物体来说，把 **Fallback** 设为 **VertexLit** 就可以得到正确的阴影。但对于透明物体来说，我们就需要小心处理它的阴影。透明物体的实现通常会使用透明度测试或透明度混合，我们需要小心设置这些物体的 Fallback。

透明度测试的处理比较简单，但如果我们仍然直接使用 VertexLit、Diffuse、Specular 等作为回调，往往无法得到正确的阴影。这是因为透明度测试需要在片元着色器中舍弃某些片元，而 VertexLit 中的阴影投射纹理并没有进行这样的操作。我们在本书资源的 Scene_9_4_5_a 中提供了这样一个测试场景。我们使用了之前学习的透明度测试 + 阴影的方法来渲染一个正方体，它使用的材质和 Unity Shader 分别是 AlphaTestWithShadowMat 和 Chapter9-AlphaTestWithShadow。Chapter9-AlphaTestWithShadow 使用了和 8.3 节透明度测试中几乎完全相同的代码，只是添加了关于阴影的计算。

（1）首先包含进需要的头文件：

```
#include "Lighting.cginc"
#include "AutoLight.cginc"
```

（2）在 v2f 中使用内置宏 **SHADOW_COORDS** 声明阴影纹理坐标：

```
struct v2f {
    float4 pos : SV_POSITION;
    float3 worldNormal : TEXCOORD0;
    float3 worldPos : TEXCOORD1;
    float2 uv : TEXCOORD2;
    SHADOW_COORDS(3)
};
```

注意到，由于我们已经占用了 3 个插值寄存器（使用 TEXCOORD0、TEXCOORD1 和 TEXCOORD2 修饰的变量），因此 **SHADOW_COORDS** 中传入的参数是 3，这意味着，阴影纹理坐标将占用第四个插值寄存器 TEXCOORD3。

（3）然后，在顶点着色器中使用内置宏 **TRANSFER_SHADOW** 计算阴影纹理坐标后传递给片元着色器：

```
v2f vert(a2v v) {
    v2f o;
    ...
    // Pass shadow coordinates to pixel shade
    TRANSFER_SHADOW(o);

    return o;
}
```

（4）在片元着色器中，使用内置宏 **UNITY_LIGHT_ATTENUATION** 计算阴影和光照衰减：

```
fixed4 frag(v2f i) : SV_Target {
    ...
    // UNITY_LIGHT_ATTENUATION not only compute attenuation, but also shadow infos
    UNITY_LIGHT_ATTENUATION(atten, i, i.worldPos);

    return fixed4(ambient + diffuse * atten, 1.0);
}
```

（5）这次，我们更改它的 Fallback，使用 VertexLit 作为它的回调 Shader：

```
Fallback "VertexLit"
```

我们仍然使用 transparent_texture.psd 纹理，把它赋给新的材质后，就可以得到类似图 9.24 中的效果。

细心的读者可以发现，镂空区域出现了不正常的阴影，看起来就像这个正方体是一个普通的正方体一样。而这并不是我们想要得到的，我们希望有些光应该是可以通过这些镂空区域透过来的，这些区域不应该有阴影。出现这样的情况是因为，我们使用的是内置的 **VertexLit** 中提供的 **ShadowCaster** 来投射阴影，而这个 Pass 中并没有进行任何透明度测试的计算，因此，它会把整个物体的深度信息渲染到深度图和阴影映射纹理中。因此，如果我们想要得到经过透明度测试后的阴影效果，就需要提供一个有透明度测试功能的 **ShadowCaster Pass**。当然，我们可以自行编写一个这样的 Pass，但这里我们仍然选择使用内置的 Unity Shader 来减少代码量。

为了让使用透明度测试的物体得到正确的阴影效果，我们只需要在 Unity Shader 中更改一行代码，即把 Fallback 设置为 **Transparent/Cutout/VertexLit**，正如我们在 8.3 节中实现的一样。读者可以在内置文件中找到该 Unity Shader 的代码，它的 **ShadowCaster Pass** 也计算了透明度测试，因此会把裁剪后的物体深度信息写入深度图和阴影映射纹理中。**但需要注意的是**，由于 **Transparent/Cutout/VertexLit** 中计算透明度测试时，使用了名为_Cutoff 的属性来进行透明度测试，因此，这要求我们的 Shader 中也必须提供名为_Cutoff 的属性。否则，同样无法得到正确的阴影结果。

在更改了 Fallback 后，我们可以得到图 9.25 中的效果。

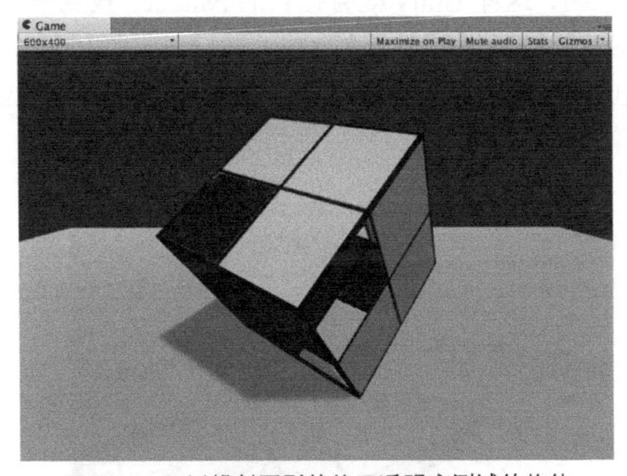

▲图 9.24　可以投射阴影的使用透明度测试的物体

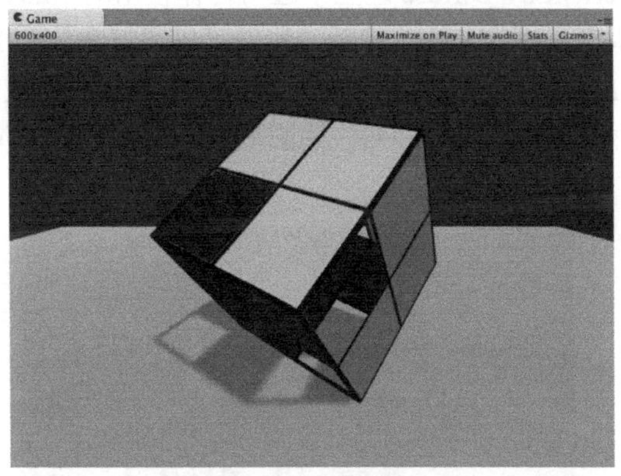

▲图 9.25　正确设置了 Fallback 的使用透明度测试的物体

但是，这样的结果仍然有一些问题，例如出现了一些不应该透过光的部分。出现这种情况的原因是，默认情况下把物体渲染到深度图和阴影映射纹理中仅考虑物体的正面。但对于本例的正方体来说，由于一些面完全背对光源，因此这些面的深度信息没有加入到阴影映射纹理的计算中。为了得到正确的结果，我们可以将正方体的 Mesh Renderer 组件中的 Cast Shadows 属性设置为 **Two Sided**，强制 Unity 在计算阴影映射纹理时计算所有面的深度信息。图 9.26 给出了正确设置后的渲染结果。

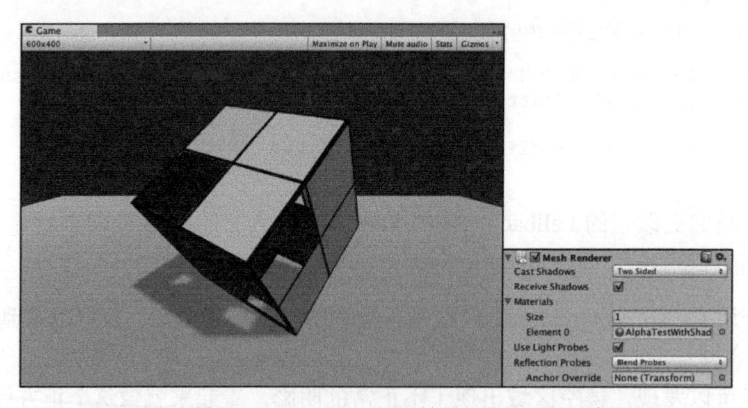

▲图 9.26 正确设置了 Cast Shadow 属性的使用透明度测试的物体

与透明度测试的物体相比，想要为使用透明度混合的物体添加阴影是一件比较复杂的事情。事实上，所有内置的透明度混合的 Unity Shader，如 Transparent/VertexLit 等，都没有包含阴影投射的 Pass。这意味着，这些半透明物体不会参与深度图和阴影映射纹理的计算，也就是说，它们不会向其他物体投射阴影，同样它们也不会接收来自其他物体的阴影。我们在本书资源的 Scene_9_4_5_b 中提供了这样一个测试场景。我们使用了之前学习的透明度混合 + 阴影的方法来渲染一个正方体，它使用的材质和 Unity Shader 分别是 AlphaBlendWithShadowMat 和 Chapter9-AlphaBlendWithShadow 。Chapter9-AlphaBlendWithShadow 使用了和 8.4 节透明度混合中几乎完全相同的代码，只是添加了关于阴影的计算，并且它的 Fallback 是内置的 Transparent/VertexLit。图 9.27 显示了渲染结果。

Unity 会这样处理半透明物体是有它的原因的。由于透明度混合需要关闭深度写入，由此带来的问题也影响了阴影的生成。总体来说，要想为这些半透明物体产生正确的阴影，需要在每个光源空间下仍然严格按照从后往前的顺序进行渲染，这会让阴影处理变得非常复杂，而且也会影响性能。因此，在 Unity 中，所有内置的半透明 Shader 是不会产生任何阴影效果的。当然，我们可以使用一些 dirty trick 来强制为半透明物体生成阴影，这可以通过把它们的 Fallback 设置为 VertexLit、Diffuse 这些不透明物体使用的 Unity Shader，这样 Unity 就会在它的 Fallback 找到一个阴影投射的 Pass。然后，我们可以通过物体的 Mesh Renderer 组件上的 Cast Shadows 和 Receive Shadows 选项来控制是否需要向其他物体投射或接收阴影。图 9.28 显示了把 Fallback 设为 VertexLit 并开启阴影投射和接收阴影后的半透明物体的渲染效果。

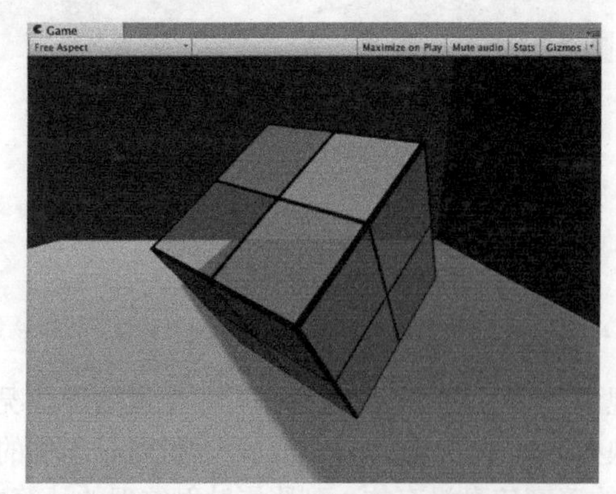

▲图 9.27 把使用了透明度混合的 Unity Shader 的 Fallback 设置为内置的 Transparent/VertexLit。半透明物体不会向下方的平面投射阴影，也不会接收来自右侧平面的阴影，它看起来就像是完全透明一样

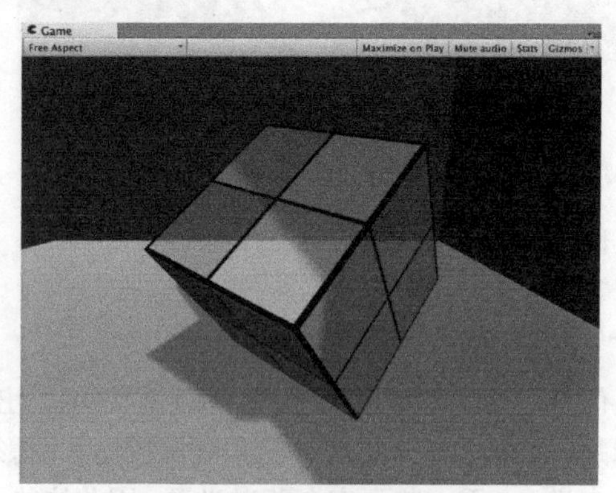

▲图 9.28 把 Fallback 设为 VertexLit 来强制为半透明物体生成阴影

可以看出，此时右侧平面的阴影投射到了半透明的立方体上，但它不会再穿透立方体把阴影投射到下方的平面上，这其实是不正确的。同时，立方体也可以把自身的阴影投射到下面的平面上。

9.5 本书使用的标准 Unity Shader

到了实现诺言的时候了！我们在之前的实现中一直强调，这些代码仅仅是为了阐述 Unity 中的各种光照实现原理，由于缺少一些光照计算，因此不可以直接使用到项目中。截止到本节，我们已经学习了 Unity 中所有的基础光照计算，如多光源、阴影和光照衰减等。现在是时候把它们整合到一起来实现一个标准光照着色器了！我们在本书资源的 Assets/ Shaders/Common 文件夹下提供了两个这样标准的 Unity Shader——BumpedDiffuse 和 BumpedSpecular。这两个 Unity Shader 都包含了对法线纹理、多光源、光照衰减和阴影的相关处理，唯一不同的是，BumpedDiffuse 使用了 Phong 光照模型，而 BumpedSpecular 使用了 Blinn-Phong 光照模型。读者可以打开这两个文件，此时可以发现里面的代码都是我们学习过的。我们使用这两个 Unity Shader 创建了多个材质（在 Assets/Material/Objects 和 Assets/Material/Walls 文件夹下），这些材质将被用于后面章节的场景搭建中。读者可以参考这两个 Unity Shader 来实现透明版本的 Unity Shader。

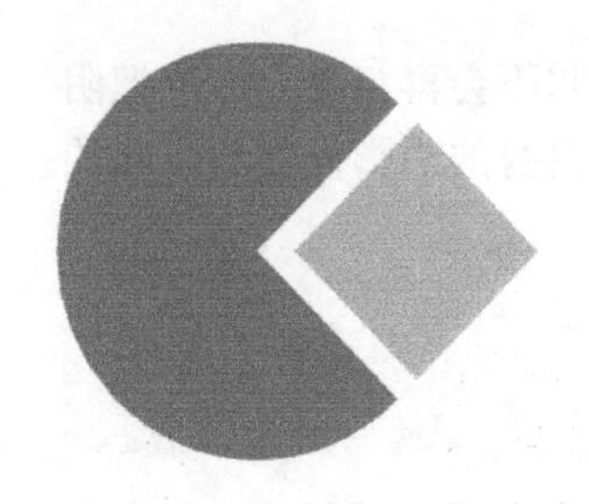

第 10 章　高级纹理

我们在第 7 章学习了关于基础纹理的内容，这些纹理包括法线纹理、渐变纹理和遮罩纹理等。这些纹理尽管用处不同，但它们都属于低维（一维或二维）纹理。在本章中，我们将学习一些更复杂的纹理。在 10.1 节中，我们会学习如何使用立方体纹理（Cubemap）实现环境映射。然后，我们会在 10.2 节介绍一类特殊的纹理——渲染纹理（Render Texture），我们会发现渲染纹理是多么的强大。最后，10.3 节将介绍程序纹理（Procedure Texture）。

10.1 立方体纹理

在图形学中，**立方体纹理（Cubemap）**是**环境映射（Environment Mapping）**的一种实现方法。环境映射可以模拟物体周围的环境，而使用了环境映射的物体可以看起来像镀了层金属一样反射出周围的环境。

和之前见到的纹理不同，立方体纹理一共包含了 6 张图像，这些图像对应了一个立方体的 6 个面，立方体纹理的名称也由此而来。立方体的每个面表示沿着世界空间下的轴向（上、下、左、右、前、后）观察所得的图像。那么，我们如何对这样一种纹理进行采样呢？和之前使用二维纹理坐标不同，对立方体纹理采样我们需要提供一个三维的纹理坐标，这个三维纹理坐标表示了我们在世界空间下的一个 3D 方向。这个方向矢量从立方体的中心出发，当它向外部延伸时就会和立方体的 6 个纹理之一发生相交，而采样得到的结果就是由该交点计算而来的。图 10.1 给出了使用方向矢量对立方体纹理采样的过程。

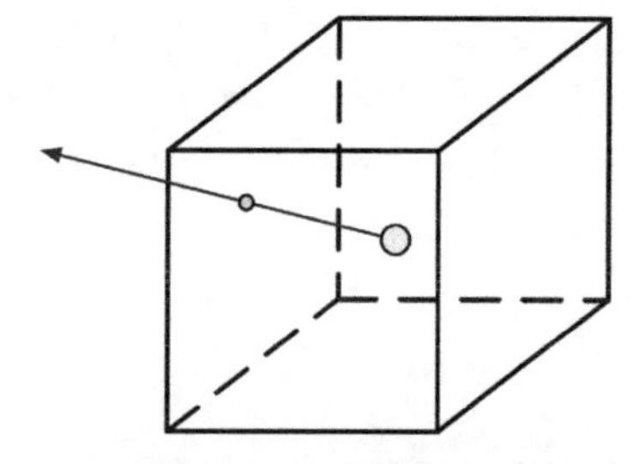

▲图 10.1　对立方体纹理的采样

使用立方体纹理的好处在于，它的实现简单快速，而且得到的效果也比较好。但它也有一些缺点，例如当场景中引入了新的物体、光源，或者物体发生移动时，我们就需要重新生成立方体纹理。除此之外，立方体纹理也仅可以反射环境，但不能反射使用了该立方体纹理的物体本身。这是因为，立方体纹理不能模拟多次反射的结果，例如两个金属球互相反射的情况（事实上，Unity 5 引入的全局光照系统允许实现这样的自反射效果，详见第 18 章）。由于这样的原因，想要得到令人信服的渲染结果，我们应该尽量对凸面体而不要对凹面体使用立方体纹理（因为凹面体会反射自身）。

立方体纹理在实时渲染中有很多应用，最常见的是用于天空盒子（Skybox）以及环境映射。

10.1.1　天空盒子

天空盒子（Skybox）是游戏中用于模拟背景的一种方法。天空盒子这个名字包含了两个信息：它是用来模拟天空的（尽管现在我们仍可以用它模拟室内等背景），它是一个盒子。当我们在场景中使用了天空盒子时，整个场景就被包围在一个立方体内。这个立方体的每个面使用的技术就是立方体纹理映射技术。

在 Unity 中，想要使用天空盒子非常简单。我们只需要创建一个 Skybox 材质，再把它赋给该场景的相关设置即可。

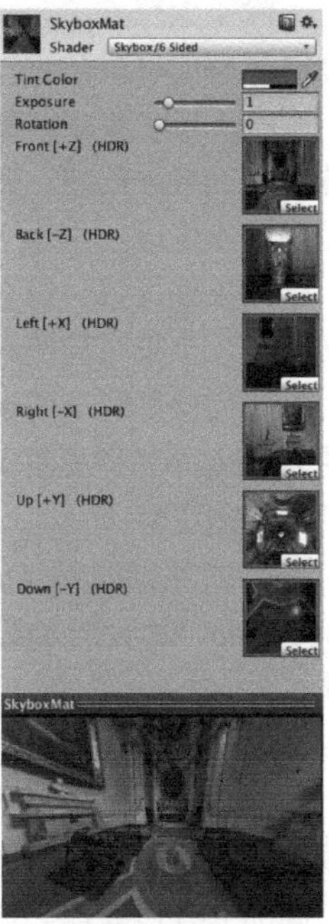

▲图 10.2 天空盒子材质

我们首先来看如何创建一个 Skybox 材质。

（1）新建一个材质，在本书资源中该材质名为 SkyboxMat。

（2）在 SkyboxMat 的 Unity Shader 下拉菜单中选择 Unity 自带的 Skybox/6 Sided，该材质需要 6 张纹理。

（3）使用本书资源中的 Assets/Textures/Chapter10/Cubemaps 文件夹下的 6 张纹理对第 2 步中的材质赋值，注意这 6 张纹理的正确位置（如 posz 纹理对应了 Front [+Z] 属性）。为了让天空盒子正常渲染，我们需要把这 6 张纹理的 **Wrap Mode** 设置为 **Clamp**，以防止在接缝处出现不匹配的现象。

上述步骤得到的材质如图 10.2 所示。

上面的材质中，除了 6 张纹理属性外还有 3 个属性：**Tint Color**，用于控制该材质的整体颜色；**Exposure**，用于调整天空盒子的亮度；**Rotation**，用于调整天空盒子沿+y 轴方向的旋转角度。

下面，我们来看一下如何为场景添加 Skybox。

（1）新建一个场景，在本书资源中该场景名为 Scene_10_1_1。

（2）在 Window → Lighting 菜单中，把 SkyboxMat 赋给 Skybox 选项，如图 10.3 所示。

为了让摄像机正常显示天空盒子，我们还需要保证渲染场景的摄像机的 Camera 组件中的 Clear Flags 被设置为 **Skybox**。这样，我们得到的场景如图 10.4 所示。

▲图 10.3 为场景使用自定义的天空盒子

▲图 10.4 使用了天空盒子的场景

需要说明的是，在 Window → Lighting → Skybox 中设置的天空盒子会应用于该场景中的所有摄像机。如果我们希望某些摄像机可以使用不同的天空盒子，可以通过向该摄像机添加 **Skybox** 组件来覆盖掉之前的设置。也就是说，我们可以在摄像机上单击 Component → Rendering → Skybox 来完成对场景默认天空盒子的覆盖。

在 Unity 中，天空盒子是在所有不透明物体之后渲染的，而其背后使用的网格是一个立方体或一个细分后的球体。

10.1.2 创建用于环境映射的立方体纹理

除了天空盒子，立方体纹理最常见的用处是用于环境映射。通过这种方法，我们可以模拟出金属质感的材质。

在 Unity 5 中，创建用于环境映射的立方体纹理的方法有三种：第一种方法是直接由一些特殊布局的纹理创建；第二种方法是手动创建一个 Cubemap 资源，再把 6 张图赋给它；第三种方法是由脚本生成。

如果使用第一种方法，我们需要提供一张具有特殊布局的纹理，例如类似立方体展开图的交叉布局、全景布局等。然后，我们只需要把该纹理的 **Texture Type** 设置为 **Cubemap** 即可，Unity 会为我们做好剩下的事情。在基于物理的渲染中，我们通常会使用一张 HDR 图像来生成高质量的 Cubemap（详见第 18 章）。读者可在官方文档（docs.unity3d/Manual/class-Cubemap.html）中找到更多的资料。

第二种方法是 Unity 5 之前的版本中使用的方法。我们首先需要在项目资源中创建一个 Cubemap，然后把 6 张纹理拖曳到它的面板中。在 Unity 5 中，官方推荐使用第一种方法创建立方体纹理，这是因为第一种方法可以对纹理数据进行压缩，而且可以支持边缘修正、光滑反射（glossy reflection）和 HDR 等功能。

前面两种方法都需要我们提前准备好立方体纹理的图像，它们得到的立方体纹理往往是被场景中的物体所共用的。但在理想情况下，我们希望根据物体在场景中位置的不同，生成它们各自不同的立方体纹理。这时，我们就可以在 Unity 中使用脚本来创建。这是通过利用 Unity 提供的 **Camera.RenderToCubemap** 函数来实现的。Camera.RenderToCubemap 函数可以把从任意位置观察到的场景图像存储到 6 张图像中，从而创建出该位置上对应的立方体纹理。

在 Unity 的脚本手册（docs.unity3d/ScriptReference/Camera.RenderToCubemap.html）中给出了如何使用 Camera.RenderToCubemap 函数来创建立方体纹理的代码。读者也可以在本书资源的 Assets/Editor/Chapter10/RenderCubemapWizard.cs 中找到相关代码。其中关键代码如下：

```
void OnWizardCreate () {
    // create temporary camera for rendering
    GameObject go = new GameObject( "CubemapCamera");
    go.AddComponent<Camera>();
    // place it on the object
    go.transform.position = renderFromPosition.position;
    // render into cubemap
    go.GetComponent<Camera>().RenderToCubemap(cubemap);

    // destroy temporary camera
    DestroyImmediate( go );
}
```

在上面的代码中，我们在 renderFromPosition（由用户指定）位置处动态创建一个摄像机，并调用 Camera.RenderToCubemap 函数把从当前位置观察到的图像渲染到用户指定的立方体纹理 cubemap 中，完成后再销毁临时摄像机。由于该代码需要添加菜单栏条目，因此我们需要把它放在 Editor 文件夹下才能正确执行。

当准备好上述代码后，要创建一个 Cubemap 非常简单。

（1）我们使用和 10.1.1 节中相同的场景，并创建一个空的 GameObject 对象。我们会使用该 GameObject 的位置信息来渲染立方体纹理。

（2）新建一个用于存储的立方体纹理（在 Project 视图下单击右键，选择 Create → Legacy → Cubemap 来创建）。在本书资源中，该立方体纹理名为 Cubemap_0。为了让脚本可以顺利将图像渲染到该立方体纹理中，我们需要在它的面板中勾选 **Readable** 选项。

（3）从 Unity 菜单栏选择 GameObject -> Render into Cubemap，打开我们在脚本中实现的用于渲染立方体纹理的窗口，并把第 1 步中创建的 GameObject 和第 2 步中创建的 Cubemap_0 分别拖曳到窗口中的 **Render From Position** 和 **Cubemap** 选项，如图 10.5 所示。

（4）单击窗口中的 **Render!**按钮，就可以把从该位置观察到的世界空间下的 6 张图像渲染到 Cubemap_0 中，如图 10.6 所示。

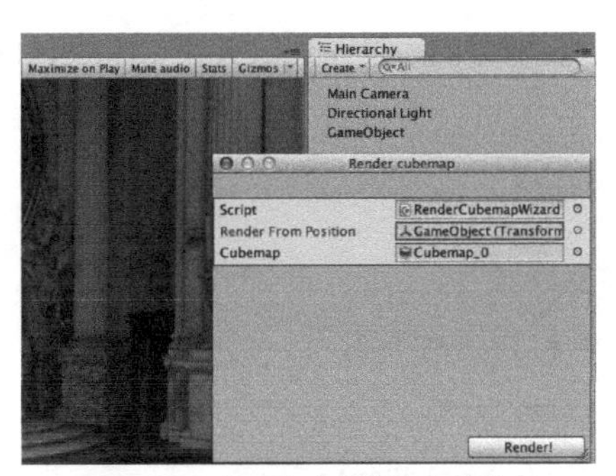

▲图 10.5　使用脚本创建立方体纹理

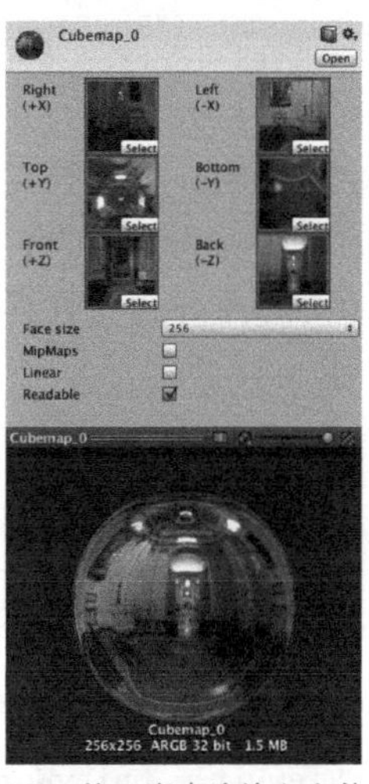

▲图 10.6　使用脚本渲染立方体纹理

需要注意的是，我们需要为 Cubemap 设置大小，即图 10.6 中的 **Face size** 选项。Face size 值越大，渲染出来的立方体纹理分辨率越大，效果可能更好，但需要占用的内存也越大，这可以由面板最下方显示的内存大小得到。

准备好了需要的立方体纹理后，我们就可以对物体使用环境映射技术。而环境映射最常见的应用就是反射和折射。

10.1.3　反射

使用了反射效果的物体通常看起来就像镀了层金属。想要模拟反射效果很简单，我们只需要通过入射光线的方向和表面法线方向来计算反射方向，再利用反射方向对立方体纹理采样即可。在学习完本节后，我们可以得到类似图 10.7 中的效果。

为此，我们需要做如下准备工作。

（1）新建一个场景，在本书资源中，该场景名为 Scene_10_1_3。我们替换掉 Unity 5 中场景默认的天空盒子，而把 10.1.1 节中创建的天空盒子材质拖曳到 Window → Lighting → Skybox 选项中（当然，我们也可以为摄像机添加 Skybox 组件来覆盖默认的天空盒子）。

（2）向场景中拖曳一个 Teapot 模型，并调整它的位置和 10.1.2 节中创建 Cubemap_0 时使用的空 GameObject 的位置相同。

▲图 10.7　使用了反射效果的 Teapot 模型

（3）新建一个材质，在本书资源中，该材质名为 ReflectionMat，把材质赋给第 2 步中创建的 Teapot 模型。

（4）新建一个 Unity Shader，在本书资源中，该 Shader 名为 Chapter10-Reflection。把

Chapter10-Reflection 赋给第 3 步中创建的材质。

反射的实现非常简单。打开 Chapter10-Reflection，删除原有的代码，进行如下关键修改。

（1）首先，我们声明了 3 个新的属性：

```
Properties {
    _Color ("Color Tint", Color) = (1, 1, 1, 1)
    _ReflectColor ("Reflection Color", Color) = (1, 1, 1, 1)
    _ReflectAmount ("Reflect Amount", Range(0, 1)) = 1
    _Cubemap ("Reflection Cubemap", Cube) = "_Skybox" {}
}
```

其中，_ReflectColor 用于控制反射颜色，_ReflectAmount 用于控制这个材质的反射程度，而 _Cubemap 就是用于模拟反射的环境映射纹理。

（2）我们在顶点着色器中计算了该顶点处的反射方向，这是通过使用 CG 的 **reflect** 函数来实现的：

```
v2f vert(a2v v) {
    v2f o;

    o.pos = mul(UNITY_MATRIX_MVP, v.vertex);

    o.worldNormal = UnityObjectToWorldNormal(v.normal);

    o.worldPos = mul(_Object2World, v.vertex).xyz;

    o.worldViewDir = UnityWorldSpaceViewDir(o.worldPos);

    // Compute the reflect dir in world space
    o.worldRefl = reflect(-o.worldViewDir, o.worldNormal);

    TRANSFER_SHADOW(o);

    return o;
}
```

物体反射到摄像机中的光线方向，可以由光路可逆的原则来反向求得。也就是说，我们可以计算视角方向关于顶点法线的反射方向来求得入射光线的方向。

（3）在片元着色器中，利用反射方向来对立方体纹理采样：

```
fixed4 frag(v2f i) : SV_Target {
    fixed3 worldNormal = normalize(i.worldNormal);
    fixed3 worldLightDir = normalize(UnityWorldSpaceLightDir(i.worldPos));
    fixed3 worldViewDir = normalize(i.worldViewDir);

    fixed3 ambient = UNITY_LIGHTMODEL_AMBIENT.xyz;

    fixed3 diffuse = _LightColor0.rgb * _Color.rgb * max(0, dot(worldNormal,
worldLightDir));

    // Use the reflect dir in world space to access the cubemap
    fixed3 reflection = texCUBE(_Cubemap, i.worldRefl).rgb * _ReflectColor.rgb;

    UNITY_LIGHT_ATTENUATION(atten, i, i.worldPos);

    // Mix the diffuse color with the reflected color
    fixed3 color = ambient + lerp(diffuse, reflection, _ReflectAmount) * atten;

    return fixed4(color, 1.0);
}
```

对立方体纹理的采样需要使用 CG 的 **texCUBE** 函数。注意到，在上面的计算中，我们在采样时并没有对 i.worldRefl 进行归一化操作。这是因为，用于采样的参数仅仅是作为方向变量传递给 texCUBE 函数的，因此我们没有必要进行一次归一化的操作。然后，我们使用_ReflectAmount 来混合漫反射颜色和反射颜色，并和环境光照相加后返回。

在上面的计算中，我们选择在顶点着色器中计算反射方向。当然，我们也可以选择在片元着色器中计算，这样得到的效果更加细腻。但是，对于绝大多数人来说这种差别往往是可以忽略不计的，因此出于性能方面的考虑，我们选择在顶点着色器中计算反射方向。

保存后返回场景，在材质面板中把 Cubemap_0 拖曳到 **Reflection Cubemap** 属性中，并调整其他参数，即可得到类似图 10.7 中的效果。

10.1.4 折射

在这一节中，我们将学习如何在 Unity Shader 中模拟另一个环境映射的常见应用——折射。

折射的物理原理比反射复杂一些。我们在初中物理就已经接触过折射的定义：当光线从一种介质（例如空气）斜射入另一种介质（例如玻璃）时，传播方向一般会发生改变。当给定入射角时，我们可以使用**斯涅尔定律（Snell's Law）**来计算反射角。当光从介质 1 沿着和表面法线夹角为θ_1 的方向斜射入介质 2 时，我们可以使用如下公式计算折射光线与法线的夹角θ_2：

$$\eta_1\sin\theta_1=\eta_2\sin\theta_2$$

其中，η_1 和η_2 分别是两个介质的**折射率（index of refraction）**。折射率是一项重要的物理常数，例如真空的折射率是 1，而玻璃的折射率一般是 1.5。图 10.8 给出了这些变量之间的关系。

通常来说，当得到折射方向后我们就会直接使用它来对立方体纹理进行采样，但这是不符合物理规律的。对一个透明物体来说，一种更准确的模拟方法需要计算两次折射—— 一次是当光线进入它的内部时，而另一次则是从它内部射出时。但是，想要在实时渲染中模拟出第二次折射方向是比较复杂的，而且仅仅模拟一次得到的效果从视觉上看起来“也挺像那么回事的”。正如我们之前提到的——图形学第一准则“如果它看起来是对的，那么它就是对的”。因此，在实时渲染中我们通常仅模拟第一次折射。

在学习完本节后，我们可以得到类似图 10.9 中的效果。

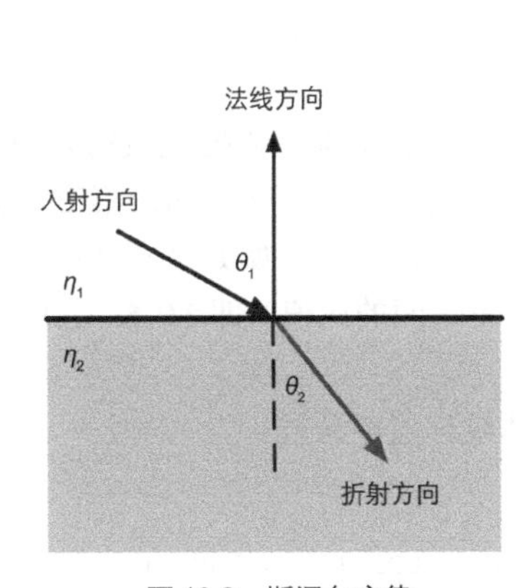

▲图 10.8 斯涅尔定律

▲图 10.9 使用了折射效果的 Teapot 模型

为此，我们需要做如下准备工作。

（1）新建一个场景，在本书资源中，该场景名为 Scene_10_1_4。我们替换掉 Unity 5 中场景默认的天空盒子，而把 10.1.1 节中创建的天空盒子材质拖曳到 Window → Lighting → Skybox 选项中（当然，我们也可以为摄像机添加 Skybox 组件来覆盖默认的天空盒子）。

（2）向场景中拖曳一个 Teapot 模型，并调整它的位置。

（3）新建一个材质，在本书资源中，该材质名为 RefractionMat，把材质赋给第 2 步中创建的 Teapot 模型。

(4)新建一个 Unity Shader，在本书资源中，该 Shader 名为 Chapter10-Refraction。把 Chapter10-Refraction 赋给第 3 步中创建的材质。

折射效果的实现略微复杂一些。打开 Chapter10-Refraction，删除原有的代码，进行如下关键修改。

(1) 首先，我们声明了 4 个新属性：

```
Properties {
    _Color ("Color Tint", Color) = (1, 1, 1, 1)
    _RefractColor ("Refraction Color", Color) = (1, 1, 1, 1)
    _RefractAmount ("Refraction Amount", Range(0, 1)) = 1
    _RefractRatio ("Refraction Ratio", Range(0.1, 1)) = 0.5
    _Cubemap ("Refraction Cubemap", Cube) = "_Skybox" {}
}
```

其中，_RefractColor、_RefractAmount 和_Cubemap 与 10.1.3 节中控制反射时使用的属性类似。除此之外，我们还使用了一个属性_RefractRatio，我们需要使用该属性得到不同介质的透射比，以此来计算折射方向。

(2) 在顶点着色器中，计算折射方向：

```
v2f vert(a2v v) {
    v2f o;
    o.pos = mul(UNITY_MATRIX_MVP, v.vertex);

    o.worldNormal = UnityObjectToWorldNormal(v.normal);

    o.worldPos = mul(_Object2World, v.vertex).xyz;

    o.worldViewDir = UnityWorldSpaceViewDir(o.worldPos);

    // Compute the refract dir in world space
    o.worldRefr  =  refract(-normalize(o.worldViewDir),  normalize(o.worldNormal), 
_RefractRatio);

    TRANSFER_SHADOW(o);

    return o;
}
```

我们使用了 CG 的 **refract** 函数来计算折射方向。它的第一个参数即为入射光线的方向，它必须是归一化后的矢量；第二个参数是表面法线，法线方向同样需要是归一化后的；第三个参数是入射光线所在介质的折射率和折射光线所在介质的折射率之间的比值，例如如果光是从空气射到玻璃表面，那么这个参数应该是空气的折射率和玻璃的折射率之间的比值，即 1/1.5。它的返回值就是计算而得的折射方向，它的模则等于入射光线的模。

(3) 然后，我们在片元着色器中使用折射方向对立方体纹理进行采样：

```
fixed4 frag(v2f i) : SV_Target {
    fixed3 worldNormal = normalize(i.worldNormal);
    fixed3 worldLightDir = normalize(UnityWorldSpaceLightDir(i.worldPos));
    fixed3 worldViewDir = normalize(i.worldViewDir);

    fixed3 ambient = UNITY_LIGHTMODEL_AMBIENT.xyz;

    fixed3 diffuse = _LightColor0.rgb * _Color.rgb * max(0, dot(worldNormal, worldLightDir));

    // Use the refract dir in world space to access the cubemap
    fixed3 refraction = texCUBE(_Cubemap, i.worldRefr).rgb * _RefractColor.rgb;

    UNITY_LIGHT_ATTENUATION(atten, i, i.worldPos);

    // Mix the diffuse color with the refract color
    fixed3 color = ambient + lerp(diffuse, refraction, _RefractAmount) * atten;
```

```
        return fixed4(color, 1.0);
    }
```

同样，我们也没有对 i.worldRefr 进行归一化操作，因为对立方体纹理的采样只需要提供方向即可。最后，我们使用_RefractAmount 来混合漫反射颜色和折射颜色，并和环境光照相加后返回。

保存后返回场景，在材质面板中把 Cubemap_0 拖曳到 **Reflection Cubemap** 属性中，并调整其他参数，即可得到类似图 10.9 中的效果。

10.1.5 菲涅耳反射

在实时渲染中，我们经常会使用**菲涅耳反射**（**Fresnel reflection**）来根据视角方向控制反射程度。通俗地讲，菲涅耳反射描述了一种光学现象，即当光线照射到物体表面上时，一部分发生反射，一部分进入物体内部，发生折射或散射。被反射的光和入射光之间存在一定的比率关系，这个比率关系可以通过菲涅耳等式进行计算。一个经常使用的例子是，当你站在湖边，直接低头看脚边的水面时，你会发现水几乎是透明的，你可以直接看到水底的小鱼和石子；但是，当你抬头看远处的水面时，会发现几乎看不到水下的情景，而只能看到水面反射的环境。这就是所谓的菲涅耳效果。事实上，不仅仅是水、玻璃这样的反光物体具有菲涅耳效果，几乎任何物体都或多或少包含了菲涅耳效果，这是基于物理的渲染中非常重要的一项高光反射计算因子（详见第 18 章）。读者可以在 John Hable 的一篇非常有名的文章 ***Everything Has Fresnel***（filmicgames 官方网站/archives/557）中看到现实生活中各种物体的菲涅耳效果。

那么，我们如何计算菲涅耳反射呢？这就需要使用菲涅耳等式。真实世界的菲涅耳等式是非常复杂的，但在实时渲染中，我们通常会使用一些近似公式来计算。其中一个著名的近似公式就是 **Schlick 菲涅耳近似等式**：

$$F_{Schlick}(\boldsymbol{v},\boldsymbol{n}) = F_0 + (1 - F_0)(1 - \boldsymbol{v} \cdot \boldsymbol{n})^5$$

其中，F_0 是一个反射系数，用于控制菲涅耳反射的强度，$\boldsymbol{v}$ 是视角方向，$\boldsymbol{n}$ 是表面法线。另一个应用比较广泛的等式是 **Empricial 菲涅耳近似等式**：

$$F_{Empricial}(\boldsymbol{v},\boldsymbol{n}) = max(0, min(1, bias + scale \times (1 - \boldsymbol{v} \cdot \boldsymbol{n})^{power}))$$

其中，*bias*、*scale* 和 *power* 是控制项。

使用上面的菲涅耳近似等式，我们可以在边界处模拟反射光强和折射光强/漫反射光强之间的变化。在许多车漆、水面等材质的渲染中，我们会经常使用菲涅耳反射来模拟更加真实的反射效果。

在本节中，我们将使用 Schlick 菲涅耳近似等式来模拟菲涅耳反射。在本节最后，我们可以得到类似图 10.10 中的效果。注意图中在模型边界处的反射现象。

▲图 10.10　使用了菲涅耳反射的 Teapot 模型

为此，我们需要做如下准备工作。

（1）新建一个场景，在本书资源中，该场景名为 Scene_10_1_5。我们替换掉 Unity 5 中场景默认的天空盒子，而把 10.1.1 节中创建的天空盒子材质拖曳到 Window → Lighting → Skybox 选项中（当然，我们也可以为摄像机添加 Skybox 组件来覆盖默认的天空盒子）。

（2）向场景中拖曳一个 Teapot 模型，并调整它的位置。

（3）新建一个材质，在本书资源中，该材质名为 FresnelMat，把材质赋给第 2 步中创建的 Teapot 模型。

（4）新建一个 Unity Shader，在本书资源中，该 Shader 名为 Chapter10-Fresnel。把 Chapter10-Fresnel 赋给第 3 步中创建的材质。

打开 Chapter10-Fresnel，删除原有的代码，进行如下关键修改。

（1）首先，我们在 Properties 语义块中声明了用于调整菲涅耳反射的属性以及反射使用的 Cubemap：

```
Properties {
    _Color ("Color Tint", Color) = (1, 1, 1, 1)
    _FresnelScale ("Fresnel Scale", Range(0, 1)) = 0.5
    _Cubemap ("Reflection Cubemap", Cube) = "_Skybox" {}
}
```

（2）在顶点着色器中计算世界空间下的法线方向、视角方向和反射方向：

```
v2f vert(a2v v) {
    v2f o;
    o.pos = mul(UNITY_MATRIX_MVP, v.vertex);

    o.worldNormal = mul(v.normal, (float3x3)_World2Object);

    o.worldPos = mul(_Object2World, v.vertex).xyz;

    o.worldViewDir = UnityWorldSpaceViewDir(o.worldPos);

    o.worldRefl = reflect(-o.worldViewDir, o.worldNormal);

    TRANSFER_SHADOW(o);

    return o;
}
```

（3）在片元着色器中计算菲涅耳反射，并使用结果值混合漫反射光照和反射光照：

```
fixed4 frag(v2f i) : SV_Target {
    fixed3 worldNormal = normalize(i.worldNormal);
    fixed3 worldLightDir = normalize(UnityWorldSpaceLightDir(i.worldPos));
    fixed3 worldViewDir = normalize(i.worldViewDir);

    fixed3 ambient = UNITY_LIGHTMODEL_AMBIENT.xyz;

    UNITY_LIGHT_ATTENUATION(atten, i, i.worldPos);

    fixed3 reflection = texCUBE(_Cubemap, i.worldRefl).rgb;

    fixed fresnel = _FresnelScale + (1 - _FresnelScale) * pow(1 - dot(worldViewDir, worldNormal), 5);

    fixed3 diffuse = _LightColor0.rgb * _Color.rgb * max(0, dot(worldNormal, worldLightDir));

    fixed3 color = ambient + lerp(diffuse, reflection, saturate(fresnel)) * atten;

    return fixed4(color, 1.0);
}
```

在上面的代码中，我们使用 Schlick 菲涅耳近似等式来计算 fresnel 变量，并使用它来混合漫反射光照和反射光照。一些实现也会直接把 fresnel 和反射光照相乘后叠加到漫反射光照上，模拟边缘光照的效果。

保存后返回场景，在材质面板中把 Cubemap_0 拖曳到 **Cubemap** 属性中，并调整其他参数，即可得到类似图 10.10 中的效果。当我们把_FresnelScale 调节到 1 时，物体将完全反射 Cubemap 中的图像；当_FresnelScale 为 0 时，则是一个具有边缘光照效果的漫反射物体。我们还会在 15.2

节中使用菲涅耳反射来混合反射和折射光照，以此来模拟一个简单的水面效果。

10.2 渲染纹理

在之前的学习中，一个摄像机的渲染结果会输出到颜色缓冲中，并显示到我们的屏幕上。现代的 GPU 允许我们把整个三维场景渲染到一个中间缓冲中，即**渲染目标纹理（Render Target Texture，RTT）**，而不是传统的帧缓冲或后备缓冲（back buffer）。与之相关的是**多重渲染目标（Multiple Render Target，MRT）**，这种技术指的是 GPU 允许我们把场景同时渲染到多个渲染目标纹理中，而不再需要为每个渲染目标纹理单独渲染完整的场景。延迟渲染就是使用多重渲染目标的一个应用。

Unity 为渲染目标纹理定义了一种专门的纹理类型——**渲染纹理（Render Texture）**。在 Unity 中使用渲染纹理通常有两种方式：一种方式是在 Project 目录下创建一个渲染纹理，然后把某个摄像机的渲染目标设置成该渲染纹理，这样一来该摄像机的渲染结果就会实时更新到渲染纹理中，而不会显示在屏幕上。使用这种方法，我们还可以选择渲染纹理的分辨率、滤波模式等纹理属性。另一种方式是在屏幕后处理时使用 GrabPass 命令或 OnRenderImage 函数来获取当前屏幕图像，Unity 会把这个屏幕图像放到一张和屏幕分辨率等同的渲染纹理中，下面我们可以在自定义的 Pass 中把它们当成普通的纹理来处理，从而实现各种屏幕特效。我们将依次学习这两种方法在 Unity 中的实现（OnRenderImage 函数会在第 12 章中讲到）。

10.2.1 镜子效果

在本节中，我们将学习如何使用渲染纹理来模拟镜子效果。学习完本节后，我们可以得到类似图 10.11 中的效果。

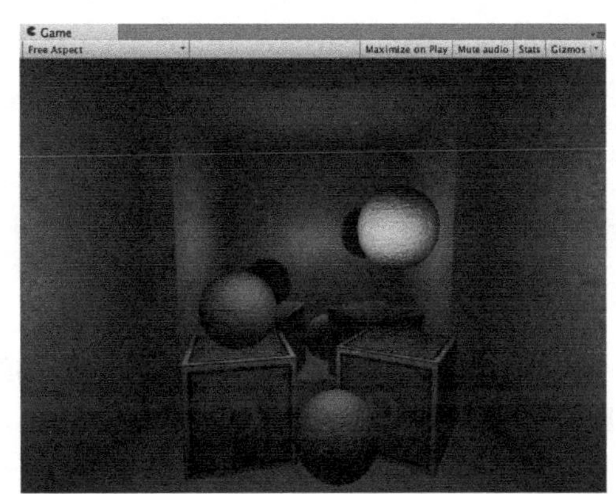

图 10.11　镜子效果

为此，我们需要做如下准备工作。

（1）新建一个场景。在本书资源中，该场景名为 Scene_10_2_1。在 Unity 5.2 中，默认情况下场景将包含一个摄像机和一个平行光，并且使用了内置的天空盒子。在 Window → Lighting → Skybox 中去掉场景中的天空盒子。

（2）新建一个材质。在本书资源中，该材质名为 MirrorMat。

（3）新建一个 Unity Shader。在本书资源中，该 Shader 名为 Chapter10-Mirror。把新的 Shader 赋给第 2 步中创建的材质。

（4）在场景中创建 6 个立方体，并调整它们的位置和大小，使得它们构成围绕着摄像机的房间的 6 面墙。给它们赋予在 9.5 节中创建的标准材质，并让它们的颜色互不相同。向场景中添加 3 个点光源，并调整它们的位置，使它们可以照亮整个房间。

（5）创建 3 个球体和两个正方体，调整它们的位置和大小，并给它们赋予在 9.5 节中创建的标准材质。这些物体将作为房间内的饰品。

（6）创建一个四边形（Quad），调整它的位置和大小，它将作为镜子。把第 2 步中创建的材质赋给它。

（7）在 Project 视图下创建一个渲染纹理（右键单击 Create → Render Texture），在本书资源中，该渲染纹理名为 MirrorTexture。它使用的纹理设置如图 10.12 右图所示。

（8）最后，为了得到从镜子出发观察到的场景图像，我们还需要创建一个摄像机，并调整它的位置、裁剪平面、视角等，使得它的显示图像是我们希望的镜子图像。由于这个摄像机不需要直接显示在屏幕上，而是用于渲染到纹理。因此，我们把第 7 步中创建的 MirrorTexture 拖曳到该摄像机的 Target Texture 上。图 10.12 显示了摄像机面板和渲染纹理的相关设置。

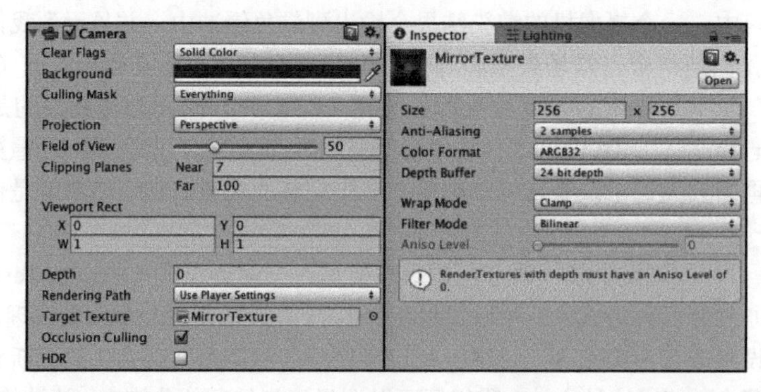

图 10.12　左图：把摄像机的 Target Texture 设置成自定义的渲染纹理。右图：渲染纹理使用的纹理设置

镜子实现的原理很简单，它使用一个渲染纹理作为输入属性，并把该渲染纹理在水平方向上翻转后直接显示到物体上即可。打开新建的 Chapter10-Mirror，删除所有已有代码，并进行如下关键修改。

（1）在 Properties 语义块中声明一个纹理属性，它对应了由镜子摄像机渲染得到的渲染纹理：

```
Properties {
    _MainTex ("Main Tex", 2D) = "white" {}
}
```

（2）在顶点着色器中计算纹理坐标：

```
v2f vert(a2v v) {
    v2f o;
    o.pos = mul(UNITY_MATRIX_MVP, v.vertex);

    o.uv = v.texcoord;
    // Mirror needs to filp x
    o.uv.x = 1 - o.uv.x;

    return o;
}
```

在上面的代码中，我们翻转了 x 分量的纹理坐标。这是因为，镜子里显示的图像都是左右相反的。

（3）在片元着色器中对渲染纹理进行采样和输出：

```
fixed4 frag(v2f i) : SV_Target {
    return tex2D(_MainTex, i.uv);
}
```

保存后返回场景，并把我们创建的 MirrorTexture 渲染纹理拖曳到材质的 Main Tex 属性中，就可以得到图 10.11 中的效果。

在上面的实现中，我们把渲染纹理的分辨率大小设置为 256×256。有时，这样的分辨率会使图像模糊不清，此时我们可以使用更高的分辨率或更多的抗锯齿采样等。但需要注意的是，更高的分辨率会影响带宽和性能，我们应当尽量使用较小的分辨率。

10.2.2　玻璃效果

在 Unity 中，我们还可以在 Unity Shader 中使用一种特殊的 Pass 来完成获取屏幕图像的目的，这就是 GrabPass。当我们在 Shader 中定义了一个 GrabPass 后，Unity 会把当前屏幕的图像绘制在一张纹理中，以便我们在后续的 Pass 中访问它。我们通常会使用 GrabPass 来实现诸如玻璃等透明材质的模拟，与使用简单的透明混合不同，使用 GrabPass 可以让我们对该物体后面的图像进行更复杂的处理，例如使用法线来模拟折射效果，而不再是简单的和原屏幕颜色进行混合。

需要注意的是，在使用 GrabPass 的时候，我们需要额外**小心物体的渲染队列设置**。正如之前所说，GrabPass 通常用于渲染透明物体，尽管代码里并不包含混合指令，但我们往往仍然需要把物体的渲染队列设置成透明队列（即"Queue"="Transparent"）。这样才可以保证当渲染该物体时，所有的不透明物体都已经被绘制在屏幕上，从而获取正确的屏幕图像。

在本节中，我们将会使用 GrabPass 来模拟一个玻璃效果。在学习完本节后，我们可以得到类似图 10.13 中的效果。这种效果的实现非常简单，我们首先使用一张法线纹理来修改模型的法线信息，然后使用了 10.1 节介绍的反射方法，通过一个 Cubemap 来模拟玻璃的反射，而在模拟折射时，则使用了 GrabPass 获取玻璃后面的屏幕图像，并使用切线空间下的法线对屏幕纹理坐标偏移后，再对屏幕图像进行采样来模拟近似的折射效果。

为此，我们需要做如下准备工作。

（1）新建一个场景。在本书资源中，该场景名为 Scene_10_2_2。在 Unity 5.2 中，默认情况下场景将包含一个摄像机和一个平行光，并且使用了内置的天空盒子。在 Window → Lighting→ Skybox 中去掉场景中的天空盒子。

（2）新建一个材质。在本书资源中，该材质名为 GlassRefractionMat。

（3）新建一个 Unity Shader。在本书资源中，该 Shader 名为 Chapter10-GlassRefraction。把新的 Unity Shader 赋给第 2 步中创建的材质。

（4）构建一个测试玻璃效果的场景。在本书资源的实现中，我们构建了一个由 6 面墙围成的封闭房间，并在房间中放置了一个立方体和一个球体，其中球体位于立方体内部，这是为了模拟玻璃对内部物体的折射效果。把第 2 步中创建的材质赋给立方体。

（5）为了得到本场景适用的环境映射纹理，我们使用了 10.1.2 节中实现的创建立方体纹理的脚本（通过 Gameobject → Render into Cubemap 打开编辑窗口）来创建它，如图 10.14 所示。在本书资源中，该 Cubemap 名为 Glass_Cubemap。

▲图 10.13　玻璃效果

▲图 10.14　本例使用的立方体纹理

完成准备工作后，打开 Chapter10-GlassRefraction，对它进行如下关键修改。

（1）首先，我们需要声明该 Shader 使用的各个属性：

```
Properties {
    _MainTex ("Main Tex", 2D) = "white" {}
    _BumpMap ("Normal Map", 2D) = "bump" {}
    _Cubemap ("Environment Cubemap", Cube) = "_Skybox" {}
    _Distortion ("Distortion", Range(0, 100)) = 10
    _RefractAmount ("Refract Amount", Range(0.0, 1.0)) = 1.0
}
```

其中，_MainTex 是该玻璃的材质纹理，默认为白色纹理；_BumpMap 是玻璃的法线纹理；_Cubemap 是用于模拟反射的环境纹理；_Distortion 则用于控制模拟折射时图像的扭曲程度；_RefractAmount 用于控制折射程度，当_RefractAmount 值为 0 时，该玻璃只包含反射效果，当_RefractAmount 值为 1 时，该玻璃只包括折射效果。

（2）定义相应的渲染队列，并使用 GrabPass 来获取屏幕图像：

```
SubShader {
    // We must be transparent, so other objects are drawn before this one.
    Tags { "Queue"="Transparent" "RenderType"="Opaque" }

    // This pass grabs the screen behind the object into a texture.
    // We can access the result in the next pass as _RefractionTex
    GrabPass { "_RefractionTex" }
```

我们首先在 SubShader 的标签中将渲染队列设置成 Transparent，尽管在后面的 RenderType 被设置为了 Opaque。这两者看似矛盾，但实际上服务于不同的需求。我们在之前说过，把 Queue 设置成 Transparent 可以确保该物体渲染时，其他所有不透明物体都已经被渲染到屏幕上了，否则就可能无法正确得到“透过玻璃看到的图像”。而设置 RenderType 则是为了在使用着色器替换（Shader Replacement）时，该物体可以在需要时被正确渲染。这通常发生在我们需要得到摄像机的深度和法线纹理时，这将会在第 13 章中学到。

随后，我们通过关键词 GrabPass 定义了一个抓取屏幕图像的 Pass。在这个 Pass 中我们定义了一个字符串，该字符串内部的名称决定了抓取得到的屏幕图像将会被存入哪个纹理中。实际上，我们可以省略声明该字符串，但直接声明纹理名称的方法往往可以得到更高的性能，具体原因可以参见本节最后的部分。

（3）定义渲染玻璃所需的 Pass。为了在 Shader 中访问各个属性，我们首先需要定义它们对应的变量：

```
sampler2D _MainTex;
float4 _MainTex_ST;
sampler2D _BumpMap;
float4 _BumpMap_ST;
samplerCUBE _Cubemap;
float _Distortion;
fixed _RefractAmount;
sampler2D _RefractionTex;
float4 _RefractionTex_TexelSize;
```

需要注意的是，我们还定义了_RefractionTex 和_RefractionTex_TexelSize 变量，这对应了在使用 GrabPass 时指定的纹理名称。_RefractionTex_TexelSize 可以让我们得到该纹理的纹素大小，例如一个大小为 256×512 的纹理，它的纹素大小为(1/256, 1/512)。我们需要在对屏幕图像的采样坐标进行偏移时使用该变量。

（4）我们首先需要定义顶点着色器：

```
v2f vert (a2v v) {
    v2f o;
```

```
    o.pos = mul(UNITY_MATRIX_MVP, v.vertex);

    o.scrPos = ComputeGrabScreenPos(o.pos);

    o.uv.xy = TRANSFORM_TEX(v.texcoord, _MainTex);
    o.uv.zw = TRANSFORM_TEX(v.texcoord, _BumpMap);

    float3 worldPos = mul(_Object2World, v.vertex).xyz;
    fixed3 worldNormal = UnityObjectToWorldNormal(v.normal);
    fixed3 worldTangent = UnityObjectToWorldDir(v.tangent.xyz);
    fixed3 worldBinormal = cross(worldNormal, worldTangent) * v.tangent.w;

    o.TtoW0 = float4(worldTangent.x, worldBinormal.x, worldNormal.x, worldPos.x);
    o.TtoW1 = float4(worldTangent.y, worldBinormal.y, worldNormal.y, worldPos.y);
    o.TtoW2 = float4(worldTangent.z, worldBinormal.z, worldNormal.z, worldPos.z);

    return o;
}
```

在进行了必要的顶点坐标变换后，我们通过调用内置的 ComputeGrabScreenPos 函数来得到对应被抓取的屏幕图像的采样坐标。读者可以在 UnityCG.cginc 文件中找到它的声明，它的主要代码和 ComputeScreenPos 基本类似，最大的不同是针对平台差异造成的采样坐标问题（详见 5.6.1 节）进行了处理。接着，我们计算了_MainTex 和_BumpMap 的采样坐标，并把它们分别存储在一个 float4 类型变量的 xy 和 zw 分量中。由于我们需要在片元着色器中把法线方向从切线空间（由法线纹理采样得到）变换到世界空间下，以便对 Cubemap 进行采样，因此，我们需要在这里计算该顶点对应的从切线空间到世界空间的变换矩阵，并把该矩阵的每一行分别存储在 TtoW0、TtoW1 和 TtoW2 的 xyz 分量中。这里面使用的数学方法就是，得到切线空间下的 3 个坐标轴（xyz 轴分别对应了切线、副切线和法线的方向）在世界空间下的表示，再把它们依次按**列**组成一个变换矩阵即可。TtoW0 等值的 w 轴同样被利用起来，用于存储世界空间下的顶点坐标。

（5）然后，定义片元着色器：

```
fixed4 frag (v2f i) : SV_Target {
    float3 worldPos = float3(i.TtoW0.w, i.TtoW1.w, i.TtoW2.w);
    fixed3 worldViewDir = normalize(UnityWorldSpaceViewDir(worldPos));

    // Get the normal in tangent space
    fixed3 bump = UnpackNormal(tex2D(_BumpMap, i.uv.zw));

    // Compute the offset in tangent space
    float2 offset = bump.xy * _Distortion * _RefractionTex_TexelSize.xy;
    i.scrPos.xy = offset + i.scrPos.xy;
    fixed3 refrCol = tex2D(_RefractionTex, i.scrPos.xy/i.scrPos.w).rgb;

    // Convert the normal to world space
    bump   =   normalize(half3(dot(i.TtoW0.xyz,    bump),    dot(i.TtoW1.xyz,    bump),
dot(i.TtoW2.xyz, bump)));
    fixed3 reflDir = reflect(-worldViewDir, bump);
    fixed4 texColor = tex2D(_MainTex, i.uv.xy);
    fixed3 reflCol = texCUBE(_Cubemap, reflDir).rgb * texColor.rgb;

    fixed3 finalColor = reflCol * (1 - _RefractAmount) + refrCol * _RefractAmount;

return fixed4(finalColor, 1);
}
```

我们首先通过 TtoW0 等变量的 w 分量得到世界坐标，并用该值得到该片元对应的视角方向。随后，我们对法线纹理进行采样，得到切线空间下的法线方向。我们使用该值和_Distortion 属性以及_RefractionTex_TexelSize 来对屏幕图像的采样坐标进行偏移，模拟折射效果。_Distortion 值越大，偏移量越大，玻璃背后的物体看起来变形程度越大。在这里，我们选择使用切线空间下的法线方向来进行偏移，是因为该空间下的法线可以反映顶点局部空间下的法线方向。随后，我们对 scrPos 透视除法得到真正的屏幕坐标（原理可参见 4.9.3 节），再使用该坐标对抓取的屏幕图像 _RefractionTex 进行采样，得到模拟的折射颜色。

之后，我们把法线方向从切线空间变换到了世界空间下（使用变换矩阵的每一行，即 TtoW0、TtoW1 和 TtoW2，分别和法线方向点乘，构成新的法线方向），并据此得到视角方向相对于法线方向的反射方向。随后，使用反射方向对 Cubemap 进行采样，并把结果和主纹理颜色相乘后得到反射颜色。

最后，我们使用_RefractAmount 属性对反射和折射颜色进行混合，作为最终的输出颜色。

完成后，我们把本书资源中的 Glass_Diffuse.jpg 和 Glass_Normal.jpg 文件赋给材质的 Main Tex 和 Normal Map 属性，把之前创建的 Glass_Cubemap 赋给 Environment Cubemap 属性，再调整 _RefractAmount 属性即可得到类似图 10.13 中的玻璃效果。

在前面的实现中，我们在 GrabPass 中使用一个字符串指明了被抓取的屏幕图像将会存储在哪个名称的纹理中。实际上，GrabPass 支持两种形式。

- 直接使用 GrabPass { }，然后在后续的 Pass 中直接使用_GrabTexture 来访问屏幕图像。但是，当场景中有多个物体都使用了这样的形式来抓取屏幕时，这种方法的性能消耗比较大，因为对于每一个使用它的物体，Unity 都会为它单独进行一次昂贵的屏幕抓取操作。但这种方法可以让每个物体得到不同的屏幕图像，这取决于它们的渲染队列及渲染它们时当前的屏幕缓冲中的颜色。
- 使用 GrabPass { "TextureName" }，正如本节中的实现，我们可以在后续的 Pass 中使用 TextureName 来访问屏幕图像。使用这种方法同样可以抓取屏幕，但 Unity 只会在每一帧时为第一个使用名为 TextureName 的纹理的物体执行一次抓取屏幕的操作，而这个纹理同样可以在其他 Pass 中被访问。这种方法更高效，因为不管场景中有多少物体使用了该命令，每一帧中 Unity 都只会执行一次抓取工作，但这也意味着所有物体都会使用同一张屏幕图像。不过，在大多数情况下这已经足够了。

10.2.3　渲染纹理 vs. GrabPass

尽管 GrabPass 和 10.2.1 节中使用的渲染纹理 + 额外摄像机的方式都可以抓取屏幕图像，但它们之间还是有一些不同的。GrabPass 的好处在于实现简单，我们只需要在 Shader 中写几行代码就可以实现抓取屏幕的目的。而要使用渲染纹理的话，我们首先需要创建一个渲染纹理和一个额外的摄像机，再把该摄像机的 Render Target 设置为新建的渲染纹理对象，最后把该渲染纹理传递给相应的 Shader。

但从效率上来讲，使用渲染纹理的效率往往要好于 GrabPass，尤其在移动设备上。使用渲染纹理我们可以自定义渲染纹理的大小，尽管这种方法需要把部分场景再次渲染一遍，但我们可以通过调整摄像机的渲染层来减少二次渲染时的场景大小，或使用其他方法来控制摄像机是否需要开启。而使用 GrabPass 获取到的图像分辨率和显示屏幕是一致的，这意味着在一些高分辨率的设备上可能会造成严重的带宽影响。而且在移动设备上，GrabPass 虽然不会重新渲染场景，但它往往需要 CPU 直接读取后备缓冲（back buffer）中的数据，破坏了 CPU 和 GPU 之间的并行性，这是比较耗时的，甚至在一些移动设备上这是不支持的。

在 Unity 5 中，Unity 引入了**命令缓冲（Command Buffers）**来允许我们扩展 Unity 的渲染流水线。使用命令缓冲我们也可以得到类似抓屏的效果，它可以在不透明物体渲染后把当前的图像复制到一个临时的渲染目标纹理中，然后在那里进行一些额外的操作，例如模糊等，最后把图像传递给需要使用它的物体进行处理和显示。除此之外，命令缓冲还允许我们实现很多特殊的效果，读者可以在 Unity 官方手册的**图像命令缓冲**一文（docs.unity3d/Manual/Graphics

CommandBuffers.html）中找到更多内容，Unity 还提供了一个示例工程供我们学习。

10.3 程序纹理

程序纹理（Procedural Texture）指的是那些由计算机生成的图像，我们通常使用一些特定的算法来创建个性化图案或非常真实的自然元素，例如木头、石子等。使用程序纹理的好处在于我们可以使用各种参数来控制纹理的外观，而这些属性不仅仅是那些颜色属性，甚至可以是完全不同类型的图案属性，这使得我们可以得到更加丰富的动画和视觉效果。在本节中，我们首先会尝试用算法来实现一个非常简单的程序材质。然后，我们会介绍 Unity 里一类专门使用程序纹理的材质——程序材质。

10.3.1 在 Unity 中实现简单的程序纹理

在这一节里，我们会使用一个算法来生成一个波点纹理，如图 10.15 所示。我们可以在脚本中调整一些参数，如背景颜色、波点颜色等，以控制最终生成的纹理外观。

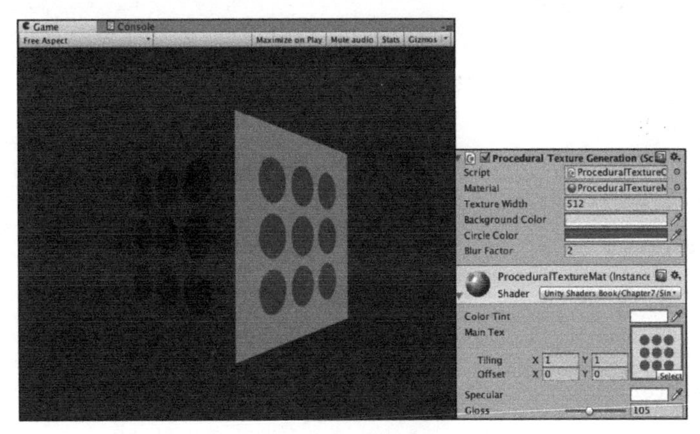

▲图 10.15 脚本生成的程序纹理

为此，我们需要进行如下准备工作。

（1）新建一个场景。在本书资源中，该场景名为 Scene_10_3_1。在 Unity 5.2 中，默认情况下场景将包含一个摄像机和一个平行光，并且使用了内置的天空盒子。在 Window → Lighting → Skybox 中去掉场景中的天空盒子。

（2）新建一个材质。在本书资源中，该材质名为 ProceduralTextureMat。

（3）我们使用第 7 章的一个 Unity Shader——Chapter7-SingleTexture，把它赋给第 2 步中创建的材质。

（4）新建一个立方体，并把第 2 步中的材质赋给它。

（5）我们并没有为 ProceduralTextureMat 材质赋予任何纹理，这是因为，我们想要用脚本来创建程序纹理。为此，我们再创建一个脚本 ProceduralTextureGeneration.cs，并把它拖曳到第 4 步创建的立方体。

在本节中，我们将会使用代码来生成一个波点纹理。为此，我们打开 ProceduralTextureGeneration.cs，进行如下修改。

（1）为了让该脚本能够在编辑器模式下运行，我们首先在类的开头添加如下代码：

```
[ExecuteInEditMode]
public class ProceduralTextureGeneration : MonoBehaviour {
```

（2）声明一个材质，这个材质将使用该脚本中生成的程序纹理：

```
public Material material = null;
```

（3）然后，声明该程序纹理使用的各种参数：

```
#region Material properties
[SerializeField, SetProperty("textureWidth")]
private int m_textureWidth = 512;
public int textureWidth {
    get {
        return m_textureWidth;
    }
    set {
        m_textureWidth = value;
        _UpdateMaterial();
    }
}

[SerializeField, SetProperty("backgroundColor")]
private Color m_backgroundColor = Color.white;
public Color backgroundColor {
    get {
        return m_backgroundColor;
    }
    set {
        m_backgroundColor = value;
        _UpdateMaterial();
    }
}

[SerializeField, SetProperty("circleColor")]
private Color m_circleColor = Color.yellow;
public Color circleColor {
    get {
        return m_circleColor;
    }
    set {
        m_circleColor = value;
        _UpdateMaterial();
    }
}

[SerializeField, SetProperty("blurFactor")]
private float m_blurFactor = 2.0f;
public float blurFactor {
    get {
        return m_blurFactor;
    }
    set {
        m_blurFactor = value;
        _UpdateMaterial();
    }
}
#endregion
```

#region 和**#endregion** 仅仅是为了组织代码，并没有其他作用。由于我们生成的纹理是由若干圆点构成的，因此在上面的代码中，我们声明了 4 个纹理属性：纹理的大小，数值通常是 2 的整数幂；纹理的背景颜色；圆点的颜色；模糊因子，这个参数是用来模糊圆形边界的。注意到，对于每个属性我们使用了 get/set 的方法，为了在面板上修改属性时仍可以执行 set 函数，我们使用了一个开源插件 SetProperty（github/LMNRY/SetProperty/blob/master/Scripts/SetPropertyExample.cs）。这使得当我们修改了材质属性时，可以执行_UpdateMaterial 函数来使用新的属性重新生成程序纹理。

（4）为了保存生成的程序纹理，我们声明一个 Texture2D 类型的纹理变量：

```
private Texture2D m_generatedTexture = null;
```

（5）下面开始编写各个函数。首先，我们需要在Start函数中进行相应的检查，以得到需要使用该程序纹理的材质：

```
void Start () {
    if (material == null) {
        Renderer renderer = gameObject.GetComponent<Renderer>();
        if (renderer == null) {
            Debug.LogWarning("Cannot find a renderer.");
            return;
        }

        material = renderer.sharedMaterial;
    }

    _UpdateMaterial();
}
```

在上面的代码里，我们首先检查了material变量是否为空，如果为空，就尝试从使用该脚本所在的物体上得到相应的材质。完成后，调用_UpdateMaterial函数来为其生成程序纹理。

（6）_UpdateMaterial函数的代码如下：

```
private void _UpdateMaterial() {
    if (material != null) {
        m_generatedTexture = _GenerateProceduralTexture();
        material.SetTexture("_MainTex", m_generatedTexture);
    }
}
```

它确保material不为空，然后调用_GenerateProceduralTexture函数来生成一张程序纹理，并赋给m_generatedTexture变量。完成后，利用Material.SetTexture函数把生成的纹理赋给材质。材质material中需要有一个名为_MainTex的纹理属性。

（7）_GenerateProceduralTexture函数的代码如下：

```
private Texture2D _GenerateProceduralTexture() {
    Texture2D proceduralTexture = new Texture2D(textureWidth, textureWidth);

 // 定义圆与圆之间的间距
    float circleInterval = textureWidth / 4.0f;
    // 定义圆的半径
    float radius = textureWidth / 10.0f;
    // 定义模糊系数
    float edgeBlur = 1.0f / blurFactor;

    for (int w = 0; w <textureWidth; w++) {
        for (int h = 0; h <textureWidth; h++) {
            // 使用背景颜色进行初始化
            Color pixel = backgroundColor;

            // 依次画9个圆
            for (inti = 0; i< 3; i++) {
                for (int j = 0; j < 3; j++) {
                    // 计算当前所绘制的圆的圆心位置
                    Vector2 circleCenter = new Vector2(circleInterval * (i + 1), circleInterval
                    * (j + 1));

                    // 计算当前像素与圆心的距离
                    float dist = Vector2.Distance(new Vector2(w, h), circleCenter) - radius;

                    // 模糊圆的边界
                    Color color = _MixColor(circleColor, new Color(pixel.r, pixel.g,
                    pixel.b, 0.0f), Mathf.SmoothStep(0f, 1.0f, dist * edgeBlur));

                    // 与之前得到的颜色进行混合
                    pixel = _MixColor(pixel, color, color.a);
                }
```

```
                }

                proceduralTexture.SetPixel(w, h, pixel);
            }
        }

        proceduralTexture.Apply();

        return proceduralTexture;
    }
```

代码首先初始化一张二维纹理，并且提前计算了一些生成纹理时需要的变量。然后，使用了一个两层的嵌套循环遍历纹理中的每个像素，并在纹理上依次绘制 9 个圆形。最后，调用 Texture2D.Apply 函数来强制把像素值写入纹理中，并返回该程序纹理。

保存脚本后返回场景，调整相应的参数后可以得到类似图 10.15 中的效果。我们可以调整脚本面板中的材质参数来得到不同的程序纹理，如图 10.16 所示。

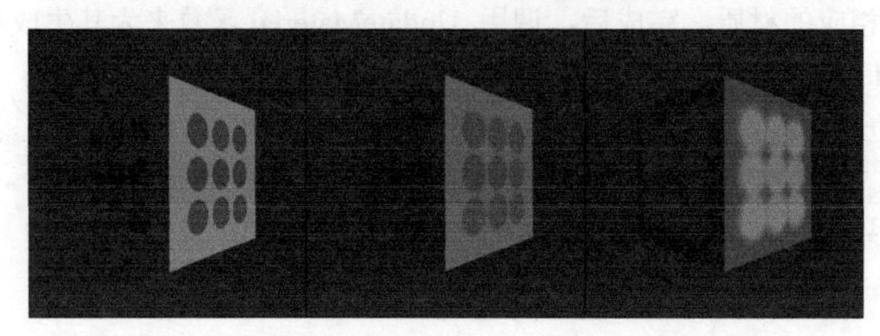

▲图 10.16　调整程序纹理的参数来得到不同的程序纹理

至此，我们已经学会如何通过脚本来创建一个程序纹理，再赋给相应的材质了。

10.3.2　Unity 的程序材质

在 Unity 中，有一类专门使用程序纹理的材质，叫做**程序材质（Procedural Materials）**。这类材质和我们之前使用的那些材质在本质上是一样的，不同的是，它们使用的纹理不是普通的纹理，而是程序纹理。需要注意的是，程序材质和它使用的程序纹理并不是在 Unity 中创建的，而是使用了一个名为 **Substance Designer** 的软件在 Unity 外部生成的。

Substance Designer 是一个非常出色的纹理生成工具，很多 3A 的游戏项目都使用了由它生成的材质。我们可以从 Unity 的资源商店或网络中获取到很多免费或付费的 Substance 材质。这些材质都是以.sbsar 为后缀的，如图 10.17 所示（资源来源于 assetstore.unity3d 网站的/en/#!/content/1352）。我们可以直接把这些材质像其他资源一样拖入 Unity 项目中。

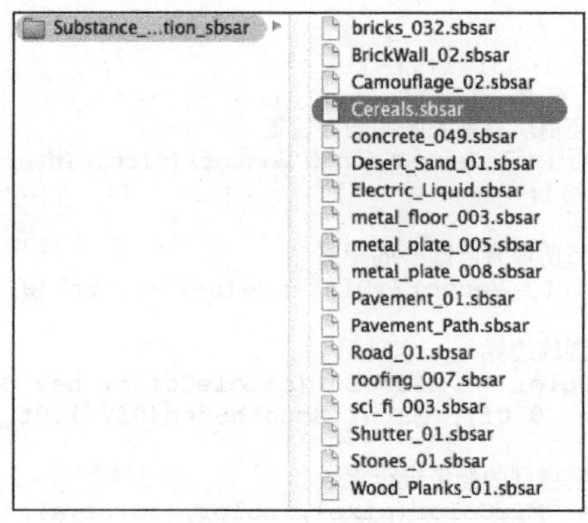

▲图 10.17　后缀为.sbsar 的 Substance 材质

当把这些文件导入 Unity 后，Unity 就会生成一个**程序纹理资源**（**Procedural Material Asset**）。程序纹理资源可以包含一个或多个程序材质，例如图 10.18 中就包含了两个程序纹理——Cereals 和 Cereals_1，每个程序纹理使用了不同的纹理参数，因此 Unity 为它们生成了不同的程序纹理，例如 Cereals_Diffuse 和 Cereals_1_Diffuse 等。

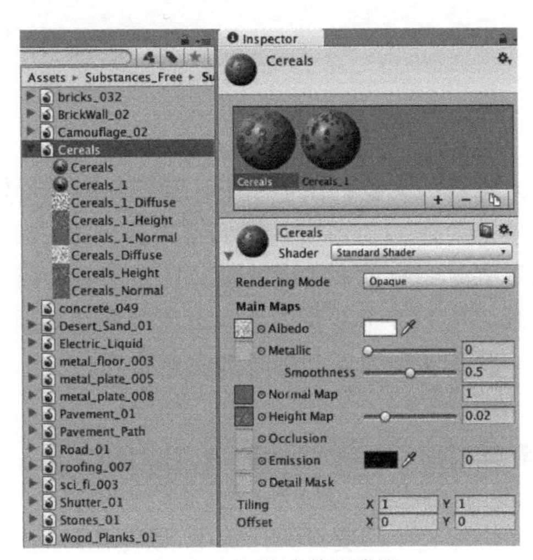

▲图 10.18　程序纹理资源

通过单击程序材质，我们可以在程序纹理的面板上看到该材质使用的 Unity Shader 及其属性、生成程序纹理使用的纹理属性、材质预览等信息。

程序材质的使用和普通材质是一样的，我们把它们拖曳到相应的模型上即可。读者可以在本书资源的 Scene_10_3_2 中找到这样的示例场景。程序纹理的强大之处很大原因在于它的多变性，我们可以通过调整程序纹理的属性来控制纹理的外观，甚至可以生成看似完全不同的纹理。图 10.19 给出了调整 Cereals 程序材质的不同纹理属性得到的不同材质效果。

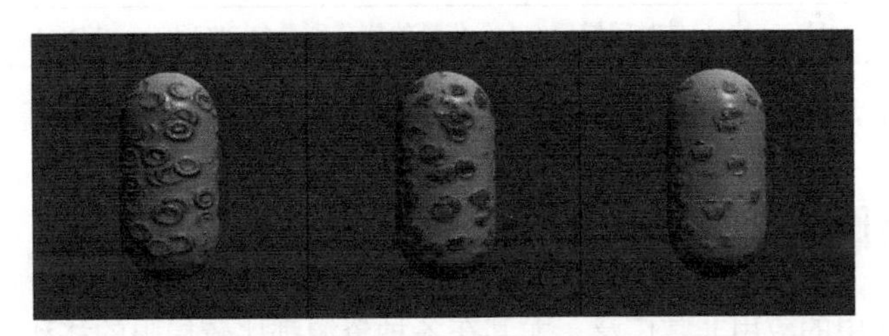

▲图 10.19　调整程序纹理属性可以得到看似完全不同的程序材质效果

可以看出，程序材质的自由度很高，而且可以和 Shader 配合得到非常出色的视觉效果，它是一种非常强大的材质类型。

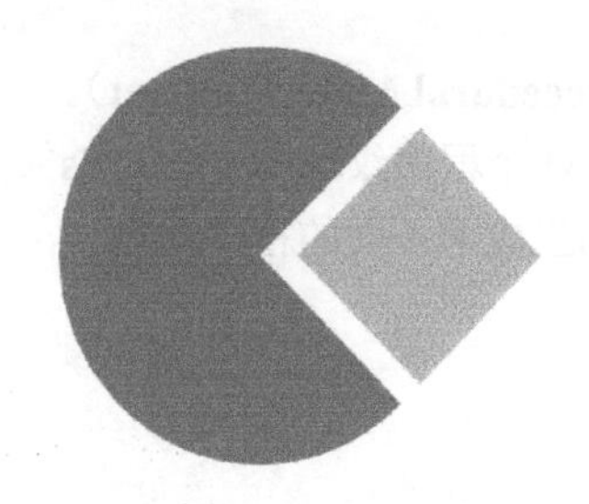

第11章　让画面动起来

没有动画的画面往往让人觉得很无趣。在本章中，我们将会学习如何向 Unity Shader 中引入时间变量，以实现各种动画效果。在 11.1 节中，我们首先会介绍 Unity Shader 内置的时间变量，在随后的章节中我们会使用这些时间变量来实现动画。11.2 节会介绍两种常见的纹理动画，即序列帧动画和背景循环滚动动画。在 11.3 节，我们会学习使用顶点动画来实现流动的河流、广告牌等动画效果，并在最后给出一些在实现顶点动画时的注意事项。

11.1 Unity Shader 中的内置变量（时间篇）

动画效果往往都是把时间添加到一些变量的计算中，以便在时间变化时画面也可以随之变化。Unity Shader 提供了一系列关于时间的内置变量来允许我们方便地在 Shader 中访问运行时间，实现各种动画效果。表 11.1 给出了这些内置的时间变量。

表 11.1　Unity 内置的时间变量

名　称	类　型	描　述
_Time	float4	t 是自该场景加载开始所经过的时间，4 个分量的值分别是(t/20, t, 2t, 3t)。
_SinTime	float4	t 是时间的正弦值，4 个分量的值分别是(t/8, t/4, t/2, t)
_CosTime	float4	t 是时间的余弦值，4 个分量的值分别是(t/8, t/4, t/2, t)
unity_DeltaTime	float4	dt 是时间增量，4 个分量的值分别是(dt, 1/dt, smoothDt, 1/smoothDt)

在后面的章节中，我们会使用上述时间变量来实现纹理动画和顶点动画。

11.2 纹理动画

纹理动画在游戏中的应用非常广泛。尤其在各种资源都比较局限的移动平台上，我们往往会使用纹理动画来代替复杂的粒子系统等模拟各种动画效果。

11.2.1　序列帧动画

最常见的纹理动画之一就是序列帧动画。序列帧动画的原理非常简单，它像放电影一样，依次播放一系列关键帧图像，当播放速度达到一定数值时，看起来就是一个连续的动画。它的优点在于灵活性很强，我们不需要进行任何物理计算就可以得到非常细腻的动画效果。而它的缺点也很明显，由于序列帧中每张关键帧图像都不一样，因此，要制作一张出色的序列帧纹理所需要的美术工程量也比较大。

要想实现序列帧动画，我们先要提供一张包含了关键帧图像的图像。在本书资源中，我们提供了这样一张图像（Assets/Textures/Chapter11/Boom.png），如图 11.1 所示。

上述图像包含了 8×8 张关键帧图像，它们的大小相同，而且播放顺序为从左到右、从上到下。图 11.2 给出了不同时刻播放的不同动画效果。

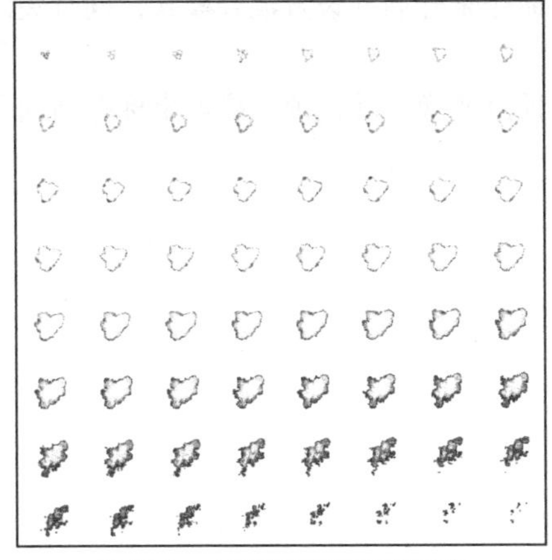

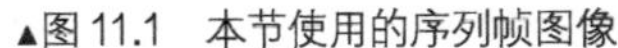

▲图 11.1　本节使用的序列帧图像

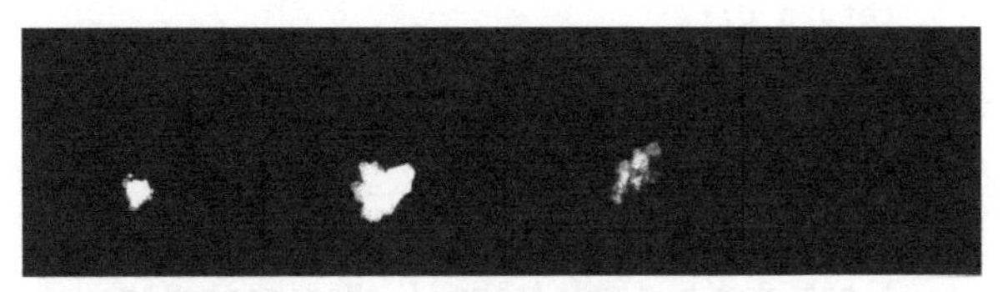

▲图 11.2　使用序列帧动画来实现爆炸效果

为了在 Unity 中实现序列帧动画，我们需要做如下准备工作。

（1）新建一个场景。在本书资源中，该场景名为 Scene_11_2_1。在 Unity 5.2 中，默认情况下场景将包含一个摄像机和一个平行光，并且使用了内置的天空盒子。在 Window → Lighting → Skybox 中去掉场景中的天空盒子。

（2）新建一个材质。在本书资源中，该材质名为 ImageSequenceAnimationMat。

（3）新建一个 Unity Shader。在本书资源中，该 Shader 名为 Chapter11-ImageSequenceAnimation。把新的 Shader 赋给第 2 步中创建的材质。

（4）在场景中创建一个四边形（Quad），调整它的位置使其正面朝向摄像机，并把第 2 步中的材质拖给曳它。

上述序列帧动画的精髓在于，我们需要在每个时刻计算该时刻下应该播放的关键帧的位置，并对该关键帧进行纹理采样。打开新建的 Chapter11-ImageSequenceAnimation，删除原有的代码，并添加如下关键代码。

（1）我们首先声明了多个属性，以设置该序列帧动画的相关参数：

```
Properties {
    _Color ("Color Tint", Color) = (1, 1, 1, 1)
    _MainTex ("Image Sequence", 2D) = "white" {}
    _HorizontalAmount ("Horizontal Amount", Float) = 4
    _VerticalAmount ("Vertical Amount", Float) = 4
    _Speed ("Speed", Range(1, 100)) = 30
}
```

_MainTex 就是包含了所有关键帧图像的纹理。_HorizontalAmount 和_VerticalAmount 分别代表了该图像在水平方向和竖直方向包含的关键帧图像的个数。而_Speed 属性用于控制序列帧动画的播放速度。

（2）由于序列帧图像通常是透明纹理，我们需要设置 Pass 的相关状态，以渲染透明效果：

```
SubShader {
    Tags {"Queue"="Transparent" "IgnoreProjector"="True" "RenderType"="Transparent"}

    Pass {
        Tags { "LightMode"="ForwardBase" }

        ZWrite Off
        Blend SrcAlpha OneMinusSrcAlpha
```

由于序列帧图像通常包含了透明通道，因此可以被当成是一个半透明对象。在这里我们使用半透明的“标配”来设置它的 SubShader 标签，即把 Queue 和 RenderType 设置成 Transparent，把 IgnoreProjector 设置为 True。在 Pass 中，我们使用 Blend 命令来开启并设置混合模式，同时关闭了深度写入。

（3）顶点着色器的代码非常简单，我们进行了基本的顶点变换，并把顶点纹理坐标存储到了 v2f 结构体里：

```
v2f vert (a2v v) {
   v2f o;
   o.pos = mul(UNITY_MATRIX_MVP, v.vertex);
   o.uv = TRANSFORM_TEX(v.texcoord, _MainTex);
   return o;
}
```

（4）片元着色器是我们的重头戏：

```
fixed4 frag (v2f i) : SV_Target {
   float time = floor(_Time.y * _Speed);
   float row = floor(time / _HorizontalAmount);
   float column = time - row * _HorizontalAmount;

//  half2 uv = float2(i.uv.x /_HorizontalAmount, i.uv.y / _VerticalAmount);
//  uv.x += column / _HorizontalAmount;
//  uv.y -= row / _VerticalAmount;
   half2 uv = i.uv + half2(column, -row);
   uv.x /=  _HorizontalAmount;
   uv.y /= _VerticalAmount;

   fixed4 c = tex2D(_MainTex, uv);
   c.rgb *= _Color;

   return c;
}
```

要播放帧动画，从本质来说，我们需要计算出每个时刻需要播放的关键帧在纹理中的位置。而由于序列帧纹理都是按行按列排列的，因此这个位置可以认为是该关键帧所在的行列索引数。因此，在上面的代码的前 3 行中我们计算了行列数，其中使用了 Unity 的内置时间变量_Time。由 11.1 节可以知道，_Time.y 就是自该场景加载后所经过的时间。我们首先把_Time.y 和速度属性_Speed 相乘来得到模拟的时间，并使用 CG 的 floor 函数对结果值取整来得到整数时间 time。然后，我们使用 time 除以_HorizontalAmount 的结果值的商来作为当前对应的行索引，除法结果的余数则是列索引。接下来，我们需要使用行列索引值来构建真正的采样坐标。由于序列帧图像包含了许多关键帧图像，这意味着采样坐标需要映射到每个关键帧图像的坐标范围内。我们可以首先把原纹理坐标 i.uv 按行数和列数进行等分，得到每个子图像的纹理坐标范围。然后，我们需要使用当前的行列数对上面的结果进行偏移，得到当前子图像的纹理坐标。需要注意的是，对竖直方向的坐标偏移需要使用减法，这是因为在 Unity 中纹理坐标竖直方向的顺序（从下到上逐渐增大）和序列帧纹理中的顺序（播放顺序是从上到下）是相反的。这对应了上面代码中注释掉的代码部分。我们可以把上述过程中的除法整合到一起，就得到了注释下方的代码。这样，我们就得到了真正的纹理采样坐标。

（5）最后，我们把 Fallback 设置为内置的 Transparent/VertexLit（也可以选择关闭 Fallback）：

```
Fallback "Transparent/VertexLit"
```

保存后返回场景，我们将 Assets/Textures/Chapter11/Boom.png（注意，由于是透明纹理，因此需要勾选该纹理的 Alpha Is Transparency 属性）赋给 ImageSequenceAnimationMat 中的 Image Sequence 属性，并将 Horizontal Amount 和 Vertical Amount 设置为 8（因为 Boom.png 包含了 8 行

8 列的关键帧图像），完成后单击播放，并调整 Speed 属性，就可以得到一段连续的爆炸动画。

11.2.2 滚动的背景

很多 2D 游戏都使用了不断滚动的背景来模拟游戏角色在场景中的穿梭，这些背景往往包含了多个层（layers）来模拟一种视差效果。而这些背景的实现往往就是利用了纹理动画。在本节中，我们将实现一个包含了两层的无限滚动的 2D 游戏背景。本节使用的纹理资源均来自 OpenGameArt 网站。在学习完本节后，我们可以得到类似图 11.3 中的效果。单击运行后，就可以得到一个无限滚动的背景效果。

▲图 11.3 无限滚动的背景（纹理来源：forest-background © 2012-2013 Julien Jorge julien.jorge@stuff-o-matic.com）

为此，我们需要进行如下准备工作。

（1）新建一个场景，在本书资源中，该场景名为 Scene_11_2_2。在 Unity 5.2 中，默认情况下场景将包含一个摄像机和一个平行光，并且使用了内置的天空盒子。在 Window → Lighting → Skybox 中去掉场景中的天空盒子。由于本例模拟的是 2D 游戏中的滚动背景，因此我们需要把摄像机的投影模式设置为正交投影。

（2）新建一个材质。在本书资源中，该材质名为 ScrollingBackgroundMat。

（3）新建一个 Unity Shader。在本书资源中，该 Shader 名为 Chapter11-ScrollingBackground。把新的 Shader 赋给第 2 步中创建的材质。

（4）在场景中创建一个四边形（Quad），调整它的位置和大小，使它充满摄像机的视野范围，然后把第 2 步中的材质拖曳给它。该四边形将用于显示游戏背景。

打开新建的 Chapter11-ScrollingBackground，删除原有的代码，并添加如下关键代码。

（1）我们首先声明了新的属性：

```
Properties {
    _MainTex ("Base Layer (RGB)", 2D) = "white" {}
    _DetailTex ("2nd Layer (RGB)", 2D) = "white" {}
    _ScrollX ("Base layer Scroll Speed", Float) = 1.0
    _Scroll2X ("2nd layer Scroll Speed", Float) = 1.0
    _Multiplier ("Layer Multiplier", Float) = 1
}
```

其中，_MainTex 和_DetailTex 分别是第一层（较远）和第二层（较近）的背景纹理，而_ScrollX 和_Scroll2X 对应了各自的水平滚动速度。_Multiplier 参数则用于控制纹理的整体亮度。

（2）我们的顶点着色器代码非常简单：

```
v2f vert (a2v v) {
    v2f o;
    o.pos = mul(UNITY_MATRIX_MVP, v.vertex);

    o.uv.xy = TRANSFORM_TEX(v.texcoord, _MainTex) + frac(float2(_ScrollX, 0.0) * _Time.y);
    o.uv.zw = TRANSFORM_TEX(v.texcoord, _DetailTex) + frac(float2(_Scroll2X, 0.0) * _Time.y);

    return o;
}
```

我们首先进行了最基本的顶点变换，把顶点从模型空间变换到裁剪空间中。然后，我们计算了两层背景纹理的纹理坐标。为此，我们首先利用 TRANSFORM_TEX 来得到初始的纹理坐标。

然后，我们利用内置的_Time.y 变量在水平方向上对纹理坐标进行偏移，以此达到滚动的效果。我们把两张纹理的纹理坐标存储在同一个变量 o.uv 中，以减少占用的插值寄存器空间。

（3）片元着色器的工作就相对比较简单：

```
fixed4 frag (v2f i) : SV_Target {
    fixed4 firstLayer = tex2D(_MainTex, i.uv.xy);
    fixed4 secondLayer = tex2D(_DetailTex, i.uv.zw);

    fixed4 c = lerp(firstLayer, secondLayer, secondLayer.a);
    c.rgb *= _Multiplier;

    return c;
}
```

我们首先分别利用 i.uv.xy 和 i.uv.zw 对两张背景纹理进行采样。然后，使用第二层纹理的透明通道来混合两张纹理，这使用了 CG 的 lerp 函数。最后，我们使用_Multiplier 参数和输出颜色进行相乘，以调整背景亮度。

（4）最后，我们把 Fallback 设置为内置的 VertexLit（也可以选择关闭 Fallback）：

```
Fallback "VertexLit"
```

保存后返回场景，把本书资源中的 Assets/Textures/Chapter11/Far_Background.png 和 Assets/Textures/Chapter11/Near_Background.png 分别赋给材质的 Base Layer 和 2nd Layer 属性，并调整它们的滚动速度（由于我们想要在视觉上模拟 Base Layer 比 2nd Layer 更远的效果，因此 Base Layer 的滚动速度要比 2nd Layer 的速度慢一些）。单击运行后，就可以得到类似图 11.3 中的效果。

11.3 顶点动画

如果一个游戏中所有的物体都是静止的，这样枯燥的世界恐怕很难引起玩家的兴趣。顶点动画可以让我们的场景变得更加生动有趣。在游戏中，我们常常使用顶点动画来模拟飘动的旗帜、湍流的小溪等效果。在本节中，我们将学习两种常见的顶点动画的应用——流动的河流以及广告牌技术。在本节最后，我们还将给出一些顶点动画中的注意事项及解决方法。

11.3.1 流动的河流

河流的模拟是顶点动画最常见的应用之一。它的原理通常就是使用正弦函数等来模拟水流的波动效果。在本小节中，我们将学习如何模拟一个 2D 的河流效果。在学习完本节后，我们可以得到类似图 11.4 中的效果。当单击运行后，可以观察到河流不断流动的效果。

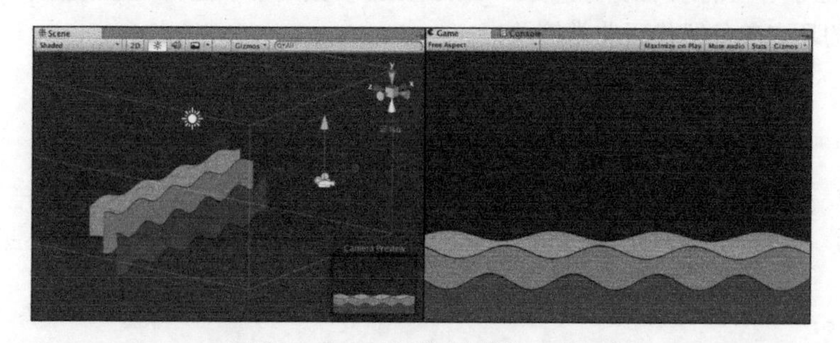

▲图 11.4　使用顶点动画来模拟 2D 的河流

为此，我们需要进行如下准备工作。

（1）新建一个场景。在本书资源中，该场景名为 Scene_11_3_1。在 Unity 5.2 中，默认情况下场景将包含一个摄像机和一个平行光，并且使用了内置的天空盒子。在 Window → Lighting → Skybox 中去掉场景中的天空盒子。由于本节模拟的是 2D 效果，因此我们需要把摄像机的投影类型设置为正交投影。

（2）新建一个材质。在本书资源中，该材质名为 WaterMat。由于本例需要模拟多层水流效果，我们还创建了 WaterMat1 和 WaterMat2 材质。

（3）新建一个 Unity Shader。在本书资源中，该 Shader 名为 Chapter11-Water。把新的 Shader 赋给第 2 步中创建的材质。

（4）在场景中创建多个 Water 模型，调整它们的位置、大小和方向，然后把第 2 步中的材质拖曳给它们。

打开新建的 Chapter11-Water，删除原来的代码，并添加如下关键代码。

（1）首先，我们声明了一些新的属性：

```
Properties {
    _MainTex ("Main Tex", 2D) = "white" {}
    _Color ("Color Tint", Color) = (1, 1, 1, 1)
    _Magnitude ("Distortion Magnitude", Float) = 1
    _Frequency ("Distortion Frequency", Float) = 1
    _InvWaveLength ("Distortion Inverse Wave Length", Float) = 10
    _Speed ("Speed", Float) = 0.5
}
```

其中，_MainTex 是河流纹理，_Color 用于控制整体颜色，_Magnitude 用于控制水流波动的幅度，_Frequency 用于控制波动频率，_InvWaveLength 用于控制波长的倒数（_InvWaveLength 越大，波长越小），_Speed 用于控制河流纹理的移动速度。

（2）在本例中，我们需要为透明效果设置合适的 SubShader 标签：

```
SubShader {
    // Need to disable batching because of the vertex animation
    Tags {"Queue"="Transparent" "IgnoreProjector"="True" "RenderType"="Transparent"
"DisableBatching"="True"}
```

在上面的设置中，我们除了为透明效果设置 Queue、IgnoreProjector 和 RenderType 外，还设置了一个新的标签——**DisableBatching**。我们在 3.3.3 节中介绍过该标签的含义：一些 SubShader 在使用 Unity 的批处理功能时会出现问题，这时可以通过该标签来直接指明是否对该 SubShader 使用批处理。而这些需要特殊处理的 Shader 通常就是指包含了模型空间的顶点动画的 Shader。这是因为，批处理会合并所有相关的模型，而这些模型各自的模型空间就会丢失。而在本例中，我们需要在物体的模型空间下对顶点位置进行偏移。因此，在这里需要取消对该 Shader 的批处理操作。

（3）接着，我们设置了 Pass 的渲染状态：

```
Pass {
    Tags { "LightMode"="ForwardBase" }

    ZWrite Off
    Blend SrcAlpha OneMinusSrcAlpha
    Cull Off
```

这里关闭了深度写入，开启并设置了混合模式，并关闭了剔除功能。这是为了让水流的每个面都能显示。

（4）然后，我们在顶点着色器中进行了相关的顶点动画：

```
v2f vert(a2v v) {
    v2f o;

    float4 offset;
    offset.yzw = float3(0.0, 0.0, 0.0);
```

```
    offset.x = sin(_Frequency * _Time.y + v.vertex.x * _InvWaveLength + v.vertex.y *
_InvWaveLength + v.vertex.z * _InvWaveLength) * _Magnitude;
    o.pos = mul(UNITY_MATRIX_MVP, v.vertex + offset);

    o.uv = TRANSFORM_TEX(v.texcoord, _MainTex);
    o.uv +=  float2(0.0, _Time.y * _Speed);

    return o;
}
```

我们首先计算顶点位移量。我们只希望对顶点的 x 方向进行位移，因此 yzw 的位移量被设置为 0。然后，我们利用_Frequency 属性和内置的_Time.y 变量来控制正弦函数的频率。为了让不同位置具有不同的位移，我们对上述结果加上了模型空间下的位置分量，并乘以_InvWaveLength 来控制波长。最后，我们对结果值乘以_Magnitude 属性来控制波动幅度，得到最终的位移。剩下的工作，我们只需要把位移量添加到顶点位置上，再进行正常的顶点变换即可。

在上面的代码中，我们还进行了纹理动画，即使用_Time.y 和_Speed 来控制在水平方向上的纹理动画。

（5）片元着色器的代码非常简单，我们只需要对纹理采样再添加颜色控制即可：

```
fixed4 frag(v2f i) : SV_Target {
    fixed4 c = tex2D(_MainTex, i.uv);
    c.rgb *= _Color.rgb;

   return c;
}
```

（6）最后，我们把 Fallback 设置为内置的 Transparent/VertexLit（也可以选择关闭 Fallback）：

```
Fallback "Transparent/VertexLit"
```

保存后返回场景，把 Assets/Textures/Chapter11/Water.psd 拖曳到材质的 Main Tex 属性上，并调整相关参数。为了让河流更加美观，我们可以复制多个材质并使用不同的参数，再赋给不同的 Water 模型，就可以得到类似图 11.4 中的效果。

11.3.2　广告牌

另一种常见的顶点动画就是**广告牌技术（Billboarding）**。广告牌技术会根据视角方向来旋转一个被纹理着色的多边形（通常就是简单的四边形，这个多边形就是广告牌），使得多边形看起来好像总是面对着摄像机。广告牌技术被用于很多应用，比如渲染烟雾、云朵、闪光效果等。

广告牌技术的本质就是构建旋转矩阵，而我们知道一个变换矩阵需要 3 个基向量。广告牌技术使用的基向量通常就是**表面法线（normal）**、**指向上的方向（up）**以及**指向右的方向（right）**。除此之外，我们还需要指定一个**锚点（anchor location）**，这个锚点在旋转过程中是固定不变的，以此来确定多边形在空间中的位置。

广告牌技术的难点在于，如何根据需求来构建 3 个相互正交的基向量。计算过程通常是，我们首先会通过初始计算得到目标的表面法线（例如就是视角方向）和指向上的方向，而两者往往是不垂直的。但是，两者其中之一是固定的，例如当模拟草丛时，我们希望广告牌的指向上的方向永远是(0, 1, 0)，而法线方向应该随视角变化；而当模拟粒子效果时，我们希望广告牌的法线方向是固定的，即总是指向视角方向，指向上的方向则可以发生变化。我们假设法线方向是固定的，首先，我们根据初始的表面法线和指向上的方向来计算出目标方向的指向右的方向（通过叉积操作）：

$$right = up \times normal$$

对其归一化后，再由法线方向和指向右的方向计算出正交的指向上的方向即可：

$$up' = normal \times right$$

至此，我们就可以得到用于旋转的 3 个正交基了。图 11.5 给出了上述计算过程的图示。如果指向上的方向是固定的，计算过程也是类似的。

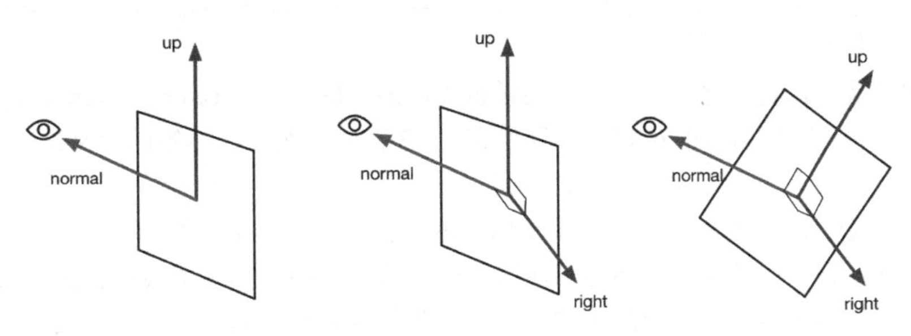

▲图 11.5　法线固定（总是指向视角方向）时，计算广告牌技术中的 3 个正交基的过程

下面，我们将在 Unity 中实现上面提到的广告牌技术。在学习完本节后，我们可以得到类似图 11.6 中的效果。

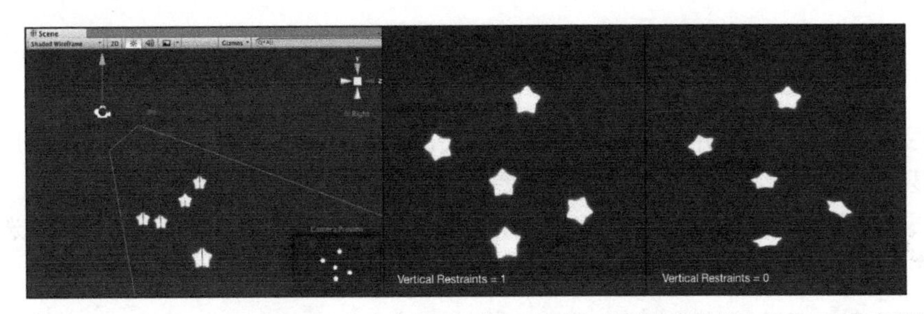

▲图 11.6　广告牌效果。左图显示了摄像机和 5 个广告牌之间的位置关系，摄像机是从斜上方向下观察它们的。中间的图显示了当 Vertical Restraints 属性为 1，即固定法线方向为观察视角时所得到的效果，可以看出，所有的广告牌都完全面朝摄像机。右图显示了当 Vertical Restraints 属性为 0，即固定指向上的方向为(0, 1, 0)时所得到的效果，可以看出，广告牌虽然最大限度地面朝摄像机，但其指向上的方向并未发生改变

为此，我们需要进行如下准备工作。

（1）新建一个场景。在本书资源中，该场景名为 Scene_11_3_2。在 Unity 5.2 中，默认情况下场景将包含一个摄像机和一个平行光，并且使用了内置的天空盒子。在 Window → Lighting → Skybox 中去掉场景中的天空盒子。

（2）新建一个材质。在本书资源中，该材质名为 BillboardMat。

（3）新建一个 Unity Shader。在本书资源中，该 Shader 名为 Chapter11-Billboard。把新的 Shader 赋给第 2 步中创建的材质。

（4）在场景中创建多个四边形（Quad），调整它们的位置和大小，然后把第 2 步中的材质拖曳给它们。这些四边形就是用于广告牌技术的广告牌。

打开新建的 Chapter11-Billboard，删除原有的代码，添加如下关键代码。

（1）我们首先声明了几个新的变量：

```
Properties {
    _MainTex ("Main Tex", 2D) = "white" {}
    _Color ("Color Tint", Color) = (1, 1, 1, 1)
    _VerticalBillboarding ("Vertical Restraints", Range(0, 1)) = 1
}
```

其中，_MainTex 是广告牌显示的透明纹理，_Color 用于控制显示整体颜色，_VerticalBillboarding 则用于调整是固定法线还是固定指向上的方向，即约束垂直方向的程度。

（2）在本例中，我们需要为透明效果设置合适的 SubShader 标签：

```
SubShader {
   // Need to disable batching because of the vertex animation
   Tags {"Queue"="Transparent" "IgnoreProjector"="True" "RenderType"="Transparent"
"DisableBatching"="True"}
```

在上面的设置中，我们除了为透明效果设置 Queue、IgnoreProjector 和 RenderType 外，还设置了一个新的标签——**DisableBatching**。我们在 3.3.3 节中介绍过该标签的含义：一些 SubShader 在使用 Unity 的批处理功能时会出现问题，这时可以通过该标签来直接指明是否对该 SubShader 使用批处理。而这些需要特殊处理的 Shader 通常就是指包含了模型空间的顶点动画的 Shader。这是因为，批处理会合并所有相关的模型，而这些模型各自的模型空间就会被丢失。而在广告牌技术中，我们需要使用物体的模型空间下的位置来作为锚点进行计算。因此。在这里需要取消对该 Shader 的批处理操作。

（3）接着，我们设置了 Pass 的渲染状态：

```
Pass {
   Tags { "LightMode"="ForwardBase" }

   ZWrite Off
   Blend SrcAlpha OneMinusSrcAlpha
   Cull Off
```

这里关闭了深度写入，开启并设置了混合模式，并关闭了剔除功能。这是为了让广告牌的每个面都能显示。

（4）顶点着色器是我们的核心，所有的计算都是在模型空间下进行的。我们首先选择模型空间的原点作为广告牌的锚点，并利用内置变量获取模型空间下的视角位置：

```
// Suppose the center in object space is fixed
float3 center = float3(0, 0, 0);
float3 viewer = mul(_World2Object,float4(_WorldSpaceCameraPos, 1));
```

然后，我们开始计算 3 个正交矢量。首先，我们根据观察位置和锚点计算目标法线方向，并根据_VerticalBillboarding 属性来控制垂直方向上的约束度。

```
float3 normalDir = viewer - center;
// If _VerticalBillboarding equals 1, we use the desired view dir as the normal dir
// Which means the normal dir is fixed
// Or if _VerticalBillboarding equals 0, the y of normal is 0
// Which means the up dir is fixed
normalDir.y =normalDir.y * _VerticalBillboarding;
normalDir = normalize(normalDir);
```

当_VerticalBillboarding 为 1 时，意味着法线方向固定为视角方向；当_VerticalBillboarding 为 0 时，意味着向上方向固定为(0, 1, 0)。最后，我们需要对计算得到的法线方向进行归一化操作来得到单位矢量。

接着，我们得到了粗略的向上方向。为了防止法线方向和向上方向平行（如果平行，那么叉积得到的结果将是错误的），我们对法线方向的 y 分量进行判断，以得到合适的向上方向。然后，根据法线方向和粗略的向上方向得到向右方向，并对结果进行归一化。但由于此时向上的方向还是不准确的，我们又根据准确的法线方向和向右方向得到最后的向上方向：

```
// Get the approximate up dir
// If normal dir is already towards up, then the up dir is towards front
float3 upDir = abs(normalDir.y) > 0.999 ? float3(0, 0, 1) : float3(0, 1, 0);
float3 rightDir = normalize(cross(upDir, normalDir));
upDir = normalize(cross(normalDir, rightDir));
```

这样，我们得到了所需的 3 个正交基矢量。我们根据原始的位置相对于锚点的偏移量以及 3

个正交基矢量，以计算得到新的顶点位置：

```
float3 centerOffs = v.vertex.xyz - center;
float3 localPos = center + rightDir * centerOffs.x + upDir * centerOffs.y + normalDir
* centerOffs.z;
```

最后，把模型空间的顶点位置变换到裁剪空间中：

```
o.pos = mul(UNITY_MATRIX_MVP, float4(localPos, 1));
```

（5）片元着色器的代码非常简单，我们只需要对纹理进行采样，再与颜色值相乘即可：

```
fixed4 frag (v2f i) : SV_Target {
   fixed4 c = tex2D (_MainTex, i.uv);
   c.rgb *= _Color.rgb;

   return c;
}
```

（6）最后，我们把 Fallback 设置为内置的 Transparent/VertexLit（也可以选择关闭 Fallback）：

```
Fallback "Transparent/VertexLit"
```

需要说明的是，在上面的例子中，我们使用的是 Unity 自带的四边形（Quad）来作为广告牌，而不能使用自带的平面（Plane）。这是因为，我们的代码是建立在一个竖直摆放的多边形的基础上的，也就是说，这个多边形的顶点结构需要满足在模型空间下是竖直排列的。只有这样，我们才能使用 v.vertex 来计算得到正确的相对于中心的位置偏移量。

保存后返回场景，把本书资源中的 Assets/Textures/Chapter11/star.png 拖曳到材质的 Main Tex 中，即可得到类似图 11.6 中的效果。

11.3.3 注意事项

顶点动画虽然非常灵活有效，但有一些注意事项需要在此提醒读者。

首先，如 11.3.2 节看到的那样，如果我们在模型空间下进行了一些顶点动画，那么批处理往往就会破坏这种动画效果。这时，我们可以通过 SubShader 的 DisableBatching 标签来强制取消对该 Unity Shader 的批处理。然而，取消批处理会带来一定的性能下降，增加了 Draw Call，因此我们应该尽量避免使用模型空间下的一些绝对位置和方向来进行计算。在广告牌的例子中，为了避免显式使用模型空间的中心来作为锚点，我们可以利用顶点颜色来存储每个顶点到锚点的距离值，这种做法在商业游戏中很常见。

其次，如果我们想要对包含了顶点动画的物体添加阴影，那么如果仍然像 9.4 节中那样使用内置的 Diffuse 等包含的阴影 Pass 来渲染，就得不到正确的阴影效果（这里指的是无法向其他物体正确地投射阴影）。这是因为，我们讲过 Unity 的阴影绘制需要调用一个 ShadowCaster Pass，而如果直接使用这些内置的 ShadowCaster Pass，这个 Pass 中并没有进行相关的顶点动画，因此 Unity 会仍然按照原来的顶点位置来计算阴影，这并不是我们希望看到的。这时，我们就需要提供一个自定义的 ShadowCaster Pass，在这个 Pass 中，我们将进行同样的顶点变换过程。需要注意的是，在前面的实现中，如果涉及半透明物体我们都把 Fallback 设置成了 Transparent/VertexLit，而 Transparent/VertexLit 没有定义 ShadowCaster Pass，因此也就不会产生阴影（详见 9.4.5 节）。

在本书资源的 Scene_11_3_3 场景中，我们给出了计算顶点动画的阴影的一个例子。在这个例子中，我们使用了 11.3.1 节中的大部分代码，模拟一个波动的水流。同时，我们开启了场景中平行光的阴影效果，并添加了一个平面来接收来自“水流”的阴影。我们还把这个 Unity Shader 的 Fallback 设置为了内置的 VertexLit，这样 Unity 将根据 Fallback 最终找到 VertexLit 中的 ShadowCaster Pass 来渲染阴影。图 11.7 给出了这样的结果。

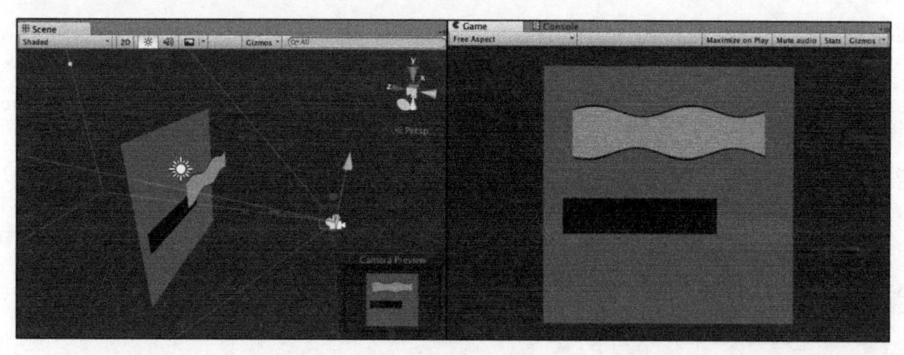

▲图 11.7 当进行顶点动画时，如果仍然使用内置的 ShadowCaster Pass 来渲染阴影，可能会得到错误的阴影效果

可以看出，此时虽然 Water 模型发生了形变，但它的阴影并没有产生相应的动画效果。为了正确绘制变形对象的阴影，我们就需要提供自定义的 ShadowCaster Pass。读者可以在本书资源的 Chapter11-VertexAnimationWithShadow 中找到对应的 Unity Shader。使用该 Shader 得到的阴影效果如图 11.8 所示。

在这个 Shader 中，我们提供了一个 ShadowCaster Pass，相关代码如下：

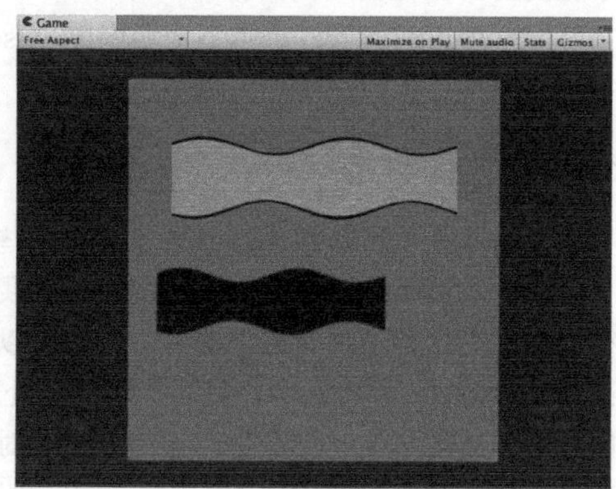

▲图 11.8 使用自定义的 ShadowCaster Pass 为变形物体绘制正确的阴影

```
// Pass to render object as a shadow caster
Pass {
    Tags { "LightMode" = "ShadowCaster" }

    CGPROGRAM

    #pragma vertex vert
    #pragma fragment frag

    #pragma multi_compile_shadowcaster

    #include "UnityCG.cginc"

    float _Magnitude;
    float _Frequency;
    float _InvWaveLength;
    float _Speed;

    struct a2v {
        float4 vertex : POSITION;
        float4 texcoord : TEXCOORD0;
    };

    struct v2f {
        V2F_SHADOW_CASTER;
    };

    v2f vert(a2v v) {
        v2f o;

        float4 offset;

        offset.yzw = float3(0.0, 0.0, 0.0);

        offset.x = sin(_Frequency * _Time.y + v.vertex.x * _InvWaveLength + v.vertex.y
        * _InvWaveLength + v.vertex.z * _InvWaveLength) * _Magnitude;

        v.vertex = v.vertex + offset;

        TRANSFER_SHADOW_CASTER_NORMALOFFSET(o)

        return o;
    }
```

```
    fixed4 frag(v2f i) : SV_Target {
        SHADOW_CASTER_FRAGMENT(i)
    }
    ENDCG
}
```

阴影投射的重点在于我们需要按正常 Pass 的处理来剔除片元或进行顶点动画，以便阴影可以和物体正常渲染的结果相匹配。在自定义的阴影投射的 Pass 中，我们通常会使用 Unity 提供的内置宏 V2F_SHADOW_CASTER、TRANSFER_SHADOW_CASTER_NORMALOFFSET（旧版本中会使用 TRANSFER_SHADOW_CASTER）和 SHADOW_CASTER_FRAGMENT 来计算阴影投射时需要的各种变量，而我们可以只关注自定义计算的部分。在上面的代码中，我们首先在 v2f 结构体中利用 V2F_SHADOW_CASTER 来定义阴影投射需要定义的变量。随后，在顶点着色器中，我们首先按之前对顶点的处理方法计算顶点的偏移量，不同的是，我们直接把偏移值加到顶点位置变量中，再使用 TRANSFER_SHADOW_CASTER_NORMALOFFSET 来让 Unity 为我们完成剩下的事情。在片元着色器中，我们直接使用 SHADOW_CASTER_FRAGMENT 来让 Unity 自动完成阴影投射的部分，把结果输出到深度图和阴影映射纹理中。

通过 Unity 提供的这 3 个内置宏（在 UnityCG.cginc 文件中被定义），我们可以方便地自定义需要的阴影投射的 Pass，但由于这些宏里需要使用一些特定的输入变量，因此我们需要保证为它们提供了这些变量。例如，TRANSFER_SHADOW_CASTER_NORMALOFFSET 会使用名称 v 作为输入结构体，v 中需要包含顶点位置 v.vertex 和顶点法线 v.normal 的信息，我们可以直接使用内置的 appdata_base 结构体，它包含了这些必需的顶点变量。如果我们需要进行顶点动画，可以在顶点着色器中直接修改 v.vertex，再传递给 TRANSFER_SHADOW_CASTER_NORMALOFFSET 即可。在 15.1 节中，我们还会看到如何在阴影投射的 Pass 中剔除片元，以实现自定义的透明度测试效果。

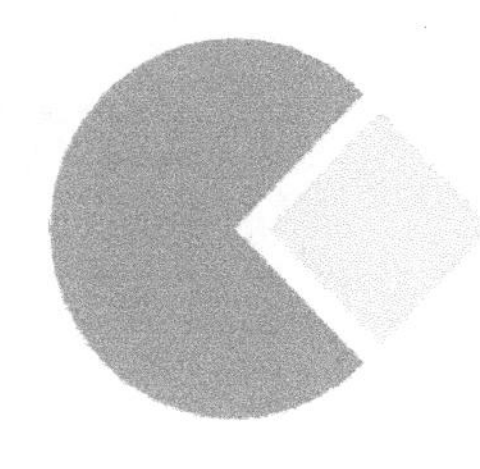

第4篇

高级篇

高级篇涵盖了一些 Shader 的高级用法，例如，如何实现屏幕特效、利用法线和深度缓冲，以及非真实感渲染等，同时，我们还会介绍一些针对移动平台的优化技巧。

第 12 章　屏幕后处理效果

这一章将介绍如何在 Unity 中实现一个基本的屏幕后处理脚本系统，并给出一些基本的屏幕特效的实现原理，如高斯模糊、边缘检测等。

第 13 章　使用深度和法线纹理

本章将介绍如何在 Unity 中获取这些特殊的纹理来实现屏幕特效。

第 14 章　非真实感渲染

这一章将会给出常见的非真实感渲染的算法，如卡通渲染、素描风格的渲染等。

第 15 章　使用噪声

很多时候噪声是我们实现特效的“救星”。本章给出了噪声在游戏渲染中的一些应用。

第 16 章　Unity 中的渲染优化技术

优化往往是游戏渲染中的重点。这一章介绍了 Unity 中针对移动平台常见的优化技巧。

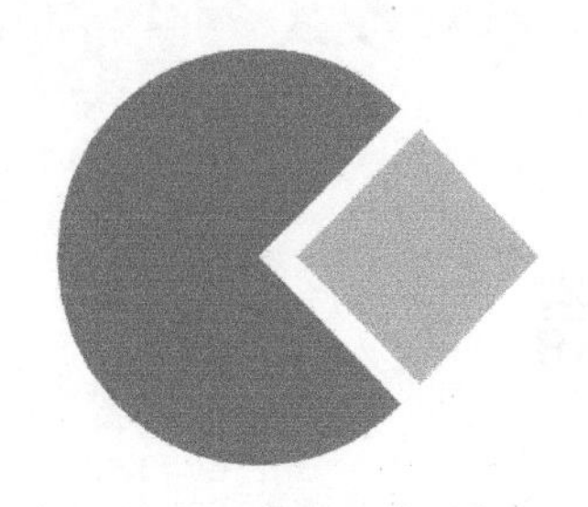

第12章 屏幕后处理效果

屏幕后处理效果（screen post-processing effects）是游戏中实现屏幕特效的常见方法。在本章中，我们将学习如何在Unity中利用渲染纹理来实现各种常见的屏幕后处理效果。在12.1节中，我们首先会解释在Unity中实现屏幕后处理效果的原理，并建立一个基本的屏幕后处理脚本系统。随后在12.2节中，我们会使用这个系统实现一个简单的调整画面亮度、饱和度和对比度的屏幕特效。在12.3节中，我们会接触到图像滤波的概念，并利用Sobel算子在屏幕空间中对图像进行边缘检测，实现描边效果。在此基础上，12.4节将会介绍如何实现一个高斯模糊的屏幕特效。在12.5和12.6节中，我们会分别介绍如何实现Bloom和运动模糊效果。

12.1 建立一个基本的屏幕后处理脚本系统

屏幕后处理，顾名思义，通常指的是在渲染完整个场景得到屏幕图像后，再对这个图像进行一系列操作，实现各种屏幕特效。使用这种技术，可以为游戏画面添加更多的艺术效果，例如景深（Depth of Field）、运动模糊（Motion Blur）等。

因此，想要实现屏幕后处理的基础在于得到渲染后的屏幕图像，即抓取屏幕，而Unity为我们提供了这样一个方便的接口——**OnRenderImage函数**。它的函数声明如下：

```
MonoBehaviour.OnRenderImage (RenderTexture src, RenderTexture dest)
```

当我们在脚本中声明此函数后，Unity会把当前渲染得到的图像存储在第一个参数对应的源渲染纹理中，通过函数中的一系列操作后，再把目标渲染纹理，即第二个参数对应的渲染纹理显示到屏幕上。在OnRenderImage函数中，我们通常是利用**Graphics.Blit函数**来完成对渲染纹理的处理。它有3种函数声明：

```
public static void Blit(Texture src, RenderTexture dest);
public static void Blit(Texture src, RenderTexture dest, Material mat, int pass = -1);
public static void Blit(Texture src, Material mat, int pass = -1);
```

其中，参数src对应了源纹理，在屏幕后处理技术中，这个参数通常就是当前屏幕的渲染纹理或是上一步处理后得到的渲染纹理。参数dest是目标渲染纹理，如果它的值为null就会直接将结果显示在屏幕上。参数mat是我们使用的材质，这个材质使用的Unity Shader将会进行各种屏幕后处理操作，而src纹理将会被传递给Shader中名为_MainTex的纹理属性。参数pass的默认值为-1，表示将会依次调用Shader内的所有Pass。否则，只会调用给定索引的Pass。

在默认情况下，OnRenderImage函数会在所有的不透明和透明的Pass执行完毕后被调用，以便对场景中所有游戏对象都产生影响。但有时，我们希望在不透明的Pass（即渲染队列小于等于2500的Pass，内置的Background、Geometry和AlphaTest渲染队列均在此范围内）执行完毕后立即调用OnRenderImage函数，从而不对透明物体产生任何影响。此时，我们可以在OnRenderImage函数前添加ImageEffectOpaque属性来实现这样的目的。13.4节展示了这样一个例子，在13.4节中，我们会利用深度和法线纹理进行边缘检测从而实现描边的效果，但我们不希望透明物体也被描边。

因此，要在 Unity 中实现屏幕后处理效果，**过程通常如下**：我们首先需要在摄像中添加一个用于屏幕后处理的脚本。在这个脚本中，我们会实现 OnRenderImage 函数来获取当前屏幕的渲染纹理。然后，再调用 Graphics.Blit 函数使用特定的 Unity Shader 来对当前图像进行处理，再把返回的渲染纹理显示到屏幕上。对于一些复杂的屏幕特效，我们可能需要多次调用 Graphics.Blit 函数来对上一步的输出结果进行下一步处理。

但是，在进行屏幕后处理之前，我们需要检查一系列条件是否满足，例如当前平台是否支持渲染纹理和屏幕特效，是否支持当前使用的 Unity Shader 等。为此，我们创建了一个用于屏幕后处理效果的基类，在实现各种屏幕特效时，我们只需要继承自该基类，再实现派生类中不同的操作即可。读者可在本书资源的 Assets/Scripts/Chapter12/PostEffectsBase.cs 中找到该脚本。

PostEffectsBase.cs 的主要代码如下。

（1）首先，所有屏幕后处理效果都需要绑定在某个摄像机上，并且我们希望在编辑器状态下也可以执行该脚本来查看效果：

```
[ExecuteInEditMode]
[RequireComponent (typeof(Camera))]
public class PostEffectsBase : MonoBehaviour {
```

（2）为了提前检查各种资源和条件是否满足，我们在 Start 函数中调用 CheckResources 函数：

```
// Called when start
protected void CheckResources() {
    bool isSupported = CheckSupport();

    if (isSupported == false) {
        NotSupported();
    }
}

// Called in CheckResources to check support on this platform
protected bool CheckSupport() {
    if (SystemInfo.supportsImageEffects == false || SystemInfo.supportsRenderTextures ==
false) {
        Debug.LogWarning("This platform does not support image effects or render
textures.");
        return false;
    }

    return true;
}

// Called when the platform doesn't support this effect
protected void NotSupported() {
    enabled = false;
}

protected void Start() {
    CheckResources();
}
```

一些屏幕特效可能需要更多的设置，例如设置一些默认值等，可以重载 Start、CheckResources 或 CheckSupport 函数。

（3）由于每个屏幕后处理效果通常都需要指定一个 Shader 来创建一个用于处理渲染纹理的材质，因此基类中也提供了这样的方法：

```
// Called when need to create the material used by this effect
protected Material CheckShaderAndCreateMaterial(Shader shader, Material material) {
    if (shader == null) {
        return null;
```

```
        }

        if (shader.isSupported && material && material.shader == shader)
            return material;

        if (!shader.isSupported) {
            return null;
        }
        else {
            material = new Material(shader);
            material.hideFlags = HideFlags.DontSave;
            if (material)
                return material;
            else
                return null;
        }
    }
```

CheckShaderAndCreateMaterial 函数接受两个参数，第一个参数指定了该特效需要使用的 Shader，第二个参数则是用于后期处理的材质。该函数首先检查 Shader 的可用性，检查通过后就返回一个使用了该 Shader 的材质，否则返回 null。

在 12.2 节中，我们就会看到如何继承 PostEffectsBase.cs 来创建一个简单的用于调整屏幕的亮度、饱和度和对比度的特效脚本。

12.2 调整屏幕的亮度、饱和度和对比度

在 12.1 节中，我们了解了实现屏幕后处理特效的技术原理。在本节中，我们就小试牛刀来实现一个非常简单的屏幕特效——调整屏幕的亮度、饱和度和对比度。在本节结束后，我们将得到类似图 12.1 中的效果。

▲图 12.1　左图：原效果。右图：调整了亮度（值为 1.2）、饱和度（值为 1.6）和对比度（值为 1.2）后的效果

为此，我们需要进行如下准备工作。

（1）新建一个场景。在本书资源中，该场景名为 Scene_12_2。在 Unity 5.2 中，默认情况下场景将包含一个摄像机和一个平行光，并且使用了内置的天空盒子。在 Window → Lighting → Skybox 中去掉场景中的天空盒子。

（2）把本书资源中的 Assets/Textures/Chapter12/Sakura0.jpg 拖曳到场景中，并调整其的位置使它可以填充整个场景。注意，Sakura0.jpg 的纹理类型已被设置为 Sprite，因此可以直接拖曳到场景中。

（3）新建一个脚本。在本书资源中，该脚本名为 BrightnessSaturationAndContrast.cs。把该脚本拖曳到摄像机上。

（4）新建一个 Unity Shader。在本书资源中，该 Shader 名为 Chapter12-BrightnessSaturationAndContrast。

我们首先来编写 BrightnessSaturationAndContrast.cs 脚本。打开该脚本，并进行如下修改。

（1）首先，继承 12.1 节中创建的基类：

```
public class BrightnessSaturationAndContrast : PostEffectsBase {
```

（2）声明该效果需要的 Shader，并据此创建相应的材质：

```
public Shader briSatConShader;
private Material briSatConMaterial;
public Material material {
    get {
        briSatConMaterial = CheckShaderAndCreateMaterial(briSatConShader, briSatConMaterial);
        return briSatConMaterial;
```

```
    }
}
```

在上述代码中，briSatConShader 是我们指定的 Shader，对应了后面将会实现的 Chapter12-BrightnessSaturationAndContrast。briSatConMaterial 是创建的材质，我们提供了名为 material 的材质来访问它，material 的 get 函数调用了基类的 CheckShaderAndCreateMaterial 函数来得到对应的材质。

（3）我们还在脚本中提供了调整亮度、饱和度和对比度的参数：

```
[Range(0.0f, 3.0f)]
public float brightness = 1.0f;

[Range(0.0f, 3.0f)]
public float saturation = 1.0f;

[Range(0.0f, 3.0f)]
public float contrast = 1.0f;
```

我们利用 Unity 提供的 Range 属性为每个参数提供了合适的变化区间。

（4）最后，我们定义 OnRenderImage 函数来进行真正的特效处理：

```
void OnRenderImage(RenderTexture src, RenderTexture dest) {
    if (material != null) {
        material.SetFloat("_Brightness", brightness);
        material.SetFloat("_Saturation", saturation);
        material.SetFloat("_Contrast", contrast);

        Graphics.Blit(src, dest, material);
    } else {
        Graphics.Blit(src, dest);
    }
}
```

每当 OnRenderImage 函数被调用时，它会检查材质是否可用。如果可用，就把参数传递给材质，再调用 Graphics.Blit 进行处理；否则，直接把原图像显示到屏幕上，不做任何处理。

下面，我们来实现 Shader 的部分。打开 Chapter12-BrightnessSaturationAndContrast，进行如下修改。

（1）我们首先需要声明本例使用的各个属性：

```
Properties {
    _MainTex ("Base (RGB)", 2D) = "white" {}
    _Brightness ("Brightness", Float) = 1
    _Saturation("Saturation", Float) = 1
    _Contrast("Contrast", Float) = 1
}
```

在 12.1 节中，我们提到 Graphics.Blit(src, dest, material)将把第一个参数传递给 Shader 中名为_MainTex 的属性。因此，我们必须声明一个名为_MainTex 的纹理属性。除此之外，我们还声明了用于调整亮度、饱和度和对比度的属性。这些值将会由脚本传递而得。事实上，我们可以省略 Properties 中的属性声明，Properties 中声明的属性仅仅是为了显示在材质面板中，但对于屏幕特效来说，它们使用的材质都是临时创建的，我们也不需要在材质面板上调整参数，而是直接从脚本传递给 Unity Shader。

（2）定义用于屏幕后处理的 Pass：

```
SubShader {
    Pass {
        ZTest Always Cull Off ZWrite Off
```

屏幕后处理实际上是在场景中绘制了一个与屏幕同宽同高的四边形面片，为了防止它对其他物体产生影响，我们需要设置相关的渲染状态。在这里，我们关闭了深度写入，是为了防止它“挡住”在其后面被渲染的物体。例如，如果当前的 OnRenderImage 函数在所有不透明的 Pass 执行完毕后立即被调用，不关闭深度写入就会影响后面透明的 Pass 的渲染。这些状态设置可以认为是用于屏幕后处理的 Shader 的“标配”。

（3）为了在代码中访问各个属性，我们需要在 CG 代码块中声明对应的变量：

```
sampler2D _MainTex;
half _Brightness;
half _Saturation;
half _Contrast;
```

（4）定义顶点着色器。屏幕特效使用的顶点着色器代码通常都比较简单，我们只需要进行必需的顶点变换，更重要的是，我们需要把正确的纹理坐标传递给片元着色器，以便对屏幕图像进行正确的采样：

```
struct v2f {
    float4 pos : SV_POSITION;
    half2 uv: TEXCOORD0;
};

v2f vert(appdata_img v) {
    v2f o;

    o.pos = mul(UNITY_MATRIX_MVP, v.vertex);

    o.uv = v.texcoord;

    return o;
}
```

在上面的顶点着色器中，我们使用了 Unity 内置的 appdata_img 结构体作为顶点着色器的输入，读者可以在 UnityCG.cginc 中找到该结构体的声明，它只包含了图像处理时必需的顶点坐标和纹理坐标等变量。

（5）接着，我们实现了用于调整亮度、饱和度和对比度的片元着色器：

```
fixed4 frag(v2f i) : SV_Target {
    fixed4 renderTex = tex2D(_MainTex, i.uv);

    // Apply brightness
    fixed3 finalColor = renderTex.rgb * _Brightness;

    // Apply saturation
    fixed luminance = 0.2125 * renderTex.r + 0.7154 * renderTex.g + 0.0721 * renderTex.b;
    fixed3 luminanceColor = fixed3(luminance, luminance, luminance);
    finalColor = lerp(luminanceColor, finalColor, _Saturation);

    // Apply contrast
    fixed3 avgColor = fixed3(0.5, 0.5, 0.5);
    finalColor = lerp(avgColor, finalColor, _Contrast);

    return fixed4(finalColor, renderTex.a);
}
```

首先，我们得到对原屏幕图像（存储在_MainTex 中）的采样结果 renderTex。然后，利用_Brightness 属性来调整亮度。亮度的调整非常简单，我们只需要把原颜色乘以亮度系数_Brightness 即可。然后，我们计算该像素对应的亮度值（luminance），这是通过对每个颜色分量乘以一个特定的系数再相加得到的。我们使用该亮度值创建了一个饱和度为 0 的颜色值，并使用_Saturation 属性在其和上一步得到的颜色之间进行插值，从而得到希望的饱和度颜色。对比度的处理类似，我们首先创建一个对比度为 0 的颜色值（各分量均为 0.5），再使用_Contrast 属性在其和上一步得到的颜色之间进行插值，从而得到最终的处理结果。

（6）最后，我们关闭该 Unity Shader 的 Fallback：

```
Fallback Off
```

完成后返回编辑器，并把 Chapter12-BrightnessSaturationAndContrast 拖曳到摄像机的 BrightnessSaturationAndContrast.cs 脚本中的 briSatConShader 参数中。调整各个参数后，我们就可以得到类似图 12.1 中的效果。

在上面的实现中，我们需要手动把 Shader 拖曳到脚本的参数上。为了在以后的使用中，当把脚本拖曳到摄像机上时直接使用对应的 Shader，我们可以在脚本的面板中设置 Shader 参数的默认值，如图 12.2 所示。

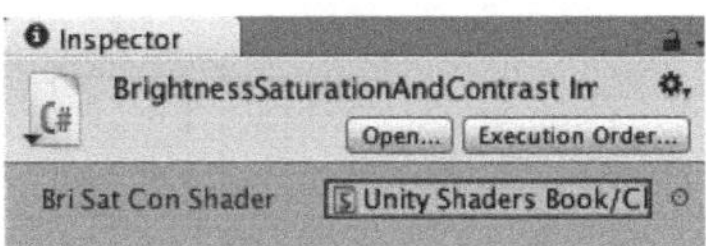

▲图 12.2　为脚本设置 Shader 的默认值

12.3 边缘检测

在 12.2 节中，我们已经学习了如何实现一个简单的屏幕后处理效果。在本节中，我们会学习一个常见的屏幕后处理效果——边缘检测。边缘检测是描边效果的一种实现方法，在本节结束后，我们可以得到类似图 12.3 中的效果。

▲图 12.3　左图：12.2 节得到的结果，右图：进行边缘检测后的效果

边缘检测的原理是利用一些边缘检测算子对图像进行**卷积**（**convolution**）操作，我们首先来了解什么是卷积。

12.3.1　什么是卷积

在图像处理中，卷积操作指的就是使用一个**卷积核**（**kernel**）对一张图像中的每个像素进行一系列操作。卷积核通常是一个四方形网格结构（例如 2×2、3×3 的方形区域），该区域内每个方格都有一个权重值。当对图像中的某个像素进行卷积时，我们会把卷积核的中心放置于该像素上，如图 12.4 所示，翻转核之后再依次计算核中每个元素和其覆盖的图像像素值的乘积并求和，得到的结果就是该位置的新像素值。

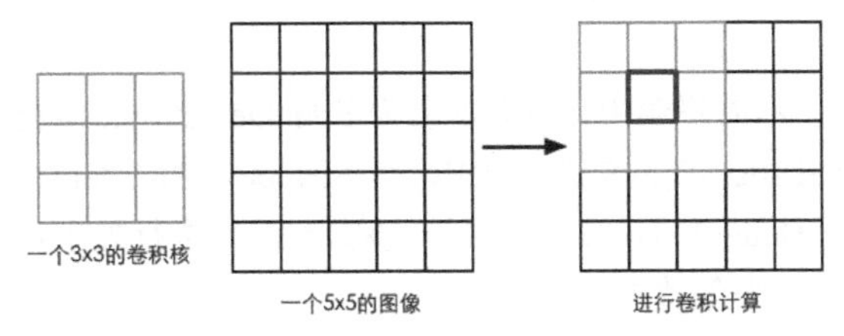

▲图 12.4　卷积核与卷积。使用一个 3×3 大小的卷积核对一张 5×5 大小的图像进行卷积操作，当计算图中红色方块对应的像素的卷积结果时，我们首先把卷积核的中心放置在该像素位置，翻转核之后再依次计算核中每个元素和其覆盖的图像像素值的乘积并求和，得到新的像素值

这样的计算过程虽然简单，但可以实现很多常见的图像处理效果，例如图像模糊、边缘检测等。例如，如果我们想要对图像进行均值模糊，可以使用一个 3×3 的卷积核，核内每个元素的值均为 1/9。

12.3.2　常见的边缘检测算子

卷积操作的神奇之处在于选择的卷积核。那么，用于边缘检测的卷积核（也被称为边缘检测算子）应该长什么样呢？在回答这个问题前，我们可以首先回想一下边到底是如何形成的。如果相邻像素之间存在差别明显的颜色、亮度、纹理等属性，我们就会认为它们之间应该有一条边界。这种相邻像素之间的差值可以用**梯度（gradient）**来表示，可以想象得到，边缘处的梯度绝对值会比较大。基于这样的理解，有几种不同的边缘检测算子被先后提出来。

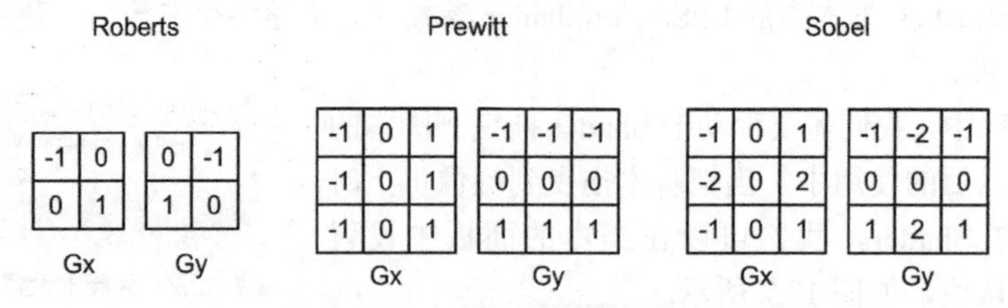

图 12.5 3 种常见的边缘检测算子

3 种常见的边缘检测算子如图 12.5 所示，它们都包含了两个方向的卷积核，分别用于检测水平方向和竖直方向上的边缘信息。在进行边缘检测时，我们需要对每个像素分别进行一次卷积计算，得到两个方向上的梯度值 G_x 和 G_y，而整体的梯度可按下面的公式计算而得：

$$G=\sqrt{G_x^2+G_y^2}$$

由于上述计算包含了开根号操作，出于性能的考虑，我们有时会使用绝对值操作来代替开根号操作：

$$G=|G_x|+|G_y|$$

当得到梯度 G 后，我们就可以据此来判断哪些像素对应了边缘（梯度值越大，越有可能是边缘点）。

12.3.3 实现

本节将会使用 Sobel 算子进行边缘检测，实现描边效果。为此，我们需要进行如下准备工作。

（1）新建一个场景。在本书资源中，该场景名为 Scene_12_3。在 Unity 5.2 中，默认情况下场景将包含一个摄像机和一个平行光，并且使用了内置的天空盒子。在 Window -> Lighting -> Skybox 中去掉场景中的天空盒子。

（2）把本书资源中的 Assets/Textures/Chapter12/Sakura0.jpg 拖曳到场景中，并调整它的位置使其可以填充整个场景。注意，Sakura0.jpg 的纹理类型已被设置为 Sprite，因此可以直接拖曳到场景中。

（3）新建一个脚本。在本书资源中，该脚本名为 EdgeDetection.cs。把该脚本拖曳到摄像机上。

（4）新建一个 Unity Shader。在本书资源中，该 Shader 名为 Chapter12-EdgeDetection。

我们首先来编写 EdgeDetection.cs 脚本。打开该脚本，并进行如下修改。

（1）首先，继承 12.1 节中创建的基类：

```
public class EdgeDetection : PostEffectsBase {
```

（2）声明该效果需要的 Shader，并据此创建相应的材质：

```
public Shader edgeDetectShader;
private Material edgeDetectMaterial = null;
public Material material {
    get {
        edgeDetectMaterial = CheckShaderAndCreateMaterial(edgeDetectShader, edgeDetectMaterial);
        return edgeDetectMaterial;
    }
}
```

在上述代码中，edgeDetectShader 是我们指定的 Shader，对应了后面将会实现的 Chapter12-EdgeDetection。

（3）在脚本中提供用于调整边缘线强度、描边颜色以及背景颜色的参数：

```
[Range(0.0f, 1.0f)]
public float edgesOnly = 0.0f;

public Color edgeColor = Color.black;

public Color backgroundColor = Color.white;
```

当 edgesOnly 值为 0 时，边缘将会叠加在原渲染图像上；当 edgesOnly 值为 1 时，则会只显示边缘，不显示原渲染图像。其中，背景颜色由 backgroundColor 指定，边缘颜色由 edgeColor 指定。

（4）最后，我们定义 OnRenderImage 函数来进行真正的特效处理：

```
void OnRenderImage (RenderTexture src, RenderTexture dest) {
    if (material != null) {
        material.SetFloat("_EdgeOnly", edgesOnly);
        material.SetColor("_EdgeColor", edgeColor);
        material.SetColor("_BackgroundColor", backgroundColor);

        Graphics.Blit(src, dest, material);
    } else {
        Graphics.Blit(src, dest);
    }
}
```

每当 OnRenderImage 函数被调用时，它会检查材质是否可用。如果可用，就把参数传递给材质，再调用 Graphics.Blit 进行处理；否则，直接把原图像显示到屏幕上，不做任何处理。

下面，我们来实现 Shader 的部分。打开 Chapter12-EdgeDetection，进行如下修改。

（1）我们首先需要声明本例使用的各个属性：

```
Properties {
    _MainTex ("Base (RGB)", 2D) = "white" {}
    _EdgeOnly ("Edge Only", Float) = 1.0
    _EdgeColor ("Edge Color", Color) = (0, 0, 0, 1)
    _BackgroundColor ("Background Color", Color) = (1, 1, 1, 1)
}
```

_MainTex 对应了输入的渲染纹理。

（2）定义用于屏幕后处理的 Pass，设置相关的渲染状态：

```
SubShader {
    Pass {
        ZTest Always Cull Off ZWrite Off
```

（3）为了在代码中访问各个属性，我们需要在 CG 代码块中声明对应的变量：

```
sampler2D _MainTex;
half4 _MainTex_TexelSize;
fixed _EdgeOnly;
fixed4 _EdgeColor;
fixed4 _BackgroundColor;
```

在上面的代码中，我们还声明了一个新的变量_MainTex_TexelSize。xxx_TexelSize 是 Unity 为我们提供的访问 xxx 纹理对应的每个纹素的大小。例如，一张 512×512 大小的纹理，该值大约为 0.001953（即 1/512）。由于卷积需要对相邻区域内的纹理进行采样，因此我们需要利用_MainTex_TexelSize 来计算各个相邻区域的纹理坐标。

（4）在顶点着色器的代码中，我们计算了边缘检测时需要的纹理坐标：

```
struct v2f {
    float4 pos : SV_POSITION;
```

```
    half2 uv[9] : TEXCOORD0;
};

v2f vert(appdata_img v) {
    v2f o;
    o.pos = mul(UNITY_MATRIX_MVP, v.vertex);

    half2 uv = v.texcoord;

    o.uv[0] = uv + _MainTex_TexelSize.xy * half2(-1, -1);
    o.uv[1] = uv + _MainTex_TexelSize.xy * half2(0, -1);
    o.uv[2] = uv + _MainTex_TexelSize.xy * half2(1, -1);
    o.uv[3] = uv + _MainTex_TexelSize.xy * half2(-1, 0);
    o.uv[4] = uv + _MainTex_TexelSize.xy * half2(0, 0);
    o.uv[5] = uv + _MainTex_TexelSize.xy * half2(1, 0);
    o.uv[6] = uv + _MainTex_TexelSize.xy * half2(-1, 1);
    o.uv[7] = uv + _MainTex_TexelSize.xy * half2(0, 1);
    o.uv[8] = uv + _MainTex_TexelSize.xy * half2(1, 1);

    return o;
}
```

我们在 v2f 结构体中定义了一个维数为 9 的纹理数组，对应了使用 Sobel 算子采样时需要的 9 个邻域纹理坐标。通过把计算采样纹理坐标的代码从片元着色器中转移到顶点着色器中，可以减少运算，提高性能。由于从顶点着色器到片元着色器的插值是线性的，因此这样的转移并不会影响纹理坐标的计算结果。

（5）片元着色器是我们的重点，它的代码如下：

```
fixed4 fragSobel(v2f i) : SV_Target {
    half edge = Sobel(i);

    fixed4 withEdgeColor = lerp(_EdgeColor, tex2D(_MainTex, i.uv[4]), edge);
    fixed4 onlyEdgeColor = lerp(_EdgeColor, _BackgroundColor, edge);
    return lerp(withEdgeColor, onlyEdgeColor, _EdgeOnly);
}
```

我们首先调用 Sobel 函数计算当前像素的梯度值 edge，并利用该值分别计算了背景为原图和纯色下的颜色值，然后利用_EdgeOnly 在两者之间插值得到最终的像素值。Sobel 函数将利用 Sobel 算子对原图进行边缘检测，它的定义如下：

```
fixed luminance(fixed4 color) {
    return  0.2125 * color.r + 0.7154 * color.g + 0.0721 * color.b;
}

half Sobel(v2f i) {
    const half Gx[9] = {-1, -2, -1,
                        0,  0,  0,
                        1,  2,  1};
    const half Gy[9] = {-1,  0,  1,
                        -2,  0,  2,
                        -1,  0,  1};

    half texColor;
    half edgeX = 0;
    half edgeY = 0;
    for (int it = 0; it < 9; it++) {
        texColor = luminance(tex2D(_MainTex, i.uv[it]));
        edgeX += texColor * Gx[it];
        edgeY += texColor * Gy[it];
    }

    half edge = 1 - abs(edgeX) - abs(edgeY);

    return edge;
}
```

我们首先定义了水平方向和竖直方向使用的卷积核 G_x 和 G_y。接着，我们依次对 9 个像素进行采样，计算它们的亮度值，再与卷积核 G_x 和 G_y 中对应的权重相乘后，叠加到各自的梯度值上。最后，我们从 1 中减去水平方向和竖直方向的梯度值的绝对值，得到 edge。edge 值越小，表明该位置越可能是一个边缘点。至此，边缘检测过程结束。

（6）当然，我们也关闭了该 Shader 的 Fallback：

```
Fallback Off
```

完成后返回编辑器，并把 Chapter12-EdgeDetection 拖曳到摄像机的 EdgeDetection.cs 脚本中的 edgeDetectShader 参数中。当然，我们可以在 EdgeDetection.cs 的脚本面板中将 edgeDetectShader 参数的默认值设置为 Chapter12-EdgeDetection，这样就不需要以后使用时每次都手动拖曳了。图 12.6 显示了 edgeOnly 参数为 1 时对应的屏幕效果。

▲图 12.6　只显示边缘的屏幕效果

需要注意的是，本节实现的边缘检测仅仅利用了屏幕颜色信息，而在实际应用中，物体的纹理、阴影等信息均会影响边缘检测的结果，使得结果包含许多非预期的描边。为了得到更加准确的边缘信息，我们往往会在屏幕的深度纹理和法线纹理上进行边缘检测。我们将会在 13.4 节中实现这种方法。

12.4 高斯模糊

在 12.3 节中，我们学习了卷积的概念，并利用卷积实现了一个简单的边缘检测效果。在本节中，我们将学习卷积的另一个常见应用——高斯模糊。模糊的实现有很多方法，例如均值模糊和中值模糊。均值模糊同样使用了卷积操作，它使用的卷积核中的各个元素值都相等，且相加等于 1，也就是说，卷积后得到的像素值是其邻域内各个像素值的平均值。而中值模糊则是选择邻域内对所有像素排序后的中值替换掉原颜色。一个更高级的模糊方法是高斯模糊。在学习完本节后，我们可以得到类似图 12.7 中的效果。

▲图 12.7　左边为原效果，右边为高斯模糊后的效果

12.4.1　高斯滤波

高斯模糊同样利用了卷积计算，它使用的卷积核名为高斯核。高斯核是一个正方形大小的滤波核，其中每个元素的计算都是基于下面的高斯方程：

$$G(x,y)=\frac{1}{2\pi\sigma^2}e^{-\frac{x^2+y^2}{2\sigma^2}}$$

其中，σ是标准方差（一般取值为 1），x 和 y 分别对应了当前位置到卷积核中心的整数距离。要构建一个高斯核，我们只需要计算高斯核中各个位置对应的高斯值。为了保证滤波后的图像不会变暗，我们需要对高斯核中的权重进行归一化，即让每个权重除以所有权重的和，这样可以保证所有权重的和为 1。因此，高斯函数中 e 前面的系数实际不会对结果有任何影响。图 12.8 显示了一个标准方差为 1 的 5×5 大小的高斯核。

高斯方程很好地模拟了邻域每个像素对当前处理像素的影响程度——距离越近，影响越大。

高斯核的维数越高，模糊程度越大。使用一个 NxN 的高斯核对图像进行卷积滤波，就需要 N×N×W×H（W 和 H 分别是图像的宽和高）次纹理采样。当 N 的大小不断增加时，采样次数会变得非常巨大。幸运的是，我们可以把这个二维高斯函数拆分成两个一维函数。也就是说，我们可以使用两个一维的高斯核（图 12.8 中的右图）先后对图像进行滤波，它们得到的结果和直接使用二维高斯核是一样的，但采样次数只需要 2×N×W×H。我们可以进一步观察到，两个一维高斯核中包含了很多重复的权重。对于一个大小为 5 的一维高斯核，我们实际只需要记录 3 个权重值即可。

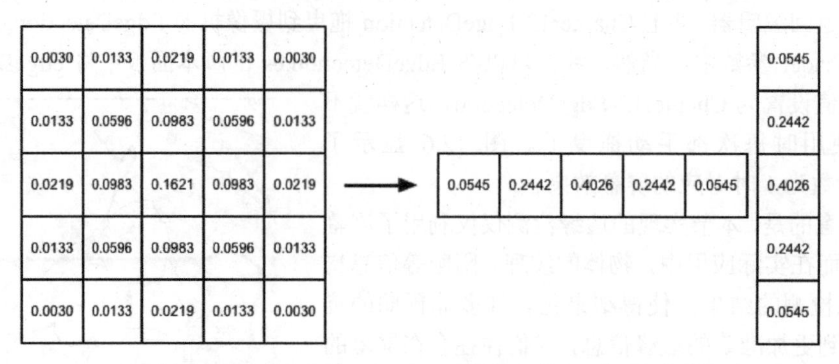

▲图 12.8　一个 5×5 大小的高斯核。左图显示了标准方差为 1 的高斯核的权重分布，
我们可以把这个二维高斯核拆分成两个一维的高斯核（右图）

在本节，我们将会使用上述 5×5 的高斯核对原图像进行高斯模糊。我们将先后调用两个 Pass，第一个 Pass 将会使用竖直方向的一维高斯核对图像进行滤波，第二个 Pass 再使用水平方向的一维高斯核对图像进行滤波，得到最终的目标图像。在实现中，我们还将利用图像缩放来进一步提高性能，并通过调整高斯滤波的应用次数来控制模糊程度（次数越多，图像越模糊）。

12.4.2　实现

为此，我们需要进行如下准备工作。

（1）新建一个场景。在本书资源中，该场景名为 Scene_12_4。在 Unity 5.2 中，默认情况下场景将包含一个摄像机和一个平行光，并且使用了内置的天空盒子。在 Window → Lighting →Skybox 中去掉场景中的天空盒子。

（2）把本书资源中的 Assets/Textures/Chapter12/Sakura1.jpg 拖曳到场景中，并调整的位置使其可以填充整个场景。注意，Sakura1.jpg 的纹理类型已被设置为 Sprite，因此可以直接拖曳到场景中。

（3）新建一个脚本。在本书资源中，该脚本名为 GaussianBlur.cs。把该脚本拖曳到摄像机上。

（4）新建一个 Unity Shader。在本书资源中，该 Shader 名为 Chapter12-GaussianBlur。

我们首先来编写 GaussianBlur.cs 脚本。打开该脚本，并进行如下修改。

（1）首先，继承 12.1 节中创建的基类：

```
public class GaussianBlur : PostEffectsBase {
```

（2）声明该效果需要的 Shader，并据此创建相应的材质：

```
public Shader gaussianBlurShader;
private Material gaussianBlurMaterial = null;

public Material material {
    get {
        gaussianBlurMaterial = CheckShaderAndCreateMaterial(gaussianBlurShader,
gaussianBlurMaterial);
        return gaussianBlurMaterial;
    }
}
```

在上述代码中，gaussianBlurShader 是我们指定的 shader，对应了后面将会实现的 Chapter12-GaussianBlur。

（3）在脚本中，我们还提供了调整高斯模糊迭代次数、模糊范围和缩放系数的参数：

```
// Blur iterations - larger number means more blur.
[Range(0, 4)]
public int iterations = 3;

// Blur spread for each iteration - larger value means more blur
[Range(0.2f, 3.0f)]
public float blurSpread = 0.6f;

[Range(1, 8)]
public int downSample = 2;
```

blurSpread 和 downSample 都是出于性能的考虑。在高斯核维数不变的情况下，_BlurSize 越大，模糊程度越高，但采样数却不会受到影响。但过大的_BlurSize 值会造成虚影，这可能并不是我们希望的。而 downSample 越大，需要处理的像素数越少，同时也能进一步提高模糊程度，但过大的 downSample 可能会使图像像素化。

（4）最后，我们需要定义关键的 OnRenderImage 函数。我们首先来看第一个版本，也就是最简单的 OnRenderImage 的实现：

```
/// 1st edition: just apply blur
void OnRenderImage(RenderTexture src, RenderTexture dest) {
    if (material != null) {
        int rtW = src.width;
        int rtH = src.height;
        RenderTexture buffer = RenderTexture.GetTemporary(rtW, rtH, 0);

        // Render the vertical pass
        Graphics.Blit(src, buffer, material, 0);
        // Render the horizontal pass
        Graphics.Blit(buffer, dest, material, 1);

        RenderTexture.ReleaseTemporary(buffer);
    } else {
        Graphics.Blit(src, dest);
    }
}
```

与上两节的实现不同，我们这里利用 RenderTexture.GetTemporary 函数分配了一块与屏幕图像大小相同的缓冲区。这是因为，高斯模糊需要调用两个 Pass，我们需要使用一块中间缓存来存储第一个 Pass 执行完毕后得到的模糊结果。如代码所示，我们首先调用 Graphics.Blit(src, buffer, material, 0)，使用 Shader 中的第一个 Pass（即使用竖直方向的一维高斯核进行滤波）对 src 进行处理，并将结果存储在了 buffer 中。然后，再调用 Graphics.Blit(buffer, dest, material, 1)，使用 Shader 中的第二个 Pass（即使用水平方向的一维高斯核进行滤波）对 buffer 进行处理，返回最终的屏幕图像。最后，我们还需要调用 RenderTexture.ReleaseTemporary 来释放之前分配的缓存。

（5）在理解了上述代码后，我们可以实现第二个版本的 OnRenderImage 函数。在这个版本中，我们将利用缩放对图像进行降采样，从而减少需要处理的像素个数，提高性能。

```
/// 2nd edition: scale the render texture
void OnRenderImage (RenderTexture src, RenderTexture dest) {
    if (material != null) {
        int rtW = src.width/downSample;
        int rtH = src.height/downSample;
        RenderTexture buffer = RenderTexture.GetTemporary(rtW, rtH, 0);
        buffer.filterMode = FilterMode.Bilinear;

        // Render the vertical pass
```

```
        Graphics.Blit(src, buffer, material, 0);
        // Render the horizontal pass
        Graphics.Blit(buffer, dest, material, 1);

        RenderTexture.ReleaseTemporary(buffer);
    } else {
        Graphics.Blit(src, dest);
    }
}
```

与第一个版本代码不同的是，我们在声明缓冲区的大小时，使用了小于原屏幕分辨率的尺寸，并将该临时渲染纹理的滤波模式设置为双线性。这样，在调用第一个 Pass 时，我们需要处理的像素个数就是原来的几分之一。对图像进行降采样不仅可以减少需要处理的像素个数，提高性能，而且适当的降采样往往还可以得到更好的模糊效果。尽管 downSample 值越大，性能越好，但过大的 downSample 可能会造成图像像素化。

（6）最后一个版本的代码还考虑了高斯模糊的迭代次数：

```
/// 3rd edition: use iterations for larger blur
void OnRenderImage (RenderTexture src, RenderTexture dest) {
    if (material != null) {
        int rtW = src.width/downSample;
        int rtH = src.height/downSample;

        RenderTexture buffer0 = RenderTexture.GetTemporary(rtW, rtH, 0);
        buffer0.filterMode = FilterMode.Bilinear;

        Graphics.Blit(src, buffer0);

        for (int i = 0; i < iterations; i++) {
            material.SetFloat("_BlurSize", 1.0f + i * blurSpread);

            RenderTexture buffer1 = RenderTexture.GetTemporary(rtW, rtH, 0);

            // Render the vertical pass
            Graphics.Blit(buffer0, buffer1, material, 0);

            RenderTexture.ReleaseTemporary(buffer0);
            buffer0 = buffer1;
            buffer1 = RenderTexture.GetTemporary(rtW, rtH, 0);

            // Render the horizontal pass
            Graphics.Blit(buffer0, buffer1, material, 1);

            RenderTexture.ReleaseTemporary(buffer0);
            buffer0 = buffer1;
        }

        Graphics.Blit(buffer0, dest);
        RenderTexture.ReleaseTemporary(buffer0);
    } else {
        Graphics.Blit(src, dest);
    }
}
```

上面的代码显示了如何利用两个临时缓存在迭代之间进行交替的过程。在迭代开始前，我们首先定义了第一个缓存 buffer0，并把 src 中的图像缩放后存储到 buffer0 中。在迭代过程中，我们又定义了第二个缓存 buffer1。在执行第一个 Pass 时，输入是 buffer0，输出是 buffer1，完毕后首先把 buffer0 释放，再把结果值 buffer1 存储到 buffer0 中，重新分配 buffer1，然后再调用第二个 Pass，重复上述过程。迭代完成后，buffer0 将存储最终的图像，我们再利用 Graphics.Blit(buffer0, dest)把结果显示到屏幕上，并释放缓存。

下面，我们来实现 Shader 的部分。打开 Chapter12-GaussianBlur，进行如下修改。

（1）我们首先需要声明本例使用的各个属性：

```
Properties {
    _MainTex ("Base (RGB)", 2D) = "white" {}
    _BlurSize ("Blur Size", Float) = 1.0
}
```

_MainTex 对应了输入的渲染纹理。

（2）在本节中，我们将第一次使用 CGINCLUDE 来组织代码。我们在 SubShader 块中利用 CGINCLUDE 和 ENDCG 语义来定义一系列代码：

```
SubShader {
    CGINCLUDE
    ...
    ENDCG
    ...
```

这些代码不需要包含在任何 Pass 语义块中，在使用时，我们只需要在 Pass 中直接指定需要使用的顶点着色器和片元着色器函数名即可。CGINCLUDE 类似于 C++中头文件的功能。由于高斯模糊需要定义两个 Pass，但它们使用的片元着色器代码是完全相同的，使用 CGINCLUDE 可以避免我们编写两个完全一样的 frag 函数。

（3）在 CG 代码块中，定义与属性对应的变量：

```
sampler2D _MainTex;
half4 _MainTex_TexelSize;
float _BlurSize;
```

由于要得到相邻像素的纹理坐标，我们这里再一次使用了 Unity 提供的_MainTex_TexelSize 变量，以计算相邻像素的纹理坐标偏移量。

（4）分别定义两个 Pass 使用的顶点着色器。下面是竖直方向的顶点着色器代码：

```
struct v2f {
    float4 pos : SV_POSITION;
    half2 uv[5]: TEXCOORD0;
};

v2f vertBlurVertical(appdata_img v) {
    v2f o;
    o.pos = mul(UNITY_MATRIX_MVP, v.vertex);

    half2 uv = v.texcoord;

    o.uv[0] = uv;
    o.uv[1] = uv + float2(0.0, _MainTex_TexelSize.y * 1.0) * _BlurSize;
    o.uv[2] = uv - float2(0.0, _MainTex_TexelSize.y * 1.0) * _BlurSize;
    o.uv[3] = uv + float2(0.0, _MainTex_TexelSize.y * 2.0) * _BlurSize;
    o.uv[4] = uv - float2(0.0, _MainTex_TexelSize.y * 2.0) * _BlurSize;

    return o;
}
```

在本节中我们会利用 5×5 大小的高斯核对原图像进行高斯模糊，而由 12.4.1 节可知，一个 5×5 的二维高斯核可以拆分成两个大小为 5 的一维高斯核，因此我们只需要计算 5 个纹理坐标即可。为此，我们在 v2f 结构体中定义了一个 5 维的纹理坐标数组。数组的第一个坐标存储了当前的采样纹理，而剩余的四个坐标则是高斯模糊中对邻域采样时使用的纹理坐标。我们还和属性_BlurSize 相乘来控制采样距离。在高斯核维数不变的情况下，_BlurSize 越大，模糊程度越高，但采样数却不会受到影响。但过大的_BlurSize 值会造成虚影，这可能并不是我们希望的。通过把计算采样纹理坐标的代码从片元着色器中转移到顶点着色器中，可以减少运算，提高性能。由于从顶点着色器到片元着色器的插值是线性的，因此这样的转移并不会影响纹理坐标的计算结果。

水平方向的顶点着色器和上面的代码类似，只是在计算 4 个纹理坐标时使用了水平方向的纹素大小进行纹理偏移。

（5）定义两个 Pass 共用的片元着色器：

```
fixed4 fragBlur(v2f i) : SV_Target {
   float weight[3] = {0.4026, 0.2442, 0.0545};

   fixed3 sum = tex2D(_MainTex, i.uv[0]).rgb * weight[0];

   for (int it = 1; it < 3; it++) {
         sum += tex2D(_MainTex, i.uv[it*2-1]).rgb * weight[it];
         sum += tex2D(_MainTex, i.uv[it*2]).rgb * weight[it];
   }

   return fixed4(sum, 1.0);
}
```

由 12.4.1 节可知，一个 5×5 的二维高斯核可以拆分成两个大小为 5 的一维高斯核，并且由于它的对称性，我们只需要记录 3 个高斯权重，也就是代码中的 weight 变量。我们首先声明了各个邻域像素对应的权重 weight，然后将结果值 sum 初始化为当前的像素值乘以它的权重值。根据对称性，我们进行了两次迭代，每次迭代包含了两次纹理采样，并把像素值和权重相乘后的结果叠加到 sum 中。最后，函数返回滤波结果 sum。

（6）然后，我们定义了高斯模糊使用的两个 Pass：

```
ZTest Always Cull Off ZWrite Off

Pass {
   NAME "GAUSSIAN_BLUR_VERTICAL"

   CGPROGRAM

   #pragma vertex vertBlurVertical
   #pragma fragment fragBlur

   ENDCG
}

Pass {
   NAME "GAUSSIAN_BLUR_HORIZONTAL"

   CGPROGRAM

   #pragma vertex vertBlurHorizontal
   #pragma fragment fragBlur

   ENDCG
}
```

注意，我们仍然首先设置了渲染状态。和之前实现不同的是，我们为两个 Pass 使用 NAME 语义（见 3.3.3 节）定义了它们的名字。这是因为，高斯模糊是非常常见的图像处理操作，很多屏幕特效都是建立在它的基础上的，例如 Bloom 效果（见 12.5 节）。为 Pass 定义名字，可以在其他 Shader 中直接通过它们的名字来使用该 Pass，而不需要再重复编写代码。

（7）最后，关闭该 Shader 的 Fallback：

```
Fallback Off
```

完成后返回编辑器，并把 Chapter12-GaussianBlur 拖曳到摄像机的 GaussianBlur.cs 脚本中的 gaussianBlurShader 参数中。当然，我们可以在 GaussianBlur.cs 的脚本面板中将 gaussianBlurShader 参数的默认值设置为 Chapter12-GaussianBlur，这样就不需要以后使用时每次都手动拖曳了。

12.5 Bloom 效果

Bloom 特效是游戏中常见的一种屏幕效果。这种特效可以模拟真实摄像机的一种图像效果，它让画面中较亮的区域“扩散”到周围的区域中，造成一种朦胧的效果。图 12.9 给出了动画短片《大象之梦》（英文名：Elephants Dream）中的一个 Bloom 效果。

本节将会实现一个基本的 Bloom 特效，在学习完本节后，我们可以得到类似图 12.10 中的效果。

▲图 12.9 动画短片《大象之梦》中的 Bloom 效果，光线透过门扩散到了周围较暗的区域中

▲图 12.10 左边为原效果，右边为 Bloom 处理后的效果

Bloom 的实现原理非常简单：我们首先根据一个阈值提取出图像中的较亮区域，把它们存储在一张渲染纹理中，再利用高斯模糊对这张渲染纹理进行模糊处理，模拟光线扩散的效果，最后再将其和原图像进行混合，得到最终的效果。

为此，我们需要进行如下准备工作。

（1）新建一个场景。在本书资源中，该场景名为 Scene_12_5。在 Unity 5.2 中，默认情况下场景将包含一个摄像机和一个平行光，并且使用了内置的天空盒子。在 Window → Lighting → Skybox 中去掉场景中的天空盒子。

（2）把本书资源中的 Textures/Chapter12/Sakura1.jpg 拖曳到场景中，并调整它的位置使其可以填充整个场景。注意，Sakura1.jpg 的纹理类型已被设置为 Sprite，因此可以直接拖曳到场景中。

（3）新建一个脚本。在本书资源中，该脚本名为 Bloom.cs。把该脚本拖曳到摄像机上。

（4）新建一个 Unity Shader。在本书资源中，该 Shader 名为 Chapter12-Bloom。

我们首先来编写 Bloom.cs 脚本。打开该脚本，并进行如下修改。

（1）首先，继承 12.1 节中创建的基类：

```
public class Bloom : PostEffectsBase {
```

（2）声明该效果需要的 Shader，并据此创建相应的材质：

```
public Shader bloomShader;
private Material bloomMaterial = null;
public Material material {
    get {
        bloomMaterial = CheckShaderAndCreateMaterial(bloomShader, bloomMaterial);
        return bloomMaterial;
    }
}
```

在上述代码中，bloomShader 是我们指定的 Shader，对应了后面将会实现的 Chapter12-Bloom。

（3）由于 Bloom 效果是建立在高斯模糊的基础上的，因此脚本中提供的参数和 12.4 节中的几乎完全一样，我们只增加了一个新的参数 luminanceThreshold 来控制提取较亮区域时使用的阈值大小：

```
// Blur iterations - larger number means more blur.
[Range(0, 4)]
public int iterations = 3;

// Blur spread for each iteration - larger value means more blur
[Range(0.2f, 3.0f)]
public float blurSpread = 0.6f;

[Range(1, 8)]
public int downSample = 2;

[Range(0.0f, 4.0f)]
public float luminanceThreshold = 0.6f;
```

尽管在绝大多数情况下，图像的亮度值不会超过 1。但如果我们开启了 HDR，硬件会允许我们把颜色值存储在一个更高精度范围的缓冲中，此时像素的亮度值可能会超过 1。因此，在这里我们把 luminanceThreshold 的值规定在[0, 4]范围内。更多关于 HDR 的内容，可以参见 18.4.3 节。

（4）最后，我们需要定义关键的 OnRenderImage 函数：

```
void OnRenderImage (RenderTexture src, RenderTexture dest) {
    if (material != null) {
        material.SetFloat("_LuminanceThreshold", luminanceThreshold);

        int rtW = src.width/downSample;
        int rtH = src.height/downSample;

        RenderTexture buffer0 = RenderTexture.GetTemporary(rtW, rtH, 0);
        buffer0.filterMode = FilterMode.Bilinear;

        Graphics.Blit(src, buffer0, material, 0);

        for (int i = 0; i < iterations; i++) {
            material.SetFloat("_BlurSize", 1.0f + i * blurSpread);

            RenderTexture buffer1 = RenderTexture.GetTemporary(rtW, rtH, 0);

            // Render the vertical pass
            Graphics.Blit(buffer0, buffer1, material, 1);

            RenderTexture.ReleaseTemporary(buffer0);
            buffer0 = buffer1;
            buffer1 = RenderTexture.GetTemporary(rtW, rtH, 0);

            // Render the horizontal pass
            Graphics.Blit(buffer0, buffer1, material, 2);

            RenderTexture.ReleaseTemporary(buffer0);
            buffer0 = buffer1;
        }

        material.SetTexture ("_Bloom", buffer0);
        Graphics.Blit (src, dest, material, 3);

        RenderTexture.ReleaseTemporary(buffer0);
    } else {
        Graphics.Blit(src, dest);
    }
}
```

上面的代码和 12.4 节中进行高斯模糊时使用的代码基本相同，但进行了一些修改。我们前面提到，Bloom 效果需要 3 个步骤：首先，提取图像中较亮的区域，因此我们没有像 12.4 节那样直接对 src 进行降采样，而是通过调用 Graphics.Blit(src, buffer0, material, 0)来使用 Shader 中的第一个 Pass 提取图像中的较亮区域，提取得到的较亮区域将存储在 buffer0 中。然后，我们进行和 12.4 节中完全一样的高斯模糊迭代处理，这些 Pass 对应了 Shader 的第二个和第三个 Pass。模糊后的较亮区域将会存储在 buffer0 中，此时，我们再把 buffer0 传递给材质中的_Bloom 纹理属性，并调用 Graphics.Blit (src, dest, material, 3)使用 Shader 中的第四个 Pass 来进行最后的混合，将结果存储在目标渲染纹理 dest 中。最后，释放临时缓存。

下面，我们来实现 Shader 的部分。打开 Chapter12-Bloom，进行如下修改。

（1）我们首先需要声明本例使用的各个属性：

```
Properties {
    _MainTex ("Base (RGB)", 2D) = "white" {}
    _Bloom ("Bloom (RGB)", 2D) = "black" {}
    _LuminanceThreshold ("Luminance Threshold", Float) = 0.5
    _BlurSize ("Blur Size", Float) = 1.0
}
```

_MainTex 对应了输入的渲染纹理。_Bloom 是高斯模糊后的较亮区域，_LuminanceThreshold 是用于提取较亮区域使用的阈值，而_BlurSize 和 12.4 节中的作用相同，用于控制不同迭代之间高斯模糊的模糊区域范围。

（2）在本节中，我们仍然使用 CGINCLUDE 来组织代码。我们在 SubShader 块中利用 CGINCLUDE 和 ENDCG 语义来定义一系列代码：

```
SubShader {
    CGINCLUDE
    ...
    ENDCG
    ...
```

（3）声明代码中需要使用的各个变量：

```
sampler2D _MainTex;
half4 _MainTex_TexelSize;
sampler2D _Bloom;
float _LuminanceThreshold;
float _BlurSize;
```

（4）我们首先定义提取较亮区域需要使用的顶点着色器和片元着色器：

```
struct v2f {
    float4 pos : SV_POSITION;
    half2 uv : TEXCOORD0;
};

v2f vertExtractBright(appdata_img v) {
    v2f o;

    o.pos = mul(UNITY_MATRIX_MVP, v.vertex);

    o.uv = v.texcoord;

    return o;
}

fixed luminance(fixed4 color) {
    return  0.2125 * color.r + 0.7154 * color.g + 0.0721 * color.b;
}

fixed4 fragExtractBright(v2f i) : SV_Target {
    fixed4 c = tex2D(_MainTex, i.uv);
    fixed val = clamp(luminance(c) - _LuminanceThreshold, 0.0, 1.0);

    return c * val;
}
```

顶点着色器和之前的实现完全相同。在片元着色器中，我们将采样得到的亮度值减去阈值_LuminanceThreshold，并把结果截取到 0～1 范围内。然后，我们把该值和原像素值相乘，得到提取后的亮部区域。

（5）然后，我们定义了混合亮部图像和原图像时使用的顶点着色器和片元着色器：

```
struct v2fBloom {
    float4 pos : SV_POSITION;
    half4 uv : TEXCOORD0;
};

v2fBloom vertBloom(appdata_img v) {
    v2fBloom o;

    o.pos = mul (UNITY_MATRIX_MVP, v.vertex);
    o.uv.xy = v.texcoord;
    o.uv.zw = v.texcoord;

    #if UNITY_UV_STARTS_AT_TOP
    if (_MainTex_TexelSize.y < 0.0)
        o.uv.w = 1.0 - o.uv.w;
    #endif

    return o;
}

fixed4 fragBloom(v2fBloom i) : SV_Target {
    return tex2D(_MainTex, i.uv.xy) + tex2D(_Bloom, i.uv.zw);
}
```

这里使用的顶点着色器与之前的有所不同，我们定义了两个纹理坐标，并存储在同一个类型为 half4 的变量 uv 中。它的 xy 分量对应了_MainTex，即原图像的纹理坐标。而它的 zw 分量是_Bloom，即模糊后的较亮区域的纹理坐标。我们需要对这个纹理坐标进行平台差异化处理（详见 5.6.1 节）。

片元着色器的代码就很简单了。我们只需要把两张纹理的采样结果相加混合即可。

（6）接着，我们定义了 Bloom 效果需要的 4 个 Pass：

```
ZTest Always Cull Off ZWrite Off

Pass {
    CGPROGRAM
    #pragma vertex vertExtractBright
    #pragma fragment fragExtractBright

    ENDCG
}

UsePass "Unity Shaders Book/Chapter 12/Gaussian Blur/GAUSSIAN_BLUR_VERTICAL"

UsePass "Unity Shaders Book/Chapter 12/Gaussian Blur/GAUSSIAN_BLUR_HORIZONTAL"

Pass {
    CGPROGRAM
    #pragma vertex vertBloom
    #pragma fragment fragBloom

    ENDCG
}
```

其中，第二个和第三个 Pass 我们直接使用了 12.4 节高斯模糊中定义的两个 Pass，这是通过 UsePass 语义指明它们的 Pass 名来实现的。需要注意的是，由于 Unity 内部会把所有 Pass 的 Name 转换成大写字母表示，因此在使用 UsePass 命令时我们必须使用大写形式的名字。

（7）最后，我们关闭了该 Shader 的 Fallback：

```
Fallback Off
```

完成后返回编辑器，并把 Chapter12-Bloom 拖曳到摄像机的 Bloom.cs 脚本中的 bloomShader

参数中。当然，我们可以在 Bloom.cs 的脚本面板中将 bloomShader 参数的默认值设置为 Chapter12-Bloom，这样就不需要以后使用时每次都手动拖曳了。

12.6 运动模糊

运动模糊是真实世界中的摄像机的一种效果。如果在摄像机曝光时，拍摄场景发生了变化，就会产生模糊的画面。运动模糊在我们的日常生活中是非常常见的，只要留心观察，就可以发现无论是体育报道还是各个电影里，都有运动模糊的身影。运动模糊效果可以让物体运动看起来更加真实平滑，但在计算机产生的图像中，由于不存在曝光这一物理现象，渲染出来的图像往往都棱角分明，缺少运动模糊。在一些诸如赛车类型的游戏中，为画面添加运动模糊是一种常见的处理方法。在这一节中，我们将学习如何在屏幕后处理中实现运动模糊的效果。在本节结束后，我们将得到类似图 12.11 中的效果。

▲图 12.11 左边为原效果，右边为应用运动模糊后的效果

运动模糊的实现有多种方法。一种实现方法是利用一块**累积缓存（accumulation buffer）**来混合多张连续的图像。当物体快速移动产生多张图像后，我们取它们之间的平均值作为最后的运动模糊图像。然而，这种暴力的方法对性能的消耗很大，因为想要获取多张帧图像往往意味着我们需要在同一帧里渲染多次场景。另一种应用广泛的方法是创建和使用**速度缓存（velocity buffer）**，这个缓存中存储了各个像素当前的运动速度，然后利用该值来决定模糊的方向和大小。

在本节中，我们将使用类似上述第一种方法的实现来模拟运动模糊的效果。我们不需要在一帧中把场景渲染多次，但需要保存之前的渲染结果，不断把当前的渲染图像叠加到之前的渲染图像中，从而产生一种运动轨迹的视觉效果。这种方法与原始的利用累计缓存的方法相比性能更好，但模糊效果可能会略有影响。

为此，我们需要进行如下准备工作。

（1）新建一个场景。在本书资源中，该场景名为 Scene_12_6。在 Unity 5.2 中，默认情况下场景将包含一个摄像机和一个平行光，并且使用了内置的天空盒子。在 Window → Lighting → Skybox 中去掉场景中的天空盒子。

（2）我们需要搭建一个测试运动模糊的场景。在本书资源的实现中，我们构建了一个包含 3 面墙的房间，并放置了 4 个立方体，它们均使用了我们在 9.5 节中创建的标准材质。同时，我们把本书资源中的 Translating.cs 脚本拖曳给摄像机，让其在场景中不断运动。

（3）新建一个脚本。在本书资源中，该脚本名为 MotionBlur.cs。把该脚本拖曳到摄像机上。

（4）新建一个 Unity Shader。在本书资源中，该 Shader 名为 Chapter12-MotionBlur。

我们首先来编写 MotionBlur.cs 脚本。打开该脚本，并进行如下修改。

（1）首先，继承 12.1 节中创建的基类：

```
public class MotionBlur : PostEffectsBase {
```

（2）声明该效果需要的 Shader，并据此创建相应的材质：

```
public Shader motionBlurShader;
private Material motionBlurMaterial = null;

public Material material {
    get {
        motionBlurMaterial = CheckShaderAndCreateMaterial(motionBlurShader, motionBlurMaterial);
        return motionBlurMaterial;
```

```
    }
}
```

（3）定义运动模糊在混合图像时使用的模糊参数：

```
[Range(0.0f, 0.9f)]
public float blurAmount = 0.5f;
```

blurAmount 的值越大，运动拖尾的效果就越明显，为了防止拖尾效果完全替代当前帧的渲染结果，我们把它的值截取在 0.0～0.9 范围内。

（4）定义一个 RenderTexture 类型的变量，保存之前图像叠加的结果：

```
private RenderTexture accumulationTexture;

void OnDisable() {
    DestroyImmediate(accumulationTexture);
}
```

在上面的代码里，我们在该脚本不运行时，即调用 OnDisable 函数时，立即销毁 accumulationTexture。这是因为，我们希望在下一次开始应用运动模糊时重新叠加图像。

（5）最后，我们需要定义运动模糊使用的 OnRenderImage 函数：

```
void OnRenderImage (RenderTexture src, RenderTexture dest) {
    if (material != null) {
        // Create the accumulation texture
        if (accumulationTexture == null || accumulationTexture.width != src.width ||
        accumulationTexture.height != src.height) {
            DestroyImmediate(accumulationTexture);
            accumulationTexture = new RenderTexture(src.width, src.height, 0);
            accumulationTexture.hideFlags = HideFlags.HideAndDontSave;
            Graphics.Blit(src, accumulationTexture);
        }

        // We are accumulating motion over frames without clear/discard
        // by design, so silence any performance warnings from Unity
        accumulationTexture.MarkRestoreExpected();

        material.SetFloat("_BlurAmount", 1.0f - blurAmount);

        Graphics.Blit (src, accumulationTexture, material);
        Graphics.Blit (accumulationTexture, dest);
    } else {
        Graphics.Blit(src, dest);
    }
}
```

在确认材质可用后，我们首先判断用于混合图像的 accumulationTexture 是否满足条件。我们不仅判断它是否为空，还判断它是否与当前的屏幕分辨率相等，如果不满足，就说明我们需要重新创建一个适合于当前分辨率的 accumulationTexture 变量。创建完毕后，由于我们会自己控制该变量的销毁，因此可以把它的 hideFlags 设置为 HideFlags.HideAndDontSave，这意味着这个变量不会显示在 Hierarchy 中，也不会保存到场景中。然后，我们使用当前的帧图像初始化 accumulationTexture（使用 Graphics.Blit(src, accumulationTexture)代码）。

当得到了有效的 accumulationTexture 变量后，我们调用了 accumulationTexture.MarkRestoreExpected 函数来表明我们需要进行一个渲染纹理的恢复操作。**恢复操作（restore operation）**发生在渲染到纹理而该纹理又没有被提前清空或销毁的情况下。在本例中，我们每次调用 OnRenderImage 时都需要把当前的帧图像和 accumulationTexture 中的图像混合，accumulationTexture 纹理不需要提前清空，因为它保存了我们之前的混合结果。然后，我们将参数传递给材质，并调用 Graphics.Blit (src, accumulationTexture, material)把当前的屏幕图像 src 叠加到 accumulationTexture 中。最后使用 Graphics.Blit (accumulationTexture, dest)把结果显示到屏幕上。

下面，我们来实现 Shader 的部分。本节实现的运动模糊非常简单，我们打开 Chapter12-MotionBlur，进行如下修改。

（1）我们首先需要声明本例使用的各个属性：

```
Properties {
    _MainTex ("Base (RGB)", 2D) = "white" {}
    _BlurAmount ("Blur Amount", Float) = 1.0
}
```

_MainTex 对应了输入的渲染纹理。_BlurAmount 是混合图像时使用的混合系数。

（2）在本节中，我们使用 CGINCLUDE 来组织代码。我们在 SubShader 块中利用 CGINCLUDE 和 ENDCG 语义来定义一系列代码：

```
SubShader {
    CGINCLUDE
    ...
    ENDCG
    ...
```

（3）声明代码中需要使用的各个变量：

```
sampler2D _MainTex;
fixed _BlurAmount;
```

（4）顶点着色器的代码与之前章节使用的代码完全一样：

```
struct v2f {
    float4 pos : SV_POSITION;
    half2 uv : TEXCOORD0;
};

v2f vert(appdata_img v) {
    v2f o;
    o.pos = mul(UNITY_MATRIX_MVP, v.vertex);

    o.uv = v.texcoord;

    return o;
}
```

（5）下面，我们定义了两个片元着色器，一个用于更新渲染纹理的 RGB 通道部分，另一个用于更新渲染纹理的 A 通道部分：

```
fixed4 fragRGB (v2f i) : SV_Target {
    return fixed4(tex2D(_MainTex, i.uv).rgb, _BlurAmount);
}

half4 fragA (v2f i) : SV_Target {
    return tex2D(_MainTex, i.uv);
}
```

RGB 通道版本的 Shader 对当前图像进行采样，并将其 A 通道的值设为_BlurAmount，以便在后面混合时可以使用它的透明通道进行混合。A 通道版本的代码就更简单了，直接返回采样结果。实际上，这个版本只是为了维护渲染纹理的透明通道值，不让其受到混合时使用的透明度值的影响。

（6）然后，我们定义了运动模糊所需的 Pass。在本例中我们需要两个 Pass，一个用于更新渲染纹理的 RGB 通道，另一个用于更新 A 通道。之所以要把 A 通道和 RGB 通道分开，是因为在更新 RGB 时我们需要设置它的 A 通道来混合图像，但又不希望 A 通道的值写入渲染纹理中。

```
    ZTest Always Cull Off ZWrite Off

    Pass {
        Blend SrcAlpha OneMinusSrcAlpha
```

```
        ColorMask RGB

        CGPROGRAM

        #pragma vertex vert
        #pragma fragment fragRGB

        ENDCG
    }

    Pass {
        Blend One Zero
        ColorMask A

        CGPROGRAM

        #pragma vertex vert
        #pragma fragment fragA

        ENDCG
    }
```

（7）最后，我们关闭了 Shader 的 Fallback：

```
Fallback Off
```

完成后返回编辑器，并把 Chapter12-MotionBlur 拖曳到摄像机的 MotionBlur.cs 脚本中的 motionBlurShader 参数中。当然，我们可以在 MotionBlur.cs 的脚本面板中将 motionBlurShader 参数的默认值设置为 Chapter12-MotionBlur，这样就不需要以后使用时每次都手动拖曳了。

本节是对运动模糊的一种简单实现。我们混合了连续帧之间的图像，这样得到一张具有模糊拖尾的图像。然而，当物体运动速度过快时，这种方法可能会造成单独的帧图像变得可见。在第 13 章中，我们会学习如何利用深度纹理重建速度来模拟运动模糊效果。

12.7 扩展阅读

本章介绍了如何在 Unity 中利用渲染纹理实现屏幕后处理效果，并且介绍了几种常见的屏幕特效的实现方法。这些效果都使用了图像处理中的一些算法，以达到特定的图像效果。除了本章介绍的这些效果外，读者可以在 Unity 的 Image Effect（docs.unity3d/Manual/comp-ImageEffects.html）包中找到更多特效的实现。在 GPU Gems 系列（developer.nvidia/gpugems/GPUGems）中，也介绍了许多基于图像处理的渲染技术。例如，《GPU Gems 3》的第 27 章，介绍了一种景深效果的实现方法。除此之外，读者也可以在 Unity 的资源商店和其他网络资源中找到许多出色的屏幕特效。

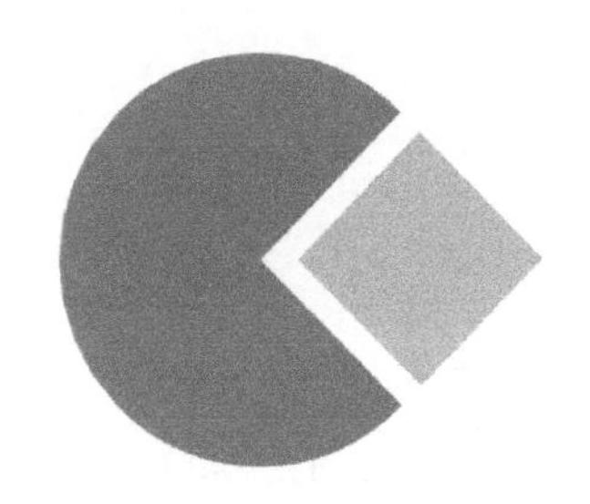

第 13 章　使用深度和法线纹理

在第 12 章中，我们学习的屏幕后处理效果都只是在屏幕颜色图像上进行各种操作来实现的。然而，很多时候我们不仅需要当前屏幕的颜色信息，还希望得到深度和法线信息。例如，在进行边缘检测时，直接利用颜色信息会使检测到的边缘信息受物体纹理和光照等外部因素的影响，得到很多我们不需要的边缘点。一种更好的方法是，我们可以在深度纹理和法线纹理上进行边缘检测，这些图像不会受纹理和光照的影响，而仅仅保存了当前渲染物体的模型信息，通过这样的方式检测出来的边缘更加可靠。

在本章中，我们将学习如何在 Unity 中获取深度纹理和法线纹理来实现特定的屏幕后处理效果。在 13.1 节中，我们首先会学习如何在 Unity 中获取这两种纹理。在 13.2 节中，我们会利用深度纹理来计算摄像机的移动速度，实现摄像机的运动模糊效果。在 13.3 节中，我们会学习如何利用深度纹理来重建屏幕像素在世界空间中的位置，从而模拟屏幕雾效。13.4 节会再次学习边缘检测的另一种实现，即利用深度和法线纹理进行边缘检测。

13.1 获取深度和法线纹理

虽然在 Unity 里获取深度和法线纹理的代码非常简单，但是我们有必要在这之前首先了解它们背后的实现原理。

13.1.1 背后的原理

深度纹理实际就是一张渲染纹理，只不过它里面存储的像素值不是颜色值，而是一个高精度的深度值。由于被存储在一张纹理中，深度纹理里的深度值范围是[0, 1]，而且通常是非线性分布的。那么，这些深度值是从哪里得到的呢？要回答这个问题，我们需要回顾在第 4 章学过的顶点变换的过程。总体来说，这些深度值来自于顶点变换后得到的归一化的设备坐标（Normalized Device Coordinates ，NDC）。回顾一下，一个模型要想最终被绘制在屏幕上，需要把它的顶点从模型空间变换到齐次裁剪坐标系下，这是通过在顶点着色器中乘以 MVP 变换矩阵得到的。在变换的最后一步，我们需要使用一个投影矩阵来变换顶点，当我们使用的是透视投影类型的摄像机时，这个投影矩阵就是非线性的，具体过程可回顾 4.6.7 小节。

图 13.1 显示了 4.6.7 小节中给出的 Unity 中透视投影对顶点的变换过程。图 13.1 中最左侧的图显示了投影变换前，即观察空间下视锥体的结构及相应的顶点位置，中间的图显示了应用透视裁剪矩阵后的变换结果，即顶点着色器阶段输出的顶点变换结果，最右侧的图则是底层硬件进行了透视除法后得到的归一化的设备坐标。需要注意的是，这里的投影过程是建立在 Unity 对坐标系的假定上的，也就是说，我们针对的是观察空间为右手坐标系，使用列矩阵在矩阵右侧进行相乘，且变换到 NDC 后 z 分量范围将在[−1, 1]之间的情况。而在类似 DirectX 这样的图形接口中，变换后 z 分量范围将在[0, 1]之间。如果需要在其他图形接口下实现本章的类似效果，需要对一些计算参数做出相应变化。关于变换时使用的矩阵运算，读者可以参考 4.6.7 小节。

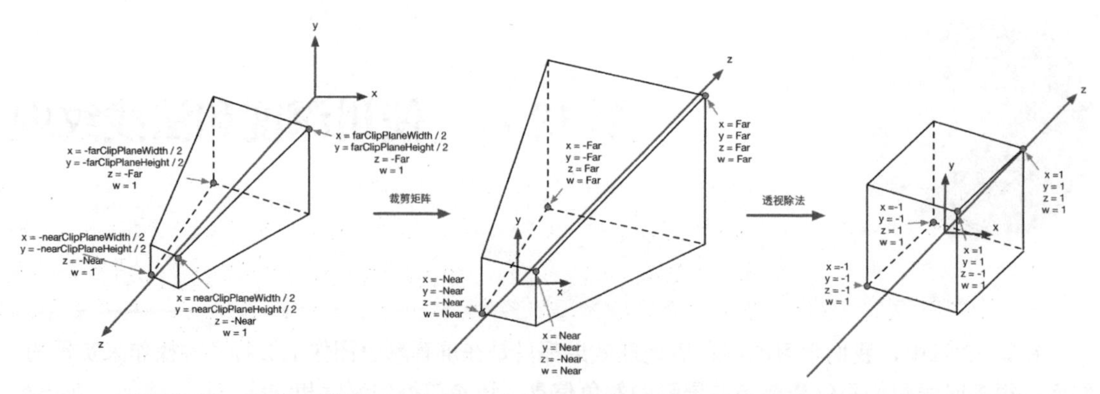

▲图 13.1　在透视投影中，投影矩阵首先对顶点进行了缩放。在经过齐次除法后，透视投影的裁剪空间会变换到一个立方体。图中标注了 4 个关键点经过投影矩阵变换后的结果

图 13.2 显示了在使用正交摄像机时投影变换的过程。同样，变换后会得到一个范围为[−1, 1]的立方体。正交投影使用的变换矩阵是线性的。

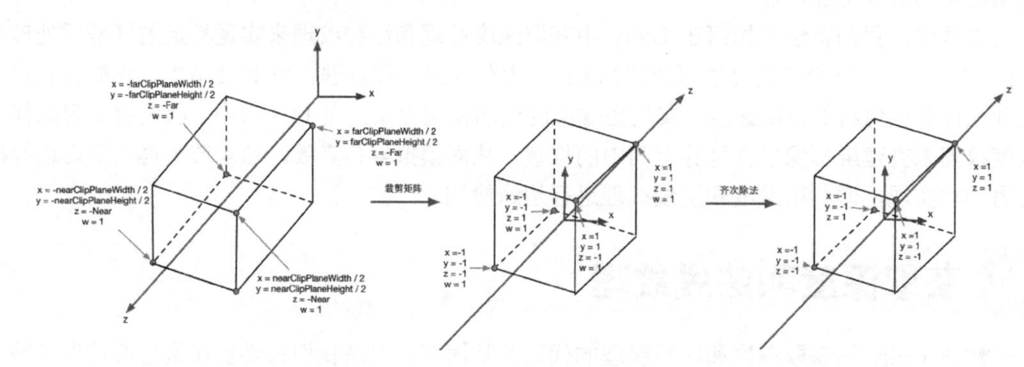

▲图 13.2　在正交投影中，投影矩阵对顶点进行了缩放。在经过齐次除法后，正交投影的裁剪空间会变换到一个立方体。图中标注了 4 个关键点经过投影矩阵变换后的结果

在得到 NDC 后，深度纹理中的像素值就可以很方便地计算得到了，这些深度值就对应了 NDC 中顶点坐标的 z 分量的值。由于 NDC 中 z 分量的范围在[−1, 1]，为了让这些值能够存储在一张图像中，我们需要使用下面的公式对其进行映射：

$$d=0.5\cdot z_{ndc}+0.5$$

其中，d 对应了深度纹理中的像素值，z_{ndc} 对应了 NDC 坐标中的 z 分量的值。

那么 Unity 是怎么得到这样一张深度纹理的呢？在 Unity 中，深度纹理可以直接来自于真正的深度缓存，也可以是由一个单独的 Pass 渲染而得，这取决于使用的渲染路径和硬件。通常来讲，当使用延迟渲染路径（包括遗留的延迟渲染路径）时，深度纹理理所当然可以访问到，因为延迟渲染会把这些信息渲染到 G-buffer 中。而当无法直接获取深度缓存时，深度和法线纹理是通过一个单独的 Pass 渲染而得的。具体实现是，Unity 会使用着色器替换（Shader Replacement）技术选择那些渲染类型（即 SubShader 的 RenderType 标签）为 Opaque 的物体，判断它们使用的渲染队列是否小于等于 2 500（内置的 Background、Geometry 和 AlphaTest 渲染队列均在此范围内），如果满足条件，就把它渲染到深度和法线纹理中。因此，要想让物体能够出现在深度和法线纹理中，就必须在 Shader 中**设置正确的 RenderType 标签**。

在 Unity 中，我们可以选择让一个摄像机生成一张深度纹理或是一张深度+法线纹理。当选择前者，即只需要一张单独的深度纹理时，Unity 会直接获取深度缓存或是按之前讲到的着色器替换技术，选取需要的不透明物体，并使用它投射阴影时使用的 Pass（即 LightMode 被设置为

ShadowCaster 的 Pass，详见 9.4 节）来得到深度纹理。如果 Shader 中不包含这样一个 Pass，那么这个物体就不会出现在深度纹理中（当然，它也不能向其他物体投射阴影）。深度纹理的精度通常是 24 位或 16 位，这取决于使用的深度缓存的精度。如果选择生成一张深度+法线纹理，Unity 会创建一张和屏幕分辨率相同、精度为 32 位（每个通道为 8 位）的纹理，其中观察空间下的法线信息会被编码进纹理的 R 和 G 通道，而深度信息会被编码进 B 和 A 通道。法线信息的获取在延迟渲染中是可以非常容易就得到的，Unity 只需要合并深度和法线缓存即可。而在前向渲染中，默认情况下是不会创建法线缓存的，因此 Unity 底层使用了一个单独的 Pass 把整个场景再次渲染一遍来完成。这个 Pass 被包含在 Unity 内置的一个 Unity Shader 中，我们可以在内置的 builtin_shaders-xxx/DefaultResources/Camera-DepthNormalTexture.shader 文件中找到这个用于渲染深度和法线信息的 Pass。

13.1.2 如何获取

在 Unity 中，获取深度纹理是非常简单的，我们只需要告诉 Unity:“嘿，把深度纹理给我！”然后再在 Shader 中直接访问特定的纹理属性即可。这个与 Unity 沟通的过程是通过在脚本中设置摄像机的 depthTextureMode 来完成的，例如我们可以通过下面的代码来获取深度纹理：

```
camera.depthTextureMode = DepthTextureMode.Depth;
```

一旦设置好了上面的摄像机模式后，我们就可以在 Shader 中通过声明_CameraDepthTexture 变量来访问它。这个过程非常简单，但我们需要知道这两行代码的背后，Unity 为我们做了许多工作（见 13.1.1 节）。

同理，如果想要获取深度+法线纹理，我们只需要在代码中这样设置：

```
camera.depthTextureMode = DepthTextureMode.DepthNormals;
```

然后在 Shader 中通过声明_CameraDepthNormalsTexture 变量来访问它。

我们还可以组合这些模式，让一个摄像机同时产生一张深度和深度+法线纹理：

```
camera.depthTextureMode |= DepthTextureMode.Depth;
camera.depthTextureMode |= DepthTextureMode.DepthNormals;
```

在 Unity 5 中，我们还可以在摄像机的 Camera 组件上看到当前摄像机是否需要渲染深度或深度+法线纹理。当在 Shader 中访问到深度纹理_CameraDepthTexture 后，我们就可以使用当前像素的纹理坐标对它进行采样。绝大多数情况下，我们直接使用 tex2D 函数采样即可，但在某些平台（例如 PS3 和 PSP2）上，我们需要一些特殊处理。Unity 为我们提供了一个统一的宏 SAMPLE_DEPTH_TEXTURE，用来处理这些由于平台差异造成的问题。而我们只需要在 Shader 中使用 SAMPLE_DEPTH_TEXTURE 宏对深度纹理进行采样，例如：

```
float d = SAMPLE_DEPTH_TEXTURE(_CameraDepthTexture, i.uv);
```

其中，i.uv 是一个 float2 类型的变量，对应了当前像素的纹理坐标。类似的宏还有 SAMPLE_DEPTH_TEXTURE_PROJ 和 SAMPLE_DEPTH_TEXTURE_LOD。SAMPLE_DEPTH_TEXTURE_PROJ 宏同样接受两个参数——深度纹理和一个 float3 或 float4 类型的纹理坐标，它的内部使用了 tex2Dproj 这样的函数进行投影纹理采样，纹理坐标的前两个分量首先会除以最后一个分量，再进行纹理采样。如果提供了第四个分量，还会进行一次比较，通常用于阴影的实现中。SAMPLE_DEPTH_TEXTURE_PROJ 的第二个参数通常是由顶点着色器输出插值而得的屏幕坐标，例如：

```
float d = SAMPLE_DEPTH_TEXTURE_PROJ(_CameraDepthTexture, UNITY_PROJ_COORD(i.scrPos));
```

其中，i.scrPos 是在顶点着色器中通过调用 ComputeScreenPos(o.pos)得到的屏幕坐标。上述这些宏的定义，读者可以在 Unity 内置的 HLSLSupport.cginc 文件中找到。

当通过纹理采样得到深度值后，这些深度值往往是非线性的，这种非线性来自于透视投影使用的裁剪矩阵。然而，在我们的计算过程中通常是需要线性的深度值，也就是说，我们需要把投影后的深度值变换到线性空间下，例如视角空间下的深度值。那么，我们应该如何进行这个转换呢？实际上，我们只需要倒推顶点变换的过程即可。下面我们以透视投影为例，推导如何由深度纹理中的深度信息计算得到视角空间下的深度值。

由 4.6.7 节可知，当我们使用透视投影的裁剪矩阵 $\boldsymbol{P}_{clip}$ 对视角空间下的一个顶点进行变换后，裁剪空间下顶点的 z 和 w 分量为：

$$z_{clip} = -z_{view}\frac{Far + Near}{Far - Near} - \frac{2 \cdot Near \cdot Far}{Far - Near}$$

$$w_{clip} = -z_{view}$$

其中，*Far* 和 *Near* 分别是远近裁剪平面的距离。然后，我们通过齐次除法就可以得到 NDC 下的 z 分量：

$$z_{ndc} = \frac{z_{clip}}{w_{clip}} = \frac{Far + Near}{Far - Near} + \frac{2 \cdot Near \cdot Far}{(Far - Near) \cdot z_{view}}$$

在 13.1.1 节中我们知道，深度纹理中的深度值是通过下面的公式由 NDC 计算而得的：

$$d = 0.5 \cdot z_{ndc} + 0.5$$

由上面的这些式子，我们可以推导出用 d 表示而得的 z_{view} 的表达式：

$$z_{view} = \frac{1}{\frac{Far - Near}{Near \cdot Far}d - \frac{1}{Near}}$$

由于在 Unity 使用的视角空间中，摄像机正向对应的 z 值均为负值，因此为了得到深度值的正数表示，我们需要对上面的结果取反，最后得到的结果如下：

$$z'_{view} = \frac{1}{\frac{Near - Far}{Near \cdot Far}d + \frac{1}{Near}}$$

它的取值范围就是视锥体深度范围，即[Near, Far]。如果我们想得到范围在[0, 1]之间的深度值，只需要把上面得到的结果除以 Far 即可。这样，0 就表示该点与摄像机位于同一位置，1 表示该点位于视锥体的远裁剪平面上。结果如下：

$$z_{01} = \frac{1}{\frac{Near - Far}{Near}d + \frac{Far}{Near}}$$

幸运的是，Unity 提供了两个辅助函数来为我们进行上述的计算过程——LinearEyeDepth 和 Linear01Depth。LinearEyeDepth 负责把深度纹理的采样结果转换到视角空间下的深度值，也就是我们上面得到的 z'_{view}。而 Linear01Depth 则会返回一个范围在[0，1]的线性深度值，也就是我们上面得到的 z_{01}。这两个函数内部使用了内置的_ZBufferParams 变量来得到远近裁剪平面的距离。

如果我们需要获取深度+法线纹理，可以直接使用 tex2D 函数对_CameraDepthNormalsTexture 进行采样，得到里面存储的深度和法线信息。Unity 提供了辅助函数来为我们对这个采样结果进行解码，从而得到深度值和法线方向。这个函数是 DecodeDepthNormal，它在 UnityCG.cginc 里被定义：

```
inline void DecodeDepthNormal( float4 enc, out float depth, out float3 normal )
{
    depth = DecodeFloatRG (enc.zw);
    normal = DecodeViewNormalStereo (enc);
}
```

DecodeDepthNormal 的第一个参数是对深度+法线纹理的采样结果，这个采样结果是 Unity 对深度和法线信息编码后的结果，它的 *xy* 分量存储的是视角空间下的法线信息，而深度信息被编码进了 zw 分量。通过调用 DecodeDepthNormal 函数对采样结果解码后，我们就可以得到解码后的深度值和法线。这个深度值是范围在[0, 1]的线性深度值（这与单独的深度纹理中存储的深度值不同），而得到的法线则是视角空间下的法线方向。同样，我们也可以通过调用 DecodeFloatRG 和 DecodeViewNormalStereo 来解码深度+法线纹理中的深度和法线信息。

至此，我们已经学会了如何在 Unity 里获取及使用深度和法线纹理。下面，我们会学习如何使用它们实现各种屏幕特效。

13.1.3　查看深度和法线纹理

很多时候，我们希望可以查看生成的深度和法线纹理，以便对 Shader 进行调试。Unity 5 提供了一个方便的方法来查看摄像机生成的深度和法线纹理，这个方法就是利用帧调试器（Frame Debugger）。图 13.3 显示了使用帧调试器查看到的深度纹理和深度+法线纹理。

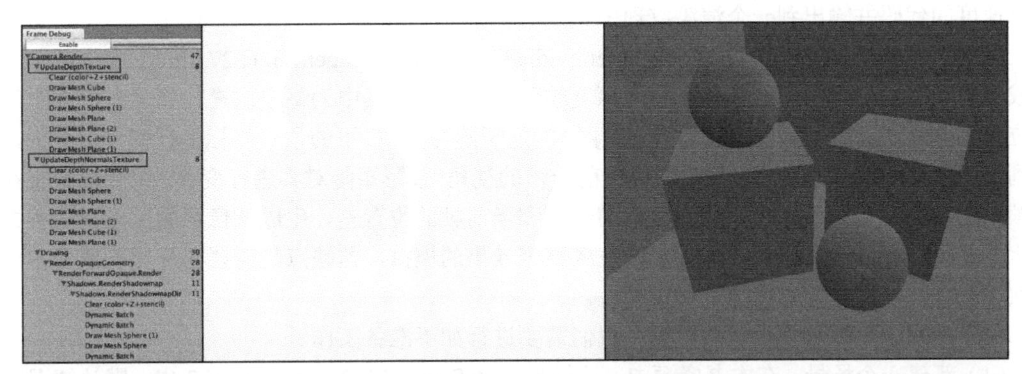

▲图 13.3　使用 Frame Debugger 查看深度纹理（左）和深度+法线纹理（右）。如果当前摄像机需要生成深度和法线纹理，帧调试器的面板中就会出现相应的渲染事件。只要单击对应的事件就可以查看得到的深度和法线纹理

使用帧调试器查看到的深度纹理是非线性空间的深度值，而深度+法线纹理都是由 Unity 编码后的结果。有时，显示出线性空间下的深度信息或解码后的法线方向会更加有用。此时，我们可以自行在片元着色器中输出转换或解码后的深度和法线值，如图 13.4 所示。输出代码非常简单，我们可以使用类似下面的代码来输出线性深度值：

```
float depth = SAMPLE_DEPTH_TEXTURE(_CameraDepthTexture, i.uv);
float linearDepth = Linear01Depth(depth);
return fixed4(linearDepth, linearDepth, linearDepth, 1.0);
```

或是输出法线方向：

```
fixed3 normal = DecodeViewNormalStereo(tex2D(_CameraDepthNormalsTexture, i.uv).xy);
return fixed4(normal * 0.5 + 0.5, 1.0);
```

在查看深度纹理时，读者得到的画面有可能几乎是全黑或全白的。这时候读者可以把摄像机的远裁剪平面的距离（Unity 默认为 1 000）调小，使视锥体的范围刚好覆盖场景的所在区域。这是因为，由于投影变换时需要覆盖从近裁剪平面到远裁剪平面的所有深度区域，当远裁剪平面的

距离过大时，会导致离摄像机较近的距离被映射到非常小的深度值，如果场景是一个封闭的区域（如图 13.4 所示），那么这就会导致画面看起来几乎是全黑的。相反，如果场景是一个开放区域，且物体离摄像机的距离较远，就会导致画面几乎是全白的。

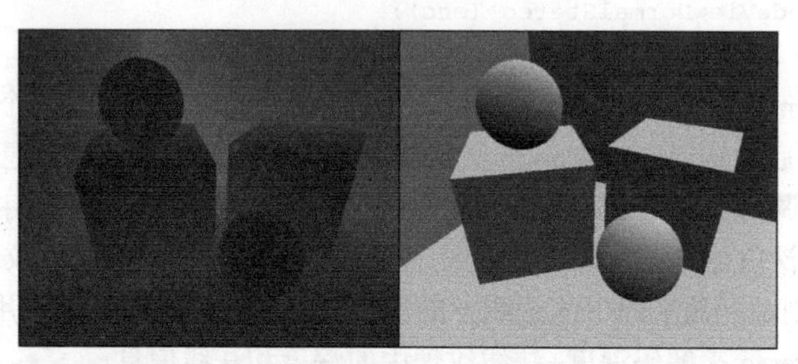

▲图 13.4　左边：线性空间下的深度纹理。右边：解码后并且被映射到[0, 1]范围内的视角空间下的法线纹理

13.2 再谈运动模糊

在 12.6 节中，我们学习了如何通过混合多张屏幕图像来模拟运动模糊的效果。但是，另一种应用更加广泛的技术则是使用速度映射图。速度映射图中存储了每个像素的速度，然后使用这个速度来决定模糊的方向和大小。速度缓冲的生成有多种方法，一种方法是把场景中所有物体的速度渲染到一张纹理中。但这种方法的缺点在于需要修改场景中所有物体的 Shader 代码，使其添加计算速度的代码并输出到一个渲染纹理中。

《GPU Gems3》在第 27 章（developer.nvidia/GPUGems3/gpugems3_ch27.html）中介绍了一种生成速度映射图的方法。这种方法利用深度纹理在片元着色器中为每个像素计算其在世界空间下的位置，这是通过使用当前的视角*投影矩阵的逆矩阵对 NDC 下的顶点坐标进行变换得到的。当得到世界空间中的顶点坐标后，我们使用前一帧的视角*投影矩阵对其进行变换，得到该位置在前一帧中的 NDC 坐标。然后，我们计算前一帧和当前帧的位置差，生成该像素的速度。这种方法的优点是可以在一个屏幕后处理步骤中完成整个效果的模拟，但缺点是需要在片元着色器中进行两次矩阵乘法的操作，对性能有所影响。

为了使用深度纹理模拟运动模糊，我们需要进行如下准备工作。

（1）新建一个场景。在本书资源中，该场景名为 Scene_13_2。在 Unity 5.2 中，默认情况下场景将包含一个摄像机和一个平行光，并且使用了内置的天空盒子。在 Window → Lighting →Skybox 中去掉场景中的天空盒子。

（2）我们需要搭建一个测试运动模糊的场景。在本书资源的实现中，我们构建了一个包含 3 面墙的房间，并放置了 4 个立方体，它们都使用了我们在 9.5 节中创建的标准材质。同时，我们把本书资源中的 Translating.cs 脚本拖曳给摄像机，让其在场景中不断运动。

（3）新建一个脚本。在本书资源中，该脚本名为 MotionBlurWithDepthTexture.cs。把该脚本拖曳到摄像机上。

（4）新建一个 Unity Shader。在本书资源中，该 Shader 名为 Chapter13-MotionBlurWithDepthTexture。

我们首先来编写 MotionBlurWithDepthTexture.cs 脚本。打开该脚本，并进行如下修改。

（1）首先，继承 12.1 节中创建的基类：

```
public class MotionBlurWithDepthTexture : PostEffectsBase {
```

（2）声明该效果需要的 Shader，并据此创建相应的材质：

```
public Shader motionBlurShader;
private Material motionBlurMaterial = null;
```

```
public Material material {
    get {
        motionBlurMaterial = CheckShaderAndCreateMaterial(motionBlurShader, motionBlurMaterial);
        return motionBlurMaterial;
    }
}
```

（3）定义运动模糊时模糊图像使用的大小：

```
[Range(0.0f, 1.0f)]
public float blurSize = 0.5f;
```

（4）由于本节需要得到摄像机的视角和投影矩阵，我们需要定义一个 Camera 类型的变量，以获取该脚本所在的摄像机组件：

```
private Camera myCamera;
public Camera camera {
    get {
        if (myCamera == null) {
            myCamera = GetComponent<Camera>();
        }
        return myCamera;
    }
}
```

（5）我们还需要定义一个变量来保存上一帧摄像机的视角*投影矩阵：

```
private Matrix4x4 previousViewProjectionMatrix;
```

（6）由于本例需要获取摄像机的深度纹理，我们在脚本的 OnEnable 函数中设置摄像机的状态：

```
void OnEnable() {
    camera.depthTextureMode |= DepthTextureMode.Depth;
}
```

（7）最后，我们实现了 OnRenderImage 函数：

```
void OnRenderImage (RenderTexture src, RenderTexture dest) {
    if (material != null) {
        material.SetFloat("_BlurSize", blurSize);

        material.SetMatrix("_PreviousViewProjectionMatrix", previousViewProjectionMatrix);
        Matrix4x4 currentViewProjectionMatrix = camera.projectionMatrix * camera.worldToCameraMatrix;
        Matrix4x4 currentViewProjectionInverseMatrix = currentViewProjectionMatrix.inverse;
        material.SetMatrix("_CurrentViewProjectionInverseMatrix", currentViewProjectionInverseMatrix);
        previousViewProjectionMatrix = currentViewProjectionMatrix;

        Graphics.Blit (src, dest, material);
    } else {
        Graphics.Blit(src, dest);
    }
}
```

上面的 OnRenderImage 函数很简单，我们首先需要计算和传递运动模糊使用的各个属性。本例需要使用两个变换矩阵——前一帧的视角*投影矩阵以及当前帧的视角*投影矩阵的逆矩阵。因此，我们通过调用 camera.worldToCameraMatrix 和 camera.projectionMatrix 来分别得到当前摄像机的视角矩阵和投影矩阵。对它们相乘后取逆，得到当前帧的视角*投影矩阵的逆矩阵，并传递给材质。然后，我们把取逆前的结果存储在 previousViewProjectionMatrix 变量中，以便在下一帧时传递给材质的_PreviousViewProjectionMatrix 属性。

下面，我们来实现 Shader 的部分。打开 Chapter13-MotionBlurWithDepthTexture，进行如下修改。

（1）我们首先需要声明本例使用的各个属性：

```
Properties {
    _MainTex ("Base (RGB)", 2D) = "white" {}
    _BlurSize ("Blur Size", Float) = 1.0
}
```

_MainTex 对应了输入的渲染纹理，_BlurSize 是模糊图像时使用的参数。我们注意到，虽然在脚本里设置了材质的_PreviousViewProjectionMatrix 和_CurrentViewProjectionInverseMatrix 属性，但并没有在 Properties 块中声明它们。这是因为 Unity 没有提供矩阵类型的属性，但我们仍然可以在 CG 代码块中定义这些矩阵，并从脚本中设置它们。

（2）在本节中，我们使用 CGINCLUDE 来组织代码。我们在 SubShader 块中利用 CGINCLUDE 和 ENDCG 语义来定义一系列代码：

```
SubShader {
    CGINCLUDE
    ...
    ENDCG
    ...
```

（3）声明代码中需要使用的各个变量：

```
sampler2D _MainTex;
half4 _MainTex_TexelSize;
sampler2D _CameraDepthTexture;
float4x4 _CurrentViewProjectionInverseMatrix;
float4x4 _PreviousViewProjectionMatrix;
half _BlurSize;
```

在上面的代码中，除了定义在 Properties 声明的_MainTex 和_BlurSize 属性，我们还声明了其他三个变量。_CameraDepthTexture 是 Unity 传递给我们的深度纹理，而_CurrentViewProjectionInverseMatrix 和_PreviousViewProjectionMatrix 是由脚本传递而来的矩阵。除此之外，我们还声明了_MainTex_TexelSize 变量，它对应了主纹理的纹素大小，我们需要使用该变量来对深度纹理的采样坐标进行平台差异化处理（详见 5.6.1 节）。

（4）顶点着色器的代码和之前使用多次的代码基本一致，只是增加了专门用于对深度纹理采样的纹理坐标变量：

```
struct v2f {
    float4 pos : SV_POSITION;
    half2 uv : TEXCOORD0;
    half2 uv_depth : TEXCOORD1;
};

v2f vert(appdata_img v) {
    v2f o;
    o.pos = mul(UNITY_MATRIX_MVP, v.vertex);

    o.uv = v.texcoord;
    o.uv_depth = v.texcoord;

    #if UNITY_UV_STARTS_AT_TOP
    if (_MainTex_TexelSize.y < 0)
        o.uv_depth.y = 1 - o.uv_depth.y;
    #endif

    return o;
}
```

由于在本例中，我们需要同时处理多张渲染纹理，因此在 DirectX 这样的平台上，我们需要处理平台差异导致的图像翻转问题。在上面的代码中，我们对深度纹理的采样坐标进行了平台差异化处理，以便在类似 DirectX 的平台上，在开启了抗锯齿的情况下仍然可以得到正确的结果。

（5）片元着色器是算法的重点所在：

```
fixed4 frag(v2f i) : SV_Target {
    // Get the depth buffer value at this pixel.
    float d = SAMPLE_DEPTH_TEXTURE(_CameraDepthTexture, i.uv_depth);
    // H is the viewport position at this pixel in the range -1 to 1.
    float4 H = float4(i.uv.x * 2 - 1, i.uv.y * 2 - 1, d * 2 - 1, 1);
    // Transform by the view-projection inverse.
    float4 D = mul(_CurrentViewProjectionInverseMatrix, H);
    // Divide by w to get the world position.
    float4 worldPos = D / D.w;

    // Current viewport position
    float4 currentPos = H;
    // Use the world position, and transform by the previous view-projection matrix.
    float4 previousPos = mul(_PreviousViewProjectionMatrix, worldPos);
    // Convert to nonhomogeneous points [-1,1] by dividing by w.
    previousPos /= previousPos.w;

    // Use this frame's position and last frame's to compute the pixel velocity.
    float2 velocity = (currentPos.xy - previousPos.xy)/2.0f;

    float2 uv = i.uv;
    float4 c = tex2D(_MainTex, uv);
    uv += velocity * _BlurSize;
    for (int it = 1; it < 3; it++, uv += velocity * _BlurSize) {
        float4 currentColor = tex2D(_MainTex, uv);
        c += currentColor;
    }
    c /= 3;

    return fixed4(c.rgb, 1.0);
}
```

我们首先需要利用深度纹理和当前帧的视角*投影矩阵的逆矩阵来求得该像素在世界空间下的坐标。过程开始于对深度纹理的采样，我们使用内置的 SAMPLE_DEPTH_TEXTURE 宏和纹理坐标对深度纹理进行采样，得到了深度值 d。由 13.1.2 节可知，d 是由 NDC 下的坐标映射而来的。我们想要构建像素的 NDC 坐标 H，就需要把这个深度值重新映射回 NDC。这个映射很简单，只需要使用原映射的反函数即可，即 $d*2-1$。同样，NDC 的 xy 分量可以由像素的纹理坐标映射而来（NDC 下的 xyz 分量范围均为[-1, 1]）。当得到 NDC 下的坐标 H 后，我们就可以使用当前帧的视角*投影矩阵的逆矩阵对其进行变换，并把结果值除以它的 w 分量来得到世界空间下的坐标表示 worldPos。

一旦得到了世界空间下的坐标，我们就可以使用前一帧的视角*投影矩阵对它进行变换，得到前一帧在 NDC 下的坐标 previousPos。然后，我们计算前一帧和当前帧在屏幕空间下的位置差，得到该像素的速度 velocity。

当得到该像素的速度后，我们就可以使用该速度值对它的邻域像素进行采样，相加后取平均值得到一个模糊的效果。采样时我们还使用了_BlurSize 来控制采样距离。

（6）然后，我们定义了运动模糊所需的 Pass：

```
Pass {
    ZTest Always Cull Off ZWrite Off

    CGPROGRAM

    #pragma vertex vert
    #pragma fragment frag

    ENDCG
}
```

（7）最后，我们关闭了 shader 的 Fallback：

```
Fallback Off
```

完成后返回编辑器，并把 Chapter13-MotionBlurWithDepthTexture 拖曳到摄像机的 MotionBlurWithDepthTexture.cs 脚本中的 motionBlurShader 参数中。当然，我们可以在 MotionBlurWithDepthTexture.cs 的脚本面板中将 motionBlurShader 参数的默认值设置为 Chapter13-MotionBlurWithDepthTexture，这样就不需要以后使用时每次都手动拖曳了。

本节实现的运动模糊适用于场景静止、摄像机快速运动的情况，这是因为我们在计算时只考虑了摄像机的运动。因此，如果读者把本节中的代码应用到一个物体快速运动而摄像机静止的场景，会发现不会产生任何运动模糊效果。如果我们想要对快速移动的物体产生运动模糊的效果，就需要生成更加精确的速度映射图。读者可以在 Unity 自带的 ImageEffect 包中找到更多的运动模糊的实现方法。

本节选择在片元着色器中使用逆矩阵来重建每个像素在世界空间下的位置。但是，这种做法往往会影响性能，在 13.3 节中，我们会介绍一种更快速的由深度纹理重建世界坐标的方法。

13.3 全局雾效

雾效（Fog）是游戏里经常使用的一种效果。Unity 内置的雾效可以产生基于距离的线性或指数雾效。然而，要想在自己编写的顶点/片元着色器中实现这些雾效，我们需要在 Shader 中添加 #pragma multi_compile_fog 指令，同时还需要使用相关的内置宏，例如 UNITY_FOG_COORDS、UNITY_TRANSFER_FOG 和 UNITY_APPLY_FOG 等。这种方法的缺点在于，我们不仅需要为场景中所有物体添加相关的渲染代码，而且能够实现的效果也非常有限。当我们需要对雾效进行一些个性化操作时，例如使用基于高度的雾效等，仅仅使用 Unity 内置的雾效就变得不再可行。

在本节中，我们将会学习一种基于屏幕后处理的全局雾效的实现。使用这种方法，我们不需要更改场景内渲染的物体所使用的 Shader 代码，而仅仅依靠一次屏幕后处理的步骤即可。这种方法的自由性很高，我们可以方便地模拟各种雾效，例如均匀的雾效、基于距离的线性/指数雾效、基于高度的雾效等。在学习完本节后，我们可以得到类似图 13.5 中的效果。

▲图 13.5　左边：原效果。右边：添加全局雾效后的效果

基于屏幕后处理的全局雾效的关键是，根据深度纹理来重建每个像素在世界空间下的位置。尽管在 13.2 节中，我们在模拟运动模糊时已经实现了这个要求，即构建出当前像素的 NDC 坐标，再通过当前摄像机的视角*投影矩阵的逆矩阵来得到世界空间下的像素坐标，但是，这样的实现需要在片元着色器中进行矩阵乘法的操作，而这通常会影响游戏性能。在本节中，我们将会学习一个快速从深度纹理中重建世界坐标的方法。这种方法首先对图像空间下的视锥体射线（从摄像机出发，指向图像上的某点的射线）进行插值，这条射线存储了该像素在世界空间下到摄像机的方向信息。然后，我们把该射线和线性化后的视角空间下的深度值相乘，再加上摄像机的世界位置，就可以得到该像素在世界空间下的位置。当我们得到世界坐标后，就可以轻松地使用各个公式来模拟全局雾效了。

13.3.1　重建世界坐标

在开始动手写代码之前，我们首先来了解如何从深度纹理中重建世界坐标。我们知道，坐标系中的一个顶点坐标可以通过它相对于另一个顶点坐标的偏移量来求得。重建像素的世界坐标也是基于这样的思想。我们只需要知道摄像机在世界空间下的位置，以及世界空间下该像素相对于摄像机的偏移量，把它们相加就可以得到该像素的世界坐标。整个过程可以使用下面的代码来表示：

```
float4 worldPos = _WorldSpaceCameraPos + linearDepth * interpolatedRay;
```

其中，_WorldSpaceCameraPos 是摄像机在世界空间下的位置，这可以由 Unity 的内置变量直接访问得到。而 linearDepth * interpolatedRay 则可以计算得到该像素相对于摄像机的偏移量，linearDepth 是由深度纹理得到的线性深度值，interpolatedRay 是由顶点着色器输出并插值后得到的射线，它不仅包含了该像素到摄像机的方向，也包含了距离信息。linearDepth 的获取我们已经在 13.1.2 节中详细解释过了，因此，本节着重解释 interpolatedRay 的求法。

interpolatedRay 来源于对近裁剪平面的 4 个角的某个特定向量的插值，这 4 个向量包含了它们到摄像机的方向和距离信息，我们可以利用摄像机的近裁剪平面距离、FOV、横纵比计算而得。图 13.6 显示了计算时使用的一些辅助向量。为了方便计算，我们可以先计算两个向量——toTop 和 toRight，它们是起点位于近裁剪平面中心、分别指向摄像机正上方和正右方的向量。它们的计算公式如下：

$$halfHeight = Near \times \tan\left(\frac{FOV}{2}\right)$$

$$toTop = camera.up \times halfHeight$$

$$toRight = camera.right \times halfHeight \cdot aspect$$

其中，Near 是近裁剪平面的距离，FOV 是竖直方向的视角范围，camera.up、camera.right 分别对应了摄像机的正上方和正右方。

当得到这两个辅助向量后，我们就可以计算 4 个角相对于摄像机的方向了。我们以左上角为例（见图 13.6 中的 TL 点），它的计算公式如下：

$$TL = camera.forward \cdot Near + toTop - toRight$$

读者可以依靠基本的矢量运算验证上面的结果。同理，其他 3 个角的计算也是类似的：

$$TR = camera.forward \cdot Near + toTop + toRight$$

$$BL = camera.forward \cdot Near - toTop - toRight$$

$$BR = camera.forward \cdot Near - toTop + toRight$$

注意，上面求得的 4 个向量不仅包含了方向信息，它们的模对应了 4 个点到摄像机的空间距离。由于我们得到的线性深度值并非是点到摄像机的欧式距离，而是在 z 方向上的距离，因此，我们不能直接使用深度值和 4 个角的单位方向的乘积来计算它们到摄像机的偏移量，如图 13.7 所示。想要把深度值转换成到摄像机的欧式距离也很简单，我们以 TL 点为例，根据相似三角形原理，TL 所在的射线上，像素的深度值和它到摄像机的实际距离的比等于近裁剪平面的距离和 TL 向量的模的比，即

$$\frac{depth}{dist} = \frac{Near}{|TL|}$$

由此可得，我们需要的 TL 距离摄像机的欧氏距离 dist：

$$dist = \frac{|TL|}{Near} \times depth$$

由于 4 个点相互对称，因此其他 3 个向量的模和 TL 相等，即我们可以使用同一个因子和单位向量相乘，得到它们对应的向量值：

$$scale = \frac{|TL|}{|Near|}$$

$$Ray_{TL}=\frac{TL}{|TL|}\times scale, Ray_{TR}=\frac{TR}{|TR|}\times scale$$

$$Ray_{BL}=\frac{BL}{|BL|}\times scale, Ray_{BR}=\frac{BR}{|BR|}\times scale$$

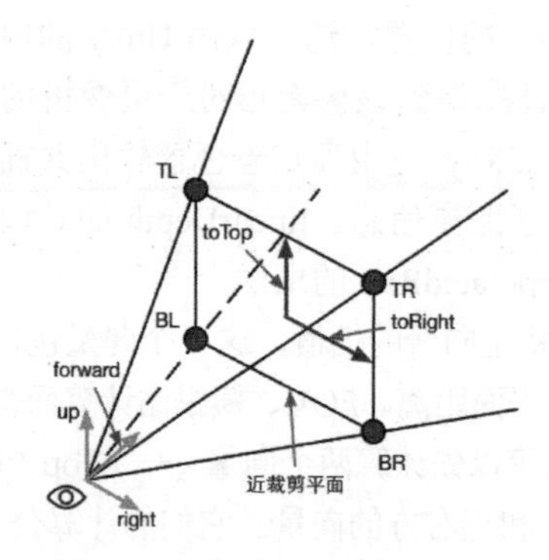

▲图 13.6　计算 interpolatedRay　　▲图 13.7　采样得到的深度值并非是点到摄像机的欧式距离

屏幕后处理的原理是使用特定的材质去渲染一个刚好填充整个屏幕的四边形面片。这个四边形面片的 4 个顶点就对应了近裁剪平面的 4 个角。因此，我们可以把上面的计算结果传递给顶点着色器，顶点着色器根据当前的位置选择它所对应的向量，然后再将其输出，经插值后传递给片元着色器得到 interpolatedRay，我们就可以直接利用本节一开始提到的公式重建该像素在世界空间下的位置了。

13.3.2　雾的计算

在简单的雾效实现中，我们需要计算一个雾效系数 f，作为混合原始颜色和雾的颜色的混合系数：

```
float3 afterFog = f * fogColor + (1 - f) * origColor;
```

这个雾效系数 f 有很多计算方法。在 Unity 内置的雾效实现中，支持三种雾的计算方式——线性（Linear）、指数（Exponential）以及指数的平方（Exponential Squared）。当给定距离 z 后，f 的计算公式分别如下：

Linear:

$f=\frac{d_{max}-|z|}{d_{max}-d_{min}}$，$d_{min}$ 和 d_{max} 分别表示受雾影响的最小距离和最大距离。

Exponential:

$f=e^{-d\cdot|z|}$，d 是控制雾的浓度的参数。

Exponential Squared:

$f=e^{-(d-|z|)^2}$，d 是控制雾的浓度的参数。

在本节中，我们将使用类似线性雾的计算方式，计算基于高度的雾效。具体方法是，当给定一点在世界空间下的高度 y 后，f 的计算公式为：

$f=\frac{H_{end}-y}{H_{end}-H_{start}}$，$H_{start}$ 和 H_{end} 分别表示受雾影响的起始高度和终止高度。

13.3.3　实现

为了在 Unity 中实现基于屏幕后处理的雾效，我们需要进行如下准备工作。

（1）新建一个场景。在本书资源中，该场景名为 Scene_13_3。在 Unity 5.2 中，默认情况下场景将包含一个摄像机和一个平行光，并且使用了内置的天空盒子。在 Window -> Lighting -> Skybox 中去掉场景中的天空盒子。

（2）我们需要搭建一个测试雾效的场景。在本书资源的实现中，我们构建了一个包含 3 面墙的房间，并放置了两个立方体和两个球体，它们都使用了我们在 9.5 节中创建的标准材质。同时，我们把本书资源中的 Translating.cs 脚本拖曳给摄像机，让其在场景中不断运动。

（3）新建一个脚本。在本书资源中，该脚本名为 FogWithDepthTexture.cs。把该脚本拖曳到摄像机上。

（4）新建一个 Unity Shader。在本书资源中，该 Shader 名为 Chapter13-FogWithDepthTexture。

我们首先来编写 FogWithDepthTexture.cs 脚本。打开该脚本，并进行如下修改。

（1）首先，继承 12.1 节中创建的基类：

```
public class FogWithDepthTexture : PostEffectsBase {
```

（2）声明该效果需要的 Shader，并据此创建相应的材质：

```
public Shader fogShader;
private Material fogMaterial = null;

public Material material {
    get {
        fogMaterial = CheckShaderAndCreateMaterial(fogShader, fogMaterial);
        return fogMaterial;
    }
}
```

（3）在本节中，我们需要获取摄像机的相关参数，如近裁剪平面的距离、FOV 等，同时还需要获取摄像机在世界空间下的前方、上方和右方等方向，因此我们用两个变量存储摄像机的 Camera 组件和 Transform 组件：

```
private Camera myCamera;
public Camera camera {
    get {
        if (myCamera == null) {
            myCamera = GetComponent<Camera>();
        }
        return myCamera;
    }
}

private Transform myCameraTransform;
public Transform cameraTransform {
    get {
        if (myCameraTransform == null) {
            myCameraTransform = camera.transform;
        }

        return myCameraTransform;
    }
}
```

（4）定义模拟雾效时使用的各个参数：

```
[Range(0.0f, 3.0f)]
public float fogDensity = 1.0f;

public Color fogColor = Color.white;

public float fogStart = 0.0f;
public float fogEnd = 2.0f;
```

fogDensity 用于控制雾的浓度，fogColor 用于控制雾的颜色。我们使用的雾效模拟函数是基于高度的，因此参数 fogStart 用于控制雾效的起始高度，fogEnd 用于控制雾效的终止高度。

（5）由于本例需要获取摄像机的深度纹理，我们在脚本的 OnEnable 函数中设置摄像机的相应状态：

```
void OnEnable() {
   camera.depthTextureMode |= DepthTextureMode.Depth;
}
```

（6）最后，我们实现了 OnRenderImage 函数：

```
    void OnRenderImage (RenderTexture src, RenderTexture dest) {
  if (material != null) {
     Matrix4x4 frustumCorners = Matrix4x4.identity;

     float fov = camera.fieldOfView;
     float near = camera.nearClipPlane;
     float far = camera.farClipPlane;
     float aspect = camera.aspect;

     float halfHeight = near * Mathf.Tan(fov * 0.5f * Mathf.Deg2Rad);
     Vector3 toRight = cameraTransform.right * halfHeight * aspect;
     Vector3 toTop = cameraTransform.up * halfHeight;

     Vector3 topLeft = cameraTransform.forward * near + toTop - toRight;
     float scale = topLeft.magnitude / near;

     topLeft.Normalize();
     topLeft *= scale;

     Vector3 topRight = cameraTransform.forward * near + toRight + toTop;
     topRight.Normalize();
     topRight *= scale;

     Vector3 bottomLeft = cameraTransform.forward * near - toTop - toRight;
     bottomLeft.Normalize();
     bottomLeft *= scale;

     Vector3 bottomRight = cameraTransform.forward * near + toRight - toTop;
     bottomRight.Normalize();
     bottomRight *= scale;

     frustumCorners.SetRow(0, bottomLeft);
     frustumCorners.SetRow(1, bottomRight);
     frustumCorners.SetRow(2, topRight);
     frustumCorners.SetRow(3, topLeft);

     material.SetMatrix("_FrustumCornersRay", frustumCorners);
     material.SetMatrix("_ViewProjectionInverseMatrix", (camera.projectionMatrix *
     camera.worldToCameraMatrix).inverse);

     material.SetFloat("_FogDensity", fogDensity);
     material.SetColor("_FogColor", fogColor);
     material.SetFloat("_FogStart", fogStart);
     material.SetFloat("_FogEnd", fogEnd);

     Graphics.Blit (src, dest, material);
  } else {
     Graphics.Blit(src, dest);
  }
}
```

OnRenderImage 首先计算了近裁剪平面的四个角对应的向量，并把它们存储在一个矩阵类型的变量（frustumCorners）中。计算过程我们已经在 13.3.1 节中详细解释过了，代码只是套用了之前讲过的公式而已。我们按一定顺序把这四个方向存储到了 frustumCorners 不同的行中，这个顺序是非常重要的，因为这决定了我们在顶点着色器中使用哪一行作为该点的待插值向量。随后，我们把结果和其他参数传递给材质，并调用 Graphics.Blit (src, dest, material)把渲染结果显示在屏幕上。

下面，我们来实现 Shader 的部分。打开 Chapter13-FogWithDepthTexture，进行如下修改。

（1）我们首先需要声明本例使用的各个属性：

```
Properties {
    _MainTex ("Base (RGB)", 2D) = "white" {}
    _FogDensity ("Fog Density", Float) = 1.0
    _FogColor ("Fog Color", Color) = (1, 1, 1, 1)
    _FogStart ("Fog Start", Float) = 0.0
    _FogEnd ("Fog End", Float) = 1.0
}
```

（2）在本节中，我们使用 CGINCLUDE 来组织代码。我们在 SubShader 块中利用 CGINCLUDE 和 ENDCG 语义来定义一系列代码：

```
SubShader {
    CGINCLUDE
    ...
    ENDCG
    ...
```

（3）声明代码中需要使用的各个变量：

```
float4x4 _FrustumCornersRay;

sampler2D _MainTex;
half4 _MainTex_TexelSize;
sampler2D _CameraDepthTexture;
half _FogDensity;
fixed4 _FogColor;
float _FogStart;
float _FogEnd;
```

_FrustumCornersRay 虽然没有在 Properties 中声明，但仍可由脚本传递给 Shader。除了 Properties 中声明的各个属性，我们还声明了深度纹理_CameraDepthTexture，Unity 会在背后把得到的深度纹理传递给该值。

（4）定义顶点着色器：

```
struct v2f {
    float4 pos : SV_POSITION;
    half2 uv : TEXCOORD0;
    half2 uv_depth : TEXCOORD1;
    float4 interpolatedRay : TEXCOORD2;
};

v2f vert(appdata_img v) {
    v2f o;
    o.pos = mul(UNITY_MATRIX_MVP, v.vertex);

    o.uv = v.texcoord;
    o.uv_depth = v.texcoord;

    #if UNITY_UV_STARTS_AT_TOP
    if (_MainTex_TexelSize.y < 0)
        o.uv_depth.y = 1 - o.uv_depth.y;
    #endif

    int index = 0;
    if (v.texcoord.x < 0.5 && v.texcoord.y < 0.5) {
        index = 0;
    } else if (v.texcoord.x > 0.5 && v.texcoord.y < 0.5) {
        index = 1;
    } else if (v.texcoord.x > 0.5 && v.texcoord.y > 0.5) {
        index = 2;
    } else {
        index = 3;
    }

    #if UNITY_UV_STARTS_AT_TOP
```

```
      if (_MainTex_TexelSize.y < 0)
         index = 3 - index;
      #endif

   o.interpolatedRay = _FrustumCornersRay[index];

   return o;
}
```

在 v2f 结构体中，我们除了定义顶点位置、屏幕图像和深度纹理的纹理坐标外，还定义了 interpolatedRay 变量存储插值后的像素向量。在顶点着色器中，我们对深度纹理的采样坐标进行了平台差异化处理。更重要的是，我们要决定该点对应了 4 个角中的哪个角。我们采用的方法是判断它的纹理坐标。我们知道，在 Unity 中，纹理坐标的(0, 0)点对应了左下角，而(1, 1)点对应了右上角。我们据此来判断该顶点对应的索引，这个对应关系和我们在脚本中对 frustumCorners 的赋值顺序是一致的。实际上，不同平台的纹理坐标不一定是满足上面的条件的，例如 DirectX 和 Metal 这样的平台，左上角对应了(0, 0)点，但大多数情况下 Unity 会把这些平台下的屏幕图像进行翻转，因此我们仍然可以利用这个条件。但如果在类似 DirectX 的平台上开启了抗锯齿，Unity 就不会进行这个翻转。为了此时仍然可以得到相应顶点位置的索引值，我们对索引值也进行了平台差异化处理（详见 5.6.1 节），以便在必要时也对索引值进行翻转。最后，我们使用索引值来获取_FrustumCornersRay 中对应的行作为该顶点的 interpolatedRay 值。

尽管我们这里使用了很多判断语句，但由于屏幕后处理所用的模型是一个四边形网格，只包含 4 个顶点，因此这些操作不会对性能造成很大影响。

（5）我们定义了片元着色器来产生雾效：

```
fixed4 frag(v2f i) : SV_Target {
   float linearDepth = LinearEyeDepth(SAMPLE_DEPTH_TEXTURE(_CameraDepthTexture, i.
uv_depth));
   float3 worldPos = _WorldSpaceCameraPos + linearDepth * i.interpolatedRay.xyz;

   float fogDensity = (_FogEnd - worldPos.y) / (_FogEnd - _FogStart);
   fogDensity = saturate(fogDensity * _FogDensity);

   fixed4 finalColor = tex2D(_MainTex, i.uv);
   finalColor.rgb = lerp(finalColor.rgb, _FogColor.rgb, fogDensity);

   return finalColor;
}
```

首先，我们需要重建该像素在世界空间中的位置。为此，我们首先使用 SAMPLE_DEPTH_TEXTURE 对深度纹理进行采样，再使用 LinearEyeDepth 得到视角空间下的线性深度值。之后，与 interpolatedRay 相乘后再和世界空间下的摄像机位置相加，即可得到世界空间下的位置。

得到世界坐标后，模拟雾效就变得非常容易。在本例中，我们选择实现基于高度的雾效模拟，计算公式可参见 13.3.2 节。我们根据材质属性_FogEnd 和_FogStart 计算当前的像素高度 worldPos.y 对应的雾效系数 fogDensity，再和参数_FogDensity 相乘后，利用 saturate 函数截取到[0, 1]范围内，作为最后的雾效系数。然后，我们使用该系数将雾的颜色和原始颜色进行混合后返回。读者也可以使用不同的公式来实现其他种类的雾效。

（6）随后，我们定义了雾效渲染所需的 Pass：

```
Pass {
   ZTest Always Cull Off ZWrite Off

   CGPROGRAM

   #pragma vertex vert
   #pragma fragment frag
```

```
    ENDCG
}
```

（7）最后，我们关闭了 Shader 的 Fallback：

```
Fallback Off
```

完成后返回编辑器，并把 Chapter13-FogWithDepthTexture 拖曳到摄像机的 FogWithDepthTexture.cs 脚本中的 fogShader 参数中。当然，我们可以在 FogWithDepthTexture.cs 的脚本面板中将 fogShader 参数的默认值设置为 Chapter13-FogWithDepthTexture，这样就不需要以后使用时每次都手动拖曳了。

本节介绍的使用深度纹理重建像素的世界坐标的方法是非常有用的。但需要注意的是，这里的实现是基于摄像机的投影类型是透视投影的前提下。如果需要在正交投影的情况下重建世界坐标，需要使用不同的公式，但请读者相信，这个过程不会比透视投影的情况更加复杂。有兴趣的读者可以尝试自行推导，或参考这篇博客（derschmale 网站的/2014/03/19/reconstructing-positions-from-the-depth-buffer-pt-2-perspective-and-orthographic-general-case/）来实现。

13.4 再谈边缘检测

在 12.3 节中，我们曾介绍如何使用 Sobel 算子对屏幕图像进行边缘检测，实现描边的效果。但是，这种直接利用颜色信息进行边缘检测的方法会产生很多我们不希望得到的边缘线，如图 13.8 所示。

可以看出，物体的纹理、阴影等位置也被描上黑边，而这往往不是我们希望看到的。在本节中，我们将学习如何在深度和法线纹理上进行边缘检测，这些图像不会受纹理和光照的影响，而仅仅保存了当前渲染物体的模型信息，通过这样的方式检测出来的边缘更加可靠。在学习完本节后，我们可以得到类似图 13.9 中的效果。

▲图 13.8　左边：原效果，右边：直接对颜色图像进行边缘检测的结果

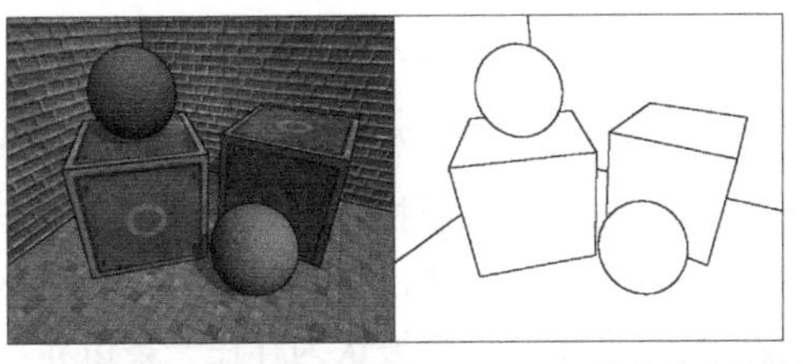

▲图 13.9　在深度和法线纹理上进行更健壮的边缘检测。左边：在原图上描边的效果。右边：只显示描边的效果

与 12.3 节使用 Sobel 算子不同，本节将使用 Roberts 算子来进行边缘检测。它使用的卷积核如图 13.10 所示。

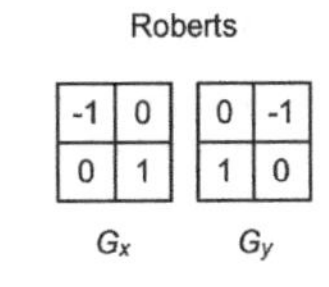

▲图 13.10　Roberts 算子

Roberts 算子的本质就是计算左上角和右下角的差值，乘以右上角和左下角的差值，作为评估边缘的依据。在下面的实现中，我们也会按这样的方式，取对角方向的深度或法线值，比较它们之间的差值，如果超过某个阈值（可由参数控制），就认为它们之间存在一条边。

首先，我们需要进行如下准备工作。

（1）新建一个场景。在本书资源中，该场景名为 Scene_13_4。在 Unity 5.2 中，默认情况下场景将包含一个摄像机和一个平行光，并且使用了内置的天空盒子。在 Window→Lighting→Skybox 中去掉场景中的天空盒子。

（2）我们需要搭建一个测试雾效的场景。在本书资源的实现中，我们构建了一个包含 3 面墙的房间，并放置了两个立方体和两个球体，它们都使用了我们在 9.5 节中创建的标准材质。同时，我们把本书资源中的 Translating.cs 脚本拖曳给摄像机，让其在场景中不断运动。

（3）新建一个脚本。在本书资源中，该脚本名为 EdgeDetectNormalsAndDepth.cs。把该脚本拖曳到摄像机上。

（4）新建一个 Unity Shader。在本书资源中，该 Shader 名为 Chapter13-EdgeDetectNormalAndDepth。

我们首先来编写 EdgeDetectNormalsAndDepth.cs 脚本。该脚本与 12.3 节中实现的 EdgeDetection.cs 脚本几乎完全一样，只是添加了一些新的属性。为了完整性，我们再次说明对该脚本进行的修改。

（1）首先，继承 12.1 节中创建的基类：

```
public class EdgeDetectNormalsAndDepth : PostEffectsBase {
```

（2）声明该效果需要的 Shader，并据此创建相应的材质：

```
public Shader edgeDetectShader;
private Material edgeDetectMaterial = null;
public Material material {
    get {
        edgeDetectMaterial = CheckShaderAndCreateMaterial(edgeDetectShader, edgeDetectMaterial);
        return edgeDetectMaterial;
    }
}
```

（3）在脚本中提供了调整边缘线强度描边颜色以及背景颜色的参数。同时添加了控制采样距离以及对深度和法线进行边缘检测时的灵敏度参数：

```
[Range(0.0f, 1.0f)]
public float edgesOnly = 0.0f;

public Color edgeColor = Color.black;

public Color backgroundColor = Color.white;

public float sampleDistance = 1.0f;

public float sensitivityDepth = 1.0f;

public float sensitivityNormals = 1.0f;
```

sampleDistance 用于控制对深度+法线纹理采样时，使用的采样距离。从视觉上来看，sampleDistance 值越大，描边越宽。sensitivityDepth 和 sensitivityNormals 将会影响当邻域的深度值或法线值相差多少时，会被认为存在一条边界。如果把灵敏度调得很大，那么可能即使是深度或法线上很小的变化也会形成一条边。

（4）由于本例需要获取摄像机的深度+法线纹理，我们在脚本的 OnEnable 函数中设置摄像机的相应状态：

```
void OnEnable() {
    GetComponent<Camera>().depthTextureMode |= DepthTextureMode.DepthNormals;
}
```

（5）实现 OnRenderImage 函数，把各个参数传递给材质：

```
[ImageEffectOpaque]
void OnRenderImage (RenderTexture src, RenderTexture dest) {
    if (material != null) {
        material.SetFloat("_EdgeOnly", edgesOnly);
        material.SetColor("_EdgeColor", edgeColor);
        material.SetColor("_BackgroundColor", backgroundColor);
        material.SetFloat("_SampleDistance", sampleDistance);
        material.SetVector("_Sensitivity",        new        Vector4(sensitivityNormals,
sensitivityDepth, 0.0f, 0.0f));

        Graphics.Blit(src, dest, material);
    } else {
        Graphics.Blit(src, dest);
```

```
	}
}
```

需要注意的是，这里我们为 OnRenderImage 函数添加了[ImageEffectOpaque]属性。我们曾在 12.1 节中提到过该属性的含义。在默认情况下，OnRenderImage 函数会在所有的不透明和透明的 Pass 执行完毕后被调用，以便对场景中所有游戏对象都产生影响。但有时，我们希望在不透明的 Pass（即渲染队列小于等于 2 500 的 Pass，内置的 Background、Geometry 和 AlphaTest 渲染队列均在此范围内）执行完毕后立即调用该函数，而不对透明物体（渲染队列为 Transparent 的 Pass）产生影响，此时，我们可以在 OnRenderImage 函数前添加 ImageEffectOpaque 属性来实现这样的目的。在本例中，我们只希望对不透明物体进行描边，而不希望透明物体也被描边，因此需要添加该属性。

下面，我们来实现 Shader 的部分。打开 Chapter13-EdgeDetectNormalAndDepth，进行如下修改。

（1）我们首先需要声明本例使用的各个属性：

```
Properties {
	_MainTex ("Base (RGB)", 2D) = "white" {}
	_EdgeOnly ("Edge Only", Float) = 1.0
	_EdgeColor ("Edge Color", Color) = (0, 0, 0, 1)
	_BackgroundColor ("Background Color", Color) = (1, 1, 1, 1)
	_SampleDistance ("Sample Distance", Float) = 1.0
	_Sensitivity ("Sensitivity", Vector) = (1, 1, 1, 1)
}
```

其中，_Sensitivity 的 xy 分量分别对应了法线和深度的检测灵敏度，zw 分量则没有实际用途。

（2）在本节中，我们使用 CGINCLUDE 来组织代码。我们在 SubShader 块中利用 CGINCLUDE 和 ENDCG 语义来定义一系列代码：

```
SubShader {
	CGINCLUDE
	...
	ENDCG
	...
```

（3）为了在代码中访问各个属性，我们需要在 CG 代码块中声明对应的变量：

```
sampler2D _MainTex;
half4 _MainTex_TexelSize;
fixed _EdgeOnly;
fixed4 _EdgeColor;
fixed4 _BackgroundColor;
float _SampleDistance;
half4 _Sensitivity;
sampler2D _CameraDepthNormalsTexture;
```

在上面的代码中，我们声明了需要获取的深度+法线纹理_CameraDepthNormalsTexture。由于我们需要对邻域像素进行纹理采样，所以还声明了存储纹素大小的变量_MainTex_TexelSize。

（4）定义顶点着色器：

```
struct v2f {
	float4 pos : SV_POSITION;
	half2 uv[5]: TEXCOORD0;
};

v2f vert(appdata_img v) {
	v2f o;
	o.pos = mul(UNITY_MATRIX_MVP, v.vertex);

	half2 uv = v.texcoord;
	o.uv[0] = uv;

	#if UNITY_UV_STARTS_AT_TOP
```

```
    if (_MainTex_TexelSize.y < 0)
        uv.y = 1 - uv.y;
    #endif

    o.uv[1] = uv + _MainTex_TexelSize.xy * half2(1,1) * _SampleDistance;
    o.uv[2] = uv + _MainTex_TexelSize.xy * half2(-1,-1) * _SampleDistance;
    o.uv[3] = uv + _MainTex_TexelSize.xy * half2(-1,1) * _SampleDistance;
    o.uv[4] = uv + _MainTex_TexelSize.xy * half2(1,-1) * _SampleDistance;

    return o;
}
```

我们在 v2f 结构体中定义了一个维数为 5 的纹理坐标数组。这个数组的第一个坐标存储了屏幕颜色图像的采样纹理。我们对深度纹理的采样坐标进行了平台差异化处理，在必要情况下对它的竖直方向进行了翻转。数组中剩余的 4 个坐标则存储了使用 **Roberts** 算子时需要采样的纹理坐标，我们还使用了_SampleDistance 来控制采样距离。通过把计算采样纹理坐标的代码从片元着色器中转移到顶点着色器中，可以减少运算，提高性能。由于从顶点着色器到片元着色器的插值是线性的，因此这样的转移并不会影响纹理坐标的计算结果。

（5）然后，我们定义了片元着色器：

```
fixed4 fragRobertsCrossDepthAndNormal(v2f i) : SV_Target {
    half4 sample1 = tex2D(_CameraDepthNormalsTexture, i.uv[1]);
    half4 sample2 = tex2D(_CameraDepthNormalsTexture, i.uv[2]);
    half4 sample3 = tex2D(_CameraDepthNormalsTexture, i.uv[3]);
    half4 sample4 = tex2D(_CameraDepthNormalsTexture, i.uv[4]);

    half edge = 1.0;

    edge *= CheckSame(sample1, sample2);
    edge *= CheckSame(sample3, sample4);

    fixed4 withEdgeColor = lerp(_EdgeColor, tex2D(_MainTex, i.uv[0]), edge);
    fixed4 onlyEdgeColor = lerp(_EdgeColor, _BackgroundColor, edge);

    return lerp(withEdgeColor, onlyEdgeColor, _EdgeOnly);
}
```

我们首先使用 4 个纹理坐标对深度+法线纹理进行采样，再调用 CheckSame 函数来分别计算对角线上两个纹理值的差值。CheckSame 函数的返回值要么是 0，要么是 1，返回 0 时表明这两点之间存在一条边界，反之则返回 1。它的定义如下：

```
half CheckSame(half4 center, half4 sample) {
    half2 centerNormal = center.xy;
    float centerDepth = DecodeFloatRG(center.zw);
    half2 sampleNormal = sample.xy;
    float sampleDepth = DecodeFloatRG(sample.zw);

    // difference in normals
    // do not bother decoding normals - there's no need here
    half2 diffNormal = abs(centerNormal - sampleNormal) * _Sensitivity.x;
    int isSameNormal = (diffNormal.x + diffNormal.y) < 0.1;
    // difference in depth
    float diffDepth = abs(centerDepth - sampleDepth) * _Sensitivity.y;
    // scale the required threshold by the distance
    int isSameDepth = diffDepth < 0.1 * centerDepth;

    // return:
    // 1 - if normals and depth are similar enough
    // 0 - otherwise
    return isSameNormal * isSameDepth ? 1.0 : 0.0;
}
```

CheckSame 首先对输入参数进行处理，得到两个采样点的法线和深度值。值得注意的是，这里我们并没有解码得到真正的法线值，而是直接使用了 *xy* 分量。这是因为我们只需要比较两个采样值之间的差异度，而并不需要知道它们真正的法线值。然后，我们把两个采样点的对应值相减并取绝对值，再乘以灵敏度参数，把差异值的每个分量相加再和一个阈值比较，如果它们的和小于阈值，则返回 1，说明差异不明显，不存在一条边界；否则返回 0。最后，我们把法线和深度的检查结果相乘，作为组合后的返回值。

当通过 CheckSame 函数得到边缘信息后，片元着色器就利用该值进行颜色混合，这和 12.3 节中的步骤一致。

（6）然后，我们定义了边缘检测需要使用的 Pass：

```
Pass {
    ZTest Always Cull Off ZWrite Off

    CGPROGRAM

    #pragma vertex vert
    #pragma fragment fragRobertsCrossDepthAndNormal

    ENDCG
}
```

（7）最后，我们关闭了该 Shader 的 Fallback：

```
Fallback Off
```

完成后返回编辑器，并把 Chapter13-EdgeDetectNormalAndDepth 拖曳到摄像机的 EdgeDetectNormalsAndDepth.cs 脚本中的 edgeDetectShader 参数中。当然，我们可以在 EdgeDetectNormalsAndDepth.cs 的脚本面板中将 edgeDetectShader 参数的默认值设置为 Chapter13-EdgeDetectNormalAndDepth，这样就不需要以后使用时每次都手动拖曳了。

本节实现的描边效果是基于整个屏幕空间进行的，也就是说，场景内的所有物体都会被添加描边效果。但有时，我们希望只对特定的物体进行描边，例如当玩家选中场景中的某个物体后，我们想要在该物体周围添加一层描边效果。这时，我们可以使用 Unity 提供的 Graphics.DrawMesh 或 Graphics.DrawMeshNow 函数把需要描边的物体再次渲染一遍（在所有不透明物体渲染完毕之后），然后再使用本节提到的边缘检测算法计算深度或法线纹理中每个像素的梯度值，判断它们是否小于某个阈值，如果是，就在 Shader 中使用 clip()函数将该像素剔除掉，从而显示出原来的物体颜色。

13.5 扩展阅读

在本章中，我们介绍了如何使用深度和法线纹理实现诸如全局雾效、边缘检测等效果。尽管我们只使用了深度和法线纹理，但实际上我们可以在 Unity 中创建任何需要的缓存纹理。这可以通过使用 Unity 的着色器替换（Shader Replacement）功能（即调用 Camera.RenderWithShader(shader, replacementTag)函数）把整个场景再次渲染一遍来得到，而在很多时候，这实际也是 Unity 创建深度和法线纹理时使用的方法。

深度和法线纹理在屏幕特效的实现中往往扮演了重要的角色。许多特殊的屏幕效果都需要依靠这两种纹理的帮助。Unity 曾在 2011 年的 SIGGRAPH（计算机图形学的顶级会议）上做了一个关于使用深度纹理实现各种特效的演讲（blogs.unity3d/2011/09/08/special-effects-with-depth-talk-at-siggraph/）。在这个演讲中，Unity 的工作人员解释了如何利用深度纹理来实现特定物体的描边、角色护盾、相交线的高光模拟等效果。在 Unity 的 Image Effect（docs.unity3d/Manual/comp-ImageEffects.html）包中，读者也可以找到一些传统的使用深度纹理实现屏幕特效的例子，例如屏幕空间的环境遮挡（Screen Space Ambient Occlusion，SSAO）等效果。

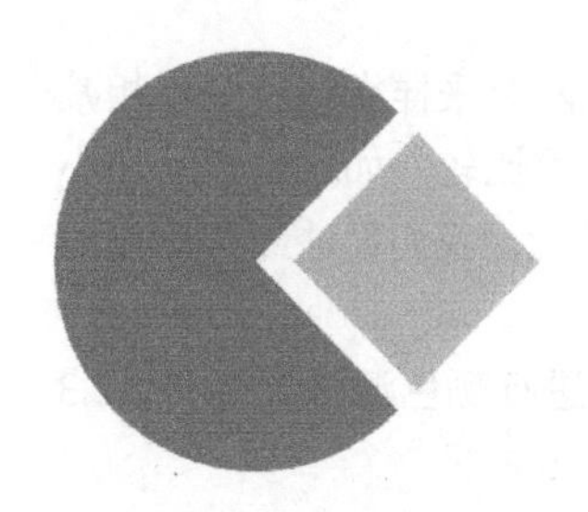

第 14 章　非真实感渲染

尽管游戏渲染一般都是以**照相写实主义（photorealism）**作为主要目标，但也有许多游戏使用了**非真实感渲染（Non-Photorealistic Rendering，NPR）**的方法来渲染游戏画面。非真实感渲染的一个主要目标是，使用一些渲染方法使得画面达到和某些特殊的绘画风格相似的效果，例如卡通、水彩风格等。

在本章中，我们将会介绍两种常见的非真实感渲染方法。在 14.1 节中，我们将会学习如何实现一个包含了简单漫反射、高光和描边的卡通风格的渲染效果。14.2 节将会介绍一种实时素描效果的实现。在本章最后，我们还会给出一些关于非真实感渲染的资料，读者可以在这些文献中找到更多非真实感渲染的实现方法。

14.1 卡通风格的渲染

卡通风格是游戏中常见的一种渲染风格。使用这种风格的游戏画面通常有一些共有的特点，例如物体都被黑色的线条描边，以及分明的明暗变化等。由日本卡普空（英文名：Capcom）株式会社开发的游戏《大神》（英文名：Okami）就使用了水墨+卡通风格来渲染整个画面，如图 14.1 所示，这种渲染风格获得了广泛赞誉。

要实现卡通渲染有很多方法，其中之一就是使用**基于色调的着色技术（tone-based shading）**。Gooch 等人在他们 1998 年的一篇论文[1]中提出并实现了基于色调的光照模型。在实现中，我们往往会使用漫反射系数对一张一维纹理进行采样，以控制漫反射的色调。我们曾在 7.3 节使用渐变纹理实现过这样的效果。卡通风格的高光效果也和我们之前学习的光照不同。在卡通风格中，模型的高光往往是一块块分界明显的纯色区域。

除了光照模型不同外，卡通风格通常还需要在物体边缘部分绘制轮廓。在之前的章节中，我们曾介绍使用屏幕后处理技术对屏幕图像进行描边。在本节，我们将会介绍基于模型的描边方法，这种方法的实现更加简单，而且在很多情况下也能得到不错的效果。

在本节结束后，我们将会实现类似图 14.2 的效果。

▲图 14.1　游戏《大神》（英文名：Okami）的游戏截图

▲图 14.2　卡通风格的渲染效果

14.1.1　渲染轮廓线

在实时渲染中，轮廓线的渲染是应用非常广泛的一种效果。近 20 年来，有许多绘制模型轮廓线的方法被先后提出来。在《Real Time Rendering, third edition》一书中，作者把这些方法分成了5种类型。

- 基于观察角度和表面法线的轮廓线渲染。这种方法使用视角方向和表面法线的点乘结果来得到轮廓线的信息。这种方法简单快速，可以在一个Pass中就得到渲染结果，但局限性很大，很多模型渲染出来的描边效果都不尽如人意。
- 过程式几何轮廓线渲染。这种方法的核心是使用两个Pass渲染。第一个Pass渲染背面的面片，并使用某些技术让它的轮廓可见；第二个Pass再正常渲染正面的面片。这种方法的优点在于快速有效，并且适用于绝大多数表面平滑的模型，但它的缺点是不适合类似于立方体这样平整的模型。
- 基于图像处理的轮廓线渲染。我们在第12、13章介绍的边缘检测的方法就属于这个类别。这种方法的优点在于，可以适用于任何种类的模型。但它也有自身的局限所在，一些深度和法线变化很小的轮廓无法被检测出来，例如桌子上的纸张。
- 基于轮廓边检测的轮廓线渲染。上面提到的各种方法，一个最大的问题是，无法控制轮廓线的风格渲染。对于一些情况，我们希望可以渲染出独特风格的轮廓线，例如水墨风格等。为此，我们希望可以检测出精确的轮廓边，然后直接渲染它们。检测一条边是否是轮廓边的公式很简单，我们只需要检查和这条边相邻的两个三角面片是否满足以下条件：

$$(\mathbf{n}_0 \cdot \mathbf{v} > 0) \neq (\mathbf{n}_1 \cdot \mathbf{v} > 0)$$

其中，$\mathbf{n}_0$和$\mathbf{n}_1$分别表示两个相邻三角面片的法向，$\mathbf{v}$是从视角到该边上任意顶点的方向。上述公式的本质在于检查两个相邻的三角面片是否一个朝正面、一个朝背面。我们可以在几何着色器（Geometry Shader）的帮助下实现上面的检测过程。当然，这种方法也有缺点，除了实现相对复杂外，它还会有动画连贯性的问题。也就是说，由于是逐帧单独提取轮廓，所以在帧与帧之间会出现跳跃性。

- 最后一个种类就是混合了上述的几种渲染方法。例如，首先找到精确的轮廓边，把模型和轮廓边渲染到纹理中，再使用图像处理的方法识别出轮廓线，并在图像空间下进行风格化渲染。

在本节中，我们将会在Unity中使用过程式几何轮廓线渲染的方法来对模型进行轮廓描边。我们将使用两个Pass渲染模型：在第一个Pass中，我们会使用轮廓线颜色渲染整个背面的面片，并在视角空间下把模型顶点沿着法线方向向外扩张一段距离，以此来让背部轮廓线可见。代码如下：

```
viewPos = viewPos + viewNormal * _Outline;
```

但是，如果直接使用顶点法线进行扩展，对于一些内凹的模型，就可能发生背面面片遮挡正面面片的情况。为了尽可能防止出现这样的情况，在扩张背面顶点之前，我们首先对顶点法线的z分量进行处理，使它们等于一个定值，然后把法线归一化后再对顶点进行扩张。这样的好处在于，扩展后的背面更加扁平化，从而降低了遮挡正面面片的可能性。代码如下：

```
viewNormal.z = -0.5;
viewNormal = normalize(viewNormal);
viewPos = viewPos + viewNormal * _Outline;
```

14.1.2 添加高光

前面提到过，卡通风格中的高光往往是模型上一块块分界明显的纯色区域。为了实现这种效果，我们就不能再使用之前学习的光照模型。回顾一下，在之前实现Blinn-Phong模型的过程中，我们使用法线点乘光照方向以及视角方向和的一半，再和另一个参数进行指数操作得到高光反射系数。代码如下：

```
float spec = pow(max(0, dot(normal, halfDir)), _Gloss)
```

对于卡通渲染需要的高光反射光照模型，我们同样需要计算 normal 和 halfDir 的点乘结果，但不同的是，我们把该值和一个阈值进行比较，如果小于该阈值，则高光反射系数为 0，否则返回 1。

```
float spec = dot(worldNormal, worldHalfDir);
spec = step(threshold, spec);
```

在上面的代码中，我们使用 CG 的 **step 函数**来实现和阈值比较的目的。step 函数接受两个参数，第一个参数是参考值，第二个参数是待比较的数值。如果第二个参数大于等于第一个参数，则返回 1，否则返回 0。

但是，这种粗暴的判断方法会在高光区域的边界造成锯齿，如图 14.3 左图所示。出现这种问题的原因在于，高光区域的边缘不是平滑渐变的，而是由 0 突变到 1。要想对其进行抗锯齿处理，我们可以在边界处很小的一块区域内，进行平滑处理。代码如下：

```
float spec = dot(worldNormal, worldHalfDir);
spec = lerp(0, 1, smoothstep(-w, w, spec - threshold));
```

在上面的代码中，我们没有像之前一样直接使用 step 函数返回 0 或 1，而是首先使用了 CG 的 **smoothstep 函数**。其中，*w* 是一个很小的值，当 spec - threshold 小于-*w* 时，返回 0，大于 *w* 时，返回 1，否则在 0 到 1 之间进行插值。这样的效果是，我们可以在[−*w*, *w*]区间内，即高光区域的边界处，得到一个从 0 到 1 平滑变化的 spec 值，从而实现抗锯齿的目的。尽管我们可以把 *w* 设为一个很小的定值，但在本例中，我们选择使用邻域像素之间的近似导数值，这可以通过 CG 的 **fwidth 函数**来得到。

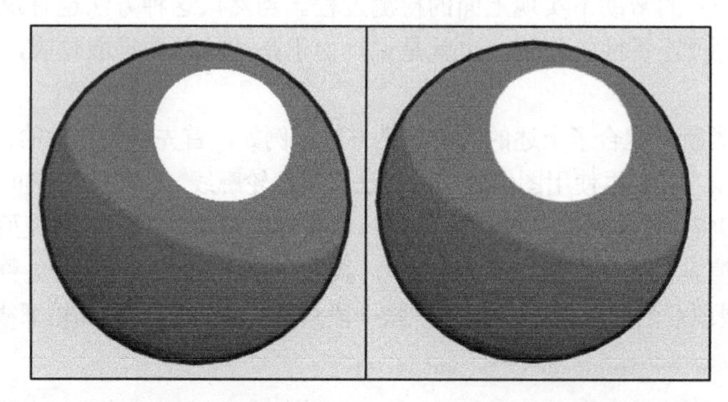

▲图 14.3　左边：未对高光区域进行抗锯齿处理，右边：使用 fwidth 函数对高光区域进行抗锯齿处理

当然，卡通渲染中的高光往往有更多个性化的需要。例如，很多卡通高光特效希望可以随意伸缩、方块化光照区域。Anjyo 等人在他们 2003 年的一篇论文[2]中给出了一种风格化的卡通高光的实现。读者也可以在这篇非真实感渲染的博文（blog.csdn/candycat1992/article/details/47284289）中找到这种方法在 Unity 中的实现。

14.1.3　实现

我们现在已经有了理论基础，是时候在 Unity 中验证我们的结果了。为此，我们需要进行如下准备工作。

（1）在 Unity 中新建一个场景。在本书资源中，该场景名为 Scene_14_1。在 Unity 5.2 中，默认情况下场景将包含一个摄像机和一个平行光，并且使用了内置的天空盒子。在 Window → Lighting → Skybox 中去掉场景中的天空盒子。

（2）新建一个材质。在本书资源中，该材质名为 ToonShadingMat。

（3）新建一个 Unity Shader。在本书资源中，该 Unity Shader 名为 Chapter14-ToonShading。把新的 Unity Shader 赋给第 2 步中创建的材质。

（4）在场景中拖曳一个 Suzanne 模型，并把第 2 步中的材质赋给该模型。

（5）保存场景。

打开 Chapter14-ToonShading，关键修改如下。

（1）首先，我们需要声明本例使用各个属性：

```
Properties {
    _Color ("Color Tint", Color) = (1, 1, 1, 1)
    _MainTex ("Main Tex", 2D) = "white" {}
    _Ramp ("Ramp Texture", 2D) = "white" {}
    _Outline ("Outline", Range(0, 1)) = 0.1
    _OutlineColor ("Outline Color", Color) = (0, 0, 0, 1)
    _Specular ("Specular", Color) = (1, 1, 1, 1)
    _SpecularScale ("Specular Scale", Range(0, 0.1)) = 0.01
}
```

其中，_Ramp 是用于控制漫反射色调的渐变纹理，_Outline 用于控制轮廓线宽度，_OutlineColor 对应了轮廓线颜色，_Specular 是高光反射颜色，_SpecularScale 用于控制计算高光反射时使用的阈值。

（2）定义渲染轮廓线需要的 Pass。前面提到过，这个 Pass 只渲染背面的三角面片，因此，我们需要设置正确的渲染状态：

```
Pass {
    NAME "OUTLINE"

    Cull Front
```

我们使用 Cull 指令把正面的三角面片剔除，而只渲染背面。值得注意的是，我们还使用 NAME 命令为该 Pass 定义了名称。这是因为，描边在非真实感渲染中是非常常见的效果，为该 Pass 定义名称可以让我们在后面的使用中不需要再重复编写此 Pass，而只需要调用它的名字即可。

（3）定义描边需要的顶点着色器和片元着色器：

```
v2f vert (a2v v) {
    v2f o;

    float4 pos = mul(UNITY_MATRIX_MV, v.vertex);
    float3 normal = mul((float3x3)UNITY_MATRIX_IT_MV, v.normal);
    normal.z = -0.5;
    pos = pos + float4(normalize(normal), 0) * _Outline;
    o.pos = mul(UNITY_MATRIX_P, pos);

    return o;
}

float4 frag(v2f i) : SV_Target {
    return float4(_OutlineColor.rgb, 1);
}
```

如 14.1.1 节所讲，在顶点着色器中我们首先把顶点和法线变换到视角空间下，这是为了让描边可以在观察空间达到最好的效果。随后，我们设置法线的 z 分量，对其归一化后再将顶点沿其方向扩张，得到扩张后的顶点坐标。对法线的处理是为了尽可能避免背面扩张后的顶点挡住正面的面片。最后，我们把顶点从视角空间变换到裁剪空间。

片元着色器的代码非常简单，我们只需要用轮廓线颜色渲染整个背面即可。

（4）然后，我们需要定义光照模型所在的 Pass，以渲染模型的正面。由于光照模型需要使用 Unity 提供的光照等信息，我们需要为 Pass 进行相应的设置，并添加相应的编译指令：

```
Pass {
   Tags { "LightMode"="ForwardBase" }

   Cull Back

   CGPROGRAM

   #pragma vertex vert
   #pragma fragment frag

   #pragma multi_compile_fwdbase
```

在上面的代码中，我们将 LightMode 设置为 ForwardBase，并且使用#pragma 语句设置了编译指令，这些都是为了让 Shader 中的光照变量可以被正确赋值。

（5）随后，我们定义了顶点着色器：

```
struct v2f {
   float4 pos : POSITION;
   float2 uv : TEXCOORD0;
   float3 worldNormal : TEXCOORD1;
   float3 worldPos : TEXCOORD2;
   SHADOW_COORDS(3)
};

v2f vert (a2v v) {
   v2f o;

   o.pos = mul( UNITY_MATRIX_MVP, v.vertex);
   o.uv = TRANSFORM_TEX (v.texcoord, _MainTex);
   o.worldNormal  = mul(v.normal, (float3x3)_World2Object);
   o.worldPos = mul(_Object2World, v.vertex).xyz;

   TRANSFER_SHADOW(o);

   return o;
}
```

在上面的代码中，我们计算了世界空间下的法线方向和顶点位置，并使用 Unity 提供的内置宏 SHADOW_COORDS 和 TRANSFER_SHADOW 来计算阴影所需的各个变量。这些宏的实现原理可以参见 9.4 节。

（6）片元着色器中包含了计算光照模型的关键代码：

```
float4 frag(v2f i) : SV_Target {
   fixed3 worldNormal = normalize(i.worldNormal);
   fixed3 worldLightDir = normalize(UnityWorldSpaceLightDir(i.worldPos));
   fixed3 worldViewDir = normalize(UnityWorldSpaceViewDir(i.worldPos));
   fixed3 worldHalfDir = normalize(worldLightDir + worldViewDir);

   fixed4 c = tex2D (_MainTex, i.uv);
   fixed3 albedo = c.rgb * _Color.rgb;

   fixed3 ambient = UNITY_LIGHTMODEL_AMBIENT.xyz * albedo;

   UNITY_LIGHT_ATTENUATION(atten, i, i.worldPos);

   fixed diff = dot(worldNormal, worldLightDir);
   diff = (diff * 0.5 + 0.5) * atten;

   fixed3 diffuse = _LightColor0.rgb * albedo * tex2D(_Ramp, float2(diff, diff)).rgb;

   fixed spec = dot(worldNormal, worldHalfDir);
   fixed w = fwidth(spec) * 2.0;
   fixed3 specular = _Specular.rgb * lerp(0, 1, smoothstep(-w, w, spec + _SpecularScale
   - 1)) * step(0.0001, _SpecularScale);

   return fixed4(ambient + diffuse + specular, 1.0);
}
```

首先，我们计算了光照模型中需要的各个方向矢量，并对它们进行了归一化处理。然后，我们计算了材质的反射率 albedo 和环境光照 ambient。接着，我们使用内置的 UNITY_LIGHT_ATTENUATION 宏来计算当前世界坐标下的阴影值。随后，我们计算了半兰伯特漫反射系数，并和阴影值相乘得到最终的漫反射系数。我们使用这个漫反射系数对渐变纹理_Ramp 进行采样，并将结果和材质的反射率、光照颜色相乘，作为最后的漫反射光照。高光反射的计算和 14.1.2 节中介绍的方法一致，我们使用 fwidth 对高光区域的边界进行抗锯齿处理，并将计算而得的高光反射系数和高光反射颜色相乘，得到高光反射的光照部分。值得注意的是，我们在最后还使用了 step(0.000 1, _SpecularScale)，这是为了在_SpecularScale 为 0 时，可以完全消除高光反射的光照。最后，返回环境光照、漫反射光照和高光反射光照叠加的结果。

（7）最后，我们为 Shader 设置了合适的 Fallback：

```
Fallback "Diffuse"
```

这对产生正确的阴影投射效果很重要（详见 9.4 节）。

本节实现的卡通渲染光照模型是一种非常简单的实现。在商业项目中，我们往往需要设计和实现更复杂的光照模型，以得到出色的卡通效果。一个很好的例子是游戏《军团要塞 2》（英文名：Team Fortress 2）的渲染效果。Valve 公司在 2007 年发表了一篇著名的文章[3]，解释了他们在实现该游戏时使用的相关技术。

14.2 素描风格的渲染

另一个非常流行的非真实感渲染是素描风格的渲染。微软研究院的 Praun 等人在 2001 年的 SIGGRAPH 上发表了一篇非常著名的论文[4]。在这篇文章中，他们使用了提前生成的素描纹理来实现实时的素描风格渲染，这些纹理组成了一个**色调艺术映射（Tonal Art Map，TAM）**，如图 14.4 所示。在图 14.4 中，从左到右纹理中的笔触逐渐增多，用于模拟不同光照下的漫反射效果，从上到下则对应了每张纹理的多级渐远纹理（mipmaps）。这些多级渐远纹理的生成并不是简单的对上一层纹理进行降采样，而是需要保持笔触之间的间隔，以便更真实地模拟素描效果。

▲图 14.4　一个 TAM 的例子（来源：Praun E, et al. Real-time hatching[4]）

本节将会实现简化版的论文中提出的算法，我们不考虑多级渐远纹理的生成，而直接使用 6 张素描纹理进行渲染。在渲染阶段，我们首先在顶点着色阶段计算逐顶点的光照，根据光照结果来决定 6 张纹理的混合权重，并传递给片元着色器。然后，在片元着色器中根据这些权重来混合 6 张纹理的采样结果。在学习完本节后，我们会得到类似图 14.5 的效果。

▲图 14.5　素描风格的渲染效果

为此，我们需要进行如下准备工作。

（1）在 Unity 中新建一个场景。在本书资源中，该场景名为

Scene_14_2。在 Unity 5.2 中，默认情况下场景将包含一个摄像机和一个平行光，并且使用了内置的天空盒子。在 Window -> Lighting -> Skybox 中去掉场景中的天空盒子。

（2）新建一个材质。在本书资源中，该材质名为 HatchingMat。

（3）新建一个 Unity Shader。在本书资源中，该 Unity Shader 名为 Chapter14-Hatching。把新的 Unity Shader 赋给第 2 步中创建的材质。

（4）在场景中拖曳一个 TeddyBear 模型，并把第 2 步中的材质赋给该模型。为了得到更好的效果，我们还把一张纸张图像拖曳到场景中作为背景。

（5）保存场景。

打开 Chapter14-Hatching，进行如下关键修改。

（1）首先，声明渲染所需的各个属性：

```
Properties {
    _Color ("Color Tint", Color) = (1, 1, 1, 1)
    _TileFactor ("Tile Factor", Float) = 1
    _Outline ("Outline", Range(0, 1)) = 0.1
    _Hatch0 ("Hatch 0", 2D) = "white" {}
    _Hatch1 ("Hatch 1", 2D) = "white" {}
    _Hatch2 ("Hatch 2", 2D) = "white" {}
    _Hatch3 ("Hatch 3", 2D) = "white" {}
    _Hatch4 ("Hatch 4", 2D) = "white" {}
    _Hatch5 ("Hatch 5", 2D) = "white" {}
}
```

其中，_Color 是用于控制模型颜色的属性。_TileFactor 是纹理的平铺系数，_TileFactor 越大，模型上的素描线条越密，在实现图 14.5 的过程中，我们把_TileFactor 设置为 8。_Hatch0 至_Hatch5 对应了渲染时使用的 6 张素描纹理，它们的线条密度依次增大。

（2）由于素描风格往往也需要在物体周围渲染轮廓线，因此我们直接使用 14.1 节中渲染轮廓线的 Pass：

```
SubShader {
    Tags { "RenderType"="Opaque" "Queue"="Geometry"}

    UsePass "Unity Shaders Book/Chapter 14/Toon Shading/OUTLINE"
```

我们使用 UsePass 命令调用了 14.1 节中实现的轮廓线渲染的 Pass，Unity Shaders Book/Chapter 14/Toon Shading 对应了 14.1 节中 Chapter14-ToonShading 文件里 Shader 的名字，而 Unity 内部会把 Pass 的名称全部转成大写格式，所以我们需要在 UsePass 中使用大写格式的 Pass 名称。

（3）下面，我们需要定义光照模型所在的 Pass。为了能够正确获取各个光照变量，我们设置了 Pass 的标签和相关的编译指令：

```
Pass {
    Tags { "LightMode"="ForwardBase" }

    CGPROGRAM

    #pragma vertex vert
    #pragma fragment frag

    #pragma multi_compile_fwdbase
```

（4）由于我们需要在顶点着色器中计算 6 张纹理的混合权重，我们首先需要在 v2f 结构体中添加相应的变量：

```
struct v2f {
    float4 pos : SV_POSITION;
    float2 uv : TEXCOORD0;
```

```
    fixed3 hatchWeights0 : TEXCOORD1;
    fixed3 hatchWeights1 : TEXCOORD2;
    float3 worldPos : TEXCOORD3;
    SHADOW_COORDS(4)
};
```

由于一共声明了 6 张纹理，这意味着需要 6 个混合权重，我们把它们存储在两个 fixed3 类型的变量（hatchWeights0 和 hatchWeights1）中。为了添加阴影效果，我们还声明了 worldPos 变量，并使用 SHADOW_COORDS 宏声明了阴影纹理的采样坐标。

（5）然后，我们定义了关键的顶点着色器：

```
v2f vert(a2v v) {
    v2f o;

    o.pos = mul(UNITY_MATRIX_MVP, v.vertex);

    o.uv = v.texcoord.xy * _TileFactor;

    fixed3 worldLightDir = normalize(WorldSpaceLightDir(v.vertex));
    fixed3 worldNormal = UnityObjectToWorldNormal(v.normal);
    fixed diff = max(0, dot(worldLightDir, worldNormal));

    o.hatchWeights0 = fixed3(0, 0, 0);
    o.hatchWeights1 = fixed3(0, 0, 0);

    float hatchFactor = diff * 7.0;

    if (hatchFactor > 6.0) {
        // Pure white, do nothing
    } else if (hatchFactor > 5.0) {
        o.hatchWeights0.x = hatchFactor - 5.0;
    } else if (hatchFactor > 4.0) {
        o.hatchWeights0.x = hatchFactor - 4.0;
        o.hatchWeights0.y = 1.0 - o.hatchWeights0.x;
    } else if (hatchFactor > 3.0) {
        o.hatchWeights0.y = hatchFactor - 3.0;
        o.hatchWeights0.z = 1.0 - o.hatchWeights0.y;
    } else if (hatchFactor > 2.0) {
        o.hatchWeights0.z = hatchFactor - 2.0;
        o.hatchWeights1.x = 1.0 - o.hatchWeights0.z;
    } else if (hatchFactor > 1.0) {
        o.hatchWeights1.x = hatchFactor - 1.0;
        o.hatchWeights1.y = 1.0 - o.hatchWeights1.x;
    } else {
        o.hatchWeights1.y = hatchFactor;
        o.hatchWeights1.z = 1.0 - o.hatchWeights1.y;
    }

    o.worldPos = mul(_Object2World, v.vertex).xyz;

    TRANSFER_SHADOW(o);

    return o;
}
```

我们首先对顶点进行了基本的坐标变换。然后，使用_TileFactor 得到了纹理采样坐标。在计算 6 张纹理的混合权重之前，我们首先需要计算逐顶点光照。因此，我们使用世界空间下的光照方向和法线方向得到漫反射系数 diff。之后，我们把权重值初始化为 0，并把 diff 缩放到[0, 7]范围，得到 hatchFactor。我们把[0, 7]的区间均匀划分为 7 个子区间，通过判断 hatchFactor 所处的子区间来计算对应的纹理混合权重。最后，我们计算了顶点的世界坐标，并使用 TRANSFER_SHADOW 宏来计算阴影纹理的采样坐标。

（6）接下来，定义片元着色器部分：

```
fixed4 frag(v2f i) : SV_Target {
    fixed4 hatchTex0 = tex2D(_Hatch0, i.uv) * i.hatchWeights0.x;
    fixed4 hatchTex1 = tex2D(_Hatch1, i.uv) * i.hatchWeights0.y;
    fixed4 hatchTex2 = tex2D(_Hatch2, i.uv) * i.hatchWeights0.z;
    fixed4 hatchTex3 = tex2D(_Hatch3, i.uv) * i.hatchWeights1.x;
    fixed4 hatchTex4 = tex2D(_Hatch4, i.uv) * i.hatchWeights1.y;
    fixed4 hatchTex5 = tex2D(_Hatch5, i.uv) * i.hatchWeights1.z;
    fixed4 whiteColor = fixed4(1, 1, 1, 1) * (1 - i.hatchWeights0.x - i.hatchWeights0.y
- i.hatchWeights0.z -
                i.hatchWeights1.x - i.hatchWeights1.y - i.hatchWeights1.z);

    fixed4 hatchColor = hatchTex0 + hatchTex1 + hatchTex2 + hatchTex3 + hatchTex4 +
hatchTex5 + whiteColor;

    UNITY_LIGHT_ATTENUATION(atten, i, i.worldPos);

    return fixed4(hatchColor.rgb * _Color.rgb * atten, 1.0);
}
```

当得到了 6 六张纹理的混合权重后，我们对每张纹理进行采样并和它们对应的权重值相乘得到每张纹理的采样颜色。我们还计算了纯白在渲染中的贡献度，这是通过从 1 中减去所有 6 张纹理的权重来得到的。这是因为素描中往往有留白的部分，因此我们希望在最后的渲染中光照最亮的部分是纯白色的。最后，我们混合了各个颜色值，并和阴影值 atten、模型颜色_Color 相乘后返回最终的渲染结果。

（7）最后，我们设置了合适的 Fallback：

```
Fallback "Diffuse"
```

读者也可以生成与本例不同的素描纹理，具体方法可以参见论文[4]。这篇博文（alastaira. Wordpress 网站的/2013/11/01/hand-drawn-shaders-and-creating-tonal-art-maps/）中还介绍了一种使用 Photoshop 等软件创建相似的素描纹理的方法。

14.3 扩展阅读

在工业界，非真实感渲染已被应用到很多成功的游戏中，除了之前提及的《大神》和《军团要塞 2》外，还有最近的《海岛奇兵》《三国志》等游戏都可以看到非真实感渲染的身影。在学术界，有更多出色的非真实感渲染的工作被提了出来。读者可以在国际讨论会 NPAR（Non-Photorealistic Animation and Rendering）上找到许多关于非真实感渲染的论文。浙江大学的耿卫东教授编纂的书籍《艺术化绘制的图形学原理与方法》（英文名：The Algorithms and Principles of Non-photorealistic Graphics）[5]，也是非常好的学习材料。这本书概述了近年来非真实感渲染在各个领域的发展，并简述了许多有重要贡献的算法过程，是一本非常好的参考书籍。

在 Unity 的资源商店中，也有许多优秀的非真实感渲染资源。例如，**Toon Shader Free**（assetstore.unity3d /cn/#!/content/21288）是一个免费的卡通资源包，里面实现了包括轮廓线渲染等卡通风格的渲染。**Toon Styles Shader Pack**（assetstore.unity3d/cn/#!/content/7212）是一个需要收费的卡通资源包，它包含了更多的卡通风格的 Unity Shader。**Hand-Drawn Shader Pack**（assetstore.unity3d/cn/#!/content/12465）同样是一个需要收费的非真实感渲染效果包，它包含了诸如铅笔渲染、蜡笔渲染等多种手绘风格的非真实感渲染效果。

14.4 参考文献

[1] Gooch A, Gooch B, Shirley P, et al. A non-photorealistic lighting model for automatic technical illustration[C]//Proceedings of the 25th annual conference on Computer graphics and interactive techniques. ACM, 1998: 447-452。

[2] Anjyo K, Hiramitsu K. Stylized highlights for cartoon rendering and animation[J]. Computer Graphics and Applications, IEEE, 2003, 23(4): 54-61。

[3] Mitchell J, Francke M, Eng D. Illustrative rendering in Team Fortress 2[C]//Proceedings of the 5th international symposium on Non-photorealistic animation and rendering. ACM, 2007: 71-76。

[4] Praun E, Hoppe H, Webb M, et al. Real-time hatching[C]//Proceedings of the 28th annual conference on Computer graphics and interactive techniques. ACM, 2001: 581。

[5] Geng W. The Algorithms and Principles of Non-photorealistic Graphics: Artistic Rendering and Cartoon Animation[M]. Springer Science & Business Media, 2011。

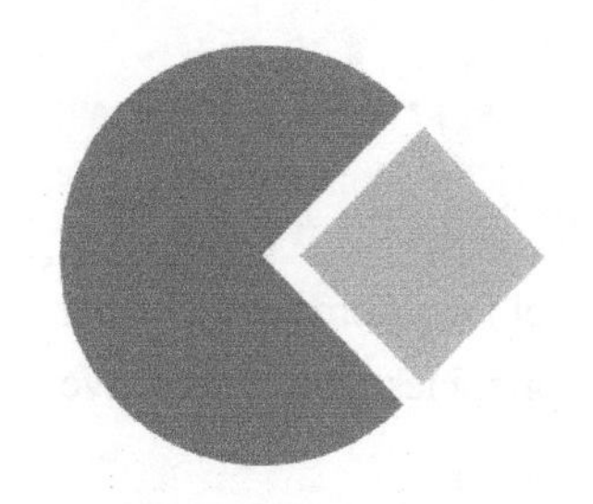

第 15 章　使用噪声

很多时候，向规则的事物里添加一些“杂乱无章”的效果往往会有意想不到的效果。而这些“杂乱无章”的效果来源就是噪声。在本章中，我们将会学习如何使用噪声来模拟各种看似“神奇”的特效。在 15.1 节中，我们将使用一张噪声纹理来模拟火焰的消融效果。15.2 节则把噪声应用在模拟水面的波动上，从而产生波光粼粼的视觉效果。在 15.3 节中，我们会回顾 13.3 节中实现的全局雾效，并向其中添加噪声来模拟不均匀的飘渺雾效。

15.1 消融效果

消融（dissolve）效果常见于游戏中的角色死亡、地图烧毁等效果。在这些效果中，消融往往从不同的区域开始，并向看似随机的方向扩张，最后整个物体都将消失不见。在本节中，我们将学习如何在 Unity 中实现这种效果。在学习完本节后，我们可以得到类似图 15.1 中的效果。

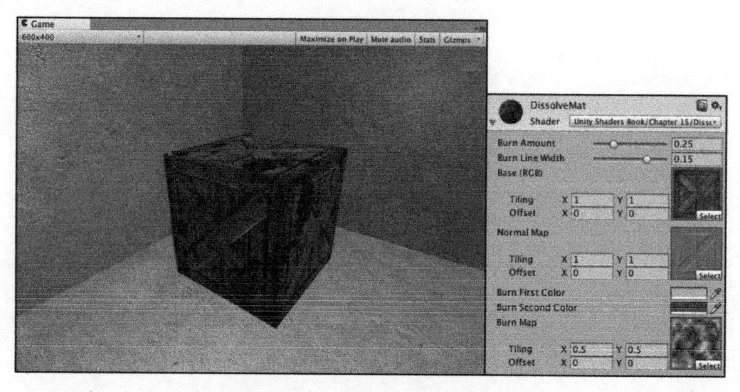

▲图 15.1　箱子的消融效果

要实现图 15.1 中的效果，原理非常简单，概括来说就是噪声纹理+透明度测试。我们使用对噪声纹理采样的结果和某个控制消融程度的阈值比较，如果小于阈值，就使用 clip 函数把它对应的像素裁剪掉，这些部分就对应了图中被“烧毁”的区域。而镂空区域边缘的烧焦效果则是将两种颜色混合，再用 pow 函数处理后，与原纹理颜色混合后的结果。

为了实现上述消融效果，我们首先进行如下准备工作。

（1）在 Unity 中新建一个场景。在本书资源中，该场景名为 Scene_15_1。在 Unity 5.2 中，默认情况下场景将包含一个摄像机和一个平行光，并且使用了内置的天空盒子。在 Window -> Lighting -> Skybox 中去掉场景中的天空盒子。

（2）新建一个材质。在本书资源中，该材质名为 DissolveMat。

（3）新建一个 Unity Shader。在本书资源中，该 Unity Shader 名为 Chapter15-Dissolve。把新的 Unity Shader 赋给第 2 步中创建的材质。

（4）我们需要搭建一个测试消融的场景。在本书资源的实现中，我们构建了一个包含 3 面墙的房间，并放置了一个立方体。把第 2 步创建的材质拖曳给立方体。

（5）保存场景。

打开 Chapter15-Dissolve，删除原有代码，进行如下关键修改。

（1）首先，声明消融效果需要的各个属性：

```
Properties {
    _BurnAmount ("Burn Amount", Range(0.0, 1.0)) = 0.0
    _LineWidth("Burn Line Width", Range(0.0, 0.2)) = 0.1
    _MainTex ("Base (RGB)", 2D) = "white" {}
    _BumpMap ("Normal Map", 2D) = "bump" {}
    _BurnFirstColor("Burn First Color", Color) = (1, 0, 0, 1)
    _BurnSecondColor("Burn Second Color", Color) = (1, 0, 0, 1)
    _BurnMap("Burn Map", 2D) = "white"{}
}
```

_BurnAmount 属性用于控制消融程度，当值为 0 时，物体为正常效果，当值为 1 时，物体会完全消融。_LineWidth 属性用于控制模拟烧焦效果时的线宽，它的值越大，火焰边缘的蔓延范围越广。_MainTex 和_BumpMap 分别对应了物体原本的漫反射纹理和法线纹理。_BurnFirstColor 和_BurnSecondColor 对应了火焰边缘的两种颜色值。_BurnMap 则是关键的噪声纹理。

（2）我们在 SubShader 块中定义消融所需的 Pass：

```
Pass {
    Tags { "LightMode"="ForwardBase" }

    Cull Off

    CGPROGRAM

    #include "Lighting.cginc"
    #include "AutoLight.cginc"

    #pragma multi_compile_fwdbase
```

为了得到正确的光照，我们设置了 Pass 的 LightMode 和 multi_compile_fwdbase 的编译指令。值得注意的是，我们还使用 Cull 命令关闭了该 Shader 的面片剔除，也就是说，模型的正面和背面都会被渲染。这是因为，消融会导致裸露模型内部的构造，如果只渲染正面会出现错误的结果。

（3）定义顶点着色器：

```
struct v2f {
    float4 pos : SV_POSITION;
    float2 uvMainTex : TEXCOORD0;
    float2 uvBumpMap : TEXCOORD1;
    float2 uvBurnMap : TEXCOORD2;
    float3 lightDir : TEXCOORD3;
    float3 worldPos : TEXCOORD4;
    SHADOW_COORDS(5)
};

v2f vert(a2v v) {
    v2f o;
    o.pos = mul(UNITY_MATRIX_MVP, v.vertex);

    o.uvMainTex = TRANSFORM_TEX(v.texcoord, _MainTex);
    o.uvBumpMap = TRANSFORM_TEX(v.texcoord, _BumpMap);
    o.uvBurnMap = TRANSFORM_TEX(v.texcoord, _BurnMap);

    TANGENT_SPACE_ROTATION;
    o.lightDir = mul(rotation, ObjSpaceLightDir(v.vertex)).xyz;

    o.worldPos = mul(_Object2World, v.vertex).xyz;

    TRANSFER_SHADOW(o);
```

```
        return o;
    }
```

顶点着色器的代码很常规。我们使用宏 TRANSFORM_TEX 计算了三张纹理对应的纹理坐标，再把光源方向从模型空间变换到了切线空间。最后，为了得到阴影信息，计算了世界空间下的顶点位置和阴影纹理的采样坐标（使用了 TRANSFER_SHADOW 宏）。具体原理可参见 9.4 节。

（4）我们还需要实现片元着色器来模拟消融效果：

```
fixed4 frag(v2f i) : SV_Target {
    fixed3 burn = tex2D(_BurnMap, i.uvBurnMap).rgb;

    clip(burn.r - _BurnAmount);

    float3 tangentLightDir = normalize(i.lightDir);
    fixed3 tangentNormal = UnpackNormal(tex2D(_BumpMap, i.uvBumpMap));

    fixed3 albedo = tex2D(_MainTex, i.uvMainTex).rgb;

    fixed3 ambient = UNITY_LIGHTMODEL_AMBIENT.xyz * albedo;

    fixed3 diffuse = _LightColor0.rgb * albedo * max(0, dot(tangentNormal, tangentLightDir));

    fixed t = 1 - smoothstep(0.0, _LineWidth, burn.r - _BurnAmount);
    fixed3 burnColor = lerp(_BurnFirstColor, _BurnSecondColor, t);
    burnColor = pow(burnColor, 5);

    UNITY_LIGHT_ATTENUATION(atten, i, i.worldPos);
    fixed3 finalColor = lerp(ambient + diffuse * atten, burnColor, t * step(0.0001,
_BurnAmount));

    return fixed4(finalColor, 1);
}
```

我们首先对噪声纹理进行采样，并将采样结果和用于控制消融程度的属性_BurnAmount 相减，传递给 clip 函数。当结果小于 0 时，该像素将会被剔除，从而不会显示到屏幕上。如果通过了测试，则进行正常的光照计算。我们首先根据漫反射纹理得到材质的反射率 albedo，并由此计算得到环境光照，进而得到漫反射光照。然后，我们计算了烧焦颜色 burnColor。我们想要在宽度为_LineWidth 的范围内模拟一个烧焦的颜色变化，第一步就使用了 smoothstep 函数来计算混合系数 t。当 t 值为 1 时，表明该像素位于消融的边界处，当 t 值为 0 时，表明该像素为正常的模型颜色，而中间的插值则表示需要模拟一个烧焦效果。我们首先用 t 来混合两种火焰颜色_BurnFirstColor 和_BurnSecondColor，为了让效果更接近烧焦的痕迹，我们还使用 pow 函数对结果进行处理。然后，我们再次使用 t 来混合正常的光照颜色（环境光+漫反射）和烧焦颜色。我们这里又使用了 step 函数来保证当_BurnAmount 为 0 时，不显示任何消融效果。最后，返回混合后的颜色值 finalColor。

（5）与之前的实现不同，我们在本例中还定义了一个用于投射阴影的 Pass。正如我们在 9.4.5 节中的解释一样，使用透明度测试的物体的阴影需要特别处理，如果仍然使用普通的阴影 Pass，那么被剔除的区域仍然会向其他物体投射阴影，造成“穿帮”。为了让物体的阴影也能配合透明度测试产生正确的效果，我们需要自定义一个投射阴影的 Pass：

```
// Pass to render object as a shadow caster
Pass {
    Tags { "LightMode" = "ShadowCaster" }

    CGPROGRAM

    #pragma vertex vert
    #pragma fragment frag

    #pragma multi_compile_shadowcaster
```

在 Unity 中，用于投射阴影的 Pass 的 LightMode 需要被设置为 ShadowCaster，同时，还需要使用#pragma multi_compile_shadowcaster 指明它需要的编译指令。

顶点着色器和片元着色器的代码很简单：

```
struct v2f {
    V2F_SHADOW_CASTER;
    float2 uvBurnMap : TEXCOORD1;
};

v2f vert(appdata_base v) {
    v2f o;

    TRANSFER_SHADOW_CASTER_NORMALOFFSET(o)

    o.uvBurnMap = TRANSFORM_TEX(v.texcoord, _BurnMap);

    return o;
}

fixed4 frag(v2f i) : SV_Target {
    fixed3 burn = tex2D(_BurnMap, i.uvBurnMap).rgb;

    clip(burn.r - _BurnAmount);

    SHADOW_CASTER_FRAGMENT(i)
}
```

阴影投射的重点在于我们需要按正常 Pass 的处理来剔除片元或进行顶点动画，以便阴影可以和物体正常渲染的结果相匹配。在自定义的阴影投射的 Pass 中，我们通常会使用 Unity 提供的内置宏 V2F_SHADOW_CASTER、TRANSFER_SHADOW_CASTER_NORMALOFFSET（旧版本中会使用 TRANSFER_SHADOW_CASTER）和 SHADOW_CASTER_FRAGMENT 来帮助我们计算阴影投射时需要的各种变量，而我们可以只关注自定义计算的部分。在上面的代码中，我们首先在 v2f 结构体中利用 V2F_SHADOW_CASTER 来定义阴影投射需要定义的变量。随后，在顶点着色器中，我们使用 TRANSFER_SHADOW_CASTER_NORMALOFFSET 来填充 V2F_SHADOW_CASTER 在背后声明的一些变量，这是由 Unity 在背后为我们完成的。我们需要在顶点着色器中关注自定义的计算部分，这里指的就是我们需要计算噪声纹理的采样坐标 uvBurnMap。在片元着色器中，我们首先按之前的处理方法使用噪声纹理的采样结果来剔除片元，最后再利用 SHADOW_CASTER_FRAGMENT 来让 Unity 为我们完成阴影投射的部分，把结果输出到深度图和阴影映射纹理中。

通过 Unity 提供的这 3 个内置宏（在 UnityCG.cginc 文件中被定义），我们可以方便地自定义需要的阴影投射的 Pass，但由于这些宏需要使用一些特定的输入变量，因此我们需要保证为它们提供了这些变量。例如，TRANSFER_SHADOW_CASTER_NORMALOFFSET 会使用名称 v 作为输入结构体，v 中需要包含顶点位置 v.vertex 和顶点法线 v.normal 的信息，我们可以直接使用内置的 appdata_base 结构体，它包含了这些必需的顶点变量。如果我们需要进行顶点动画，可以在顶点着色器中直接修改 v.vertex，再传递给 TRANSFER_SHADOW_CASTER_NORMALOFFSET 即可（可参见 11.3.3 节）。

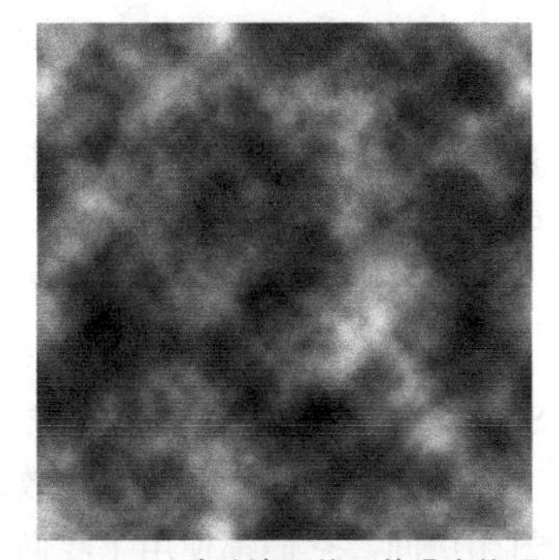

▲图 15.2 消融效果使用的噪声纹理

在本例中，我们使用的噪声纹理（对应本书资源的 Assets/Textures/Chapter15/Burn_Noise.png）如图 15.2 所示。把它拖曳到材质的_BurnMap 属性上，再调整材质的_BurnAmount 属性，就可以看到木箱逐渐消融的效果。在本书资源的实现中，我们实现了一个辅助脚本，用来随时间调整材质的_BurnAmount

值，因此，当读者单击运行后，也可以看到消融的动画效果。

使用不同的噪声和纹理属性（即材质面板上纹理的 Tiling 和 Offset 值）都会得到不同的消融效果。因此，要想得到好的消融效果，也需要美术人员提供合适的噪声纹理来配合。

15.2 水波效果

在模拟实时水面的过程中，我们往往也会使用噪声纹理。此时，噪声纹理通常会用作一个高度图，以不断修改水面的法线方向。为了模拟水不断流动的效果，我们会使用和时间相关的变量来对噪声纹理进行采样，当得到法线信息后，再进行正常的反射+折射计算，得到最后的水面波动效果。

在本节中，我们将会使用一个由噪声纹理得到的法线贴图，实现一个包含菲涅耳反射（详见 10.1.5 节）的水面效果，如图 15.3 所示。

▲图 15.3　包含菲涅耳反射的水面波动效果。在左边中，视角方向和水面法线的夹角越大，反射效果越强。在右边中，视角方向和水面法线的夹角越大，折射效果越强

我们曾在 10.2.2 节介绍过如何使用反射和折射来模拟一个透明玻璃的效果。本节使用的 Shader 和 10.2.2 节中的实现基本相同。我们使用一张立方体纹理（Cubemap）作为环境纹理，模拟反射。为了模拟折射效果，我们使用 GrabPass 来获取当前屏幕的渲染纹理，并使用切线空间下的法线方向对像素的屏幕坐标进行偏移，再使用该坐标对渲染纹理进行屏幕采样，从而模拟近似的折射效果。与 10.2.2 节中的实现不同的是，水波的法线纹理是由一张噪声纹理生成而得，而且会随着时间变化不断平移，模拟波光粼粼的效果。除此之外，我们没有使用一个定值来混合反射和折射颜色，而是使用之前提到的菲涅耳系数来动态决定混合系数。我们使用如下公式来计算菲涅耳系数：

$$fresnel=pow(1-max(0,\mathbf{v}\cdot\mathbf{n}),4)$$

其中，**v** 和 **n** 分别对应了视角方向和法线方向。它们之间的夹角越小，*fresnel* 值越小，反射越弱，折射越强。菲涅耳系数还经常会用于边缘光照的计算中。

为此，我们需要做如下准备工作。

（1）新建一个场景。在本书资源中，该场景名为 Scene_15_2。在 Unity 5.2 中，默认情况下场景将包含一个摄像机和一个平行光，并且使用了内置的天空盒子。在 Window -> Lighting -> Skybox 中去掉场景中的天空盒子。

（2）新建一个材质。在本书资源中，该材质名为 WaterWaveMat。

（3）新建一个 Unity Shader。在本书资源中，该 Shader 名为 Chapter15-WaterWave。把新的 Shader 赋给第 2 步中创建的材质。

（4）构建一个测试水波效果的场景。在本书资源的实现中，我们构建了一个由 6 面墙围成的封闭房间，它们都使用了我们在 9.5 节中创建的标准材质。我们还在房间中放置了一个平面来模拟水面。把第 2 步中创建的材质赋给该平面。

（5）为了得到本场景适用的环境纹理，我们使用了 10.1.2 节中实现的创建立方体纹理的脚本（通过 Gameobject -> Render into Cubemap 打开编辑窗口）来创建它，如图 15.4 所示。在本书资源中，该 Cubemap 名为 Water_Cubemap。

▲图 15.4 本例使用的立方体纹理

完成准备工作后，打开 Chapter15-WaterWave，对它进行如下关键修改。

（1）首先，我们需要声明该 Shader 使用的各个属性：

```
Properties {
    _Color ("Main Color", Color) = (0, 0.15, 0.115, 1)
    _MainTex ("Base (RGB)", 2D) = "white" {}
    _WaveMap ("Wave Map", 2D) = "bump" {}
    _Cubemap ("Environment Cubemap", Cube) = "_Skybox" {}
    _WaveXSpeed ("Wave Horizontal Speed", Range(-0.1, 0.1)) = 0.01
    _WaveYSpeed ("Wave Vertical Speed", Range(-0.1, 0.1)) = 0.01
    _Distortion ("Distortion", Range(0, 100)) = 10
}
```

其中，_Color 用于控制水面颜色；_MainTex 是水面波纹材质纹理，默认为白色纹理；_WaveMap 是一个由噪声纹理生成的法线纹理；_Cubemap 是用于模拟反射的立方体纹理；_Distortion 则用于控制模拟折射时图像的扭曲程度；_WaveXSpeed 和_WaveYSpeed 分别用于控制法线纹理在 X 和 Y 方向上的平移速度。

（2）定义相应的渲染队列，并使用 GrabPass 来获取屏幕图像：

```
SubShader {
    // We must be transparent, so other objects are drawn before this one.
    Tags { "Queue"="Transparent" "RenderType"="Opaque" }

    // This pass grabs the screen behind the object into a texture.
    // We can access the result in the next pass as _RefractionTex
    GrabPass { "_RefractionTex" }
```

我们首先在 SubShader 的标签中将渲染队列设置成 Transparent，并把后面的 RenderType 设置为 Opaque。把 Queue 设置成 Transparent 可以确保该物体渲染时，其他所有不透明物体都已经被渲染到屏幕上了，否则就可能无法正确得到“透过水面看到的图像”。而设置 RenderType 则是为了在使用着色器替换（Shader Replacement）时，该物体可以在需要时被正确渲染。这通常发生在我们需要得到摄像机的深度和法线纹理时，这在第 13 章中介绍过。随后，我们通过关键词 GrabPass 定义了一个抓取屏幕图像的 Pass。在这个 Pass 中我们定义了一个字符串，该字符串内部的名称决定了抓取得到的屏幕图像将会被存入哪个纹理中（可参见 10.2.2 节）。

（3）定义渲染水面所需的 Pass。为了在 Shader 中访问各个属性，我们首先需要定义它们对应的变量：

```
fixed4 _Color;
sampler2D _MainTex;
float4 _MainTex_ST;
sampler2D _WaveMap;
float4 _WaveMap_ST;
samplerCUBE _Cubemap;
fixed _WaveXSpeed;
fixed _WaveYSpeed;
float _Distortion;
sampler2D _RefractionTex;
float4 _RefractionTex_TexelSize;
```

需要注意的是，我们还定义了_RefractionTex 和_RefractionTex_TexelSize 变量，这对应了在使用 GrabPass 时，指定的纹理名称。_RefractionTex_TexelSize 可以让我们得到该纹理的纹素大小，例如一个大小为 256×512 的纹理，它的纹素大小为(1/256, 1/512)。我们需要在对屏幕图像的采样坐标进行偏移时使用该变量。

（4）定义顶点着色器，这和 10.2.2 节中的实现完全一样：

```
struct v2f {
    float4 pos : SV_POSITION;
    float4 scrPos : TEXCOORD0;
    float4 uv : TEXCOORD1;
    float4 TtoW0 : TEXCOORD2;
    float4 TtoW1 : TEXCOORD3;
    float4 TtoW2 : TEXCOORD4;
};

v2f vert(a2v v) {
    v2f o;
    o.pos = mul(UNITY_MATRIX_MVP, v.vertex);

    o.scrPos = ComputeGrabScreenPos(o.pos);

    o.uv.xy = TRANSFORM_TEX(v.texcoord, _MainTex);
    o.uv.zw = TRANSFORM_TEX(v.texcoord, _WaveMap);

    float3 worldPos = mul(_Object2World, v.vertex).xyz;
    fixed3 worldNormal = UnityObjectToWorldNormal(v.normal);
    fixed3 worldTangent = UnityObjectToWorldDir(v.tangent.xyz);
    fixed3 worldBinormal = cross(worldNormal, worldTangent) * v.tangent.w;

    o.TtoW0 = float4(worldTangent.x, worldBinormal.x, worldNormal.x, worldPos.x);
    o.TtoW1 = float4(worldTangent.y, worldBinormal.y, worldNormal.y, worldPos.y);
    o.TtoW2 = float4(worldTangent.z, worldBinormal.z, worldNormal.z, worldPos.z);

    return o;
}
```

在进行了必要的顶点坐标变换后，我们通过调用 ComputeGrabScreenPos 来得到对应被抓取屏幕图像的采样坐标。读者可以在 UnityCG.cginc 文件中找到它的声明，它的主要代码和 ComputeScreenPos 基本类似，最大的不同是针对平台差异造成的采样坐标问题（见 5.6.1 节）进行了处理。接着，我们计算了_MainTex 和_BumpMap 的采样坐标，并把它们分别存储在一个 float4 类型变量的 *xy* 和 *zw* 分量中。由于我们需要在片元着色器中把法线方向从切线空间（由法线纹理采样得到）变换到世界空间下，以便对 Cubemap 进行采样，因此，我们需要在这里计算该顶点对应的从切线空间到世界空间的变换矩阵，并把该矩阵的每一行分别存储在 TtoW0、TtoW1 和 TtoW2 的 *xyz* 分量中。这里面使用的数学方法就是，得到切线空间下的 3 个坐标轴（x、y、z 轴分别对应了切线、副切线和法线的方向）在世界空间下的表示，再把它们依次按**列**组成一个变换矩阵即可。TtoW0 等值的 *w* 分量同样被利用起来，用于存储世界空间下的顶点坐标。

（5）定义片元着色器：

```
fixed4 frag(v2f i) : SV_Target {
    float3 worldPos = float3(i.TtoW0.w, i.TtoW1.w, i.TtoW2.w);
    fixed3 viewDir = normalize(UnityWorldSpaceViewDir(worldPos));
    float2 speed = _Time.y * float2(_WaveXSpeed, _WaveYSpeed);

    // Get the normal in tangent space
    fixed3 bump1 = UnpackNormal(tex2D(_WaveMap, i.uv.zw + speed)).rgb;
    fixed3 bump2 = UnpackNormal(tex2D(_WaveMap, i.uv.zw - speed)).rgb;
    fixed3 bump = normalize(bump1 + bump2);

    // Compute the offset in tangent space
    float2 offset = bump.xy * _Distortion * _RefractionTex_TexelSize.xy;
    i.scrPos.xy = offset * i.scrPos.z + i.scrPos.xy;
    fixed3 refrCol = tex2D( _RefractionTex, i.scrPos.xy/i.scrPos.w).rgb;

    // Convert the normal to world space
    bump = normalize(half3(dot(i.TtoW0.xyz, bump), dot(i.TtoW1.xyz, bump), dot(i.TtoW2.xyz,
```

```
bump)));
    fixed4 texColor = tex2D(_MainTex, i.uv.xy + speed);
    fixed3 reflDir = reflect(-viewDir, bump);
    fixed3 reflCol = texCUBE(_Cubemap, reflDir).rgb * texColor.rgb * _Color.rgb;

    fixed fresnel = pow(1 - saturate(dot(viewDir, bump)), 4);
    fixed3 finalColor = reflCol * fresnel + refrCol * (1 - fresnel);

    return fixed4(finalColor, 1);
}
```

我们首先通过 TtoW0 等变量的 *w* 分量得到世界坐标，并用该值得到该片元对应的视角方向。除此之外，我们还使用内置的_Time.y 变量和_WaveXSpeed、_WaveYSpeed 属性计算了法线纹理的当前偏移量，并利用该值对法线纹理进行两次采样（这是为了模拟两层交叉的水面波动的效果），对两次结果相加并归一化后得到切线空间下的法线方向。然后，和 10.2.2 节中的处理一样，我们使用该值和_Distortion 属性以及_RefractionTex_TexelSize 来对屏幕图像的采样坐标进行偏移，模拟折射效果。_Distortion 值越大，偏移量越大，水面背后的物体看起来变形程度越大。在这里，我们选择使用切线空间下的法线方向来进行偏移，是因为该空间下的法线可以反映顶点局部空间下的法线方向。需要注意的是，在计算偏移后的屏幕坐标时，我们把偏移量和屏幕坐标的 *z* 分量相乘，这是为了模拟深度越大、折射程度越大的效果。如果读者不希望产生这样的效果，可以直接把偏移值叠加到屏幕坐标上。随后，我们对 scrPos 进行了透视除法，再使用该坐标对抓取的屏幕图像_RefractionTex 进行采样，得到模拟的折射颜色。

之后，我们把法线方向从切线空间变换到了世界空间下（使用变换矩阵的每一行，即 TtoW0、TtoW1 和 TtoW2，分别和法线方向点乘，构成新的法线方向），并据此得到视角方向相对于法线方向的反射方向。随后，使用反射方向对 Cubemap 进行采样，并把结果和主纹理颜色相乘后得到反射颜色。我们也对主纹理进行了纹理动画，以模拟水波的效果。

为了混合折射和反射颜色，我们随后计算了菲涅耳系数。我们使用之前的公式来计算菲涅耳系数，并据此来混合折射和反射颜色，作为最终的输出颜色。

在本例中，我们使用的噪声纹理（对应本书资源的 Assets/Textures/Chapter15/Water_Noise.png）如图 15.5 左图所示。由于在本例中，我们需要的是一张法线纹理，因此我们可以从该噪声纹理的灰度值中生成需要的法线信息，这是通过在它的纹理面板中把纹理类型设置为 **Normal map**，并选中 **Create from grayscale** 来完成的。最后生成的法线纹理如图 15.5 右图所示。我们把生成的法线纹理拖曳到材质的_WaveMap 属性上，再单击运行后，就可以看到水面波动的效果了。

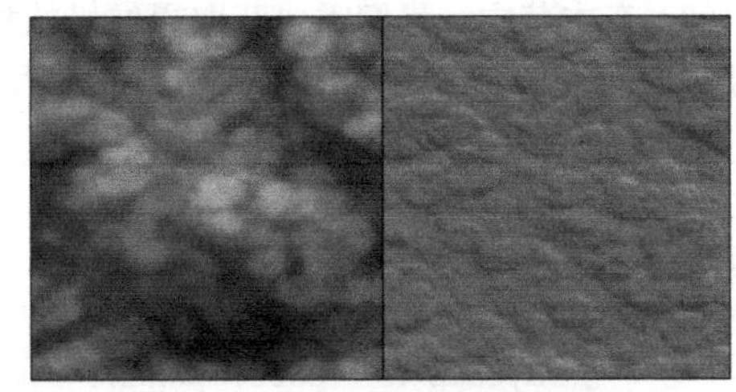

▲图 15.5　水波效果使用的噪声纹理
左边：噪声纹理的灰度图，右边：由左边生成的法线纹理

15.3 再谈全局雾效

我们在 13.3 节讲到了如何使用深度纹理来实现一种基于屏幕后处理的全局雾效。我们由深度纹理重建每个像素在世界空间下的位置，再使用一个基于高度的公式来计算雾效的混合系数，最后使用该系数来混合雾的颜色和原屏幕颜色。13.3 节的实现效果是一个基于高度的均匀雾效，即在同一个高度上，雾的浓度是相同的，如图 15.6 左图所示。然而，一些时候我们希望可以模拟一种不均匀的雾效，同时让雾不断飘动，使雾看起来更加飘渺，如图 15.6 右图所示。而这就可以通过使用一张噪声纹理来实现。

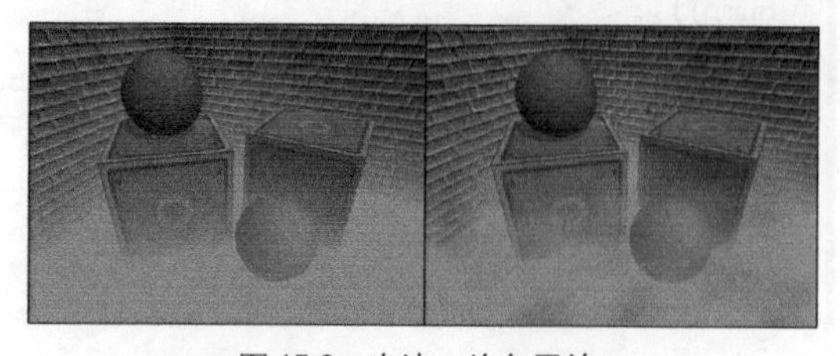

▲图 15.6　左边：均匀雾效，右边：使用噪声纹理后的非均匀雾效

本节的实现非常简单，绝大多数代码和 13.3 节中的完全一样，我们只是添加了噪声相关的参数和属性，并在 Shader 的片元着色器中对高度的计算添加了噪声的影响。为了完整性，我们会给出本节使用的脚本和 Shader 的实现，但其中使用的原理不再赘述，读者可参见 13.3 节。

我们首先需要进行如下准备工作。

（1）新建一个场景。在本书资源中，该场景名为 Scene_15_3。在 Unity 5.2 中，默认情况下场景将包含一个摄像机和一个平行光，并且使用了内置的天空盒子。在 Window -> Lighting -> Skybox 中去掉场景中的天空盒子。

（2）我们需要搭建一个测试雾效的场景。在本书资源的实现中，我们构建了一个包含 3 面墙的房间，并放置了两个立方体和两个球体，它们都使用了我们在 9.5 节中创建的标准材质。

（3）新建一个脚本。在本书资源中，该脚本名为 FogWithNoise.cs。把该脚本拖曳到摄像机上。

（4）新建一个 Unity Shader。在本书资源中，该 Shader 名为 Chapter15-FogWithNoise。

我们首先来编写 FogWithNoise.cs 脚本。打开该脚本，并进行如下修改。

（1）首先，继承 12.1 节中创建的基类：

```
public class FogWithNoise : PostEffectsBase {
```

（2）声明该效果需要的 Shader，并据此创建相应的材质：

```
public Shader fogShader;
private Material fogMaterial = null;

public Material material {
    get {
        fogMaterial = CheckShaderAndCreateMaterial(fogShader, fogMaterial);
        return fogMaterial;
    }
}
```

（3）在本节中，我们需要获取摄像机的相关参数，如近裁剪平面的距离、FOV 等，同时还需要获取摄像机在世界空间下的前方、上方和右方等方向，因此我们用两个变量存储摄像机的 Camera 组件和 Transform 组件：

```
private Camera myCamera;
public Camera camera {
    get {
        if (myCamera == null) {
            myCamera = GetComponent<Camera>();
        }
        return myCamera;
    }
}

private Transform myCameraTransform;
public Transform cameraTransform {
    get {
        if (myCameraTransform == null) {
            myCameraTransform = camera.transform;
        }

        return myCameraTransform;
    }
}
```

（4）定义模拟雾效时使用的各个参数：

```
[Range(0.1f, 3.0f)]
public float fogDensity = 1.0f;

public Color fogColor = Color.white;

public float fogStart = 0.0f;
public float fogEnd = 2.0f;

public Texture noiseTexture;

[Range(-0.5f, 0.5f)]
public float fogXSpeed = 0.1f;

[Range(-0.5f, 0.5f)]
public float fogYSpeed = 0.1f;

[Range(0.0f, 3.0f)]
public float noiseAmount = 1.0f;
```

fogDensity 用于控制雾的浓度，fogColor 用于控制雾的颜色。我们使用的雾效模拟函数是基于高度的，因此参数 fogStart 用于控制雾效的起始高度，fogEnd 用于控制雾效的终止高度。noiseTexture 是我们使用的噪声纹理，fogXSpeed 和 fogYSpeed 分别对应了噪声纹理在 X 和 Y 方向上的移动速度，以此来模拟雾的飘动效果。最后，noiseAmount 用于控制噪声程度，当 noiseAmount 为 0 时，表示不应用任何噪声，即得到一个均匀的基于高度的全局雾效。

（5）由于本例需要获取摄像机的深度纹理，我们在脚本的 OnEnable 函数中设置摄像机的相应状态：

```
void OnEnable() {
    camera.depthTextureMode |= DepthTextureMode.Depth;
}
```

（6）最后，我们实现了 OnRenderImage 函数：

```
void OnRenderImage (RenderTexture src, RenderTexture dest) {
    if (material != null) {
        Matrix4x4 frustumCorners = Matrix4x4.identity;

        // Compute frustumCorners
        ...

        material.SetMatrix("_FrustumCornersRay", frustumCorners);

        material.SetFloat("_FogDensity", fogDensity);
        material.SetColor("_FogColor", fogColor);
        material.SetFloat("_FogStart", fogStart);
        material.SetFloat("_FogEnd", fogEnd);

        material.SetTexture("_NoiseTex", noiseTexture);
        material.SetFloat("_FogXSpeed", fogXSpeed);
        material.SetFloat("_FogYSpeed", fogYSpeed);
        material.SetFloat("_NoiseAmount", noiseAmount);

        Graphics.Blit (src, dest, material);
    } else {
        Graphics.Blit(src, dest);
    }
}
```

我们首先利用 13.3 节学习的方法计算近裁剪平面的 4 个角对应的向量，并把它们存储在一个矩阵类型的变量（frustumCorners）中。计算过程和原理均可参见 13.3 节。随后，我们把结果和其他参数传递给材质，并调用 Graphics.Blit （src, dest, material）把渲染结果显示在屏幕上。

下面，我们来实现 Shader 的部分。打开 Chapter15-FogWithNoise，进行如下修改。

（1）我们首先需要声明本例使用的各个属性：

```
Properties {
    _MainTex ("Base (RGB)", 2D) = "white" {}
```

```
    _FogDensity ("Fog Density", Float) = 1.0
    _FogColor ("Fog Color", Color) = (1, 1, 1, 1)
    _FogStart ("Fog Start", Float) = 0.0
    _FogEnd ("Fog End", Float) = 1.0
    _NoiseTex ("Noise Texture", 2D) = "white" {}
    _FogXSpeed ("Fog Horizontal Speed", Float) = 0.1
    _FogYSpeed ("Fog Vertical Speed", Float) = 0.1
    _NoiseAmount ("Noise Amount", Float) = 1
}
```

（2）在本节中，我们使用 CGINCLUDE 来组织代码。我们在 SubShader 块中利用 CGINCLUDE 和 ENDCG 语义来定义一系列代码：

```
SubShader {
    CGINCLUDE
    ...
    ENDCG
    ...
```

（3）声明代码中需要使用的各个变量：

```
float4x4 _FrustumCornersRay;

sampler2D _MainTex;
half4 _MainTex_TexelSize;
sampler2D _CameraDepthTexture;
half _FogDensity;
fixed4 _FogColor;
float _FogStart;
float _FogEnd;
sampler2D _NoiseTex;
half _FogXSpeed;
half _FogYSpeed;
half _NoiseAmount;
```

_FrustumCornersRay 虽然没有在 Properties 中声明，但仍可由脚本传递给 Shader。除了 Properties 中声明的各个属性，我们还声明了深度纹理_CameraDepthTexture，Unity 会在背后把得到的深度纹理传递给该值。

（4）定义顶点着色器，这和 13.3 节中的实现完全一致。读者可以在 13.3 节找到它的实现和相关解释。

（5）定义片元着色器：

```
fixed4 frag(v2f i) : SV_Target {
    float linearDepth = LinearEyeDepth(SAMPLE_DEPTH_TEXTURE(_CameraDepthTexture, i.
uv_depth));
    float3 worldPos = _WorldSpaceCameraPos + linearDepth * i.interpolatedRay.xyz;

    float2 speed = _Time.y * float2(_FogXSpeed, _FogYSpeed);
    float noise = (tex2D(_NoiseTex, i.uv + speed).r - 0.5) * _NoiseAmount;

    float fogDensity = (_FogEnd - worldPos.y) / (_FogEnd - _FogStart);
    fogDensity = saturate(fogDensity * _FogDensity * (1 + noise));

    fixed4 finalColor = tex2D(_MainTex, i.uv);
    finalColor.rgb = lerp(finalColor.rgb, _FogColor.rgb, fogDensity);

    return finalColor;
}
```

我们首先根据深度纹理来重建该像素在世界空间中的位置。然后，我们利用内置的_Time.y 变量和_FogXSpeed、_FogYSpeed 属性计算出当前噪声纹理的偏移量，并据此对噪声纹理进行采样，得到噪声值。我们把该值减去 0.5，再乘以控制噪声程度的属性_NoiseAmount，得到最终的噪声值。随后，我们把该噪声值添加到雾效浓度的计算中，得到应用噪声后的雾效混合系数

fogDensity。最后，我们使用该系数将雾的颜色和原始颜色进行混合后返回。

（6）随后，我们定义了雾效渲染所需的 Pass：

```
Pass {
    CGPROGRAM

    #pragma vertex vert
    #pragma fragment frag

    ENDCG
}
```

（7）最后，我们关闭了 Shader 的 Fallback：

```
Fallback Off
```

完成后返回编辑器，并把 Chapter15-FogWithNoise 拖曳到摄像机的 FogWithNoise.cs 脚本中的 fogShader 参数中。当然，我们可以在 FogWithNoise.cs 的脚本面板中将 fogShader 参数的默认值设置为 Chapter15-FogWithNoise，这样就不需要以后使用时每次都手动拖曳了。本节使用的噪声纹理（对应本书资源的 Assets/Textures/Chapter15/Fog_Noise.jpg）如图 15.7 所示。我们把该噪声纹理拖曳到 FogWithNoise.cs 脚本中的 noiseTexture 参数中，我们也可以参照之前的方法，直接在 FogWithNoise.cs 的脚本面板中将 noiseTexture 参数的默认值设置为 Fog_Noise.jpg，这样就不需要以后使用时每次都手动拖曳了。

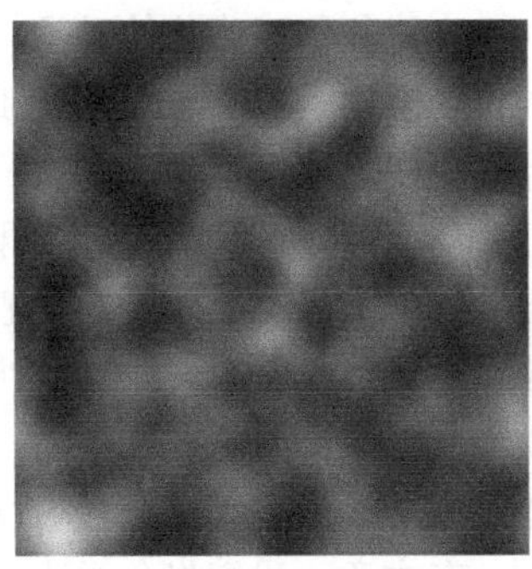

▲图 15.7 本节使用的噪声纹理

15.4 扩展阅读

读者在阅读本章时，可能会有一个疑问：这些噪声纹理都是如何构建出来的？这些噪声纹理可以被认为是一种程序纹理（Procedure Texture），它们都是由计算机利用某些算法生成的。Perlin 噪声和 Worley 噪声是两种最常使用的噪声类型，例如我们在 15.3 节中使用的噪声纹理由 Perlin 噪声生成而来。Perlin 噪声可以用于生成更自然的噪声纹理，而 Worley 噪声则通常用于模拟诸如石头、水、纸张等多孔噪声。现代的图像编辑软件，如 Photoshop 等，往往提供了类似的功能或插件，以帮助美术人员生成需要的噪声纹理，但如果读者想要更加自由地控制噪声纹理的生成，可能就需要了解它们的生成原理。读者可以在这个博客（flafla2.github 网站的/2014/08/09/perlinnoise.html）中找到一篇关于理解 Perlin 噪声的非常好的文章，在文章的最后，作者还给出了很多其他出色的参考链接。关于 Worley 噪声，读者可以在作者 Worley1998 年发表的论文[1]中找到它的算法和实现细节。在另一个非常好的博客（scrawkblog 网站的/category/procedural-noise/）中，博主给出了很多程序噪声在 Unity 中的实现，并包含了实现源码。

15.5 参考文献

[1] Worley S. A cellular texture basis function[C]//Proceedings of the 23rd annual conference on Computer graphics and interactive techniques. ACM, 1996: 291-294。

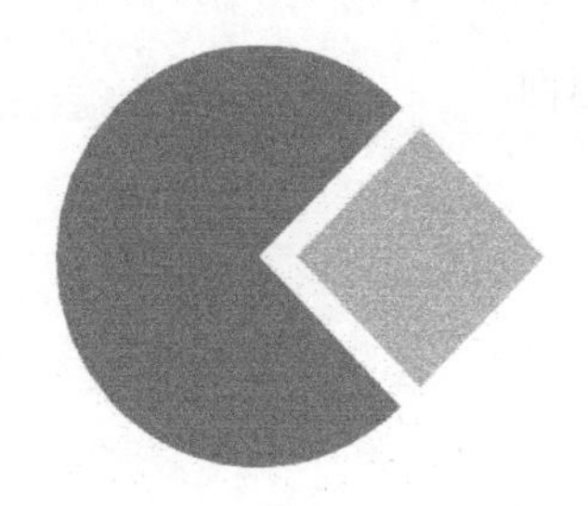

第16章　Unity中的渲染优化技术

程序优化的第一条准则：不要优化。程序优化的第二条准则（仅针对专家！）：不要优化。

——Michael A. Jackson

在进行程序优化的时候，人们经常会引用英国的计算机科学家 Michael A. Jackson 在 1988 年的优化准则。Jackson 是想借此强调，对问题认识不清以及过度优化往往会让事情变得更加复杂，产生更多的程序错误。

然而，如果我们在游戏开发过程中从来都没有考虑优化，那么结果往往是惨不忍睹的。一个正确的做法是，从一开始就把优化当成是游戏设计中的一部分。正在阅读本书的读者，有可能是移动游戏的开发者。和 PC 相比，移动设备上的 GPU 有着完全不同的架构设计，它能使用的带宽、功能和其他资源都非常有限。这要求我们需要时刻把优化谨记在心，才可以避免等到项目完成时才发现游戏根本无法在移动设备上流畅运行的结果。

在本章，我们将会阐述一些 Unity 中常见的优化技术。这些优化技术都是和渲染相关的，例如，使用批处理、LOD（Level of Detail）技术等。在本章最后的扩展阅读部分，我们给出一些非常有价值的参考资料，在那里读者可以学习到更多真实项目中的优化技术。

在开始学习之前，我们希望读者能够理解，游戏优化不仅是程序员的工作，更需要美工人员在游戏的美术上进行一定的权衡，例如，避免使用全屏的屏幕特效，避免使用计算复杂的 shader，减少透明混合造成的 overdraw 等。也就是说，这是由程序员和美工人员等各个部分人员共同参与的工作。

16.1 移动平台的特点

和 PC 平台相比，移动平台上的 GPU 架构有很大的不同。由于处理资源等条件的限制，移动设备上的 GPU 架构专注于尽可能使用更小的带宽和功能，也由此带来了许多和 PC 平台完全不同的现象。

例如，为了尽可能移除那些隐藏的表面，减少 overdraw（即一个像素被绘制多次），PowerVR 芯片（通常用于 iOS 设备和某些 Android 设备）使用了**基于瓦片的延迟渲染（Tiled-based Deferred Rendering，TBDR）**架构，把所有的渲染图像装入一个个瓦片（tile）中，再由硬件找到可见的片元，而只有这些可见片元才会执行片元着色器。另一些基于瓦片的 GPU 架构，如 Adreno（高通的芯片）和 Mali（ARM 的芯片）则会使用 Early-Z 或相似的技术进行一个低精度的的深度检测，来剔除那些不需要渲染的片元。还有一些 GPU，如 Tegra（英伟达的芯片），则使用了传统的架构设计，因此在这些设备上，overdraw 更可能造成性能的瓶颈。

由于这些芯片架构造成的不同，一些游戏往往需要针对不同的芯片发布不同的版本，以便对每个芯片进行更有针对性的优化。尤其是在 Android 平台上，不同设备使用的硬件，如图形芯片、屏幕分辨率等，大相径庭，这对图形优化提出了更高的挑战。相比与 Android 平台，iOS 平台的硬件条件则相对统一。读者可以在 Unity 手册的 **iOS 硬件指南**（docs.unity3d/Manual/iphone-Hardware.html）中找到相关的资料。

16.2 影响性能的因素

首先，在学习如何优化之前，我们得了解影响游戏性能的因素有哪些，才能对症下药。对于一个游戏来说，它主要需要使用两种计算资源：CPU 和 GPU。它们会互相合作，来让我们的游戏可以在预期的**帧率**和**分辨率**下工作。其中，CPU 主要负责保证帧率，GPU 主要负责分辨率相关的一些处理。

据此，我们可以把造成游戏性能瓶颈的主要原因分成以下几个方面。

（1）CPU。

- 过多的 draw call。
- 复杂的脚本或者物理模拟。

（2）GPU。

- 顶点处理。
  - 过多的顶点。
  - 过多的逐顶点计算。
- 片元处理。
  - 过多的片元（既可能是由于分辨率造成的，也可能是由于 overdraw 造成的）。
  - 过多的逐片元计算。

（3）带宽。

- 使用了尺寸很大且未压缩的纹理。
- 分辨率过高的帧缓存。

对于 CPU 来说，限制它的主要是每一帧中 draw call 的数目。我们曾在 2.2 节和 2.4.3 节中介绍过 draw call 的相关概念和原理。简单来说，就是 CPU 在每次通知 GPU 进行渲染之前，都需要提前准备好顶点数据（如位置、法线、颜色、纹理坐标等），然后调用一系列 API 把它们放到 GPU 可以访问到的指定位置，最后，调用一个绘制命令，来告诉 GPU，“嘿，我把东西都准备好了，你赶紧出来干活（渲染）吧！”。而调用绘制命令的时候，就会产生一个 draw call。过多的 draw call 会造成 CPU 的性能瓶颈，这是因为每次调用 draw call 时，CPU 往往都需要改变很多渲染状态的设置，而这些操作是非常耗时的。如果一帧中需要的 draw call 数目过多的话，就会导致 CPU 把大部分时间都花费在提交 draw call 的工作上面了。当然，其他原因也可能造成 CPU 瓶颈，例如物理、布料模拟、蒙皮、粒子模拟等，这些都是计算量很大的操作，但由于本书主要讨论 Shader 方面的相关技术，因此，这些内容不在本书的讨论范围内。

而对于 GPU 来说，它负责整个渲染流水线。它从处理 CPU 传递过来的模型数据开始，进行顶点着色器、片元着色器等一系列工作，最后输出屏幕上的每个像素。因此，GPU 的性能瓶颈和需要处理的顶点数目、屏幕分辨率、显存等因素有关。而相关的优化策略可以从减少处理的数据规模（包括顶点数目和片元数目）、减少运算复杂度等方面入手。

在了解了上面基本的内容后，本章后续章节会涉及的优化技术有。

（1）CPU 优化。

- 使用批处理技术减少 draw call 数目。

（2）GPU 优化。

- 减少需要处理的顶点数目。
  - 优化几何体。
  - 使用模型的 LOD（Level of Detail）技术。

  - 使用遮挡剔除（Occlusion Culling）技术。
- 减少需要处理的片元数目。
  - 控制绘制顺序。
  - 警惕透明物体。
  - 减少实时光照。
- 减少计算复杂度。
  - 使用 Shader 的 LOD（Level of Detail）技术。
  - 代码方面的优化。

（3）节省内存带宽。

- 减少纹理大小。
- 利用分辨率缩放。

在开始优化之前，我们首先需要知道是哪个步骤造成了性能瓶颈。而这可以利用 Unity 提供的一些渲染分析工具来实现。

16.3 Unity 中的渲染分析工具

Unity 内置了一些工具，来帮助我们方便地查看和渲染相关的各个统计数据。这些数据可以帮助我们分析游戏渲染性能，从而更有针对性地进行优化。在 Unity 5 中，这些工具包括了渲染统计窗口（Rendering Statistics Window）、性能分析器（Profiler），以及帧调试器（Frame Debugger）。需要注意的是，在不同的目标平台上，这些工具中显示的数据也会发生变化。

16.3.1 认识 Unity 5 的渲染统计窗口

Unity 5 提供了一个全新的窗口，即**渲染统计窗口（Rendering Statistics Window）**来显示当前游戏的各个渲染统计变量，我们可以通过在 Game 视图右上方的菜单中单击 Stats 按钮来打开它，如图 16.1 所示。从图 16.1 中可以看出，渲染统计窗口主要包含了 3 个方面的信息：音频（Audio）、图像（Graphics）和网络（Network）。我们这里只关注第二个方面，即图像相关的渲染统计结果。

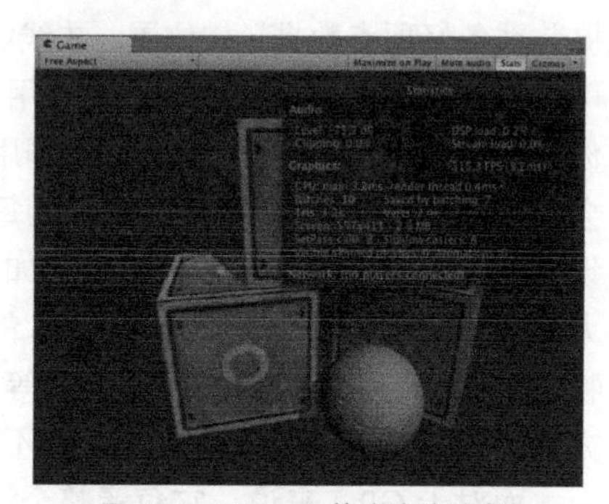

▲图 16.1　Unity 5 的渲染统计窗口

渲染统计窗口中显示了很多重要的渲染数据，例如 FPS、批处理数目、顶点和三角网格的数目等。表 16.1 列出了渲染统计窗口中显示的各个信息。

表 16.1

信息名称	描述
每帧的时间和 FPS	在 **Graphic** 的右侧显示，给出了处理和渲染一帧所需的时间，以及 FPS 数目
Batches	一帧中需要进行的批处理数目
Saved by batching	合并的批处理数目，这个数字表明了批处理为我们节省了多少 draw call
Tris 和 Verts	需要绘制的三角面片和顶点数目
Screen	屏幕的大小，以及它占用的内存大小
SetPass	渲染使用的 Pass 的数目，每个 Pass 都需要 Unity 的 runtime 来绑定一个新的 Shader，这可能造成 CPU 的瓶颈

续表

信息名称	描　述
Visible Skinned Meshes	渲染的蒙皮网格的数目
Animations	播放的动画数目

Unity 5 的渲染统计窗口相较于之前版本中的有了一些变化，最明显的区别之一就是去掉了 draw call 数目的显示，而添加了批处理数目的显示。Batches 和 Saved by batching 更容易让开发者理解批处理的优化结果。当然，如果我们想要查看 draw call 的数目等其他更加详细的数据，可以通过 Unity 编辑器的性能分析器来查看。

16.3.2 性能分析器的渲染区域

我们可以通过单击 Window -> Profiler 来打开 Unity 的**性能分析器（Profiler）**。性能分析器中的渲染区域（Rendering Area）提供了更多关于渲染的统计信息，图 16.2 给出了对图 16.1 中场景的渲染分析结果。

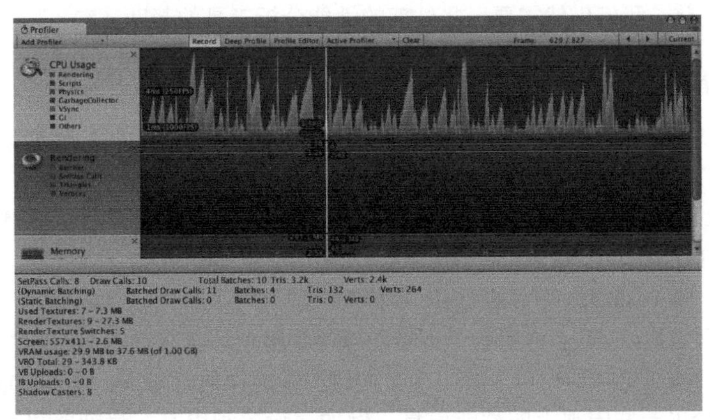

▲图 16.2　使用 Unity 的性能分析器中的渲染区域来查看更多关于渲染的统计信息

性能分析器显示了绝大部分在渲染统计窗口中提供的信息，例如，绿线显示了批处理数目、蓝线显示了 Pass 数目等，同时还给出了许多其他非常有用的信息，例如，draw call 数目、动态批处理/静态批处理的数目、渲染纹理的数目和内存占用等。

结合渲染统计窗口和性能分析器，我们可以查看与渲染相关的绝大多数重要的数据。一个值得注意的现象是，性能分析器给出的 draw call 数目和批处理数目、Pass 数目并不相等，并且看起来好像要大于我们估算的数目，这是因为 Unity 在背后需要进行很多工作，例如，初始化各个缓存、为阴影更新深度纹理和阴影映射纹理等，因此需要花费比"预期"更多的 draw call。一个好消息是，Unity 5 引入了一个新的工具来帮助我们查看每一个 draw call 的工作，这个工具就是帧调试器。

16.3.3 再谈帧调试器

我们已经在之前的章节中多次看到**帧调试器（Frame Debugger）**的应用，例如 5.5.3 节中解释了如何使用帧调试器来对 Shader 进行调试。我们可以通过 Window -> Frame Debugger 来打开它。在这个窗口中，我们可以清楚地看到每一个 draw call 的工作和结果，如图 16.3 所示。

帧调试器的调试面板上显示了渲染这一帧所需要的所有的渲染事件，在本例中，事件数目为 14，而其中包含了 10 个 draw call 事件（其他渲染事件多为清空缓存等）。通过单击面板上的每个事件，我们可以在 Game 视图查看该事件的绘制结果，同时渲染统计面板上的数据也会显示成截止到当前事件为止的各个渲染统计数据。以本例为例（场景如图 16.1 所示），要渲染一帧共需要花费 10 个 draw call，其中 4 个 draw call 用于更新深度纹理（对应 UpdateDepthTexture），4 个 draw call 用于渲染平行光的阴影映射纹理，1 个 draw call 用于绘制动态批处理后的 3 个立方体模型，1 个 draw call 用于绘制球体。

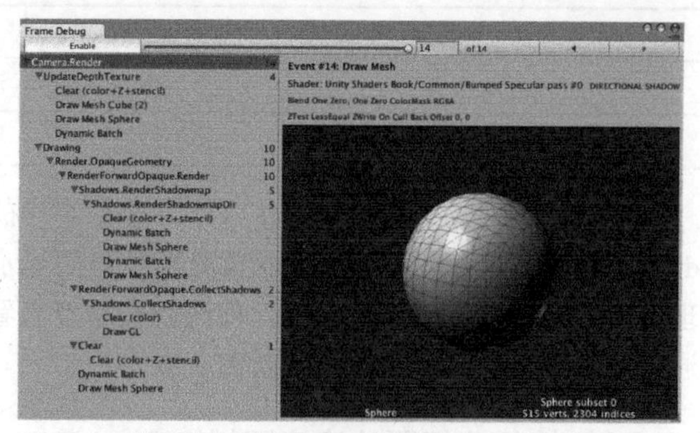

▲图 16.3　使用帧调试器来查看单独的 draw call 的绘制结果

在 Unity 的渲染统计窗口、分析器和帧调试器这 3 个利器的帮助下，我们可以获得很多有用的优化信息。但是，很多诸如渲染时间这样的数据是基于当前的开发平台得到的，而非真机上的结果。事实上，Unity 正在和硬件生产商合作，来首先让使用英伟达图睿（Tegra）的设备可以出现在 Unity 的性能分析器中。我们有理由相信，在后续的 Unity 版本中，直接在 Unity 中对移动设备进行性能分析不再是梦想。然而，在这个梦想实现之前，我们仍然需要一些外部的性能分析工具的帮助。

16.3.4　其他性能分析工具

对于移动平台上的游戏来说，我们更希望得到在真机上运行游戏时的性能数据。这时，Unity 目前提供的各个工具可能就不再能满足我们的需求了。

对于 Android 平台来说，高通的 Adreno 分析工具可以对不同的测试机进行详细的性能分析。英伟达提供了 NVPerfHUD 工具来帮助我们得到几乎所有需要的性能分析数据，例如，每个 draw call 的 GPU 时间，每个 shader 花费的 cycle 数目等。

对于 iOS 平台来说，Unity 内置的分析器可以得到整个场景花费的 GPU 时间。PowerVRAM 的 PVRUniSCo shader 分析器也可以给出一个大致的性能评估。Xcode 中的 OpenGL ES Driver Instruments 可以给出一些宏观上的性能信息，例如，设备利用率、渲染器利用率等。但相对于 Android 平台，对 iOS 的性能分析更加困难（工具较少）。而且 PowerVR 芯片采用了基于瓦片的延迟渲染器，因此，想要得到每个 draw call 花费的 GPU 时间是几乎不可能的。这时，一些宏观上的统计数据可能更有参考价值。

一些其他的性能分析工具可以在 Unity 的官方手册（docs.unity3d/Manual/MobileProfiling.html）中找到。当找到了性能瓶颈后，我们就可以针对这些方面进行特定的优化。

16.4　减少 draw call 数目

读者最常看到的优化技术大概就是**批处理（batching）**了。批处理的实现原理就是为了减少每一帧需要的 draw call 数目。为了把一个对象渲染到屏幕上，CPU 需要检查哪些光源影响了该物体，绑定 shader 并设置它的参数，再把渲染命令发送给 GPU。当场景中包含了大量对象时，这些操作就会非常耗时。一个极端的例子是，如果我们需要渲染一千个三角形，把它们按一千个单独的网格进行渲染所花费的时间要远远大于渲染一个包含了一千个三角形的网格。在这两种情况下，GPU 的性能消耗其实并没有多大的区别，但 CPU 的 draw call 数目就会成为性能瓶颈。因此，批处理的思想很简单，就是在每次调用 draw call 时尽可能多地处理多个物体。我们已经在 2.2 节和 2.4.3 节中详细地讲述了 draw call 和批处理之间的联系，本节旨在介绍如何在 Unity 中利用批处理技术来优化渲染。

那么，什么样的物体可以一起处理呢？答案就是使用同一个材质的物体。这是因为，对于使用同一个材质的物体，它们之间的不同仅仅在于顶点数据的差别。我们可以把这些顶点数据合并在一起，再一起发送给 GPU，就可以完成一次批处理。

Unity 中支持两种批处理方式：一种是动态批处理，另一种是静态批处理。对于动态批处理来说，优点是一切处理都是 Unity 自动完成的，不需要我们自己做任何操作，而且物体是可以移动的，但缺点是，限制很多，可能一不小心就会破坏了这种机制，导致 Unity 无法动态批处理一些使用了相同材质的物体。而对于静态批处理来说，它的优点是自由度很高，限制很少；但缺点是可能会占用更多的内存，而且经过静态批处理后的所有物体都不可以再移动了（即便在脚本中尝试改变物体的位置也是无效的）。

16.4.1 动态批处理

如果场景中有一些模型共享了同一个材质并满足一些条件，Unity 就可以自动把它们进行批处理，从而只需要花费一个 draw call 就可以渲染所有的模型。动态批处理的基本原理是，每一帧把可以进行批处理的模型网格进行合并，再把合并后模型数据传递给 GPU，然后使用同一个材质对其渲染。除了实现方便，动态批处理的另一个好处是，经过批处理的物体仍然可以移动，这是由于在处理每帧时 Unity 都会重新合并一次网格。

虽然 Unity 的动态批处理不需要我们进行任何额外工作，但只有满足条件的模型和材质才可以被动态批处理。需要注意的是，随着 Unity 版本的变化，这些条件也有一些改变。在本节中，我们给出一些主要的条件限制。

- 能够进行动态批处理的网格的顶点属性规模要小于 900。例如，如果 shader 中需要使用顶点位置、法线和纹理坐标这 3 个顶点属性，那么要想让模型能够被动态批处理，它的顶点数目不能超过 300。需要注意的是，这个数字在未来有可能会发生变化，因此不要依赖这个数据。
- 一般来说，所有对象都需要使用同一个缩放尺度（可以是(1, 1, 1)、(1, 2, 3)、(1.5, 1.4, 1.3)等，但必须都一样）。一个例外情况是，如果所有的物体都使用了不同的非统一缩放，那么它们也是可以被动态批处理的。但在 Unity 5 中，这种对模型缩放的限制已经不存在了。
- 使用光照纹理（lightmap）的物体需要小心处理。这些物体需要额外的渲染参数，例如，在光照纹理上的索引、偏移量和缩放信息等。因此，为了让这些物体可以被动态批处理，我们需要保证它们指向光照纹理中的同一个位置。
- 多 Pass 的 shader 会中断批处理。在前向渲染中，我们有时需要使用额外的 Pass 来为模型添加更多的光照效果，但这样一来模型就不会被动态批处理了。

在本书资源的 Scene_16_3_1 场景中，我们给出了这样一个场景。场景中包含了 3 个立方体，它们使用同一个材质，同时还包含了一个使用其他材质的球体。场景中还包含了一个平行光，但我们关闭了它的阴影效果，以避免阴影计算对批处理数目的影响。这样一个场景的渲染统计数据如图 16.4 所示。

从图 16.4 中可以看出，要渲染这样一个包含了 4 个物体的场景共需要两个批处理。其中，一个批处理用于绘制经过动态批处理合并后的 3 个立方体网格，另一个批处理用于绘制球体。我们可以从 **Save by batching** 看出批处理帮我们节省了两个 draw call。

现在，我们再向场景中添加一个点光源，并调整它的位置使它可以照亮场景中的 4 个物体。由于场景中的物体都使用了多个 Pass 的 shader，因此，点光源会对它们产生光照影响。图 16.5 给出了添加点光源后的渲染统计数据。

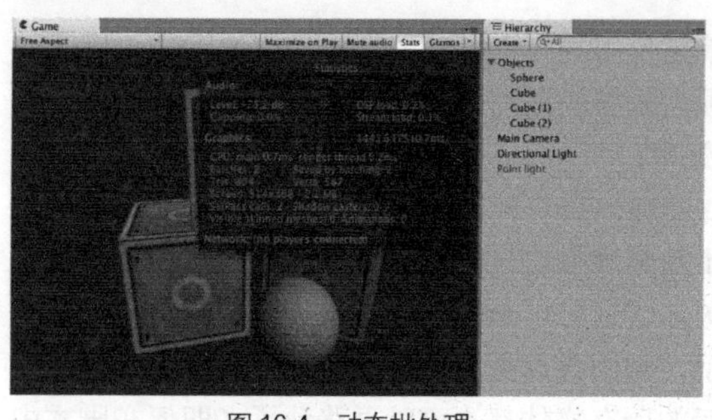

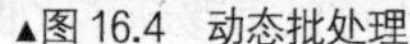

▲图 16.4　动态批处理

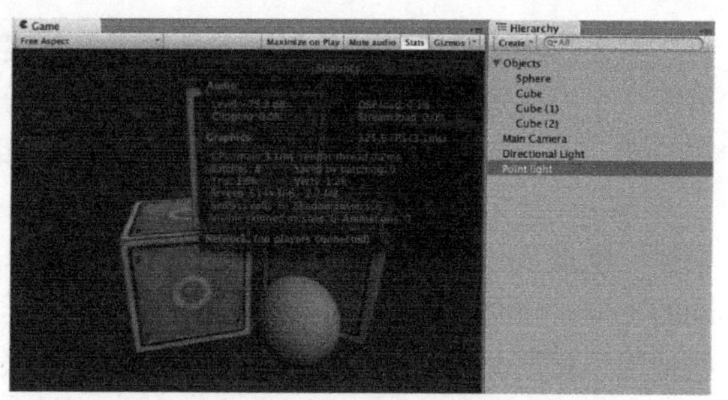

▲图 16.5　多光源对动态批处理的影响结果

从图 16.5 中可以看出，渲染一帧所需的批处理数目增大到了 8，而 **Save by batching** 的数目也变成了 0。这是因为，使用了多个 Pass 的 shader 在需要应用多个光照的情况下，破坏了动态批处理的机制，导致 Unity 不能对这些物体进行动态批处理。而由于平行光和点光源需要对 4 个物体分别产生影响，因此，需要 2×4 个批处理操作。需要注意的是，只有物体在点光源的影响范围内，Unity 才会调用额外的 Pass 来处理它。因此，如果场景中点光源距离物体很远，那么它们仍然会被动态批处理的。

动态批处理的限制条件比较多，例如很多时候，我们的模型数据往往会超过 900 的顶点属性限制。这种时候依赖动态批处理来减少 draw call 显然已经不能够满足我们的需求了。这时，我们可以使用 Unity 的静态批处理技术。

16.4.2　静态批处理

Unity 提供了另一种批处理方式，即静态批处理。相比于动态批处理来说，静态批处理适用于任何大小的几何模型。它的实现原理是，只在运行开始阶段，把需要进行静态批处理的模型合并到一个新的网格结构中，这意味着这些模型不可以在运行时刻被移动。但由于它只需要进行一次合并操作，因此，比动态批处理更加高效。静态批处理的另一个缺点在于，它往往需要占用更多的内存来存储合并后的几何结构。这是因为，如果在静态批处理前一些物体共享了相同的网格，那么在内存中每一个物体都会对应一个该网格的复制品，即一个网格会变成多个网格再发送给 GPU。如果这类使用同一网格的对象很多，那么这就会成为一个性能瓶颈了。例如，如果在一个使用了 1 000 个相同树模型的森林中使用静态批处理，那么，就会多使用 1 000 倍的内存，这会造成严重的内存影响。这种时候，解决方法要么忍受这种牺牲内存换取性能的方法，要么不要使用静态批处理，而使用动态批处理技术（但要小心控制模型的顶点属性数目），或者自己编写批处理的方法。

在本书资源的 Scene_16_3_2 场景中，我们给出了一个测试静态批处理的场景。场景中包含了 3 个 Teapot 模型，它们使用同一个材质，同时还包含了一个使用不同材质的立方体。场景中还包含了一个平行光，但我们关闭了它的阴影效果，以避免阴影计算对批处理数目的影响。在运行前，这样一个场景的渲染统计数据如图 16.6 所示。

从图 16.6 中可以看出，尽管 3 个 Teapot 模型使用了相同的材质，但它们仍然没有被动态批处理。这是因为，Teapot 模型包含的顶点数目是 393，而它们使用的 shader 中需要使用 4 个顶点属性（顶点位置、法线方向、切线方向和纹理坐标），超过了动态批处理中限定的 900 限制。此时，要想减少 draw call 就需要使用静态批处理。

静态批处理的实现非常简单，只需要把物体面板上的 **Static** 复选框勾选上即可（实际上我们只需要勾选 Batching Static 即可），如图 16.7 所示。

这时，我们再观察渲染统计窗口中的批处理数目，还是没有变化。但是不要急，运行程序后，变化就出现了，如图 16.8 所示。

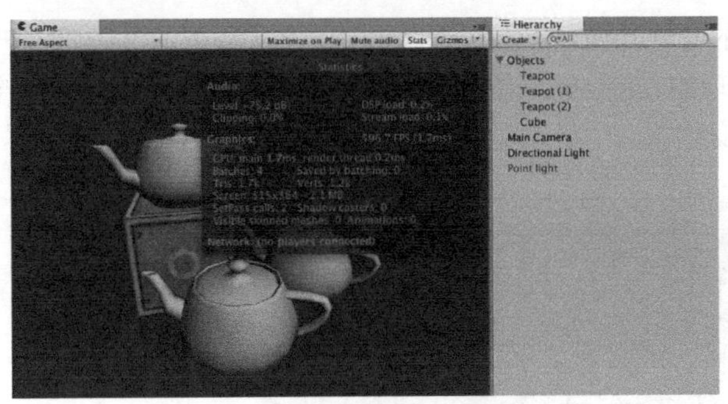

▲图 16.6 静态批处理前的渲染统计数据

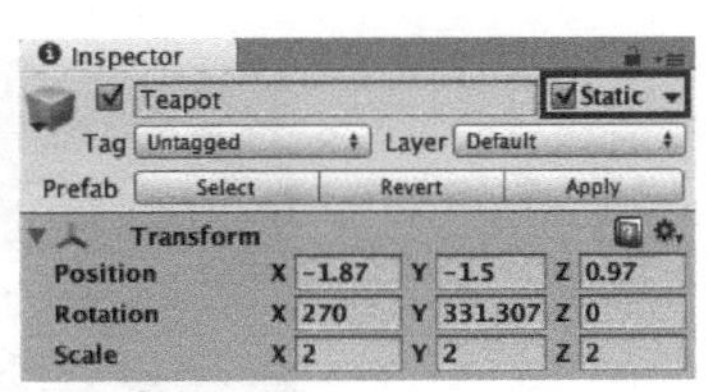

▲图 16.7 把物体标志为 Static

从图 16.2 中可以看出，现在的批处理数目变成了 2，而 **Save by batching** 数目也显示为 2。此时，如果我们在运行时查看每个模型使用的网格，会发现它们都变成了一个名为 Combined Mesh (roo: scene)的东西，如图 16.9 所示。这个网格是 Unity 合并了所有被标识为“Static”的物体的结果，在我们的例子里，就是 3 个 Teapot 和一个立方体。读者可能会有一个疑问，这 4 个对象明明不是都使用了一个材质，为什么可以合并成一个呢？如果你仔细观看图 16.9 的结果，会发现在图 16.9 的右下方标明了“4 submeshes”，也就是说，这个合并后的网格其实包含了 4 个子网格，即场景中的 4 个对象。对于合并后的网格，Unity 会判断其中使用同一个材质的子网格，然后对它们进行批处理。

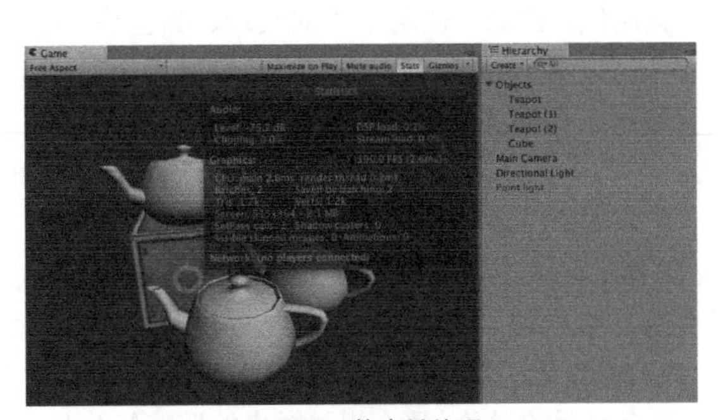

▲图 16.8 静态批处理

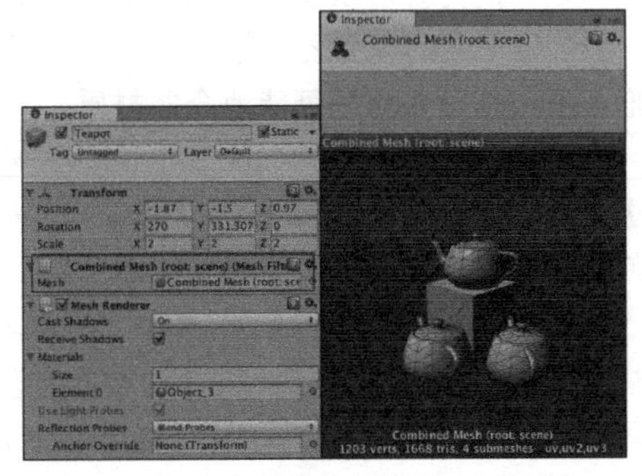

▲图 16.9 静态批处理中 Unity 会合并所有被标识为“Static”的物体

在内部实现上，Unity 首先把这些静态物体变换到世界空间下，然后为它们构建一个更大的顶点和索引缓存。对于使用了同一材质的物体，Unity 只需要调用一个 draw call 就可以绘制全部物体。而对于使用了不同材质的物体，静态批处理同样可以提升渲染性能。尽管这些物体仍然需要调用多个 draw call，但静态批处理可以减少这些 draw call 之间的状态切换，而这些切换往往是费时的操作。从合并后的网格结构中我们还可以发现，尽管 3 个 Teapot 对象使用了同一个网格，但合并后却变成了 3 个独立网格。而且，我们可以从 Unity 的分析器中观察到在应用静态批处理前后 **VBO total** 的变化，从图 16.10 所示中可以看出，VBO（Vertex Buffer Object，顶点缓冲对象）的数目变大了。这正是因为静态批处理会占用更多内存的缘故，正如本节一开头所讲，静态批处理需要占用更多的内存来存储合并后的几何结构，如果一些物体共享了相同的网格，那么在内存中每一个物体都会对应一个该网格的复制品。

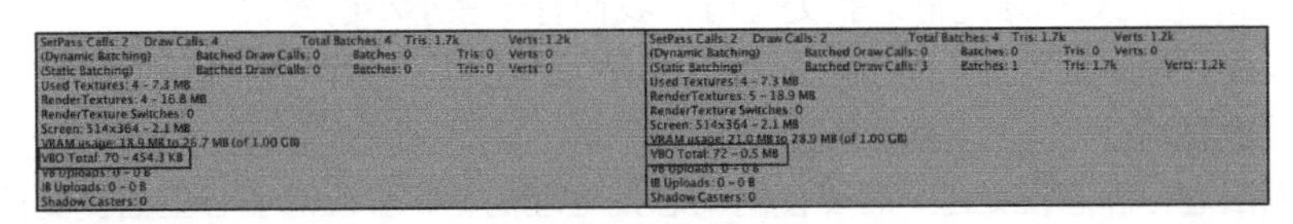

▲图 16.10 静态批处理会占用更多的内存。左边：静态批处理前的渲染统计数据，右边：静态批处理后的渲染统计数据

如果场景中包含了除了平行光以外的其他光源，并且在 shader 中定义了额外的 Pass 来处理它们，这些额外的 Pass 部分是不会被批处理的。图 16.11 显示了在场景中添加了一个会影响 4 个物体的点光源之后，渲染统计窗口的数据变化。

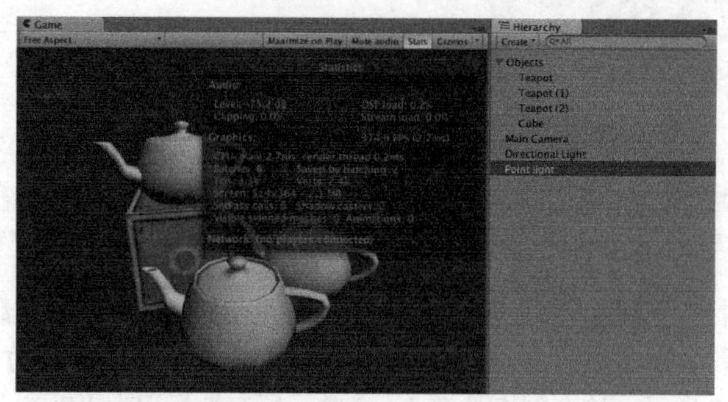

▲图 16.11　处理其他逐像素光的 Pass 不会被静态批处理

但是，处理平行光的 Base Pass 部分仍然会被静态批处理，因此，我们仍然可以节省两个 draw call。

16.4.3　共享材质

从之前的内容可以看出，无论是动态批处理还是静态批处理，都要求模型之间需要共享同一个材质。但不同的模型之间总会需要有不同的渲染属性，例如，使用不同的纹理、颜色等。这时，我们需要一些策略来尽可能地合并材质。

如果两个材质之间只有使用的纹理不同，我们可以把这些纹理合并到一张更大的纹理中，这张更大的纹理被称为是一张图集（atlas）。一旦使用了同一张纹理，我们就可以使用同一个材质，再使用不同的采样坐标对纹理采样即可。

但有时，除了纹理不同外，不同的物体在材质上还有一些微小的参数变化，例如，颜色不同、某些浮点属性不同。但是，不管是动态批处理还是静态批处理，它们的前提都是要使用同一个材质。是同一个，而不是使用了同一种 Shader 的材质，也就是说它们指向的材质必须是同一个实体。这意味着，只要我们调整了参数，就会影响到所有使用这个材质的对象。那么想要微小的调整怎么办呢？一种常用的方法就是使用网格的顶点数据（最常见的就是顶点颜色数据）来存储这些参数。

前面说过，经过批处理后的物体会被处理成更大的 VBO 发送给 GPU，VBO 中的数据可以作为输入传递给顶点着色器，因此，我们可以巧妙地对 VBO 中的数据进行控制，从而达到不同效果的目的。一个例子是，森林场景中所有的树使用了同一种材质，我们希望它们可以通过批处理来减少 draw call，但不同树的颜色可能不同。这时，我们可以利用网格的顶点的颜色数据来调整。

需要注意的是，如果我们需要在脚本中访问共享材质，应该使用 Renderer.sharedMaterial 来保证修改的是和其他物体共享的材质，但这意味着修改会应用到所有使用该材质的物体上。另一个类似的 API 是 Renderer.material ，如果使用 Renderer.material 来修改材质，Unity 会创建一个该材质的复制品，从而破坏批处理在该物体上的应用，这可能并不是我们希望看到的。

16.4.4　批处理的注意事项

在选择使用动态批处理还是静态批处理时，我们有一些小小的建议。

- 尽可能选择静态批处理，但得时刻小心对内存的消耗，并且记住经过静态批处理的物体不可以再被移动。
- 如果无法进行静态批处理，而要使用动态批处理的话，那么请小心上面提到的各种条件限制。例如，尽可能让这样的物体少并且尽可能让这些物体包含少量的顶点属性和顶点数目。

- 对于游戏中的小道具，例如可以捡拾的金币等，可以使用动态批处理。
- 对于包含动画的这类物体，我们无法全部使用静态批处理，但其中如果有不动的部分，可以把这部分标识成“Static”。

除了上述提示外，在使用批处理时还有一些需要注意的地方。由于批处理需要把多个模型变换到世界空间下再合并它们，因此，如果 shader 中存在一些基于模型空间下的坐标的运算，那么往往会得到错误的结果。一个解决方法是，在 shader 中使用 **DisableBatching** 标签来强制使用该 Shader 的材质不会被批处理。另一个注意事项是，使用半透明材质的物体通常需要使用严格的从后往前的绘制顺序来保证透明混合的正确性。对于这些物体，Unity 会首先保证它们的绘制顺序，再尝试对它们进行批处理。这意味着，当绘制顺序无法满足时，批处理无法在这些物体上被成功应用。

尽管在 Unity 5.2 中，只实现了对一些渲染部分的批处理。而诸如渲染摄像机的深度纹理等部分，还没有实现批处理。但我们相信，在后续的 Unity 版本中，批处理会应用到越来越多的渲染部分中。

16.5 减少需要处理的顶点数目

尽管 draw call 是一个重要的性能指标，但顶点数目同样有可能成为 GPU 的性能瓶颈。在本节中，我们将给出 3 个常用的顶点优化策略。

16.5.1 优化几何体

3D 游戏制作通常都是由模型制作开始的。而在建模时，有一条规则我们需要记住：尽可能减少模型中三角面片的数目，一些对于模型没有影响、或是肉眼非常难察觉到区别的顶点都要尽可能去掉。为了尽可能减少模型中的顶点数目，美工人员往往需要优化网格结构。在很多三维建模软件中，都有相应的优化选项，可以自动优化网格结构。

在 Unity 的渲染统计窗口中，我们可以查看到渲染当前帧需要的三角面片数目和顶点数目。需要注意的是，Unity 中显示的数目往往要多于建模软件里显示的顶点数，通常 Unity 中显示的数目要大很多。谁才是对的呢？其实，这是因为在不同的角度上计算的，都有各自的道理，但我们真正应该关心的是 Unity 里显示的数目。

我们在这里简单解释一下造成这种不同的原因。三维软件更多地是站在我们人类的角度理解顶点的，即组成几何体的每一个点就是一个单独的点。而 Unity 是站在 GPU 的角度上去计算顶点数的。在 GPU 看来，有时需要把一个顶点拆分成两个或更多的顶点。这种将顶点一分为多的原因主要有两个：一个是为了**分离纹理坐标（uv splits）**，另一个是为了**产生平滑的边界（smoothing splits）**。它们的本质，其实都是因为对于 GPU 来说，顶点的每一个属性和顶点之间必须是一对一的关系。而分离纹理坐标，是因为建模时一个顶点的纹理坐标有多个。例如，对于一个立方体，它的 6 个面之间虽然使用了一些相同的顶点，但在不同面上，同一个顶点的纹理坐标可能并不相同。对于 GPU 来说，这是不可理解的，因此，它必须把这个顶点拆分成多个具有不同纹理坐标的顶点。而平滑边界也是类似的，不同的是，此时一个顶点可能会对应多个法线信息或切线信息。这通常是因为我们要决定一个边是一条硬边（hard edge）还是一条平滑边（smooth edge）。

对于 GPU 来说，它本质上只关心有多少个顶点。因此，尽可能减少顶点的数目其实才是我们真正需要关心的事情。因此，最后一条几何体优化建议就是：移除不必要的硬边以及纹理衔接，避免边界平滑和纹理分离。

16.5.2 模型的 LOD 技术

另一个减少顶点数目的方法是使用 LOD（Level of Detail）技术。这种技术的原理是，当一个物体离摄像机很远时，模型上的很多细节是无法被察觉到的。因此，LOD 允许当对象逐渐远离摄像机时，减少模型上的面片数量，从而提高性能。

在 Unity 中，我们可以使用 LOD Group 组件来为一个物体构建一个 LOD。我们需要为同一个对象准备多个包含不同细节程度的模型，然后把它们赋给 LOD Group 组件中的不同等级，Unity 就会自动判断当前位置上需要使用哪个等级的模型。

16.5.3　遮挡剔除技术

我们最后要介绍的顶点优化策略就是遮挡剔除（Occlusion culling）技术。遮挡剔除可以用来消除那些在其他物件后面看不到的物件，这意味着资源不会浪费在计算那些看不到的顶点上，进而提升性能。

我们需要把遮挡剔除和摄像机的视锥体剔除（Frustum Culling）区分开来。视锥体剔除只会剔除掉那些不在摄像机的视野范围内的对象，但不会判断视野中是否有物体被其他物体挡住。而遮挡剔除会使用一个虚拟的摄像机来遍历场景，从而构建一个潜在可见的对象集合的层级结构。在运行时刻，每个摄像机将会使用这个数据来识别哪些物体是可见的，而哪些被其他物体挡住不可见。使用遮挡剔除技术，不仅可以减少处理的顶点数目，还可以减少 overdraw，提高游戏性能。

要在 Unity 中使用遮挡剔除技术，我们需要进行一系列额外的处理工作。具体步骤可以参见 Unity 手册的相关内容（docs.unity3d /Manual/OcclusionCulling.html），本书不再赘述。

模型的 LOD 技术和遮挡剔除技术可以同时减少 CPU 和 GPU 的负荷。CPU 可以提交更少的 draw call，而 GPU 需要处理的顶点和片元数目也减少了。

16.6 减少需要处理的片元数目

另一个造成 GPU 瓶颈的是需要处理过多的片元。这部分优化的重点在于减少 overdraw。简单来说，overdraw 指的就是同一个像素被绘制了多次。

Unity 还提供了查看 overdraw 的视图，我们可以在 Scene 视图左上方的下拉菜单中选中 **Overdraw** 即可。实际上，这里的视图只是提供了查看物体相互遮挡的层数，并不是真正的最终屏幕绘制的 overdraw。也就是说，可以理解为它显示的是，如果没有使用任何深度测试和其他优化策略时的 overdraw。这种视图是通过把所有对象都渲染成一个透明的轮廓，通过查看透明颜色的累计程度，来判断物体之间的遮挡。当然，我们可以使用一些措施来防止这种最坏情况的出现。

16.6.1　控制绘制顺序

为了最大限度地避免 overdraw，一个重要的优化策略就是控制绘制顺序。由于深度测试的存在，如果我们可以保证物体都是从前往后绘制的，那么就可以很大程度上减少 overdraw。这是因为，在后面绘制的物体由于无法通过深度测试，因此，就不会再进行后面的渲染处理。

在 Unity 中，那些渲染队列数目小于 2 500（如“Background”“Geometry”和“AlphaTest”）的对象都被认为是不透明（opaque）的物体，这些物体总体上是从前往后绘制的，而使用其他的队列（如“Transparent”“Overlay”等）的物体，则是从后往前绘制的。这意味着，我们可以尽可能地把物体的队列设置为不透明物体的渲染队列，而尽量避免使用半透明队列。

而且，我们还可以充分利用 Unity 的渲染队列来控制绘制顺序。例如，在第一人称射击游戏中，对于游戏中的主要人物角色来说，他们使用的 shader 往往比较复杂，但是，由于他们通常会挡住屏幕的很大一部分区域，因此我们可以先绘制它们（使用更小的渲染队列）。而对于一些敌方角色，它们通常会出现在各种掩体后面，因此，我们可以在所有常规的不透明物体后面渲染它们

（使用更大的渲染队列）。而对于天空盒子来说，它几乎覆盖了所有的像素，而且我们知道它永远会出现在所有物体的后面，因此，它的队列可以设置为“Geometry+1”。这样，就可以保证不会因为它而造成 overdraw。

这些排序的思想往往可以节省掉很多渲染时间。

16.6.2 时刻警惕透明物体

对于半透明对象来说，由于它们没有开启深度写入，因此，如果要得到正确的渲染效果，就必须从后往前渲染。这意味着，半透明物体几乎一定会造成 overdraw。如果我们不注意这一点，在一些机器上可能会造成严重的性能下降。例如，对于 GUI 对象来说，它们大多被设置成了半透明，如果屏幕中 GUI 占据的比例太多，而主摄像机又没有进行调整而是投影整个屏幕，那么 GUI 就会造成大量 overdraw。

因此，如果场景中包含了大面积的半透明对象，或者有很多层相互覆盖的半透明对象（即便它们每个的面积可能都不大），或者是透明的粒子效果，在移动设备上也会造成大量的 overdraw。这是应该尽量避免的。

对于上述 GUI 的这种情况，我们可以尽量减少窗口中 GUI 所占的面积。如果实在无能为力，我们可以把 GUI 的绘制和三维场景的绘制交给不同的摄像机，而其中负责三维场景的摄像机的视角范围尽量不要和 GUI 的相互重叠。当然，这样会对游戏的美观度产生一定影响，因此，我们可以在代码中对机器的性能进行判断，例如，首先关闭一些耗费性能的功能，如果发现这个机器表现非常良好，再尝试开启一些特效功能。

在移动平台上，透明度测试也会影响游戏性能。虽然透明度测试没有关闭深度写入，但由于它的实现使用了 discard 或 clip 操作，而这些操作会导致一些硬件的优化策略失效。例如，我们之前讲过 PowerVR 使用的基于瓦片的延迟渲染技术，为了减少 overdraw 它会在调用片元着色器前就判断哪些瓦片被真正渲染的。但是，由于透明度测试在片元着色器中使用了 discard 函数改变了片元是否会被渲染的结果，因此，GPU 就无法使用上述的优化策略了。也就是说，只有在执行了所有的片元着色器后，GPU 才知道哪些片元会被真正渲染到屏幕上，这样，原先那些可以减少 overdraw 的优化就都无效了。这种时候，使用透明度混合的性能往往比使用透明度测试更好。

16.6.3 减少实时光照和阴影

实时光照对于移动平台是一种非常昂贵的操作。如果场景中包含了过多的点光源，并且使用了多个 Pass 的 Shader，那么很有可能会造成性能下降。例如，一个场景里如果包含了 3 个逐像素的点光源，而且使用了逐像素的 Shader，那么很有可能将 draw call 数目（CPU 的瓶颈）提高 3 倍，同时也会增加 overdraw（GPU 的瓶颈）。这是因为，对于逐像素的光源来说，被这些光源照亮的物体需要被再渲染一次。更糟糕的是，无论是静态批处理还是动态批处理，对于这种额外的处理逐像素光源的 Pass 都无法进行批处理，也就是说，它们会中断批处理。

当然，游戏场景还是需要光照才能得到出色的画面效果。我们看到很多成功的移动平台的游戏，它们的画面效果看起来好像包含了很多光源，但其实这都是骗人的。这些游戏往往使用了烘焙技术，把光照提前烘焙到一张光照纹理（lightmap）中，然后在运行时刻只需要根据纹理采样得到光照结果即可。另一个模拟光源的方法是使用 God Ray。场景中很多小型光源的效果都是靠这种方法模拟的。它们一般并不是真的光源，很多情况是通过透明纹理模拟得到的。更多信息可以参见本章的扩展阅读部分。在移动平台上，一个物体使用的逐像素光源数目应该小于 1（不包括平行光）。如果一定要使用更多的实时光，可以选择用逐顶点光照来代替。

在游戏《ShadowGun》中，游戏角色看起来使用了非常复杂高级的光照计算，但这实际上是优化后的结果。开发者们把复杂的光照计算存储到一张查找纹理（lookup texture，也被称为查找表，lookup table，LUT）中。然后在运行时刻，我们只需要使用光源方向、视角方向、法线方向等参数，对 LUT 采样得到光照结果即可。使用这样的查找纹理，不仅可以让我们使用更出色的光照模型，例如，更加复杂的 BRDF 模型，还可以利用查找纹理的大小来进一步优化性能，例如，主要角色可以使用更大分辨率的 LUT，而一些 NPC 就使用较小的 LUT。《ShadowGun》的开发者开发了一个 LUT 烘焙工具，来帮助美工人员快速调整光照模型，并把结果存储到 LUT 中。

实时阴影同样是一个非常消耗性能的效果。不仅是 CPU 需要提交更多的 draw call，GPU 也需要进行更多的处理。因此，我们应该尽量减少实时阴影，例如，使用烘焙把静态物体的阴影信息存储到光照纹理中，而只对场景中的动态物体使用适当的实时阴影。

16.7 节省带宽

大量使用未经压缩的纹理以及使用过大的分辨率都会造成由于带宽而引发的性能瓶颈。

16.7.1 减少纹理大小

之前提到过，使用纹理图集可以帮助我们减少 draw call 的数目，而这些纹理的大小同样是一个需要考虑的问题。需要注意的是，所有纹理的长宽比最好是正方形，而且长宽值最好是 2 的整数幂。这是因为有很多优化策略只有在这种时候才可以发挥最大效用。在 Unity 5 中，即便我们导入的纹理长宽值并不是 2 的整数幂，Unity 也会自动把长宽转换到离它最近的 2 的整数幂值。但我们仍然应该在制作美术资源时就把这条规则谨记在心，防止由于放缩而造成不好的影响。

除此之外，我们还应该尽可能使用多级渐远纹理技术（mipmapping）和纹理压缩。在 Unity 中，我们可以通过纹理导入面板来查看纹理的各个导入属性。通过把纹理类型设置为 **Advanced**，就可以自定义许多选项，例如，是否生成多级渐远纹理（mipmaps），如图 16.12 所示。当勾选了 **Generate Mip Maps** 选项后，Unity 就会为同一张纹理创建出很多不同大小的小纹理，构成一个纹理金字塔。而在游戏运行中就可以根据距离物体的远近，来动态选择使用哪一个纹理。这是因为，在距离物体很远的时候，就算我们使用了非常精细的纹理，但肉眼也是分辨不出来的。这种时候，我们完全可以使用更小、更模糊的纹理来代替，这可以让 GPU 使用分辨率更小的纹理，大量节省访问的像素数目。在某些设备上，关闭多级渐远纹理往往会造成严重的性能问题。因此，除非我们确定该纹理不会发生缩放，例如 GUI 和 2D 游戏中使用的纹理等，都应该为纹理生成相应的多级渐远纹理。

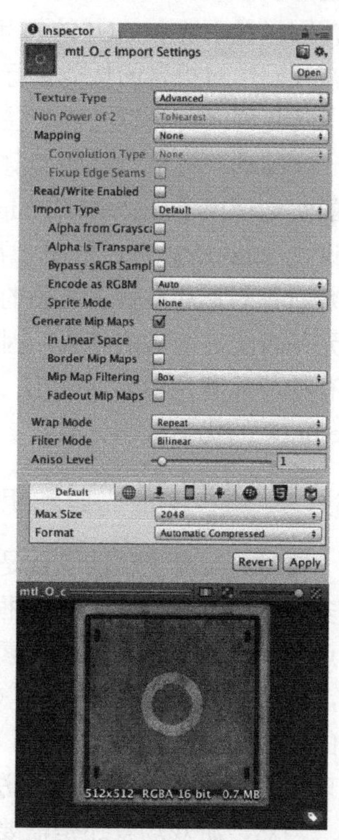

▲图 16.12　Unity 的高级纹理设置面板

纹理压缩同样可以节省带宽。但对于像 Android 这样的平台，有很多不同架构的 GPU，纹理压缩就变得有点复杂，因为不同的 GPU 架构有它自己的纹理压缩格式，例如，PowerVRAM 的 PVRTC 格式、Tegra 的 DXT 格式、Adreno 的 ATC 格式。所幸的是，Unity 可以根据不同的设备选择不同的压缩格式，而我们只需要把纹理压缩格式设置为自动压缩即可。但是，GUI 类型的纹理同样是个例外，一些时候由于对画质的要求，我们不希望对这些纹理进行压缩。

16.7.2 利用分辨率缩放

过高的屏幕分辨率也是造成性能下降的原因之一，尤其是对于很多低端手机，除了分辨率高其他硬件条件并不尽如人意，而这恰恰是游戏性能的两个瓶颈：过大的屏幕分辨率和糟糕的GPU。因此，我们可能需要对于特定机器进行分辨率的放缩。当然，这样可能会造成游戏效果的下降，但性能和画面之间永远是个需要权衡的话题。

在 Unity 中设置屏幕分辨率可以直接调用 Screen.SetResolution。实际使用中可能会遇到一些情况，雨松 MOMO 有一篇文章（xuanyusong 网站的/archives/3205）详细讲解了如何使用这种技术，读者可参考。

16.8 减少计算复杂度

计算复杂度同样会影响游戏的渲染性能。在本节中，我们会介绍两个方面的技术来减少计算复杂度。

16.8.1 Shader 的 LOD 技术

和 16.5.2 节提到的模型的 LOD 技术类似，Shader 的 LOD 技术可以控制使用的 Shader 等级。它的原理是，只有 Shader 的 LOD 值小于某个设定的值，这个 Shader 才会被使用，而使用了那些超过设定值的 Shader 的物体将不会被渲染。

我们通常会在 SubShader 中使用类似下面的语句来指明该 shader 的 LOD 值：

```
SubShader {
    Tags { "RenderType"="Opaque" }
    LOD 200
```

我们也可以在 Unity Shader 的导入面板上看到该 Shader 使用的 LOD 值。在默认情况下，允许的 LOD 等级是无限大的。这意味着，任何被当前显卡支持的 Shader 都可以被使用。但是，在某些情况下我们可能需要去掉一些使用了复杂计算的 Shader 渲染。这时，我们可以使用 Shader.maximumLOD 或 Shader.globalMaximumLOD 来设置允许的最大 LOD 值。

Unity 内置的 Shader 使用了不同的 LOD 值，例如，Diffuse 的 LOD 为 200，而 Bumped Specular 的 LOD 为 400。

16.8.2 代码方面的优化

在实现游戏效果时，我们可以选择在哪里进行某些特定的运算。通常来讲，游戏需要计算的对象、顶点和像素的数目排序是对象数 < 顶点数 < 像素数。因此，我们应该尽可能地把计算放在每个对象或逐顶点上。例如，在第 13 章实现高斯模糊和边缘检测时，我们把采样坐标的计算放在了顶点着色器中，这样的做法远好于把它们放在片元着色器中。

而在具体的代码编写上，不同的硬件甚至需要不同的处理。因此，一些普遍的规则在某些硬件上可能并不成立。更不幸的是，通常 Shader 代码的优化并不那么直观，尤其是一些平台上缺少相关的分析器，例如 iOS 平台。尽管如此，在本节我们还是会给出一些被认为是普遍成立的优化策略，但读者如果发现在某些设备上性能反而有所下降的话，这并不奇怪。

首先第一点是，尽可能使用低精度的浮点值进行运算。最高精度的 float/highp 适用于存储诸如顶点坐标等变量，但它的计算速度是最慢的，我们应该尽量避免在片元着色器中使用这种精度进行计算。而 half/mediump 适用于一些标量、纹理坐标等变量，它的计算速度大约是 float 的两倍。

而 fixed/lowp 适用于绝大多数颜色变量和归一化后的方向矢量，在进行一些对精度要求不高的计算时，我们应该尽量使用这种精度的变量。它的计算速度大约是 float 的 4 倍，但要避免对这些低精度变量进行频繁的 swizzle 操作（如 color.xwxw）。还需要注意的是，我们应当尽量避免在不同精度之间的转换，这有可能会造成一定的性能下降。

对于绝大多数 GPU 来说，在使用插值寄存器把数据从顶点着色器传递给下一个阶段时，我们应该使用尽可能少的插值变量。例如，如果需要对两个纹理坐标进行插值，我们通常会把它们打包在同一个 float4 类型的变量中，两个纹理坐标分别对应了 *xy* 分量和 *zw* 分量。然而，对于 PowerVR 平台来说，这种插值变量是非常廉价的，直接把不同的纹理坐标存储在不同的插值变量中，有时反而性能更好。尤其是，如果在 PowerVR 上使用类似 tex2D(_MainTex, uv.zw)这样的语句来进行纹理采样，GPU 就无法进行一些纹理的预读取，因为它会认为这些纹理采样是需要依赖其他数据的。因此，如果我们特别关心游戏在 PowerVR 上的性能，就不应该把两个纹理坐标打包在同一个四维变量中。

尽可能不要使用全屏的屏幕后处理效果。如果美术风格实在是需要使用类似 Bloom、热扰动这样的屏幕特效，我们应该尽量使用 fixed/lowp 进行低精度运算（纹理坐标除外，可以使用 half/mediump）。那些高精度的运算可以使用查找表（LUT）或者转移到顶点着色器中进行处理。除此之外，尽量把多个特效合并到一个 Shader 中。例如，我们可以把颜色校正和添加噪声等屏幕特效在 Bloom 特效的最后一个 Pass 中进行合成。还有一个方法就是使用 16.8.3 节中介绍的缩放思想，来选择性地开启特效。

还有一些读者经常会听到的代码优化规则。

- 尽可能不要使用分支语句和循环语句。
- 尽可能避免使用类似 sin、tan、pow、log 等较为复杂的数学运算。我们可以使用查找表来作为替代。
- 尽可能不要使用 discard 操作，因为这会影响硬件的某些优化。

16.8.3　根据硬件条件进行缩放

诸如 iOS 和 Android 这样的移动平台，不同设备之间的性能千差万别。我们很容易可以找到一台手机的渲染性能是另一台手机的 10 倍。那么，如何确保游戏可以同时流畅地运行在不同性能的移动设备上呢？一个非常简单且实用的方式是使用所谓的放缩（scaling）思想。我们首先保证游戏最基本的配置可以在所有的平台上运行良好，而对于一些具有更高表现能力的设备，我们可以开启一些更“养眼”的效果，比如使用更高的分辨率，开启屏幕后处理特效，开启粒子效果等。

16.9　扩展阅读

Unity 官方手册的**移动平台优化实践指南**（docs.unity3d/Manual/MobileOptimizationPracticalGuide.html）一文给出了一些针对移动平台的优化技术，包括渲染和图形方面的优化，以及脚本优化等。手册中另一个针对图像性能优化的文档是**优化图像性能**（docs.unity3d/Manual/OptimizingGraphicsPerformance.html）一文，在这个文档中，Unity 给出了常见的性能瓶颈以及一些相应的优化技术。除此之外，文档列出了一个清单，包含了优化游戏性能的常见做法和约束。

在 SIGGRAPH 2011 上，Unity 进行了一个关于移动平台上 Shader 优化的演讲（blogs.unity3d/2011/08/18/fast-mobile-shaders-talk-at-siggraph/）。在这个演讲中，作者给出了各个主流移动 GPU 的架构特点，并给出了相应的 shader 优化细节，还结合了真实的 Unity 游戏项目来进行实例学习。在 Unite 2013 会议上，Unity 呈现了一个名为**针对移动平台优化 Unity 游戏**的演讲，在这个简短的演讲中，作者对造成性能瓶颈的原因进行了分类，并给出了一些常见的优化技术。在 GDC 2014 上，Unity 展示了如何使用内置的分析器分析移动平台的游戏性能，读者可以在 Youtube 上找到相应的视频。在最近的 SIGGRAPH 2015 会议上，Unity 进行了一系列演讲和课程。在 Unity 和来自高通、ARM 等公司的开发人员共同呈现的名为 **Moving Mobile Graphics** 的课程中，来自 Unity 的 Renaldas Zioma 讲解了移动平台上 PBR 的优化技术。更多 Unity 在 SIGGRAPH 2015 上的演讲，读者可以参见 Unity 的博客。

除了手册和演讲资料外，成功的移动平台中的游戏同样是非常好的学习资料。《ShadowGun》是由 MadFinger 在 2011 年发布的一款移动平台的第三人称射击游戏，使用的开发工具正是 Unity。在 Unite 2011 上，该游戏的开发者给出了《ShadowGun》中使用的渲染和优化技术，读者可以在 Youtube 上面找到这个视频。更难能可贵的是，在 2012 年，《ShadowGun》的开发者放出了示例场景，来让更多的开发者学习如何优化移动平台上的 shader。另一个非常好的游戏优化实例是 Unity 自带的项目《Angry Bots》，读者可以直接在 Unity 资源商店下载到完整的项目源代码。

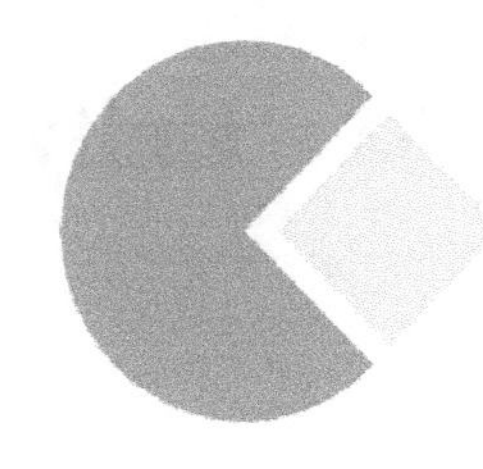

第5篇

扩展篇

扩展篇旨在进一步扩展读者的视野。本篇将会介绍Unity 的表面着色器的实现机制，并介绍基于物理渲染的相关内容。最后，我们给出了更多的关于学习渲染的资料。

第 17 章　Unity 的表面着色器探秘

本章将会介绍这些表面着色器是如何实现的，以及我们如何使用这些表面着色器来实现渲染。

第 18 章　基于物理的渲染

这一章将介绍基于物理渲染的理论基础，并解释Unity 是如何实现基于物理渲染的。

第 19 章　Unity 5 更新了什么

本章将给出 Unity 5 中一些重要的更新，来帮助读者解决在升级 Unity 5 时所面对的各种问题。

第 20 章　还有更多内容吗

在最后一章中，我们将给出许多非常有价值的学习资料，来帮助读者进行更深入的学习。

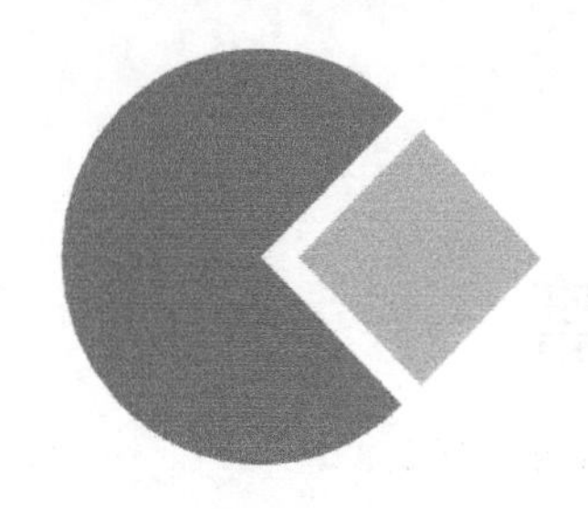

第 17 章　Unity 的表面着色器探秘

在 2009 年的时候（当时 Unity 的版本是 2.x），Unity 的渲染工程师 Aras（就是经常活跃在论坛和各种会议上的，大名鼎鼎的 Aras Pranckevičius）连续发表了 3 篇名为《Shaders must die》的博客。在这些博客里，Aras 认为，把渲染流程分为顶点和像素的抽象层面是错误的，是一种不易理解的抽象。目前，这种在顶点/几何/片元着色器上的操作是对硬件友好的一种方式，但不符合我们人类的思考方式。相反，他认为，应该划分成表面着色器、光照模型和光照着色器这样的层面。其中，表面着色器定义了模型表面的反射率、法线和高光等，光照模型则选择是使用兰伯特还是 Blinn-Phong 等模型。而光照着色器负责计算光照衰减、阴影等。这样，绝大部分时间我们只需要和表面着色器打交道，例如，混合纹理和颜色等。光照模型可以是提前定义好的，我们只需要选择哪种预定义的光照模型即可。而光照着色器一旦由系统实现后，更不会被轻易改动，从而大大减轻了 Shader 编写者的工作量。有了这样的想法，Aras 在随后的文章中开始尝试把表面着色器整合到 Unity 中。最终，在 2010 年的 Unity 3 中，**Surface Shader** 被加入到 Unity 的大家族中了。

虽然 Unity 换了一个新的“马甲”，但**表面着色器（Surface Shader）**实际上就是在顶点/片元着色器之上又添加了一层抽象。按 Aras 的话来解释就是，顶点/几何/片元着色器是硬件能“理解”的渲染方式，而开发者应该使用一种更容易理解的方式。很多时候，使用表面着色器，我们只需要告诉 Shader：“嘿，使用这些纹理去填充颜色，使用这个法线纹理去填充表面法线，使用兰伯特光照模型，其他的就不要来烦我了！”我们不需要考虑是使用前向渲染路径还是延迟渲染路径，场景中有多少光源，它们的类型是什么，怎样处理这些光源，每个 Pass 需要处理多少个光源等问题（正是因为有这些事情，人们总会抱怨写一个 Shader 是多么的麻烦……）。这时，Unity 说：“不要急，我来干！”

那么，表面着色器到底长什么样呢？它们又是如何工作的呢？这正是本章要学习的内容。

17.1 表面着色器的一个例子

在学习原理之前，我们首先来看一下一个表面着色器长什么样子。为此，我们需要做如下的准备工作。

（1）在 Unity 中新创建一个场景。在本书资源中，该场景名为 Scene_17_1。在 Unity 5.2 中，默认情况下场景将包含一个摄像机和一个平行光，并且使用了内置的天空盒子。在 Window → Lighting → Skybox 中去掉场景中的天空盒子。

（2）新创建一个材质。在本书资源中，该材质名为 BumpedSpecularMat。

（3）新创建一个 Unity Shader。在本书资源中，该 Unity Shader 名为 Chapter17-BumpedDiffuse。把新的 Unity Shader 赋给第 2 步中创建的材质。

（4）在场景中创建一个胶囊体（capsule），并把第 2 步中的材质赋给该胶囊体。

（5）保存场景。

我们将使用表面着色器来实现一个使用了法线纹理的漫反射效果。这可以参考 Unity 内置的

“Legacy Shaders/Bumped Diffuse”的代码实现（可以在官方网站的内置 Shader 包中找到）。打开 Chapter17-BumpedDiffuse，删除原有的代码，把下面的代码粘贴进去：

```
Shader "Unity Shaders Book/Chapter 17/Bumped Diffuse" {
    Properties {
        _Color ("Main Color", Color) = (1,1,1,1)
        _MainTex ("Base (RGB)", 2D) = "white" {}
        _BumpMap ("Normalmap", 2D) = "bump" {}
    }
    SubShader {
        Tags { "RenderType"="Opaque" }
        LOD 300

        CGPROGRAM
        #pragma surface surf Lambert
        #pragma target 3.0

        sampler2D _MainTex;
        sampler2D _BumpMap;
        fixed4 _Color;

        struct Input {
            float2 uv_MainTex;
            float2 uv_BumpMap;
        };

        void surf (Input IN, inout SurfaceOutput o) {
            fixed4 tex = tex2D(_MainTex, IN.uv_MainTex);
            o.Albedo = tex.rgb * _Color.rgb;
            o.Alpha = tex.a * _Color.a;
            o.Normal = UnpackNormal(tex2D(_BumpMap, IN.uv_BumpMap));
        }

        ENDCG
    }

    FallBack "Legacy Shaders/Diffuse"
}
```

保存程序后，返回 Unity 中查看。在 BumpedDiffuseMat 的面板上，我们把本书资源中的 Assets/Textures/Chapter17/Mud_Diffuse.tif 和 Assets/Textures/Chapter17/Mud_Normal.tif 分别拖曳到 _MainTex 和 _BumpMap 属性上，就可以得到类似图 17.1 中左图的结果。我们还可以向场景中添加一些点光源和聚光灯，并改变它们的颜色，就可以得到类似图 17.1 中右图的结果。注意，在这个过程中，我们不需要对代码做任何改动。

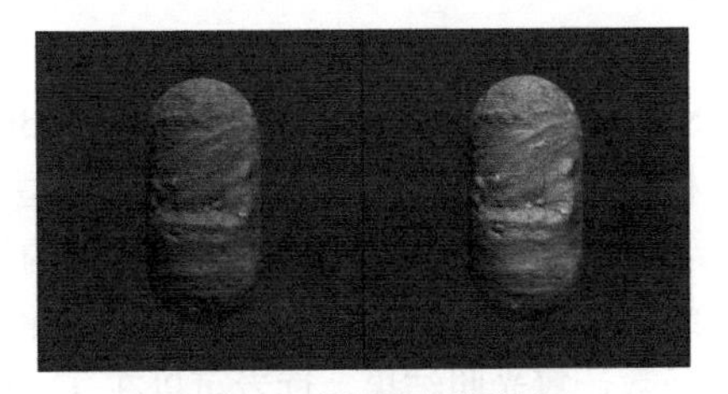

▲图 17.1　表面着色器的例子
左边：在一个平行光下的效果。
右边：添加了一个点光源（蓝色）和一个聚光灯（紫色）后的效果

从上面的例子可以看出，相比之前所学的顶点/片元着色器技术，表面着色器的代码量很少（只需要三十多行），如果我们使用顶点/片元着色器来实现上述的功能，大概需要 150 多行代码（参考本书资源中的“Unity Shaders Book/Common/Bumped Diffuse”）！而且，我们可以非常轻松地实现常见的光照模型，甚至不需要和任何光照变量打交道，Unity 就帮我们处理好了每个光源的光照结果。

读者可以在 Unity 官方手册的**表面着色器的例子**一文（docs.unity3d/Manual/SL-SurfaceShader Examples.html）中找到更多的示例程序。下面，我们将具体学习表面着色器的特点和工作原理。

和顶点/片元着色器需要包含到一个特定的 Pass 块中不同，表面着色器的 CG 代码是直接而且也必须写在 SubShader 块中，Unity 会在背后为我们生成多个 Pass。当然，可以在 SubShader 一开始处使用 **Tags** 来设置该表面着色器使用的标签。在 Chapter17-BumpedDiffuse 中，我们还使用 **LOD** 命令设置了该表面着色器的 LOD 值（详见 16.8.1 节）。然后，我们使用 **CGPROGRAM** 和 **ENDCG** 定义了表面着色器的具体代码。

一个表面着色器中最重要的部分是**两个结构体**以及它的**编译指令**。其中，两个结构体是表面着色器中不同函数之间信息传递的桥梁，而编译指令是我们和 Unity 沟通的重要手段。

17.2 编译指令

我们首先来看一下表面着色器的编译指令。编译指令是我们和 Unity 沟通的重要方式，通过它可以告诉 Unity：“嘿，用这个表面函数设置表面属性，用这个光照模型模拟光照，我不要阴影和环境光，不要雾效！”只需要一句代码，我们就可以完成这么多事情！

编译指令最重要的作用是指明该表面着色器使用的**表面函数**和**光照函数**，并设置一些可选参数。表面着色器的 CG 块中的第一句代码往往就是它的编译指令。编译指令的一般格式如下：

```
#pragma surface surfaceFunction lightModel [optionalparams]
```

其中，**#pragma surface** 用于指明该编译指令是用于定义表面着色器的，在它的后面需要指明使用的表面函数（surfaceFunction）和光照模型（lightModel），同时，还可以使用一些可选参数来控制表面着色器的一些行为。

17.2.1　表面函数

我们之前说过，表面着色器的优点在于抽象出了“表面”这一概念。与之前遇到的顶点/片元抽象层不同，一个对象的表面属性定义了它的反射率、光滑度、透明度等值。而编译指令中的 surfaceFunction 就用于定义这些表面属性。surfaceFunction 通常就是名为 surf 的函数（函数名可以是任意的），它的函数格式是固定的：

```
void surf (Input IN, inout SurfaceOutput o)
void surf (Input IN, inout SurfaceOutputStandard o)
void surf (Input IN, inout SurfaceOutputStandardSpecular o)
```

其中，后两个是 Unity 5 中由于引入了基于物理的渲染而新添加的两种结构体。**SurfaceOutput**、**SurfaceOutputStandard** 和 **SurfaceOutputStandardSpecular** 都是 Unity 内置的结构体，它们需要配合不同的光照模型使用，我们会在下一节进行更详细地解释。

在表面函数中，会使用输入结构体 **Input IN** 来设置各种表面属性，并把这些属性存储在输出结构体 SurfaceOutput、SurfaceOutputStandard 或 SurfaceOutputStandardSpecular 中，再传递给光照函数计算光照结果。读者可以在 Unity 手册中的**表面着色器的例子**一文（http://docs.unity3d.com/Manual/SL-SurfaceShaderExamples.html）中找到更多的示例表面函数。

17.2.2　光照函数

除了表面函数，我们还需要指定另一个非常重要的函数——光照函数。光照函数会使用表面函数中设置的各种表面属性，来应用某些光照模型，进而模拟物体表面的光照效果。Unity 内置了基于物理的光照模型函数 **Standard** 和 **StandardSpecular**（在 UnityPBSLighting.cginc 文件中被定义），以及简单的非基于物理的光照模型函数 **Lambert** 和 **BlinnPhong**（在 Lighting.cginc 文件中被定义）。例如，在 Chapter17-BumpedDiffuse 中，我们就指定了使用 Lambert 光照函数。

当然，我们也可以定义自己的光照函数。例如，可以使用下面的函数来定义用于前向渲染中的光照函数：

```
// 用于不依赖视角的光照模型，例如漫反射
half4 Lighting<Name> (SurfaceOutput s, half3 lightDir, half atten);
// 用于依赖视角的光照模型，例如高光反射
half4 Lighting<Name> (SurfaceOutput s, half3 lightDir, half3 viewDir, half atten);
```

读者可以在 Unity 手册的**表面着色器中的自定义光照模型**一文（docs.unity3d/Manual/SL-SurfaceShaderLighting.html）中找到更全面的自定义光照模型的介绍。而一些例子可以参见手册中的**表面着色器的光照例子**一文（docs.unity3d/Manual/SL-SurfaceShader LightingExamples.html），这篇文档展示了如何使用表面着色器来自定义常见的漫反射、高光反射、基于光照纹理等常用的光照模型。

17.2.3 其他可选参数

在编译指令的最后，我们还可以设置一些可选参数（optionalparams）。这些可选参数包含了很多非常有用的指令类型，例如，开启/设置透明度混合/透明度测试，指明自定义的顶点和颜色修改函数，控制生成的代码等。下面，我们选取了一些比较重要和常用的参数进行更深入地说明。读者可以在 Unity 官方手册的**编写表面着色器**一文（docs.unity3d /Manual/SL-SurfaceShaders.html）中找到更加详细的参数和设置说明。

- 自定义的修改函数。除了表面函数和光照模型外，表面着色器还可以支持其他两种自定义的函数：**顶点修改函数（vertex:VertexFunction）**和**最后的颜色修改函数（finalcolor:ColorFunction）**。顶点修改函数允许我们自定义一些顶点属性，例如，把顶点颜色传递给表面函数，或是修改顶点位置，实现某些顶点动画等。最后的颜色修改函数则可以在颜色绘制到屏幕前，最后一次修改颜色值，例如实现自定义的雾效等。
- 阴影。我们可以通过一些指令来控制和阴影相关的代码。例如，**addshadow** 参数会为表面着色器生成一个阴影投射的 Pass。通常情况下，Unity 可以直接在 FallBack 中找到通用的光照模式为 ShadowCaster 的 Pass，从而将物体正确地渲染到深度和阴影纹理中（详见 9.4 节）。但对于一些进行了顶点动画、透明度测试的物体，我们就需要对阴影的投射进行特殊处理，来为它们产生正确的阴影，正如我们在 11.3.3 节中看到的一样。**fullforwardshadows** 参数则可以在前向渲染路径中支持所有光源类型的阴影。默认情况下，Unity 只支持最重要的平行光的阴影效果。如果我们需要让点光源或聚光灯在前向渲染中也可以有阴影，就可以添加这个参数。相反地，如果我们不想对使用这个 Shader 的物体进行任何阴影计算，就可以使用 **noshadow** 参数来禁用阴影。
- 透明度混合和透明度测试。我们可以通过 **alpha** 和 **alphatest** 指令来控制透明度混合和透明度测试。例如，**alphatest:VariableName** 指令会使用名为 VariableName 的变量来剔除不满足条件的片元。此时，我们可能还需要使用上面提到的 **addshadow** 参数来生成正确的阴影投射的 Pass。
- 光照。一些指令可以控制光照对物体的影响，例如，**noambient** 参数会告诉 Unity 不要应用任何环境光照或光照探针（light probe）。**novertexlights** 参数告诉 Unity 不要应用任何逐顶点光照。**noforwardadd** 会去掉所有前向渲染中的额外的 Pass。也就是说，这个 Shader 只会支持一个逐像素的平行光，而其他的光源会按照逐顶点或 SH 的方法来计算光照影响。这个参数通常会用于移动平台版本的表面着色器中。还有一些用于控制光照烘焙、雾效模拟的参数，如 **nolightmap**、**nofog** 等。
- 控制代码的生成。一些指令还可以控制由表面着色器自动生成的代码，默认情况下，Unity 会为一个表面着色器生成相应的前向渲染路径、延迟渲染路径使用的 Pass，这会导致生

成的 Shader 文件比较大。如果我们确定该表面着色器只会在某些渲染路径中使用，就可以 **exclude_path:deferred**、**exclude_path:forward** 和 **exclude_path:prepass** 来告诉 Unity 不需要为某些渲染路径生成代码。

从上述可以看出，表面着色器支持的编译指令参数很多，为我们编写表面着色器提供了很大的方便。之前在顶点/片元着色器中需要耗费大量代码来完成的工作，在表面着色器中可能只需要一个参数就可以了。当然，相比与顶点/片元着色器，表面着色器也有它自身的限制，我们会在 17.6 节中对比它们的优缺点。

17.3 两个结构体

在上一节我们已经讲过，表面着色器支持最多自定义 4 种关键的函数：表面函数（用于设置各种表面性质，如反射率、法线等），光照函数（定义表面使用的光照模型），顶点修改函数（修改或传递顶点属性），最后的颜色修改函数（对最后的颜色进行修改）。那么，这些函数之间的信息传递是怎么实现的呢？例如，我们想把顶点颜色传递给表面函数，添加到表面反射率的计算中，要怎么做呢？这就是两个结构体的工作。

一个表面着色器需要使用两个结构体：表面函数的输入结构体 **Input**，以及存储了表面属性的结构体 **SurfaceOutput**（Unity 5 新引入了另外两个同种的结构体 **SurfaceOutputStandard** 和 **SurfaceOutputStandardSpecular**）。

17.3.1 数据来源：Input 结构体

Input 结构体包含了许多表面属性的数据来源，因此，它会作为表面函数的输入结构体（如果自定义了顶点修改函数，它还会是顶点修改函数的输出结构体）。Input 支持很多内置的变量名，通过这些变量名，我们告诉 Unity 需要使用的数据信息。例如，在 Chapter17-BumpedDiffuse 中，Input 结构体中包含了主纹理和法线纹理的采样坐标 uv_MainTex 和 uv_BumpMap。这些采样坐标必须以“uv”为前缀（实际上也可用“uv2”为前缀，表明使用次纹理坐标集合），后面紧跟纹理名称。以主纹理_MainTex 为例，如果需要使用它的采样坐标，就需要在 Input 结构体中声明 float2 uv_MainTex 来对应它的采样坐标。表 17.1 列出了 Input 结构体中内置的其他变量。

表 17.1

变　量	描　述
float3 viewDir	包含了视角方向，可用于计算边缘光照等
使用 COLOR 语义定义的 float4 变量	包含了插值后的逐顶点颜色
float4 screenPos	包含了屏幕空间的坐标，可以用于反射或屏幕特效
float3 worldPos	包含了世界空间下的位置
float3 worldRefl	包含了世界空间下的反射方向。前提是没有修改表面法线 o.Normal
float3 worldRefl; INTERNAL_DATA	如果修改了表面法线 o.Normal，需要使用该变量告诉 Unity 要基于修改后的法线计算世界空间下的反射方向。在表面函数中，我们需要使用 WorldReflectionVector(IN, o.Normal)来得到世界空间下的反射方向
float3 worldNormal	包含了世界空间的法线方向。前提是没有修改表面法线 o.Normal
float3 worldNormal; INTERNAL_DATA	如果修改了表面法线 o.Normal，需要使用该变量告诉 Unity 要基于修改后的法线计算世界空间下的法线方向。在表面函数中，我们需要使用 WorldNormalVector(IN, o.Normal)来得到世界空间下的法线方向

需要注意的是，我们并不需要自己计算上述的各个变量，而只需要在 Input 结构体中按上述名称严格声明这些变量即可，Unity 会在背后为我们准备好这些数据，而我们只需要在表面函数中直接使用它们即可。一个例外情况是，我们自定义了顶点修改函数，并需要向表面函数中传递一些自定义的数据。例如，为了自定义雾效，我们可能需要在顶点修改函数中根据顶点在视角空间下的位置信息计算雾效混合系数，这样我们就可以在 Input 结构体中定义一个名为 half fog 的变量，把计算结果存储在该变量后进行输出。

17.3.2 表面属性：SurfaceOutput 结构体

有了 Input 结构体来提供所需要的数据后，我们就可以据此计算各种表面属性。因此，另一个结构体就是用于存储这些表面属性的结构体，即 **SurfaceOutput**、**SurfaceOutputStandard** 和 **SurfaceOutputStandardSpecular**，它会作为表面函数的输出，随后会作为光照函数的输入来进行各种光照计算。相比与 Input 结构体的自由性，这个结构体里面的变量是提前就声明好的，不可以增加也不会减少（如果没有对某些变量赋值，就会使用默认值）。SurfaceOutput 的声明可以在 Lighting.cginc 文件中找到：

```
struct SurfaceOutput {
    fixed3 Albedo;
    fixed3 Normal;
    fixed3 Emission;
    half Specular;
    fixed Gloss;
    fixed Alpha;
};
```

而 **SurfaceOutputStandard** 和 **SurfaceOutputStandardSpecular** 的声明可以在 UnityPBSLighting.cginc 中找到：

```
struct SurfaceOutputStandard
{
    fixed3 Albedo;      // base (diffuse or specular) color
    fixed3 Normal;      // tangent space normal, if written
    half3 Emission;
    half Metallic;      // 0=non-metal, 1=metal
    half Smoothness;    // 0=rough, 1=smooth
    half Occlusion;     // occlusion (default 1)
    fixed Alpha;        // alpha for transparencies
};

struct SurfaceOutputStandardSpecular
{
    fixed3 Albedo;      // diffuse color
    fixed3 Specular;    // specular color
    fixed3 Normal;      // tangent space normal, if written
    half3 Emission;
    half Smoothness;    // 0=rough, 1=smooth
    half Occlusion;     // occlusion (default 1)
    fixed Alpha;        // alpha for transparencies
};
```

在一个表面着色器中，只需要选择上述三者中的其一即可，这取决于我们选择使用的光照模型。Unity 内置的光照模型有两种，一种是 Unity 5 之前的、简单的、非基于物理的光照模型，包括了 **Lambert** 和 **BlinnPhong**；另一种是 Unity 5 添加的、基于物理的光照模型，包括 **Standard** 和 **StandardSpecular**，这种模型会更加符合物理规律，但计算也会复杂很多。如果使用了非基于物理的光照模型，我们通常会使用 **SurfaceOutput** 结构体，而如果使用了基于物理的光照模型 **Standard** 或 **StandardSpecular**，我们会分别使用 **SurfaceOutputStandard** 或 **SurfaceOutput StandardSpecular** 结构体。其中，SurfaceOutputStandard 结构体用于默认的金属工作流程（Metallic

Workflow），对应了 Standard 光照函数；而 SurfaceOutputStandardSpecular 结构体用于高光工作流程（Specular Workflow），对应了 StandardSpecular 光照函数。更多关于基于物理的渲染内容，我们会在第 18 章中讲到。

在本节，我们着重介绍一下 SurfaceOutput 结构体中的变量和含义。在表面函数中，我们需要根据 Input 结构体传递的各个变量计算表面属性。在 SurfaceOutput 结构体，这些表面属性包括了。

- fixed3 Albedo：对光源的反射率。通常由纹理采样和颜色属性的乘积计算而得。
- fixed3 Normal：表面法线方向。
- fixed3 Emission：自发光。Unity 通常会在片元着色器最后输出前（并在最后的顶点函数被调用前，如果定义了的话），使用类似下面的语句进行简单的颜色叠加：

```
c.rgb += o.Emission;
```

- half Specular：高光反射中的指数部分的系数，影响高光反射的计算。例如，如果使用了内置的 BlinnPhong 光照函数，它会使用如下语句计算高光反射的强度：

```
float spec = pow (nh, s.Specular*128.0) * s.Gloss;
```

- fixed Gloss：高光反射中的强度系数。和上面的 Specular 类似，计算公式见上面的代码。一般在包含了高光反射的光照模型里使用。
- fixed Alpha：透明通道。如果开启了透明度的话，会使用该值进行颜色混合。

尽管表面着色器极大地减少了我们的工作量，但它带来的一个问题是，我们经常不知道为什么会得到这样的渲染结果。如果你不是一个“好奇宝宝”的话，你可以高高兴兴地使用表面着色器来方便地实现一些不错的渲染效果。但是，一些好奇的初学者往往会提出这样的问题：“为什么我的场景里没有灯光，但物体不是全黑的呢？为什么我把光源的颜色调成黑色，物体还是有一些渲染颜色呢？”这些问题都源于表面着色器对我们隐藏了实现细节。而想要更加得心应手地使用表面着色器，我们就需要学习它的工作流水线，并了解 Unity 是如何为一个表面着色器生成对应的顶点/片元着色器的（时刻记着，表面着色器本质上就是包含了很多 Pass 的顶点/片元着色器）。

17.4 Unity 背后做了什么

在前面的内容中，我们已经了解到如何利用编译指令、自定义函数（表面函数、光照函数，以及可选的顶点修改函数和最后的颜色修改函数）和两个结构体来实现一个表面着色器。我们一直强调，Unity 实际会在背后为表面着色器生成真正的顶点/片元着色器。那么，表面着色器中的各个函数、编译指令和结构体与顶点/片元着色器之间有什么关系呢？这正是本节要学习的内容。

我们之前说过，Unity 在背后会根据表面着色器生成一个包含了很多 Pass 的顶点/片元着色器。这些 Pass 有些是为了针对不同的渲染路径，例如，默认情况下 Unity 会为前向渲染路径生成 **LightMode** 为 **ForwardBase** 和 **ForwardAdd** 的 Pass，为 Unity 5 之前的延迟渲染路径生成 **LightMode** 为 **PrePassBase** 和 **PrePassFinal** 的 Pass，为 Unity 5 之后的延迟渲染路径生成 **LightMode** 为 **Deferred** 的 Pass。还有一些 Pass 是用于产生额外的信息，例如，为了给光照映射和动态全局光照提取表面信息，Unity 会生成一个 **LightMode** 为 **Meta** 的 Pass。有些表面着色器由于修改了顶点位置，因此，我们可以利用 **adddshadow** 编译指令为它生成相应的 **LightMode** 为 **ShadowCaster** 的阴影投射 Pass。这些 Pass 的生成都是基于我们在表面着色器中的编译指令和自定义的函数，这是有规律可循的。Unity 提供了一个功能，让那些“好奇宝宝”可以对表面着色器自动生成的代码一探究竟：在每个编译完成的表面着色器的面板上，都有一个“Show generated code”的按钮，如图 17.2 所示，我们只需要单击一下它就可以看到 Unity 为这个表面着色器生成的所有顶点/片元着色器。

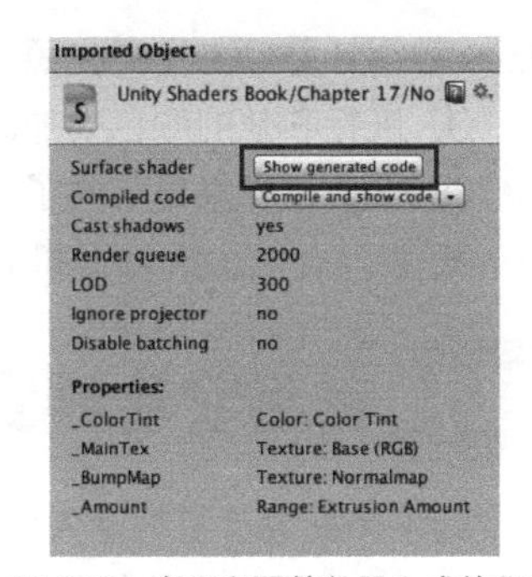

▲图 17.2　查看表面着色器生成的代码

通过查看这些代码，我们就可以了解到 Unity 到底是如何根据表面着色器生成各个 Pass 的。以 Unity 生成的 **LightMode** 为 **ForwardBase** 的 Pass（用于前向渲染）为例，它的渲染计算流水线如图 17.3 所示。从图 17.3 中我们可以看出，4 个允许自定义的函数在流水线中的位置。

Unity 对该 Pass 的自动生成过程大致如下。

（1）直接将表面着色器中 CGPROGRAM 和 ENDCG 之间的代码复制过来，这些代码包括了我们对 Input 结构体、表面函数、光照函数（如果自定了的话）等变量和函数的定义。这些函数和变量会在之后的处理过程中被当成正常的结构体和函数进行调用。

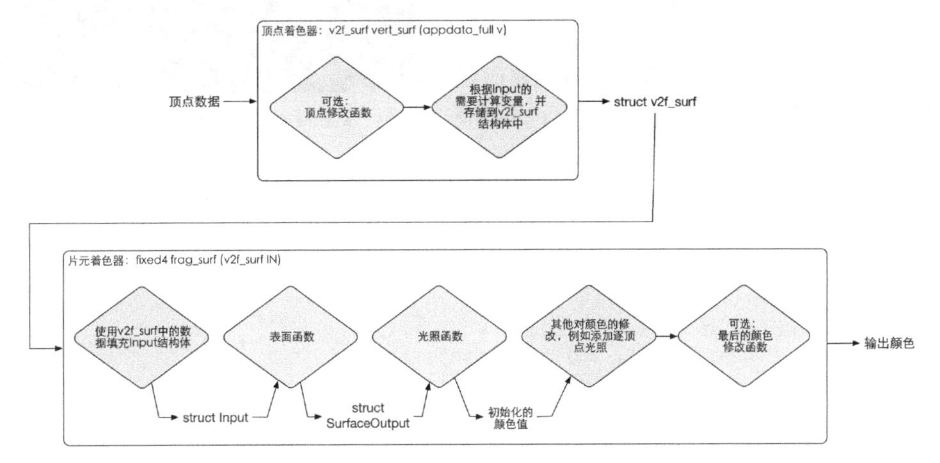

▲图 17.3　表面着色器的渲染计算流水线。黄色：可以自定义的函数。灰色：Unity 自动生成的计算步骤

（2）Unity 会分析上述代码，并据此生成顶点着色器的输出——v2f_surf 结构体，用于在顶点着色器和片元着色器之间进行数据传递。Unity 会分析我们在自定义函数中所使用的变量，例如，纹理坐标、视角方向、反射方向等。如果需要，它就会在 v2f_surf 中生成相应的变量。而且，即便有时我们在 Input 中定义了某些变量（如某些纹理坐标），但 Unity 在分析后续代码时发现我们并没有使用这些变量，那么这些变量实际上是不会在 v2f_surf 中生成的。这也就是说，Unity 做了一些优化。v2f_surf 中还包含了一些其他需要的变量，例如阴影纹理坐标、光照纹理坐标、逐顶点光照等。

（3）接着，生成顶点着色器。

① 如果我们自定义了**顶点修改函数**，Unity 会首先调用顶点修改函数来修改顶点数据，或填充自定义的 Input 结构体中的变量。然后，Unity 会分析顶点修改函数中修改的数据，在需要时通过 Input 结构体将修改结果存储到 v2f_surf 相应的变量中。

② 计算 v2f_surf 中其他生成的变量值。这主要包括了顶点位置、纹理坐标、法线方向、逐顶点光照、光照纹理的采样坐标等。当然，我们可以通过编译指令来控制某些变量是否需要计算。

③ 最后，将 v2f_surf 传递给接下来的片元着色器。

（4）生成片元着色器。

① 使用 v2f_surf 中的对应变量填充 Input 结构体，例如，纹理坐标、视角方向等。

② 调用我们自定义的**表面函数**填充 SurfaceOutput 结构体。

③ 调用**光照函数**得到初始的颜色值。如果使用的是内置的 Lambert 或 BlinnPhong 光照函数，

Unity 还会计算动态全局光照，并添加到光照模型的计算中。

④ 进行其他的颜色叠加。例如，如果没有使用光照烘焙，还会添加逐顶点光照的影响。

⑤ 最后，如果自定义了**最后的颜色修改函数**，Unity 就会调用它进行最后的颜色修改。

其他 Pass 的生成过程和上面类似，在此不再赘述。

17.5 表面着色器实例分析

为了帮助读者更加深入地理解表面着色器背后的原理，我们在本节以一个表面着色器为例，分析 Unity 为它生成的代码。

读者可以在本书资源中的 Scene_17_4 中找到相应的测试场景。它实现的效果是对模型进行膨胀，如图 17.4 所示。

▲图 17.4　沿顶点法线对模型进行膨胀
左边：膨胀前，右边：膨胀后

这种效果的实现非常简单，就是在顶点修改函数中沿着顶点法线方向扩张顶点位置。为了分析表面着色器中 4 个可自定义函数（顶点修改函数、表面函数、光照函数和最后的颜色修改函数）的原理，在本例中我们对这 4 个函数全部采用了自定义的实现。读者可以在 Chapter17-NormalExtrusion 文件中找到该表面着色器，它的代码如下：

```
Shader "Unity Shaders Book/Chapter 17/Normal Extrusion" {
    Properties {
        _ColorTint ("Color Tint", Color) = (1,1,1,1)
        _MainTex ("Base (RGB)", 2D) = "white" {}
        _BumpMap ("Normalmap", 2D) = "bump" {}
        _Amount ("Extrusion Amount", Range(-0.5, 0.5)) = 0.1
    }
    SubShader {
        Tags { "RenderType"="Opaque" }
        LOD 300

        CGPROGRAM

        // surf - which surface function.
        // CustomLambert - which lighting model to use.
        // vertex:myvert - use custom vertex modification function.
        // finalcolor:mycolor - use custom final color modification function.
        // addshadow - generate a shadow caster pass. Because we modify the vertex position,
        // the shder needs special shadows handling.
        // exclude_path:deferred/exclude_path:prepas - do not generate passes for
        //deferred/legacy deferred rendering path.
        // nometa - do not generate a "meta" pass (that's used by lightmapping & dynamic
        //global illumination to extract surface information).
        #pragma surface surf CustomLambert vertex:myvert finalcolor:mycolor addshadow
        exclude_path:deferred exclude_path:prepass nometa
        #pragma target 3.0

        fixed4 _ColorTint;
        sampler2D _MainTex;
        sampler2D _BumpMap;
        half _Amount;

        struct Input {
            float2 uv_MainTex;
            float2 uv_BumpMap;
        };

        void myvert (inout appdata_full v) {
            v.vertex.xyz += v.normal * _Amount;
        }
```

```
        void surf (Input IN, inout SurfaceOutput o) {
            fixed4 tex = tex2D(_MainTex, IN.uv_MainTex);
            o.Albedo = tex.rgb;
            o.Alpha = tex.a;
            o.Normal = UnpackNormal(tex2D(_BumpMap, IN.uv_BumpMap));
        }

        half4 LightingCustomLambert (SurfaceOutput s, half3 lightDir, half atten) {
            half NdotL = dot(s.Normal, lightDir);
            half4 c;
            c.rgb = s.Albedo * _LightColor0.rgb * (NdotL * atten);
            c.a = s.Alpha;
            return c;
        }

        void mycolor (Input IN, SurfaceOutput o, inout fixed4 color) {
          color *= _ColorTint;
        }

        ENDCG
    }

    FallBack "Legacy Shaders/Diffuse"
}
```

在顶点修改函数中，我们使用顶点法线对顶点位置进行膨胀；表面函数使用主纹理设置了表面属性中的反射率，并使用法线纹理设置了表面法线方向；光照函数实现了简单的兰伯特漫反射光照模型；在最后的颜色修改函数中，我们简单地使用了颜色参数对输出颜色进行调整。注意，除了 4 个函数外，我们在#pragma surface 的编译指令一行中还指定了一些额外的参数。由于我们修改了顶点位置，因此，要对其他物体产生正确的阴影效果并不能直接依赖 FallBack 中找到的阴影投射 Pass，**addshadow** 参数可以告诉 Unity 要生成一个该表面着色器对应的阴影投射 Pass。默认情况下，Unity 会为所有支持的渲染路径生成相应的 Pass，为了缩小自动生成的代码量，我们使用 **exclude_path:deferred** 和 **exclude_path:prepass** 来告诉 Unity 不要为延迟渲染路径生成相应的 Pass。最后，我们使用 **nometa** 参数取消对提取元数据的 Pass 的生成。

当在该表面着色器的导入面板中单击“Show generated code”按钮后，我们就可以看到 Unity 生成的顶点/片元着色器了。由于代码比较多，为了节省篇幅我们不再把全部代码粘贴到这里。因此，在往下阅读之前，请读者先打开生成的代码文件，以便明白我们接下来的分析。

在这个将近 600 行代码的文件中，Unity 一共为该表面着色器生成了 3 个 Pass，它们的 LightMode 分别是 ForwardBase、ForwardAdd 和 ShadowCaster，分别对应了前向渲染路径中的处理逐像素平行光的 Pass、处理其他逐像素光的 Pass、处理阴影投射的 Pass。这些 Pass 的原理可以回顾 9.1.1 节和 9.4 节中的相关内容。读者可以在这些代码中看到大量的**#ifdef** 和**#if** 语句，这些语句可以判断一些渲染条件，例如，是否使用了动态光照纹理、是否使用了逐顶点光照、是否使用了屏幕空间的阴影等，Unity 会根据这些条件来进行不同的光照计算，这正是表面着色器的魅力之一——把这些烦人的光照计算交给 Unity 来做！

需要注意的是，不同的 Unity 版本可能生成的代码有少许不同。在本书中，我们以 Unity 5.2.1 中的结果为准。下面，我们来分析 Unity 生成的 ForwardBase Pass。

（1）Unity 首先指明了一些编译指令：

```
// ---- forward rendering base pass:
Pass {
    Name "FORWARD"
    Tags { "LightMode" = "ForwardBase" }

    CGPROGRAM
    // compile directives
```

```
#pragma vertex vert_surf
#pragma fragment frag_surf
#pragma target 3.0
#pragma multi_compile_fwdbase
#include "HLSLSupport.cginc"
#include "UnityShaderVariables.cginc"
```

顶点着色器 vert_surf 和片元着色器 frag_surf 都是自动生成的。

（2）之后出现的是一些自动生成的注释：

```
    // Surface shader code generated based on:
// vertex modifier: 'myvert'
// writes to per-pixel normal: YES
// writes to emission: no
// needs world space reflection vector: no
// needs world space normal vector: no
// needs screen space position: no
// needs world space position: no
// needs view direction: no
// needs world space view direction: no
// needs world space position for lighting: no
// needs world space view direction for lighting: no
// needs world space view direction for lightmaps: no
// needs vertex color: no
// needs VFACE: no
// passes tangent-to-world matrix to pixel shader: YES
// reads from normal: no
// 2 texcoords actually used
//   float2 _MainTex
//   float2 _BumpMap
```

尽管这些对渲染结果没有影响，但我们可以从这些注释中理解到 Unity 的分析过程和它的分析结果。

（3）随后，Unity 定义了一些宏来辅助计算：

```
#define INTERNAL_DATA half3 internalSurfaceTtoW0; half3 internalSurfaceTtoW1; half3
internalSurfaceTtoW2;
#define WorldReflectionVector(data,normal) reflect (data.worldRefl, half3(dot(data.
internalSurfaceTtoW0,normal), dot(data.internalSurfaceTtoW1,normal), dot(data.
internalSurfaceTtoW2,normal)))
#define WorldNormalVector(data,normal) fixed3(dot(data.internalSurfaceTtoW0,normal),
dot(data.internalSurfaceTtoW1,normal), dot(data.internalSurfaceTtoW2,normal))
```

实际上，在本例中上述宏并没有被用到。这些宏是为了在修改了表面法线的情况下，辅助计算得到世界空间下的反射方向和法线方向，与之对应的是 Input 结构体中的一些变量（可参见 17.3.1 节）。

（4）接着，Unity 把我们在表面着色器中编写的 CG 代码复制过来，作为 Pass 的一部分，以便后续调用。

（5）然后，Unity 定义了顶点着色器到片元着色器的插值结构体（即顶点着色器的输出结构体）v2f_surf。在定义之前，Unity 使用#ifdef 语句来判断是否使用了光照纹理，并为不同的情况生成不同的结构体。主要的区别是，如果没有使用光照纹理，就需要定义一个存储逐顶点和 SH 光照的变量。

```
// vertex-to-fragment interpolation data
// no lightmaps:
#ifdef LIGHTMAP_OFF
struct v2f_surf {
  float4 pos : SV_POSITION;
  float4 pack0 : TEXCOORD0; // _MainTex _BumpMap
  fixed3 tSpace0 : TEXCOORD1;
  fixed3 tSpace1 : TEXCOORD2;
  fixed3 tSpace2 : TEXCOORD3;
  fixed3 vlight : TEXCOORD4; // ambient/SH/vertexlights
  SHADOW_COORDS(5)
```

```
    #if SHADER_TARGET >= 30
    float4 lmap : TEXCOORD6;
    #endif
  };
  #endif
  // with lightmaps:
  #ifndef LIGHTMAP_OFF
  struct v2f_surf {
    float4 pos : SV_POSITION;
    float4 pack0 : TEXCOORD0; // _MainTex _BumpMap
    fixed3 tSpace0 : TEXCOORD1;
    fixed3 tSpace1 : TEXCOORD2;
    fixed3 tSpace2 : TEXCOORD3;
    float4 lmap : TEXCOORD4;
    SHADOW_COORDS(5)
  };
  #endif
```

上面很多变量名看起来很陌生，但实际上大部分变量的含义我们在之前都碰到过，只是这里使用了不同的名称而已。例如，在下面我们会看到，pack0 中实际上存储的就是主纹理和法线纹理的采样坐标，而 tSpace0、tSpace1 和 tSpace2 存储了从切线空间到世界空间的变换矩阵。一个比较陌生的变量是 vlight，Unity 会把逐顶点和 SH 光照的结果存储到该变量里，并在片元着色器中和原光照结果进行叠加（如果需要的话）。

（6）随后，Unity 定义了真正的顶点着色器。顶点着色器首先会调用我们自定义的顶点修改函数来修改一些顶点属性：

```
// vertex shader
v2f_surf vert_surf (appdata_full v) {
v2f_surf o;
UNITY_INITIALIZE_OUTPUT(v2f_surf,o);
myvert (v);
```

在我们的实现中，只对顶点坐标进行了修改，而不需要向 Input 结构体中添加并存储新的变量。也可以使用另一个版本的函数声明来把顶点修改函数中的某些计算结果存储到 Input 结构体中：

```
void vert(inout appdata_full v, out Input o);
```

之后的代码是用于计算 v2f_surf 中各个变量的值。例如，计算经过 MVP 矩阵变换后的顶点坐标；使用 TRANSFORM_TEX 内置宏计算两个纹理的采样坐标，并分别存储在 o.pack0 的 xy 分量和 zw 分量中；计算从切线空间到世界空间的变换矩阵，并把矩阵的每一行分别存储在 o.tSpace0、o.tSpace1 和 o.tSpace2 变量中；判断是否使用了光照映射和动态光照映射，并在需要时把两种光照纹理的采样坐标计算结果存储在 o.lmap.xy 和 o.lmap.zw 分量中；判断是否使用了光照映射，如果没有的话就计算该顶点的 SH 光照（一种快速计算光照的方法），把结果存储到 o.vlight 中；判断是否开启了逐顶点光照，如果是就计算最重要的 4 个逐顶点光照的光照结果，把结果叠加到 o.vlight 中。这部分代码读者可以在生成的文件中找到，这里不再粘贴出来。

最后，计算阴影坐标并传递给片元着色器：

```
    TRANSFER_SHADOW(o); // pass shadow coordinates to pixel shader
    return o;
}
```

（7）在 Pass 的最后，Unity 定义了真正的片元着色器。Unity 首先利用插值后的结构体 v2f_surf 来初始化 Input 结构体中的变量：

```
// fragment shader
fixed4 frag_surf (v2f_surf IN) : SV_Target {
  // prepare and unpack data
  Input surfIN;
  UNITY_INITIALIZE_OUTPUT(Input,surfIN);
```

```
    surfIN.uv_MainTex = IN.pack0.xy;
    surfIN.uv_BumpMap = IN.pack0.zw;
```

随后，Unity 声明了一个 SurfaceOutput 结构体的变量，并对其中的表面属性进行了初始化，再调用了表面函数：

```
  #ifdef UNITY_COMPILER_HLSL
    SurfaceOutput o = (SurfaceOutput)0;
    #else
    SurfaceOutput o;
    #endif
    o.Albedo = 0.0;
    o.Emission = 0.0;
    o.Specular = 0.0;
    o.Alpha = 0.0;
    o.Gloss = 0.0;

  // call surface function
  surf (surfIN, o);
```

在上面的代码中，Unity 还使用#ifdef 语句判断当前的编译语言类型是否是 HLSL，如果是就使用更严格的声明方式来声明 SurfaceOutput 结构体（因为 DirectX 平台往往有更加严格的语义要求）。当对各个表面属性进行初始化后，Unity 调用了表面函数 surf 来填充这些表面属性。

之后，Unity 进行了真正的光照计算。首先，计算得到了光照衰减和世界空间下的法线方向：

```
  // compute lighting & shadowing factor
  UNITY_LIGHT_ATTENUATION(atten, IN, worldPos)
  fixed4 c = 0;
  fixed3 worldN;
  worldN.x = dot(IN.tSpace0.xyz, o.Normal);
  worldN.y = dot(IN.tSpace1.xyz, o.Normal);
  worldN.z = dot(IN.tSpace2.xyz, o.Normal);
  o.Normal = worldN;
```

其中，变量 c 用于存储最终的输出颜色，此时被初始化为 0。随后，Unity 判断是否关闭了光照映射，如果关闭了，就把逐顶点的光照结果叠加到输出颜色中：

```
  #ifdef LIGHTMAP_OFF
   c.rgb += o.Albedo * IN.vlight;
   #endif // LIGHTMAP_OFF
```

而如果需要使用光照映射，Unity 就会使用之前计算的光照纹理采样坐标，对光照纹理进行采样并解码，得到光照纹理中的光照结果。这部分代码读者可以在生成的代码中找到，这里不再粘贴过来。

如果没有使用光照映射，意味着我们需要使用自定义的光照模型计算光照结果：

```
  // realtime lighting: call lighting function
  #ifdef LIGHTMAP_OFF
    c += LightingCustomLambert (o, lightDir, atten);
  #else
    c.a = o.Alpha;
  #endif
```

而如果使用了光照映射的话，Unity 会根据之前由光照纹理得到的结果得到颜色值，并叠加到输出颜色 c 中。如果还开启了动态光照映射，Unity 还会计算对动态光照纹理的采样结果，同样把结果叠加到输出颜色 c 中。这部分代码读者可以在生成的代码中找到，这里不再粘贴过来。

最后，Unity 调用自定义的颜色修改函数，对输出颜色 c 进行最后的修改：

```
    mycolor (surfIN, o, c);
    UNITY_OPAQUE_ALPHA(c.a);
    return c;
  }
```

在上面的代码中，Unity 还使用了内置宏 UNITY_OPAQUE_ALPHA（在 UnityCG.cginc 里被定义）来重置片元的透明通道。在默认情况下，所有不透明类型的表面着色器的透明通道都会被重置为 1.0，而不管我们是否在光照函数中改变了它，如上所示。如果我们想要保留它的透明通道的话，可以在表面着色器的编译指令中添加 **keepalpha** 参数。

至此，ForwardBase Pass 就结束了。接下来的 ForwardAdd Pass 和上面的 ForwardBase Pass 基本类似，只是代码更加简单了，Unity 去掉了对逐顶点光照和各种判断是否使用了光照映射的代码，因为这些额外的 Pass 不需要考虑这些。

最后一个重要的 Pass 是 ShadowCaster Pass。相比于之前的两个 Pass，它的代码比较简单短小。它的生成原理很简单，就是通过调用自定义的顶点修改函数来保证计算阴影时使用的是和之前一致的顶点坐标。正如我们在 11.3.3 节和 15.1 节中看到的一样，这个自定义的阴影投射的 Pass 同样使用了内置的 V2F_SHADOW_CASTER、TRANSFER_SHADOW_CASTER_NORMALOFFSET 和 SHADOW_CASTER_FRAGMENT 来计算阴影投射，这部分代码也不再粘贴到本书中。

17.6 Surface Shader 的缺点

从上面的内容中我们可以看出，表面着色器给我们带来了很大的便利。那么，我们之前为什么还要花那么久的时间学习顶点/片元着色器？直接写表面着色器就好了嘛。

正如我们一直强调的那样，表面着色器只是 Unity 在顶点/片元着色器上面提供的一种封装，是一种更高层的抽象。但任何在表面着色器中完成的事情，我们都可以在顶点/片元着色器中重现。但不幸的是，这句话反过来并不成立。

这世上任何事情都是有代价的，如果我们想要得到便利，就需要以牺牲自由度为代价。表面着色器虽然可以快速实现各种光照效果，但我们失去了对各种优化和各种特效实现的控制。因此，使用表面着色器往往会对性能造成一定的影响，而内置的 Shader，例如 Diffuse、Bumped Specular 等都是使用表面着色器编写的。尽管 Unity 提供了移动平台的相应版本，例如 Mobile/Diffuse 和 Mobile/Bumped Specular 等，但这些版本的 Shader 往往只是去掉了额外的逐像素 Pass、不计算全局光照和其他一些光照计算上的优化。但要想进行更多深层的优化，表面着色器就不能满足我们的需求了。

除了性能比较差以外，表面着色器还无法完成一些自定义的渲染效果，例如 10.2.2 节中透明玻璃的效果。表面着色器的这些缺点让很多人更愿意使用自由的顶点/片元着色器来实现各种效果，尽管处理光照时这可能难度更大些。

因此，我们给出一些建议供读者参考。

- 如果你需要和各种光源打交道，尤其是想要使用 Unity 中的全局光照的话，你可能更喜欢使用表面着色器，但要时刻小心它的性能；
- 如果你需要处理的光源数目非常少，例如只有一个平行光，那么使用顶点/片元着色器是一个更好的选择；
- 最重要的是，如果你有很多自定义的渲染效果，那么请选择顶点/片元着色器。

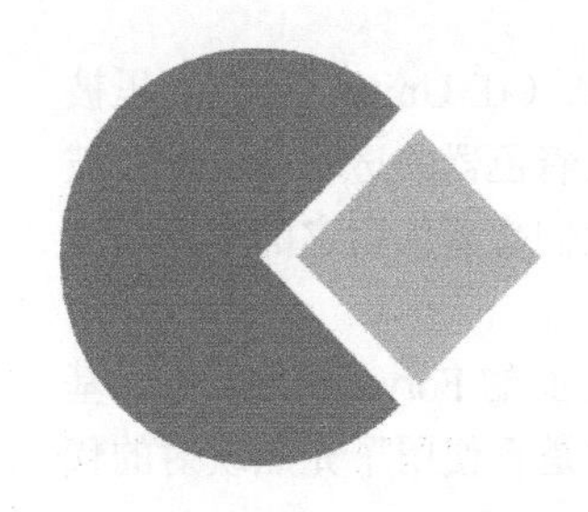

第18章　基于物理的渲染

在之前的章节中，我们学习了 Lambert 光照模型、Phong 光照模型和 Blinn-Phong 光照模型。但这些光照模型的缺点在于，它们都是经验模型。如果我们需要渲染更高质量的画面，这些经验模型就显得不再能满足我们的要求了。

近年来，**基于物理的渲染技术（Physically Based Shading, PBS）**被逐渐应用于实时渲染中。总体来说，PBS 是为了对光和材质之间的行为进行更加真实的建模。PBS 早已被广泛应用到电影行业中，但游戏中的 PBS 是近年来才逐渐流行起来的。Unity 最早在 2012 年的《蝴蝶效应》（英文名：Butterfly Effect）的 demo 中大量使用了 PBS，并在 Unity 5 中正式将 PBS 引入到引擎渲染中。Unity 5 引入了一个名为 Standard Shader 的可在不同材质之间通用的着色器，而该着色器就是使用了基于物理的光照模型。需要注意的是，PBS 并不意味着渲染出来的画面一定是像照片一样真实的，例如，Pixar 和 Disney 尽管长期使用 PBS 渲染电影画面，但它们得到的风格是非常有特色的艺术风格。相信很多读者或多或少看到过使用 PBS 渲染出来的画面是多么的酷炫，并很想了解这背后的技术原理。如果你是一个程序员，可能有很大的冲动想要自己实现一个 PBS 渲染框架，但往往走到后面会发现有很多看不懂的名词以及一大堆与之相关的论文；如果你是一个美工人员，你可能会找到很多关于如何制作 PBS 中使用的纹理教程，但你大概也了解，想要使用 PBS 实现出色的渲染效果，并不是纹理+一个 Shader 这么简单的问题。

现在，我们有一个好消息和一个坏消息要告诉大家。先说好消息，Unity 5 引入的基于物理的渲染不需要我们过多地了解 PBS 是如何实现的，就能利用各种内置工具来实现一个不错的渲染效果。然而坏消息是，我们很难通过短短几万文字来非常详细地告诉读者这些渲染到底是如何实现的，因为这其中需要牵扯许多复杂的光照模型，如果要完全理解每一种模型的话，大概还要讲很多论文和其他参考文献。不过还有一个好消息是，我们相信读者在学完本章后可以了解一些 PBS 的原理，如果你对 PBS 有着浓厚的兴趣，想要尝试自己构建一个 PBS 的渲染框架，可以在本章的扩展阅读部分找到许多非常有价值的参考资料。

在本章中，我们首先会讲解 PBS 的基本原理，让读者了解它们与我们之前所学的渲染方式到底有哪些不同。尽管本书的定位并不是“教你如何使用 Unity”，但我们决定花一点时间来告诉读者 Unity 5 引入的 Standard Shader 是如何工作的，以及如何在 Unity 5 中使用它和其他工具来渲染一个场景，我们希望通过这些内容来让读者明白 PBS 中的一些关键因素。尽管 PBS 在手机上的应用并不十分广泛，但我们相信这是未来的发展趋势，希望本章可以为读者打开 PBS 的大门。

18.1 PBS 的理论和数学基础

在学习如何实现 PBS 之前，我们非常有必要来了解基于物理的渲染所基于的理论和数学基础。我们不会过多地牵扯一些论文资料，但如果在阅读过程中读者发现无法理解一些光照模型的实现原理，这可能意味着你需要阅读更多的参考文献。本节主要参考了 Naty Hoffman 在 SIGGRAPH 2013 上做的名为 **Background: Physics and Math of Shading** 的演讲[1]。

18.1.1　光是什么

尽管我们之前一直讲光照模型，但要问读者，光到底是什么，可能没有多少人可以解释清楚。在物理学中，光是一种电磁波。首先，光由太阳或其他光源中被发射出来，然后与场景中的对象相交，一些光线被**吸收（absorption）**，而另一些则被**散射（scattering）**，最后光线被一个感应器（例如我们的眼睛）吸收成像。

通过上面的过程，我们知道材质和光线相交会发生两种物理现象：散射和吸收（其实还有自发光现象）。光线会被吸收是由于光被转化成了其他能量，但吸收并不会改变光的传播方向。相反的，散射则不会改变光的能量，但会改变它的传播方向。在光的传播过程中，影响光的一个重要的特性是材质的**折射率（refractive index）**。我们知道，在均匀的介质中，光是沿直线传播的。但如果光在传播时介质的折射率发生了变化，光的传播方向就会发生变化。特别是，如果折射率是突变的，就会发生光的散射现象。

实际上，在现实生活中，光和物体之间的交互过程是非常复杂的，大多数情况下并不存在一种可分析的解决方法。但为了在渲染中对光照进行建模，我们往往只考虑一种特殊情况，即只考虑两个介质的边界是无限大并且是光学平滑（optically flat）的。尽管真实物体的表面并不是无限延伸的，也不是绝对光滑的，但和光的波长相比，它们的大小可以被近似认为是无限大以及光学平滑的。在这样的前提下，光在不同介质的边界会被分割成两个方向：反射方向和折射方向。而有多少百分比的光会被反射（另一部分就是被折射了）则是由**菲涅耳等式（Fresnel equations）**来描述的，如图 18.1 所示。

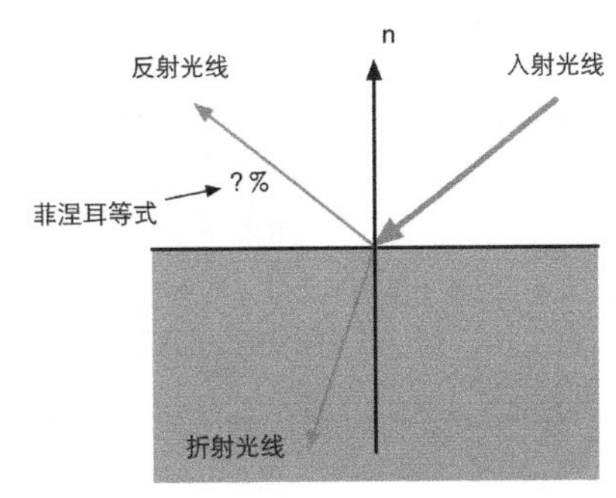

▲图 18.1　在理想的边界处，折射率的突变会把光线分成两个方向

但是，这些与光线的交界处真的是像镜子一样平坦吗？尽管在上面我们已经说过，相对于光的波长来说，它们的确可以被认为是光学平坦的。但是，如果想象我们有一个高倍放大镜，去放大这些被照亮的物体表面，就会发现有很多之前肉眼不可见的凹凸不平的平面。在这种情况下，物体的表面和光照发生的各种行为，更像是一系列微小的光学平滑平面和光交互的结果，其中每个小平面会把光分割成不同的方向。

这种建立在微表面的模型更容易解释为什么有些物体看起来粗糙，而有些看起来就平滑，如图 18.2 所示。想象我们用一个放大镜去观察一个光滑物体的表面，尽管它的表面仍然由许多凹凸不平的微表面构成，但这些微表面的法线方向变化角度小，因此，由这些表面反射的光线方向变化也比较小，如图 18.2 左图所示，这使得物体的高光反射更加清晰。而图 18.2 右图所示的粗糙表面则相反，由此得到的高光反射效果更模糊。

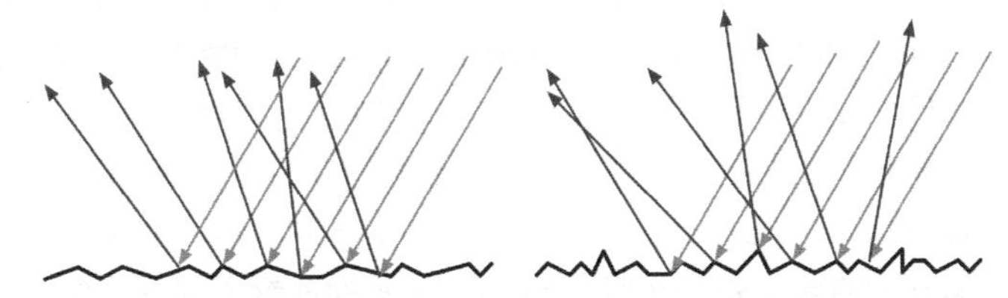

▲图 18.2　左边：光滑表面的微平面的法线变化较小，反射光线的方向变化也更小。右边：粗糙表面的微平面的法线变化较大，反射光线的方向变化也更大

在上面的内容中，我们并没有讨论那些被微表面折射的光。这些光被折射到物体的内部，一

部分被介质吸收，一部分又被散射到外部。金属材质具有很高的吸收系数，因此，所有被折射的光往往会被立刻吸收，被金属内部的自由电子转化成其他形式的能量。而非金属材质则会同时表现出吸收和散射两种现象，这些被散射出去的光又被称为**次表面散射光（subsurface-scattered light）**。在图 18.3 中，我们给出了一条由微表面折射的光的传播路径（如图 18.3 所示的蓝线，读者可参考作者给出的彩图）。

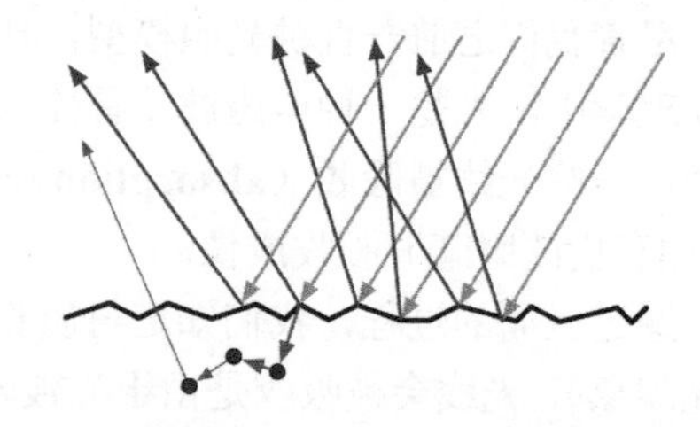

▲图 18.3　微表面对光的折射。这些被折射的光中一部分被吸收，一部分又被散射到外部

现在，我们把放大镜从物体表面拿开，继续从渲染的层级大小上考虑光与表面一点的交互行为。那么，由微表面反射的光可以被认为是该点上一些方向变化不大的反射光，如图 18.4 中的黄线所示。而折射光线（蓝线）则需要更多的考虑。那些次表面散射光会从不同于入射点的位置从物体内部再次射出，如图 18.4 左图所示。而这些离入射点的距离值和像素大小之间的关系会产生两种建模结果。如果像素要大于这些散射距离的话，意味着这些次表面散射产生的距离可以被忽略，那我们的渲染就可以在局部进行，如图 18.4 右图所示。如果像素要小于这些散射距离，我们就不可以选择忽略它们了，要实现更真实的次表面散射效果，我们需要使用特殊的渲染模型，也就是所谓的次表面散射渲染技术。

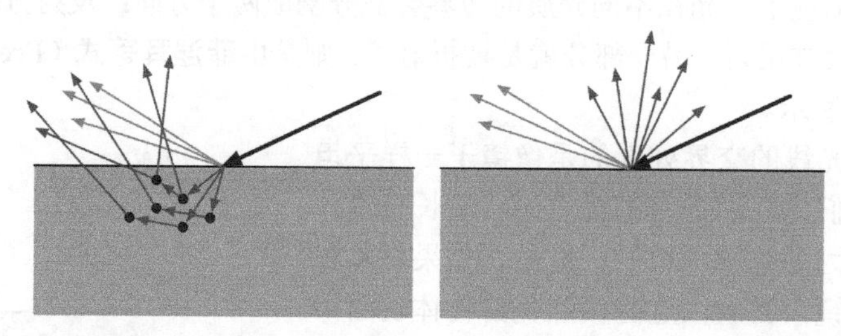

▲图 18.4　次表面散射。左边：次表面散射的光线会从不同于入射点的位置射出。如果这些距离值小于需要被着色的像素大小，那么渲染就可以完全在局部完成（右边）。否则，就需要使用次表面散射渲染技术

我们下面的内容均建立在不考虑次表面散射的距离，而完全使用局部着色渲染的前提下。

18.1.2　双向反射分布函数（BRDF）

在了解了上面的理论基础后，我们现在来学习如何用数学表达式来表示上面的光照模型。这意味着，我们要对光这个看似抽象的概念进行量化。

我们可以用**辐射率（radiance）**来量化光。辐射率是单位面积、单位方向上光源的辐射通量，通常用 L 来表示，被认为是对单一光线的亮度和颜色评估。在渲染中，我们通常会基于表面的入射光线的入射辐射率 L_i 来计算出射辐射率 L_o，这个过程也往往被称为是**着色（shading）**过程。

而要得到出射辐射率 L_o，我们需要知道物体表面一点是如何和光进行交互的。而这个过程就可以使用 **BRDF（Bidirectional Reflectance Distribution Function，中文名称为双向反射分布函数）**来定量分析。大多数情况下，BRDF 可以用 $f(\boldsymbol{l},\boldsymbol{v})$来表示，其中 $\boldsymbol{l}$ 为入射方向和 $\boldsymbol{v}$ 为观察方向（双向的含义）。这种情况下，绕着表面法线旋转入射方向或观察方向并不会影响 BRDF 的结果，这种 BRDF 被称为是**各项同性（isotropic）**的 BRDF。与之对应的则是**各向异性（anisotropic）**的 BRDF。

那么，BRDF 到底表示的含义是什么呢？BRDF 有两种理解方式——第一种理解是，当给定入射角度后，BRDF 可以给出所有出射方向上的反射和散射光线的相对分布情况；第二种理解是，当给定观察方向（即出射方向）后，BRDF 可以给出从所有入射方向到该出射方向的光线分布。

一个更直观的理解是，当一束光线沿着入射方向 $\boldsymbol{l}$ 到达表面某点时，$f(\boldsymbol{l},\boldsymbol{v})$表示了有多少部分的能量被反射到了观察方向 $\boldsymbol{v}$ 上。

据此，我们给出基于物理渲染的技术中，第一个重要的等式——**反射等式**（**reflection equation**）：

$$L_o(\boldsymbol{v}) = \int_\Omega f(\boldsymbol{l},\boldsymbol{v}) \times L_i(\boldsymbol{l})(\boldsymbol{n}\cdot\boldsymbol{l})d\omega_i$$

反射等式实际上是渲染方程的一个特殊情况，但它是基于物理基础的。尽管上面的式子看起来有些复杂，但很好理解，即给定观察视角 $\boldsymbol{v}$，该方向上的出射辐射率 $L_o(\boldsymbol{v})$ 等于所有入射方向的辐射率积分乘以它的 BRDF 值 $f(\boldsymbol{l},\boldsymbol{v})$，再乘以一个余弦值 $(\boldsymbol{n}\cdot\boldsymbol{l})$。如果积分的概念对某些读者来说难以理解，我们使用更简单的方式来理解。想象我们现在要计算表面上某点的出射辐射率，我们已知到该点的观察方向，该点的出射辐射率是由从许多不同方向的入射辐射率叠加后的结果。其中，BRDF 表示了不同方向的入射光在该观察方向上的权重分布。我们把这些不同方向的光辐射率（$L_i(\boldsymbol{l})$部分）乘以观察方向上所占的权重（$f(\boldsymbol{l},\boldsymbol{v})$部分），再乘以它们在该表面的投影结果（$(\boldsymbol{n}\cdot\boldsymbol{l})$部分），最后再把这些值加起来（即做积分）就是最后的出射辐射率。

在游戏渲染中，我们通常是和一些**精确光源**（**punctual light sources**）打交道的，而不是计算所有入射光线在半球面上的积分。精确光源指的是那些方向确定、大小为无线小的光源，例如，常见的点光源、聚光灯等。我们使用 $\boldsymbol{l}_c$ 来表示它的方向，使用 $\boldsymbol{c}_{light}$ 表示它的颜色。使用精确光源的最大的好处在于，我们可以大大简化上面的反射等式。这里省略推导过程（有兴趣的读者可以阅读参考文献[1]），直接给出结论，即对于一个精确光源，我们可以使用下面的等式来计算它在某个观察方向 $\boldsymbol{v}$ 上的出射辐射率：

$$L_o(\boldsymbol{v}) = \pi f(\boldsymbol{l}_c,\boldsymbol{v}) \times c_{light}(\boldsymbol{n}\cdot\boldsymbol{l}_c)$$

和之前使用积分形式的原始反射等式相比，上面的式子使用一个特定的 BRDF 值来代替积分操作，这大大简化了计算。如果场景中包含了多个精确光源，我们可以把它们分别代入上面的式子进行计算，然后把它们的结果相加即可。

下面，我们来看一下反射等式中的重要组成部分——BRDF 是如何得到的。可以看出，BRDF 决定了着色过程是否是基于物理的。这可以由 BRDF 是否满足两个特性来判断：它是否满足**交换律**（**reciprocity**）和**能量守恒**（**energy conservation**）。

交换律要求当交换 $\boldsymbol{l}$ 和 $\boldsymbol{v}$ 的值后，BRDF 的值不变，即

$$f(\boldsymbol{l},\boldsymbol{v}) = f(\boldsymbol{v},\boldsymbol{l})$$

而能量守恒则要求表面反射的能量不能超过入射的光能，即

$$\forall \boldsymbol{l}, \int_\Omega f(\boldsymbol{l},\boldsymbol{v})(\boldsymbol{n}\cdot\boldsymbol{l})d\omega_o \le 1$$

基于这些理论，BRDF 可以用于描述两种不同的物理现象：表面反射和次表面散射。针对每种现象，BRDF 通常会包含一个单独的部分来描述它们——用于描述表面反射的部分被称为**高光反射项**（**specular term**），以及用于描述次表面散射的**漫反射项**（**diffuse term**），如图 18.5 所示。

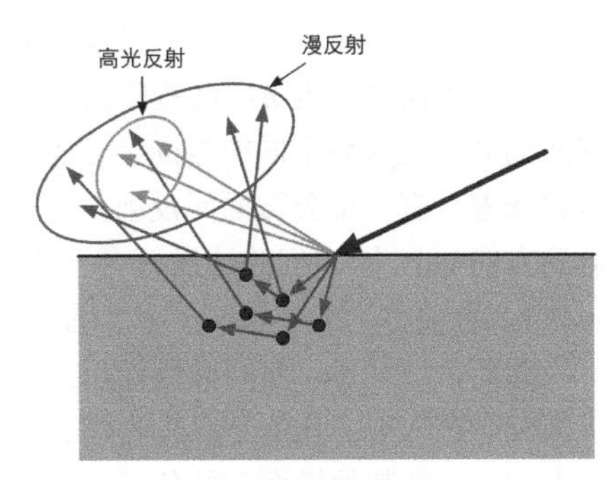

▲图 18.5　BRDF 描述的两种现象。高光反射部分用于描述反射，漫反射部分用于描述次表面散射

18.1.3　漫反射项

我们之前所学习的 Lambert 模型就是最简单、也是应用最广泛的漫反射 BRDF。准确的 Lambertian BRDF 的表示为：

$$f_{Lambert}(\boldsymbol{l},\boldsymbol{v})=\frac{\boldsymbol{c}_{diff}}{\pi}$$

其中，$\boldsymbol{c}_{diff}$表示漫反射光线所占的比例，它也通常被称为是漫反射颜色（diffuse color）。与我们之前讲过的 Lambert 光照模型不太一样的是，上面的式子实际上是一个定值，我们常见到的余弦（即$(\boldsymbol{n}\cdot\boldsymbol{l})$）因子部分实际是反射等式的一部分，而不是 BRDF 的部分。上面的式子之所以要除以π，是因为我们假设漫反射在所有方向上的强度都是相同的，而 BRDF 要求在半球内的积分值为 1。因此，给定入射方向 $\boldsymbol{l}$ 的光源在表面某点的出射漫反射辐射率为：

$$L_{diff}=\frac{\boldsymbol{c}_{diff}}{\pi}\times L_i(\boldsymbol{l})(\boldsymbol{n}\cdot\boldsymbol{l})$$

Lambert 模型虽然简单，但很多基于物理的渲染选择使用了更复杂的漫反射项来模拟次表面散射的结果。例如，在 Disney 使用的 BRDF[2]中，它的漫反射项为：

$$f_{diff}(\boldsymbol{l},\boldsymbol{v})=\frac{baseColor}{\pi}(1+(F_{D90}-1)(1-\boldsymbol{n}\cdot\boldsymbol{l})^5)(1+(F_{D90}-1)(1-\boldsymbol{n}\cdot\boldsymbol{v})^5)$$

其中，$F_{D90}=0.5+2roughness(\boldsymbol{h}\cdot\boldsymbol{l})^2$

在 Disney 的实现中，*baseColor* 是表面颜色，通常由纹理采样得到，roughness 是表面的粗糙度。上面的漫反射项既考虑了在掠射角（glancing angles）漫反射项的能量变化，还考虑了表面的粗糙度对漫反射的影响。而上面的式子也正是 Unity 5 内部使用的漫反射项。

18.1.4　高光反射项

在现实生活中，几乎所有的物体都或多或少有高光反射现象。John Hable 在他的文章中就强调了 **Everything is Shiny**。但在许多传统的 Shader 中，很多材质只考虑了漫反射效果，而并没有添加高光反射，这使得渲染出来的画面并不那么真实可信。在基于物理的渲染中，BDRF 中的高光反射项大多数都是建立在**微面元理论（microfacet theory）**的假设上的。微面元理论认为，物体表面实际是由许多人眼看不到的微面元组成的，虽然物体表面并不是光学平滑的，但这些微面元可以被认为是光学平滑的，也就是说它们具有完美的高光反射。当光线和物体表面一点相交时，实际上是和一系列微面元交互的结果。正如我们在 18.1.1 节中看到的，当光和这些微面元相交时，光线会被分割成两个方向——反射方向和折射方向。这里我们只需要考虑被反射的光线，而折射光线已经在之前的漫反射项中考虑过了。当然，微面元理论也仅仅是真实世界的散射的一种近似理论，它也有自身的缺陷，仍然有一些材质是无法使用微面元理论来描述的。

假设表面法线为 $\boldsymbol{n}$，这些微面元的法线 $\boldsymbol{m}$ 并不都等于 $\boldsymbol{n}$，因此，不同的微面元会把同一入射方向的光线反射到不同的方向上。而当我们计算 BRDF 时，入射方向 $\boldsymbol{l}$ 和观察方向 $\boldsymbol{v}$ 都会被给定，这意味着只有一部分微面元反射的光线才会进入到我们的眼睛中，这部分微面元会恰好把光线反射到方向 $\boldsymbol{v}$ 上，即它们的法线 $\boldsymbol{m}$ 等于 $\boldsymbol{l}$ 和 $\boldsymbol{v}$ 的一半，也就是我们一直看到的半角度矢量 $\boldsymbol{h}$(half-angle vector，也被称为 half vector)，如图 18.6（a）所示。

然而，这些 $\boldsymbol{m}=\boldsymbol{h}$ 的微面元反射也并不会全部添加到 BRDF 的计算中。这是因为，它们其中一部分会在入射方向 $\boldsymbol{l}$ 上被其他微面元挡住（shadowing），如图 18.6（b）所示，或是在它们的反射方向 $\boldsymbol{v}$ 上被其他微面元挡住了（masking），如图 18.6（c）所示。微面元理论认为，所有这些被遮挡住的微面元不会添加到高光反射项的计算中（实际上它们中的一些由于多次反射仍然会被我们看到，但这不在微面元理论的考虑范围内）。

基于微面元理论的这些假设，BRDF 的高光反射项可以用下面的形式来表示：

$$f_{spec}(\boldsymbol{l},\boldsymbol{v})=\frac{F(\boldsymbol{l},\boldsymbol{h})G(\boldsymbol{l},\boldsymbol{v},\boldsymbol{h})D(\boldsymbol{h})}{4(\boldsymbol{n}\cdot\boldsymbol{l})(\boldsymbol{n}\cdot\boldsymbol{v})}$$

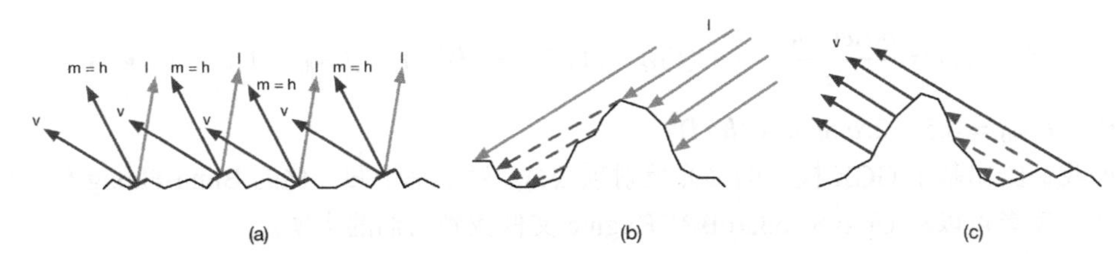

▲图 18.6（a） 那些 $m=h$ 的微面元会恰好把入射光从 l 反射到 v 上，只有这部分微面元才可以添加到 BRDF 的计算中。（b）一部分满足（a）的微面元会在 l 方向上被其他微面元遮挡住，它们不会接受到光照，因此会形成阴影。（c）还有一部分满足（a）的微面元会在反射方向 v 上被其他微面元挡住，因此，这部分反射光也不会被看到

这就是著名的 Torrance-Sparrow 微面元模型[5]。上面的式子看起来难以理解，实际上其中的各个项对应了我们之前讲到的不同现象。$D(\boldsymbol{h})$是微面元的**法线分布函数（normal distribution function，NDF）**，它用于计算有多少比例的微面元的法线满足 $\boldsymbol{m}=\boldsymbol{h}$，只有这部分微面元才会把光线从 $\boldsymbol{l}$ 方向反射到 $\boldsymbol{v}$ 上。$G(\boldsymbol{l},\boldsymbol{v},\boldsymbol{h})$是**阴影—遮掩函数（shadowing-masking function）**，它用于计算那些满足 $\boldsymbol{m}=\boldsymbol{h}$ 的微面元中有多少会由于遮挡而不会被人眼看到，因此它给出了活跃的微面元（active microfacets）所占的浓度，只有活跃的微面元才会成功地把光线反射到观察方向上。$F(\boldsymbol{l},\boldsymbol{h})$则是这些活跃微面元的**菲涅尔反射（Fresnel reflectance）**函数，它可以告诉我们每个活跃的微面元会把多少入射光线反射到观察方向上，即表示了反射光线占入射光线的比率。事实上，现实生活中几乎所有的物体都会表现出菲涅耳现象，读者可以在一篇很有意思的文章 **Everything has Fresnel** 中看到一些这样的例子。最后，分母 $4(\boldsymbol{n}\cdot\boldsymbol{l})(\boldsymbol{n}\cdot\boldsymbol{v})$是用于校正从微面元的局部空间到整体宏观表面数量差异的校正因子。

这些不同的部分又可以衍生出很多不同的 BRDF 实现。例如，我们之前学习的 Blinn-Phong 模型[7]就是一种非常简单的模型，它使用的法线分布函数 $\mathbf{D}(\boldsymbol{h})$为：

$$D_{blinn}(\boldsymbol{h}) = (\boldsymbol{n}\cdot\boldsymbol{h})^{gloss}$$

但实际上 Blinn-Phong 模型并不能真实地反映很多真实世界中物体的微面元法线反射分布，因此，很多更加复杂的分布函数被提了出来，例如 GGX[3]、Beckmann[4]等。同样，阴影-遮掩函数 $G(\boldsymbol{l},\boldsymbol{v},\boldsymbol{h})$也有很多相关工作被提了出来，例如 Smith 模型[6]。这些数学模型都是为了更加接近使用光学测量仪器测量出来的真实物体的反射分布数据。

尽管存在很多基于物理的 BRDF 模型，但在真实的电影或游戏制作中，我们希望在直观性和物理可信度之间找到一个平衡点，使得实现的 BRDF 既可以让美工人员直观地调节各个参数，而又有一定的物理可信度。当然，有时候为了满足直观性我们不得不牺牲一定的物理特性，得到的 BRDF 可能不是严格基于物理原理的。

在下面的内容中，我们给出 Unity 5 使用的实现。

18.1.5 Unity 中的 PBS 实现

在之前的内容中，我们提到了 Unity 5 的 PBS 实际上是受 Disney 的 BRDF[2]的启发。这种 BRDF 最大的好处之一就是很直观，只需要提供一个万能的 Shader 就可以让美工人员通过调整少量参数来渲染绝大部分常见的材质。我们可以在 Unity 内置的 UnityStandardBRDF.cginc 文件中找到它的实现。

总体来说，Unity 5 一共实现了两种 PBS 模型。一种是基于 GGX 模型的，另一种则是基于归一化的 Blinn—Phong 模型的。这两种模型使用了不同的公式来计算高光反射项中的法线分布函数 $D(\boldsymbol{h})$和阴影—遮掩函数 $G(\boldsymbol{l},\boldsymbol{v},\boldsymbol{h})$。在默认情况下，Unity 5.2 使用基于归一化后的 Blinn-Phong 模型来实现基于物理的渲染（但在 Unity 5.3 及以后版本中，默认将使用 GGX 模型，这和很多其他主流引擎的选择一致）。

如前面所讲，Unity 使用的 BRDF 中的漫反射项使用的公式如下：

$$f_{diff}(\boldsymbol{l},\boldsymbol{v}) = \frac{baseColor}{\pi}(1+(F_{D90}-1)(1-\boldsymbol{n}\cdot\boldsymbol{l})^5)(1+(F_{D90}-1)(1-\boldsymbol{n}\cdot\boldsymbol{v})^5)$$

其中，$F_{D90} = 0.5 + 2roughness(\boldsymbol{h}\cdot\boldsymbol{l})^2$

下面我们给出基于 GGX 模型的高光反射项公式。对于基于归一化的 Blinn-Phong 模型的高光反射公式，读者可以从 UnityStandardBRDF.cginc 文件找到它们的实现。

Unity 对高光反射项中的法线分布函数 $D(\boldsymbol{h})$采用了 GGX 模型的一种实现：

$$D_{GGX} = \frac{\alpha^2}{\pi((\alpha^2-1)(\boldsymbol{n}\cdot\boldsymbol{h})^2+1)^2}$$

其中，$\alpha = roughness^2$

阴影-遮掩函数 $G(\boldsymbol{l},\boldsymbol{v},\boldsymbol{h})$则使用了一种由 GGX 衍生出的 Smith-Schlick 模型：

$$G(\boldsymbol{l},\boldsymbol{v},\boldsymbol{h}) = \frac{1}{((\boldsymbol{n}\cdot\boldsymbol{l})(1-k)+k)((\boldsymbol{n}\cdot\boldsymbol{v})(1-k)+k)}$$

其中，$k = \frac{roughness^2}{2}$

而菲涅耳反射 $F(\boldsymbol{l},\boldsymbol{h})$则使用了图形学中经常使用的 Schlick 菲涅耳近似等式[7]：

$$F(\boldsymbol{l},\boldsymbol{h}) = F_0 + (1-F_0)(1-\boldsymbol{l}\cdot\boldsymbol{h})^5$$

其中 F_0 表示高光反射系数，在 Unity 中往往指的就是高光反射颜色。

上面的公式对于某些读者来说可能晦涩难懂，实际上，这些数学大多来源于对真实世界中各种物体的 BRDF 的分析，再使用不同的数学模型进行逼近。如果读者想要深入了解基于物理的渲染的数学原理和应用的话，可以参见本章的扩展阅读部分。

幸运的是，在 Unity 中我们不需要自己在 Shader 中实现上面的公式，Unity 已经为我们提供了现成的基于物理着色的 Shader，也就是 Standard Shader。

18.2 Unity 5 的 Standard Shader

当我们在 Unity 5 中新创建一个模型或是新创建一个材质时，其默认使用的着色器都是一个名为 Standard 的着色器。这个 Standard Shader 就使用了我们之前所讲的基于物理的渲染。

Unity 支持两种流行的基于物理的工作流程：**金属工作流（Metallic workflow）**和**高光反射工作流（Specular workflow）**。其中，金属工作流是默认的工作流程，对应的 Shader 为 Standard Shader。而如果想要使用高光反射工作流，就需要在材质的 Shader 下拉框中选择 Standard（Specular setup）。需要注意的是，通常来讲，使用不同的工作流可以实现相同的效果，只是它们使用的参数不同而已。金属工作流也不意味着它只能模拟金属类型的材质，金属工作流的名字来源于它定义了材质表面的金属值（是金属类型的还是非金属类型的）。高光反射工作流的名字来源于它可以直接指定表面的高光反射颜色（有很强的高光反射还是很弱的高光反射）等，而在金属工作流中这个颜色需要由漫反射颜色和金属值衍生而来。在实际的游戏制作过程中，我们可以选择自己更偏好的工作流来制作场景，这更多的是个人喜好的问题。当然也可以同时混用两种工作流。

在下面的内容中，我们用 Standard Shader 来统称 Standard 和 Standard（Specular setup）着色器。Unity 提供的 Standard Shader 允许让我们只使用这一种 Shader 来为场景中所有的物体进行着色，而不需要考虑它们是否是金属材质还是塑料材质等，从而大大减少我们不断调整材质参数所花费的时间。

18.2.1　它们是如何实现的

Standard 和 Standard（Specular setup）的 Shader 源代码可以在 Unity 内置的 builtin_shaders-5.x/

DefaultResourcesExtra 文件夹中找到，这些 Shader 依赖于 builtin_shaders-5.x/CGIncludes 文件夹中定义的一些头文件。这些相关的头文件的名称大多类似于 UnityStandardXXX.cginc，其中定义了和 PBS 相关的各个函数、结构体和宏等。表 18.1 列出了这些头文件的名称以及它们的主要用处。

表 18.1

文　件	描　述
UnityPBSLighting.cginc	定义了表面着色器使用的标准光照函数和相关的结构体等，如 LightingStandardSpecular 函数和 SurfaceOutputStandardSpecular 结构体
UnityStandardCore.cginc	定义了 Standard 和 Standard (Specular setup) Shader 使用的顶点/片元着色器和相关的结构体、辅助函数等，如 vertForwardBase、fragForwardBase、MetallicSetup、SpecularSetup 函数和 VertexOutputForwardBase、FragmentCommonData 结构体
UnityStandardBRDF.cginc	实现了 Unity 中基于物理的渲染技术，定义了 BRDF1_Unity_PBS、BRDF2_Unity_PBS 和 BRDF3_Unity_PBS 等函数，来实现不同平台下的 BRDF
UnityStandardInput.cginc	声明了 Standard Shader 使用的相关输入，包括 shader 使用的属性和顶点着色器的输入结构体 VertexInput，并定义了基于这些输入的辅助函数，如 TexCoords、Albedo、Occlusion、SpecularGloss 等函数
UnityStandardUtils.cginc	Standard Shader 使用的一些辅助函数，将来可能会移到 UnityCG.cginc 文件中
UnityStandardConfig.cginc	对 Standard Shader 的相关配置，例如默认情况下关闭简化版的 PBS 实现（将 UNITY_STANDARD_SIMPLE 设为 0），以及使用基于归一化的 Blinn-Phong 模型而非 GGX 模型来实现 BRDF（将 UNITY_BRDF_GGX 设为 0）
UnityStandardMeta.cginc	定义了 Standard Shader 中“LightMode”为“Meta”的 Pass（用于提取光照纹理和全局光照的相关信息）使用的顶点/片元着色器，以及它们使用的输入/输出结构体
UnityStandardShadow.cginc	定义了 Standard Shader 中“LightMode”为“ShadowCaster”的 Pass（用于投射阴影）使用的顶点/片元着色器，以及它们使用的输入/输出结构体
UnityGlobalIllumination.cginc	定义了和全局光照相关的函数，如 UnityGlobalIllumination 函数

我们可以打开 Standard.shader 和 StandardSpecular.shader 文件来分析 Unity 是如何实现基于物理的渲染的。总体来讲，这两个 Shader 的代码基本相同——它们都定义了两个 SubShader，第一个 SubShader 使用的计算更加复杂，主要针对非移动平台（通过#pragma exclude_renderers gles 代码来排除 GLES 平台），并定义了前向渲染路径和延迟渲染路径使用的 Pass，以及用于投射阴影和提取元数据的 Pass；第二个 SubShader 定义了 4 个 Pass，其中两个 Pass 用于前向渲染路径，一个 Pass 用于投射阴影，另一个 Pass 用于提取元数据，该 SubShader 主要针对移动平台。Standard.shader 和 StandardSpecular.shader 最大的不同之处在于，它们在设置 BRDF 的输入时使用了不同的函数来设置各个参数——基于金属工作流的 Standard Shader 使用 MetallicSetup 函数来设置各个参数，基于高光反射工作流的 Standard（Specular setup）Shader 使用 SpecularSetup 函数来设置。MetallicSetup 和 SpecularSetup 函数均在 UnityStandardCore.cginc 文件中被定义。图 18.7 给出了 Standard Shader 中用于前向渲染路径的典型实现，这是由对内置文件的分析所得。

从图 18.7 中可以看出，两个 Pass 的代码大体相同，只是 ForwardBase Pass 进行了更多的光照计算，例如，计算全局光照、自发光等效果，这些计算只需要在物体的整个渲染过程中计算一次即可，因此不需要在 FarwardAdd Pass 中再计算一次，这与我们之前学习前向渲染时的经验一致。

18.2.2　如何使用 Standard Shader

我们之前提到，Unity 5 的 Standard Shader 适用于各种材质的物体，但是，我们应该如何使用 Standard Shader 来得到不同的材质效果呢？

我们首先来回答一个问题，为什么不同的材质看起来是如此不同呢？这需要回顾我们在 18.1

节讲到的内容。我们知道，材质和光的交互可以分成漫反射和高光反射两个部分，其中漫反射对应了次表面散射的结果，而高光反射则对应了表面反射的结果。通过对金属材质和非金属材质的分析，我们可以得到它们的漫反射和高光反射的一些特点。

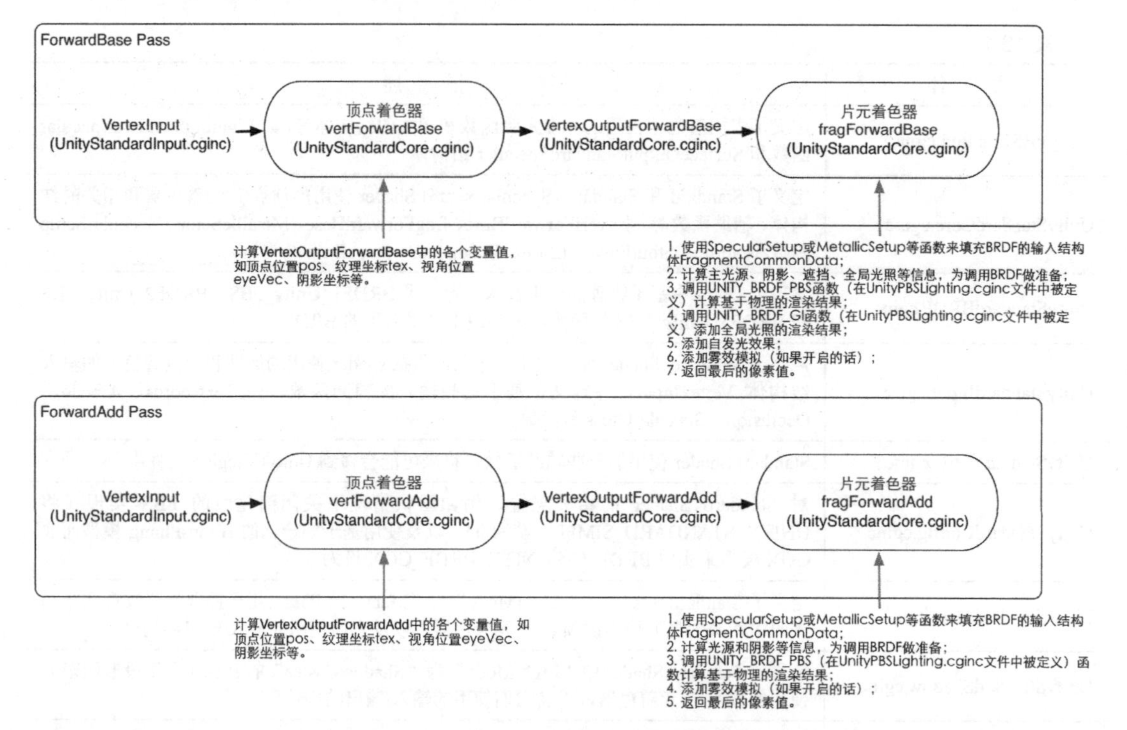

▲图 18.7　Standard Shader 中前向渲染路径使用的 Pass（简化版本的 PBS 使用了 VertexOutputBaseSimple 等结构体来代替相应的结构体）

1. 金属材质

- 几乎没有漫反射，因为所有被吸收的光都会被自由电子立刻转化为其他形式的能量；
- 有非常强烈的高光反射；
- 高光反射通常是有颜色的，例如金子的反光颜色为黄色。

2. 非金属材质

- 大多数角度高光反射的强度比较弱，但在掠射角时高光反射强度反而会增强，即菲涅耳现象；
- 高光反射的颜色比较单一；
- 漫反射的颜色多种多样。

但真实的材质大多混合了上面的这些特性，Unity 提供的工作流就是为了更加方便地让我们针对以上特性来调整材质效果。在 Unity 官方提供的示例项目 **Shader Calibration Scene**（assetstore.unity3d/en/#!/content/25422）中，Unity 提供了两个非常有参考价值的校准表格，如图 18.8 所示，它们分别对应了金属工作流和高光反射工作流使用的参考属性值，来方便我们针对不同类型的材质来调整参数。读者也可以在本书资源的

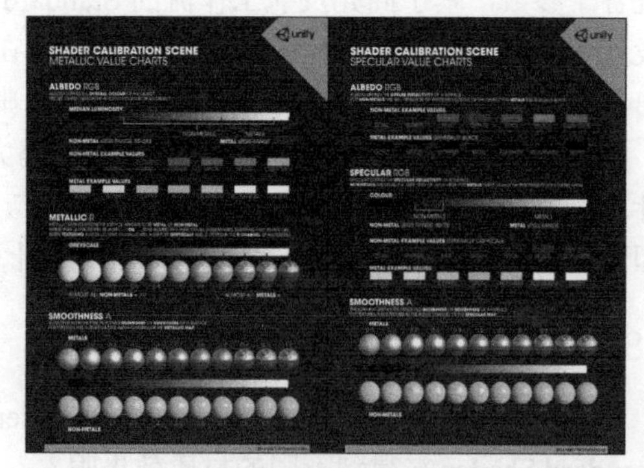

▲图 18.8　Unity 提供的校准表格。左边：金属工作流使用的校准表格，右边：高光反射工作流使用的校准表格

Assets/Textures/Chapter18/Charts 文件夹找到这两张校准表格。

我们以图 18.8 的左图，即金属工作流使用的校准表格为例，来解释如何使用这张校准表格来指导我们调整材质。在本书资源的场景文件 Scene_18_2 中，我们提供了一个简单的场景来展示不同材质的结果。图 18.9 显示了场景结果以及物体使用的材质。需要注意的是，读者需要在 Edit → Project Setttings→Player→Other Settings→Color Space 中选择 Linear 才可以得到和图 18.9 中相同的效果，这是因为基于物理的渲染需要使用线性空间（详见 18.3.4 节）来进行相关计算。

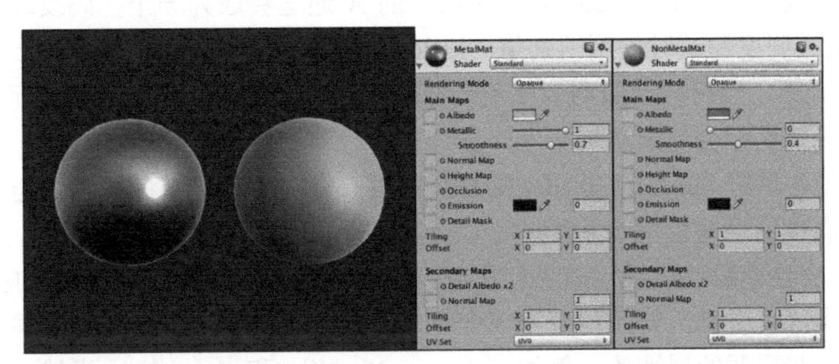

▲图 18.9 使用金属工作流来实现不同类型的材质。左边的球体：金属材质，右边的球体：塑料材质

在金属工作流中，材质面板中的 **Albedo** 定义了物体的整体颜色，它通常就是我们视觉上认为的物体颜色。从亮度来看，非金属材质的亮度范围通常在 50～243，而金属材质的亮度一般在 186 255 之间。Unity 给的校准表格（见图 18.8 中的左图）中还给出了一些非金属材质和金属材质使用的示例 Albedo 属性值，我们可以直接使用这些示例值来作为材质属性。当然，也可以直接使用一张纹理作为材质的 Albedo 值。在我们的例子中，我们把金属材质（图 18.9 中的左边的球体）的 Albedo 设为银灰色，而把塑料材质（图 18.9 中的右边的球体）的设为蓝绿色。材质面板中的下一个属性是 **Metallic**，它定义了该物体表面看起来是否更像金属或非金属。同样，我们也可以使用一张纹理来采样得到表面的 Metallic 值，此时该纹理中的 R 通道值将对应了 Metallic 值。在我们的例子中，我们把金属材质的 Metallic 值设为 1，表明该物体几乎完全是一个金属材质，同时把塑料材质的 Metallic 值设为 0，表明该物体几乎没有任何金属特性。最后一个重要的材质属性是 **Smoothness**，它是上一个属性 **Metallic** 的附属值，定义了从视觉上来看该表面的光滑程度。如果我们在设置 **Metallic** 属性时使用的是一张纹理，那么这张纹理的 A 通道就对应了表面的 Smoothness 值（此时纹理的 GB 通道则被忽略）。在我们的例子中，我们把金属材质的 Smoothness 值设置为相对较大的 0.7，表明该金属表面比较光滑，而把塑料材质的 Smoothness 值设为 0.4，表明该塑料表明比较粗糙。

高光反射工作流使用的面板和上述金属工作流使用的基本相同，只是使用了不同含义的 **Albedo** 属性，并使用 **Specular** 代替了上述的 **Metallic** 属性。在高光反射工作流中，材质的 **Albedo** 属性定义了表面的漫反射强度。对于非金属材质，它的值通常仍然是视觉上认为的物体颜色，但对于金属材质，Albedo 的值通常非常接近黑色（还记得吗，金属材质几乎不存在次表面散射的现象）。高光反射工作流的 **Specular** 属性则定义了表面的高光反射强度。非金属材质通常使用一个灰度值范围在 0～55 的深灰色来作为 Specular 值，表明非金属材质的高光反射较弱。金属材质则通常会使用视觉上认为的该金属的颜色作为它的 Specular 值。**Specular** 属性同样也有一个子属性 **Smoothness**，它定义了从视觉上来看该表面的光滑程度。和上面的金属工作流类似，如果使用了一张纹理来为 **Specular** 属性赋值，那么纹理的 RGB 通道对应了 Specular 属性值，A 通道对应了 Smoothness 属性值。

上述材质属性都属于材质面板中的 **Main Maps** 部分，除了上述提到的属性外，Main Maps 还包含了其他材质属性，例如，切线空间下的法线纹理、遮挡纹理、自发光纹理等。Main Maps 部

分的下面还有一个 **Secondary Maps** 的属性部分，这个部分的属性是用来定义额外的细节信息，这些细节通常会直接绘制在 Main Maps 的上面，来为材质提供更多的微表面或细节表现。

除了上述属性，我们还可以为 Standard Shader 选择它使用的渲染模式，即材质面板上的 **Render Mode** 选项。Standard Shader 支持 4 种渲染模式，分别是 Opaque、Cutout、Fade 和 Transparent。其中，Opaque 用于渲染最常见的不透明物体，这也是默认的渲染模式。对于像玻璃这样的材质，我们可以选择 Transparent 模式，在这个渲染模式下，Albedo 属性的 A 通道用于控制材质的透明度。而在 Cutout 渲染模式下，Albedo 属性中纹理的 A 通道会成为一个掩码纹理，而它的子属性 Alpha Cutoff 将是透明度测试时使用的阈值。Fade 模式和 Transparent 模式是类似的，不同的是，在 Transparent 模式下，当材质的透明值不断降低时，它的反射仍然能被保留，而在 Fade 模式下，该材质的所有渲染效果都会逐渐从屏幕上淡出。

需要注意的是，尽管 Standard Shader 的材质面板有许多可供调节的属性，但我们不用担心由于没有使用一些属性而会对性能有所影响。Unity 在背后已经进行了高度优化，在我们生成可执行程序时，Unity 会检查哪些属性没有被使用到，同时也会针对目标平台进行相应的优化。

从上面的内容可以看出，要想得到可信度更高的渲染结果，我们需要对不同材质使用合适的属性值，尤其是一些重要的属性值，例如 Albedo、Metallic 和 Specular。当然，想要让整个场景的渲染结果令人满意，尤其包含了复杂光照的场景，仅仅有这些使用了 PBS 的材质是不够的，我们需要使用 Unity 提供的其他一些重要的技术，例如 HDR 格式的 Skybox、全局光照、反射探针、光照探针、HDR 和屏幕后处理等。

18.3 一个更加复杂的例子

在本章最后，我们将以一个更加复杂的、基于物理渲染的场景结束，该场景对应了本书资源中的 Scene_18_3。本场景使用的元素大多来源于 Unity 官方的示例项目 **Viking Village**（assetstore.unity3d/jp/#!/content/29140），读者可以下载完整的项目来更加深入地学习 Unity 中的 PBS。

图 18.10 展示了在不同光照条件下本例实现的效果。需要注意的是，读者需要在 Edit → Project Setttings→Player→Color Space 中选择 Linear 才可以得到和图 18.9 中相同的效果，这是因为基于物理的渲染需要使用线性空间（详见 18.3.4 节）来进行相关计算。

▲图 18.10　在 Unity 5 中使用基于物理的渲染技术，场景在不同光照下的渲染结果

那么，基于物理的 Standard Shader 是如何与其他 Unity 功能相互配合得到这样的场景呢？

18.3.1　设置光照环境

我们首先需要为场景设置光照环境。在默认情况下，Unity 5 中一个新创建的场景会包含一个默认的 Skybox。在本例中，我们使用一个自定义的 Skybox 来代替默认值。做法是，打开 Window→Lighting，在 Scene 标签页下把本例使用的 SunsetSkyboxHDR 拖曳到 **Skybox** 选项中，如图 18.11 所示。

本例中的 Skybox 使用了一个 HDR 格式的 Cubemap，这与我们之前在 10.1 节中制作 Skybox 时使用的纹理不同。这需要解释 HDR（High Dynamic Range）的相关知识，我们将在 18.4.3 节更加详细地介绍 HDR 的原理和应用。但在这里，我们只需要知道，使用 HDR 格式的 Skybox 可以让场景中物体的反射更加真实，有利于我们得到更加可信的光照效果。

我们还可以设置场景使用的**环境光照**，这些环境光照可以对场景中所有的物体表面产生影响。在图 18.11 所示的设置面板中，我们可以选择环境光照的来源（**Ambient Source** 选项），是来自于场景使用的 Skybox，还是使用渐变值，亦或是某个固定的颜色。我们还可以设置环境光照的强度（**Ambient Intensity** 参数），如果想要场景中的所有物体不接受任何环境光照，可以把该值设为 0。在使用了 Standard Shader 的前提下，如果我们关闭场景中所有的光源，并把环境光照的强度设为 0，场景中的物体仍然可以接受一些光照，如图 18.12 中的左图所示。

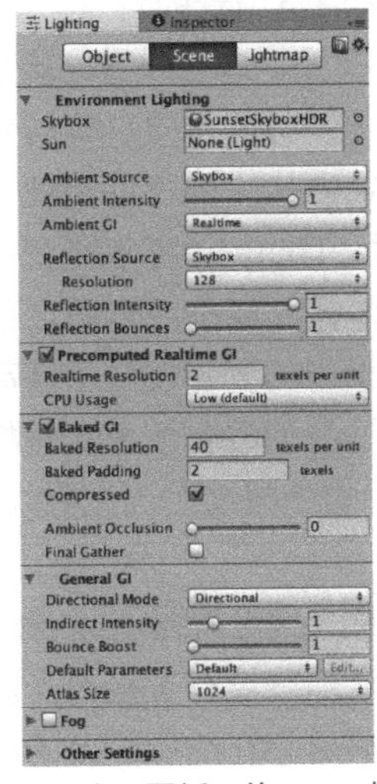

▲图 18.11 光照面板下的 Scene 标签页

▲图 18.12 左边：当关闭场景中的所有光源并把环境光照强度设为 0 后，使用了 Standard Shader 的物体仍然具有光照效果，右边：在左图的基础上，把反射源设置为空，使得物体不接受任何默认的反射信息

那么，这些光照是从哪里来的呢？答案就是**反射**。默认的反射源（**Reflection Source** 选项）是场景使用的 Skybox。如果我们不想让场景中的物体接受任何默认的反射光照，可以把反射源设置为自定义（即 **Custom**），并把自定义的 Cubemap 保留为空即可（另一种方式是直接把场景使用的 Skybox 设置为空），如图 18.12 右图所示。但为了得到更加逼真的渲染结果，我们通常是不会这样做的。在渲染实现上，即便场景中没有任何光源，Unity 在内部仍然会调用 ForwardBase Pass（假设使用的是前向渲染路径的话），并使用反射的光照信息来填充光源信息，再进行基于物理的渲染计算。读者可以通过帧调试器（Frame Debugger）来查看渲染过程。需要注意的是，这里设置的反射源是默认的反射源，如果我们在场景中添加了其他反射探针（Reflection Probes，见 18.3.2 节），物体可能会使用其他反射源。当默认反射源是 Skybox 时，Unity 会由场景使用的 Skybox 生成一个 Cubemap，我们可以通过 **Resolution** 选项来控制它每个面的分辨率。

除了 Standard Shader 外，Unity 还引入了一个重要的流水线——实时**全局光照**（**Global Illumination，GI**）流水线。使用 GI，场景中的物体不仅可以受直接光照的影响，还可以接受间接光照的影响。直接光照指的是那些直接把光照射到物体表面的光源，在本书之前的章节中，我们使用的都是直接光照来渲染场景中的物体。但在现实生活中，物体还会受到间接光照的影响。例如，想象一个红色墙壁旁边放置了一个球体，尽管墙壁本身不发光，但球体靠近墙的一面仍会有少许的红色，这是由于红色墙壁把一些间接光照投射到了球体上。在 Unity 中，间接光照指的就是那些被场景中其他物体反弹的光，这些间接光照会受反弹光的表面的颜色影响（例如之前例子中的红色的墙壁），这些表面会在反弹光线时把自身表面的颜色添加到反射光的计算中。在 Unity 5 中，我们可以使用这些直接光照和间接光照来创建更加真实的视觉效果。

下面，我们首先设置场景使用的**直接光照**——一个平行光。在 PBR（Physically Based Rendering）中，想要让渲染效果更加真实可信，我们需要保证平行光的方向和 Skybox 中的太阳或其他光源的位置一致，使得物体产生的光照信息可以与 Skybox 互相吻合。有时，我们可能会使用一张耀斑纹理（Flare Texture）来模拟太阳等光源，此时我们同样需要确保平行光的方向与耀斑纹理的位置一致。与之类似的还有平行光的颜色，我们应该尽量让平行光的颜色和场景环境相匹配。例如，在图 18.10 的左图中，场景的光照环境为日落时分，因此平行光的颜色为浅黄色，如图 18.13 所示，而在图 18.10 的右图中，场景的光照环境更接近傍晚，此时平行光的颜色为淡蓝色。我们还在 Skybox 的材质面板上调整天空的旋转角度及曝光度，来调整场景的背景。

在平行光面板的烘焙选项（即 **Baking**）中，我们选择了 Realtime 模式，这意味着，场景中受平行光影响的所有物体都会进行实时的光照计算，当光源或场景中其他物体的位置、旋转角度等发生变化时，场景中的光照结果也会随之变化。然而，实时光照往往需要较大的性能消耗，对于移动平台这样资源比较短缺的平台，我们可以选择 Baked 模式，此时，Unity 会把该光源的光照效果烘焙到一张光照纹理（lightmap）中，这样我们就不用实时为物体计算复杂的光照，而只需要通过纹理采样来得到光照结果。选择烘焙模式的缺点在于，如果场景中的物体发生了移动，但是它的阴影等光照效果并不会发生变化。烘焙选项中的 Mix 模式则允许我们混合使用实时模式和烘焙模式，它会把场景中的静态物体（即那些被标识为 Static 的物体）的光照烘焙到光照纹理中，但仍然会对动态物体产生实时光照。

Unity 5 引入了实时间接光照的功能，在这个系统下，场景中的直接光照会在场景中各个物体之间来回反射，产生**间接光照**。正如我们之前讲到的，间接光照可以让那些没有直接被光源照亮的物体同样可以接受到一定的光照信息，这些光照是由它周围的物体反射到它的表面上的。当一条光线从光源被发射出来后，它会与场景中的一些物体相交，第一个和光线相交的物体受到的光照即为直接光照。当得到直接光照在该物体上的光照结果后，该物体还会继续反射该光线，从而对其他物体产生间接光照。此后与该光线相交的物体，就会受到间接光照的影响，同时它们也会继续反射。当经过多次反射后，该光线最后完全消失。这些间接光照的强度是由 GI 系统计算得到的默认亮度值。图 18.13 所示的光源面板中的 **Bounce Intensity** 参数可以让我们调节这些间接光照的强度。当我们把它设为 0 时，意味着一条光线仅会和一个物体相交，不再被继续反射，也就是说，场景中的物体只会受到直接光照的影响。图 18.14 显示了 Bounce Intensity 分别为 0 和 8 时，场景的渲染结果，注意其中阴影部分的细节。

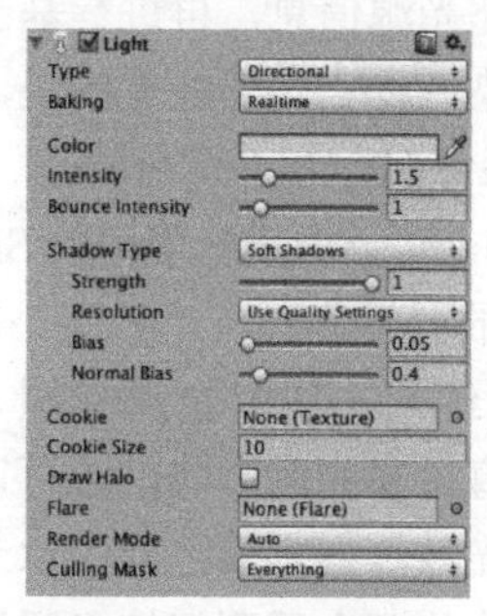

▲图 18.13　使用的平行光

▲图 18.14　左边：将 Bounce Intensity 设置为 0，物体不再受到间接光照的影响，木屋内阴影部分的可见细节很少。右边：将 Bounce Intensity 设为 8，阴影部分的细节更加清楚

除了上述调整单个光源的间接光照强度，我们也可以对整个场景的间接光照强度进行调整。这是按照图 18.11 所示的光照面板来实现的。在光照面板的 Scene 标签页下，我们可以调整 General GI 参数块中的 Bounce Boost 参数来控制场景中反射的间接光照的强度，它会和单个光源的 Bounce

Intensity 参数来一起控制间接光照的反射强度。除此之外，把 Indirect Intensity 参数调大同样可以增大间接光照的强度。需要注意的是，间接光照还有可能来自一些自发光的物体。

18.3.2 放置反射探针

回忆我们在 10.1 节中讲到的环境映射，在实时渲染中，我们经常会使用 Cubemap 来模拟物体的反射效果。例如，在赛车游戏中，我们需要对车身或车窗使用反射映射的技术来模拟它们的反光材质。然而，如果我们永远使用同一个 Cubemap，那么，当赛车周围的场景发生较大变化时，就很容易出现“穿帮镜头”，因为车身或车窗的环境反射并没有随着环境变化而发生变化。一种解决办法是可以在脚本中控制何时生成从当前位置观察到的 Cubemap，而 Unity 5 为我们提供了一种更加方便的途径，即使用**反射探针（Reflection Probes）**。反射探针的工作原理和光照探针（Light Probes）类似，它允许我们在场景中的特定位置上对整个场景的环境反射进行采样，并把采样结果存储在每个探针上。当游戏中包含反射效果的物体从这些探针附近经过时，Unity 会把从这些邻近探针存储的反射结果传递给物体使用的反射纹理。如果物体周围存在多个反射探针，Unity 还会在这些反射结果之间进行插值，来得到平滑渐变的反射效果。实际上，Unity 会在场景中放置一个默认的反射探针，这个反射探针存储了对场景使用的 Skybox 的反射结果，来作为场景的环境光照（见 18.3.1 节）。如果我们需要让场景中的物体包含额外的反射效果，就需要放置更多的反射探针。

反射探针同样有 3 种类型：Baked，这种类型的反射探针是通过提前烘焙来得到该位置使用的 Cubemap 的，在游戏运行时反射探针中存储的 Cubemap 并不会发生变化。需要注意的是，这种类型的反射探针在烘焙时同样只会处理那些静态物体（即那些被标识为 Reflection Probe Static 的物体）；Realtime，这种类型则会实时更新当前的 Cubemap，并且不受静态物体还是动态物体的影响。当然，这种类型的反射探针需要花费更多的处理时间，因此，在使用时应当非常小心它们的性能。幸运的是，Unity 允许我们从脚本中通过触发来精确控制反射探针的更新；最后一种类型是 Custom，这种类型的探针既可以让我们从编辑器中烘焙它，也可以让我们使用一个自定义的 Cubemap 来作为反射映射，但自定义的 Cubemap 不会被实时更新。

我们在本节使用的场景中放置了 3 个反射探针，它们的类型都是 Baked（前提是我们把场景中的物体标识成了 Static）。使用反射探针前后的对比效果如图 18.15 所示。

需要注意的是，在放置反射探针时，我们选取的位置并不是任意的。通常来说，反射探针应该被放置在那些具有明显反射现象的物体的旁边，或是一些墙角等容易发生遮挡的物体周围。在本例使用的场景中，木屋内的盾牌具有比较明显的反射效果，而盾牌本身又被木屋遮挡，因此，其中一个反射探针的位置就在盾牌附近。当我们放置好探针后，我们还需要为它们定义每个探针的影响区域，当反射物体进入到这个区域后，反射探针就会对物体的反射产生影响。通常情况下，反射探针的影响区域之间往往会有所重叠，例如，本例中盾牌附近的反射探针和另外两个（一个在木屋前方，一个在木屋后方）的影响区域都有所重叠。此时，Unity 会计算反射物体的包围盒与这些重叠区域的交叉部分，并据此来选择使用的反射映射。如果当前的目标平台使用的是 SM 3.0 及以上的话，Unity 还可以允许我们在这些互相重叠的反射探针之间进行混合，来实现平缓的反射过渡效果。

使用 Unity 内置的反射探针的另一个好处是，我们可以模拟**互相反射（interreflections）**。我们曾在 10.1 节中讲到使用传统的 Cubemap 方法无法模拟互相反射的效果。例如，假设场景中有两面互相面对面的镜子，在理想情况下，它们不仅会反射自己对面的那面镜子，也会反射那面镜子里反射的图像。只要反射光线没有被完全吸收，反射就会一直进行下去。要实现这种效果，就需要追踪光线的反射轨迹，这是传统的反射方法所无法实现的。Unity 5 引入的 GI 系统让这种效果变成了可能，我们在本书资源的 Scene_18_3_2 场景中展示了这样的一个例子，如图 18.16 所示。

我们可以在图 18.16 中看到，两个金属反射的图像包含了两次互相反射的效果。

▲图 18.15　左边：未使用反射探针。右边：在场景中放置了两个反射探针，注意墙上的盾牌与左图的差别

▲图 18.16　使用反射探针实现相互反射的效果

在图 18.16 所示的场景中，我们在每个金属球的位置处放置了一个反射探针，并把每个金属球上的 Mesh Renderer 组件中的 Reflection Probes 设置为 Simple，这样保证它们只会使用离它们最近的一个反射探针。默认情况下，反射探针只会捕捉一次反射，也就是说，左边金属球使用的反射探针只会捕捉到由右边的金属球第一次反射过来的光线。但在理想情况下，反射过来的光线会继续被左边的金属球反射，并对右边的金属球造成影响。Unity 允许我们控制物体之间这样来回反射的次数，这可以通过改变图 18.11 中的 Reflection Bounces 参数来实现。在图 18.16 所示的场景中，我们把该值设为了 2。

然而，正如本节一开始所提到的，使用反射探针往往会需要更多的计算时间。这些探针实际上也是通过在它的位置上放置一个摄像机，来渲染得到一个 Cubemap。如果我们把反弹次数设置的很大，或是使用实时渲染，那么这些探针很可能会造成性能瓶颈。更多关于如何优化反射探针以及它的高级用法，读者可以参见 Unity 的官方手册（docs.unity3d/Manual/ReflectionProbes.html）。

18.3.3　调整材质

要得到真实可信的渲染效果，我们需要为场景中的物体指定合适的材质。需要再次提醒读者的是，基于物理的渲染并不意味着一定要模拟像照片真实的效果。基于物理的渲染更多的好处在于，可以让我们的场景在各种光照条件下都能得到令人满意的效果，同时不需要频繁地调整材质参数。

在 Unity 中，要想和全局光照、反射探针等内置功能良好地配合来得到出色的渲染结果，就需要使用 Unity 内置的 Standard Shader。我们已经在 18.2.2 节中学习了如何针对不同类别的物体来调整它们使用的材质属性。在本例中，我们使用了更复杂的纹理和模型，它们都来自于 Unity 官方的示例项目 **Viking Village**。这些材质可以为读者制作自己的材质提供一些参考，例如，场景中所有物体都使用了高光反射纹理（Specular Texture）、遮挡纹理（Occlusion Texture）、法线纹理（Normal Texture），一些材质还使用了细节纹理来提供更多的细节表现。

18.3.4　线性空间

在使用基于物理的渲染方法渲染整个场景时，我们应该使用**线性空间（Linear Space）**来得到最好的渲染效果。默认情况下，Unity 会使用伽马空间（Gamma Space），如果要使用线性空间的话，我们需要在 Edit→Project Settings→Player→Other Settings→Color Space 中选择 Linear 选项。图 18.17 显示了分别在线性空间和伽马空间下场景的渲染结果。

▲图 18.17　左边：在线性空间下的渲染结果。右边：在伽马空间下的渲染结果

从图 18.17 中可以看出，使用线性空间可以

得到更加真实的效果。但它的缺点在于，需要一些硬件支持来实现线性计算，但一些移动平台对它的支持并不好。这种情况下，我们往往只能退而求其次，选择伽马空间进行渲染和计算。

那么，线性空间、伽马空间到底是什么意思？为什么线性空间可以得到更加真实的效果呢？这就需要介绍**伽马校正（Gamma Correction）**的相关内容了。实际上，当我们在默认的伽马空间下进行渲染计算时，由于使用了非线性的输入数据，导致很多计算都是在非线性空间下进行的，这意味着我们得到的结果并不符合真实的物理期望。除此之外，由于输出时没有考虑显示器的显示伽马的影响，会导致渲染出来的画面整体偏暗，总是和真实世界不像。

尽管在 Unity 中我们可以通过之前所说的步骤直接选择在线性空间进行渲染，Unity 会在背后为我们照顾好一切，但了解伽马校正的原理对我们理解渲染计算有很大帮助，读者可以在 18.4.2 节找到更多的解释。

18.4 答疑解惑

在上面的内容中，我们首先介绍了 PBS 实现的数学和理论基础，并简单概括了 Unity 中 Standard Shader 的实现原理，以及如何使用它来为不同类型的物体调整适合它们的材质参数。随后，我们通过一个更加复杂的场景，来展示如何在 Unity 中使用环境光照、实时光源、反射探针以及 Standard Shader 来渲染一个基于物理渲染的场景。但我们相信，读者在读完后仍有很多困惑，考虑到内容的连贯性，我们未能在文中对某些概念进行展开。在本节中，我们将对一些重要的概念进行更为深入地解释。

18.4.1 什么是全局光照

在上面的内容中，我们可以发现全局光照对得到真实的渲染结果有着举足轻重的作用。全局光照，指的就是模拟光线是如何在场景中传播的，它不仅会考虑那些直接光照的结果，还会计算光线被不同的物体表面反射而产生的间接光照。在使用基于物理的着色技术时，当渲染表面上一点时，我们需要计算该点的半球范围内所有会反射到观察方向的入射光线的光照结果，这些入射光线中就包含了直接光照和间接光照。

通常来讲，这些间接光照的计算是非常耗时间的，通常不会用在实时渲染中。一个传统的方法是使用光线追踪，来追踪场景中每一条重要的光线的传播路径。使用光线追踪能得到非常出色的画面效果，因此，被大量应用在电影制作中。但是，这种方法往往需要大量时间才能得到一帧，并不能满足实时的要求。

Unity 采用了 Enlighten 解决方案来让全局光照能够在各种平台上有不错的性能表现。事实上，Enlighten 也已经被集成在虚幻引擎（Unreal Engine）中，它已经在很多 3A 大作中展现了自身强大的渲染能力。总体来讲，Unity 使用了实时+预计算的方法来模拟场景中的光照。其中，实时光照用于计算那些直接光源对场景的影响，当物体移动时，光照也会随之发生变化。但正如我们之前所说，实时光照无法模拟光线被多次反射的效果。为了得到更加真实的渲染效果，Unity 又引入了预计算光照的方法，使得全局光照甚至在一些高端的移动设备上也可以达到实时的要求。

预计算光照包含了我们常见的光照烘焙，也就是指我们把光源对场景中静态物体的光照效果提前烘焙到一张光照纹理中，然后把这张光照纹理直接贴在这些物体的表面，来得到光照效果。这些光照纹理不仅存储了直接光照的结果，还包含了那些由物体反射得到的间接光照。但是，这些光照纹理无法在游戏运行时不断更新，也就是说，它们是静态的。不过这种方法的确为移动平台的复杂光照模拟提供了一个有效途径。以上提到的这些技术很多读者都已非常熟悉，并可能已经在实际工作中大量使用了它们。

由于静态的光照烘焙无法在光照条件改变时更新物体的光照效果，因此，Unity 使用了**预计算实时全局光照（Precomputed Realtime GI）**为我们提供了一个解决途径，来动态地为场景实时更新复杂的光照结果。正如我们之前看到的，使用这种技术我们可以让场景中的物体包含丰富的全局光照效果，例如多次反射等，并且这些计算都是实时的，可以随着光源和物体的移动而发生变化。这是使用之前的实时光照或烘焙光照所无法实现的。

那么，这些是如何实现的呢？它们实际上都利用了一个事实—— 一旦物体和光源的位置被固定了，这些物体对光线的反弹路径以及漫反射光照（我们假设漫反射光照在各个方向的分布是相同的）也是固定的，也就是说是和摄像机无关的。因此，我们可以使用预计算方法来把这些物体之间的关系提前计算出来，而在实时运行时，只要光源的位置（光源的颜色是可以实时变化的）不变，即便改变了光源颜色和强度、物体材质属性（指的是漫反射和自发光相关的属性），这些信息就一直有效，不需要实时更新。在预计算阶段，Enlighten 会在由所有静态物体组成的场景上，进行简化的“光线追踪”过程。在这个过程中 Enlighten 会自动把场景分割成很多个子系统，它并不是为了得到精确的光照效果，而是为了得到场景中物体之间的关系。需要注意的是，这些预计算都是在静态物体上进行的，因此，为了利用上述的预计算方法，我们至少需要把场景中的一个物体标识为 Static（至少需要把 Lightmap Static 勾选上）。一个例外是物体的高光反射，这是和摄像机的位置相关的，Unity 的解决方案是使用反射探针，正如我们之前看到的那样。对于动态移动的物体来说，我们可以使用光照探针来模拟它的光照环境。因此，在实时运行时，Unity 会利用预计算得到的信息来计算光照信息，并把它们存储在额外的光照纹理、光照探针或 Cubemap 中，再和物体材质进行必要的光照计算，得到最后的渲染效果。

Unity 全新的全局光照解决方案可以大大提高一些基于 PC/游戏机等平台的大型游戏的画面质量，但如果要在移动平台上使用仍需要非常小心它的性能。一些低端手机是不适合使用这种比较复杂的基于物理的渲染，不过，Unity 会在后续的版本中持续更新和优化。而且随着手机硬件的发展，未来在移动平台上大量使用 PBS 也已经不再是遥不可及的梦想了。更多关于 Unity 中全局光照的内容，读者可以在 Unity 官方手册的**全局光照**（docs.unity3d/Manual/GIIntro.html）一文中找到更多内容，本章最后的扩展阅读部分也会给出更多的学习资料。

18.4.2　什么是伽马校正

我们在 18.3.4 节中讲到，要想渲染出更符合真实光照环境的场景就需要使用线性空间。而 Unity 默认的空间是伽马空间，在伽马空间下进行渲染会导致很多非线性空间下的计算，从而引入了一些误差。而要把伽马空间转换到线性空间，就需要进行**伽马校正（Gamma Correction）**。

相信很多读者都听过伽马校正这个名词，但对于伽马校正是什么、为什么要有它、怎么使用它都存在着很多疑问。伽马校正中的伽马一词来源伽马曲线。通常，伽马曲线的表达式如下：

$$L_{out} = L_{in}^{\gamma}$$

其中指数部分的发音就是伽马。最开始的时候，人们使用伽马曲线来对拍摄的图像进行**伽马编码（gamma encoding）**。事情的起因可以从在真实环境中拍摄一张图片说起。摄像机的原理可以简化为，把进入到镜头内的光线亮度编码成图像（例如一张 JEPG）中的像素。如果采集到的亮度是 0，像素就是 0 亮度是 1，像素就是 1 亮度是 0.5，像素就是 0.5。如果我们只用 8 位空间来存储像素的每个通道的话，这意味着 0～1 区间可以对应 256 种不同的亮度值。但是，后来人们发现，人眼有一个有趣的特性，就是对光的灵敏度在不同亮度上是不一样的。在正常的光照条件下，人眼对较暗区域的变化更加敏感，如图 18.18 所示。

图 18.18 说明了一件事情，亮度上的线性变化对人眼感知来说是非均匀的。Youtube 上有一个名为 **Color is Broken** 的非常有趣的视频，在这个视频中，作者用了一个非常生动的例子来说明这个现象。当一个屋子的光照由一盏灯增加到两盏灯的时候，人眼对这种亮度变化的感知性要远远大于从 101 盏灯增加到 102 盏灯的变化，尽管从物理上来说这两种变化基本是相同的。那么，这和之前讲的拍照有什么关系呢？如果使用 8 位空间来存储每个通道的话，我们仍然把 0.5 亮度编码成值为 0.5 的像素，那么暗部和亮部区域我们都使用了 128 种颜色来表示，但实际上，对亮部区域使用这么多颜色是种存储浪费。一种更好的方法是，我们应该把把更多的空间来存储更多的暗部区域，这样存储空间就可以被充分利用起来了。摄影设备如果使用了 8 位空间来存储照片的话，会使用大约为 0.45 的编码伽马来对输入的亮度进行编码，得到一张编码后的图像。因此，图像中 0.5 像素值对应的亮度其实并不是 0.5，而大约为 0.22。这是因为：

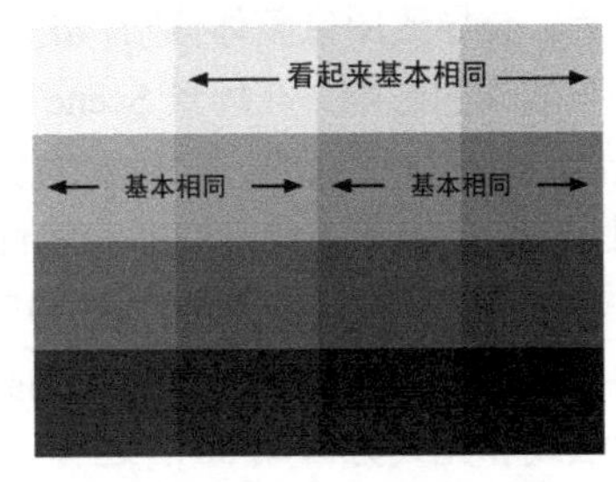

▲图 18.18 人眼更容易感知暗部区域的变换，而对较亮区域的变化比较不敏感

$$0.5 \approx 0.22^{0.45}$$

如上所见，对拍摄图像使用的伽马编码使得我们可以充分利用图像的存储空间。但当把图片放到显示器里显示时，我们应该对图像再进行一次解码操作，使得屏幕输出的亮度和捕捉到的亮度是符合线性的。这时，人们发现了一个奇妙的巧合——CRT 显示器本身几乎已经自动做了这个解码操作！这又从何说起呢？在早期，CRT（Cathode Ray Tube，阴极射线管）几乎是唯一的显示设备。这类设备的显示机制是，使用一个电压轰击它屏幕上的一种图层，这个图层就可以发亮，我们就可以看到图像了。但 CRT 显示器有一个特性，它的输入电压和显示出来的亮度关系不是线性的，也就是说，如果我们把输入电压调高两倍，屏幕亮度并没有提高两倍。我们把显示器的这个伽马曲线称为**显示伽马（diplay gamma）**。非常巧合的是，CRT 的显示伽马值大约就是编码伽马的倒数。CRT 显示器的这种特性，正好补偿了图像捕捉设备的伽马曲线，人们想，“天呐，太棒了，我们不需要做任何调整就可以让拍摄的图像在电脑上看起来和原来的一样了！”虽然现在 CRT 设备很少见了，并且后来出现的显示设备有着不同的伽马响应曲线，但是，人们仍在硬件上做了调整来提供兼容性。 图 18.19 展示了编码伽马和显示伽马在图像捕捉和显示时的作用。

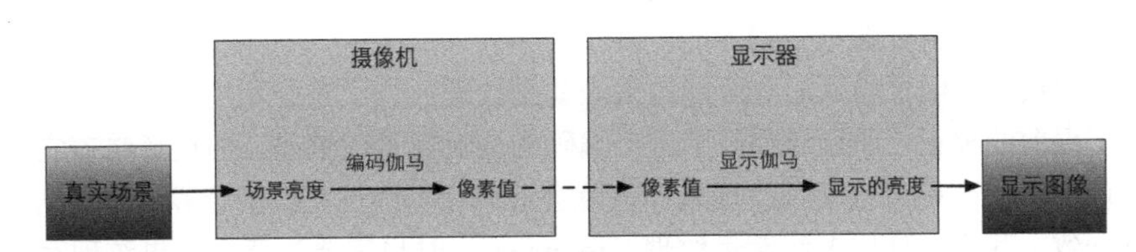

▲图 18.19 编码伽马和显示伽马

随后，微软联合爱普生、惠普提供了 sRGB 颜色空间标准，推荐显示器的显示伽马值为 2.2，并配合 0.45 的编码伽马就可以保证最后伽马曲线之间可以相互抵消（因为 $2.2 \times 0.45 \approx 1$）。绝大多数的摄像机、PC 和打印机都使用了上述的 sRGB 标准。

读到现在，读者可能还是有所疑问，这和渲染有什么关系？答案是关系很大。事实上，由于游戏界长期以来都忽视了伽马校正的问题，造成了我们渲染出来的游戏总是暗沉沉的，总是和真实世界不像。由于编码伽马和显示伽马的存在，我们一不小心就可能在非线性空间下进行计算，或是使得输出的图像是非线性的。

对于输出来说，如果我们直接输出渲染结果而不进行任何处理，在经过显示器的显示伽马处理后，会导致图像整体偏暗，出现失真的状况。我们在本书资源的 Scene_18_4_2_a 显示了伽马**对光照效果的影响**。在场景 Scene_18_4_2_a 中，我们放置了一个球体，并把场景中的环境光照设为全黑，再把平行光的方向设置为从上方直接射到球体表面，球体使用的材质为内置的漫反射材质。图 18.20 显示了在伽马空间和线性空间下的渲染结果。

从图 18.20 可以看出，伽马空间下的渲染结果整体偏暗，一些读者甚至认为这看起来更加正确。然而，实际此时屏幕输出的亮度和球面的光照结果并不是线性的。假设球面上有一点 A，它的法线和光线方向成 60°，还有一点 B，它的法线和光线方向成 90°。那么，在 Shader 中计算漫反射光照时，我们会得出 A 的输出是（0.5, 0.5, 0.5），B 的输出是（1.0, 1.0, 1.0）。在图 18.20 的左图中，我们没有进行伽马校正，因此，由于显示器存在显示伽马就引入了非线性关系，也就是说 A 点的亮度其实并不是 B 亮度的一半，而约为它的 1/4。在图 18.20 的右图中，我们使用了线性空间，Unity 会在把像素写入颜色缓冲前进行一次伽马校正，来抵消屏幕的显示伽马的作用，此时得到屏幕亮度才是真正跟像素值成正比的。

伽马的存在还会**对混合造成影响**。在场景 Scene_18_4_2_b 中演示了一个简单的场景来说明这个现象。在场景 Scene_18_4_2_b 中，我们放置了 3 个互相重叠的圆，它们使用的材质均为简单的透明混合材质，并使用了一个边界模糊的圆作为输入纹理。场景在伽马空间和线性空间下的效果如图 18.21 所示。

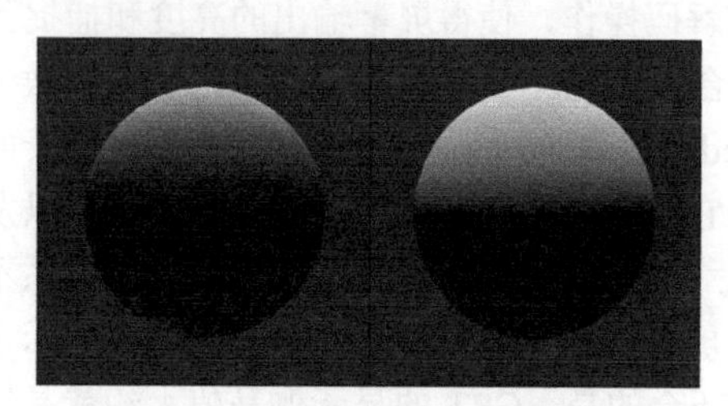

▲图 18.20　左边：伽马空间下的渲染结果，
右边：线性空间下的渲染结果

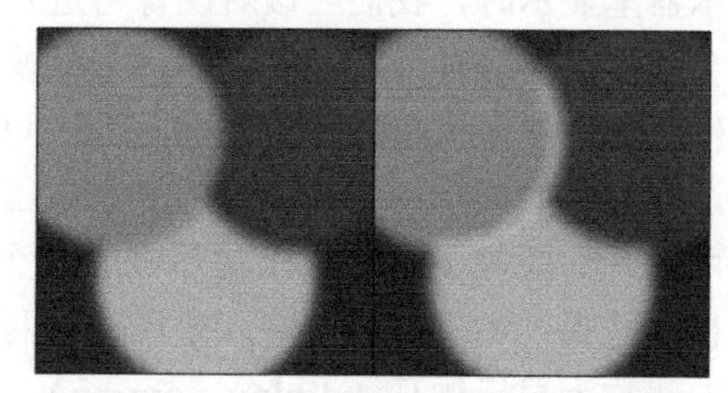

▲图 18.21　左边：伽马空间下的混合结果，
右边：线性空间下的混合结果

在图 18.21 左图所示的伽马空间下，我们可以看到在绿色和红色的混合边界处出现了不正常的蓝色渐变。而正确的混合结果应该是如图 18.21 右边图所示的从绿色到红色的渐变。除此之外，我们也可以看到图 18.21 左边图中交叉的边界似乎都变暗了。这是因为在混合后进行输出时，显示器的显示伽马导致接缝处颜色变暗。

实际上，渲染中非线性输入最有可能的来源就是纹理。为了充分利用存储空间，大多数图像文件都进行了提前的校正，即已经使用了一个编码伽马对像素值编码。但这意味着它们是非线性的，如果我们在 Shader 中直接使用纹理采样值就会造成在非线性空间的计算，使得结果和真实世界的结果不一致。我们在使用多级渐远纹理（mipmaps）时也需要注意。如果纹理存储在非线性空间中，那么在计算多级渐远纹理时就会在非线性空间里计算。由于多级渐远纹理的计算是种线性计算——即采样的过程，需要对某个方形区域内的像素取平均值，这样就会得到错误的结果。正确的做法是，我们要把非线性的纹理转换到线性空间后再计算多级渐远纹理。

如上所说，伽马的存在使得我们很容易得到非线性空间下的渲染结果。在游戏渲染中，我们应该保证所有的输入都被转换到了线性空间下，并在线性空间下进行各种光照计算，最后在输出前通过一个编码伽马进行伽马校正后再输出到颜色缓冲中。Untiy 的颜色空间设置就可以满足我们的需求。当我们选择伽马空间时，实际上就是“放任模式”，不会对 Shader 的输入进行任何处理，即使输入可能是非线性的；也不会对输出像素进行任何处理，这意味着输出的像素会经过显示器的显示伽马转换后得到非预期的亮度，通常表现为整个场景会比较昏暗。当选择线性空间时，

Unity 会把输入纹理设置为 sRGB 模式，在这种模式下，硬件在对纹理进行采样时会自动将其转换到线性空间中；并且，GPU 会在 Shader 写入颜色缓冲前自动进行伽马校正或是保持线性在后面进行伽马校正，这取决于当前的渲染配置。如果我们开启了 HDR（见 18.4.3 节）的话，渲染就会使用一个浮点精度的缓冲。这些缓冲有足够的精度不需要我们进行任何伽马校正，此时所有的混合和屏幕后处理都是在线性空间下进行的。当渲染完成要写入显示设备的后备缓冲区（back buffer）时，再进行一次最后的伽马校正。如果我们没有使用 HDR，那么 Unity 就会把缓冲设置成 sRGB 格式，这种格式的缓冲就像一个普通的纹理一样，在写入缓冲前需要进行伽马校正，在读取缓冲时需要再进行一次解码操作。如果此时开启了混合（像我们之前的那样），在每次混合时，硬件会首先把之前颜色缓冲中存储的颜色值转换回线性空间中，然后再与当前的颜色进行混合，完成后再进行伽马校正，最后把校正后的混合结果写入颜色缓冲中。这里需要注意，透明通道是不会参与伽马校正的。

然而，Unity 的线性空间并不是所有平台都支持的，例如，移动平台就无法使用线性空间。此时，我们就需要自己在 Shader 中进行伽马校正。对非线性输入纹理的校正代码通常如下：

```
float3 diffuseCol = pow(tex2D( diffTex, texCoord ), 2.2 );
```

在最后输出前，对输出像素值的校正代码通常如下面这样：

```
fragColor.rgb = pow(fragColor.rgb, 1.0/2.2);
return fragColor;
```

但是，手工对输出像素进行伽马校正会在使用混合时出现问题。这是因为，校正会导致写入颜色缓冲内的颜色是非线性的，这样混合就发生在非线性空间中。一种解决方法是，在中间计算时不要对输出颜色值进行伽马校正，但在最后需要进行一个屏幕后处理操作来对最后的输出进行伽马校正，也就是说我们需要保证伽马校正发生在渲染的最后一步中，但这可能会造成一定的性能损耗。

你会说，伽马这么麻烦，什么时候可以舍弃它呢？如果有一天我们对图像的存储空间能够大大提升，通用的格式不再是 8 位时，例如是 32 位时，伽马也许就会消失。因为，我们有足够多的颜色空间可以利用，不需要为了充分利用存储空间进行伽马编码的工作了。这就是我们下面要讲的 HDR。

18.4.3 什么是 HDR

在使用基于物理的渲染时，我们经常会听到一个名词就是 HDR。HDR 是 High Dynamic Range 的缩写，即高动态范围，与之相对的是**低动态范围（Low Dynamic Range，LDR）**。那么这个动态范围是指什么呢？通俗来讲，动态范围指的就是最高的和最低的亮度值之间的比值。在真实世界中，一个场景中最亮和最暗区域的范围可以非常大，例如，太阳发出的光可能要比场景中某个影子上的点的亮度要高出几万倍，这些范围远远超过图像或显示器能够显示的范围。通常在显示设备使用的颜色缓冲中每个通道的精度为 8 位，意味着我们只能用这 256 种不同的亮度来表示真实世界中所有的亮度，因此，在这个过程中一定会存在一定的精度损失。早期的拍摄设备利用人眼的特点，使用了伽马曲线来对捕捉到的图像进行编码，尽可能充分地利用这些有限的存储空间，这点我们已经在 18.4.2 节解释过了。然而，HDR 的出现给我们带来了新的希望，HDR 使用远远高于 8 位的精度（如 32 位）来记录亮度信息，使得我们可以表示超过 0～1 内的亮度值，从而可以更加精确地反映真实的光照环境。尽管我们最后还是需要把信息转换到显示设备使用的 LDR 内，但中间的计算却可以让我们得到更加真实可信的效果。Nvidia 曾总结过使用 HDR 进行渲染的**动机**：让亮的物体可以真的非常亮，暗的物体可以真的非常暗，同时又可以看到两者之间的细节。

使用 HDR 来存储的图像被称为高动态范围图像（HDRI），例如，我们在 18.3 节中就是使用了一张 HDRI 图像来作为场景的 Skybox。这样的 Skybox 可以更加真实地反映物体周围的环境，从而得到更加真实的反射效果。不仅如此，HDR 对与光照叠加也有非常重要的作用。如果我们的场景中有很多光源或是光源强度很大，那么一个物体在经过多次光照渲染叠加后最终得到的光照亮度很可能会超过 1。如果没有使用 HDR，这些超过 1 的部分全部会截取到 1，使得场景丢失了很多亮部区域的细节。但如果开启了 HDR，我们就可以保留这些超过范围的光照结果，尽管最后我们仍然需要把它们转换到 LDR 进行显示，但我们可以使用**色调映射（tonemapping）**技术来控制这个转换的过程，从而允许我们最大限度地保留需要的亮度细节。

HDR 的使用可以允许我们在屏幕后处理中拥有更多的控制权。例如，我们常常同时使用 HDR 和 Bloom 效果。我们曾在 12.5 节解释了 Bloom 特效的实现原理，Bloom 效果需要检测屏幕中亮度大于某个阈值的像素，把它们提取出来后进行模糊，再叠加到原图像中。但是，如果不使用 HDR 的话，我们只能使用小于 1 的阈值来提取需要的像素，但很多时候我们实际上是需要提取那些非常亮的区域，例如车窗上对太阳的强烈反光。由于没有使用 HDR，这些值实际上很可能和街上一些颜色偏白的区域几乎一样，造成不希望的区域也会出现泛光的效果。如果我们使用 HDR，这些就都可以解决了，我们只需要使用超过 1 的阈值来只提取那些非常亮的区域即可。

总体来说，使用 HDR 可以让我们不会丢失高亮度区域的颜色值，提供了更真实的光照效果，并为一些屏幕后处理提供了更多的控制能力。但 HDR 也有自身的缺点，首先由于使用了浮点缓冲来存储高精度图像，不仅需要更大的显存空间，渲染速度会变慢，除此之外，一些硬件并不支持 HDR。而且一旦使用了 HDR，我们无法再利用硬件的抗锯齿功能。事实上，在 Unity 中如果我们同时打开了硬件的抗锯齿（在 Edit → Project Settings → Quality → Anti Aliasing 中打开）和摄像机的 HDR，Unity 会发出警告来提示我们由于开启了抗锯齿，因此，无法使用 HDR 缓冲。尽管如此，我们可以使用基于屏幕后处理的抗锯齿操作来弥补这一点。

在 Unity 中使用 HDR 也非常简单，我们可以在 Camera 组件面板中打开 HDR 选项即可。此时，场景就会被渲染到一个 HDR 的图像缓冲中，这个缓冲的精度范围可以远远超过 0～1。最后，我们可以再使用一个色调映射的屏幕后处理脚本来把 HDR 图像转换到 LDR 图像进行显示。读者可以在 Unity 官方手册中的**高动态范围渲染**一节（docs.unity3d/Manual/HDR.html）以及本章最后的扩展阅读中找到更多的内容。

18.4.4　那么，PBS 适合什么样的游戏

在把 PBS 引入当前的游戏项目之前，我们需要权衡一下它的优缺点。需要再次提醒读者的是，PBS 并不意味着游戏画面需要追求和照片一样真实的效果。事实上，很多游戏都不需要刻意去追求与照片一样的真实感，玩家眼中的真实感大多也并不是如此。PBS 的优点在于，我们只需要一个万能的 Shader 就可以渲染相当一大部分类型的材质，而不是使用传统的做法为每种材质写一个特定的 Shader。同时，PBS 可以保证在各种光照条件下，材质都可以自然地和光源进行交互，而不需要我们反复地调整材质参数。

然而，在使用 PBS 时我们也需要考虑到它带来的代价。如上面提到的，PBS 往往需要更复杂的光照配合，例如大量使用光照探针和反射探针等。而且 PBS 也需要开启 HDR 以及一些必不可少的屏幕特效，例如抗锯齿、Bloom 和色调映射，如果这些屏幕特效对当前游戏来说需要消耗过多的性能，那么 PBS 就不适合当前的游戏，我们应该使用传统的 Shader 来渲染游戏。使用 PBS 对美工人员来说同样是个挑战。美术资源的制作过程和使用传统的 Shader 有很大不同，普通的法线纹理+高光反射纹理的组合不再适用，我们需要创建更细腻复杂的纹理集，包括金属值纹理、

高光反射纹理、粗糙度纹理、遮挡纹理，有些还需要使用额外的细节纹理来给材质添加更多的细节表面。除了使用图片扫描的传统辅助方法外，这些纹理的制作通常还需要更专业的工具来绘制，例如 **Allegorithmic Substance Painter** 和 **Quixel Suite**。

18.5 扩展阅读

Unity 官方提供了很多学习 PBS 的资料。在 **Unity** 官方博客**中的全局光照**一文（global-illumination-in-unity-5）中，简明地阐述了全局光照的解决方案。在另外两篇博客（working-with-physically-based-Shading-a-practical-approach/、physically-based-shading-in-unity- 5-a-primer/）中，介绍了 Standard Shader 的用法和注意事项。官方项目也是很好的学习资料。Unity 开放了基于物理着色器的示例项目 **Viking Village** 以及两个更小的示例项目 **Shader Calibration Scene** 和 **Corridor Lighting Example** 来着重介绍如何使用 Unity 5 全新的 Standard Shader 和全局光照系统。看过 Unity 5 宣传视频的读者想必对 Unity 5 制作出来的电影短片 **The Blacksmith** 印象深刻，尽管 Unity 没有开放出完整的工程，但把许多关键的技术实现放到了资源商店里，例如，人物角色使用的 Shader、头发使用的 Shader、人物阴影、大气次散射等，这些都是非常好的学习资料。除此之外，Unity 还提供了一些相关教程供新手学习，读者可以在**图形**的教程板块（unity3d/cn/learn/tutorials/ topics/graphics）下找到很多相关教程。例如，在 **Unity 5 的光照概览**（unity3d/cn/learn/ tutorials/modules/beginner/unity-5/unity5-lighting-overview）中，介绍了 Unity 5 中使用的各种全局光照技术；**光照和渲染**（unity3d/cn/learn/tutorials/ modules/beginner/graphics/lighting- and-rendering）一文更加详细地介绍了 Unity 5 中各种光照的实现细节，以及一些设置场景光照时的注意事项；在 **Standard Shader** 的视频教程（unity3d/cn/learn/tutorials/modules/beginner/5-tutorials/ standard-shader）中，Unity 介绍了 Standard Shader 的基本用法以及和光照之间的配合。

近年来，Unity 官方在 Unite、SIGGRAPH 等大会上也分享不少关于 PBS 的技术资料。在 Unite 2014 会议上，Anton Hand 在他的演讲中给出了很多关于如何创建 PBS 中使用的资源的最佳实践；Renaldas Zioma 和 Erland Körner 讲解了如何在 Unity 5 中更加有效地使用 PBS。在 SIGGRPAH 2015 会议上，来自 Unity 的技术人员分享了 **The Blacksmith** 的环境制作过程。

如果读者希望更深入地学习 PBS 的理论和实践，可以在近年来的 SIGGRAPH 课程上找到非常丰富的资料。SIGGRAPH 自 2006 年起开始出现与 PBS 相关的课程，更是连续 4 年（2012～2015）由来自各大游戏公司和影视公司的技术人员分享他们在 PBS 上的实践。例如在 2012 年的课程上，Disney 公布了他们在离线渲染时使用的 BRDF 模型，这也是 Unity 等很多游戏引擎使用的 PBR 的理论基础。Kostas Anagnostou 在他的文章中列出了非常多的关于 PBR 的相关文章，包括我们上面提到的 SIGGRAPH 课程，强烈建议有兴趣的读者去浏览一番。

国内的相关资料则相对较少。龚敏敏在他的 KlayGE 引擎中引入了 PBS，并写了系列博文来简明地阐述其中的理论基础。在知乎专栏 **Behind the Pixels**（zhuanlan.zhihu/graphics）中，作者给出了 3 篇关于基于物理着色的系列文章。

18.6 参考文献

[1] Hoffman N. Background: physics and math of shading[C]//Fourth International Conference and Exhibition on Computer Graphics and Interactive Techniques, Anaheim, USA. 2013: 21-25。

[2] Burley B, Studios W D A. Physically-based shading at disney[C]//ACM SIGGRAPH. 2012: 1-7。

[3] Walter B, Marschner S R, Li H, et al. Microfacet models for refraction through rough surfaces[C]//Proceedings of the 18th Eurographics conference on Rendering Techniques. Eurographics Association, 2007: 195-206。

[4] Beckmann P, Spizzichino A. The scattering of electromagnetic waves from rough surfaces[J]. Norwood, MA, Artech House, Inc., 1987, 511 p., 1987, 1。

[5] Torrance K E, Sparrow E M. Theory for off-specular reflection from roughened surfaces[J]. JOSA, 1967, 57(9): 1105-1112。

[6] Smith B G. Geometrical shadowing of a random rough surface[J]. Antennas and Propagation, IEEE Transactions on, 1967, 15(5): 668-671。

[7] Blinn J F. Models of light reflection for computer synthesized pictures[C]//ACM SIGGRAPH Computer Graphics. ACM, 1977, 11(2): 192-198。

[8] Schlick C. An inexpensive BRDF model for physically-based rendering[C]//Computer graphics forum. 1994, 13(3): 233-246。

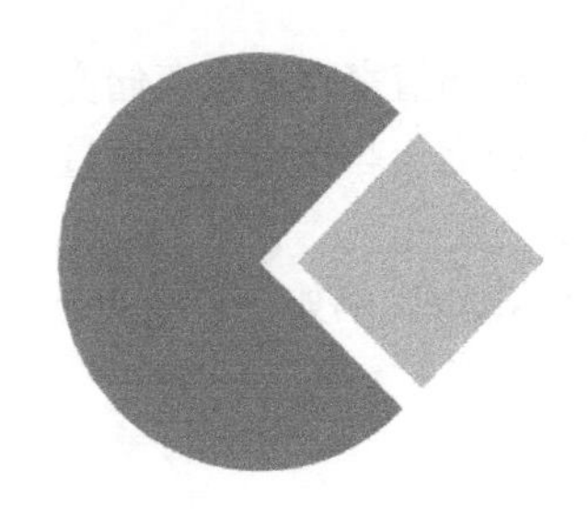

第19章　Unity 5更新了什么

Unity 5 相较于之前的版本来说，在 Shader 方面做了许多重要的更新。一些更新很容易被大家察觉，例如，如果读者直接把在 Unity 4 中使用的一些 Shader 源代码粘贴到 Unity 5 中，往往会发现和 Unity 4 中得到的渲染结果不尽相同，甚至还会报错。本章将会对 Unity 5 进行的一些重要更新（仅关注 Shader 方面的更新）进行解释，来帮助读者加深对 Unity Shader 的理解。

19.1 场景“更亮了”

如果你曾经学习或阅读过 Unity 5 之前的一些 Shader 源码的话，往往会在计算漫反射时发现类似下面的代码：

```
// Unity 5 之前的 shader 经常包含了类似下面的代码，
// 而在 Unity 5 中，我们不需要再进行 x2 的操作
c.rgb = s.Albedo * _LightColor0.rgb * (diff * atten * 2);
```

这类代码通常会在光照结果的最后乘以系数 2，而作者往往解释说，因为不乘以 2 的话场景会看起来很暗。但是，如果我们仍然在 Unity 5 中编写类似上面的代码，场景就会看起来变亮了，这通常不是我们希望看到的。Unity 5 之前的 Shader 中需要乘以 2 是一个历史遗留原因，并最终在 Unity 5 中得到了修正。在 Unity 5 中，光照的强度被自动增强到原来的两倍。这意味着，如果我们在场景中放置一个纯白色的平面，同时让一个平行光从它的正上方垂直照射到它的表面，那么平面得到的漫反射光照结果就是平行光本身的颜色。而在 Unity 5 之前的版本中，上述的平面并不会得到和光源颜色一致的结果。

因此，如果读者直接从之前的项目中使用现成的 Shader 代码并把它移植到 Unity 5 中，需要去掉光照计算中乘以 2 的部分，来得到和之前一致的光照结果。

19.2 表面着色器更容易“报错了”

如果读者把一些老版本下使用的表面着色器代码直接粘贴到 Unity 5 中使用，可能会发现原本并没有报错的代码在 Unity 5 下报错了，这些报错信息通常是指 Shader 中的数学指令或插值寄存器的数目超过了限制，并提示需要使用更高的 Shader Model，如 SM 3.0。

这些报错信息的出现，是因为 Unity 5 的表面着色器在背后进行了更多的计算。我们在第 17 章中解释过表面着色器的实现原理，概括来说就是 Unity 会在背后把表面着色器转换成对应的顶点/片元着色器。这些转换过程通常是有规律可循的，而在 Unity 5 中，Unity 在转换过程中使用了更多的计算和插值寄存器，从而造成一些自定义的表面着色器可能会在新版本中报错。这些新添加的计算和插值寄存器通常是为了计算阴影、雾效、非统一缩放模型的法线变换矩阵。在 Unity 5 之前，如果需要使用法线纹理，Unity 会把观察方向和光照方向在顶点着色器中变换到切线空间下再传递给片元着色器，但 Unity 5 则选择首先在顶点着色器中计算从切线空间到世界空间的变

换矩阵，再在片元着色器中把法线变换到世界空间下，从而需要使用更多的插值寄存器来存储变换矩阵。由于 Unity 默认的 Shader Model 版本为 2.0，这些新添加的计算再加上一些自定义的变量和计算就很有可能会超过 SM 2.0 中对计算指令和插值寄存器数目的限制。

对上述问题的解决方法也很简单。一种方法是直接使用更高的 Shader Model，例如，在 Shader 中添加如下代码来指明使用 SM 3.0：

```
#pragma target 3.0
```

另一个方法是减少表面着色器背后的计算，这可以通过表面着色器的编译指令来实现。例如，我们可以通过类似下面的编译指令，来指明不需要为该物体计算阴影纹理坐标（不接收阴影）、光照纹理坐标以及雾效：

```
#pragma surface surfaceFunction lightModel noshadow nolightmap nofog
```

19.3 当家做主：自己控制非统一缩放的网格

Unity 5 的另一个重要的改进是，非统一缩放的网格不再由 Unity 提前在 CPU 中处理了。我们曾在 4.7 节讲到过非统一缩放对法线变换的影响，非统一缩放的网格需要使用原变换矩阵的逆转置矩阵来变换法线才可以得到正确的变换结果。然而，在 Unity 5 之前的版本中，我们并不需要在 Shader 中考虑非统一缩放带来的种种影响，因为传到 Shader 中的数据已经不存在非统一缩放了。那么，这是如何做到的呢？Unity 5 之前的版本会在 CPU 中把涉及非统一缩放的模型变换成统一缩放的模型，也就是说，Unity 会在 CPU 中再创建一个和非统一缩放模型空间大小相同，但只包含统一缩放的模型。因此，我们常常会在一些较旧的 Shader 版本中看到类似下面的代码：

```
// #define SCALED_NORMAL (v.normal * unity_Scale.w)
float3 worldNormal = mul((float3x3)_Object2World, SCALED_NORMAL);
```

上面的代码把法线从模型空间变换到世界空间下，由于只包含统一缩放，因此，代码首先使用统一缩放系数 unity_Scale.w（在 Unity 4.x 中，该值表示的值为 1/统一缩放系数）来得到归一化后的法线，然后再使用模型空间到世界空间的变换矩阵直接变换法线方向。Unity 5 之前采用的这种做法的好处是，我们不需要在渲染中考虑非统一缩放的影响，而它的缺点是，CPU 的计算消耗会更大，而且需要占用更多内存空间来存储这些重新缩放的模型。

Unity 5 正式抛弃了之前的做法，它直接将原顶点信息和包含非统一缩放的矩阵传递给 Shader，因此，unity_Scale 也就没有意义了。如果我们需要在顶点/片元着色器中变换顶点法线，就需要时刻小心非统一缩放的影响，以及需要对变换后的法线进行手动归一化的操作。

19.4 固定管线着色器逐渐退出舞台

我们在 3.4.3 节中讲到，Unity 支持的着色器形式包含了固定管线的着色器类型。固定管线着色器是在可编程着色器出现之前，GPU 大量使用的着色器形式。它的工作方式就像是一个包含了很多开关和配置的黑箱子，我们可以通过开启或关闭某些功能来让 GPU 进行相应的渲染。在 Unity 最开始出现的时期里（2005 年 6 月，Unity 1.0.1 发布），使用固定管线的 GPU 还占据了一定的市场份额，因此，Unity 从那时开始就始终支持编写固定管线的着色器。

然而，实际上很多平台早已不支持固定管线着色器。例如，OpenGL 1.5 是最后一个使用固定管线编程的 OpenGL 版本，从 OpenGL 2.0（2004 年发布）开始，就只支持可编程管线的着色器。Unity 仍然保留对固定管线着色器的支持，是出于两个主要原因：首先，有很多项目和资源包都大量使用了固定管线着色器，其次是固定管线着色器的代码通常要比实现相同功能的顶点/片元着色器少很多。现在 Unity 支持的绝大多数平台实际已经完全不再支持固定管线编程，Unity 需要在背后把我们编写的固定管线着色器转换成相应的可编程管线着色器。

但是，这样的做法有很多弊端。首先，诸如 PS4 和 XboxOne 这样的平台并不支持 Unity 的固定管线着色器（这点在 Unity 5.2 中得到了改善），这主要是因为想要在这些平台上实时生成着色器代码是很困难的。其次，虽然固定管线着色器代码比较简单，但这些着色器能够实现的效果非常有限，最后，我们往往仍然需要使用灵活性更高的顶点/片元着色器来替代。

Unity 5.x 版本对固定管线着色器的导入和编译进行了优化。截止到 Unity 5.2 版本，所有固定管线着色器都会在导入时被转换成真正的顶点/片元着色器，并且已经支持所有平台，包括游戏机平台。我们还可以在 Shader 的导入面板中查看固定管线着色器生成的顶点/片元着色器，如图 19.1 所示。

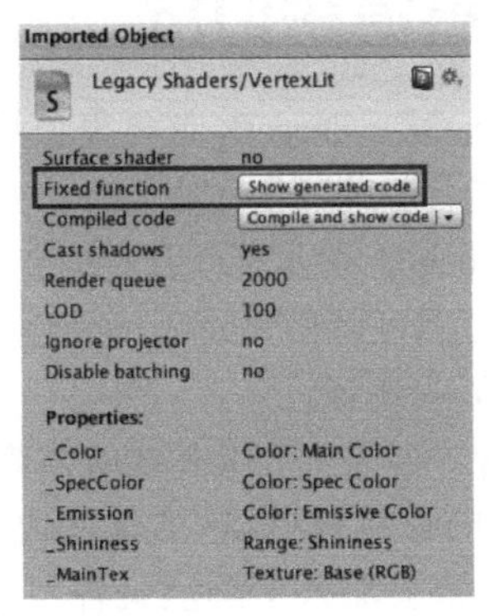

▲图 19.1 在 shader 的导入面板中，单击图中按钮可查看 Unity 为该固定管线着色器生成的顶点/片元着色器代码

但缺点是，以前一些固定管线着色器的功能，例如，使用 TexGen 命令来生成纹理坐标以及进行纹理坐标变换的矩阵操作等，已经被抛弃了。而且，我们也不可以再在脚本中使用类似 new Material(“fixed function shader string”)的代码来实时创建一个固定管线的着色器。除此之外，我们也不可以再混用可编程和固定管线的着色器。

实际上，由于 Unity 目前支持的所有平台都已经抛弃了固定管线着色器，我们已经没有必要再使用固定管线着色器来进行渲染了。如果读者希望了解更多 Unity 5 对固定管线的优化，可以参见 Unity 图形工程师 Aras 的博客。

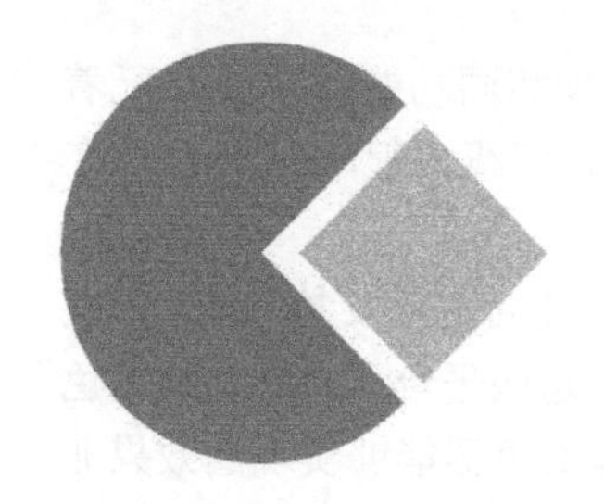

第 20 章 还有更多内容吗

我们相信一本几十万字的书籍并不能满足一些读者对于渲染强烈的求知欲。在本书的最后，我们会给出许多优秀的学习资料来帮助读者进行下一步的学习。

20.1 如果你想深入了解渲染的话

Unity Shader 实际是建立在 OpenGL、DirectX 这样更加基础的图像编程接口上的。这样的封装可以为我们节省很多工作，但可能会影响我们对底层工作方式的理解。这些图像编程接口都有各自非常出色的学习资料，例如 OpenGL 有非常有名的红宝书《OpenGL 编程指南》[1]和蓝宝书《OpenGL 超级宝典》[2]。更多的参考书可以在叶劲峰（网名：Milo Yip）的豆列**计算机图形：入门/API 类**（douban/doulist/1445744/）中找到。

GPU 精粹系列书籍[3][4][5]中包含许多游戏和其他实时渲染中使用的高级渲染技术。与之类似的还有 GPU Pro 系列书籍[6]和 ShaderX 系列书籍[7]。这些内容相对比较高深，大都来源于行业内的精英对各种渲染技术的总结，希望深入了解渲染各个方面的读者一定不可以错过。叶劲峰在他的豆列**计算机图形：Gems 类**（douban/doulist/1445745/）中总结了更多的图形学精粹系列书籍。

尽管本书关注的是游戏中使用的实时渲染技术，但一些基于光线追踪等方式的渲染方法同样是图形学中的重点。在《Physically based rendering: From theory to implementation》[8]一书中，作者介绍并实现了基于物理渲染的框架，这是学习光线追踪和 PBS 的非常好的资料。

最后，我们不得不提起被誉为图形程序员专著的《Real-time Rendering, third Edition》[9]一书。在该书出版时，几乎涵盖了实时渲染中的所有相关技术，作者在书中给出了大量的参考文献，并在网上维护了一个专门的页面来总结实时渲染中使用的各个技术和资料。

在学术方面，图形学相关的会议和论坛是开阔视野、学习前沿渲染技术的绝佳途径。SIGGRAPH 会议是图形学领域最顶级的会议，每年来自世界各地的顶尖学者和行业精英都会汇聚一堂，展示这一年中他们在图形学领域的工作和进展。与之类似的会议还有，SIGGRAPH Asia、Eurographics、Symposium on Interactive 3D Graphics and Games 等会议，读者可以在 Ke-Sen Huang 的主页中找到历年在这些会议上发表的论文。需要特别提出的是，每年 SIGGRAPH 上的 SIGGRAPH Course 中都会有很多来自游戏行业的技术人员分享他们在游戏图像方面的进展，除了在第 18 章中提到的课程 **Physically Based Shading in Theory and Practice** 外，**Advances in Real-Time Rendering** 系列课程同样是非常出色的学习资料。在这个课程中，来自艺电、育碧、Epic 等知名游戏公司的技术人员将阐述他们是如何在游戏中使用各种复杂的渲染技术来实现次世代游戏画面的。自 2006 年起，该课程已经在 SIGGRAPH Course 上连续举办了十届。另一个与游戏息息相关的会议是游戏开发者会议（Game Developers Conference，GDC），每年的 GDC 会议都会汇集全世界的游戏开发者。自 2009 年，中国也迎来了 GDC China，给中国的游戏开发者提供了更多的行业交流机会。

除了上述提到的书籍和会议外，一些非常有趣的网站也可以帮助开阔我们的视野。在 Shadertoy 网站上，你可以看到来自全世界的人们是如何只用一个片元着色器来实现各种或恢弘壮丽、或经典怀旧的场景的。与之类似的还有 GLSL Sandbox Gallery 网站。我们相信，在浏览了这些网站后，你会再一次被 Shader 能实现的效果所震撼。

20.2 世界那么大

我们曾听到很多声音，抱怨 Unity Shader 学习资料甚少，尽管我们希望通过这本书来改善这样的情况，但不可否认的是，仅靠一本书恐怕无法让一个人从技术“小白”成长为行业大牛。对于渲染这样牵扯到很多复杂知识的领域来说，一本书更是无法详细地解释这其中的方方面面。实际上，网络上有许多关于这方面的英文资料，我们能够体会许多英语能力欠佳的开发者在这方面的苦恼，但如果你永远不阅读英文资料，那么你将错过一大片“森林”。尽管有不少英文资料不断被引进国内，并有了中译版本，但是由于翻译质量问题等因素给初学者带来了不少的阅读障碍。更何况，还有数之不尽的优秀的英文资料是仍然没有被引入的。

事实上，很多英文资料中使用的英语大多是基础英语，在一些翻译软件的帮助下，阅读并理解这些内容并没有想象中的那么困难。在作者身边也有不少对学习英语十分苦恼的朋友，在经过一段时间的坚持后，他们普遍反映阅读英文书籍越来越轻松。世界那么大，不要让语言成为阻碍你前进的绊脚石。

最后，我们真心地希望，本书可以为你的 Shader 学习之旅打开一扇大门，让你离制作心目中优秀游戏的心愿更近一步。若是如此，那想必就是我们最大的欣慰了。

20.3 参考文献

[1] Shreiner D, Sellers G, Kessenich J M, et al. OpenGL programming guide: The Official guide to learning OpenGL, version 4.3[M]. Addison-Wesley, 2013. 中译本：《OpenGL 编程指南（第 8 版）》。

[2] Wright R S, Haemel N, Sellers G M, et al. OpenGL SuperBible: comprehensive tutorial and reference[M]. Pearson Education, 2010. 中译本：《OpenGL 超级宝典（第 5 版）》。

[3] Fernando R, Haines E, Sweeney T. GPU gems: programming techniques, tips, and tricks for real-time graphics[J]. Dimensions, 2001, 7(4): 816. 中译本：《GPU 精粹 1》。

[4] Pharr M, Fernando R. Gpu gems 2: programming techniques for high-performance graphics and general-purpose computation[M]. Addison-Wesley Professional, 2005. 中译本：《GPU 精粹 2》。

[5] Nguyen H. Gpu gems 3[M]. Addison-Wesley Professional, 2007. 中译本：《GPU 精粹 3》。

[6] GPU Pro 5: Advanced Rendering Techniques[M]. CRC Press, 2014。

[7] Engel W. ShaderX7: Advanced Rendering with DirectX and OpenGL (Shaderx Series)[M]. Charles River Media, Inc., 2009。

[8] Pharr M, Humphreys G. Physically based rendering: From theory to implementation[M]. Morgan Kaufmann, 2010。

[9] Akenine-Möller T, Haines E, Hoffman N. Real-time rendering[M]. CRC Press, 2008。

读书笔记

读书笔记

读书笔记